近场动力学进展
Advances in Peridynamics

〔美〕埃尔多安·马德西（Erdogan Madenci）
〔印度〕普拉内什·罗伊（Pranesh Roy）　著
〔美〕迪帕克·贝赫拉（Deepak Behera）
韩　非　张　玲　译

科学出版社
北　京

图字：01-2023-0349 号

内 容 简 介

本书是一本全面介绍近场动力学理论及其应用的专著。本书从近场动力学的基础理论出发，逐步深入到各种改进的近场动力学模型及其在不同材料和变形模式下的应用。书中详细介绍了近场动力学的基本概念、键运动学、平衡方程、力密度矢量、边界条件、损伤与破坏，以及离散化方法。进一步探讨了近场动力学微分算子、改进的近场动力学模型、平衡方程的弱形式、超弹性材料、黏性-超弹性材料、弹塑性材料、蠕变材料、热弹性材料等的建模方法。此外，书中还涉及了无虚拟层时边界条件的直接施加、复合材料层合板的键转动键型近场动力学、在 ANSYS 中耦合键型近场动力学与有限元、用于物理信息神经网络的近场动力学等内容。本书通过大量的数值模拟和算例验证，展示了近场动力学在工程应用中的潜力和优势，为工程应用中材料的破坏分析提供了新的思路和方法。

本书可供力学、数学工作者，结构、岩土、土木、机械、航空航天等领域的工程师，以及相关领域的高校教师和研究生读者阅读使用。

First published in English under the title
Advances in Peridynamics
by Erdogan Madenci, Pranesh Roy and Deepak Behera
Copyright © Erdogan Madenci, Pranesh Roy and Deepak Behera, 2022
This edition has been translated and published under licence from
Springer Nature Switzerland AG.

图书在版编目（CIP）数据

近场动力学进展 ／（美）埃尔多安·马德西（Erdogan Madenci）等著；韩非，张玲译. -- 北京：科学出版社，2025.6. -- ISBN 978-7-03-082274-1
I. O313
中国国家版本馆 CIP 数据核字第 2025JE2596 号

责任编辑：刘信力／责任校对：彭珍珍

责任印制：张 伟／封面设计：无极书装

科学出版社 出版
北京东黄城根北街 16 号
邮政编码：100717
http://www.sciencep.com

北京九州迅驰传媒文化有限公司印刷
科学出版社发行 各地新华书店经销
＊
2025 年 6 月第 一 版 开本：720×1000 1/16
2025 年 6 月第一次印刷 印张：24 1/4
字数：486 000
定价：198.00 元
（如有印装质量问题，我社负责调换）

译 者 序

近场动力学 (Peridynamics，PD) 自 2000 年由 Stewart Silling 博士提出以来，以其非局部相互作用的核心思想，为固体力学中的断裂、损伤和多尺度问题提供了全新的理论框架。这一理论摒弃经典连续介质力学的局部微分方程，转而采用积分方程描述物质点间的相互作用，从而天然地适应裂纹自发萌生与扩展的模拟，成为计算固体力学领域近十几年来的重要突破之一。作为工程科学工作者，我们深感这一理论对推动多尺度、多物理场耦合分析以及复杂结构损伤评估的深远意义。因此，我们非常荣幸能够将 Erdogan Madenci 教授及其合作者所著的 *Advances in Peridynamics* 一书翻译成中文，并以《近场动力学进展》之名出版。希望本书的出版既是对国际前沿成果的传播，也是对国内相关研究的助力。

本书不仅系统梳理了近场动力学从键型 (BB-PD) 到态型 (SB-PD)、非常规态型 (NOSB-PD) 的理论脉络，更聚焦于键辅助型近场动力学 (BA-PD) 等创新方法，解决了表面效应、零能模式等关键问题。更进一步，书中不仅详述了超弹性、黏弹性、弹塑性、热弹性等材料行为的 PD 建模方法，还拓展至轴对称结构、有限变形梁、复合材料层合板等复杂场景，并结合 ANSYS 商业软件平台实现了 PD 与有限元的高质量耦合。此外，作者们前瞻性地将物理信息神经网络 (PINN) 引入 PD 框架，为智能计算与力学模拟的融合开辟了新路径。更值得称道的是，作者以"开源精神"分享了关键算例的代码，为读者提供了从理论到实践的直接桥梁。

本书的翻译工作始于对近场动力学理论体系及其工程价值的深刻认同。我们深知，将这样一部兼具理论深度与应用潜力的学术著作引入国内，对于推动我国在计算力学、计算数学、材料科学及工程等领域的研究具有重要意义。翻译本书的过程，既是对近场动力学体系的重新梳理，亦是对科学表达精准性的深刻锤炼。针对 PD 特有的术语体系，我们尽可能在参考国际权威文献的基础上，结合国内学术惯例进行规范化译名；对于复杂的数学推导和算法实现，力求在保持严谨性的同时提升可读性；对于公式符号的体例，我们除个别改动外也尽量保持与原书一致。书中难免有疏漏之处，也恳请读者不吝指正。

本书的出版离不开多方支持。衷心感谢原书作者 Madenci 教授对中文版翻译工作的信任与支持，以及 Springer 出版社对资料获取的协助。感谢科学出版社刘信力编辑团队的专业指导与耐心审校，使本书得以高质量呈现。同时，也要感谢参与译校的研究生同学们——他们的学术热情与细致工作为本书增色不少。我们相信，本书的出版将为国内学者和研究生提供一把打开近场动力学研究之门的钥匙。无论是希望掌握 PD 核心理论的研究者，还是致力于工程应用的工程师，都能从中获得启发。愿本书成为推动这一领域在中国蓬勃发展的基石。

韩非　张玲

2025 年 5 月 5 日

原 书 序

自 2000 年 Stewart A. Silling 博士在 Sandia 国家实验室创立近场动力学 (PD) 以来，它开始在固体力学界获得认可。PD 摒弃了局部作用原理，这是经典连续介质力学 (CCM) 中的一个基本公理，它只允许接触相互作用。PD 允许在有限范围内发生长程相互作用，这使它成为一种非局部连续介质理论。PD 的控制方程本质上是积微分方程，对场变量的光滑性没有要求。这是对 CCM 的一个重大改进，CCM 涉及偏微分方程，其结构本身不允许非光滑解。

当材料内部出现裂纹时，CCM 的控制方程的有限元求解面临困难。光滑粒子流体动力学法 (SPH)、再生核粒子法 (RKPM) 等无网格方法也不能解决这一基本问题，因为它们是求解 CCM 的控制方程的数值方法。PD 第一次提供了一个物理上和数学上一致的理论，通过该理论可以实现裂纹的自发萌生和扩展。PD 控制方程的积分性质使得其在裂纹出现时依然有效。在过去的 20 年里，已经发表了相当数量的关于 PD 的研究论文。应用范围包括静态或动态加载，脆性、准脆性和延性材料的破坏，多物理和多尺度问题，降维结构，结构化连续体等等。在大范围的空间、时间和载荷尺度下，成功地准确预测了各种材料中的裂纹扩展，使 PD 成为工程师和科学家们的有效工具。尽管 PD 取得了初步的成功，但它仍然是一个新事物，它在许多领域的应用正在持续扩展。

本书的目的是提供 PD 理论及其应用的一些最新进展，重点关注非常规态型 (NOSB)PD。最初设想的 PD 理论是键型的 (BB)，从而受限于泊松比固定为 0.25 的各向同性材料。通过引入态型 PD 理论，克服了这一限制。态型 PD 理论有两种类型，即常规态型 (OSB)PD 和 NOSB-PD。在 OSB-PD 理论中，由于 PD 材料参数在实验中不易获得，我们需要提出本构方程，并使用基于 CCM 的材料属性对其进行校准。对于大多数实际问题，这个过程很繁琐。然而，对于 NOSB-PD，Stewart A. Silling 博士提出了一种称为本构对应的方法，该方法提供了一种将基于 CCM 的本构方程直接转换为 PD 形式的方法。这种方法使用了变形梯度的非局部定义。虽然本构对应方法很容易实现，但它涉及一个被称为零能模式的严重问题，它会导致解中出现虚假振荡。最初，研究者们试图通过引入零能控制力来解决这个问题。这需要对一个罚参数进行调优，以减少解场中振荡的程度。后来，人们认识到这种非物理结果的根源在于基于积分的非局部变形梯度的定义。此后，人们提出了许多方法来修正这一定义，例如，广义非线性 Seth-Hill 应变测量法、应力点法、罚函数法、利用键型项修正变形梯度法、子影响域法、键辅助变形梯度法等。在本书中，我们使用 PD 和 PD 微分算子 (PDDO) 的弱形式，效仿键辅助 (BA) 变形梯度来消除零能模式。由 Erdogan Madenci 博士提出的 PDDO 提供了微分和积分之间的桥梁。任意阶导数项都可以被转换成其非局部表示。另一方面，PD 的弱形式能够在 PD 中施加边界条件。传统 NOSB-PD 的另一个问题是边界扭结，通常出现在用于施加边界条件的边界区域附近。这种扭结引起的应力集中是塑性和蠕变问题中的一个主要问题，其中边界会非物理失效。我们提出了一种消除这种位移扭结的方法，使 PD 在这类问题中有效。

本书首先概述了 PD 和 PDDO 的基础知识。讨论了当前 PD 模型的不足之处，并提出了改进建议。通过准静态加载和动态加载的数值算例验证了 BA-PD 模型的有效性。为了施加边界条件，本书推导出了 PD 的弱形式。采用 BA-PD 模型研究了聚合物和黏性—超弹性材料的有限变形。为了直接施加边界条件，并消除边界附近的位移扭结，提出了一种改进的 PD 算法。应用该算法研究了热弹性变形、塑性变形和蠕变变形。利用平衡定律，系统推导了轴对称结构和有限变形梁的 PD 理论。并通过实验观察和基准问题验证了其有效性。为了消除原始 BB-PD 模型的不足，对各向同性材料，考虑了含有旋转运动学的 BB-PD。并将该方法推广到复合材料，通过考虑破坏预测验证了该方法的性能。由于 PD 分析的非局部性，其计算成本很高。将 PD 与有限元耦合，为提高计算效率提供了一条可行的途径。我们提出了一种基于虚功的方法，可以在不需要过渡区域的情况下实现 PD 和 FEM 的耦合。在商用软件 ANSYS 中求解与 BB-PD 相关的控制方程。近年来，机器学习和神经网络在许多工程应用中引起了广泛的兴趣，我们提出了一种基于 PD 的物理信息神经网络 (PINN)，并用于刚性冲头压痕区域变形的求解和材料参数的识别。

对于所给出的全部应用，本书详细解释了如何构建解的过程。在网站 http://extras.springer.com 上可以获得所选数值算例的求解过程的示例代码，以便科研工作者和研究生们可以修改这些代码，并为特定问题开发出他们自己的求解算法。我们希望通过本书为初学者以及当前的近场动力学研究者提供近场动力学的最新进展和应用，以进一步加速近场动力学的发展。

我们非常感谢 Sundaram Vinod K. Anicode 先生、Atila Barut 博士、Yanan Zhang 博士为协助完成本书所作的宝贵贡献和努力。同时，我们感谢 Ehsan Haghighat 博士和 Ali Can Bekar 先生所作的贡献。第一作者也感谢 NAVAIR 的 Nam Phan 博士对 PD 理论及其应用的进一步发展所给予的鼓励和支持。

最后，在本书的编写过程中，我们感谢许多近场动力学领域同仁的鼓励和支持。我们还要感谢 AFOSR 的 MURI 研究中心的项目经理 (D. Stargel 博士、A. Sayir 博士、F. Fahroo 博士和 M. J. Schmidt 博士) 对在亚利桑那大学开展的

"用近场动力学预测材料破坏"研究工作给予的鼓励和支持 (AFOSR Grant No. FA9550-14-1-0073),以及 Idaho 国家实验室的项目经理 (B. Spencer 博士和 S. Novascone 博士) 通过 NEUP 给予的资助 (NU-16-AZ-UA_040101-01)。

美国亚利桑那州图森市 (Tucson, AZ, USA)　埃尔多安·马德西 (Erdogan Madenci)

印度丹巴德 (Dhanbad, India)　普拉内什·罗伊 (Pranesh Roy)

美国亚利桑那州图森市 (Tucson, AZ, USA)　迪帕克·贝赫拉 (Deepak Behera)

目 录

译者序
原书序
第一章 近场动力学基础 ·· 1
　1.1　引言 ·· 1
　1.2　基本概念 ·· 1
　1.3　键运动学 ·· 2
　1.4　近场动力学平衡方程 ··· 3
　1.5　近场动力学力密度矢量 ··· 5
　　　1.5.1　键型力密度矢量 ··· 5
　　　1.5.2　常规态型力密度矢量 ·· 6
　　　1.5.3　非常规态型力密度矢量 ·· 12
　1.6　近场动力学边界条件 ··· 15
　1.7　损伤与破坏 ··· 15
　1.8　离散化 ··· 17
　　　1.8.1　空间积分 ··· 17
　　　1.8.2　时间积分 ··· 19
　　　1.8.3　边界条件的施加 ··· 19
　1.9　不连续 ··· 21
　参考文献 ·· 23
第二章 近场动力学微分算子 ··· 26
　2.1　引言 ··· 26
　2.2　基本概念 ··· 26
　2.3　用于二维分析的近场动力学函数 ·· 27
　2.4　用于三维分析的近场动力学函数 ·· 32
　2.5　平衡方程与应变能密度函数的近场动力学形式 ························· 38
　　　2.5.1　应力平衡方程的近场动力学形式 ···································· 39
　　　2.5.2　变形梯度张量的近场动力学形式 ···································· 41
　　　2.5.3　应变能密度函数的近场动力学形式 ································ 42
　　　2.5.4　位移平衡方程的近场动力学形式 ···································· 46

参考文献 ·· 47
第三章　改进的近场动力学 ··································· 49
　3.1　引言 ··· 49
　3.2　键型力密度矢量 ······································· 50
　3.3　常规态型力密度矢量 ··································· 55
　3.4　非常规态型力密度矢量 ································· 60
　　3.4.1　准静态加载 ······································ 62
　　3.4.2　动态加载 ·· 66
　参考文献 ·· 71

第四章　近场动力学平衡方程的弱形式 ·························· 73
　4.1　引言 ··· 73
　4.2　近场动力学平衡方程的弱形式 ··························· 73
　4.3　Neo-Hookean 材料的本构模型 ···························· 82
　4.4　数值实现 ··· 83
　4.5　数值结果 ··· 85
　附录 ··· 87
　参考文献 ··· 91

第五章　超弹性材料的近场动力学建模 ·························· 93
　5.1　引言 ··· 93
　5.2　Anand 模型 ·· 95
　5.3　破坏准则 ··· 96
　5.4　数值实现 ··· 97
　5.5　数值结果 ··· 98
　附录 ·· 104
　参考文献 ·· 106

第六章　黏性—超弹性变形的近场动力学建模 ·················· 109
　6.1　引言 ·· 109
　6.2　本构模型 ·· 110
　　6.2.1　超弹性响应 ····································· 110
　　6.2.2　黏弹性响应 ····································· 111
　　6.2.3　弹性—黏弹性材料界面 ··························· 114
　6.3　切模量 ·· 115
　6.4　数值结果 ·· 116
　　6.4.1　黏弹性棱柱的松弛与蠕变响应 ···················· 120
　6.5　松弛响应 ·· 121

目录

    6.6   蠕变与恢复响应 ·· 121
        6.6.1   非均质棱柱的蠕变响应 ·· 123
    参考文献 ·· 127

第七章　无虚拟层时边界条件的直接施加 ·· 129
    7.1   引言 ·· 129
    7.2   均匀变形下的近场动力学平衡方程 ·· 130
    7.3   近场动力学方程的统一 ·· 133
    7.4   数值实现 ·· 133
    7.5   数值结果 ·· 139
        7.5.1   常规边界条件 ··· 139
        7.5.2   混合边界条件 ··· 149
    参考文献 ·· 153

第八章　热弹性变形的近场动力学建模 ·· 155
    8.1   引言 ·· 155
    8.2   热弹性变形 ··· 156
    8.3   数值实现 ·· 157
    8.4   数值结果 ·· 160
    参考文献 ·· 164

第九章　弹塑性变形的近场动力学建模 ·· 166
    9.1   引言 ·· 166
    9.2   具有各向同性硬化的平面应变的 J_2 塑性公式 ························ 167
    9.3   数值实现 ·· 169
        9.3.1   返回映射算法 ··· 169
        9.3.2   弹塑性切模量 ··· 170
        9.3.3   算法细节 ·· 171
    9.4   数值结果 ·· 173
    参考文献 ·· 178

第十章　蠕变的近场动力学建模 ·· 179
    10.1   引言 ·· 179
    10.2   Liu 和 Murakami 的蠕变损伤模型 ····································· 180
    10.3   应变增量与应力状态 ·· 181
    10.4   NOSB-PD 力密度矢量 ·· 182
    10.5   数值实现 ·· 183
    10.6   数值结果 ·· 184
        10.6.1   单轴蠕变 ··· 184

  10.6.2 矩形平板的蠕变变形 ································· 189
 参考文献 ··· 192

第十一章 轴对称近场动力学分析 ································· 194
 11.1 引言 ·· 194
 11.2 轴对称假设 ·· 194
 11.3 机械功率平衡的 PD 形式 ······························ 196
 11.4 热功率平衡的 PD 形式 ································· 197
 11.5 内能密度变化率的 PD 形式 ···························· 198
 11.6 轴对称 PD 运动方程 ···································· 199
 11.7 力密度矢量的确定 ······································· 202
 11.8 柯西应力的演变 ··· 206
 11.9 Johnson-Cook 塑性模型 ································· 207
 11.10 等效塑性应变的确定 ································· 208
 11.11 柯西应力与温度的演变 ······························ 209
 11.12 数值模拟 ··· 209
 参考文献 ··· 214

第十二章 有限变形梁的近场动力学建模 ······················ 216
 12.1 引言 ·· 216
 12.2 PD 能量平衡 ··· 217
 12.3 Simo-Reissner 梁理论 ··································· 218
 12.4 PD 梁运动方程 ·· 221
  12.4.1 刚性平移不变性 ································· 221
  12.4.2 刚性旋转不变性 ································· 223
 12.5 PD 梁的功率共轭与变形态 ···························· 226
 12.6 本构对应 ··· 227
 12.7 本构方程 ··· 230
 12.8 旋转更新 ··· 231
 12.9 应变更新 ··· 231
 12.10 数值实现 ··· 232
  12.10.1 使用 Newton-Raphson 方法的准静态解 ····· 232
  12.10.2 使用弧长方法的准静态解 ···················· 238
  12.10.3 拟动态方法 ······································ 239
 12.11 零能模式的消除 ······································· 240
 12.12 数值结果 ··· 241
  12.12.1 悬臂梁的纯弯曲 ································ 241

　　　　12.12.2　带切口的圆形梁的伸展 ·············· 242
　　　　12.12.3　半圆拱的大挠度 ················· 244
　　　　12.12.4　点载荷作用下的支架 ··············· 246
　附录 ································· 249
　参考文献 ······························· 250
第十三章　键转动键型近场动力学 ··················· 252
　13.1　引言 ····························· 252
　13.2　键运动学 ··························· 253
　13.3　近场动力学微势与键力 ····················· 255
　13.4　守恒律 ···························· 257
　13.5　非对称影响域内的键力 ····················· 260
　13.6　键常数 ···························· 261
　13.7　键断裂准则 ·························· 267
　13.8　数值实现 ··························· 273
　13.9　数值结果 ··························· 282
　　　　13.9.1　开口模式下的裂纹扩展 ·············· 283
　　　　13.9.2　剪切模式下的裂纹扩展 ·············· 285
　参考文献 ······························· 287
第十四章　复合材料层合板的键转动键型近场动力学 ············· 290
　14.1　引言 ····························· 290
　14.2　近场动力学微势 ························ 290
　14.3　近场动力学键常数 ······················· 291
　14.4　近场动力学键力 ························ 295
　14.5　纤维微模量的表面修正 ····················· 297
　14.6　数值实现 ··························· 298
　14.7　键伸长率与转动角的计算 ···················· 299
　14.8　键断裂准则 ·························· 300
　14.9　数值结果 ··························· 300
　　　　14.9.1　拉伸作用下的层合板 ··············· 301
　　　　14.9.2　渐进破坏 ··················· 304
　参考文献 ······························· 309
第十五章　在ANSYS中耦合键型近场动力学与有限元 ············· 310
　15.1　引言 ····························· 310
　15.2　耦合方法 ··························· 311
　15.3　内力矢量 ··························· 315

- 15.4 PD 力矢量的离散形式 ········· 316
  - 15.4.1 BB 相互作用下的力矢量 ········· 316
  - 15.4.2 PDDO 相互作用下的力矢量 ········· 318
- 15.5 内力作用下 PD 区域内的虚功 ········· 323
- 15.6 沿边界内牵引力作用下 PD 区域内的虚功 ········· 327
- 15.7 惯性力作用下 PD 区域内的虚功 ········· 333
- 15.8 外牵引力作用下 PD 区域内的虚功 ········· 334
- 15.9 施加体载荷作用下 PD 区域内的虚功 ········· 335
- 15.10 内力作用下 FE 区域内的虚功 ········· 335
- 15.11 惯性力作用下 FE 区域内的虚功 ········· 336
- 15.12 施加外牵引力作用下 FE 区域内的虚功 ········· 336
- 15.13 施加体载荷作用下 FE 区域内的虚功 ········· 336
- 15.14 离散耦合 PD-FE 方程的组装 ········· 336
- 15.15 使用 MATRIX27 单元的 ANSYS 实现 ········· 338
  - 15.15.1 BB 相互作用下的刚度矩阵 ········· 339
  - 15.15.2 PDDO 相互作用下的刚度矩阵 ········· 339
  - 15.15.3 沿边界 PD 内牵引力作用下的刚度矩阵 ········· 340
- 15.16 数值结果 ········· 343
  - 15.16.1 准静态加载下的平板 ········· 343
  - 15.16.2 瞬时加载下的平板 ········· 347
- 参考文献 ········· 351

第十六章 用于物理信息神经网络的近场动力学 ········· 353
- 16.1 引言 ········· 353
- 16.2 PINN 构架的基础 ········· 353
- 16.3 非局部 PINN 架构 ········· 355
- 16.4 线弹性变形的控制方程 ········· 357
- 16.5 线弹性变形的损失函数 ········· 358
- 16.6 数值结果 ········· 358
  - 16.6.1 局部 PINN 结果 ········· 361
  - 16.6.2 非局部 PINN 结果 ········· 364
- 参考文献 ········· 370

索引 ········· 372

第一章　近场动力学基础

1.1　引　　言

为了克服经典连续介质力学 (CCM) 的局限性，Silling(2000) 通过假设物质点之间在有限距离内直接相互作用，提出了键型近场动力学 (PD) 理论。这些相互作用是通过传递力密度的键产生的。PD 运动方程是一个积分方程，对于有裂纹等不连续的连续体仍然有效。它允许损伤在非指定位置的多个部位成核，并沿无制导复杂路径传播。损伤的开始和演变是通过消除物质点之间的相互作用 (键) 来实现的，这被称为键断裂。这些新特点使 PD 理论与 CCM 不同，后者的相互作用仅发生在无限小的距离上，且运动方程是偏微分方程的形式。PD 理论还提供了连接不同长度尺度的能力，可以视其为连续版本的分子动力学。它可以在一个统一框架内解决多物理场和多尺度的破坏预测。Silling 等 (2007) 提出了态型 PD 理论，并提供了严格的数学基础，同时，还通过使用现有材料模型建立了与 CCM 的关联。Madenci 和 Oterkus(2014) 提供了 PD 控制方程的深入推导和许多不同的工程应用。

1.2　基本概念

PD 域由物质点组成，每个点占据一个无限小的体积 dV_x。一个物质点与有限距离内的其他物质点存在相互作用。点之间的相互作用程度可通过无量纲权函数 $w(|\xi|)$ 来指定。如图 1.1 所示，物质点 $\mathbf{x}$ 的影响在其范围之外减弱的空间区域被称为它的影响域 H_x。影响域的形状被认为是球形的。影响域的尺寸或半径也被称为内部长度参数 δ，是衡量非局部行为的标准。位于相互作用域 H_x 内的点 $\mathbf{x}'$，被称为点 $\mathbf{x}$ 的族成员。这些点之间的相对位置矢量在笛卡儿坐标系下被定义为 $\boldsymbol{\xi} = \mathbf{x}' - \mathbf{x}$ 或 $\boldsymbol{\xi}' = \mathbf{x} - \mathbf{x}'$。最终，点 $\mathbf{x}$ 处的位移场 $\mathbf{u}$ 通过相互作用直接受到其他点 $\mathbf{x}'$ 处的位移 $\mathbf{u}'$ 的影响。相互作用的非局部性依赖于影响域的尺寸，它可以被认为类似于一个材料参数。适当的影响域尺寸可能取决于某些因素，如物质点之间相互作用的物理性质、几何形状和载荷。在原子层面上，影响域尺寸取决于相互作用的物理性质，是原子间距离的量级。Weckner 和 Silling(2011) 通过匹配 PD 和原子模拟的色散曲线证实了这一点。对于连续介质模型，PD 影响域尺寸可以被理解为 "有效相互作用距离" 或 "有效长度尺度"。由于 PD 理论主要

应用于材料的断裂建模，对连续介质模型影响域尺寸的选择可能取决于多个因素，如存在非均匀性时的平滑距离、晶粒尺寸、特征长度和尺寸效应等。Bobaru 和 Hu(2012) 对影响域尺寸的意义和选择进行了全面讨论。

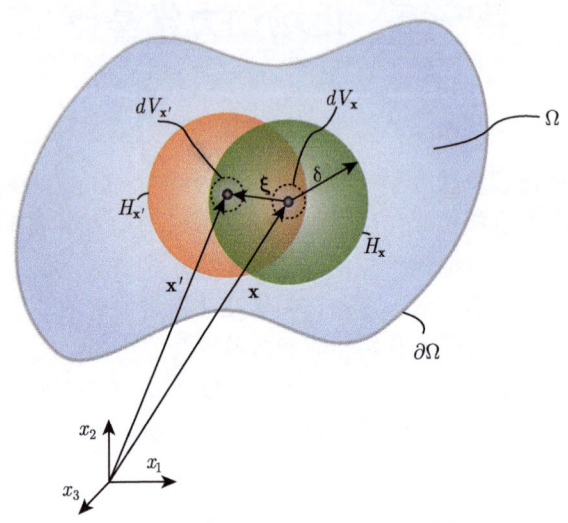

图 1.1　点 **x** 和 **x**′ 在其相互作用域内的位置

1.3　键运动学

如图 1.2 所示，在笛卡儿坐标系下，物质点 **x** 和 **x**′ 之间的相对位置矢量定义了一个近场动力学键。在外加载荷作用下，这些物质点的位移分别为 **u** = **u**(**x**) 和 **u**′ = **u**(**x**′)。在变形状态下，它们的位置变成 **y** = **x** + **u** 和 **y**′ = **x**′ + **u**′。点 **x** 和 **x**′ 之间的相对位移矢量被定义为 **η** = **u**′ − **u**。单位矢量 **n** 定义为 **n** = **ξ**/|**ξ**|。

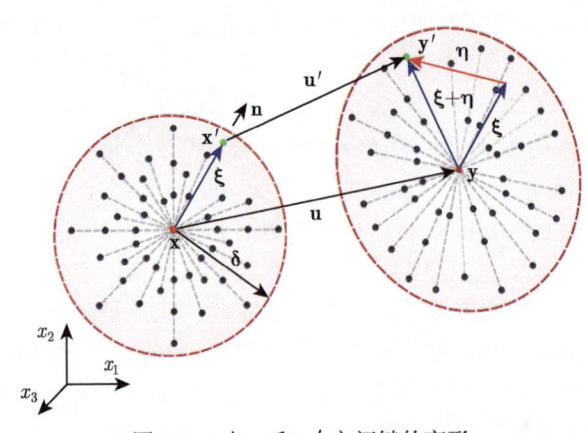

图 1.2　点 **x** 和 **x**′ 之间键的变形

1.4 近场动力学平衡方程

PD 理论的基本假设是一个物质点通过内力与有限距离内的其他物质点相互作用。利用虚功原理，Silling 和 Lehoucq(2010) 推导出 $\mathbf{x}$ 点处的 PD 运动方程为

$$\rho \ddot{\mathbf{u}}(\mathbf{x},t) = \mathbf{L}^{\mathrm{PD}}(\mathbf{x},t) + \mathbf{b}(\mathbf{x},t), \quad \text{其中 } \mathbf{x} \in \Omega \tag{1.1}$$

式中，

$$\mathbf{L}^{\mathrm{PD}}(\mathbf{x},t) = \int_{H_\mathbf{x}} (\mathbf{t}(\mathbf{x},t) - \mathbf{t}(\mathbf{x}',t))\, dV_{\mathbf{x}'} \tag{1.2}$$

这里 ρ 是质量密度，$\ddot{\mathbf{u}}$ 是加速度矢量，$\mathbf{b}$ 是体力密度矢量，$dV_{\mathbf{x}'}$ 是物质点 $\mathbf{x}'$ 的体积。内部点包含在由 Ω 表示的域中。边界点包含在由 $\partial\Omega$ 表示的物质层中。PD 运动方程中的积分不含位移场的空间导数。因此，它适用于区域中存在不连续的情况。

上式中用内力矢量 $\mathbf{L}^{\mathrm{PD}}$ 替换了 CCM 中应力张量 $\mathbf{P}$ 的散度，即

$$\mathbf{L}(\mathbf{x},t) = \nabla \cdot \mathbf{P}(\mathbf{x},t), \quad \text{其中 } \mathbf{x} \in \Omega \tag{1.3}$$

式中 $\mathbf{P}(\mathbf{x},t)$ 为点 $\mathbf{x}$ 处第一 Piola-Kirchhoff 应力张量。Silling 和 Lehoucq(2010) 已证明，对于足够光滑的位移场，当影响域尺寸缩小到零时，PD 理论收敛于 CCM，即

$$\mathbf{L}(\mathbf{x},t) = \lim_{\delta \to 0} \mathbf{L}^{\mathrm{PD}}(\mathbf{x},t) \tag{1.4}$$

方程 (1.2) 中的力密度矢量 $\mathbf{t} = \mathbf{t}(\mathbf{x},t)$ 和 $\mathbf{t}' = \mathbf{t}(\mathbf{x}',t)$ 包含了本构信息，并描述了物质点之间的相互作用。因为它们在运动方程中具有反对称结构，所以它们自动满足线动量平衡。然而，它们还必须满足角动量平衡，可表示为 (Silling et al., 2007)

$$\int_{H_\mathbf{x}} (\mathbf{y}' - \mathbf{y}) \times \mathbf{t}\, dV_{\mathbf{x}'} = \mathbf{0} \tag{1.5}$$

根据力密度矢量的大小和方向，PD 运动方程被分为"键型 (BB)"、"常规态型 (OSB)"和"非常规态型 (NOSB)"PD。如图 1.3 所示，在 BB-PD 公式中，一对物质点的相互作用不受其相互作用域内其他点的影响。然而，OSB-PD 和 NOSB-PD 公式依赖于它们相互作用域内其他点的影响。"常规"分类表示力密度矢量与相互作用线或其相对位置矢量对齐。BB-PD 是 OSB-PD 的一个特例，其中力密度矢量大小相等而作用方向相反，即 $\mathbf{t} = \mathbf{f}/2$。所有这些力密度矢量都遵循线动量和角动量守恒定律，Silling(2000) 以及 Silling 等 (2007) 对此进行了详细研究。

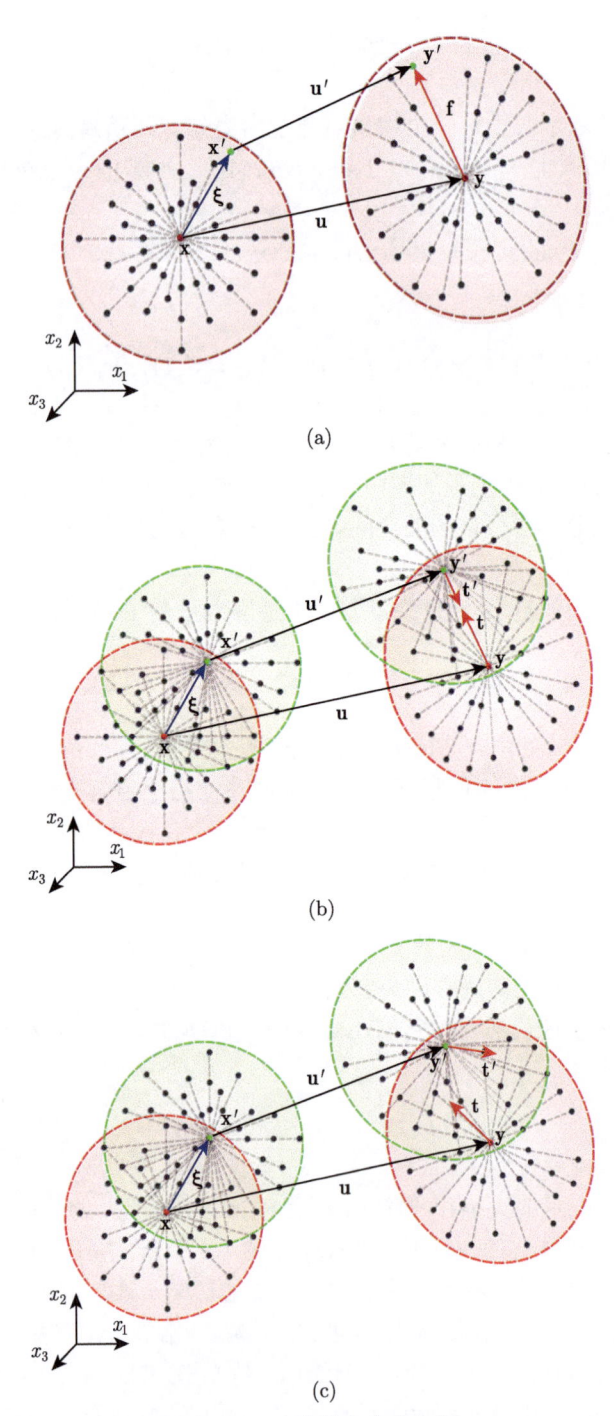

图 1.3　PD 中的力密度矢量

(a) BB；(b) OSB；(c) NOSB

由 Silling(2000) 提出的 BB-PD 在概念上非常简单，没有引入小位移的假设。然而，它不区分膨胀型变形和畸变型变形。因此，它只呈现出一个独立的弹性常数；第二个弹性常数有一个固定的值，这个值依赖于分析的维度。在二维平面应力条件下，泊松比等于 1/3；在二维的平面应变和三维条件下，泊松比等于 1/4。对应的应变能密度 (SED) 函数用两个物质点之间的伸长率和一个被称为"微模量"的 PD 材料参数来表示。内力矢量被表示为 (Silling, 2000)

$$\mathbf{L}(\mathbf{x}) = \int_{H_\mathbf{x}} \mathbf{f}(\mathbf{u}' - \mathbf{u}, \mathbf{x}' - \mathbf{x}) \, dV_{\mathbf{x}'} \tag{1.6}$$

如图 1.3(a) 所示，键力矢量 $\mathbf{f}(\mathbf{u}' - \mathbf{u}, \mathbf{x}' - \mathbf{x})$ 描述了物质点之间的成对相互作用。它是物质点 $\mathbf{x}'$ 对物质点 $\mathbf{x}$(在每单位体积的平方上) 施加的力矢量。正如 Silling 和 Askari(2005) 所建议的，物质点之间的键力可以通过微势来表示，这个微势取决于材料的变形和本构特性。

由 Silling 等 (2007) 提出的 OSB-PD 保留了两个独立的弹性常数，即杨氏模量和泊松比。然而，力密度—拉伸关系的确定需要具有显式形式的 SED 函数。对于一种被称为"线性近场动力学固体"的材料，基于变形态和力态，Silling 等 (2007) 对三维分析提出了一种 SED 函数。Madenci(2017) 通过引入 PD 积分，给出了应变不变量的 PD 形式。因此，对线弹性和超弹性各向同性材料，已有的经典 SED 函数的 PD 形式可以很容易地构造出来。

由 Silling 等 (2007) 提出的 NOSB-PD 也引用了现有的经典连续介质本构关系。利用变形梯度张量和应力张量的 PD 表示，将经典连续介质本构模型转换为 PD 框架，从而建立了经典应力张量和 PD 力密度矢量之间的联系。这也被称为"PD 对应材料模型"。具体来说，NOSB-PD 需要变形梯度张量的非局部 PD 表示，这是对经典局部形式的一种近似，以获得应力张量。随后，能够根据应力张量确定在 PD 运动方程中出现的力密度矢量。

1.5 近场动力学力密度矢量

1.5.1 键型力密度矢量

Silling 和 Askari(2005) 推导出由键的伸长引起的力密度矢量 $\mathbf{f}$ 的表达式为

$$\mathbf{f}(\mathbf{u}' - \mathbf{u}, \mathbf{x}' - \mathbf{x}) = cs \frac{\mathbf{y}' - \mathbf{y}}{|\mathbf{y}' - \mathbf{y}|} \tag{1.7}$$

其中键的伸长率被定义为

$$s = \frac{|\mathbf{y}' - \mathbf{y}| - |\boldsymbol{\xi}|}{|\boldsymbol{\xi}|} \tag{1.8}$$

如图 1.4 所示，力密度矢量的方向是沿着变形构型中键的方向。常数 c 表示与键的伸长有关的微模量。通过将 SED 函数的 PD 表示与 CCM 中的 SED 函数等价，可以直接建立微模量与工程材料常数之间的关系。这个关系可以被表示为

$$c = \begin{cases} \dfrac{6E}{\pi\delta^4(1-2\nu)} = \dfrac{30}{\pi\delta^4}\mu, & \text{三维}, \quad \text{其中}\nu = 1/4 \\[2mm] \dfrac{6E}{\pi h\delta^3(1+\nu)(1-2\nu)} = \dfrac{24}{\pi h\delta^3}\mu, & \text{平面应变}, \quad \text{其中}\nu = 1/4 \\[2mm] \dfrac{6E}{\pi h\delta^3(1-\nu)} = \dfrac{24}{\pi h\delta^3}\mu, & \text{平面应力}, \quad \text{其中}\nu = 1/3 \end{cases} \quad (1.9)$$

其中 μ 是剪切模量，h 是厚度。由于物质点 **x** 和 **x**′ 的成对相互作用，力密度矢量自动满足线动量和角动量平衡。

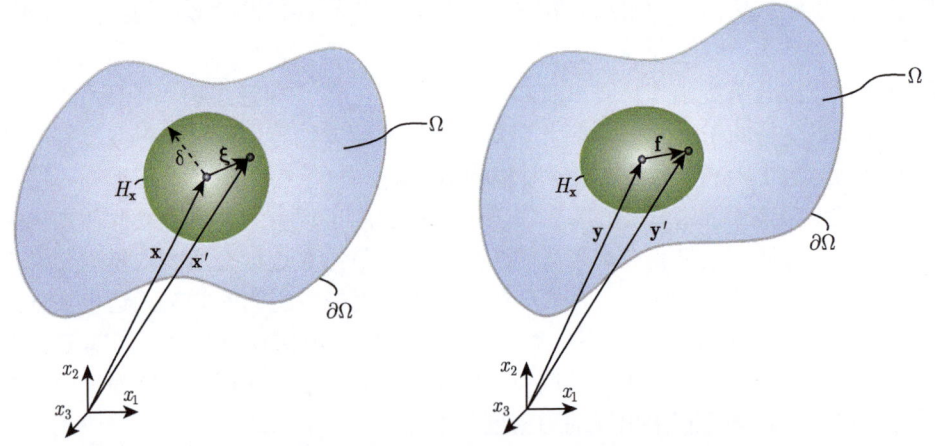

图 1.4 物质点 **x** 与其族成员 **x**′ 的成对相互作用

1.5.2 常规态型力密度矢量

如图 1.5 所示，**t** 和 **t**′ 是 OSB-PD 中的力密度矢量，它们大小不等，但是与变形态中的相对位置矢量平行，即 $\mathbf{t} \parallel (\mathbf{y}' - \mathbf{y})$。由于力密度矢量的方向与变形构型中键的方向平行，所以它们满足角动量平衡方程 (1.5)。但确定它们需要表示材料行为的显式形式的 SED 函数。

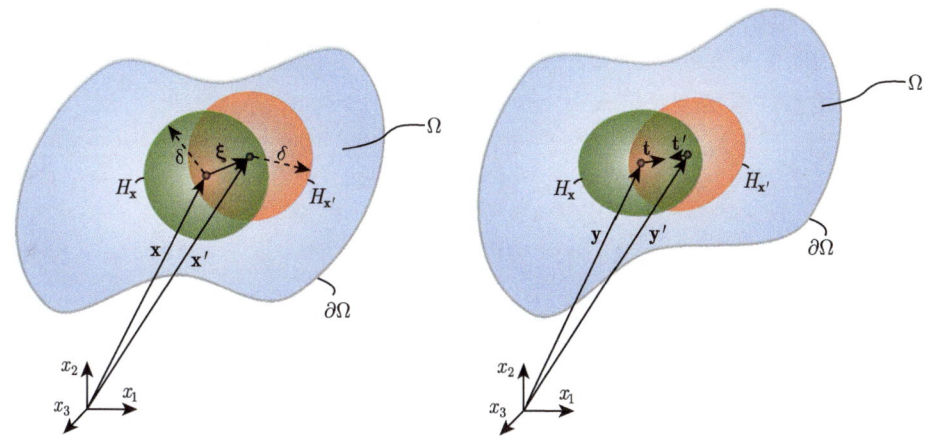

图 1.5 近场动力学点 **x** 和 **x**′ 的相互作用以及在变形态中产生的力密度矢量

对于三维分析，针对线性 PD 固体，Silling 等 (2007) 建议 SED 函数具有下列形式

$$W^{\text{PD}}(\mathbf{x}) = \frac{\kappa}{2}\theta^2(\mathbf{x}) + \frac{15\mu}{2m} \int_{H_\mathbf{x}} w(|\boldsymbol{\xi}|)\left[(|\mathbf{y}' - \mathbf{y}| - |\boldsymbol{\xi}|) - \frac{\theta(\mathbf{x})|\boldsymbol{\xi}|}{3}\right]^2 dV_{\mathbf{x}'}, \quad \text{对于三维} \tag{1.10}$$

这里 $\kappa = \dfrac{E}{3(1-2\nu)}$ 是体积弹性模量，其中 E 表示杨氏模量。对这个材料模型进行校正，使其对所有不含膨胀的变形都与经典各向同性线弹性材料响应相对应。膨胀率 $\theta(\mathbf{x})$ 的 PD 形式被定义为

$$\theta(\mathbf{x}) = \frac{\text{tr}(\mathbf{I})}{m}\int_{H_\mathbf{x}} w(|\boldsymbol{\xi}|)\left(|\mathbf{y}' - \mathbf{y}| - |\boldsymbol{\xi}|\right)|\boldsymbol{\xi}|dV_{\mathbf{x}'} \tag{1.11}$$

其中 **I** 是单位矩阵，其迹 tr(**I**) 等于 2 或者 3，这取决于分析的维度。参数 m 被定义为

$$m = \int_{H_\mathbf{x}} w(|\boldsymbol{\xi}|)|\boldsymbol{\xi}|^2 dV_{\mathbf{x}'} \tag{1.12}$$

这里权函数 $w(|\boldsymbol{\xi}|)$ 被指定为

$$w(|\boldsymbol{\xi}|) = \left(\frac{\delta}{|\boldsymbol{\xi}|}\right)^2 \tag{1.13}$$

通过计算，可知

$$m = V\delta^2 \tag{1.14}$$

其中 V 表示相互作用域的体积,这个相互作用域对三维和二维分析分别为球体形式 $V = 4\pi\delta^3/3$ 和圆盘形式 $V = h\pi\delta^2$。参数 h 表示圆盘的厚度。

把权函数代入这些表达式中,可得

$$W^{\mathrm{PD}}(\mathbf{x}) = \frac{\kappa}{2}\theta^2(\mathbf{x}) + \frac{45\mu}{2\times 4\pi\delta^3}\int_{H_{\mathbf{x}}}\left[\left(\frac{|\mathbf{y}'-\mathbf{y}|-|\boldsymbol{\xi}|}{|\boldsymbol{\xi}|}\right) - \frac{\theta(\mathbf{x})}{3}\right]^2 dV_{\mathbf{x}'}, \quad \text{对于三维} \tag{1.15}$$

和

$$\theta(\mathbf{x}) = \frac{9}{4\pi\delta^3}\int_{H_{\mathbf{x}}}\frac{(|\mathbf{y}'-\mathbf{y}|-|\boldsymbol{\xi}|)}{|\boldsymbol{\xi}|}dV_{\mathbf{x}'}, \quad \text{对于三维} \tag{1.16}$$

对于这个 SED 函数,Silling 等 (2007) 推导出相关的力密度矢量为

$$\mathbf{t}(\mathbf{x}) = \frac{9\mu}{4\pi\delta^3}\left(\left(\frac{4\nu-1}{1-2\nu}\right)\frac{\theta(\mathbf{x})}{|\boldsymbol{\xi}|} + \frac{5}{|\boldsymbol{\xi}|}\frac{(|\mathbf{y}'-\mathbf{y}|-|\boldsymbol{\xi}|)}{|\boldsymbol{\xi}|}\right)\frac{\mathbf{y}'-\mathbf{y}}{|\mathbf{y}'-\mathbf{y}|}, \quad \text{对于三维} \tag{1.17}$$

对于小变形假设下的线弹性响应,Madenci(2017) 最近通过采用应变不变量的 PD 形式,给出了经典 SED 函数的 PD 形式为

$$W^{\mathrm{PD}}(\mathbf{x}) = \frac{1}{2}\mu\left(\frac{4\nu-1}{1-2\nu}\theta^2(\mathbf{x}) + \frac{15}{m}\int_{H_{\mathbf{x}}}w(|\boldsymbol{\xi}|)(|\mathbf{y}'-\mathbf{y}|-|\boldsymbol{\xi}|)^2 dV_{\mathbf{x}'}\right), \quad \text{对于三维} \tag{1.18}$$

$$W^{\mathrm{PD}}(\mathbf{x}) = \frac{1}{2}\mu\left(\frac{4\nu-1}{1-2\nu}\theta^2(\mathbf{x}) + \frac{8}{m}\int_{H_{\mathbf{x}}}w(|\boldsymbol{\xi}|)(|\mathbf{y}'-\mathbf{y}|-|\boldsymbol{\xi}|)^2 dV_{\mathbf{x}'}\right), \quad \text{对于平面应变} \tag{1.19}$$

和

$$W^{\mathrm{PD}}(\mathbf{x}) = \frac{1}{2}\mu\left(\frac{3\nu-1}{1-\nu}\theta^2(\mathbf{x}) + \frac{8}{m}\int_{H_{\mathbf{x}}}w(|\boldsymbol{\xi}|)(|\mathbf{y}'-\mathbf{y}|-|\boldsymbol{\xi}|)^2 dV_{\mathbf{x}'}\right), \quad \text{对于平面应力} \tag{1.20}$$

根据 Madenci 和 Oterkus(2014),基于用 SED 函数的 PD 形式表示的离散形式的 PD 力密度矢量的表达式,可以建立点 $\mathbf{x}$ 处的力密度矢量在影响域内引起的虚功与 SED 函数的变分之间的关系为

$$\int_{H_{\mathbf{x}}}\mathbf{t}(\mathbf{x})\cdot\left(\delta(|\mathbf{y}'-\mathbf{y}|)\frac{\mathbf{y}'-\mathbf{y}}{|\mathbf{y}'-\mathbf{y}|}\right)dV_{\mathbf{x}'} = \delta W^{\mathrm{PD}}(\mathbf{x}) \tag{1.21}$$

有了显式形式的 SED 函数 (方程 (1.18) ~ (1.20)),并根据方程 (1.21) 和 $\mathbf{t} \parallel (\mathbf{y}'-\mathbf{y})$,可以得到三维和二维分析的力密度表达式为

第一章 近场动力学基础

$$\mathbf{t}(\mathbf{x}) = \frac{3}{m}w(|\boldsymbol{\xi}|)\mu \left\{ \frac{4\nu-1}{1-2\nu}|\boldsymbol{\xi}|\theta(\mathbf{x}) + 5(|\mathbf{y}'-\mathbf{y}|-|\boldsymbol{\xi}|) \right\} \frac{\mathbf{y}'-\mathbf{y}}{|\mathbf{y}'-\mathbf{y}|}, \quad \text{对于三维} \tag{1.22}$$

$$\mathbf{t}(\mathbf{x}) = \frac{2}{m}w(|\boldsymbol{\xi}|)\mu \left\{ \frac{4\nu-1}{1-2\nu}|\boldsymbol{\xi}|\theta + 4(|\mathbf{y}'-\mathbf{y}|-|\boldsymbol{\xi}|) \right\} \frac{\mathbf{y}'-\mathbf{y}}{|\mathbf{y}'-\mathbf{y}|}, \quad \text{对于平面应变} \tag{1.23}$$

和

$$\mathbf{t}(\mathbf{x}) = \frac{2}{m}w(|\boldsymbol{\xi}|)\mu \left\{ \frac{3\nu-1}{1-\nu}|\boldsymbol{\xi}|\theta + 4(|\mathbf{y}'-\mathbf{y}|-|\boldsymbol{\xi}|) \right\} \frac{\mathbf{y}'-\mathbf{y}}{|\mathbf{y}'-\mathbf{y}|}, \quad \text{对于平面应力} \tag{1.24}$$

代入方程 (1.13) 中的权函数和相互作用域的体积后，对三维以及二维平面应变和平面应力分析，力密度—拉伸关系可以被确定为

$$\mathbf{t}(\mathbf{x}) = \mu \left\{ \left(\frac{4\nu-1}{1-2\nu}\right)\frac{9}{4\pi\delta^3}\frac{1}{|\boldsymbol{\xi}|}\theta(\mathbf{x}) + \frac{45}{4\pi\delta^3}\frac{1}{|\boldsymbol{\xi}|}\frac{|\mathbf{y}'-\mathbf{y}|-|\boldsymbol{\xi}|}{|\boldsymbol{\xi}|} \right\} \frac{\mathbf{y}'-\mathbf{y}}{|\mathbf{y}'-\mathbf{y}|}, \quad \text{对于三维} \tag{1.25}$$

$$\mathbf{t}(\mathbf{x}) = \mu \left\{ \left(\frac{4\nu-1}{1-2\nu}\right)\frac{2}{h\pi\delta^2}\frac{1}{|\boldsymbol{\xi}|}\theta(\mathbf{x}) + \frac{8}{h\pi\delta^2}\frac{1}{|\boldsymbol{\xi}|}\frac{|\mathbf{y}'-\mathbf{y}|-|\boldsymbol{\xi}|}{|\boldsymbol{\xi}|} \right\} \frac{\mathbf{y}'-\mathbf{y}}{|\mathbf{y}'-\mathbf{y}|}, \quad \text{对于平面应变} \tag{1.26}$$

和

$$\mathbf{t}(\mathbf{x}) = \left\{ \mu\left(\frac{3\nu-1}{1-\nu}\right)\frac{2}{h\pi\delta^2}\frac{1}{|\boldsymbol{\xi}|}\theta(\mathbf{x}) + \frac{8\mu}{h\pi\delta^2}\frac{1}{|\boldsymbol{\xi}|}\frac{|\mathbf{y}'-\mathbf{y}|-|\boldsymbol{\xi}|}{|\boldsymbol{\xi}|} \right\} \frac{\mathbf{y}'-\mathbf{y}}{|\mathbf{y}'-\mathbf{y}|}, \quad \text{对于平面应力} \tag{1.27}$$

其中

$$\theta(\mathbf{x}) = \frac{9}{4\pi\delta^3}\int_{H_\mathbf{x}} \frac{|\mathbf{y}'-\mathbf{y}|-|\boldsymbol{\xi}|}{|\boldsymbol{\xi}|}dV_{\mathbf{x}'}, \quad \text{对于三维} \tag{1.28}$$

和

$$\theta(\mathbf{x}) = \frac{2}{h\pi\delta^2}\int_{H_\mathbf{x}} \frac{|\mathbf{y}'-\mathbf{y}|-|\boldsymbol{\xi}|}{|\boldsymbol{\xi}|}dV_{\mathbf{x}'}, \quad \text{对于二维} \tag{1.29}$$

对于方程 (1.13) 中给定的权函数，由方程 (1.25) 导出的用于三维分析的力密度矢量与 Silling 等 (2007) 导出的方程 (1.17) 中的力密度矢量相同。然而，值得注意的是，Silling 等 (2007) 对线性 PD 固体在方程 (1.10) 中给出的显式形式的 SED 函数与方程 (1.18) 中给出的经典 SED 函数不同。

用于三维和二维分析的力密度矢量和膨胀率可被改写为如下简洁形式

$$\mathbf{t}(\mathbf{x}) = \left\{ ad\frac{1}{|\boldsymbol{\xi}|}\theta(\mathbf{x}) + b\frac{1}{|\boldsymbol{\xi}|}s \right\} \frac{\mathbf{y}' - \mathbf{y}}{|\mathbf{y}' - \mathbf{y}|} \tag{1.30}$$

和

$$\theta(\mathbf{x}) = d\int_{H_x} s dV \tag{1.31}$$

其中参数 a, b 和 d 被定义为

$$a = \begin{cases} \mu\left(\dfrac{4\nu - 1}{1 - 2\nu}\right), & \text{三维和平面应变} \\ \mu\left(\dfrac{3\nu - 1}{1 - \nu}\right), & \text{平面应力} \end{cases} \tag{1.32}$$

$$b = \begin{cases} \dfrac{45\mu}{4\pi\delta^3}, & \text{对于三维} \\ \dfrac{8\mu}{h\pi\delta^2}, & \text{对于二维} \end{cases} \tag{1.33}$$

和

$$d = \begin{cases} \dfrac{9}{4\pi\delta^3}, & \text{对于三维} \\ \dfrac{2}{h\pi\delta^2}, & \text{对于二维} \end{cases} \tag{1.34}$$

对于小位移和小旋转情况,Madenci 和 Oterkus(2014) 提出了 SED 函数的另一种形式为

$$W^{\mathrm{PD}} = \frac{\mu}{2}\left(\frac{4\nu-1}{1-2\nu}\right)\theta^2 + \frac{15\mu}{2\pi\delta^5}\int_{H_x} w(|\boldsymbol{\xi}|)\left(|\mathbf{y}'-\mathbf{y}|-|\boldsymbol{\xi}|\right)^2 dV_{\mathbf{x}'}, \quad \text{对于三维} \tag{1.35}$$

和

$$W^{\mathrm{PD}} = \frac{\mu}{2}\left(\frac{4\nu-1}{1-2\nu}\right)\theta^2 + \frac{12\mu}{2h\pi\delta^4}\int_{H_x} w(|\boldsymbol{\xi}|)\left(|\mathbf{y}'-\mathbf{y}|-|\boldsymbol{\xi}|\right)^2 dV_{\mathbf{x}'}, \quad \text{对于平面应变} \tag{1.36}$$

和

$$W^{\mathrm{PD}} = \frac{\mu}{2}\left(\frac{3\nu-1}{1-\nu}\right)\theta^2 + \frac{12\mu}{2h\pi\delta^4}\int_{H_x} w(|\boldsymbol{\xi}|)\left(|\mathbf{y}'-\mathbf{y}|-|\boldsymbol{\xi}|\right)^2 dV_{\mathbf{x}'}, \quad \text{对于平面应力} \tag{1.37}$$

其中

$$\theta(\mathbf{x}) = \frac{9}{4\pi\delta^4} \int_{H_\mathbf{x}} w(|\boldsymbol{\xi}|) \frac{(|\mathbf{y}'-\mathbf{y}|-|\boldsymbol{\xi}|)}{|\boldsymbol{\xi}|} |\boldsymbol{\xi}| dV_{\mathbf{x}'}, \quad \text{对于三维} \qquad (1.38)$$

和

$$\theta(\mathbf{x}) = \frac{2}{h\pi\delta^3} \int_{H_\mathbf{x}} w(|\boldsymbol{\xi}|) \frac{(|\mathbf{y}'-\mathbf{y}|-|\boldsymbol{\xi}|)}{|\boldsymbol{\xi}|} |\boldsymbol{\xi}| dV_{\mathbf{x}'}, \quad \text{对于二维} \qquad (1.39)$$

其中权函数被指定为

$$w(|\boldsymbol{\xi}|) = \frac{\delta}{|\boldsymbol{\xi}|} \qquad (1.40)$$

利用方程 (1.10)，可以确定力密度矢量为

$$\mathbf{t}(\mathbf{x}) = \left\{ ad\frac{\theta}{|\boldsymbol{\xi}|} + bs \right\} \frac{\mathbf{y}'-\mathbf{y}}{|\mathbf{y}'-\mathbf{y}|} \qquad (1.41)$$

其中体积的改变量变为

$$\theta(\mathbf{x}) = d \int_{H_\mathbf{x}} s dV_{\mathbf{x}'} \qquad (1.42)$$

这里参数 a, b 和 d 被定义为

$$a = \begin{cases} \mu\left(\dfrac{4\nu-1}{1-2\nu}\right), & \text{三维和平面应变} \\ \mu\left(\dfrac{3\nu-1}{1-\nu}\right), & \text{平面应力} \end{cases} \qquad (1.43)$$

$$b = \begin{cases} \dfrac{15\mu}{\pi\delta^4}, & \text{对于三维} \\ \dfrac{12\mu}{h\pi\delta^3}, & \text{对于二维} \end{cases} \qquad (1.44)$$

和

$$d = \begin{cases} \dfrac{9}{4\pi\delta^3}, & \text{对于三维} \\ \dfrac{2}{h\pi\delta^2}, & \text{对于二维} \end{cases} \qquad (1.45)$$

同样值得注意的是，力密度矢量公式 (1.41) 中的这些 OSB-PD 材料参数退化为 BB-PD 材料参数 (微模量)，其中力密度矢量大小相等。

1.5.3 非常规态型力密度矢量

NOSB-PD 是 PD 最广义的形式,如图 1.6 所示,其力密度矢量的大小可以不相等,方向也可以是任意的。通过比较 PD 虚功表达式和 CCM 虚功表达式,Silling 等 (2007) 以及 Madenci 和 Oterkus(2014) 推导出任何材料模型的力密度矢量,其显式形式为

$$\mathbf{t}(\mathbf{x}) = \mathbf{P}^{\mathrm{PD}}(\mathbf{x})\mathbf{g}(\mathbf{x},\boldsymbol{\xi}) \tag{1.46}$$

其中矢量 $\mathbf{g}(\mathbf{x},\boldsymbol{\xi})$ 定义为

$$\mathbf{g}(\mathbf{x},\boldsymbol{\xi}) = w(|\boldsymbol{\xi}|)\mathbf{K}^{-1}(\mathbf{x})\boldsymbol{\xi} \tag{1.47}$$

这里 $w(|\boldsymbol{\xi}|)$ 是权函数,形状张量 $\mathbf{K}$ 被定义为

$$\mathbf{K}(\mathbf{x}) = \int_{H_{\mathbf{x}}} w(|\boldsymbol{\xi}|)(\boldsymbol{\xi} \otimes \boldsymbol{\xi}) dV_{\mathbf{x}'} \tag{1.48}$$

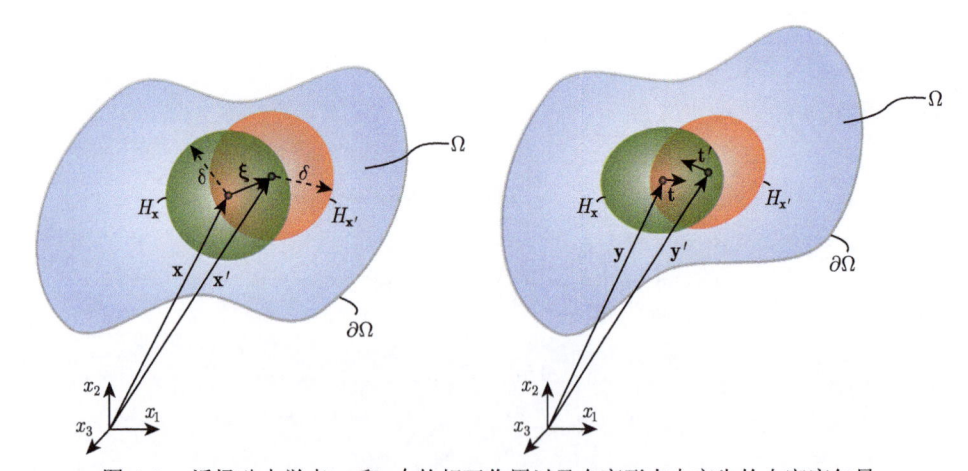

上式中符号 $\otimes$ 表示两个矢量的并积。

图 1.6 近场动力学点 $\mathbf{x}$ 和 $\mathbf{x}'$ 的相互作用以及在变形态中产生的力密度矢量

第一 Piola-Kirchhoff 应力张量 $\mathbf{P}^{\mathrm{PD}}(\mathbf{x})$ 可以用 PD 形式的变形梯度张量 $\mathbf{F}^{\mathrm{PD}}(\mathbf{x})$ 来表示。它可以被显式表示为

$$\mathbf{P}^{\mathrm{PD}} = \mathbf{P}(\mathbf{F}^{\mathrm{PD}}) = \frac{\partial W(\mathbf{F}^{\mathrm{PD}})}{\partial \mathbf{F}^{\mathrm{PD}}} \tag{1.49}$$

其中 W 是描述材料行为的 SED 密度函数，$\mathbf{F}^{\mathrm{PD}}(\mathbf{x})$ 是非局部 PD 形式变形梯度张量。根据 Silling 等 (2007) 的研究，非局部 PD 形式变形梯度张量被定义为

$$\mathbf{F}^{\mathrm{PD}}(\mathbf{x}) = \int_{H_{\mathbf{x}}} (\mathbf{y}' - \mathbf{y}) \otimes \mathbf{g}(\mathbf{x}, \boldsymbol{\xi}) dV_{\mathbf{x}'} \tag{1.50}$$

或者

$$\mathbf{F}^{\mathrm{PD}}(\mathbf{x}) = \left(\int_{H_{\mathbf{x}}} w(|\boldsymbol{\xi}|) (\mathbf{y}' - \mathbf{y}) \otimes \boldsymbol{\xi} dV_{\mathbf{x}'} \right) \mathbf{K}^{-1}(\mathbf{x}) \tag{1.51}$$

这种变形梯度张量是逐点定义的，适用于存在不连续的情况。而且，当变形场均匀时或者当影响域尺寸变小时，它收敛于其局部对应项。正如 Gu 等 (2019) 以及 Chen 和 Spencer(2019) 所讨论的那样，这种点相关的表示方法将导致在具有径向对称性的相互作用域中点的零能变形模式。

通过考虑如图 1.7 所示的具有径向对称影响域的点 $\mathbf{x}$，可以证明导致零能模式的原因之一。在先前状态下，点 $\mathbf{x}$ 处的非局部变形梯度设为 $\mathbf{F}^{\mathrm{PD}}_{\mathrm{old}}(\mathbf{x})$。在新状态下，点 $\mathbf{x}$ 经历位移 $\mathbf{u}_{\mathrm{d}}(\mathbf{x})$；然而，其族成员 $\mathbf{x}'$ 的位置不变，如图 1.8 所示。因此，他们在新状态中的位置可以用 $\mathbf{y}_{\mathrm{new}}(\mathbf{x}) = \mathbf{y}_{\mathrm{old}}(\mathbf{x}) + \mathbf{u}_{\mathrm{d}}(\mathbf{x})$ 和 $\mathbf{y}_{\mathrm{new}}(\mathbf{x}') = \mathbf{y}_{\mathrm{old}}(\mathbf{x}')$ 来描述。

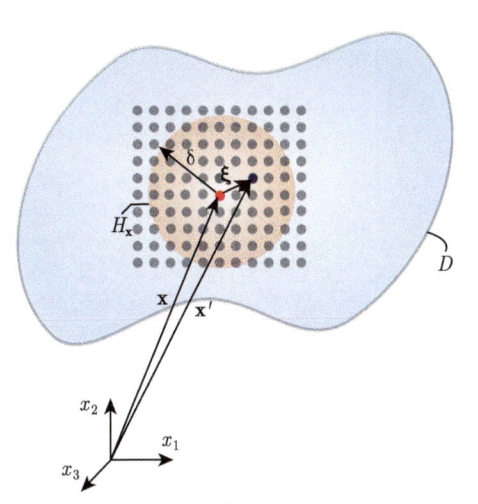

图 1.7 点 $\mathbf{x}$ 和其族成员 $\mathbf{x}'$ 在相互作用域中的对称位置

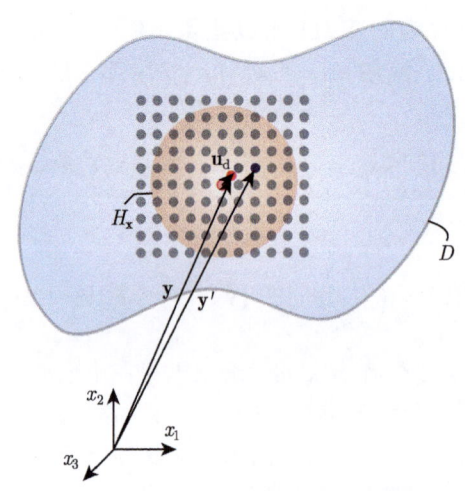

图 1.8　由于单点位移造成的零能模式

根据方程 (1.51)，计算点 $\mathbf{x}$ 处的新旧变形梯度，可得

$$\mathbf{F}_{\text{old}}^{\text{PD}}(\mathbf{x}) = \left(\int_{H_{\mathbf{x}}} w(|\boldsymbol{\xi}|) \left(\mathbf{y}_{\text{old}}(\mathbf{x}') - \mathbf{y}_{\text{old}}(\mathbf{x}) \right) \otimes (\mathbf{x}' - \mathbf{x}) \, dV_{\mathbf{x}'} \right) \mathbf{K}^{-1}(\mathbf{x}) \tag{1.52}$$

和

$$\mathbf{F}_{\text{new}}^{\text{PD}}(\mathbf{x}) = \left(\int_{H_{\mathbf{x}}} w(|\boldsymbol{\xi}|) \left(\mathbf{y}_{\text{new}}(\mathbf{x}') - \mathbf{y}_{\text{new}}(\mathbf{x}) \right) \otimes (\mathbf{x}' - \mathbf{x}) \, dV_{\mathbf{x}'} \right) \mathbf{K}^{-1}(\mathbf{x}) \tag{1.53}$$

或者

$$\mathbf{F}_{\text{new}}^{\text{PD}}(\mathbf{x}) = \left(\int_{H_{\mathbf{x}}} w(|\boldsymbol{\xi}|) \left(\mathbf{y}_{\text{new}}(\mathbf{x}') - (\mathbf{y}_{\text{old}}(\mathbf{x}) + \mathbf{u}_{\text{d}}(\mathbf{x})) \right) \otimes (\mathbf{x}' - \mathbf{x}) \, dV_{\mathbf{x}'} \right) \mathbf{K}^{-1}(\mathbf{x}) \tag{1.54}$$

这个表达式可以被改写为

$$\mathbf{F}_{\text{new}}^{\text{PD}}(\mathbf{x}) = \mathbf{F}_{\text{old}}^{\text{PD}}(\mathbf{x}) - \mathbf{u}_{\text{d}}(\mathbf{x}) \otimes \left(\int_{H_{\mathbf{x}}} w(|\boldsymbol{\xi}|) (\mathbf{x}' - \mathbf{x}) \, dV_{\mathbf{x}'} \right) \mathbf{K}^{-1}(\mathbf{x}) \tag{1.55}$$

值得注意的是，对于具有球对称权函数的点，积分消失，导致 $\mathbf{F}_{\text{new}}^{\text{PD}}(\mathbf{x}) = \mathbf{F}_{\text{old}}^{\text{PD}}(\mathbf{x})$，这在物理上是不可接受的。这就是所谓的零能模式，对于这种模式，实际上物质点 $\mathbf{x}$ 储存着正的变形能，而预测值为零。通常认为零能模式是数值震荡的一个来源。

1.6 近场动力学边界条件

如图 1.9 所示，在 CCM 中一个物体可以受到位移约束、外牵引力或体力的作用。这些边界条件很自然地出现在虚功原理的推导过程中。然而，在 PD 理论中却不是这样。另外，牵引力矢量 $\mathbf{T}^* = \mathbf{Pn}$ 在 PD 理论中并不是固有的，其中 $\mathbf{n}$ 是垂直于表面的单位矢量。然而，在考虑实际工程应用时，边界条件的施加是不可避免的。一般采用数值技术来构造 PD 方程的解。此外，已经发展了几种在离散层面施加边界条件的方法，将在 1.8.3 节中讨论。

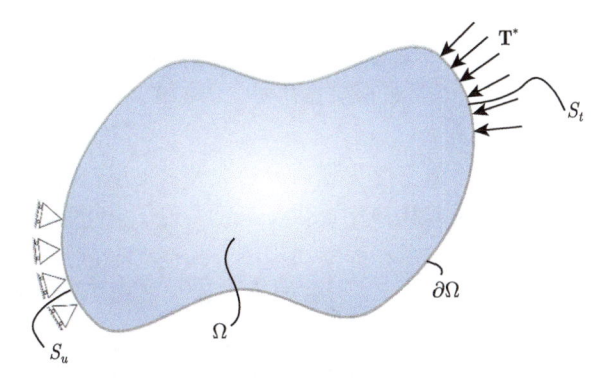

图 1.9　受到位移和牵引力边界条件作用的物体

1.7 损伤与破坏

通过消除物质点之间的相互作用，也被称为键断裂，PD 理论能够模拟裂纹的萌生和扩展。键断裂可以基于破坏准则来确定，如临界伸长率、能量、应力、角度和连续介质损伤力学。通过不可逆地消除物质点之间的力密度矢量，使得在平衡方程中反映出损伤。因此，载荷在物体各物质点之间被重新分配，导致损伤成核和增长。

临界伸长率是最简单的准则，许多研究已经成功地证明了它在破坏预测中的鲁棒性。裂纹的扩展是自然发生的，不需要提供方向。根据临界伸长率准则，当两个物质点之间的伸长率 s 超过临界值 s_c 时，键就会发生断裂，这个临界值被称为临界伸长率。对于键型模型，针对缺口模式的断裂，可以根据临界能量释放率 G_{Ic} 来解析地确定 s_c (Silling & Askari, 2005)。因此，这种键只有在拉伸时才会断裂。然而，当用于纯剪切作用下的物体时，预测结果与实验结果不相符。为了克服这个问题，Zhang 和 Qiao(2019) 以及 Madenci 等 (2021) 提出了一种基于键间相对角度的准则。根据 II 型临界能量释放率 G_{IIc}，可以推导出相对角度的临界值。Madenci 等 (2021) 证明了该方法对 BB-PD 模型的有效性。

正如 Madenci 和 Oterkus(2014) 以及 Hu 等 (2018) 所建议的，对 OSB-PD 模型，可以通过解析法或数值法确定临界伸长率。另外，还可以从实验数据中提取临界伸长率。Behera 等 (2020) 以及 Roy 等 (2020) 采用 NOSB-PD 模型对聚合物进行破坏分析，展示了临界伸长率准则的使用过程。

Foster 等 (2011) 发展了一种基于能量的准则，它适用于态型模型。根据该准则，当键的功超过其临界值时，键就会断裂。Madenci 等 (2018a) 提出了基于应力的准则，通过对连接键的两个点处的应力张量取平均来计算键的应力。当与 Belytschko 等 (1994) 提出的可见性准则相结合时，该准则适用于态型模型。在可见性准则中，沿最大主应力方向的法线方向将产生离散化尺寸的裂纹。穿过新生成的裂纹表面具有相互作用的所有其他物质点，它们的相互作用也被切断。这些物质点不能再"看到"裂纹对面的物质点。因此，这种方法需要对裂纹扩展的范围和方向设定标准。

NOSB-PD 模型在推导力密度矢量时允许使用 CCM 本构方程。从而为 PD 框架下使用基于损伤力学的本构模型提供了一种方法。损伤力学模型提供了一个标量损伤参数，该参数表示物质点的损伤程度。损伤参数的取值范围一般为 0 到 1，其中 0 表示材料未损伤，1 表示材料完全损伤。该损伤值可用于键断裂准则，在 Tupe 等 (2013)、Amani 等 (2016) 以及 Behzadinasab 和 Foster(2020) 之前的研究中，可以发现连续损伤模型使用的适用性。Roy 等 (2017) 已证明基于相场的断裂准则也可以纳入 PD 框架中。

一旦选择了带有损伤准则的 PD 模型，关于物质点之间相互作用的信息将通过下列公式给出的键状态参数进行监控

$$\mu(\mathbf{x}' - \mathbf{x}) = \begin{cases} 1, & \text{未断裂或可见的键} \\ 0, & \text{断裂或不可见的键} \end{cases} \quad (1.56)$$

其中 $\mu(\mathbf{x}' - \mathbf{x})$ 表示连接点 $\mathbf{x}$ 和 $\mathbf{x}'$ 的键的状态。当键未断裂时，认为其值为 1。根据损伤准则，如果键超过临界值，则消除物质点之间的相互作用，认为其值为 0。将关于键的状态的信息转移到 PD 运动方程中，可得

$$\mathbf{L}^{\text{PD}}(\mathbf{x}, t) = \int_{H_\mathbf{x}} \mu(\mathbf{x}' - \mathbf{x}) \left(\mathbf{t}(\mathbf{x}, t) - \mathbf{t}(\mathbf{x}', t) \right) dV_{\mathbf{x}'} \quad (1.57)$$

此外，对于 NOSB 模型，在计算变形梯度时必须考虑这些信息，即

$$\mathbf{F}^{\text{PD}}(\mathbf{x}) = \int_{H_\mathbf{x}} \mu(\mathbf{x}' - \mathbf{x}) \left(\mathbf{y}' - \mathbf{y} \right) \otimes \mathbf{g}(\mathbf{x}, \boldsymbol{\xi}) dV_{\mathbf{x}'} \quad (1.58)$$

Silling 等 (2007) 建议在计算形状张量矩阵 (Bobaru et al., 2016) 时使用状态参数，即

$$\mathbf{K}(\mathbf{x}) = \int_{H_\mathbf{x}} w(|\boldsymbol{\xi}|)\mu(\mathbf{x}' - \mathbf{x})(\boldsymbol{\xi} \otimes \boldsymbol{\xi})dV_{\mathbf{x}'} \tag{1.59}$$

形状张量矩阵在每个加载步或时间步中都需要更新。当太多的键断裂时，这种方法的使用会带来数值上的困难；使形状张量矩阵具有奇异性。因此，需要以一种可控的方式进行分析。Chen 和 Spencer(2019) 建议当所有键断裂时设置形状张量矩阵为单位矩阵。

另外，Behera 等 (2020) 和 Roy 等 (2020) 通过采用下列方法进行了模拟：在模拟开始时计算一次形状张量，并在计算变形梯度张量时仅通过方程 (1.58) 传递键的状态信息。这种方法避免了形状张量奇异的问题；因此，在模拟过程中不会遇到不稳定问题。

单键的断裂并不代表裂纹的形成。因此，引入 PD 损伤参数以确定裂纹的扩展方向。局部 PD 损伤参数可以由下式计算

$$\phi(\mathbf{x}) = 1 - \frac{\int_{H_\mathbf{x}} \mu(\mathbf{x}' - \mathbf{x})dV_{\mathbf{x}'}}{\int_{H_\mathbf{x}} dV_{\mathbf{x}'}} \tag{1.60}$$

它是根据一个物质点和其族成员之间断裂键数量与初始键总数的加权比来定义的。局部损伤的测量是物体内可能形成裂纹的指标。最初，一个物质点与其影响域内所有物质点相互作用；因此，局部损伤值为 0。然而，裂纹表面的产生终止了其影响域内一半的相互作用，导致局部损伤值为 1/2。

最后，需要注意的是，当在 PD 框架中使用连续介质损伤力学时，本构模型中的损伤参数不同于 PD 局部损伤参数。

1.8 离 散 化

由于 PD 运动方程是一个积分微分方程，只能对理想条件下的简单情况得到其解析解。然而，研究具有复杂几何形状或边界条件的现象往往需要使用数值技术来确定位移场。如图 1.10 所示，以网格间距 $\Delta x = \Delta y = \Delta z = \Delta$ 对计算区域进行均匀离散，每个物质点对应一个体积 $V_{(k)} = \Delta^3$，其中 $k = 1, \cdots, N$，N 表示计算域内点的总数。所有位于半径为 δ(近场半径)、中心为 $\mathbf{x}_{(k)}$ 的球体内的物质点构成其族成员。

1.8.1 空间积分

通过考虑配置 (积分) 点的概念，可以实现 PD 运动方程的空间积分。将 PD 域均匀离散为体积为 $V_{(k)}$ 的立方体子域。如图 1.10 所示，配置点位于每个立方体子域的中心。沿着边界的立方体子域的中心与边界的距离为 $\Delta/2$。区域被离散之后，通过积分权重为 1 的一点高斯求积法则进行求和，可以实现空间积分。

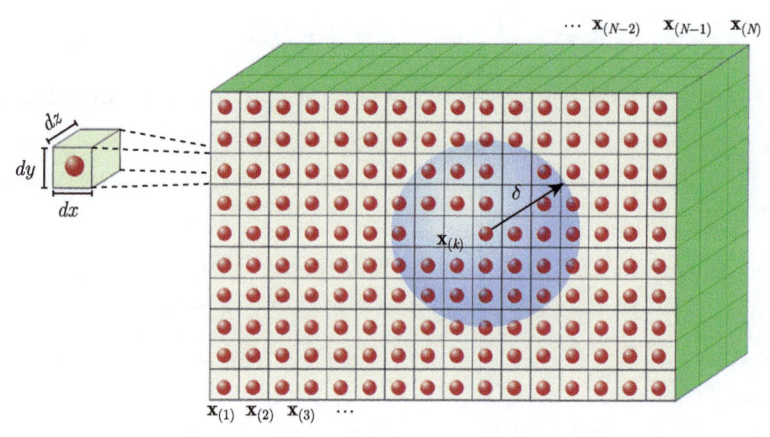

图 1.10　三维分析下区域的离散化

对于第 k 个配置点，方程 (1.2) 中内力矢量的空间积分可被近似为

$$\mathbf{L}^{\mathrm{PD}}(\mathbf{x}_{(k)},t) = \sum_{j=1}^{N_{(k)}} \left[\mathbf{t}(\mathbf{x}_{(k)},t) - \mathbf{t}(\mathbf{x}_{(j)},t)\right] V_{(j)} + \mathbf{b}(\mathbf{x}_{(k)},t), \quad k=1,\cdots,N \quad (1.61)$$

其中 $N_{(k)}$ 表示属于第 k 个配置点的家庭成员数。矢量 $\mathbf{x}_{(k)}$ 表示第 k 个配置点的位置，$\mathbf{x}_{(j)}$ 是 $\mathbf{x}_{(k)}$ 族内的第 j 个点，$V_{(j)}$ 表示第 j 个物质点的体积。

虽然采用均匀离散化方法求解 PD 方程很简单，但其计算成本很高，特别是当感兴趣的区域在一个大物体中相对较小的时候。在这种情况下，需要用非均匀网格，其中与该现象有关的区域用细网格离散，而其他区域用粗网格离散。然而，非均匀网格 PD 模型会由于运动方程中的力不平衡而产生残余力。如 Hu 等 (2018) 所述，当影响域依赖于网格尺寸时就会出现这种情况。具有较大影响域体积的物质点可能会看到具有较小影响域体积的物质点，而在具有较小影响域体积的物质点的影响域中可能没有具有较大影响域体积的物质点。使用 Silling 等 (2015) 提出的局部应力和拼接技术，可以减轻这种残余力。

或者，Ren 等 (2016) 引入了对偶影响域 PD 以消除这些鬼力。在对偶影响域 PD 中，物质点 $\mathbf{x}$ 与两个影响域相关，一个是原始影响域 $H_\mathbf{x}$，其形状可以是任意的。另一个影响域 $H'_\mathbf{x}$ 是由其影响域中包含物质点 $\mathbf{x}$ 的所有点的并集组成的。通过把不在影响域 $H_\mathbf{x}$ 内的缺失的物质点包括进来，影响域内和对偶影响域内的物质点都产生内力，从而平衡不平衡的力。

Hu 等 (2018) 发展了一种采用非均匀离散化实施 OSB-PD 的数值框架。通过体积校正因子校正力密度矢量，以考虑非均匀影响域尺寸。此外，只考虑那些彼此能看到的物质点间的相互作用，因此，建立了没有不平衡力的成对相互作用。尽管这些方法都取得了不同程度的成功，但采用非均匀网格和影响域尺寸进行 PD 模拟仍然是一个活跃的研究领域。

1.8.2 时间积分

向前差分显式积分是一种最简单的时间积分格式，可用于求解 PD 运动方程；但是，它需要较小的时间步长来保持数值稳定性。为了提高稳定性和时间步长，可以采用向后差分方法。由于 PD 分析的计算成本很高，可以采用自适应时间步长以减少计算时间。Madenci 等 (2018a, b) 采用由 Zohdi(2013) 发展的自适应时间步长格式，预测了脆性材料的裂纹。Lindsay 等 (2016) 发展了一种多步时间积分格式，将 PD 区域分解为多个子域。在这种方法中，感兴趣的区域可以被隔离开，用小的时间步长来求解，而其余的区域用较大的时间步长来求解。

在需要准静态求解的情况下，可以通过引入一个人工阻尼参数来修改 PD 运动方程。一种方法是在每个时间步数值抑制速度，直到达到平衡。这种方法很容易实现，只需要适当的阻尼系数。这种方法的缺点是，对于复杂的几何形状或在复杂的加载条件下，解可能达不到平衡。另一种方法是使用 Kilic 和 Madenci(2010) 提出的自适应动态松弛。静态解可以看作是 PD 方程的总瞬态响应的稳态解。由于方程中加入了人工阻尼，使得解更快地进入稳态。一些 PD 研究使用这些方法以获得准静态解。然而，这两种方法仍然需要小的时间步长；因此，这些方法的计算成本很高。

对于表现出大变形的材料，如聚合物或金属在高温下的蠕变，通常需要隐式分析。由于 PD 运动方程是非线性的，通过线性化可以得到切刚度矩阵。通过解析推导得到的切刚度矩阵可使解收敛速度最快。此外，还可以采用自动微分等新方法对切刚度矩阵进行算法求解。Brothers 等 (2014) 探索了组合步长法和自动微分法在 PD 分析中的效率。与有限元法相比，PD 中的切刚度矩阵由于局部性而具有更高的带宽。切刚度矩阵是稀疏的，也可能是病态的。因此，在执行逆运算之前需要一个预处理器。最后，利用高效求解器进行求逆运算从而得到解。

1.8.3 边界条件的施加

与 CCM 不同，用虚功原理推导 PD 时，边界条件不会自然出现。为了模拟经典边界条件，已经发展了几种在离散化过程中施加边界条件的策略。一种方法是沿边界使用虚构材料层，并在虚构层中的物质点上应用边界条件。Macek 和 Silling(2007) 建议对键型 PD 使用一个影响域作为虚构层的范围。对于态型 PD，虚构材料层 (FML) 的范围是影响域尺寸的两倍 (Sarego et al., 2016)。然后，通过对虚构物质点指定已知值来施加位移约束，并将非零牵引力边界条件作为一个体力施加。然而，边界附近物质点的位移精度取决于虚构层中物质点的位移。不幸的是，没有直接方法来确定虚构层中物质点的位移，特别是对有滚动支座或外部牵引的边界。研究者提出了几种确定虚构点位移的策略。Madenci 和 Oterkus(2016) 利用实际区域中的镜像点，采用基于有限差分的外推函数来确定虚构点的位移。外推是以边界条件在真实边界表面明确满足的方式实施的。

该方法已用于二维分析。在区域左边界上位置 (x^*, y^*) 处，指定水平方向和垂直方向的位移值分别为 U^* 和 V^*。如图 1.11 所示，为了施加边界条件，沿实际材料区域 $\mathcal{R}$ 的边界建立虚构边界层 $\mathcal{R}_f$，对 BB-PD 模型，虚构边界层深度为 δ；对 OSB 和 NOSB-PD 模型，深度为 2δ。然后可以沿着材料表面 $\mathcal{S}$ 的边界在虚构区域 $\mathcal{R}_f$ 上施加边界条件，即

$$u_f(x_f, y_f, t + \Delta t) = 2U^*(x^*, y^*, t + \Delta t) - u(x, y, t) \quad (1.62)$$

$$v_f(x_f, y_f, t + \Delta t) = 2V^*(x^*, y^*, t + \Delta t) - v(x, y, t) \quad (1.63)$$

其中 u_f 和 v_f 表示虚构层内位置 (x_f, y_f) 处的水平和垂直位移分量。

在指定值 $U^* = V^* = 0$ 的情况下，它代表固支或固定的边界条件。图 1.11 中沿底边界，垂直方向位移值指定为 V^*，而水平方向位移不受约束。即构成这种情况：只希望一个位移分量受到约束，而另一个方向是无约束的。因此，边界条件可以被施加为

$$u_f(x_f, y_f, t + \Delta t) = u(x, y, t) \quad (1.64)$$

和

$$v_f(x_f, y_f, t + \Delta t) = 2V^*(x^*, y^*, t + \Delta t) - v(x, y, t) \quad (1.65)$$

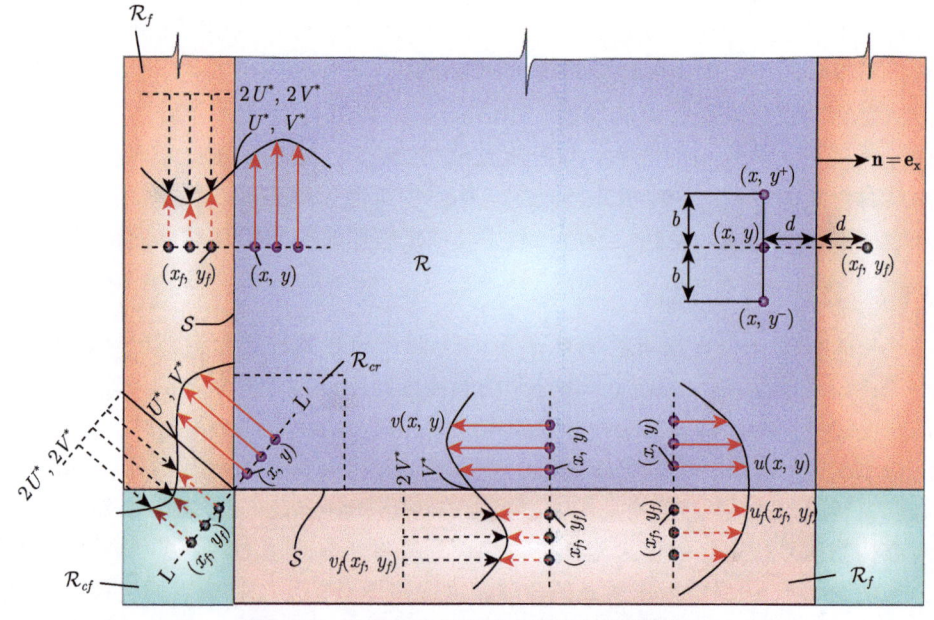

图 1.11　位移和非零牵引力边界条件的施加

当指定 $V^* = 0$ 时，则表示滚动支座边界条件。

与位移约束类似，牵引力边界条件也可以通过线性插值来施加。考虑沿边界法向和切向分别承受外部应力 σ_0 和 τ_0 的区域，如图 1.11 中的右边界，其中法向 $\mathbf{n} = \mathbf{e}_x$，则边界条件可以被施加为

$$u_f(x_f, y_f, t + \Delta t) = \left[\frac{\sigma_0(1-\nu^2)}{E} - \nu \frac{v(x, y^+, t) - v(x, y^-, t)}{y^+ - y^-} \right] (x_f - x) + u(x, y, t) \tag{1.66}$$

和

$$v_f(x_f, y_f, t + \Delta t) = \left[\frac{2\tau_0(1+\nu)}{E} - \frac{u(x, y^+, t) - u(x, y^-, t)}{y^+ - y^-} \right] (x_f - x) + v(x, y, t) \tag{1.67}$$

当位移场是线性的时候，该方法效果较好；然而，需要在实际区域中找到镜像点，这对复杂几何区域来说是一个挑战。Zhao 等 (2020) 发展了一种通用算法，在零牵引力条件下，对复杂几何区域并沿着裂纹表面，使用 PD 梯度在实际区域中找到虚构点的镜像点。Scabbia 等 (2021) 对该算法进行了改进，提出使用泰勒级数展开进行插值。然而，这种改进仅限于一维分析，并且对角点的插值函数在高维分析中仍然值得关注。

Prudhomme 和 Diehl(2020) 提出了两种在 BB-PD 中施加边界条件的方法。在第一种方法中，将区域扩大一个影响域，并约束虚构层中的位移场对边界点满足奇扩展，从而施加位移和牵引力混合型边界条件。第二种方法是基于影响域趋于零时 PD 收敛于 CCM 的思想。在该方法中影响域半径是线性变化的，从区域内一点的影响域半径为恒定值逐步过渡到位于边界上点的影响域半径为零，从而允许直接施加经典边界条件。Chen 等 (2021) 也建议在边界附近使用拟强化层和可变影响域。

虽然这些方法用于瞬态分析时表现良好，但在隐式分析过程中却存在实施困难。此外，从实际区域到虚构区域的过渡区域可能有一个急剧坡度变化。对于隐式分析，许多研究采用在最后一层物质点上直接施加边界条件的方法。然而，这种施加方式会导致边界附近物质点的位移预测不准确，位移会出现明显的折裂。

1.9 不 连 续

在离散模型中，通过消除穿过裂纹表面的物质点间的相互作用 (键)，可以简单地引入裂纹等几何不连续，如图 1.12 所示。如果两个物质点的连线直接穿过裂纹表面，则物质点间的相互作用被消除；否则，它们的相互作用保持原样。

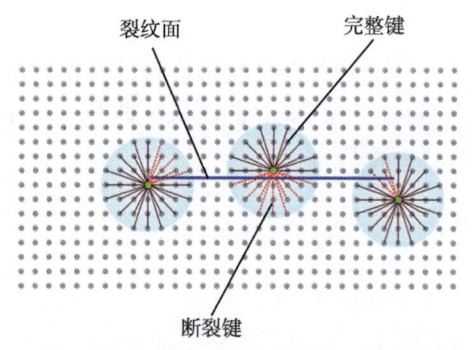

图 1.12　通过消除穿过裂纹表面的相互作用而产生裂纹

当具有杨氏模量 E_1 和 E_2 的不同材料之间存在界面时，杨氏模量 $E(x)$ 可以表示为 Heaviside 函数的光滑近似，即

$$E(x) = \frac{E_1}{2}\left(1 + \tanh\left(\frac{-x}{\varepsilon}\right)\right) + \frac{E_2}{2}\left(1 + \tanh\left(\frac{x}{\varepsilon}\right)\right) \tag{1.68}$$

其中 ε 是控制近似阶的参数，x 表示物质点与界面之间的最短距离。

或者，对于穿过界面的两个物质点之间的力密度矢量，可以考虑键的平均属性，就像 Madenci 和 Oterkus(2017) 以及 Mitts 等 (2020) 所考虑的那样。键的平均体积模量和剪切模量可被近似为

$$E = \frac{E_1 \ell_1 + E_2 \ell_2}{\ell} \tag{1.69}$$

其中 ℓ_1 是区域 1 中的键长，ℓ_2 是区域 2 中的键长，而 $\ell = \ell_1 + \ell_2$ 是键的总长度，如图 1.13 所示。

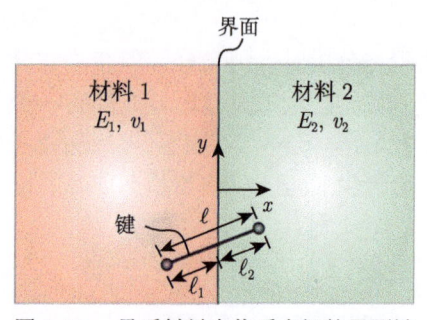

图 1.13　异质材料中物质点间的界面键

参 考 文 献

Amani, J., Oterkus, E., Areias, P., Zi, G., Nguyen-Thoi, T., & Rabczuk, T. (2016). A non-ordinary state-based peridynamics formulation for thermoplastic fracture. *International Journal of Impact Engineering, 87*, 83-94.

Behera, D., Roy, P., & Madenci, E. (2020). Peridynamic correspondence model for finite elastic deformation and rupture in Neo-Hookean materials. *International Journal of Non-Linear Mechanics, 126*, 103564.

Behzadinasab, M., & Foster, J. T. (2020). A semi-Lagrangian constitutive correspondence framework for peridynamics. *Journal of the Mechanics and Physics of Solids, 137*, 103862.

Belytschko, T., Lu, Y. Y., & Gu, L. (1994). Element-free Galerkin methods. *International Journal for Numerical Methods in Engineering, 37*(2), 229-256.

Bobaru, F., Foster, J. T., Geubelle, P. H., & Silling, S. A. (2016). *Handbook of peridynamic modeling*. CRC press.

Bobaru, F., & Hu, W. (2012). The meaning, selection, and use of the peridynamic horizon and its relation to crack branching in brittle materials. *International Journal of Fracture, 176*(2), 215-222

Brothers, M. D., Foster, J. T., & Millwater, H. R. (2014). A comparison of different methods for calculating tangent-stiffness matrices in a massively parallel computational peridynamics code. *Computer Methods in Applied Mechanics and Engineering, 279*, 247-267.

Chen, H., & Spencer, B. W. (2019). Peridynamic bond-associated correspondence model: Stability and convergence properties. *International Journal for Numerical Methods in Engineering, 117*(6), 713-727.

Chen, J., Jiao, Y., Jiang, W., & Zhang, Y. (2021). Peridynamics boundary condition treatments via the pseudo-layer enrichment method and variable horizon approach. *Mathematics and Mechanics of Solids, 26*(5), 631-666.

Foster, J. T., Silling, S. A., & Chen, W. (2011). An energy based failure criterion for use with peridynamic states. *International Journal for Multiscale Computational Engineering, 9*(6), 675-688.

Gu, X., Zhang, Q., Madenci, E., & Xia, X. (2019). Possible causes of numerical oscillations in non-ordinary state-based peridynamics and a bond-associated higher-order stabilized model. *Computer Methods in Applied Mechanics and Engineering, 357*, 112592.

Hu, Y., Chen, H., Spencer, B. W., & Madenci, E. (2018). Thermomechanical peridynamic analysis with irregular non-uniform domain discretization. *Engineering Fracture Mechanics, 197*, 92-113.

Kilic, B., & Madenci, E. (2010). An adaptive dynamic relaxation method for quasi-static simulations using the peridynamic theory. *Theoretical and Applied Fracture Mechanics, 53*(3), 194-204.

Lindsay, P., Parks, M. L., & Prakash, A. (2016). Enabling fast, stable and accurate peridynamic computations using multi-time-step integration. *Computer Methods in Applied Mechanics and Engineering, 306*, 382-405.

Macek, R. W., & Silling, S. A. (2007). Peridynamics via finite element analysis. *Finite Elements in Analysis and Design, 43*(15), 1169-1178.

Madenci, E. (2017). Peridynamic integrals for strain invariants of homogeneous deformation. *ZAMM Journal of Applied Mathematics and Mechanics/Zeitschrift für Angewandte Mathematik und Mechanik, 97*(10), 1236-1251.

Madenci, E., Barut, A., & Phan, N. (2021). Bond-based peridynamics with stretch and rotation kinematics for opening and shearing modes of fracture. *Journal of Peridynamics and Nonlocal Modeling*, 1-44.

Madenci, E., Dorduncu, M., Barut, A., & Phan, N. (2018a). A state-based peridynamic analysis in a finite element framework. *Engineering Fracture Mechanics, 195*, 104-128.

Madenci, E., Dorduncu, M., Barut, A., & Phan, N. (2018b). Weak form of peridynamics for nonlocal essential and natural boundary conditions. *Computer Methods in Applied Mechanics and Engineering, 337*, 598-631.

Madenci, E., & Oterkus, E. (2014). *Peridynamic theory and its applications*. Springer.

Madenci, E., & Oterkus, S. (2016). Ordinary state-based peridynamics for plastic deformation according to von Mises yield criteria with isotropic hardening. *Journal of the Mechanics and Physics of Solids, 86*, 192-219.

Madenci, E., & Oterkus, S. (2017). Ordinary state-based peridynamics for thermoviscoelastic deformation. *Engineering Fracture Mechanics, 175*, 31-45.

Mitts, C., Naboulsi, S., Przybyla, C., & Madenci, E. (2020). Axisymmetric peridynamic analysis of crack deflection in a single strand ceramic matrix composite. *Engineering Fracture Mechanics, 235*, 107074.

Prudhomme, S., & Diehl, P. (2020). On the treatment of boundary conditions for bond-based peridynamic models. *Computer Methods in Applied Mechanics and Engineering, 372*, 113391.

Ren, H., Zhuang, X., Cai, Y., & Rabczuk, T. (2016). Dual-horizon peridynamics. *International Journal for Numerical Methods in Engineering, 108*(12), 1451-1476.

Roy, P., Behera, D., & Madenci, E. (2020). Peridynamic simulation of finite elastic deformation and rupture in polymers. *Engineering Fracture Mechanics, 236*, 107226.

Roy, P., Pathrikar, A., Deepu, S. P., & Roy, D. (2017). Peridynamics damage model through phase field theory. *International Journal of Mechanical Sciences, 128*, 181-193.

Sarego, G., Le, Q. V., Bobaru, F., Zaccariotto, M., & Galvanetto, U. (2016). Linearized state-based peridynamics for 2-D problems. *International Journal for Numerical Methods in Engineering, 108*(10), 1174-1197.

Scabbia, F., Zaccariotto, M., & Galvanetto, U. (2021). A novel and effective way to impose boundary conditions and to mitigate the surface effect in state-based Peridynamics. *International Journal for Numerical Methods in Engineering, 122*(20), 5773-5811.

Silling, S. A. (2000). Reformulation of elasticity theory for discontinuities and long-range forces. *Journal of the Mechanics and Physics of Solids, 48*(1), 175-209.

Silling, S. A., & Askari, E. (2005). A meshfree method based on the peridynamic model of solid mechanics. *Computers & structures, 83*(17-18), 1526-1535.

Silling, S. A., Epton, M., Weckner, O., Xu, J., & Askari, A. (2007). Peridynamics states and constitutive modeling. *Journal of Elasticity, 88*, 151–184

Silling, S. A., & Lehoucq, R. B. (2010). Peridynamic theory of solid mechanics. *Advances in Applied Mechanics, 44*, 73-168.

Silling, S., Littlewood, D., & Seleson, P. (2015). Variable horizon in a peridynamic medium. *Journal of Mechanics of Materials and Structures, 10*(5), 591-612.

Tupek, M. R., Rimoli, J. J., & Radovitzky, R. (2013). An approach for incorporating classical continuum damage models in state-based peridynamics. *Computer Methods in Applied Mechanics and Engineering, 263*, 20-26.

Weckner, O., & Silling, S. A. (2011). Determination of nonlocal constitutive equations from phonon dispersion relations. *International Journal for Multiscale Computational Engineering, 9*, 623-634.

Zhang, Y., & Qiao, P. (2019). A new bond failure criterion for ordinary state-based peridynamic mode II fracture analysis. *International Journal of Fracture, 215*(1-2), 105-128.

Zhao, J., Jafarzadeh, S., Chen, Z., & Bobaru, F. (2020). An algorithm for imposing local boundary conditions in peridynamic models on arbitrary domains. engrXiv Prepr. doi10.31224 /osf.io/7z8qr

Zohdi, T. I. (2013). Numerical simulation of the impact and deposition of charged particulate droplets. *Journal of Computational Physics, 233*, 509-526.

第二章　近场动力学微分算子

2.1　引　言

由 Madenci 等 (2016, 2017, 2019) 提出的近场动力学微分算子 (PDDO) 采用 PD 相互作用的概念，使用一组称为 PD 函数的正交函数计算导数。它通过考虑某一点与任意相互作用域内其他点的关联来恢复这点处的非局部相互作用。通过与泰勒级数展开式 (TSE) 中的每一项正交，可以直接确定 PD 函数。在非对称族情况下，低阶导数和高阶导数在确定 PD 函数时相互影响。PDDO 允许任意阶导数直接来自于 PD 函数的正交性条件，而不需要做任何微分运算。它只是微分和积分之间的桥梁。因此，PDDO 可以通过积分实现数值微分。它将局部微分形式转换为非局部 PD 形式。并且，当相互作用域的尺寸趋于零时，它恢复为局部微分。

本章将描述用于二维和三维分析的 PD 函数的构造，并提供上至二阶局部导数的 PD 形式。同时，根据分析的维度，在具有球形或圆形完整影响域的点处给出它们的解析表达式。此外，基于这个非局部微分算子推导 PD 形式的平衡方程、应变能密度函数、力密度矢量和变形梯度张量，并建立其与 Silling(2000) 以及 Silling 等 (2007) 提出的近场动力学概念的关联。因此，这个微分算子被称为近场动力学微分算子 (PDDO)。

2.2　基本概念

PDDO 的推导利用 PD 相互作用的概念 (Madenci et al., 2016, 2019)，并且 PD 函数与泰勒级数展开式 (TSE) 中除需要求导的项以外的每一项正交。如图 2.1 所示，点 $\mathbf{x}$ 和 $\mathbf{x}'$ 分别只与其相互作用域 $H_\mathbf{x}$ 和 $H_{\mathbf{x}'}$ 中的其他点相互作用。这些点之间的相对位置矢量定义为 $\boldsymbol{\xi} = \mathbf{x}' - \mathbf{x}$。点 $\mathbf{x}$ 和 $\mathbf{x}'$ 在其相互作用域中不需要有对称位置。

基于 PDDO，函数 $f(\mathbf{x})$ 的上至 N 阶导数可以被表示为

$$\frac{\partial^{p_1+p_2+\cdots+p_M} f(\mathbf{x})}{\partial x_1^{p_1} \partial x_2^{p_2} \cdots \partial x_M^{p_M}} = \int_{H_\mathbf{x}} f(\mathbf{x}+\boldsymbol{\xi}) g_N^{p_1 p_2 \cdots p_M}(\boldsymbol{\xi}) d\xi_1 d\xi_2 \cdots d\xi_M \qquad (2.1)$$

式中 p_i 表示对变量 x_i 的求导阶数，其中 $i = 1, \cdots, M$，$g_N^{p_1 p_2 \cdots p_M}(\boldsymbol{\xi})$ 是 PD 函数，其中 $p_1 + p_2 + \cdots + p_M \leqslant N$。

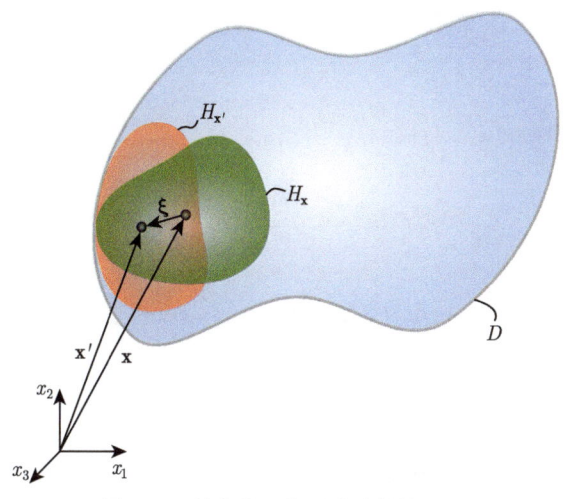

图 2.1 具有非对称影响域的物质点

每个族中物质点之间的相互作用程度可以通过无量纲权函数 $w(|\boldsymbol{\xi}|)$ 来指定。尽管不受限制，但常用的权函数具有下列形式

$$w(|\boldsymbol{\xi}|) = \exp(-(a|\boldsymbol{\xi}|/\delta)^2) \tag{2.2}$$

或者

$$w_n(|\boldsymbol{\xi}|) = \frac{\delta^{n+1}}{|\boldsymbol{\xi}|^{n+1}} \tag{2.3}$$

其中近场半径 δ 指定相互作用域的范围，a 是一个指定的常数。用于数值分析的 PDDO 的详细推导和应用，以及相关的计算机程序，可以在 Madenci 等 (2019) 最近出版的书中找到。

2.3 用于二维分析的近场动力学函数

由于在计算 PD 力密度矢量时只会出现一阶或二阶导数，那么标量函数 $f(\mathbf{x}')$ 的泰勒级数展开式在二维空间可以被表示为

$$f(\mathbf{x} + \boldsymbol{\xi}) - f(\mathbf{x}) = \xi_1 \frac{\partial f(\mathbf{x})}{\partial x_1} + \xi_2 \frac{\partial f(\mathbf{x})}{\partial x_2}$$
$$+ \frac{1}{2!}\xi_1^2 \frac{\partial^2 f(\mathbf{x})}{\partial x_1^2} + \frac{1}{2!}\xi_2^2 \frac{\partial^2 f(\mathbf{x})}{\partial x_2^2} + \xi_1\xi_2 \frac{\partial^2 f(\mathbf{x})}{\partial x_1 \partial x_2} + R_2(\mathbf{x}) \tag{2.4}$$

其中 $\mathbf{x}^T = (x_1, x_2)$，$\xi_1$ 和 ξ_2 是相对位置矢量 $\boldsymbol{\xi}$ 的分量，$R_2(\mathbf{x})$ 表示二阶近似的余项。虽然没有必要，但为了考虑函数的相对变化量 $(f(\mathbf{x}+\boldsymbol{\xi}) - f(\mathbf{x}))$，这里将

函数 $f(\mathbf{x})$ 视为已知的。将每一项与 PD 函数 $g_2^{p_1p_2}(\boldsymbol{\xi})$ 相乘，同时认为 $R_2(\mathbf{x})$ 是可忽略的，那么在相互作用域 (族)$H_\mathbf{x}$ 上积分，可得

$$\int_{H_\mathbf{x}} (f(\mathbf{x}+\boldsymbol{\xi}) - f(\mathbf{x})) g_2^{p_1p_2}(\boldsymbol{\xi}) dA_{\mathbf{x}'}$$

$$= \frac{\partial f(\mathbf{x})}{\partial x_1} \int_{H_\mathbf{x}} \xi_1 g_2^{p_1p_2}(\boldsymbol{\xi}) dA_{\mathbf{x}'} + \frac{\partial f(\mathbf{x})}{\partial x_2} \int_{H_\mathbf{x}} \xi_2 g_2^{p_1p_2}(\boldsymbol{\xi}) dA_{\mathbf{x}'}$$

$$+ \frac{1}{2} \frac{\partial^2 f(\mathbf{x})}{\partial x_1^2} \int_{H_\mathbf{x}} \xi_1^2 g_2^{p_1p_2}(\boldsymbol{\xi}) dA_{\mathbf{x}'} + \frac{1}{2} \frac{\partial^2 f(\mathbf{x})}{\partial x_2^2} \int_{H_\mathbf{x}} \xi_2^2 g_2^{p_1p_2}(\boldsymbol{\xi}) dA_{\mathbf{x}'}$$

$$+ \frac{\partial^2 f(\mathbf{x})}{\partial x_1 \partial x_2} \int_{H_\mathbf{x}} \xi_1 \xi_2 g_2^{p_1p_2}(\boldsymbol{\xi}) dA_{\mathbf{x}'} \tag{2.5}$$

除了具有期望阶导数的项外，PD 函数必须正交于泰勒级数展开式中的其余项，即

$$\frac{1}{n_1! n_2!} \int_{H_\mathbf{x}} \xi_1^{n_1} \xi_2^{n_2} g_2^{p_1p_2}(\boldsymbol{\xi}) dA_{\mathbf{x}'} = \delta_{n_1 p_1} \delta_{n_2 p_2} \tag{2.6}$$

其中 $(n_1, n_2, p_1, p_2 = 0, 1, 2)$，$\delta_{n_i p_i}$ 是克罗内克符号。

利用正交性条件，由方程 (2.6) 得到导数的 PD 形式为

$$\left\{ \begin{array}{c} f_{,1} \\ f_{,2} \end{array} \right\} = \int_{H_\mathbf{x}} (f(\mathbf{x}+\boldsymbol{\xi}) - f(\mathbf{x})) \left\{ \begin{array}{c} g_2^{10}(\boldsymbol{\xi}) \\ g_2^{01}(\boldsymbol{\xi}) \end{array} \right\} dA_{\mathbf{x}'} \tag{2.7}$$

和

$$\left\{ \begin{array}{c} f_{,11} \\ f_{,22} \\ f_{,12} \end{array} \right\} = \int_{H_\mathbf{x}} (f(\mathbf{x}+\boldsymbol{\xi}) - f(\mathbf{x})) \left\{ \begin{array}{c} g_2^{20}(\boldsymbol{\xi}) \\ g_2^{02}(\boldsymbol{\xi}) \\ g_2^{11}(\boldsymbol{\xi}) \end{array} \right\} dA_{\mathbf{x}'} \tag{2.8}$$

因此，$f(\mathbf{x})$ 的梯度和拉普拉斯算子可以被表示为

$$\nabla f(\mathbf{x}) = \int_{H_\mathbf{x}} (f(\mathbf{x}+\boldsymbol{\xi}) - f(\mathbf{x})) \mathbf{g}(\boldsymbol{\xi}) dA_{\mathbf{x}'} \tag{2.9}$$

和

$$\nabla^2 f(\mathbf{x}) = \int_{H_\mathbf{x}} \mathrm{tr} \mathbf{G}(\boldsymbol{\xi}) (f(\mathbf{x}+\boldsymbol{\xi}) - f(\mathbf{x})) dA_{\mathbf{x}'} \tag{2.10}$$

其中矢量 $\mathbf{g}$ 和矩阵 $\mathbf{G}$ 被定义为

$$\mathbf{g} = \left\{ \begin{array}{c} g_2^{10}(\boldsymbol{\xi}) \\ g_2^{01}(\boldsymbol{\xi}) \end{array} \right\} \tag{2.11}$$

和

$$\mathbf{G} = \begin{bmatrix} g_2^{20}(\boldsymbol{\xi}) & g_2^{11}(\boldsymbol{\xi}) \\ g_2^{11}(\boldsymbol{\xi}) & g_2^{02}(\boldsymbol{\xi}) \end{bmatrix} \tag{2.12}$$

PD 函数可以被构造成多项式基函数的线性组合，即

$$g_2^{p_1p_2}(\boldsymbol{\xi}) = a_{10}^{p_1p_2} w_{10}(|\boldsymbol{\xi}|)\xi_1 + a_{01}^{p_1p_2} w_{01}(|\boldsymbol{\xi}|)\xi_2 + a_{20}^{p_1p_2} w_{20}(|\boldsymbol{\xi}|)\xi_1^2$$
$$+ a_{02}^{p_1p_2} w_{02}(|\boldsymbol{\xi}|)\xi_2^2 + a_{11}^{p_1p_2} w_{11}(|\boldsymbol{\xi}|)\xi_1\xi_2 \tag{2.13}$$

其中 $a_{q_1q_2}^{p_1p_2}$ 是未知系数，$w_{q_1q_2}(|\boldsymbol{\xi}|)$ 是指定的权函数。假定当 $q_1 + q_2 = 1$ 时，$w_{q_1q_2}(|\boldsymbol{\xi}|) = w_1(|\boldsymbol{\xi}|)$，当 $q_1 + q_2 = 2$ 时，$w_{q_1q_2}(|\boldsymbol{\xi}|) = w_2(|\boldsymbol{\xi}|)$，若把 PD 函数代入正交性方程，则得到下列可确定系数 $a_{q_1q_2}^{p_1p_2}$ 的代数方程组

$$\mathbf{A}\mathbf{a}^{p_1p_2} = \mathbf{b}^{p_1p_2} \tag{2.14}$$

其中

$$\mathbf{A} = \begin{bmatrix} \mathbf{A}_{11} & \mathbf{A}_{12} \\ \mathbf{A}_{21} & \mathbf{A}_{22} \end{bmatrix}; \quad \mathbf{a}^{p_1p_2} = \left\{ \begin{array}{c} \mathbf{a}_1^{p_1p_2} \\ \mathbf{a}_2^{p_1p_2} \end{array} \right\}; \quad \mathbf{b}^{p_1p_2} = \left\{ \begin{array}{c} \mathbf{b}_1^{p_1p_2} \\ \mathbf{b}_2^{p_1p_2} \end{array} \right\} \tag{2.15}$$

已知子矩阵可以被表示为

$$\mathbf{A}_{11}(\mathbf{x}) = \int_{H_\mathbf{x}} w_1(|\boldsymbol{\xi}|) \begin{bmatrix} \xi_1^2 & \xi_1\xi_2 \\ \xi_1\xi_2 & \xi_2^2 \end{bmatrix} dA_{\mathbf{x}'} \tag{2.16}$$

$$\mathbf{A}_{12}(\mathbf{x}) = \mathbf{A}_{21}^{\mathrm{T}}(\mathbf{x}) = \int_{H_\mathbf{x}} w_2(|\boldsymbol{\xi}|) \begin{bmatrix} \xi_1^3 & \xi_1\xi_2^2 & \xi_1^2\xi_2 \\ \xi_1^2\xi_2 & \xi_2^3 & \xi_1\xi_2^2 \end{bmatrix} dA_{\mathbf{x}'} \tag{2.17}$$

$$\mathbf{A}_{22}(\mathbf{x}) = \int_{H_\mathbf{x}} w_2(|\boldsymbol{\xi}|) \begin{bmatrix} \xi_1^4 & \xi_1^2\xi_2^2 & \xi_1^3\xi_2 \\ \xi_1^2\xi_2^2 & \xi_2^4 & \xi_1\xi_2^3 \\ \xi_1^3\xi_2 & \xi_1\xi_2^3 & \xi_1^2\xi_2^2 \end{bmatrix} dA_{\mathbf{x}'} \tag{2.18}$$

未知矢量 $\mathbf{a}_1^{p_1p_2}$ 和 $\mathbf{a}_2^{p_1p_2}$ 被定义为

$$\mathbf{a}_1^{p_1p_2} = \left\{ \begin{array}{c} a_{10}^{p_1p_2} \\ a_{01}^{p_1p_2} \end{array} \right\} \tag{2.19}$$

和

$$\mathbf{a}_2^{p_1p_2} = \left\{ \begin{array}{c} a_{20}^{p_1p_2} \\ a_{02}^{p_1p_2} \\ a_{11}^{p_1p_2} \end{array} \right\} \tag{2.20}$$

已知矢量 $\mathbf{b}_1^{p_1p_2}$ 和 $\mathbf{b}_2^{p_1p_2}$ 被定义为

$$\mathbf{b}_1^{p_1p_2} = \left\{ \begin{array}{c} p_1 \\ p_2 \end{array} \right\} \quad \text{和} \quad \mathbf{b}_2^{p_1p_2} = \mathbf{0}, \quad \text{其中 } p_1 + p_2 = 1 \tag{2.21}$$

和

$$\mathbf{b}_1^{p_1p_2} = \mathbf{0} \quad \text{和} \quad \mathbf{b}_2^{p_1p_2} = \left\{ \begin{array}{c} p_1 - \delta_{p_1p_2} \\ p_2 - \delta_{p_1p_2} \\ p_1p_2 \end{array} \right\}, \quad \text{其中 } p_1 + p_2 = 2 \tag{2.22}$$

通过 $\mathbf{a} = \mathbf{A}^{-1}\mathbf{b}$ 确定系数 $a_{q_1q_2}^{p_1p_2}$ 后，可使用方程 (2.13) 构造 PD 函数 $g_2^{p_1p_2}(\boldsymbol{\xi})$。

对于在圆形相互作用域中具有对称位置的物质点 $\mathbf{x}$，矩阵 $\mathbf{A}$ 的未知系数可以用解析法计算。同时，矩阵 $\mathbf{A}$ 的非对角线上的子矩阵 $\mathbf{A}_{12}$ 和 $\mathbf{A}_{21}$ 变为零；因此，方程 (2.14) 中的一阶导数和二阶导数可以解耦，即

$$\begin{bmatrix} \mathbf{A}_{11} & \mathbf{0} \\ \mathbf{0} & \mathbf{A}_{22} \end{bmatrix} \left\{ \begin{array}{c} \mathbf{a}_1^{p_1p_2} \\ \mathbf{a}_2^{p_1p_2} \end{array} \right\} = \left\{ \begin{array}{c} \mathbf{b}_1^{p_1p_2} \\ \mathbf{b}_2^{p_1p_2} \end{array} \right\} \tag{2.23}$$

计算矩阵 $\mathbf{A}$ 的对角线上的子矩阵 $\mathbf{A}_{11}$ 和 $\mathbf{A}_{22}$ 的值为

$$\mathbf{A}_{11} = \pi A_1 \begin{bmatrix} 1 & 0 \\ 0 & 1 \end{bmatrix}, \quad \text{则} \quad \mathbf{A}_{11}^{-1} = \frac{1}{\pi A_1} \begin{bmatrix} 1 & 0 \\ 0 & 1 \end{bmatrix} \tag{2.24}$$

和

$$\mathbf{A}_{22} = \frac{\pi A_2}{4} \begin{bmatrix} 3 & 1 & 0 \\ 1 & 3 & 0 \\ 0 & 0 & 1 \end{bmatrix}, \quad \text{则} \quad \mathbf{A}_{22}^{-1} = \frac{1}{2\pi A_2} \begin{bmatrix} 3 & -1 & 0 \\ -1 & 3 & 0 \\ 0 & 0 & 8 \end{bmatrix} \tag{2.25}$$

参数 $A_n(n=1,2)$ 被定义为

$$A_n = \int_0^\delta w_n(|\boldsymbol{\xi}|)|\boldsymbol{\xi}|^{2n+1} d|\boldsymbol{\xi}| \tag{2.26}$$

对于方程 (2.23) 中的未知矢量 $\mathbf{a}_1^{p_1p_2}$ 和 $\mathbf{a}_2^{p_1p_2}$，可以通过下式显式计算

$$\mathbf{a}_1^{p_1p_2} = \frac{1}{\pi A_1} \left\{ \begin{array}{c} p_1 \\ p_2 \end{array} \right\} \tag{2.27}$$

和

$$\mathbf{a}_2^{p_1p_2} = \frac{1}{2\pi A_2} \left\{ \begin{array}{c} (3p_1 - p_2) - 2\delta_{p_1p_2} \\ (-p_1 + 3p_2) - 2\delta_{p_1p_2} \\ 8p_1p_2 \end{array} \right\} \tag{2.28}$$

随着系数 $a_{q_1q_2}^{p_1p_2}$ 的确定，PD 函数 $g_2^{p_1p_2}(\boldsymbol{\xi})$ 可以被表示为

$$g_2^{p_1p_2}(\boldsymbol{\xi}) = w_1(|\boldsymbol{\xi}|) \, (\mathbf{a}_1^{p_1p_2})^{\mathrm{T}} \left\{ \begin{array}{c} \xi_1 \\ \xi_2 \end{array} \right\}, \quad 其中 \; p_1 + p_2 = 1 \qquad (2.29)$$

和

$$g_2^{p_1p_2}(\boldsymbol{\xi}) = w_2(|\boldsymbol{\xi}|) \, (\mathbf{a}_2^{p_1p_2})^{\mathrm{T}} \left\{ \begin{array}{c} \xi_1^2 \\ \xi_2^2 \\ \xi_1\xi_2 \end{array} \right\}, \quad 其中 \; p_1 + p_2 = 2 \qquad (2.30)$$

把 $\mathbf{a}_1^{p_1p_2}$ 和 $\mathbf{a}_2^{p_1p_2}$ 分别代入方程 (2.29) 和 (2.30)，通过计算得到下列形式的 PD 函数

$$g_2^{p_1p_2}(\boldsymbol{\xi}) = \frac{1}{\pi A_1} w_1(|\boldsymbol{\xi}|) \, (p_1\xi_1 + p_2\xi_2), \quad 其中 \; p_1 + p_2 = 1 \qquad (2.31)$$

和

$$g_2^{p_1p_2}(\boldsymbol{\xi}) = \frac{1}{2\pi A_2} w_2(|\boldsymbol{\xi}|) \left((3p_1 - p_2)\xi_1^2 + (-p_1 + 3p_2)\xi_2^2 \right.$$
$$\left. + 8p_1p_2\xi_1\xi_2 - 2\delta_{p_1p_2}\xi_1^2 - 2\delta_{p_1p_2}\xi_2^2 \right), \quad 其中 \; p_1 + p_2 = 2 \qquad (2.32)$$

对于方程 (2.3) 中指定的权函数，参数 A_1 和 A_2 的值分别为 $A_1 = \delta^4/2$ 和 $A_2 = \delta^6/3$。对于这个权函数，局部导数的 PD 形式变为

$$\left\{ \begin{array}{c} f_{,1} \\ f_{,2} \end{array} \right\} = \frac{2}{\pi \delta^4} \int_{H_\mathbf{x}} w_1(|\boldsymbol{\xi}|) \, (f(\mathbf{x}+\boldsymbol{\xi}) - f(\mathbf{x})) \left\{ \begin{array}{c} \xi_1 \\ \xi_2 \end{array} \right\} dA_{\mathbf{x}'} \qquad (2.33)$$

和

$$\left\{ \begin{array}{c} f_{,11} \\ f_{,22} \\ f_{,12} \end{array} \right\} = \frac{3}{\pi \delta^6} \int_{H_\mathbf{x}} w_2(|\boldsymbol{\xi}|) \, (f(\mathbf{x}+\boldsymbol{\xi}) - f(\mathbf{x})) \left\{ \begin{array}{c} 3\xi_1^2 - \xi_2^2 \\ -\xi_1^2 + 3\xi_2^2 \\ 4\xi_1\xi_2 \end{array} \right\} dA_{\mathbf{x}'} \qquad (2.34)$$

因此，$f(\mathbf{x})$ 的梯度和拉普拉斯算子的 PD 形式可以被表示为

$$\nabla f(\mathbf{x}) = \frac{2}{\pi \delta^4} \int_{H_\mathbf{x}} w_1(|\boldsymbol{\xi}|)(f(\mathbf{x}+\boldsymbol{\xi}) - f(\mathbf{x}))\boldsymbol{\xi} dA_{\mathbf{x}'} \qquad (2.35)$$

和

$$\nabla^2 f(\mathbf{x}) = \frac{6}{\pi\delta^6} \int_{H_\mathbf{x}} w_2(|\boldsymbol{\xi}|)(\boldsymbol{\xi}\cdot\boldsymbol{\xi})(f(\mathbf{x}+\boldsymbol{\xi})-f(\mathbf{x}))dA_{\mathbf{x}'} \qquad (2.36)$$

类似地，位移矢量 $\mathbf{u}(\mathbf{x})$ 的梯度、散度、散度的梯度和拉普拉斯算子可以被表示为

$$\nabla\mathbf{u} = \frac{2}{\pi\delta^4} \int_{H_\mathbf{x}} w_1(|\boldsymbol{\xi}|)(\mathbf{u}(\mathbf{x}+\boldsymbol{\xi})-\mathbf{u}(\mathbf{x}))\otimes\boldsymbol{\xi}dA_{\mathbf{x}'} \qquad (2.37)$$

$$\nabla\cdot\mathbf{u} = \frac{2}{\pi\delta^4} \int_{H_\mathbf{x}} w_1(|\boldsymbol{\xi}|)(\mathbf{u}(\mathbf{x}+\boldsymbol{\xi})-\mathbf{u}(\mathbf{x}))\cdot\boldsymbol{\xi}dA_{\mathbf{x}'} \qquad (2.38)$$

$$\nabla\nabla\cdot\mathbf{u} = -\frac{3}{\pi\delta^6} \int_{H_\mathbf{x}} w_2(|\boldsymbol{\xi}|)(\boldsymbol{\xi}\cdot\boldsymbol{\xi})(\mathbf{u}(\mathbf{x}+\boldsymbol{\xi})-\mathbf{u}(\mathbf{x}))dA_{\mathbf{x}'}$$
$$+ \frac{12}{\pi\delta^6} \int_{H_\mathbf{x}} w_2(|\boldsymbol{\xi}|)[\boldsymbol{\xi}\cdot(\mathbf{u}(\mathbf{x}+\boldsymbol{\xi})-\mathbf{u}(\mathbf{x}))]\boldsymbol{\xi}dA_{\mathbf{x}'} \qquad (2.39)$$

和

$$\nabla^2\mathbf{u} = \frac{6}{\pi\delta^6} \int_{H_\mathbf{x}} w_2(|\boldsymbol{\xi}|)(\boldsymbol{\xi}\cdot\boldsymbol{\xi})(\mathbf{u}(\mathbf{x}+\boldsymbol{\xi})-\mathbf{u}(\mathbf{x}))dA_{\mathbf{x}'} \qquad (2.40)$$

其中符号 $\otimes$ 代表两个矢量的并积。

对于相互作用域 $H_\mathbf{x}$ 中具有任意位置的物质点 $\mathbf{x}$，使用方程 (2.7) 和 (2.8)，这些表达式可以被推广为

$$\nabla\mathbf{u} = \int_{H_\mathbf{x}} (\mathbf{u}(\mathbf{x}+\boldsymbol{\xi})-\mathbf{u}(\mathbf{x}))\otimes\mathbf{g}dA_{\mathbf{x}'} \qquad (2.41)$$

$$\nabla\cdot\mathbf{u} = \int_{H_\mathbf{x}} (\mathbf{u}(\mathbf{x}+\boldsymbol{\xi})-\mathbf{u}(\mathbf{x}))\cdot\mathbf{g}dA_{\mathbf{x}'} \qquad (2.42)$$

$$\nabla\nabla\cdot\mathbf{u} = \int_{H_\mathbf{x}} \mathbf{G}(\mathbf{u}(\mathbf{x}+\boldsymbol{\xi})-\mathbf{u}(\mathbf{x}))dA_{\mathbf{x}'} \qquad (2.43)$$

和

$$\nabla^2\mathbf{u} = \int_{H_\mathbf{x}} \mathrm{tr}\mathbf{G}\left(\mathbf{u}(\mathbf{x}+\boldsymbol{\xi})-\mathbf{u}(\mathbf{x})\right)dA_{\mathbf{x}'} \qquad (2.44)$$

2.4 用于三维分析的近场动力学函数

在三维空间中，与 2.3 节中的分析步骤类似，函数 $f(\mathbf{x}')$ 的泰勒级数展开式可以被表示为

$$f(\mathbf{x}+\boldsymbol{\xi}) - f(\mathbf{x}) = \xi_1\frac{\partial f(\mathbf{x})}{\partial x_1} + \xi_2\frac{\partial f(\mathbf{x})}{\partial x_2} + \xi_3\frac{\partial f(\mathbf{x})}{\partial x_3}$$

$$+\frac{1}{2!}\xi_1^2\frac{\partial^2 f(\mathbf{x})}{\partial x_1^2}+\frac{1}{2!}\xi_2^2\frac{\partial^2 f(\mathbf{x})}{\partial x_2^2}+\frac{1}{2!}\xi_3^2\frac{\partial^2 f(\mathbf{x})}{\partial x_3^2}$$

$$+\xi_1\xi_2\frac{\partial^2 f(\mathbf{x})}{\partial x_1\partial x_2}+\xi_1\xi_3\frac{\partial^2 f(\mathbf{x})}{\partial x_1\partial x_3}+\xi_2\xi_3\frac{\partial^2 f(\mathbf{x})}{\partial x_2\partial x_3}+R_2(\mathbf{x}) \quad (2.45)$$

其中 $\mathbf{x}^{\mathrm{T}}=\{x_1,x_2,x_3\}$，$\xi_1$、$\xi_2$ 和 ξ_3 是相对位置矢量 $\boldsymbol{\xi}$ 的分量，$R_2(\mathbf{x})$ 表示二阶近似的余项。将每一项与 PD 函数 $g_2^{p_1p_2p_3}(\boldsymbol{\xi})$ 相乘，同时认为 $R_2(\mathbf{x})$ 是可忽略的，那么在相互作用域 (族)$H_{\mathbf{x}}$ 上积分，可得

$$\int_{H_\mathbf{x}}\left(f(\mathbf{x}+\boldsymbol{\xi})-f(\mathbf{x})\right)g_2^{p_1p_2p_3}(\boldsymbol{\xi})dV_{\mathbf{x}'}$$

$$=\frac{\partial f(\mathbf{x})}{\partial x_1}\int_{H_\mathbf{x}}\xi_1 g_2^{p_1p_2p_3}(\boldsymbol{\xi})dV_{\mathbf{x}'}+\frac{\partial f(\mathbf{x})}{\partial x_2}\int_{H_\mathbf{x}}\xi_2 g_2^{p_1p_2p_3}(\boldsymbol{\xi})dV_{\mathbf{x}'}$$

$$+\frac{\partial f(\mathbf{x})}{\partial x_3}\int_{H_\mathbf{x}}\xi_3 g_2^{p_1p_2p_3}(\boldsymbol{\xi})dV_{\mathbf{x}'}+\frac{1}{2}\frac{\partial^2 f(\mathbf{x})}{\partial x_1^2}\int_{H_\mathbf{x}}\xi_1^2 g_2^{p_1p_2p_3}(\boldsymbol{\xi})dV_{\mathbf{x}'}$$

$$+\frac{1}{2}\frac{\partial^2 f(\mathbf{x})}{\partial x_2^2}\int_{H_\mathbf{x}}\xi_2^2 g_2^{p_1p_2p_3}(\boldsymbol{\xi})dV_{\mathbf{x}'}+\frac{1}{2}\frac{\partial^2 f(\mathbf{x})}{\partial x_3^2}\int_{H_\mathbf{x}}\xi_3^2 g_2^{p_1p_2p_3}(\boldsymbol{\xi})dV_{\mathbf{x}'}$$

$$+\frac{\partial^2 f(\mathbf{x})}{\partial x_1\partial x_2}\int_{H_\mathbf{x}}\xi_1\xi_2 g_2^{p_1p_2p_3}(\boldsymbol{\xi})dV_{\mathbf{x}'}+\frac{\partial^2 f(\mathbf{x})}{\partial x_1\partial x_3}\int_{H_\mathbf{x}}\xi_1\xi_3 g_2^{p_1p_2p_3}(\boldsymbol{\xi})dV_{\mathbf{x}'}$$

$$+\frac{\partial^2 f(\mathbf{x})}{\partial x_2\partial x_3}\int_{H_\mathbf{x}}\xi_2\xi_3 g_2^{p_1p_2p_3}(\boldsymbol{\xi})dV_{\mathbf{x}'} \quad (2.46)$$

PD 函数必须与泰勒级数展开式中的每一项正交，即

$$\frac{1}{n_1!n_2!n_3!}\int_{H_\mathbf{x}}\xi_1^{n_1}\xi_2^{n_2}\xi_3^{n_3}g_2^{p_1p_2p_3}(\boldsymbol{\xi})dV_{\mathbf{x}'}=\delta_{n_1p_1}\delta_{n_2p_2}\delta_{n_3p_3} \quad (2.47)$$

其中 $(n_1,n_2,n_3,p_1,p_2,p_3=0,1,2)$，$\delta_{n_ip_i}$ 是克罗内克符号。

利用正交性条件，由方程 (2.47) 得到导数的 PD 形式为

$$\left\{\begin{array}{c}f_{,1}\\f_{,2}\\f_{,3}\end{array}\right\}=\int_{H_\mathbf{x}}(f(\mathbf{x}+\boldsymbol{\xi})-f(\mathbf{x}))\left\{\begin{array}{c}g_2^{100}(\boldsymbol{\xi})\\g_2^{010}(\boldsymbol{\xi})\\g_2^{001}(\boldsymbol{\xi})\end{array}\right\}dV_{\mathbf{x}'} \quad (2.48)$$

和

$$\left\{\begin{array}{c}f_{,11}\\f_{,22}\\f_{,33}\\f_{,12}\\f_{,13}\\f_{,23}\end{array}\right\}=\int_{H_\mathbf{x}}(f(\mathbf{x}+\boldsymbol{\xi})-f(\mathbf{x}))\left\{\begin{array}{c}g_2^{200}(\boldsymbol{\xi})\\g_2^{020}(\boldsymbol{\xi})\\g_2^{002}(\boldsymbol{\xi})\\g_2^{110}(\boldsymbol{\xi})\\g_2^{101}(\boldsymbol{\xi})\\g_2^{011}(\boldsymbol{\xi})\end{array}\right\}dV_{\mathbf{x}'} \quad (2.49)$$

因此，$f(\mathbf{x})$ 的梯度算子和拉普拉斯算子可以被表示为

$$\nabla f(\mathbf{x}) = \int_{H_\mathbf{x}} (f(\mathbf{x}+\boldsymbol{\xi}) - f(\mathbf{x}))\, \mathbf{g}(\boldsymbol{\xi}) dV_{\mathbf{x}'} \tag{2.50}$$

和

$$\nabla^2 f(\mathbf{x}) = \int_{H_\mathbf{x}} \mathrm{tr}\mathbf{G}(\boldsymbol{\xi})\, (f(\mathbf{x}+\boldsymbol{\xi}) - f(\mathbf{x}))\, dV_{\mathbf{x}'} \tag{2.51}$$

其中矢量 $\mathbf{g}$ 和矩阵 $\mathbf{G}$ 被定义为

$$\mathbf{g} = \left\{ \begin{array}{c} g_2^{100}(\boldsymbol{\xi}) \\ g_2^{010}(\boldsymbol{\xi}) \\ g_2^{001}(\boldsymbol{\xi}) \end{array} \right\} \tag{2.52}$$

和

$$\mathbf{G} = \left[\begin{array}{ccc} g_2^{200}(\boldsymbol{\xi}) & g_2^{110}(\boldsymbol{\xi}) & g_2^{101}(\boldsymbol{\xi}) \\ g_2^{110}(\boldsymbol{\xi}) & g_2^{020}(\boldsymbol{\xi}) & g_2^{011}(\boldsymbol{\xi}) \\ g_2^{101}(\boldsymbol{\xi}) & g_2^{011}(\boldsymbol{\xi}) & g_2^{002}(\boldsymbol{\xi}) \end{array} \right] \tag{2.53}$$

PD 函数可以被构造成多项式基函数的线性组合，即

$$\begin{aligned} g_2^{p_1p_2p_3}(\boldsymbol{\xi}) = & a_{100}^{p_1p_2p_3} w_{100}(|\boldsymbol{\xi}|)\xi_1 + a_{010}^{p_1p_2p_3} w_{010}(|\boldsymbol{\xi}|)\xi_2 + a_{001}^{p_1p_2p_3} w_{001}(|\boldsymbol{\xi}|)\xi_3 \\ & + a_{200}^{p_1p_2p_3} w_{200}(|\boldsymbol{\xi}|)\xi_1^2 + a_{020}^{p_1p_2p_3} w_{020}(|\boldsymbol{\xi}|)\xi_2^2 + a_{002}^{p_1p_2p_3} w_{002}(|\boldsymbol{\xi}|)\xi_3^2 \\ & + a_{110}^{p_1p_2p_3} w_{110}(|\boldsymbol{\xi}|)\xi_1\xi_2 + a_{101}^{p_1p_2p_3} w_{101}(|\boldsymbol{\xi}|)\xi_1\xi_3 \\ & + a_{011}^{p_1p_2p_3} w_{011}(|\boldsymbol{\xi}|)\xi_2\xi_3 \end{aligned} \tag{2.54}$$

其中 $a_{q_1q_2q_3}^{p_1p_2p_3}$ 是未知系数，$w_{q_1q_2q_3}(|\boldsymbol{\xi}|)$ 是指定的权函数。假定当 $q_1+q_2+q_3=1$ 时，$w_{q_1q_2q_3}(|\boldsymbol{\xi}|) = w_1(|\boldsymbol{\xi}|)$，当 $q_1+q_2+q_3=2$ 时，$w_{q_1q_2q_3}(|\boldsymbol{\xi}|) = w_2(|\boldsymbol{\xi}|)$，若把 PD 函数代入正交性方程，则得到下列可确定系数 $a_{q_1q_2q_3}^{p_1p_2p_3}$ 的代数方程组

$$\mathbf{A}\mathbf{a}^{p_1p_2p_3} = \mathbf{b}^{p_1p_2p_3} \tag{2.55}$$

其中

$$\mathbf{A} = \left[\begin{array}{cc} \mathbf{A}_{11} & \mathbf{A}_{12} \\ \mathbf{A}_{21} & \mathbf{A}_{22} \end{array} \right];\quad \mathbf{a}^{p_1p_2p_3} = \left\{ \begin{array}{c} \mathbf{a}_1^{p_1p_2p_3} \\ \mathbf{a}_2^{p_1p_2p_3} \end{array} \right\};\quad \mathbf{b}^{p_1p_2p_3} = \left\{ \begin{array}{c} \mathbf{b}_1^{p_1p_2p_3} \\ \mathbf{b}_2^{p_1p_2p_3} \end{array} \right\} \tag{2.56}$$

已知的子矩阵可以表示为

$$\mathbf{A}_{11}(\mathbf{x}) = \int_{H_\mathbf{x}} w_1(|\boldsymbol{\xi}|)(\hat{\boldsymbol{\xi}} \otimes \boldsymbol{\xi}) dV_{\mathbf{x}'} \tag{2.57}$$

$$\mathbf{A}_{12}(\mathbf{x}) = \mathbf{A}_{21}^{\mathrm{T}}(\mathbf{x}) = \int_{H_{\mathbf{x}}} w_2(|\boldsymbol{\xi}|) \left[\begin{array}{cc} (\hat{\boldsymbol{\xi}} \otimes \boldsymbol{\xi}) & (\tilde{\boldsymbol{\xi}} \otimes \boldsymbol{\xi}) \end{array} \right] dV_{\mathbf{x}'} \qquad (2.58)$$

$$\mathbf{A}_{22}(\mathbf{x}) = \int_{H_{\mathbf{x}}} w_2(|\boldsymbol{\xi}|) \left[\begin{array}{cc} (\hat{\boldsymbol{\xi}} \otimes \hat{\boldsymbol{\xi}}) & (\tilde{\boldsymbol{\xi}} \otimes \hat{\boldsymbol{\xi}}) \\ (\tilde{\boldsymbol{\xi}} \otimes \hat{\boldsymbol{\xi}}) & (\hat{\boldsymbol{\xi}} \otimes \hat{\boldsymbol{\xi}}) \end{array} \right] dV_{\mathbf{x}'} \qquad (2.59)$$

其中矢量 $\boldsymbol{\xi}$、$\hat{\boldsymbol{\xi}}$ 和 $\tilde{\boldsymbol{\xi}}$ 被定义为

$$\boldsymbol{\xi} = \left\{ \begin{array}{c} \xi_1 \\ \xi_2 \\ \xi_3 \end{array} \right\}, \quad \hat{\boldsymbol{\xi}} = \left\{ \begin{array}{c} \xi_1^2 \\ \xi_2^2 \\ \xi_3^2 \end{array} \right\} \quad \text{和} \quad \tilde{\boldsymbol{\xi}} = \left\{ \begin{array}{c} \xi_1 \xi_2 \\ \xi_1 \xi_3 \\ \xi_2 \xi_3 \end{array} \right\} \qquad (2.60)$$

未知矢量 $\mathbf{a}_1^{p_1 p_2 p_3}$ 和 $\mathbf{a}_2^{p_1 p_2 p_3}$ 被定义为

$$\mathbf{a}_1^{p_1 p_2 p_3} = \left\{ \begin{array}{c} a_{100}^{p_1 p_2 p_3} \\ a_{010}^{p_1 p_2 p_3} \\ a_{001}^{p_1 p_2 p_3} \end{array} \right\} \qquad (2.61)$$

和

$$\mathbf{a}_2^{p_1 p_2 p_3} = \left\{ \begin{array}{c} a_{200}^{p_1 p_2 p_3} \\ a_{020}^{p_1 p_2 p_3} \\ a_{002}^{p_1 p_2 p_3} \\ a_{110}^{p_1 p_2 p_3} \\ a_{101}^{p_1 p_2 p_3} \\ a_{011}^{p_1 p_2 p_3} \end{array} \right\} \qquad (2.62)$$

已知矢量 $\mathbf{b}_1^{p_1 p_2 p_3}$ 和 $\mathbf{b}_2^{p_1 p_2 p_3}$ 被定义为

$$\mathbf{b}_1^{p_1 p_2 p_3} = \left\{ \begin{array}{c} p_1 \\ p_2 \\ p_3 \end{array} \right\} \quad \text{和} \quad \mathbf{b}_2^{p_1 p_2 p_3} = \mathbf{0}, \quad \text{其中 } p_1 + p_2 + p_3 = 1 \qquad (2.63)$$

以及

$\mathbf{b}_1^{p_1 p_2 p_3} = \mathbf{0}$ 和

$$\mathbf{b}_2^{p_1 p_2 p_3} = \left\{ \begin{array}{c} p_1 - \delta_{p_1 p_2} - \delta_{p_1 p_3} \\ p_2 - \delta_{p_1 p_2} - \delta_{p_2 p_3} \\ p_3 - \delta_{p_1 p_3} - \delta_{p_2 p_3} \\ p_1 p_2 \\ p_1 p_3 \\ p_2 p_3 \end{array} \right\}, \quad \text{其中 } p_1 + p_2 + p_3 = 2 \qquad (2.64)$$

确定系数 $a_{q_1q_2q_3}^{p_1p_2p_3}$ 之后，很容易构造 PD 函数 $g_2^{p_1p_2p_3}(\boldsymbol{\xi})$。

对于在球形相互作用域中具有对称位置的物质点 $\mathbf{x}$，矩阵 $\mathbf{A}$ 的未知系数可以用解析法计算。同时，矩阵 $\mathbf{A}$ 的非对角线上的子矩阵 $\mathbf{A}_{12}$ 和 $\mathbf{A}_{21}$ 变为零；因此，方程 (2.55) 中的一阶导数和二阶导数可以解耦，即

$$\begin{bmatrix} \mathbf{A}_{11} & \mathbf{0} \\ \mathbf{0} & \mathbf{A}_{22} \end{bmatrix} \left\{ \begin{array}{c} \mathbf{a}_1^{p_1p_2p_3} \\ \mathbf{a}_2^{p_1p_2p_3} \end{array} \right\} = \left\{ \begin{array}{c} \mathbf{b}_1^{p_1p_2p_3} \\ \mathbf{b}_2^{p_1p_2p_3} \end{array} \right\} \tag{2.65}$$

计算矩阵 $\mathbf{A}$ 的对角线上的子矩阵 $\mathbf{A}_{11}$ 和 $\mathbf{A}_{22}$ 的值为

$$\mathbf{A}_{11} = \frac{4\pi V_1}{3} \begin{bmatrix} 1 & 0 & 0 \\ 0 & 1 & 0 \\ 0 & 0 & 1 \end{bmatrix}, \quad \text{则} \ \mathbf{A}_{11}^{-1} = \frac{3}{4\pi V_1} \begin{bmatrix} 1 & 0 & 0 \\ 0 & 1 & 0 \\ 0 & 0 & 1 \end{bmatrix} \tag{2.66}$$

和

$$\mathbf{A}_{22} = \frac{4\pi V_2}{15} \begin{bmatrix} 3 & 1 & 1 & 0 & 0 & 0 \\ 1 & 3 & 1 & 0 & 0 & 0 \\ 1 & 1 & 3 & 0 & 0 & 0 \\ 0 & 0 & 0 & 1 & 0 & 0 \\ 0 & 0 & 0 & 0 & 1 & 0 \\ 0 & 0 & 0 & 0 & 0 & 1 \end{bmatrix},$$

$$\text{则} \ \mathbf{A}_{22}^{-1} = \frac{3}{8\pi V_2} \begin{bmatrix} 4 & -1 & -1 & 0 & 0 & 0 \\ -1 & 4 & -1 & 0 & 0 & 0 \\ -1 & -1 & 4 & 0 & 0 & 0 \\ 0 & 0 & 0 & 10 & 0 & 0 \\ 0 & 0 & 0 & 0 & 10 & 0 \\ 0 & 0 & 0 & 0 & 0 & 10 \end{bmatrix} \tag{2.67}$$

参数 $V_n(n=1,2)$ 被定义为

$$V_n = \int_0^\delta w_n(|\boldsymbol{\xi}|)|\boldsymbol{\xi}|^{2n+2} d|\boldsymbol{\xi}| \tag{2.68}$$

对于方程 (2.61) 和 (2.62) 中的未知矢量 $\mathbf{a}_1^{p_1p_2p_3}$ 和 $\mathbf{a}_2^{p_1p_2p_3}$，可以通过下式显式计算

$$\mathbf{a}_1^{p_1p_2p_3} = \frac{3}{4\pi V_1} \left\{ \begin{array}{c} p_1 \\ p_2 \\ p_3 \end{array} \right\} \tag{2.69}$$

和

$$\mathbf{a}_2^{p_1p_2p_3} = \frac{3}{8\pi V_2} \left\{ \begin{array}{c} (4p_1 - p_2 - p_3) - (3\delta_{p_1p_2} + 3\delta_{p_1p_3} - 2\delta_{p_2p_3}) \\ (-p_1 + 4p_2 - p_3) - (3\delta_{p_1p_2} - 2\delta_{p_1p_3} + 3\delta_{p_2p_3}) \\ (-p_1 - p_2 + 4p_3) - (-2\delta_{p_1p_2} + 3\delta_{p_1p_3} + 3\delta_{p_2p_3}) \\ 10p_1p_2 \\ 10p_1p_3 \\ 10p_2p_3 \end{array} \right\} \quad (2.70)$$

随着系数 $a_{q_1q_2q_3}^{p_1p_2p_3}$ 的确定,PD 函数 $g_2^{p_1p_2p_3}(\boldsymbol{\xi})$ 可以被表示为

$$g_2^{p_1p_2p_3}(\boldsymbol{\xi}) = w_1(|\boldsymbol{\xi}|)\left(\mathbf{a}_1^{p_1p_2p_3}\right)^{\mathrm{T}}\boldsymbol{\xi}, \quad \text{其中 } p_1 + p_2 + p_3 = 1 \quad (2.71)$$

和

$$g_2^{p_1p_2p_3}(\boldsymbol{\xi}) = w_2(|\boldsymbol{\xi}|)\left(\mathbf{a}_2^{p_1p_2p_3}\right)^{\mathrm{T}} \left\{ \begin{array}{c} \hat{\boldsymbol{\xi}} \\ \tilde{\boldsymbol{\xi}} \end{array} \right\}, \quad \text{其中 } p_1 + p_2 + p_3 = 2 \quad (2.72)$$

把 $\mathbf{a}_1^{p_1p_2p_3}$ 和 $\mathbf{a}_2^{p_1p_2p_3}$ 代入 PD 函数表达式,通过计算得到下列形式的 PD 函数

$$g_2^{p_1p_2p_3}(\boldsymbol{\xi}) = \frac{3}{4\pi V_1} w_1(|\boldsymbol{\xi}|)(p_1\xi_1 + p_2\xi_2 + p_3\xi_3), \quad \text{其中 } p_1 + p_2 + p_3 = 1 \quad (2.73)$$

和

$$g_2^{p_1p_2p_3}(\boldsymbol{\xi}) = \frac{3}{8\pi V_2}\left[(4p_1 - p_2 - p_3)\xi_1^2 - (3\delta_{p_1p_2} + 3\delta_{p_1p_3} - 2\delta_{p_2p_3})\xi_1^2 \right.$$
$$+ (-p_1 + 4p_2 - p_3)\xi_2^2 - (3\delta_{p_1p_2} - 2\delta_{p_1p_3} + 3\delta_{p_2p_3})\xi_2^2 + (-p_1 - p_2 + 4p_3)\xi_3^2$$
$$\left. - (-2\delta_{p_1p_2} + 3\delta_{p_1p_3} + 3\delta_{p_2p_3})\xi_3^2 + 10p_1p_2\xi_1\xi_2 + 10p_1p_3\xi_1\xi_3 + 10p_2p_3\xi_2\xi_3\right]$$

$$\text{其中 } p_1 + p_2 + p_3 = 2 \quad (2.74)$$

对于由方程 (2.3) 给定的权函数,参数 V_1 和 V_2 的值分别为 $V_1 = \delta^5/3$ 和 $V_2 = \delta^7/4$。对于这个权函数,局部导数的 PD 形式变为

$$\left\{ \begin{array}{c} f_{,1} \\ f_{,2} \\ f_{,3} \end{array} \right\} = \frac{9}{4\pi\delta^5} \int_{H_\mathbf{x}} w_1(|\boldsymbol{\xi}|)\left(f(\mathbf{x}+\boldsymbol{\xi}) - f(\mathbf{x})\right) \left\{ \begin{array}{c} \xi_1 \\ \xi_2 \\ \xi_3 \end{array} \right\} dV_{\mathbf{x}'} \quad (2.75)$$

和

$$\begin{Bmatrix} f_{,11} \\ f_{,22} \\ f_{,33} \\ f_{,12} \\ f_{,13} \\ f_{,23} \end{Bmatrix} = \frac{3}{\pi\delta^7} \int_{H_\mathbf{x}} w_2(|\boldsymbol{\xi}|)(f(\mathbf{x}+\boldsymbol{\xi})-f(\mathbf{x})) \begin{Bmatrix} 4\xi_1^2 - \xi_2^2 - \xi_3^2 \\ -\xi_1^2 + 4\xi_2^2 - \xi_3^2 \\ -\xi_1^2 - \xi_2^2 + 4\xi_3^2 \\ 5\xi_1\xi_2 \\ 5\xi_1\xi_3 \\ 5\xi_2\xi_3 \end{Bmatrix} dV_{\mathbf{x}'} \quad (2.76)$$

因此，$f(\mathbf{x})$ 的梯度算子和拉普拉斯算子的 PD 形式可以被表示为

$$\nabla f(\mathbf{x}) = \frac{9}{4\pi\delta^5} \int_{H_\mathbf{x}} w_1(|\boldsymbol{\xi}|)(f(\mathbf{x}+\boldsymbol{\xi})-f(\mathbf{x}))\boldsymbol{\xi} dV_{\mathbf{x}'} \quad (2.77)$$

和

$$\nabla^2 f(\mathbf{x}) = \frac{6}{\pi\delta^7} \int_{H_\mathbf{x}} w_2(|\boldsymbol{\xi}|)(\boldsymbol{\xi}\cdot\boldsymbol{\xi})(f(\mathbf{x}+\boldsymbol{\xi})-f(\mathbf{x})) dV_{\mathbf{x}'} \quad (2.78)$$

类似地，位移矢量 $\mathbf{u}(\mathbf{x})$ 的梯度、散度、散度的梯度和拉普拉斯算子可以被表示为

$$\nabla \mathbf{u} = \frac{9}{4\pi\delta^5} \int_{H_\mathbf{x}} w_1(|\boldsymbol{\xi}|)(\mathbf{u}(\mathbf{x}+\boldsymbol{\xi})-\mathbf{u}(\mathbf{x})) \otimes \boldsymbol{\xi} dV_{\mathbf{x}'} \quad (2.79)$$

$$\nabla \cdot \mathbf{u} = \frac{9}{4\pi\delta^5} \int_{H_\mathbf{x}} w_1(|\boldsymbol{\xi}|)(\mathbf{u}(\mathbf{x}+\boldsymbol{\xi})-\mathbf{u}(\mathbf{x})) \cdot \boldsymbol{\xi} dV_{\mathbf{x}'} \quad (2.80)$$

$$\nabla \nabla \cdot \mathbf{u} = -\frac{3}{\pi\delta^7} \int_{H_\mathbf{x}} w_2(|\boldsymbol{\xi}|)(\boldsymbol{\xi}\cdot\boldsymbol{\xi})(\mathbf{u}(\mathbf{x}+\boldsymbol{\xi})-\mathbf{u}(\mathbf{x})) dV_{\mathbf{x}'}$$
$$+ \frac{15}{\pi\delta^7} \int_{H_\mathbf{x}} w_2(|\boldsymbol{\xi}|)[\boldsymbol{\xi}\cdot(\mathbf{u}(\mathbf{x}+\boldsymbol{\xi})-\mathbf{u}(\mathbf{x}))]\boldsymbol{\xi} dV_{\mathbf{x}'} \quad (2.81)$$

和

$$\nabla^2 \mathbf{u} = \frac{6}{\pi\delta^7} \int_{H_\mathbf{x}} w_2(|\boldsymbol{\xi}|)(\boldsymbol{\xi}\cdot\boldsymbol{\xi})(\mathbf{u}(\mathbf{x}+\boldsymbol{\xi})-\mathbf{u}(\mathbf{x})) dV_{\mathbf{x}'} \quad (2.82)$$

正如方程 (2.41)~(2.44) 所给出的一样，可对上述这些表达式进行推广。

2.5 平衡方程与应变能密度函数的近场动力学形式

接下来的部分将推导平衡方程、变形梯度张量、应变能密度函数、力密度矢量的 PD 形式，并建立与 Silling(2000) 和 Silling 等 (2007) 提出的近场动力学概念的关联。

2.5.1 应力平衡方程的近场动力学形式

应力平衡方程可以被写成

$$\rho \frac{\partial^2 \mathbf{u}}{\partial t^2} = \nabla \cdot \mathbf{P} + \mathbf{b} \tag{2.83}$$

将方程 (2.83) 与方程 (1.1) 进行比较，可知

$$\mathbf{L}(\mathbf{x}) = \int_{H_\mathbf{x}} (\mathbf{t}(\mathbf{x}) - \mathbf{t}(\mathbf{x}')) dV_{\mathbf{x}'} = \nabla \cdot \mathbf{P} \tag{2.84}$$

其中 $\mathbf{P}$ 是第一 Piola-Kirchhoff 应力张量。在具有对称相互作用域的点 $\mathbf{x}$ 处，利用方程 (2.75)，应力分量 P_{ij} 的导数可以被表示为

$$\left\{ \begin{array}{c} \dfrac{\partial P_{ij}(\mathbf{x})}{\partial x_1} \\ \dfrac{\partial P_{ij}(\mathbf{x})}{\partial x_2} \\ \dfrac{\partial P_{ij}(\mathbf{x})}{\partial x_3} \end{array} \right\} = \frac{9}{4\pi\delta^5} \int_{H_\mathbf{x}} w_1(|\boldsymbol{\xi}|)(P_{ij}(\mathbf{x}') - P_{ij}(\mathbf{x})) \left\{ \begin{array}{c} \xi_1 \\ \xi_2 \\ \xi_3 \end{array} \right\} dV_{\mathbf{x}'},$$

其中 $i,j = 1,2,3$ \hfill (2.85)

其中，由于径向对称性，第二个积分为零，即

$$\int_{H_\mathbf{x}} w_1(|\boldsymbol{\xi}|) P_{ij}(\mathbf{x}) \boldsymbol{\xi} dV_{\mathbf{x}'} = P_{ij}(\mathbf{x}) \int_{H_\mathbf{x}} w_1(|\boldsymbol{\xi}|) \boldsymbol{\xi} dV_{\mathbf{x}'} = \mathbf{0} \tag{2.86}$$

使用方程 (2.85) 和 (2.86)，应力分量的导数可以被写成

$$\begin{bmatrix} P_{11,1} & P_{12,2} & P_{13,3} \\ P_{21,1} & P_{22,2} & P_{23,3} \\ P_{31,1} & P_{32,2} & P_{33,3} \end{bmatrix} = \frac{9}{4\pi\delta^5} \times \int_{H_\mathbf{x}} w_1(|\boldsymbol{\xi}|) \begin{bmatrix} [P_{11}(\mathbf{x}') + P_{11}(\mathbf{x})]\xi_1 \\ [P_{21}(\mathbf{x}') + P_{21}(\mathbf{x})]\xi_1 \\ [P_{31}(\mathbf{x}') + P_{31}(\mathbf{x})]\xi_1 \end{bmatrix}$$

$$\begin{matrix} [P_{12}(\mathbf{x}') + P_{12}(\mathbf{x})]\xi_2 & [P_{13}(\mathbf{x}') + P_{13}(\mathbf{x})]\xi_3 \\ [P_{22}(\mathbf{x}') + P_{22}(\mathbf{x})]\xi_2 & [P_{23}(\mathbf{x}') + P_{23}(\mathbf{x})]\xi_3 \\ [P_{32}(\mathbf{x}') + P_{32}(\mathbf{x})]\xi_2 & [P_{33}(\mathbf{x}') + P_{33}(\mathbf{x})]\xi_3 \end{matrix} \Bigg] dV_{\mathbf{x}'} \tag{2.87}$$

根据这些表达式，方程 (2.84) 中内力矢量 $\mathbf{L}$ 的分量可以写成 PD 形式为

$$L_i(\mathbf{x}) = \frac{9}{4\pi\delta^5} \int_{H_\mathbf{x}} w_1(|\boldsymbol{\xi}|) [P_{i1}(\mathbf{x}')\xi_1 + P_{i2}(\mathbf{x}')\xi_2 + P_{i3}(\mathbf{x}')\xi_3] dV_{\mathbf{x}'}$$

$$+ \frac{9}{4\pi\delta^5} \int_{H_x} w_1(|\boldsymbol{\xi}|) \left[P_{i1}(\mathbf{x})\xi_1 + P_{i2}(\mathbf{x})\xi_2 + P_{i3}(\mathbf{x})\xi_3\right] dV_{\mathbf{x}'},$$

$$\text{其中 } i = 1, 2, 3 \tag{2.88}$$

值得注意的是，由 Silling 等 (2007) 引入的形状张量 $\mathbf{K}(\mathbf{x})$ 被定义为

$$\mathbf{K}(\mathbf{x}) = \int_{H_x} w_1(|\boldsymbol{\xi}|)\left(\boldsymbol{\xi} \otimes \boldsymbol{\xi}\right) dV_{\mathbf{x}'} \tag{2.89}$$

对于具有对称球形相互作用域的点，其值为

$$\mathbf{K}(\mathbf{x}) = \frac{9}{4\pi\delta^5} \begin{bmatrix} 1 & 0 & 0 \\ 0 & 1 & 0 \\ 0 & 0 & 1 \end{bmatrix} \tag{2.90}$$

对于具有对称球形相互作用域的点，观察到 $K_{11}^{-1} = K_{22}^{-1} = K_{33}^{-1} = 9/4\pi\delta^5$ 以及 $\xi_1' = -\xi_1$、$\xi_2' = -\xi_2$ 和 $\xi_3' = -\xi_3$，所以方程 (2.88) 可以被改写为

$$L_i(\mathbf{x}) = \int_{H_x} w_1(|\boldsymbol{\xi}|) \left[P_{i1}(\mathbf{x})K_{11}^{-1}\xi_1 + P_{i2}(\mathbf{x})K_{22}^{-1}\xi_2 + P_{13}(\mathbf{x})K_{33}^{-1}\xi_3\right] dV_{\mathbf{x}'}$$

$$- \int_{H_x} w_1(|\boldsymbol{\xi}|) \left[P_{i1}(\mathbf{x}')K_{11}^{-1}\xi_1' + P_{i2}(\mathbf{x}')K_{22}^{-1}\xi_2' + P_{13}(\mathbf{x}')K_{33}^{-1}\xi_3'\right] dV_{\mathbf{x}'},$$

$$\text{其中 } i = 1, 2, 3 \tag{2.91}$$

或者

$$\begin{Bmatrix} L_1 \\ L_2 \\ L_3 \end{Bmatrix} = \int_{H_x} w_1(|\boldsymbol{\xi}|) \begin{bmatrix} P_{11}(\mathbf{x}) & P_{12}(\mathbf{x}) & P_{13}(\mathbf{x}) \\ P_{21}(\mathbf{x}) & P_{22}(\mathbf{x}) & P_{23}(\mathbf{x}) \\ P_{31}(\mathbf{x}) & P_{32}(\mathbf{x}) & P_{33}(\mathbf{x}) \end{bmatrix} \begin{bmatrix} K_{11}^{-1} & 0 & 0 \\ 0 & K_{22}^{-1} & 0 \\ 0 & 0 & K_{33}^{-1} \end{bmatrix} \begin{Bmatrix} \xi_1 \\ \xi_2 \\ \xi_3 \end{Bmatrix} dV_{\mathbf{x}'}$$

$$- \int_{H_x} w_1(|\boldsymbol{\xi}|) \begin{bmatrix} P_{11}(\mathbf{x}') & P_{12}(\mathbf{x}') & P_{13}(\mathbf{x}') \\ P_{21}(\mathbf{x}') & P_{22}(\mathbf{x}') & P_{23}(\mathbf{x}') \\ P_{31}(\mathbf{x}') & P_{32}(\mathbf{x}') & P_{33}(\mathbf{x}') \end{bmatrix} \begin{bmatrix} K_{11}^{-1} & 0 & 0 \\ 0 & K_{22}^{-1} & 0 \\ 0 & 0 & K_{33}^{-1} \end{bmatrix} \begin{Bmatrix} \xi_1' \\ \xi_2' \\ \xi_3' \end{Bmatrix} dV_{\mathbf{x}'}$$

$$\tag{2.92}$$

最后，上述方程可以被重构为 (Gu et al., 2017)

$$\mathbf{L} = \int_{H_x} w_1(|\boldsymbol{\xi}|)\mathbf{P}^{\mathrm{PD}}(\mathbf{x})\mathbf{K}^{-1}(\mathbf{x})\boldsymbol{\xi} dV_{\mathbf{x}'} - \int_{H_x} w_1(|\boldsymbol{\xi}|)\mathbf{P}^{\mathrm{PD}}(\mathbf{x}')\mathbf{K}^{-1}(\mathbf{x}')\boldsymbol{\xi}' dV_{\mathbf{x}'} \tag{2.93}$$

将方程 (2.93) 和方程 (1.2) 进行比较, 可知

$$\mathbf{t}(\mathbf{x}) = \mathbf{P}^{\mathrm{PD}}(\mathbf{x})\mathbf{g}(\mathbf{x}, \boldsymbol{\xi}) \tag{2.94}$$

其中

$$\mathbf{g}(\mathbf{x}, \boldsymbol{\xi}) = w_1(|\boldsymbol{\xi}|)\mathbf{K}^{-1}(\mathbf{x})\boldsymbol{\xi} \tag{2.95}$$

和

$$\mathbf{t}(\mathbf{x}') = \mathbf{P}^{\mathrm{PD}}(\mathbf{x}')\mathbf{g}(\mathbf{x}', \boldsymbol{\xi}') \tag{2.96}$$

其中

$$\mathbf{g}(\mathbf{x}', \boldsymbol{\xi}') = w_1(|\boldsymbol{\xi}'|)\mathbf{K}^{-1}(\mathbf{x}')\boldsymbol{\xi}' \tag{2.97}$$

该力密度矢量恢复到由 Silling 等 (2007) 以及 Madenci 和 Oterkus(2014) 利用虚功原理的概念推导出的方程 (1.47)。应力张量 $\mathbf{P}^{\mathrm{PD}} = \mathbf{P}^{\mathrm{PD}}(\mathbf{F}^{\mathrm{PD}})$ 依赖于 PD 形式的变形梯度张量 $\mathbf{F}^{\mathrm{PD}}$。

2.5.2 变形梯度张量的近场动力学形式

使用方程 (2.37) 和 (2.79), 位移梯度张量可以被表示为下列形式

$$\nabla \mathbf{u} = \frac{\mathrm{tr}(\mathbf{I})}{m} \int_{H_\mathbf{x}} w_1(|\boldsymbol{\xi}|)(\mathbf{y}' - \mathbf{y}) \otimes \boldsymbol{\xi} dV_{\mathbf{x}'} - \mathbf{I} \tag{2.98}$$

其中

$$m = \int_{H_\mathbf{x}} w_1(|\boldsymbol{\xi}|)|\boldsymbol{\xi}|^2 dV_{\mathbf{x}'} \tag{2.99}$$

作为 PD 微分算子的一部分而出现的这个参数, 也曾被 Silling 等 (2007) 提出, 计算其值为 $m = V\delta^2$, 其中 V 代表相互作用域的体积, 分别对于三维、二维和一维分析, 即对球形相互作用域, $V = 4\pi\delta^3/3$, 对圆形相互作用域, $V = h\pi\delta^2$, 对杆形相互作用域, $V = 2A\delta$。参数 h 和 A 表示圆和杆的厚度和截面面积。$\mathbf{I}$ 是单位矩阵, 其迹 $\mathrm{tr}(\mathbf{I})$ 依赖于分析的维度等于 2 或 3。

因此, 变形梯度张量可以被写成

$$\mathbf{F}^{\mathrm{PD}} = \frac{\mathrm{tr}(\mathbf{I})}{m} \int_{H_\mathbf{x}} w_1(|\boldsymbol{\xi}|)(\mathbf{y}' - \mathbf{y}) \otimes \boldsymbol{\xi} dV_{\mathbf{x}'} \tag{2.100}$$

或者

$$\mathbf{F}^{\mathrm{PD}} = \left(\int_{H_\mathbf{x}} w_1(|\boldsymbol{\xi}|)(\mathbf{y}' - \mathbf{y}) \otimes \boldsymbol{\xi} dV_{\mathbf{x}'} \right) \mathbf{K}^{-1} \tag{2.101}$$

其中 **K** 是方程 (2.89) 中的形状张量，其值为

$$\mathbf{K} = \frac{\mathrm{tr}(\mathbf{I})}{m} \begin{bmatrix} 1 & 0 & 0 \\ 0 & 1 & 0 \\ 0 & 0 & 1 \end{bmatrix} \quad (2.102)$$

对于方程 (2.3) 中给出的权函数，上述表达式与 Silling 等 (2007) 提出的表达式相同。然而，它的推导不是基于由矢量态简化成张量的概念。它是基于 PD 微分算子推导出来的。

2.5.3 应变能密度函数的近场动力学形式

在经典连续介质力学中，对于具有线性响应的各向同性材料，在小位移梯度假设下，SED 函数可以用下列形式表示

$$W(\mathbf{x}) = W(\mathrm{I}_\varepsilon, \mathrm{II}_\varepsilon, \mathbf{x}) \quad (2.103)$$

应变不变量被定义为

$$\mathrm{I}_\varepsilon = \mathrm{tr}(\boldsymbol{\varepsilon}) = \mathrm{tr}(\mathbf{H}) \quad (2.104)$$

$$\mathrm{II}_\varepsilon = \mathrm{tr}(\boldsymbol{\varepsilon}^2) = \frac{1}{2}[\mathrm{tr}(\mathbf{H}^2) + \mathrm{tr}(\mathbf{H}^\mathrm{T}\mathbf{H})] \quad (2.105)$$

其中 $\mathbf{H} = \nabla \mathbf{u} = \mathbf{m}$ 是由 $\mathbf{y} = \mathbf{mx} + \mathbf{x}$ 所描述的均匀变形的位移梯度张量。

对具有超弹性变形的各向同性材料，SED 函数可以用下列形式表示

$$W(\mathbf{x}) = W(\mathrm{I}_\mathbf{C}, J, \mathbf{x}) \quad (2.106)$$

$\mathrm{I}_\mathbf{C}$ 和 J 的表达式可以被改写成

$$\mathrm{I}_\mathbf{C} = \mathrm{tr}(\mathbf{C}) = \mathrm{tr}(\mathbf{F}^\mathrm{T}\mathbf{F}) = [\mathrm{tr}(\mathbf{I}) + 2\mathrm{tr}\mathbf{H} + \mathrm{tr}(\mathbf{H}^\mathrm{T}\mathbf{H})] \quad (2.107)$$

和

$$J = \det(\mathbf{F}) = \det(\mathbf{H} + \mathbf{I}) \quad (2.108)$$

对于均匀变形，根据方程 (2.100) 中变形梯度张量的 PD 表达式 $\mathbf{F}^\mathrm{PD}$，Madenci(2017) 引入以下积分

$$S_1 = \frac{\mathrm{tr}(\mathbf{I})}{m} \int_{H_\mathbf{x}} w_1(|\boldsymbol{\xi}|)(\mathbf{y}' - \mathbf{y}) \cdot \boldsymbol{\xi} dV_{\mathbf{x}'} \quad (2.109)$$

$$S_2 = \frac{\mathrm{tr}(\mathbf{I})}{m} \int_{H_\mathbf{x}} w_1(|\boldsymbol{\xi}|)(\mathbf{y}' - \mathbf{y}) \cdot (\mathbf{y}' - \mathbf{y}) dV_{\mathbf{x}'} \quad (2.110)$$

$$S_3 = \frac{\mathrm{tr}(\mathbf{I})}{m} \int_{H_\mathbf{x}} w_1(|\boldsymbol{\xi}|) \frac{[(\mathbf{y}' - \mathbf{y}) \cdot \boldsymbol{\xi}]^2}{\boldsymbol{\xi} \cdot \boldsymbol{\xi}} dV_{\mathbf{x}'} \tag{2.111}$$

$$S_4 = \frac{\mathrm{tr}(\mathbf{I})}{m} \int_{H_\mathbf{x}} w_1(|\boldsymbol{\xi}|) \frac{[(\mathbf{y}' - \mathbf{y}) \cdot \boldsymbol{\xi}]^3}{[\boldsymbol{\xi} \cdot \boldsymbol{\xi}]^2} dV_{\mathbf{x}'} \tag{2.112}$$

$$S_5 = \frac{\mathrm{tr}(\mathbf{I})}{m} \int_{H_\mathbf{x}} w_1(|\boldsymbol{\xi}|) \frac{([(\mathbf{y}' - \mathbf{y}) \times \boldsymbol{\xi}] \cdot [(\mathbf{y}' - \mathbf{y}) \times \boldsymbol{\xi}])[(\mathbf{y}' - \mathbf{y}) \cdot \boldsymbol{\xi}]}{[\boldsymbol{\xi} \cdot \boldsymbol{\xi}]^2} dV_{\mathbf{x}'} \tag{2.113}$$

和

$$S_6 = \frac{\mathrm{tr}(\mathbf{I})}{m} \int_{H_\mathbf{x}} w_1(|\boldsymbol{\xi}|) \frac{([(\mathbf{y}' - \mathbf{y}) \times \boldsymbol{\xi}] \cdot [(\mathbf{y}' - \mathbf{y}) \times \boldsymbol{\xi}])}{[\boldsymbol{\xi} \cdot \boldsymbol{\xi}]} dV_{\mathbf{x}'} \tag{2.114}$$

根据这些 PD 积分，可以推导出不变量 I_ε 和 II_ε 为

$$\mathrm{I}_\varepsilon = S_1 - \mathrm{tr}(\mathbf{I}) \tag{2.115}$$

$$\mathrm{II}_\varepsilon = \frac{1}{2}\left(5S - \theta^2\right), \quad \text{对于三维} \tag{2.116}$$

$$\mathrm{II}_\varepsilon = \frac{1}{2}\left(4S - \theta^2\right), \quad \text{对于平面应变} \tag{2.117}$$

其中

$$S = \mathrm{tr}(\mathbf{I}) - 2S_1 + S_3 \tag{2.118}$$

和

$$\theta = S_1 - \mathrm{tr}(\mathbf{I}) \tag{2.119}$$

计算参数 S 和 θ，可得

$$S = \frac{\mathrm{tr}(\mathbf{I})}{m} \int_{H_\mathbf{x}} w_1(|\boldsymbol{\xi}|) \left(|\mathbf{y}' - \mathbf{y}|\Lambda - |\boldsymbol{\xi}|\right)^2 dV_{\mathbf{x}'} \tag{2.120}$$

和

$$\theta = \frac{\mathrm{tr}(\mathbf{I})}{m} \int_{H_\mathbf{x}} w_1(|\boldsymbol{\xi}|) \left(|\mathbf{y}' - \mathbf{y}|\Lambda - |\boldsymbol{\xi}|\right) |\boldsymbol{\xi}| dV_{\mathbf{x}'} \tag{2.121}$$

其中参数 Λ 被定义为

$$\Lambda = \frac{(\mathbf{y}' - \mathbf{y})}{|\mathbf{y}' - \mathbf{y}|} \cdot \frac{\boldsymbol{\xi}}{|\boldsymbol{\xi}|} \tag{2.122}$$

类似地，$\mathrm{I_C}$ 和 J 可以用 PD 积分表示为

$$\mathrm{I_C} = S_2 \tag{2.123}$$

$$J = S_1^3 + S_1 S_2 - 5S_1 S_3 + \frac{10}{3} S_4 - \frac{5}{2} S_5, \quad \text{对于三维} \tag{2.124}$$

和

$$J = S_1^2 + \frac{S_2}{2} - 2S_3, \quad \text{对于二维} \tag{2.125}$$

应用方程 (1.21)，并根据 PD 形式的 SED 函数 W^{PD}，可以得到 PD 力密度矢量 $\mathbf{t} \parallel (\mathbf{y}' - \mathbf{y})$，即

$$\int_{H_{\mathbf{x}}} \mathbf{t}(\mathbf{x}, \boldsymbol{\xi}) \cdot \left(\delta(|\mathbf{y}' - \mathbf{y}|) \frac{\mathbf{y}' - \mathbf{y}}{|\mathbf{y}' - \mathbf{y}|} \right) dV_{\mathbf{x}'} = \delta W^{\mathrm{PD}}(\mathbf{x}) \tag{2.126}$$

在 CCM 中，对于三维和二维平面应变分析，在小位移假设下，具有线性响应的各向同性材料的 SED 函数可以被表示为

$$W(\mathbf{x}) = \frac{1}{2} \mu \left[\frac{4\nu - 1}{1 - 2\nu} \mathrm{I}_\varepsilon^2 + 2 \left(\mathrm{II}_\varepsilon + \frac{1}{2} \mathrm{I}_\varepsilon^2 \right) \right] \tag{2.127}$$

其中 μ 和 ν 分别是剪切模量和泊松比。在用于二维分析的平面应力假设下，它变成

$$W(\mathbf{x}) = \frac{1}{2} \mu \left[\frac{3\nu - 1}{1 - \nu} \mathrm{I}_\varepsilon^2 + 2 \left(\mathrm{II}_\varepsilon + \frac{1}{2} \mathrm{I}_\varepsilon^2 \right) \right] \tag{2.128}$$

代入方程 (2.115)~(2.117)，方程 (2.127) 和 (2.128) 中的 SED 函数的 PD 形式可以被表示为

$$W^{\mathrm{PD}}(\mathbf{x}) = \frac{1}{2} \mu \left(\frac{4\nu - 1}{1 - 2\nu} \theta^2 + 5S \right), \quad \text{对于三维} \tag{2.129}$$

$$W^{\mathrm{PD}}(\mathbf{x}) = \frac{1}{2} \mu \left(\frac{4\nu - 1}{1 - 2\nu} \theta^2 + 4S \right), \quad \text{对于平面应变} \tag{2.130}$$

$$W^{\mathrm{PD}}(\mathbf{x}) = \frac{1}{2} \mu \left(\frac{3\nu - 1}{1 - \nu} \theta^2 + 4S \right), \quad \text{对于平面应力} \tag{2.131}$$

利用这些 SED 函数的显式形式，对方程 (2.126) 进行微分，得到用于三维和二维分析的力密度表达式为

$$\mathbf{t} = \frac{3}{m} w_1(|\boldsymbol{\xi}|) \mu \left\{ \frac{4\nu - 1}{1 - 2\nu} |\boldsymbol{\xi}| \theta + 5 \left(|\mathbf{y}' - \mathbf{y}| \Lambda - |\boldsymbol{\xi}| \right) \right\} \Lambda \frac{\mathbf{y}' - \mathbf{y}}{|\mathbf{y}' - \mathbf{y}|}, \quad \text{对于 3D} \tag{2.132}$$

$$\mathbf{t} = \frac{2}{m} w_1(|\boldsymbol{\xi}|) \mu \left\{ \frac{4\nu - 1}{1 - 2\nu} |\boldsymbol{\xi}| \theta + 4 \left(|\mathbf{y}' - \mathbf{y}| \Lambda - |\boldsymbol{\xi}| \right) \right\} \Lambda \frac{\mathbf{y}' - \mathbf{y}}{|\mathbf{y}' - \mathbf{y}|}, \quad \text{对于平面应变}$$

$$\tag{2.133}$$

第二章 近场动力学微分算子

$$\mathbf{t} = \frac{2}{m}w_1(|\boldsymbol{\xi}|)\mu\left\{\frac{3\nu-1}{1-\nu}|\boldsymbol{\xi}|\theta + 4\left(|\mathbf{y}'-\mathbf{y}|\Lambda - |\boldsymbol{\xi}|\right)\right\}\Lambda\frac{\mathbf{y}'-\mathbf{y}}{|\mathbf{y}'-\mathbf{y}|}, \quad \text{对于平面应力} \tag{2.134}$$

方程 (2.99) 中给出的参数 m 的值为

$$m = \begin{cases} \dfrac{4\pi\delta^5}{3}, & \text{三维分析} \\ h\pi\delta^4, & \text{二维分析} \end{cases} \tag{2.135}$$

根据线性应变张量的运动学假设，可以假定 $\Lambda \approx 1$。将权函数和参数 m 代入后，力密度—拉伸关系可被表示为

$$\mathbf{t}(\mathbf{x}) = \left\{ad\frac{1}{|\boldsymbol{\xi}|}\theta(\mathbf{x}) + b\frac{1}{|\boldsymbol{\xi}|}s\right\}\frac{\mathbf{y}'-\mathbf{y}}{|\mathbf{y}'-\mathbf{y}|} \tag{2.136}$$

其中参数 a, b 和 d 被定义为

$$a = \begin{cases} \mu\left(\dfrac{4\nu-1}{1-2\nu}\right), & \text{三维和二维平面应变} \\ \mu\left(\dfrac{3\nu-1}{1-2\nu}\right), & \text{二维平面应力} \end{cases} \tag{2.137}$$

$$b = \begin{cases} \dfrac{45\mu}{4\pi\delta^3}, & \text{对于三维分析} \\ \dfrac{8\mu}{h\pi\delta^2}, & \text{对于二维分析} \end{cases} \tag{2.138}$$

和

$$d = \begin{cases} \dfrac{9}{4\pi\delta^3} \\ \dfrac{2}{h\pi\delta^2} \end{cases} \tag{2.139}$$

其中体积变化量 (膨胀率) 变为

$$\theta = d\int_{H_\mathbf{x}} sdV \tag{2.140}$$

方程 (2.136) 中的力密度矢量与 Silling 等 (2007) 推导的相同。然而，值得注意的是，对 Silling 等 (2007) 给出的线性 PD 固体，显式形式的 SED 函数与方程 (2.127) 给出的经典 SED 函数不同。

2.5.4 位移平衡方程的近场动力学形式

对于小变形，Navier 位移平衡方程可以被写成

$$\rho \frac{\partial^2 \mathbf{u}}{\partial t^2} = \mu \frac{4\nu - 1}{1 - 2\nu} \nabla \theta + \mu \left(\nabla^2 \mathbf{u} + 2\nabla\nabla \cdot \mathbf{u} \right) + \mathbf{b} \tag{2.141}$$

其中 μ 和 ν 分别表示材料的剪切模量和泊松比。膨胀率 θ 被定义为

$$\theta = \nabla \cdot \mathbf{u} \tag{2.142}$$

将方程 (2.139) 和方程 (1.2) 进行比较，可得

$$\int_{H_x} (\mathbf{t}(\mathbf{x}) - \mathbf{t}(\mathbf{x}')) dV_{\mathbf{x}'} = \mu \frac{4\nu - 1}{1 - 2\nu} \nabla \theta + \mu \left(\nabla^2 \mathbf{u} + 2\nabla\nabla \cdot \mathbf{u} \right) \tag{2.143}$$

将方程 (2.77)、(2.81) 和 (2.82) 代入方程 (2.143) 中，并进行代数运算，则得到具有对称相互作用域的点 $\mathbf{x}$ 处的内力矢量 $\mathbf{L}(\mathbf{x})$ 为

$$\begin{aligned}\mathbf{L}(\mathbf{x}) = \int_{H_x} (\mathbf{t}(\mathbf{x}) - \mathbf{t}(\mathbf{x}')) dV_{\mathbf{x}'} &= \mu \frac{4\nu - 1}{1 - 2\nu} \frac{9}{4\pi\delta^5} \int_{H_x} w_1(|\boldsymbol{\xi}|) (\theta(\mathbf{x}') - \theta(\mathbf{x})) \boldsymbol{\xi} dV_{\mathbf{x}'} \\ &+ \frac{30\mu}{\pi\delta^7} \int_{H_x} w_2(|\boldsymbol{\xi}|) \left[\boldsymbol{\xi} \cdot (\mathbf{u}(\mathbf{x}') - \mathbf{u}(\mathbf{x})) \right] \boldsymbol{\xi} dV_{\mathbf{x}'} \end{aligned} \tag{2.144}$$

类似地，膨胀率的 PD 形式可以被表示为

$$\theta(\mathbf{x}) = \frac{9}{4\pi\delta^5} \int_{H_x} w_1(|\boldsymbol{\xi}|) (\mathbf{u}(\mathbf{x}') - \mathbf{u}(\mathbf{x})) \cdot \boldsymbol{\xi} dV_{\mathbf{x}'} \tag{2.145}$$

把方程 (2.3) 中的权函数以及用未变形状态下的点 $\mathbf{x}$ 和变形状态下的点 $\mathbf{x}' = \mathbf{x} + \boldsymbol{\xi}$ 的位置矢量表示的相对位移矢量代入，那么这些表达式可进一步被表示为

$$\mathbf{u}(\mathbf{x} + \boldsymbol{\xi}) - \mathbf{u}(\mathbf{x}) = \mathbf{u}' - \mathbf{u} = (\mathbf{y}' - \mathbf{y}) - (\mathbf{x}' - \mathbf{x}) \tag{2.146}$$

其中 $\mathbf{y} = \mathbf{x} + \mathbf{u}$ 和 $\mathbf{y}' = \mathbf{x}' + \mathbf{u}'$。"小变形"假设允许下式成立

$$\frac{(\mathbf{y}' - \mathbf{y})}{|\mathbf{y}' - \mathbf{y}|} \cdot \frac{\boldsymbol{\xi}}{|\boldsymbol{\xi}|} \approx 1 \tag{2.147}$$

和

$$[\mathbf{u}(\mathbf{x} + \boldsymbol{\xi}) - \mathbf{u}(\mathbf{x})] \cdot \boldsymbol{\xi} \approx |\mathbf{y}' - \mathbf{y}||\boldsymbol{\xi}| - |\boldsymbol{\xi}|^2 \tag{2.148}$$

内力矢量和膨胀率的最终形式变为

$$\int_{H_\mathbf{x}} (\mathbf{t}(\mathbf{x}) - \mathbf{t}(\mathbf{x}')) dV_{\mathbf{x}'} = \left(-\mu \frac{4\nu-1}{1-2\nu} \frac{9}{4\pi\delta^3} \int_{H_\mathbf{x}} \frac{1}{|\boldsymbol{\xi}|} \theta(\mathbf{x}) dV_{\mathbf{x}'} + \frac{15\mu}{\pi\delta^4} \int_{H_\mathbf{x}} s dV_{\mathbf{x}'}\right) \frac{\boldsymbol{\xi}}{|\boldsymbol{\xi}|}$$
$$- \left(\mu \frac{4\nu-1}{1-2\nu} \frac{9}{4\pi\delta^3} \int_{H_\mathbf{x}} \frac{1}{|\boldsymbol{\xi}|} \theta(\mathbf{x}') dV_{\mathbf{x}'} + \frac{15\mu}{\pi\delta^4} \int_{H_\mathbf{x}} s dV_{\mathbf{x}'}\right) \frac{(-\boldsymbol{\xi})}{|\boldsymbol{\xi}|} \quad (2.149)$$

其中积分

$$\int_{H_\mathbf{x}} \frac{1}{|\boldsymbol{\xi}|} \theta(\mathbf{x}) dV_{\mathbf{x}'} = \theta(\mathbf{x}) \int_{H_\mathbf{x}} \frac{1}{|\boldsymbol{\xi}|} dV_{\mathbf{x}'} = 0 \quad (2.150)$$

和

$$\theta(\mathbf{x}) = \frac{9}{4\pi\delta^3} \int_{H_\mathbf{x}} s dV_{\mathbf{x}'} \quad (2.151)$$

最后,力密度矢量可以被表示为

$$\mathbf{t}(\mathbf{x}) = \left(\mu \frac{4\nu-1}{1-2\nu} \frac{9}{4\pi\delta^3} \frac{1}{|(\mathbf{x}'-\mathbf{x})|} \theta(\mathbf{x}) + \frac{15\mu}{\pi\delta^4} s\right) \frac{(\mathbf{x}'-\mathbf{x})}{|(\mathbf{x}'-\mathbf{x})|} \quad (2.152)$$

和

$$\mathbf{t}(\mathbf{x}') = \left(\mu \frac{4\nu-1}{1-2\nu} \frac{9}{4\pi\delta^3} \frac{1}{|(\mathbf{x}-\mathbf{x}')|} \theta(\mathbf{x}') + \frac{15\mu}{\pi\delta^4} s\right) \frac{(\mathbf{x}-\mathbf{x}')}{|(\mathbf{x}-\mathbf{x}')|} \quad (2.153)$$

力密度矢量的方向与相对位置矢量 $\boldsymbol{\xi}$ 一致,并恢复到 Madenci 和 Oterkus (2014) 提出的常规态型 PD 力密度矢量。值得注意的是,当泊松比 $\nu = 1/4$ 时,力密度矢量也恢复到键型 PD 力密度矢量,且不区分膨胀和变形的畸变部分。

参 考 文 献

Gu, X., Madenci, E., & Zhang, Q. (2017). Revisit of non-ordinary state-based peridynamics. *Engineering Fracture Mechanic*, 190, 31-52.

Madenci, E. (2017). Peridynamic integrals for strain invariants of homogeneous deformation. *ZAMM Journal of Applied Mathematics and Mechanics/Zeitschrift für Angewandte Mathematik und Mechanik*, 97(10), 1236-1251.

Madenci, E., Barut, A., & Dorduncu, M. (2019). *Peridynamic differential operator for numerical analysis*. Springer.

Madenci, E., Barut, A., & Futch, M. (2016). Peridynamic differential operator and its applications. *Computer Methods in Applied Mechanics and Engineering*, 304, 408-451.

Madenci, E., Dorduncu, M., Barut, A., & Futch, M. (2017). Numerical solution of linear and nonlinear partial differential equations using the peridynamic differential operator. *Numerical Methods for Partial Differential Equations, 33*(5), 1726-1753.

Madenci, E., & Oterkus, E. (2014). *Peridynamic theory and its applications.* Springer.

Silling, S. A. (2000). Reformulation of elasticity theory for discontinuities and long-range forces. *Journal of the Mechanics and Physics of Solids, 48*(1), 175-209.

Silling, S. A., Epton, M., Weckner, O., Xu, J., & Askari, E. (2007). Peridynamic states and constitutive modeling. *Journal of Elasticity, 88*(2), 151-184.

第三章　改进的近场动力学

3.1　引　　言

近十年来，近场动力学 (PD) 理论已被广泛接受，并应用于工程应用材料的破坏分析。在键型 (BB) 和常规态型 (OSB)PD 模型中，对于位于球形影响域中的对称物质点，本章将推导在 1.5.1 节和 1.5.2 节中给出的力密度矢量的表达式。然而，位于边界附近的物质点不具有球形影响域，并且在其家族中不是对称分布的。那么需要修正 PD 材料参数，以弥补由于截断影响域而缺失的相互作用。这在 PD 理论中被称为 "表面效应" 或 "界面效应"。为了避免表面修正过程，Madenci 等 (2021) 引入了单位矢量 $\mathbf{n} = \boldsymbol{\xi}/|\boldsymbol{\xi}|$ 和 $(\mathbf{n} \otimes \mathbf{n})$ 的非局部表示，可用于推导 BB 和 OSB-PD 中的力密度矢量。这种修正的力密度矢量还可以通过位移约束实现 PD 和有限元 (FE) 模型的直接耦合 (Zhang & Madenci, 2021)。然而，这种直接耦合仍然会导致位移扭结，从而导致在 PD 和 FE 区域界面附近产生非物理应力集中。

NOSB-PD 不需要任何表面修正过程，因为它通过方程 (1.50) 给出的变形梯度张量的 PD 表示 $\mathbf{F}^{PD}(\mathbf{x})$，直接使用经典连续介质力学 (CCM) 的本构信息。但是，在权函数径向对称的情况下，它不能准确地反映具有完整影响域的物质点处的变形变化。正如 Gu 等 (2019) 所解释的那样，这在物理上是不能解释的，会导致所谓的零能模式，从而造成数值振荡。

抑制这些振荡的补救措施包括控制力的使用 (Littlewood, 2011; Breitenfeld et al., 2014)、应力点法 (Luo & Sundararaghavan, 2018)、广义 Seth-Hill 应变措施 (Tupek & Radovitzky, 2013)、变形梯度的高阶近似 (Yaghoobi & Chorzepa, 2017)、基于子影响域的方法 (Chowdhury et al., 2019)。Silling(2017) 通过考虑由变形的非均匀部分产生的能量，引入了一种稳定化方法，从而使力态键具体化。Breitzman 和 Dayal(2018) 在变形梯度张量的定义中引入了键级变形梯度，该梯度可以解释 Silling(2017) 所考虑的特定键非均匀变形。Behzadinasab 和 Foster(2020) 通过定义对称键级速度梯度而改进了该模型，其中每根键对应一个独特的速度梯度，并且通过对延性材料破坏建模证明了其有效性。

最近，Chen(2018) 提出了键辅助变形梯度张量，其中变形梯度使用截断影响域而非完整影响域来计算。它扰乱了影响域的径向对称性，从而消除了零能模式。Madenci

---

补充信息　在线原著版本包含本章补充材料，请访问 [https://doi.org/10.1007/978-3-030-97858-7_3]。

等 (2019b)、Behera 等 (2020, 2021) 以及 Roy 等 (2020) 采用了 Chen(2018) 以及 Chen 和 Spencer(2019) 提出的两个物质点 **x** 和 **x**′ 的交叉影响域的概念，并将其与近场动力学微分算子 (PDDO) 耦合，以计算键辅助变形梯度张量 $\mathbf{F}_{\boldsymbol{\xi}}^{\mathrm{PD}}(\mathbf{x})$。

本章通过考虑一些基准问题，重点阐述对 PD 理论的改进及其有效性。对力密度矢量的改进消除了 BB 和 OSB-PD 中与影响域不完整相关的缺点，并消除了 NOSB 中的虚假振荡。对 BB、OSB 和 NOSB-PD 模型，通过分别考虑承受平面内弯曲作用的带孔方形悬臂板、剪切载荷作用下具有垂直边缘裂纹的矩形悬臂板和拉伸作用下的带孔方形板，验证了改进模型的有效性。此外，本章通过考虑在初始拉伸瞬时释放情况下的板和块体，并与有限元解比较，验证了 NOSB-PD 模型的瞬态响应。

然而，在没有虚构区域的 PD 边界上直接施加位移或非零牵引力条件，会导致边界附近的位移场发生扭结。

3.2 键型力密度矢量

在材料体中的两个物质点 **x** 和 **x**′ 之间，Silling(2000) 以及 Silling 和 Askari (2005) 推导出由键伸长引起的力密度矢量 **f** 为

$$\mathbf{f}(\mathbf{u}' - \mathbf{u}, \mathbf{x}' - \mathbf{x}) = cs \frac{\mathbf{y}' - \mathbf{y}}{|\mathbf{y}' - \mathbf{y}|} \tag{3.1}$$

其中键的伸长率被定义为

$$s = \frac{|\mathbf{y}' - \mathbf{y}| - |\boldsymbol{\xi}|}{|\boldsymbol{\xi}|} \tag{3.2}$$

根据图 3.1，"小变形" 假设允许下式成立

$$\frac{(\mathbf{y}' - \mathbf{y})}{|\mathbf{y}' - \mathbf{y}|} \cdot \frac{\boldsymbol{\xi}}{|\boldsymbol{\xi}|} = \frac{(\mathbf{y}' - \mathbf{y})}{|\mathbf{y}' - \mathbf{y}|} \cdot \mathbf{n} \approx 1 \tag{3.3}$$

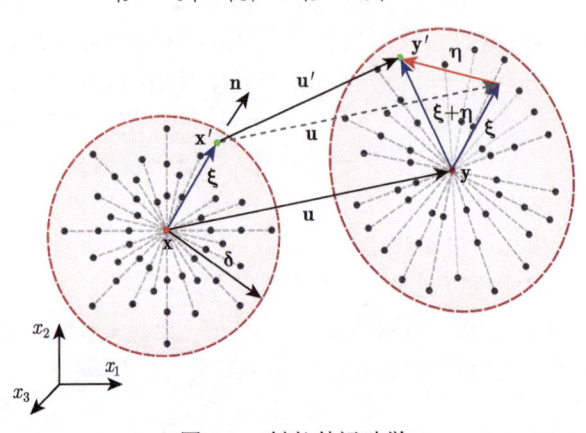

图 3.1 键拉伸运动学

由小变形引起的键的伸长率可被近似为

$$s = \frac{(\mathbf{u}(\mathbf{x}') - \mathbf{u}(\mathbf{x})) \cdot \mathbf{n}}{|\boldsymbol{\xi}|} = \frac{((\mathbf{y}' - \mathbf{y}) - \boldsymbol{\xi}) \cdot \mathbf{n}}{|\boldsymbol{\xi}|} \approx \frac{|\mathbf{y}' - \mathbf{y}| - |\boldsymbol{\xi}|}{|\boldsymbol{\xi}|} \quad (3.4)$$

在方程 (3.1) 中使用方程 (3.3) 和 (3.4)，那么由小变形引起的键力可以被改写为

$$\mathbf{f}(\mathbf{u}' - \mathbf{u}, \mathbf{x}' - \mathbf{x}) = c \frac{(\mathbf{u}(\mathbf{x}') - \mathbf{u}(\mathbf{x})) \cdot \mathbf{n}}{|\boldsymbol{\xi}|} \mathbf{n} \quad (3.5)$$

根据等式 $(\mathbf{a} \otimes \mathbf{b})\mathbf{c} = (\mathbf{b} \cdot \mathbf{c})\mathbf{a}$，键力可被重写为

$$\mathbf{f}(\mathbf{u}' - \mathbf{u}, \mathbf{x}' - \mathbf{x}) = c (\mathbf{n} \otimes \mathbf{n}) \frac{(\mathbf{u}(\mathbf{x}') - \mathbf{u}(\mathbf{x}))}{|\boldsymbol{\xi}|} \quad (3.6)$$

键常数 c 取决于泊松比的具体值，而泊松比的值取决于分析的维度。方程 (1.9) 给出了键常数与工程常数之间的显式关系。值得注意的是，这个键常数对远离表面且具有完整影响域的物质点才有效。否则，如 Madenci 和 Oterkus(2014) 所述，当物质点位于边界附近时，需要进行表面修正。然而，为了避免进行表面修正，可以用 Madenci 等 (2021) 提出的 PD 函数替换 $(\mathbf{n} \otimes \mathbf{n})$ 的非局部表示。在非局部形式下，$(\mathbf{n} \otimes \mathbf{n})$ 可以被表示为

$$(\mathbf{n} \otimes \mathbf{n}) = \frac{\pi \delta^4}{30} |\boldsymbol{\xi}| \mathbf{S}(\boldsymbol{\xi}), \quad \text{对于三维分析} \quad (3.7)$$

和

$$(\mathbf{n} \otimes \mathbf{n}) = \frac{\pi h \delta^3}{24} |\boldsymbol{\xi}| \mathbf{S}(\boldsymbol{\xi}), \quad \text{对于二维分析} \quad (3.8)$$

其中矩阵 $\mathbf{S}(\boldsymbol{\xi})$ 被定义为

$$\mathbf{S}(\boldsymbol{\xi}) = (\text{tr}\mathbf{G}(\boldsymbol{\xi})\mathbf{I} + 2\mathbf{G}(\boldsymbol{\xi})) \quad (3.9)$$

类似地，Madenci 等 (2021) 推导出 $\mathbf{n}$ 的表达式为

$$\mathbf{n}(\mathbf{x}) = \frac{4\pi \delta^3}{9} |\boldsymbol{\xi}| \mathbf{g}(\boldsymbol{\xi}), \quad \text{对于三维分析} \quad (3.10)$$

和

$$\mathbf{n}(\mathbf{x}) = \frac{\pi h \delta^2}{2} |\boldsymbol{\xi}| \mathbf{g}(\boldsymbol{\xi}), \quad \text{对于二维分析} \quad (3.11)$$

矩阵 $\mathbf{G}(\boldsymbol{\xi})$ 和矢量 $\mathbf{g}(\boldsymbol{\xi})$ 可以用 PD 函数表示，第二章已经给出了二维和三维中这些表达式的显式推导过程。

根据 $(\mathbf{n} \otimes \mathbf{n})$ 的非局部表示，对三维和二维分析，键力可以被改写为

$$\mathbf{f}(\mathbf{u}' - \mathbf{u}, \mathbf{x}' - \mathbf{x}) = \mu \mathbf{S}(\boldsymbol{\xi}) \left(\mathbf{u}(\mathbf{x}') - \mathbf{u}(\mathbf{x}) \right) \tag{3.12}$$

对具有不完整影响域 (相互作用域) 的物质点处的键力，不需要任何表面修正。为了在点 $\mathbf{x}$ 和 $\mathbf{x}'$ 处获得大小相等和方向相反的键力，力密度矢量可被修改为

$$\mathbf{f}(\mathbf{u}' - \mathbf{u}, \mathbf{x}' - \mathbf{x}) = \mu \overline{\mathbf{S}}(\mathbf{x}, \mathbf{x}') \left(\mathbf{u}(\mathbf{x}') - \mathbf{u}(\mathbf{x}) \right) \tag{3.13}$$

其中

$$\overline{\mathbf{S}}(\mathbf{x}, \mathbf{x}') = \frac{\mathbf{S}(\boldsymbol{\xi}) + \mathbf{S}(-\boldsymbol{\xi})}{2} = \frac{\mathbf{S}(\mathbf{x}' - \mathbf{x}) + \mathbf{S}(\mathbf{x} - \mathbf{x}')}{2} \tag{3.14}$$

值得注意的是，对具有完整影响域的物质点，$\overline{\mathbf{S}}(\mathbf{x}, \mathbf{x}') = \mathbf{S}(\boldsymbol{\xi}) = \mathbf{S}(-\boldsymbol{\xi})$。由于物质点 $\mathbf{x}$ 和 $\mathbf{x}'$ 的成对相互作用，力密度矢量自动满足线动量平衡和角动量平衡。

为了证明这种改进的 BB-PD 平衡方程的有效性，本章考虑了承受平面内弯曲作用的带孔方形悬臂板。如图 3.2 所示，考虑各向同性板，其尺寸为 $L = W = 100\mathrm{m}$，厚度为 $B = 1\mathrm{m}$，中心开孔直径为 $d = 20\mathrm{m}$。板的杨氏模量和泊松比分别指定为 $E = 10\mathrm{GPa}$ 和 $\nu = 0.33$。通过约束两个方向上的位移以固定板的左边缘，而上下边缘不受任何载荷和运动学边界条件的约束。为了产生纯弯曲作用，沿右边缘施加线性变化的分布式载荷，即 $N = 2N_0 y/L$，其中分布式载荷的幅值 $N_0 = B \times 5\mathrm{MPa}$。

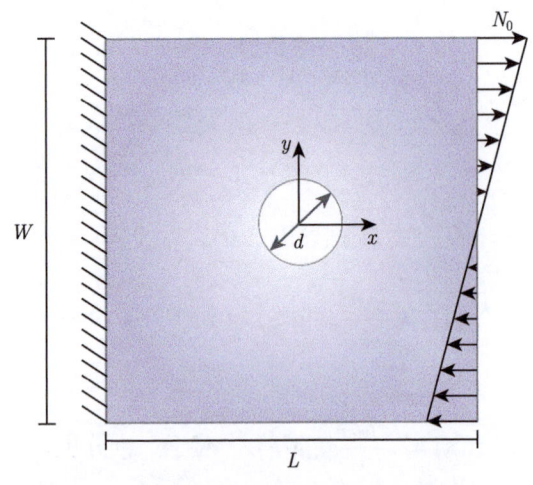

图 3.2 承受平面内弯曲作用的带孔悬臂板

第三章 改进的近场动力学

如图 3.3 所示，以 38736 个物质点建立板的 PD 模型，其中网格间距为 $\Delta x = \Delta y = 0.5\text{m}$。载荷以体力 $\mathbf{b} = (b_x, b_y)^\text{T}$ 的形式沿受载垂直边缘施加于单层物质点上，其中 $b_x = 2N_0y/(L\Delta x)$ 和 $b_y = 0$。类似地，位移约束 $u_x = 0$ 和 $u_y = 0$ 沿固定垂直边缘施加于单层物质点上。

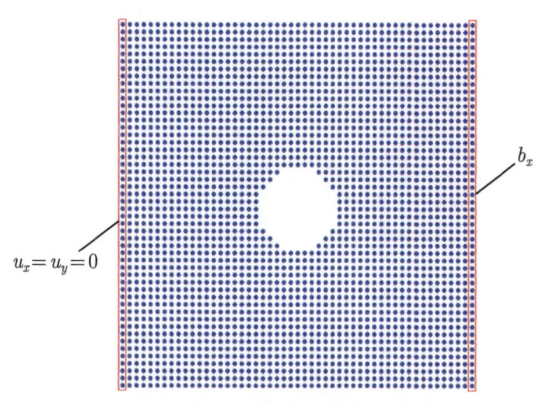

图 3.3　承受平面内弯曲作用的带孔板的离散化以及边界条件

通过与 ANSYS 软件实施的 FE 求解进行比较，验证了 PD 预测位移分量的有效性。板的 FE 模型由 35876 个 ANSYS PLANE182 单元构成。图 3.4 和图 3.5 分别显示了 PD 和 FE 分析的水平和垂直位移。另外，如图 3.6 所示，沿受载垂直边缘 ($x = L/4$)，对这些预测结果进行了比较。BB-PD 和 ANSYS 的预测结果吻合较好。这些比较结果表明，目前采用的 PD 方法能够成功地捕捉到平面内的弯曲变形。

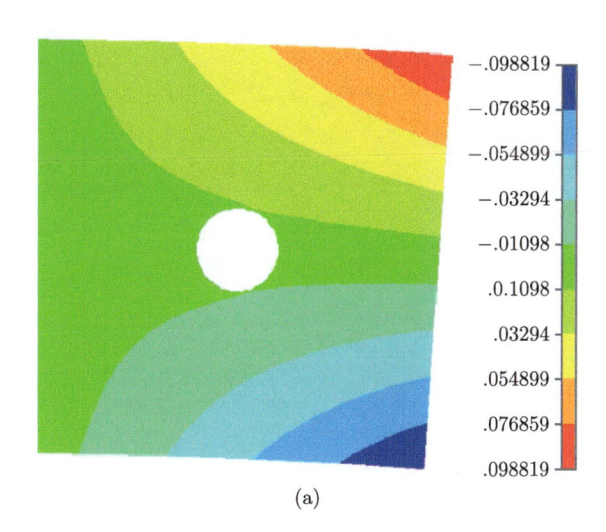

(a)

(b)

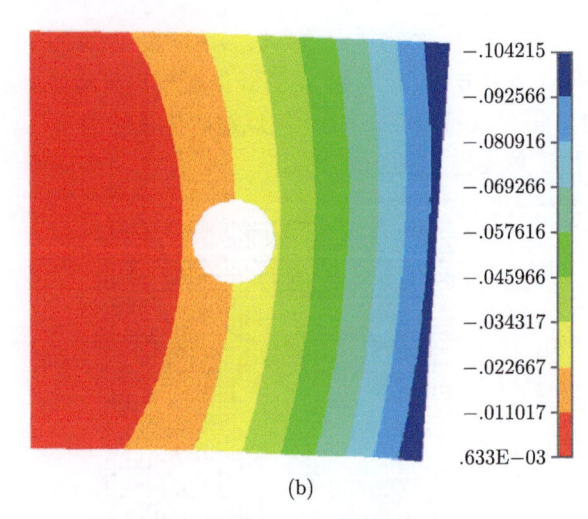

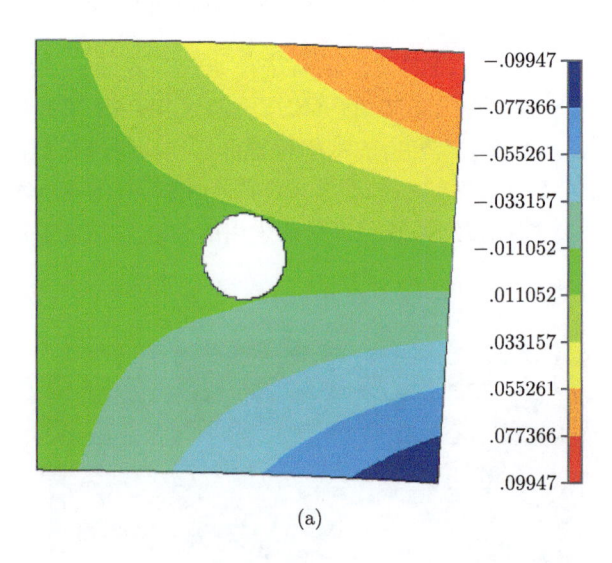

图 3.4 承受平面内弯曲作用的板的 PD 位移分量
(a) 水平方向;(b) 垂直方向

(a)

(b)

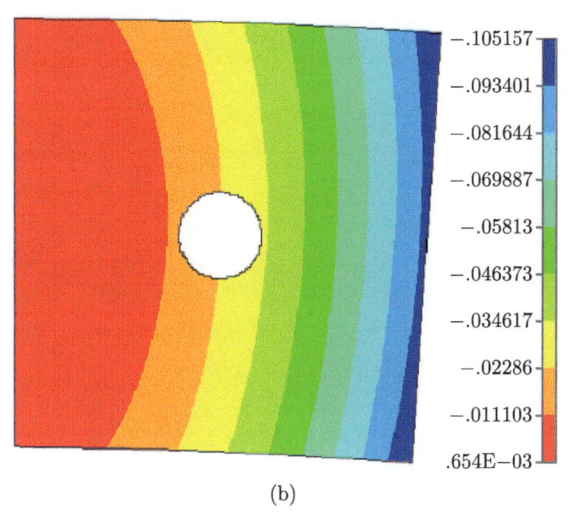

图 3.5 承受平面内弯曲作用的板的 FE 位移分量

(a) 水平方向；(b) 垂直方向

3.3　常规态型力密度矢量

对于小变形情况，把方程 (3.4) 代入方程 (1.30)，则力密度矢量 $\mathbf{t}(\mathbf{x})$ 和 $\mathbf{t}(\mathbf{x}')$ 可被改写为

$$\mathbf{t}(\mathbf{x}) = \left\{ ad\frac{1}{|\boldsymbol{\xi}|}\theta(\mathbf{x}) + b\frac{1}{|\boldsymbol{\xi}|}\frac{(\mathbf{u}(\mathbf{x}') - \mathbf{u}(\mathbf{x})) \cdot \mathbf{n}(\mathbf{x})}{|\boldsymbol{\xi}|} \right\} \mathbf{n}(\mathbf{x}) \tag{3.15}$$

和

$$\mathbf{t}(\mathbf{x}') = \left\{ ad\frac{1}{|\boldsymbol{\xi}|}\theta(\mathbf{x}') + b\frac{1}{|\boldsymbol{\xi}|}\frac{(\mathbf{u}(\mathbf{x}) - \mathbf{u}(\mathbf{x}')) \cdot \mathbf{n}(\mathbf{x}')}{|\boldsymbol{\xi}|} \right\} \mathbf{n}(\mathbf{x}') \tag{3.16}$$

其中 $\theta(\mathbf{x})$ 和 $\theta(\mathbf{x}')$ 代表膨胀率，其值为

$$\theta(\mathbf{x}) = d\int_{H_{\mathbf{x}}} \frac{(\mathbf{u}(\mathbf{x}') - \mathbf{u}(\mathbf{x})) \cdot \mathbf{n}(\mathbf{x})}{|\boldsymbol{\xi}|} dV_{\mathbf{x}'} \tag{3.17}$$

和

$$\theta(\mathbf{x}') = d\int_{H_{\mathbf{x}'}} \frac{(\mathbf{u}(\mathbf{x}) - \mathbf{u}(\mathbf{x}')) \cdot \mathbf{n}(\mathbf{x}')}{|\boldsymbol{\xi}|} dV_{\mathbf{x}} \tag{3.18}$$

方程 (1.32)~(1.34) 给出了 PD 参数 a, b 和 d 的具体定义。利用等式 $(\mathbf{a} \otimes \mathbf{b})\mathbf{c} = (\mathbf{b} \cdot \mathbf{c})\mathbf{a}$，这些表达式可被重新写为

$$\mathbf{t}(\mathbf{x}) = \left\{ ad\frac{1}{|\boldsymbol{\xi}|}\theta(\mathbf{x})\mathbf{n}(\mathbf{x}) + b\frac{1}{|\boldsymbol{\xi}|^2}(\mathbf{n}(\mathbf{x}) \otimes \mathbf{n}(\mathbf{x}))(\mathbf{u}(\mathbf{x}') - \mathbf{u}(\mathbf{x})) \right\} \tag{3.19}$$

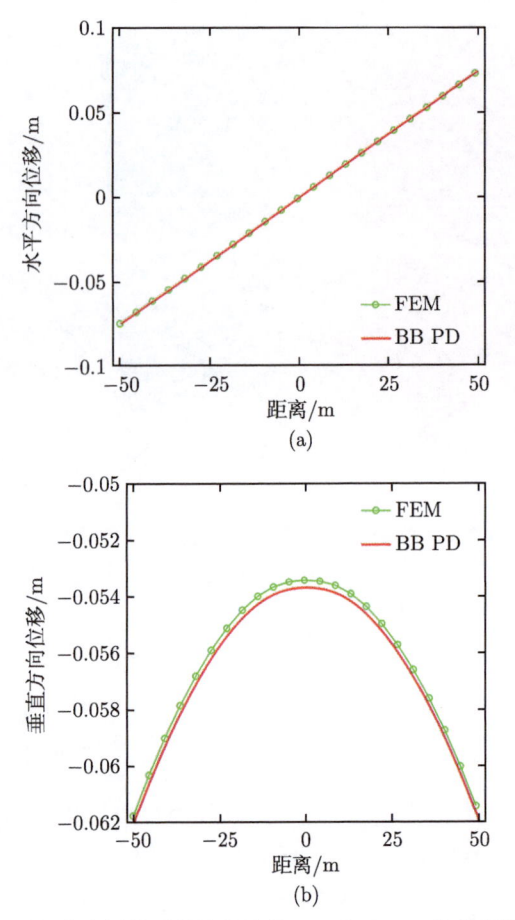

图 3.6 沿带孔板的受载边缘比较 PD 和 FEM 位移预测结果
(a) 水平方向；(b) 垂直方向

和

$$\mathbf{t}(\mathbf{x}') = \left\{ ad\frac{1}{|\boldsymbol{\xi}|}\theta(\mathbf{x}')\mathbf{n}(\mathbf{x}') + b\frac{1}{|\boldsymbol{\xi}|^2}\left(\mathbf{n}(\mathbf{x}') \otimes \mathbf{n}(\mathbf{x}')\right)(\mathbf{u}(\mathbf{x}) - \mathbf{u}(\mathbf{x}'))\right\} \tag{3.20}$$

代入方程 (3.7)~(3.11) 中给出的 $\mathbf{n}$ 和 $\mathbf{n} \otimes \mathbf{n}$ 的非局部形式，以及方程 (1.33) 和 (1.34) 中 PD 参数 b 和 d 的显式表达式，力密度矢量变为

$$\mathbf{t}(\mathbf{x}) = \left\{ a\theta(\mathbf{x})\mathbf{g}(\boldsymbol{\xi}) + \frac{n}{2(n+1)}\mu\frac{\delta}{|\boldsymbol{\xi}|}\mathbf{S}(\boldsymbol{\xi})\left(\mathbf{u}(\mathbf{x}') - \mathbf{u}(\mathbf{x})\right)\right\} \tag{3.21}$$

和

$$\mathbf{t}(\mathbf{x}') = \left\{ a\theta(\mathbf{x}')\mathbf{g}(-\boldsymbol{\xi}) + \frac{n}{2(n+1)}\mu\frac{\delta}{|\boldsymbol{\xi}|}\mathbf{S}(-\boldsymbol{\xi})\left(\mathbf{u}(\mathbf{x}) - \mathbf{u}(\mathbf{x}')\right)\right\} \tag{3.22}$$

第三章 改进的近场动力学

其中对于二维和三维分析，分别有 $n=2$ 和 $n=3$。类似地，点 $\mathbf{x}$ 和 $\mathbf{x}'$ 处的膨胀率表达式变为

$$\theta(\mathbf{x}) = \int_{H_\mathbf{x}} (\mathbf{u}(\mathbf{x}') - \mathbf{u}(\mathbf{x})) \cdot \mathbf{g}(\boldsymbol{\xi}) dV_{\mathbf{x}'} \tag{3.23}$$

和

$$\theta(\mathbf{x}') = \int_{H_{\mathbf{x}'}} (\mathbf{u}(\mathbf{x}) - \mathbf{u}(\mathbf{x}')) \cdot \mathbf{g}(-\boldsymbol{\xi}) dV_{\mathbf{x}} \tag{3.24}$$

将力密度矢量代入方程 (1.2) 中的内力矢量 $\mathbf{L}(\mathbf{x})$ 中，可得

$$\mathbf{L}(\mathbf{x}) = \int_{H_\mathbf{x}} \left\{ \begin{array}{l} a\left(\theta(\mathbf{x})\mathbf{g}(\boldsymbol{\xi}) - \theta(\mathbf{x}')\mathbf{g}(-\boldsymbol{\xi})\right) \\ + \dfrac{n}{2(n+1)}\mu \dfrac{\delta}{|\boldsymbol{\xi}|}\left[\mathbf{S}(\boldsymbol{\xi}) + \mathbf{S}(-\boldsymbol{\xi})\right](\mathbf{u}(\mathbf{x}') - \mathbf{u}(\mathbf{x})) \end{array} \right\} dV_{\mathbf{x}'} \tag{3.25}$$

或者

$$\mathbf{L}(\mathbf{x}) = \int_{H_\mathbf{x}} \left\{ \begin{array}{l} a\left(\theta(\mathbf{x})\mathbf{g}(\boldsymbol{\xi}) - \theta(\mathbf{x}')\mathbf{g}(-\boldsymbol{\xi})\right) \\ + \dfrac{n}{(n+1)}\mu \dfrac{\delta}{|\boldsymbol{\xi}|}\bar{\mathbf{S}}(\mathbf{x},\mathbf{x}')(\mathbf{u}(\mathbf{x}') - \mathbf{u}(\mathbf{x})) \end{array} \right\} dV_{\mathbf{x}'} \tag{3.26}$$

不需要对这个内力矢量进行任何表面修正。同时，对物体中某个物质点，它退化为 Silling 等 (2007) 提出的表达式。如图 3.7 所示，通过考虑剪切载荷作用下具有垂直边缘裂纹的各向同性矩形悬臂板，证明了修正后的 OSB-PD 平衡方程的有效性。其中杨氏模量为 $E=10\mathrm{GPa}$，泊松比为 $\nu=0.1$。板的尺寸为 $L=200\mathrm{m}$ 和 $W=100\mathrm{m}$，厚度为单位厚度，即 $B=1\mathrm{m}$。边缘裂纹位于板的垂直中心线上，其长度为 $a=40\mathrm{m}$。水平边缘不受任何载荷和运动边界条件的约束。左边缘固定，沿右边缘施加大小为 $N_0 = -B \times 1\mathrm{MPa}$ 的剪切载荷。

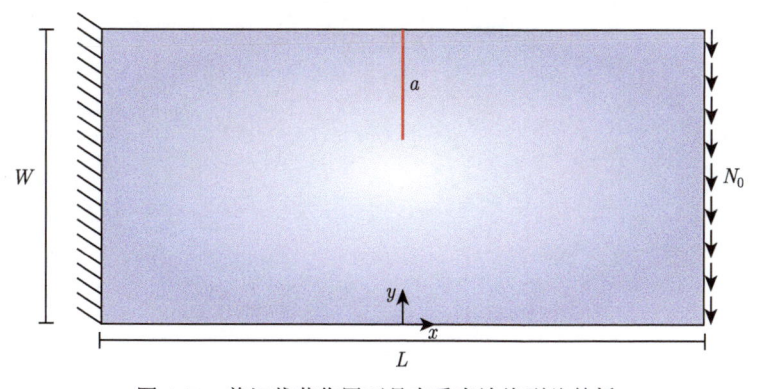

图 3.7 剪切载荷作用下具有垂直边缘裂纹的板

如图 3.8 所示，以 400×200 个物质点建立板的 PD 模型，其中网格间距为 $\Delta x = \Delta y = 0.5\text{m}$。每个物质点占据的面积为 $A_{(k)} = 0.25\text{m}^2$。通过消除穿过裂纹平面的物质点之间的键的方式引入预置裂纹，而不是像 1.6 节中解释的那样，在裂纹表面直接施加无牵引力条件。

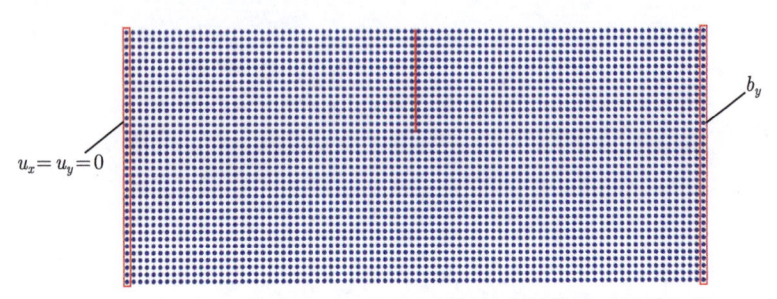

图 3.8 均匀剪切载荷作用下带裂纹的板的离散化以及边界条件

载荷以体力 $\mathbf{b} = (b_x, b_y)^\text{T}$ 的形式施加，其中 $b_x = 0$ 和 $b_y = -N_0/\Delta x = -2\text{MN/m}^3$。位移约束 $u_x = 0$ 和 $u_y = 0$ 沿固定垂直边缘直接施加在最后一层物质点上。

通过与 ANSYS 软件实施 FEM 分析得到的位移解进行比较，以验证该方法的有效性。采用 ANSYS PLANE182 单元生成 FE 网格。且离散化与 PD 离散化保持一致，即具有 400×200 个单元。FE 模型中产生了明显的裂纹。图 3.9 和图 3.10 分别显示了位移分量的 PD 和 FE 预测结果。如图 3.11 所示，对沿垂直边缘 $(x = L/2)$ 的水平位移和垂直位移，将 PD 预测结果与 ANSYS 解进行了比较。与平面内弯曲行为的情况一样，即使有裂纹存在的情况下，PD 和 ANSYS 结果吻合很好。

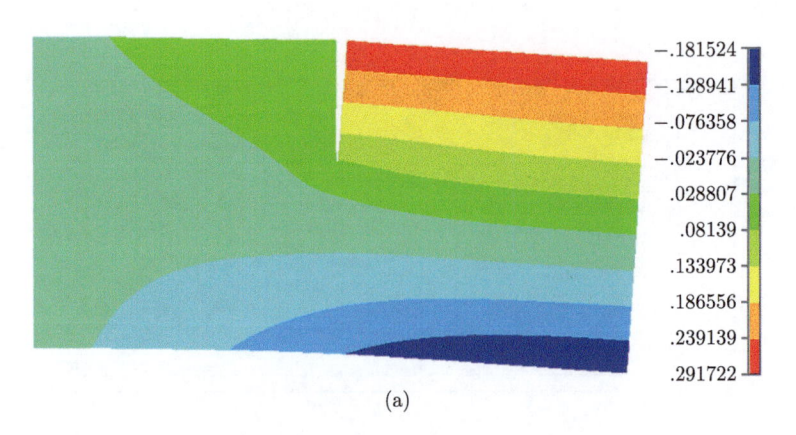

(a)

(b)

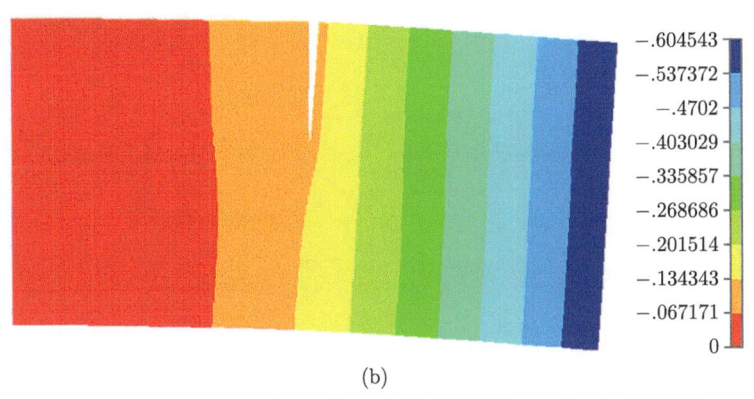

图 3.9　剪切载荷作用下具有边缘裂纹的板的 PD 位移预测结果

(a) 水平方向；(b) 垂直方向

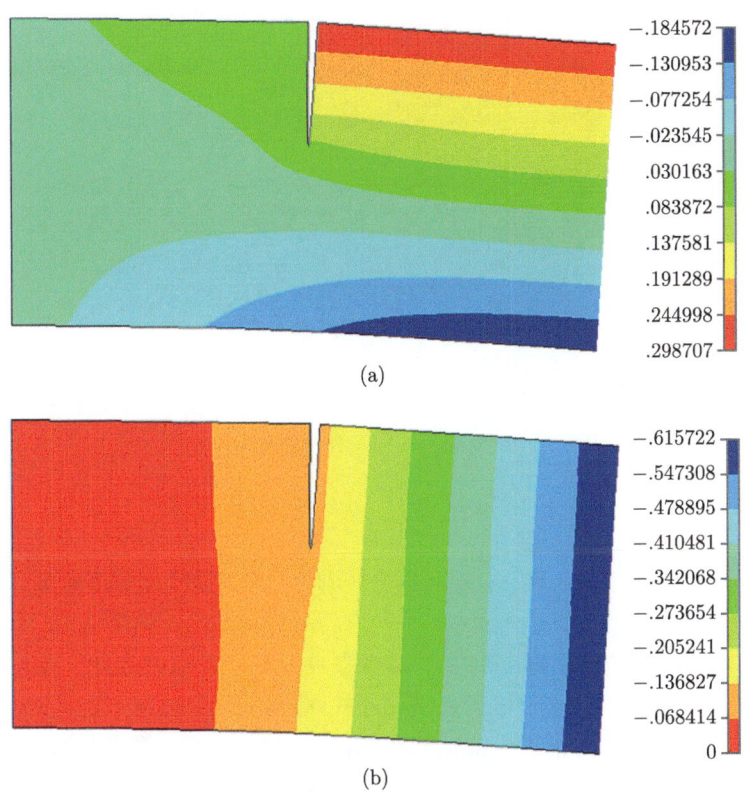

(a)

(b)

图 3.10　剪切载荷作用下具有边缘裂纹的板的 FE 位移预测结果

(a) 水平方向；(b) 垂直方向

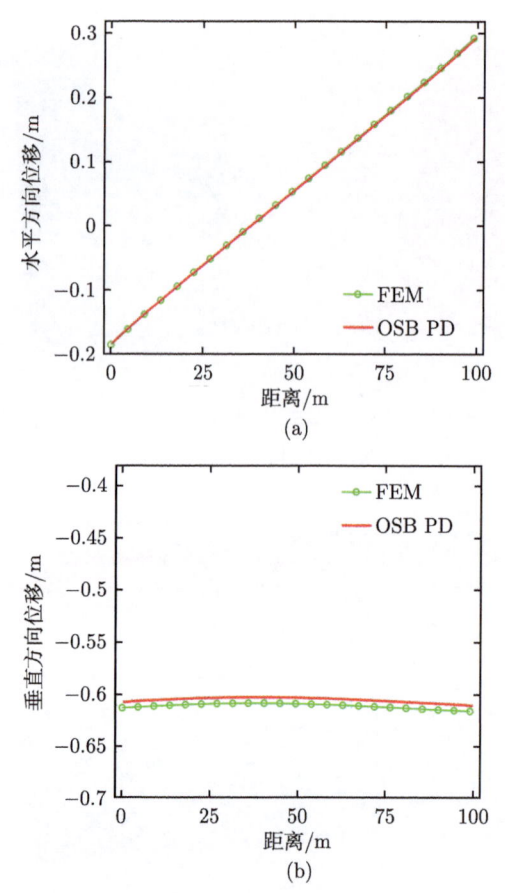

图 3.11 沿带垂直裂纹板的受载边缘比较 PD 和 FEM 位移预测结果
(a) 水平方向；(b) 垂直方向

3.4 非常规态型力密度矢量

为了消除零能模式振荡，Chen(2018) 提出了键辅助变形梯度张量，该张量通过考虑 $H_{\mathbf{x}}$ 和 $H_{\mathbf{x}'}$ 的交集进行计算，即 $(H_{\boldsymbol{\xi}} = H_{\mathbf{x}} \cap H_{\mathbf{x}'})$，如图 3.12 所示。Chen 和 Spencer(2019) 给出了键辅助变形梯度张量的稳定性和收敛性，并与其他稳定技术进行了比较。基于这一概念，Madenci 等 (2019b) 利用 PDDO(Madenci et al., 2016, 2017, 2019a) 推导出键辅助变形梯度张量 $\mathbf{F}_{\boldsymbol{\xi}}^{\mathrm{PD}}$ 具有下列形式

$$\mathbf{F}_{\boldsymbol{\xi}}^{\mathrm{PD}}(\mathbf{x}) = \int_{H_{\mathbf{x}} \cap H_{\mathbf{x}'}} (\mathbf{y}'' - \mathbf{y}) \otimes \mathbf{g}_{\boldsymbol{\xi}}(\mathbf{x}'' - \mathbf{x}) dV_{\mathbf{x}''} \tag{3.27}$$

其中 $\boldsymbol{\xi} = \mathbf{x}'' - \mathbf{x}$，矢量 $\mathbf{g}_{\boldsymbol{\xi}}$ 由 PD 函数组成，即

第三章 改进的近场动力学

$$\mathbf{g_\xi} = \left\{ \begin{array}{c} g_N^{100}(\boldsymbol{\xi}; w(|\boldsymbol{\xi}|)) \\ g_N^{010}(\boldsymbol{\xi}; w(|\boldsymbol{\xi}|)) \\ g_N^{001}(\boldsymbol{\xi}; w(|\boldsymbol{\xi}|)) \end{array} \right\} \quad (3.28)$$

式中下标 N 表示在 PD 函数的构造中泰勒级数展开式的阶数。在计算变形梯度张量 $\mathbf{F}_\xi^{\mathrm{PD}}(\mathbf{x})$ 时，相互作用域的形状是任意的，这些点不一定位于其族中心。虽然 $N=1$ 对于一阶导数已经足够，但更高的 N 值可以提高精度，特别是在存在非均匀变形的情况下。构造 PD 函数时，不需要对交集 H_ξ 的大小和形状做任何要求，如图 3.12 所示。下标 $\boldsymbol{\xi}$ 表示物理量与键辅助。

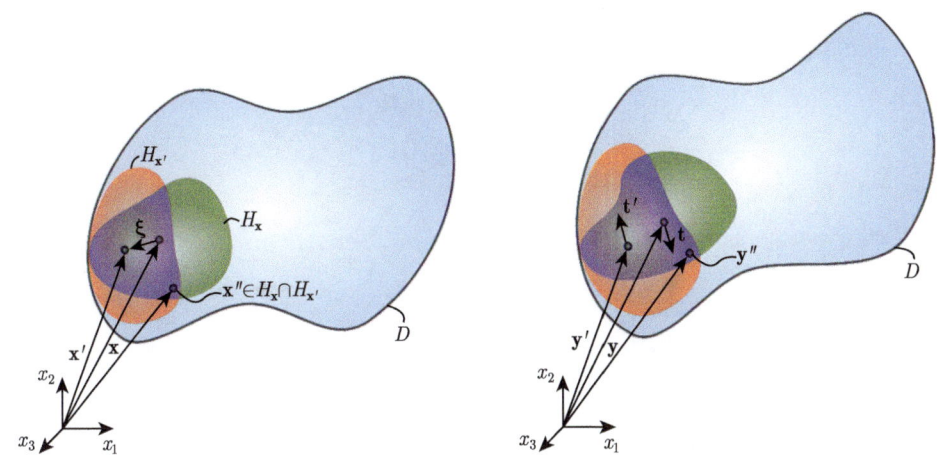

图 3.12 物质点 $\mathbf{x}$ 和 $\mathbf{x}'$ 的相互作用域的交集 $(H_\mathbf{x} \cap H_{\mathbf{x}'})$

对于均匀变形场，键辅助变形梯度张量退化为经典变形梯度 $\mathbf{F}_0$。考虑方程 (3.28)，可以推导出下式

$$\mathbf{F}_\xi^{\mathrm{PD}}(\mathbf{x}) = \mathbf{F}_0 \int_{H_\mathbf{x} \cap H_{\mathbf{x}'}} (\mathbf{x}'' - \mathbf{x}) \otimes \mathbf{g}_\xi(\mathbf{x}'' - \mathbf{x}) dV_{\mathbf{x}''} \quad (3.29)$$

由于 PD 函数的正交性，通过计算可得

$$\mathbf{F}_\xi^{\mathrm{PD}}(\mathbf{x}) = \mathbf{F}_0 \mathbf{I} = \mathbf{F}_0 \quad (3.30)$$

键辅助变形梯度张量 $\mathbf{F}_\xi^{\mathrm{PD}}(\mathbf{x})$ 退化为经典变形梯度。当 PD 影响域变得非常小时，它也退化为经典变形梯度张量。因此，可将 $\mathbf{F}_\xi^{\mathrm{PD}}(\mathbf{x})$ 作为变形梯度的非局部对应部分，用于消除零能变形模式。

那么，本章提出了力密度矢量的另一种表达式，具有如下形式

$$\mathbf{t}(\mathbf{x}) = \mathbf{P}_\xi^{\mathrm{PD}}(\mathbf{x}) \mathbf{g}(\mathbf{x}, \boldsymbol{\xi}) \quad (3.31)$$

其中第一 Piola-Kirchhoff 应力张量 $\mathbf{P}_{\boldsymbol{\xi}}^{\mathrm{PD}}(\mathbf{x})$ 可通过 $\mathbf{F}_{\boldsymbol{\xi}}^{\mathrm{PD}}(\mathbf{x})$ 计算。值得注意的是，方程 (3.31) 中的 $\mathbf{g}(\mathbf{x}, \boldsymbol{\xi})$ 是通过考虑物质点 $\mathbf{x}$ 的完整影响域来计算的，如图 3.13 所示。在均匀变形或具有非常小的近场半径时，该表达式也退化为 Silling 等 (2007) 引入的力密度矢量。

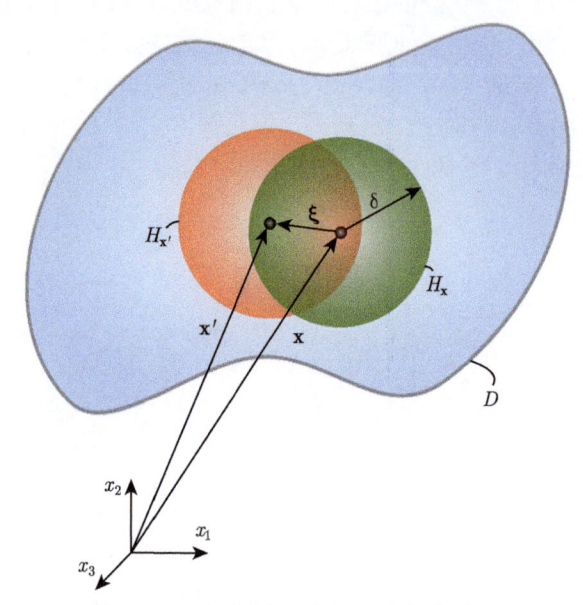

图 3.13　在对称相互作用域中的物质点

因此，在 NOSB-PD 中，方程 (1.2) 中的内力矢量 $\mathbf{L}^{\mathrm{NOSB}}(\mathbf{x})$ 变为

$$\mathbf{L}^{\mathrm{NOSB}}(\mathbf{x}) = \int_{H_\mathbf{x}} \left\{ \mathbf{P}_{\boldsymbol{\xi}}^{\mathrm{PD}}(\mathbf{x})\mathbf{g}(\mathbf{x}, \boldsymbol{\xi}) - \mathbf{P}_{\boldsymbol{\xi}}^{\mathrm{PD}}(\mathbf{x}')\mathbf{g}(\mathbf{x}', -\boldsymbol{\xi}) \right\} dV_{\mathbf{x}'} \qquad (3.32)$$

3.4.1　准静态加载

对于准静态分析，为了证明方程 (3.32) 中 NOSB 内力矢量的有效性，考虑了如图 3.14 所示的拉伸作用下的带孔方形板。这个板的尺寸为 $L = W = 1\mathrm{m}$，厚度为 $0.01\mathrm{m}$。孔的直径指定为 $d = 0.2\mathrm{m}$。材料是各向同性的，其中杨氏模量为 $E = 70\mathrm{GPa}$，泊松比为 $\nu = 0.5$。通过沿着板的左右边缘在水平方向上施加位移 $u_0 = 10^{-4}\mathrm{m}$ 对板进行拉伸。对顶部和底部边缘没有施加任何牵引力。

如图 3.15 所示，网格间距为 $\Delta x = \Delta y = 0.0125\mathrm{m}$，采用 6368 个物质点对板进行均匀离散。每个物质点占据的面积为 $A_{(k)} = 1.56 \times 10^{-4} \mathrm{m}^2$。通过考虑近场半径 $\delta = 3.015\Delta x$ 来构造家族成员。在二维平面应力理想状态下实现求解。位移约束沿左右边缘直接施加在最后一层物质点上。通过与 ANSYS 实施的 FEM 求解结果进行比较，验证了 PD 位移预测结果。

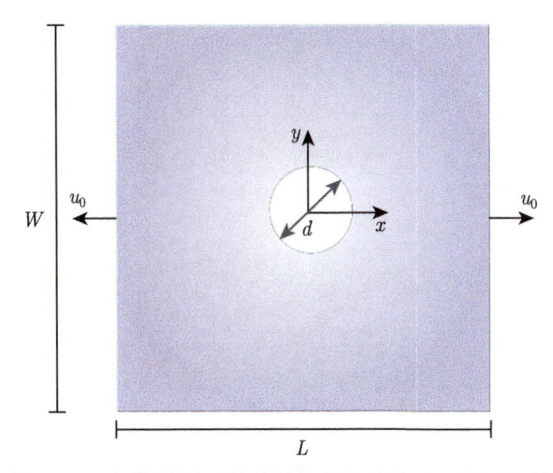

图 3.14　拉伸作用下带孔板的几何形状以及边界条件

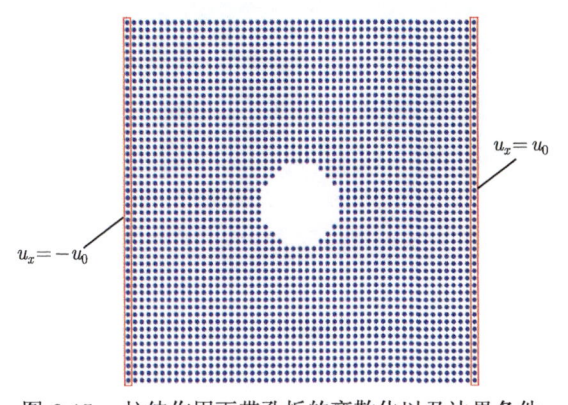

图 3.15　拉伸作用下带孔板的离散化以及边界条件

图 3.16 和图 3.17 分别显示了水平和垂直位移变化的键辅助 NOSB-PD 预测结果和 FE 解。很明显，当采用原始 NOSB-PD 实施计算时，水平和垂直位移都没有出现任何数值振荡。而且，PD 预测结果与 FE 解吻合较好。此外，沿底部边缘 $(y = -L/2)$，图 3.18 比较了水平和垂直位移的 PD 预测结果与 FEM 预测结果。这些预测结果在远离边界的点上是一致的。然而，由于边界条件的直接施加，PD 解在边界附近存在较小的偏差。

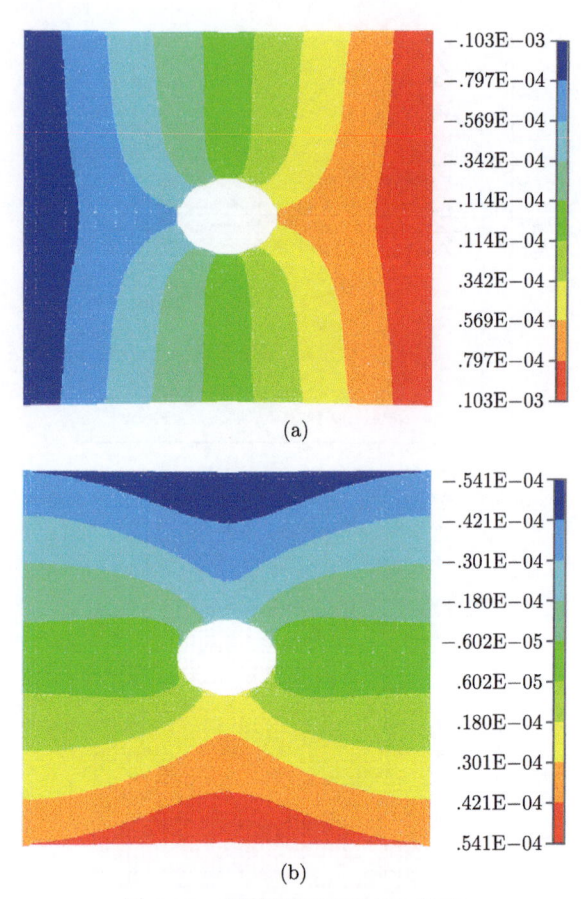

图 3.16 键辅助 NOSB-PD 位移
(a) 水平方向；(b) 垂直方向 (单位：m)

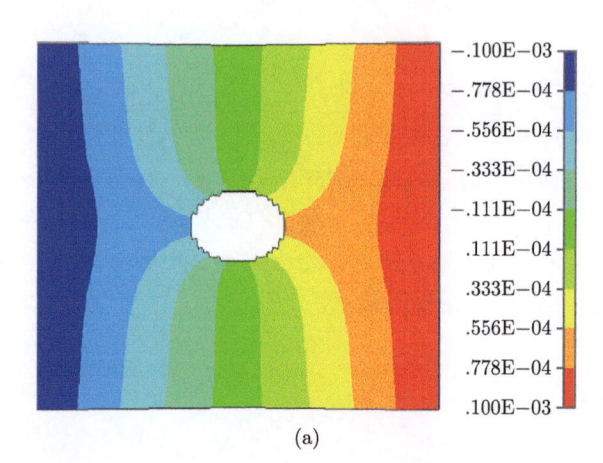

(a)

(b)

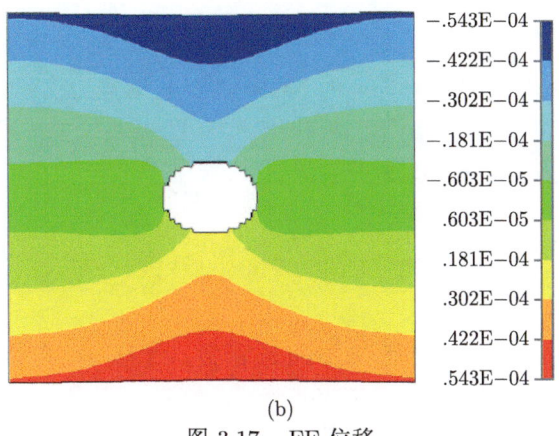

图 3.17 FE 位移

(a) 水平方向；(b) 垂直方向 (单位：m)

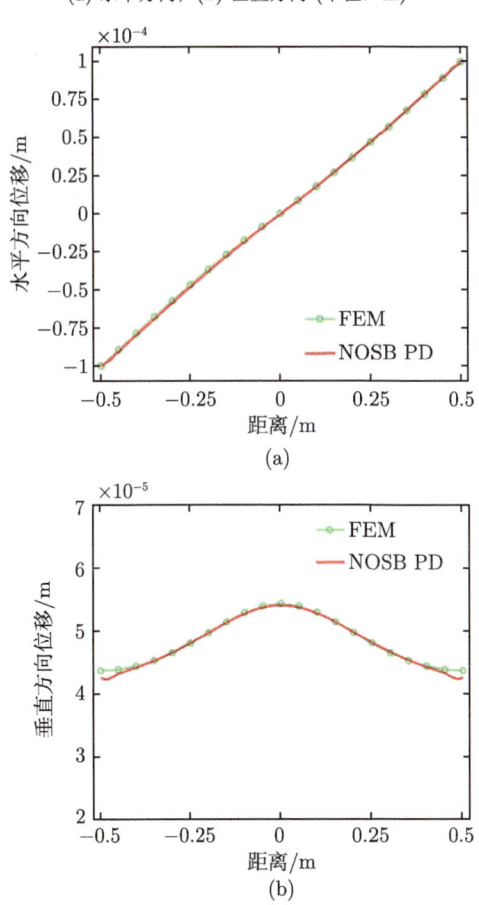

(a)

(b)

图 3.18 沿带孔板的底部边缘比较 PD 和 FEM 位移预测结果

(a) 水平方向；(b) 垂直方向

3.4.2 动态加载

为了检验具有键辅助变形梯度的 NOSB-PD 在动态加载下的稳定性，本章考虑了在初始拉伸瞬时释放情况下的板和块体。在左端夹紧的情况下，通过施加下列线性变化的位移来实现初始瞬时拉伸

$$u_x(x,y,t) = \frac{a}{L}\left(x + \frac{L}{2}\right)\text{H}\left(0^+ - t\right) \tag{3.33}$$

其中 $a = 0.001$，$\text{H}(0^+ - t)$ 是 Heaviside 函数。材料杨氏模量为 $E = 200\text{GPa}$，泊松比为 $\nu = 0.25$，密度为 $\rho = 7850\text{kg/m}^3$。如图 3.19 和图 3.20 所示，板的尺寸为 $L = 1\text{m}$ 和 $W = 0.1\text{m}$，块体的尺寸为 $L = 1\text{m}$、$W = 0.1\text{m}$ 和 $H = 0.1\text{m}$。板和块体的网格间距分别指定为 $\Delta x = 0.005\text{m}$ 和 $\Delta x = 0.0125\text{m}$，从而分别含有 200×20 和 $80 \times 8 \times 8$ 个点。通过三层虚构点域，实现了左端的固定边界条件。需要注意的是，权函数被认为具有方程 (2.2) 中指定的形式，其中 $a = 3$。通过与 ANSYS 实施的 FE 求解进行比较，验证了 PD 预测结果。与 PD 离散化一致，对三维和二维分析，分别采用 SOLID185 和 PLANE182 单元生成 FE 网格。

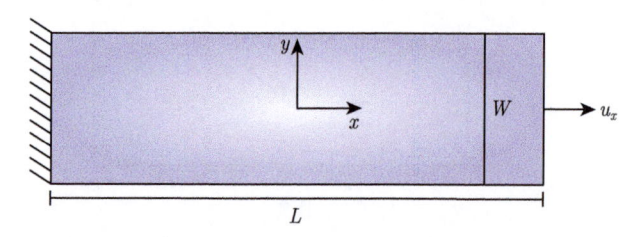

图 3.19 具有初始拉伸的板的几何形状以及边界条件

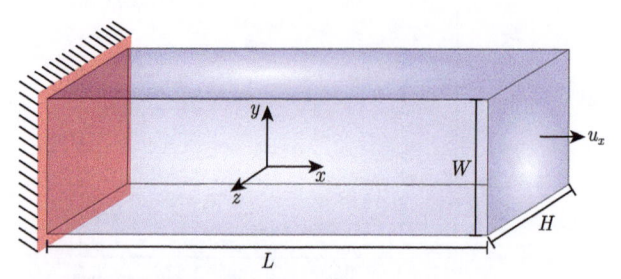

图 3.20 具有初始拉伸的块体的几何形状以及边界条件

采用显式中心差分格式进行瞬态分析时，半时间步处的速度和位移可在时间

上被离散为

$$\dot{\mathbf{u}}_{(k)}^{n+1/2} = \dot{\mathbf{u}}_{(k)}^{n-1/2} + \frac{\Delta t^n}{\rho_{(k)}} \left(\mathbf{L}\left(\mathbf{x}_{(k)}, t^n\right) + \mathbf{b}\left(\mathbf{x}_{(k)}, t^n\right) \right) \tag{3.34}$$

和

$$\mathbf{u}_{(k)}^{n+1} = \mathbf{u}_{(k)}^{n} + \Delta t^{n+1/2} \dot{\mathbf{u}}_{(k)}^{n+1/2} \tag{3.35}$$

其中 $\mathbf{L}\left(\mathbf{x}_{(k)}, t^n\right)$ 和 $\mathbf{b}\left(\mathbf{x}_{(k)}, t^n\right)$ 是第 n 个时间步点 $\mathbf{x}_{(k)}$ 处的 PD 内力矢量和施加的体力。将总模拟时间 t_E 用等时间步长 $\Delta t = 10^{-8}$s 进行划分。瞬态分析持续到 $t_E = 1.25 \times 10^{-3}$s。

图 3.21 显示了沿中心线在点 $x = 0$ 和 $x = 0.5L$ 处的位移变化。此外，不同时刻板中的位移分布如图 3.22 所示。

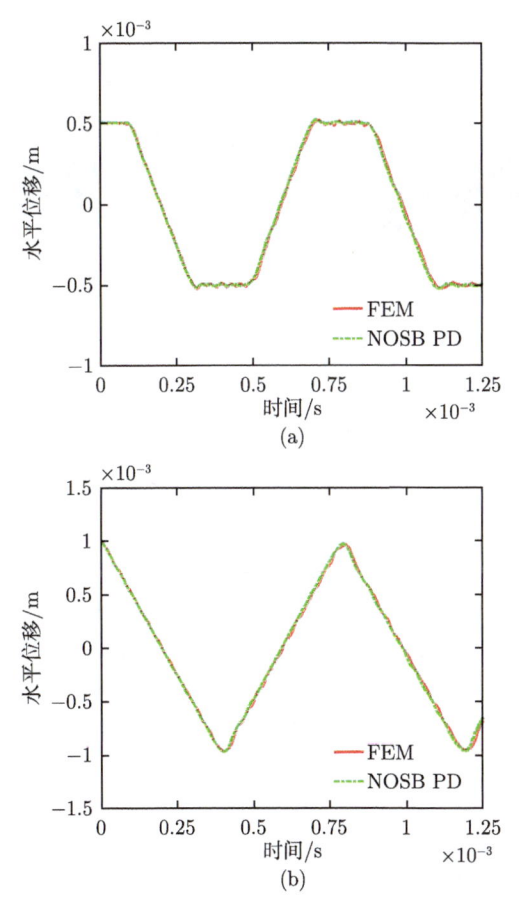

图 3.21　在 (a)$(x = 0, y = 0)$ 和 (b)$(x = L/2, y = 0)$ 处，位移分量 u_x 随时间的变化

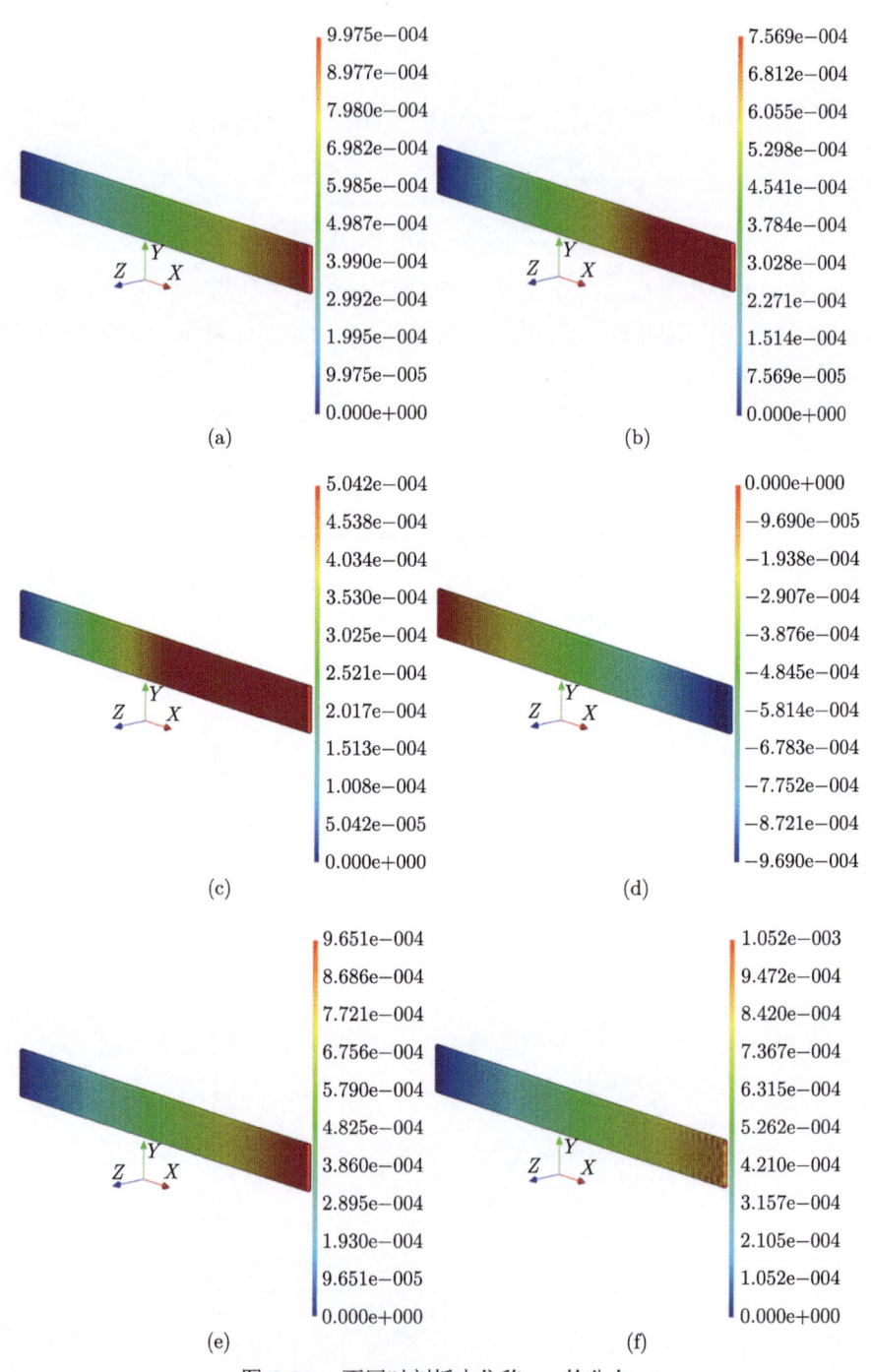

图 3.22 不同时刻板中位移 u_x 的分布

(a) $t = 5 \times 10^{-8}$s; (b) $t = 5 \times 10^{-5}$s; (c) $t = 1 \times 10^{-4}$s; (d) $t = 4 \times 10^{-4}$s; (e) $t = 8 \times 10^{-4}$s; (f) $t = 1.6 \times 10^{-3}$s

图 3.23 显示了在块体中沿中心线在两个点 $x=0$ 和 $x=0.5L$ 处的位移变化。此外，不同时刻块体中的位移分布如图 3.24 所示。

值得注意的是，在不同时刻所有的位移解都不存在非物理振荡。这说明了键辅助变形梯度张量在消除零能模式中的用途。

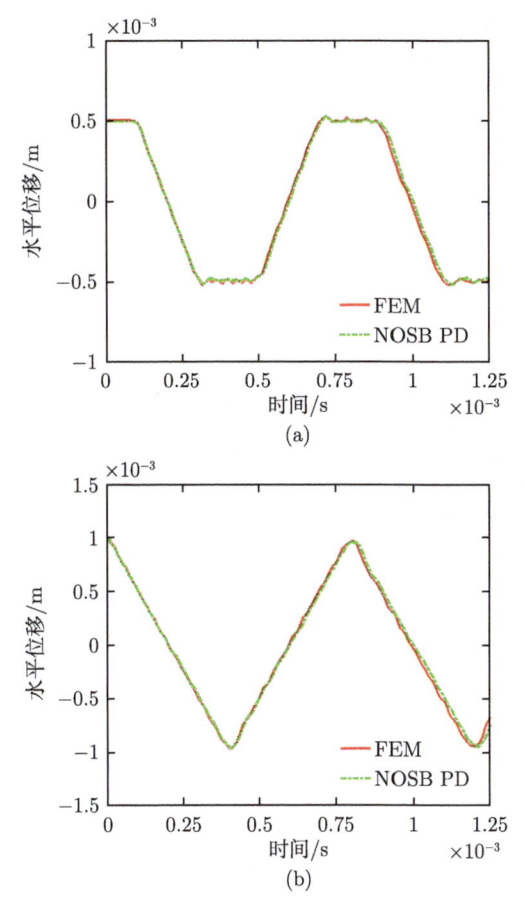

图 3.23　在 (a)$(x=0,y=0,z=0)$ 和 (b)$(x=L/2,y=0,z=0)$ 处，块体中位移分量 u_x 随时间的变化

· 70 ·　　近场动力学进展

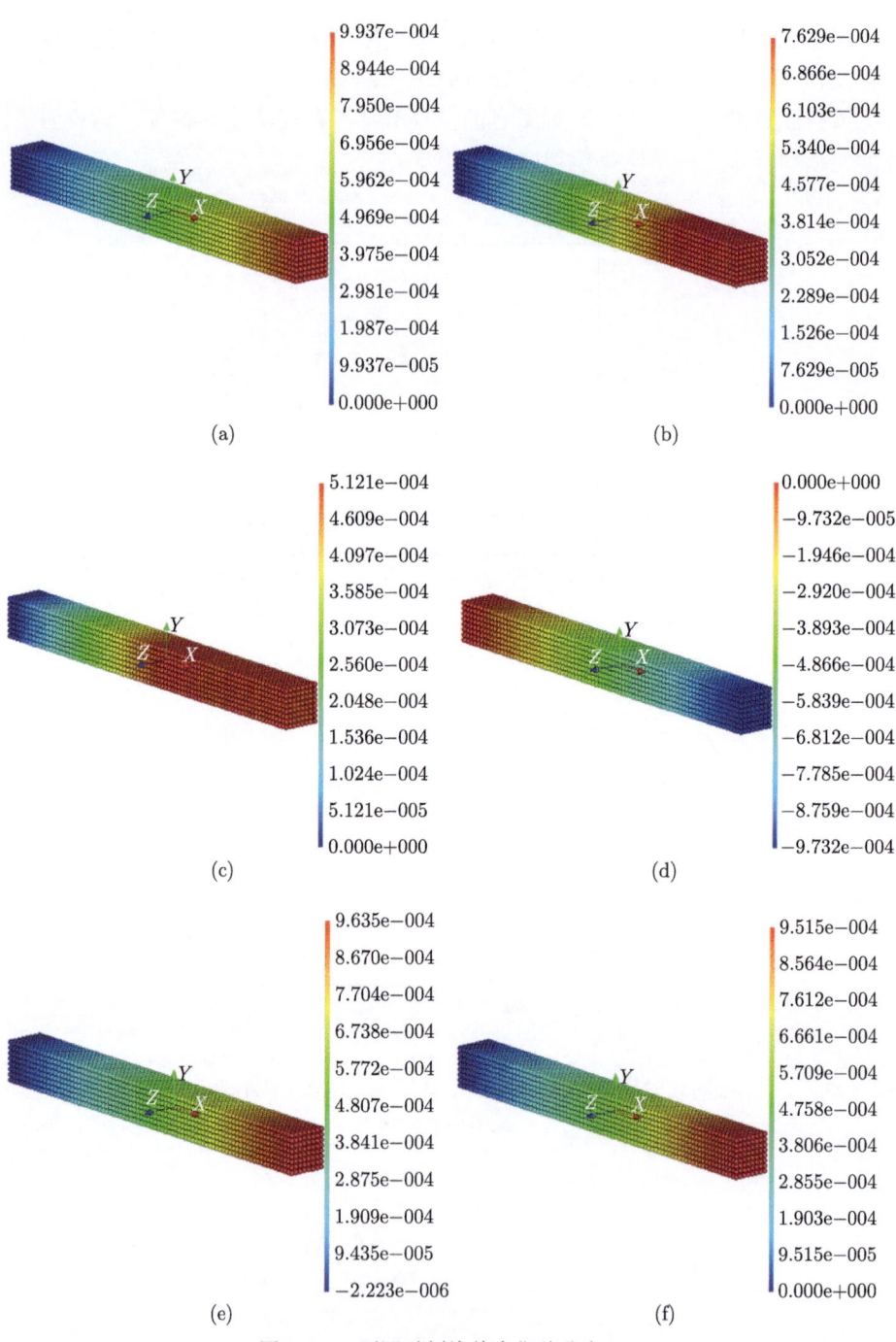

图 3.24　不同时刻块体中位移分布 u_x

(a) $t = 5 \times 10^{-8}$s；(b) $t = 5 \times 10^{-5}$s；(c) $t = 1 \times 10^{-4}$s；(d) $t = 4 \times 10^{-4}$s；(e) $t = 8 \times 10^{-4}$s；(f) $t = 1.6 \times 10^{-3}$s

参 考 文 献

Behera, D., Roy, P., & Madenci, E. (2020). Peridynamic correspondence model for finite elastic deformation and rupture in Neo-Hookean materials. *International Journal of Non-Linear Mechanics, 126*, 103564.

Behera, D., Roy, P., & Madenci, E. (2021). Peridynamic modeling of bonded-lap joints with viscoelastic adhesives in the presence of finite deformation. *Computer Methods in Applied Mechanics and Engineering, 374*, 113584.

Behzadinasab, M., & Foster, J. T. (2020). A semi-Lagrangian constitutive correspondence framework for peridynamics. *Journal of the Mechanics and Physics of Solids, 137*, 103862.

Breitenfeld, M. S., Geubelle, P. H., Weckner, O., & Silling, S. (2014). Non-ordinary state-based peridynamic analysis of stationary crack problems. *Computer Methods in Applied Mechanics and Engineering, 272*, 233-250.

Breitzman, T., & Dayal, K. (2018). Bond-level deformation gradients and energy averaging in peridynamics. *Journal of the Mechanics and Physics of Solids, 110*, 192-204.

Chen, H. (2018). Bond-associated deformation gradients for peridynamic correspondence model. *Mechanics Research Communications, 90*, 34-41.

Chen, H., & Spencer, B. W. (2019). Peridynamic bond-associated correspondence model: Stability and convergence properties. *International Journal for Numerical Methods in Engineering, 117*, 713-727.

Chowdhury, S. R., Roy, P., Roy, D., & Reddy, J. (2019). A modified peridynamics correspondence principle: Removal of zero-energy deformation and other implications. *Computer Methods in Applied Mechanics and Engineering, 346*, 530-549.

Gu, X., Zhang, Q., Madenci, E., & Xia, X. (2019). Possible causes of numerical oscillations in non-ordinary state-based peridynamics and a bond-associated higher-order stabilized model. *Computer Methods in Applied Mechanics and Engineering, 357*, 112592.

Littlewood, D. J. (2011). A nonlocal approach to modeling crack nucleation in AA 7075-T651. *ASME International Mechanical Engineering Congress and Exposition, 54945*, 567-576.

Luo, J., & Sundararaghavan, V. (2018). Stress-point method for stabilizing zero-energy modes in non-ordinary state-based peridynamics. *International Journal of Solids and Structures, 150*, 197-207.

Madenci, E., Barut, A., & Dorduncu, M. (2019a). *Peridynamic differential operator for numerical analysis*. Springer.

Madenci, E., Barut, A., & Futch, M. (2016). Peridynamic differential operator and its applications. *Computer Methods in Applied Mechanics and Engineering, 304*, 408-451.

Madenci, E., Barut, A., & Phan, N. (2021). Bond-based peridynamics with stretch and rotation kinematics for opening and shearing modes of fracture. *Journal of Peridynamics and Nonlocal Modeling*, 1-44.

Madenci, E., Dorduncu, M., Barut, A., & Futch, M. (2017). Numerical solution of linear and nonlinear partial differential equations using the peridynamic differential operator. *Numerical Methods for Partial Differential Equations, 33*, 1726-1753.

Madenci, E., Dorduncu, M., Phan, N., & Gu, X. (2019b). Weak form of bond-associated non-ordinary state-based peridynamics free of zero energy modes with uniform or non-uniform discretization. *Engineering Fracture Mechanics, 218*, 106613.

Madenci E., & Oterkus E. (2014) *Peridynamic theory and its applications* Springer.

Roy, P., Behera, D., & Madenci, E. (2020). Peridynamic simulation of finite elastic deformation and rupture in polymers. *Engineering Fracture Mechanics, 236*, 107226.

Silling, S. A. (2000). Reformulation of elasticity theory for discontinuities and long-range forces. *Journal of the Mechanics and Physics of Solids, 48*, 175-209.

Silling, S. A. (2017). Stability of peridynamic correspondence material models and their particle discretizations. *Computer Methods in Applied Mechanics and Engineering, 322*, 42-57.

Silling, S. A., & Askari, E. (2005). A meshfree method based on the peridynamic model of solid mechanics. *Computers & structures, 83*, 1526-1535.

Silling, S. A., Epton, M., Weckner, O., Xu, J., & Askari, E. (2007). Peridynamic states and constitutive modeling. *Journal of Elasticity, 88*, 151-184.

Tupek, M. R., Rimoli, J. J., & Radovitzky, R. (2013). An approach for incorporating classical continuum damage models in state-based peridynamics. *Computer Methods in Applied Mechanics and Engineering, 263*, 20-26.

Yaghoobi, A., & Chorzepa, M. G. (2017). Higher-order approximation to suppress the zero-energy mode in non-ordinary state-based peridynamics. *Computers & Structures, 188*, 63-79.

Zhang, Y., & Madenci, E. (2021). A coupled peridynamic and finite element approach in ANSYS framework for fatigue life prediction based on the kinetic theory of fracture. *Journal of Peridynamics and Nonlocal Modeling*, 1-37.

第四章 近场动力学平衡方程的弱形式

4.1 引　言

与偏微分方程不同，PD 平衡方程的求解不需要施加边界条件。然而，在实际应用中，位移约束和外表面牵引力的施加是不可避免的。正如 Madenci 和 Oterkus(2014) 所阐述的那样，位移约束可以通过沿边界的物质层来施加。虽然非零外牵引力可以通过真实边界层以体力密度分布的形式施加，但这不适用于零牵引力表面条件的情况。虽然通过引入 Lagrange 乘子也可以将非零和零牵引力条件作为沿边界层的约束进行施加 (Gu et al., 2018)，但是这种方法增加了控制方程中未知量的数量。为了消除 Lagrange 乘子的使用，可以利用虚功的概念来推导 PD 平衡方程的弱形式，这样就可以更加自然地施加非零和零牵引力条件 (Madenci et al., 2018)。

因此，本章介绍 PD 平衡方程的弱形式，用于在没有虚构物质层的情况下直接施加位移和牵引力边界条件。通过在 PD 平衡方程中引入 Chen(2018) 以及 Chen 和 Spencer(2019) 提出的键辅助 (BA) 变形梯度张量，可以消除零能模式振荡。不失一般性，本章将以 neo-Hookean 材料模型为例来推导力密度矢量。在小应变假设的条件下，neo-Hookean 材料模型收敛于线弹性材料响应。所得方程通过隐式方法进行数值求解。通过考虑拉伸作用下的带孔橡胶薄板，可以验证 PD 控制方程弱形式的求解精度。PD 预测结果与通过有限元方法所得的结果吻合较好。

4.2　近场动力学平衡方程的弱形式

在没有惯性力和体力作用下，虚功原理可以被表示成下列形式

$$\delta \mathcal{U} + \delta \mathcal{V} = 0 \tag{4.1}$$

这里 $\delta \mathcal{U}$ 和 $\delta \mathcal{V}$ 分别表示由内力和外牵引力引起的虚功。这个表达式可以被改写为

$$\int_V \mathbf{P} : \delta \nabla \mathbf{u} \, dV - \int_{S_\sigma} \mathbf{T}^* \cdot \delta \mathbf{u} \, dS = 0 \tag{4.2}$$

其中 $\mathbf{P}$ 是第一 Piola-Kirchhoff 应力张量，$\mathbf{u}$ 是位移矢量。如图 4.1 所示，在一段边界 S_σ 上施加外牵引力矢量 $\mathbf{T}^*$，另一段边界 S_u 受到位移约束。物理量的虚值

补充信息　在线原著版本包含本章补充材料，请访问 [https://doi.org/10.1007/978-3-030-97858-7_4]。

用 $\delta(\ )$ 表示。在应用散度定理之前，可将方程 (4.2) 改写为

$$\int_V [\nabla \cdot (\mathbf{P}\delta\mathbf{u}) - (\nabla \cdot \mathbf{P}) \cdot \delta\mathbf{u}]\, dV - \int_{S_\sigma} \mathbf{T}^* \cdot \delta\mathbf{u}\, dS = 0 \tag{4.3}$$

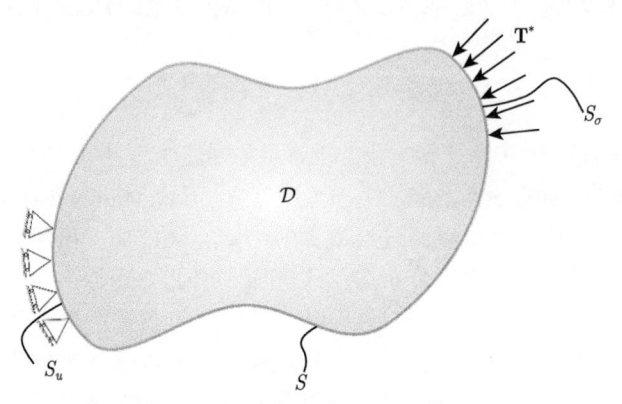

图 4.1 受位移约束和外力的固体

在方程 (4.3) 中调用散度定理以及 $(\mathbf{P}\delta\mathbf{u}) \cdot \mathbf{n} = (\mathbf{P}\mathbf{n}) \cdot \delta\mathbf{u}$，可得

$$\oint_S (\mathbf{P}\mathbf{n}) \cdot \delta\mathbf{u}\, dS - \int_V (\nabla \cdot \mathbf{P}) \cdot \delta\mathbf{u}\, dV - \int_{S_\sigma} \mathbf{T}^* \cdot \delta\mathbf{u}\, dS = 0 \tag{4.4}$$

式中 $\delta\mathbf{u}$ 是虚位移矢量，内牵引力 $\mathbf{T} = \mathbf{P}\mathbf{n}$，其中 $\mathbf{n}$ 是表面的单位法矢量。

考虑内力矢量和应力张量的 PD 表示形式 $\mathbf{L}^{\mathrm{PD}}$ 和 $\mathbf{P}^{\mathrm{PD}}$，方程 (4.4) 可以被改写为

$$\oint_S \mathbf{T}^{\mathrm{PD}} \cdot \delta\mathbf{u}\, dS - \int_V \mathbf{L}^{\mathrm{PD}} \cdot \delta\mathbf{u}\, dV - \int_{S_\sigma} \mathbf{T}^* \cdot \delta\mathbf{u}\, dS = 0 \tag{4.5}$$

其中 $\mathbf{T}^{\mathrm{PD}} = \mathbf{P}^{\mathrm{PD}}\mathbf{n}$ 是牵引力矢量或是由 Lehoucq 和 Silling(2008) 定义的力通量的 PD 表示形式。

因为这样表示的 PD 平衡方程仅以位移作为未知量，所以直接通过沿边界的物质层施加位移约束是很自然的。因此，区域的体积可以被划分为内部 (主体) 区域和边界层区域。边界层由区域表面 S 来定义，其宽度为 b。

方程 (4.5) 中的积分可以通过区域离散化并采用数值求积来实现。通过考虑二维区域来解释控制方程的显式构造，以简化代数和积分过程。因此，方程 (4.5) 的数值计算仅涉及下列形式的面积分和线积分

$$\oint_\Gamma \mathbf{T}^{\mathrm{PD}} \cdot \delta\mathbf{u}\, d\Gamma - \int_\mathcal{D} \mathbf{L}^{\mathrm{PD}} \cdot \delta\mathbf{u}\, dA - \int_{\Gamma_\sigma} \mathbf{T}^* \cdot \delta\mathbf{u}\, d\Gamma = 0 \tag{4.6}$$

其中 $\mathcal{D}$ 表示内部区域的面积，Γ 表示区域的全部边界，Γ_σ 表示施加外牵引力的边界部分。受到位移约束的剩余边界部分用 Γ_u 表示，如图 4.2 所示。厚度为 b 的区域 $\mathcal{B}$ 被称为边界层区域，在宽度趋近于零的极限情况下，即 $b \to 0$ 时，Γ 与实际边界重合。

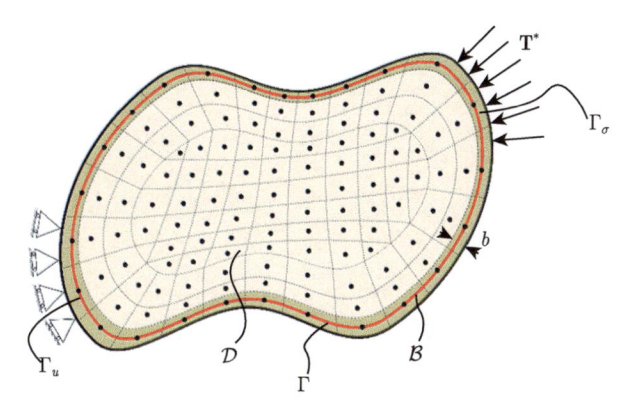

图 4.2 具有内层 $\mathcal{D}$ 和边界层 $\mathcal{B}$ 的 PD 计算区域

方程 (4.6) 中由内力矢量 $\mathbf{L}^{\mathrm{PD}}$ 引起的虚功的离散形式可以表示为

$$\int_{\mathcal{D}} \mathbf{L}^{\mathrm{PD}} \cdot \delta \mathbf{u} dA = \sum_{k=1}^{N_{\mathcal{D}}} \delta \mathbf{u}_{(k)}^T \mathbf{L}_{(k)}^{\mathrm{PD}} A_{(k)} \tag{4.7}$$

其中 $N_{\mathcal{D}}$ 是内部区域中 PD 点总数量。在点 $\mathbf{x}_{(k)}$ 处，位移矢量 $\mathbf{u}_{(k)}$ 和内力矢量 $\mathbf{L}_{(k)}^{\mathrm{PD}}$ 被定义为

$$\mathbf{u}_{(k)} = \begin{pmatrix} u_{1(k)} & u_{2(k)} \end{pmatrix}^{\mathrm{T}} \tag{4.8}$$

和

$$\mathbf{L}_{(k)}^{\mathrm{PD}} = \begin{pmatrix} L_{1(k)}^{\mathrm{PD}} & L_{2(k)}^{\mathrm{PD}} \end{pmatrix}^{\mathrm{T}} \tag{4.9}$$

根据方程 (1.2) 和 (3.31)，对于 NOSB-PD，方程 (4.7) 中的内力矢量在点 $\mathbf{x}_{(k)}$ 处的离散形式 $\mathbf{L}_{(k)}^{\mathrm{PD}}$ 可以被表示为

$$\mathbf{L}_{(k)}^{\mathrm{PD}} = \sum_{j \in H_{(k)}} \left(\mathbf{P}_{\boldsymbol{\xi}(k)(j)}^{\mathrm{PD}} \mathbf{g}_{(k)(j)} - \mathbf{P}_{\boldsymbol{\xi}(k)(j)}^{\mathrm{PD}} \mathbf{g}_{(j)(k)} \right) A_{(j)} \tag{4.10}$$

其中 $N = N_{\mathcal{D}} + N_{\mathcal{B}}$ 是包括内层 $N_{\mathcal{D}}$ 和边界层 $N_{\mathcal{B}}$ 在内的区域内 PD 点的总数量。利用应变能密度函数 $W(\mathbf{F}_{\boldsymbol{\xi}(k)(j)}^{\mathrm{PD}})$ 的显式表达式，可以计算出第一 Piola-Kirchhoff

应力张量 $\mathbf{P}^{\mathrm{PD}}_{\boldsymbol{\xi}(k)(j)}$ 为

$$\mathbf{P}^{\mathrm{PD}}_{\boldsymbol{\xi}(k)(j)} = \mathbf{P}(\mathbf{F}^{\mathrm{PD}}_{\boldsymbol{\xi}(k)(j)}) = \frac{\partial W(\mathbf{F}^{\mathrm{PD}}_{\boldsymbol{\xi}(k)(j)})}{\partial \mathbf{F}^{\mathrm{PD}}_{\boldsymbol{\xi}(k)(j)}} \tag{4.11}$$

在 3.3 节推导出的键辅助 (BA) 变形梯度张量的离散形式可以被表示为 (Behera et al., 2020; Roy et al., 2020)

$$\mathbf{F}_{\boldsymbol{\xi}(k)(j)} \approx \sum_{p \in H_{(k)} \cap H_{(j)}} \left(\mathbf{y}_{(p)} - \mathbf{y}_{(k)}\right) \otimes \mathbf{g}_{\boldsymbol{\xi}(k)(p)} A_{(p)} \tag{4.12}$$

由内力矢量 $\mathbf{L}^{\mathrm{PD}}$ 引起的虚功可以被改写为

$$\int_{\mathcal{D}} \mathbf{L}^{\mathrm{PD}} \cdot \delta \mathbf{u} dA \approx \delta \mathbf{V}^{\mathrm{T}} \mathbf{Q} \tag{4.13}$$

其中

$$\mathbf{Q} = \left\{ \begin{array}{ccccc} L^{\mathrm{PD}}_{1(1)} A_{(1)} & L^{\mathrm{PD}}_{2(1)} A_{(1)} & \cdots & L^{\mathrm{PD}}_{1(N)} A_{(N)} & L^{\mathrm{PD}}_{2(N)} A_{(N)} \end{array} \right\} \tag{4.14}$$

和

$$\mathbf{V}^{\mathrm{T}} = \left\{ \begin{array}{ccccccc} u_{1(1)} & u_{2(1)} & \cdots & u_{1(k)} & u_{2(k)} & \cdots & u_{1(N)} & u_{2(N)} \end{array} \right\} \tag{4.15}$$

矢量 $\mathbf{V}$ 包含位于 $\mathcal{D}$ 和 $\mathcal{B}$ 内的点处的所有未知位移分量。矢量 $\mathbf{V}_{\mathcal{D}}$ 和 $\mathbf{V}_{\mathcal{B}}$ 分别包含区域 $\mathcal{D}$ 和区域 $\mathcal{B}$ 中的未知位移分量。它们被定义为

$$\mathbf{V}^{\mathrm{T}}_{\mathcal{D}} = \left\{ \begin{array}{ccccccc} u_{1(1)} & u_{2(1)} & \cdots & u_{1(k)} & u_{2(k)} & \cdots & u_{1(N_{\mathcal{D}})} & u_{2(N_{\mathcal{D}})} \end{array} \right\} \tag{4.16}$$

和

$$\mathbf{V}^{\mathrm{T}}_{\mathcal{B}} = \left\{ \begin{array}{ccccccc} u_{1(1)} & u_{2(1)} & \cdots & u_{1(k)} & u_{2(k)} & \cdots & u_{1(N_{\mathcal{B}})} & u_{2(N_{\mathcal{B}})} \end{array} \right\} \tag{4.17}$$

由于 Γ 是一个有 $N_{\mathcal{B}}$ 个物质点的封闭边界,所以它由 $N_{\mathcal{B}}$ 条线段组成。第 ℓ 段边界的长度记为 $\Gamma_{(\ell)}$,其起点和终点分别记为 ℓ_1 和 ℓ_2。正如 Madenci 等 (2018) 所讨论的,假定位移矢量 $\mathbf{u}_{(\ell)}$ 和 PD 形式的牵引力矢量 $\mathbf{T}^{\mathrm{PD}}_{(\ell)}$ 在 ℓ_1 和 ℓ_2 之间线性变化。它们可以被表示为

$$\mathbf{u}_{(\ell)} = (1-s)\mathbf{u}_{(\ell_1)} + s\mathbf{u}_{(\ell_2)} \tag{4.18}$$

和

$$\mathbf{T}^{\mathrm{PD}}_{(\ell)} = (1-s)\mathbf{T}^{\mathrm{PD}}_{(\ell_1)} + s\mathbf{T}^{\mathrm{PD}}_{(\ell_2)} \tag{4.19}$$

其中 s 是点 ℓ_1 和 ℓ_2 之间的局部 (自然) 坐标，$\mathbf{n}_{(\ell)}$ 是单位法矢量，如图 4.3 所示。沿边界的微分线段 $d\Gamma$，可以用自然坐标表示为 $d\Gamma = \Gamma_{(\ell)} ds$。

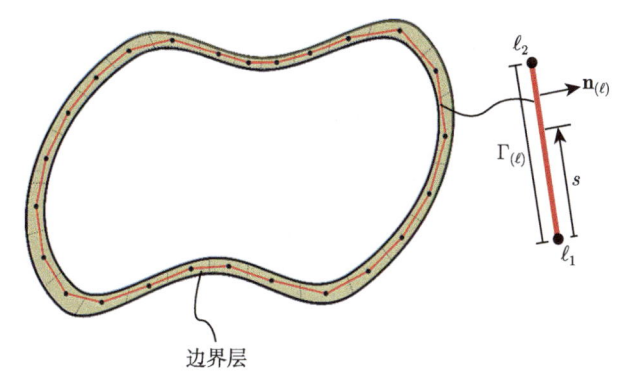

图 4.3 第 ℓ 段边界内的局部坐标

对于方程 (4.6) 中由内牵引力矢量 $\mathbf{T}^{\mathrm{PD}}$ 产生的虚功，通过计算可得

$$\int_{\Gamma} \mathbf{T}^{\mathrm{PD}} \cdot \delta \mathbf{u} d\Gamma = \sum_{\ell=1}^{N_{\mathcal{B}}} \int_{0}^{\Gamma_{(\ell)}} \left[(1-s)\delta\hat{\mathbf{v}}_{(\ell_1)}^{\mathrm{T}} + s\delta\hat{\mathbf{v}}_{(\ell_2)}^{\mathrm{T}} \right] \left[(1-s)\mathbf{T}_{(\ell_1)}^{\mathrm{PD}} + s\mathbf{T}_{(\ell_2)}^{\mathrm{PD}} \right] d\Gamma \tag{4.20}$$

其中 $\hat{\mathbf{v}}_{(\ell_P)} (p \in \{1,2\})$ 表示属于第 ℓ 段边界的点 ℓ_1 和 ℓ_2 的影响域内的点处的位移，被定义为

$$\hat{\mathbf{v}}_{(\ell_P)} = \left\{ \begin{array}{c} u_{1(\ell_P)} \\ u_{2(\ell_P)} \end{array} \right\} \tag{4.21}$$

化简可得

$$\int_{\Gamma} \mathbf{T}^{\mathrm{PD}} \cdot \delta \mathbf{u} d\Gamma = \sum_{\ell=1}^{N_{\mathcal{B}}} \left(\int_{0}^{1} \left[(1-s)\delta\hat{\mathbf{v}}_{(\ell_1)}^{\mathrm{T}} + s\delta\hat{\mathbf{v}}_{(\ell_2)}^{\mathrm{T}} \right] \left[(1-s)\mathbf{T}_{(\ell_1)}^{\mathrm{PD}} + s\mathbf{T}_{(\ell_2)}^{\mathrm{PD}} \right] ds \right) \Gamma_{(\ell)} \tag{4.22}$$

积分可得

$$\int_{\Gamma} \mathbf{T}^{\mathrm{PD}} \cdot \delta \mathbf{u} d\Gamma$$
$$= \sum_{\ell=1}^{N_{\mathcal{B}}} \left\{ \frac{\Gamma_{(\ell)}}{3}\delta\hat{\mathbf{v}}_{(\ell_1)}^{\mathrm{T}} \mathbf{T}_{(\ell_1)}^{\mathrm{PD}} + \frac{\Gamma_{(\ell)}}{6}\delta\hat{\mathbf{v}}_{(\ell_1)}^{\mathrm{T}} \mathbf{T}_{(\ell_2)}^{\mathrm{PD}} + \frac{\Gamma_{(\ell)}}{6}\delta\hat{\mathbf{v}}_{(\ell_2)}^{\mathrm{T}} \mathbf{T}_{(\ell_1)}^{\mathrm{PD}} + \frac{\Gamma_{(\ell)}}{3}\delta\hat{\mathbf{v}}_{(\ell_2)}^{\mathrm{T}} \mathbf{T}_{(\ell_2)}^{\mathrm{PD}} \right\}$$
$$= \sum_{\ell=1}^{N_{\mathcal{B}}} \left\{ \begin{array}{c} \delta\hat{\mathbf{v}}_{(\ell_1)} \\ \delta\hat{\mathbf{v}}_{(\ell_2)} \end{array} \right\}^{\mathrm{T}} \left\{ \begin{array}{c} \mathbf{T}_{(\ell_1)} \\ \mathbf{T}_{(\ell_2)} \end{array} \right\} \tag{4.23}$$

其中 $\mathbf{T}_{(\ell_1)}$ 和 $\mathbf{T}_{(\ell_2)}$ 的值为

$$\mathbf{T}_{(\ell_1)} = \frac{\Gamma_{(\ell)}}{3}\mathbf{T}_{(\ell_1)}^{\mathrm{PD}} + \frac{\Gamma_{(\ell)}}{6}\mathbf{T}_{(\ell_2)}^{\mathrm{PD}} \tag{4.24}$$

和

$$\mathbf{T}_{(\ell_2)} = \frac{\Gamma_{(\ell)}}{6}\mathbf{T}_{(\ell_1)}^{\mathrm{PD}} + \frac{\Gamma_{(\ell)}}{3}\mathbf{T}_{(\ell_2)}^{\mathrm{PD}} \tag{4.25}$$

在第 ℓ 段边界的点 ℓ_1 和 ℓ_2 处, PD 形式的内牵引力矢量 $\mathbf{T}_{(\ell_1)}^{\mathrm{PD}}$ 和 $\mathbf{T}_{(\ell_2)}^{\mathrm{PD}}$ 的值为

$$\mathbf{T}_{(\ell_1)}^{\mathrm{PD}} = \mathbf{P}_{(\ell_1)}^{\mathrm{PD}}(\mathbf{F}_{(\ell_1)})\mathbf{n}_{(\ell_1)} \tag{4.26}$$

和

$$\mathbf{T}_{(\ell_2)}^{\mathrm{PD}} = \mathbf{P}_{(\ell_2)}^{\mathrm{PD}}(\mathbf{F}_{(\ell_2)})\mathbf{n}_{(\ell_2)} \tag{4.27}$$

根据方程 (4.12), 变形梯度张量 $\mathbf{F}_{(\ell_1)}$ 和 $\mathbf{F}_{(\ell_2)}$ 的值为

$$\mathbf{F}_{(\ell_1)} = \sum_{j \in H_{(\ell_1)}} \left(\mathbf{y}_{(j)} - \mathbf{y}_{(\ell_1)}\right) \otimes \mathbf{g}_{(\ell_1)(j)} A_{(j)} \tag{4.28}$$

和

$$\mathbf{F}_{(\ell_2)} = \sum_{j \in H_{(\ell_2)}} \left(\mathbf{y}_{(j)} - \mathbf{y}_{(\ell_2)}\right) \otimes \mathbf{g}_{(\ell_2)(j)} A_{(j)} \tag{4.29}$$

重新整理之后, 方程 (4.23) 可以用矢量形式表示为

$$\int_\Gamma \mathbf{T}^{\mathrm{PD}} \cdot \delta\mathbf{u}d\Gamma = \delta\mathbf{V}_{\mathcal{B}}^{\mathrm{T}}\mathbf{q}_{\mathcal{B}} \tag{4.30}$$

其中 $\mathbf{q}_\mathcal{B}$ 表示边界层内由内牵引力而产生的力矢量。它可以被表示为

$$\begin{aligned}\mathbf{q}_\mathcal{B} = \big\{&T_{1(1)}^{\mathrm{PD}}, (T_{2(1)}^{\mathrm{PD}} + T_{1(2)}^{\mathrm{PD}}), \cdots, (T_{2(\ell-1)}^{\mathrm{PD}} + T_{1(\ell)}^{\mathrm{PD}}), (T_{2(\ell)}^{\mathrm{PD}} + T_{1(\ell+1)}^{\mathrm{PD}}), \cdots, \\ &(T_{2(N_\mathcal{B}-1)}^{\mathrm{PD}} + T_{1(N_\mathcal{B})}^{\mathrm{PD}}), T_{2(N_\mathcal{B})}^{\mathrm{PD}}\big\}^{\mathrm{T}}\end{aligned} \tag{4.31}$$

沿着边界, 同样假设外牵引力矢量 $\mathbf{T}_{(\ell)}^*$ 在第 ℓ 段边界的起点 ℓ_1 和终点 ℓ_2 之间线性变化, 即

$$\mathbf{T}_{(\ell)}^* = (1-s)\mathbf{T}_{(\ell_1)}^* + s\mathbf{T}_{(\ell_2)}^* \tag{4.32}$$

因此, 由外牵引力产生的虚功可以被表示为

$$\int_{\Gamma_\sigma} \mathbf{T}^* \cdot \delta\mathbf{u}d\Gamma = \sum_{\ell=1}^{N_\sigma} \int_0^{\Gamma_{(\ell)}} \left[(1-s)\delta\mathbf{v}_{(\ell_1)}^{\mathrm{T}} + s\delta\mathbf{v}_{(\ell_2)}^{\mathrm{T}}\right]\left[(1-s)\mathbf{T}_{(\ell_1)}^* + s\mathbf{T}_{(\ell_2)}^*\right]d\Gamma \tag{4.33}$$

上式可以被改写为

第四章 近场动力学平衡方程的弱形式

$$\int_{\Gamma_\sigma} \mathbf{T}^* \cdot \delta \mathbf{u} d\Gamma = \sum_{\ell=1}^{N_\sigma} \left(\int_0^1 \left[(1-s)\delta \mathbf{v}_{(\ell_1)}^{\mathrm{T}} + s\delta \mathbf{v}_{(\ell_2)}^{\mathrm{T}} \right] \left[(1-s)\mathbf{T}_{(\ell_1)}^* + s\mathbf{T}_{(\ell_2)}^* \right] ds \right) \Gamma_{(\ell)} \tag{4.34}$$

或者

$$\int_{\Gamma_\sigma} \mathbf{T}^* \cdot \delta \mathbf{u} d\Gamma = \sum_{\ell=1}^{N_\sigma} \left\{ \begin{array}{c} \delta \mathbf{v}_{(\ell_1)} \\ \delta \mathbf{v}_{(\ell_2)} \end{array} \right\}^{\mathrm{T}} \left\{ \begin{array}{c} \mathbf{q}_{(\ell_1)}^* \\ \mathbf{q}_{(\ell_2)}^* \end{array} \right\} \tag{4.35}$$

其中 $\mathbf{q}_{(\ell_1)}^*$ 和 $\mathbf{q}_{(\ell_2)}^*$ 的值为

$$\mathbf{q}_{(\ell_1)}^* = \frac{\Gamma_{(\ell)}}{3} \mathbf{T}_{(\ell_1)}^* + \frac{\Gamma_{(\ell)}}{6} \mathbf{T}_{(\ell_2)}^* \tag{4.36}$$

和

$$\mathbf{q}_{(\ell_2)}^* = \frac{\Gamma_{(\ell)}}{6} \mathbf{T}_{(\ell_1)}^* + \frac{\Gamma_{(\ell)}}{3} \mathbf{T}_{(\ell_2)}^* \tag{4.37}$$

由外牵引力产生的虚功可以被表示为

$$\sum_{\ell=1}^{N_\sigma} \left\{ \begin{array}{c} \delta \mathbf{v}_{(\ell_1)} \\ \delta \mathbf{v}_{(\ell_2)} \end{array} \right\}^{\mathrm{T}} \left\{ \begin{array}{c} \mathbf{q}_{(\ell_1)}^* \\ \mathbf{q}_{(\ell_2)}^* \end{array} \right\} = \delta \mathbf{V}_\sigma^{\mathrm{T}} \mathbf{q}_\sigma^* \tag{4.38}$$

其中 $\mathbf{q}_\sigma^*$ 表示施加在边界上的载荷矢量。它被定义为

$$\mathbf{q}_\sigma^* = \left\{ \mathbf{q}_{(1_1)}^*, (\mathbf{q}_{(1_1)}^* + \mathbf{q}_{(2_1)}^*), \cdots, (\mathbf{q}_{(\ell-1)_2}^* + \mathbf{q}_{(\ell_1)}^*), (\mathbf{q}_{(\ell_2)}^* + \mathbf{q}_{(\ell+1)_1}^*), \cdots, \right.$$
$$\left. (\mathbf{q}_{(N_\sigma-1)_2}^* + \mathbf{q}_{(N_\sigma)_1}^*), \mathbf{q}_{(N_\sigma)_2}^* \right\}^{\mathrm{T}} \tag{4.39}$$

将方程 (4.13)、(4.30) 和 (4.38) 代入，对方程 (4.6) 的虚功表达式进行离散化，可以用矢量形式表示为

$$\delta \mathbf{V}^{\mathrm{T}} \mathbf{Q} - \delta \mathbf{V}_\mathcal{B}^{\mathrm{T}} \mathbf{q}_\mathcal{B} + \delta \mathbf{V}_\sigma^{\mathrm{T}} \mathbf{q}_\sigma^* = 0 \tag{4.40}$$

未知矢量 $\mathbf{V}$ 可以被划分为

$$\mathbf{V} = \left\{ \begin{array}{cc} \mathbf{V}_\mathcal{D} & \mathbf{V}_\mathcal{B} \end{array} \right\}^{\mathrm{T}} = \left\{ \begin{array}{ccc} \mathbf{V}_\mathcal{D} & \mathbf{V}_\sigma & \mathbf{V}_u \end{array} \right\}^{\mathrm{T}} \tag{4.41}$$

其中 $\mathbf{V}_\mathcal{D}$、$\mathbf{V}_\mathcal{B}$、$\mathbf{V}_\sigma$ 和 $\mathbf{V}_u$ 分别包含 $\mathcal{D}$、$\mathcal{B}$、Γ_σ 和 Γ_u 中的未知量，其对应的数量分别为 $2N_\mathcal{D}$、$2N_\mathcal{B}$、$2N_\sigma$ 和 $2N_u$。力矢量 $\mathbf{Q}$、$\mathbf{q}_\mathcal{B}$ 和 $\mathbf{q}_\sigma^*$ 分别产生于 PD 内力 $\mathbf{L}^{\mathrm{PD}}$、边界层内牵引力 $\mathbf{T}^{\mathrm{PD}}$ 和施加于边界层的外牵引力 $\mathbf{T}^*$ 的相互作用。力矢量 $\mathbf{Q}$ 和 $\mathbf{q}_\mathcal{B}$ 可以被划分为

$$\mathbf{Q} = \left\{ \begin{array}{cc} \mathbf{Q}_\mathcal{D} & \mathbf{Q}_\mathcal{B} \end{array} \right\}^{\mathrm{T}} = \left\{ \begin{array}{ccc} \mathbf{Q}_\mathcal{D} & \mathbf{Q}_\sigma & \mathbf{Q}_u \end{array} \right\}^{\mathrm{T}} \tag{4.42}$$

和

$$\mathbf{q}_\mathcal{B} = \left\{ \begin{array}{cc} \mathbf{q}_\sigma & \mathbf{q}_u \end{array} \right\}^\mathrm{T} \tag{4.43}$$

利用这些矢量的分块形式, 可将方程 (4.40) 改写为

$$\left\{ \begin{array}{ccc} \mathbf{Q}_\mathcal{D} & (\mathbf{Q}_\sigma - \mathbf{q}_\sigma + \mathbf{q}_\sigma^*) & (\mathbf{Q}_u - \mathbf{q}_u) \end{array} \right\} \left\{ \begin{array}{c} \delta \mathbf{V}_\mathcal{D} \\ \delta \mathbf{V}_\sigma \\ \delta \mathbf{V}_u \end{array} \right\} = 0 \tag{4.44}$$

采用 Newton-Raphson 法, 可以迭代求解这些非线性控制方程组, 从而得到位移 $\mathbf{V}$。残差矢量 $\mathbf{R}$ 可以被定义为

$$\mathbf{R}(\mathbf{V}; \mathbf{q}_\sigma^*) = \left\{ \begin{array}{c} \mathbf{Q}_\mathcal{D} \\ \mathbf{Q}_\sigma - \mathbf{q}_\sigma + \mathbf{q}_\sigma^* \\ \mathbf{Q}_u - \mathbf{q}_u \end{array} \right\} \tag{4.45}$$

在方程 (4.44) 中, 对于指定的位移约束 $\mathbf{V}_u = \mathbf{V}_u^*$, 其中 $\delta \mathbf{V}_u = \mathbf{0}$, 则这个方程可以被化简为

$$\mathbf{R}(\mathbf{V}; \mathbf{q}_\sigma^*) = \left\{ \begin{array}{c} \mathbf{Q}_\mathcal{D} \\ \mathbf{Q}_\sigma - \mathbf{q}_\sigma + \mathbf{q}_\sigma^* \end{array} \right\} \tag{4.46}$$

在数值实现中, 通过下列递归形式迭代得到解:

$$\left(\frac{\partial \mathbf{R}}{\partial \mathbf{V}} \right)^{(n)} \Delta \mathbf{V}^{(n+1)} = -\mathbf{R}(\mathbf{V}^n; \mathbf{q}_\sigma^*) - \Delta \mathbf{q}_\sigma^* \tag{4.47}$$

其中 $\mathbf{R}(\mathbf{V}^0; \mathbf{q}_t^*) = \mathbf{0}$ 和 $\mathbf{V}^{(n+1)} = \mathbf{V}^{(n)} + \Delta \mathbf{V}^{(n+1)}$。

根据内部区域和边界层区域的未知量 $\Delta \mathbf{V}_\mathcal{D}$ 和 $\Delta \mathbf{V}_\sigma$ 进行组装后, 可以将上述增量方程改写为矩阵形式为

$$\mathbf{J} \left\{ \begin{array}{c} \Delta \mathbf{V}_\mathcal{D} \\ \Delta \mathbf{V}_\sigma \end{array} \right\} = \left[\begin{array}{cc} \mathbf{J}_{\mathcal{D},\mathcal{D}} & \mathbf{J}_{\mathcal{D},\sigma} \\ \mathbf{J}_{\sigma,\mathcal{D}} & \mathbf{J}_{\sigma,\sigma} \end{array} \right] \left\{ \begin{array}{c} \Delta \mathbf{V}_\mathcal{D} \\ \Delta \mathbf{V}_\sigma \end{array} \right\} = - \left\{ \begin{array}{c} \mathbf{R}_\mathcal{D} \\ \mathbf{R}_\sigma + \Delta \mathbf{q}_\sigma^* \end{array} \right\} \tag{4.48}$$

其中 $\mathbf{J}$ 表示方程组的雅可比矩阵, $\mathbf{J}_{\mathcal{D},\mathcal{D}}$、$\mathbf{J}_{\sigma,\sigma}$、$\mathbf{J}_{\mathcal{D},\sigma}$ 和 $\mathbf{J}_{\sigma,\mathcal{D}}$ 的维数分别为 $(2N_\mathcal{D} \times 2N_\mathcal{D})$、$(2N_\sigma \times 2N_\sigma)$、$(2N_\mathcal{D} \times 2N_\sigma)$ 和 $(2N_\sigma \times 2N_\mathcal{D})$, 这些矩阵表示与内部区域和边界层区域的未知位移相关的固有刚度矩阵和耦合系数矩阵。

雅可比矩阵的构造要求在点 $\mathbf{x}_{(k)}$ 处显式求出 $\Delta \mathbf{R}_{(k)}$ 的值。在点 $\mathbf{x}_{(k)}$ 处, 计算 $\Delta \mathbf{R}_{\mathcal{D}(k)}$ 所需的内力矢量 $\mathbf{Q}_{(k)}$ 的增量 $\Delta \mathbf{Q}_{(k)}$, 可得

第四章 近场动力学平衡方程的弱形式

$$\Delta \mathbf{Q}_{(k)} = \sum_{j \in H_{(k)}} \begin{bmatrix} \dfrac{\partial \mathbf{P}_{\boldsymbol{\xi}(k)(j)}}{\partial \mathbf{F}_{\boldsymbol{\xi}(k)(j)}} \left(\sum_{p \in H_{(k)} \cap H_{(j)}} \dfrac{\partial \mathbf{F}_{\boldsymbol{\xi}(k)(j)}}{\partial \mathbf{u}_{(p)}} \Delta \mathbf{u}_{(p)} \right) \mathbf{g}_{(k)(j)} \\ -\dfrac{\partial \mathbf{P}_{\boldsymbol{\xi}(j)(k)}}{\partial \mathbf{F}_{\boldsymbol{\xi}(j)(k)}} \left(\sum_{p \in H_{(j)} \cap H_{(k)}} \dfrac{\partial \mathbf{F}_{\boldsymbol{\xi}(j)(k)}}{\partial \mathbf{u}_{(p)}} \Delta \mathbf{u}_{(p)} \right) \mathbf{g}_{(j)(k)} \end{bmatrix} A_{(j)} A_{(k)} \tag{4.49}$$

其中

$$\sum_{p \in H_{(k)} \cap H_{(j)}} \dfrac{\partial \mathbf{F}_{\boldsymbol{\xi}(k)(j)}}{\partial \mathbf{u}_{(p)}} \Delta \mathbf{u}_{(p)} = \begin{bmatrix} A_{(1)} g_1^{10}(\boldsymbol{\xi}_{(k)(1)}) & 0 \\ A_{(1)} g_1^{01}(\boldsymbol{\xi}_{(k)(1)}) & 0 \\ 0 & A_{(1)} g_1^{10}(\boldsymbol{\xi}_{(k)(1)}) \\ 0 & A_{(1)} g_1^{01}(\boldsymbol{\xi}_{(k)(1)}) \\ 0 & \cdots \\ 0 & \cdots \\ -\sum_{p \in H_{(k)} \cap H_{(j)}} A_{(p)} g_1^{10}(\boldsymbol{\xi}_{(k)(p)}) & \cdots \\ -\sum_{p \in H_{(k)} \cap H_{(j)}} A_{(p)} g_1^{01}(\boldsymbol{\xi}_{(k)(p)}) & \cdots \\ \cdots & -\sum_{p \in H_{(k)} \cap H_{(j)}} A_{(p)} g_1^{10}(\boldsymbol{\xi}_{(k)(p)}) \\ \cdots & -\sum_{p \in H_{(k)} \cap H_{(j)}} A_{(p)} g_1^{01}(\boldsymbol{\xi}_{(k)(p)}) \\ \cdots & 0 \\ \cdots & 0 \\ A_{(N_{(k)})} g_1^{10}(\boldsymbol{\xi}_{(k)(N_{(k)})}) & 0 \\ A_{(N_{(k)})} g_1^{01}(\boldsymbol{\xi}_{(k)(N_{(k)})}) & 0 \\ 0 & A_{(N_{(k)})} g_1^{10}(\boldsymbol{\xi}_{(k)(N_{(k)})}) \\ 0 & A_{(N_{(k)})} g_1^{01}(\boldsymbol{\xi}_{(k)(N_{(k)})}) \end{bmatrix} \mathbf{V}_{\boldsymbol{\xi}(k)(j)} \tag{4.50}$$

这里 $\mathbf{V}_{\boldsymbol{\xi}(k)(j)}$ 是在相交影响域 $H_{(k)} \cap H_{(j)}$ 上与物质点相关的位移分量矢量，而 $\dfrac{\partial \mathbf{P}_{\boldsymbol{\xi}(k)(j)}}{\partial \mathbf{F}_{\boldsymbol{\xi}(k)(j)}}$ 依赖于材料属性。

类似地，利用方程 (4.31)，计算 $\Delta \mathbf{R}_{\sigma(k)}$ 所需的内部牵引力矢量 $\mathbf{q}_\mathcal{B}$ 的增量 $\Delta \mathbf{q}_\mathcal{B}$，可得

$$\Delta \mathbf{q}_{\mathcal{B}} = \{\Delta T_{1(1)}^{\mathrm{PD}}, (\Delta T_{2(1)}^{\mathrm{PD}} + \Delta T_{1(2)}^{\mathrm{PD}}), (\Delta T_{2(\ell)}^{\mathrm{PD}} + \Delta T_{1(\ell+1)}^{\mathrm{PD}}), \cdots, \\ (\Delta T_{2(N_{\mathcal{B}}-1)}^{\mathrm{PD}} + \Delta T_{1(N_{\mathcal{B}})}^{\mathrm{PD}}), \Delta T_{2(N_{\mathcal{B}})}^{\mathrm{PD}}\}^{\mathrm{T}} \tag{4.51}$$

其中

$$\Delta \mathbf{T}_{(\ell)} = \Delta \left(\mathbf{P}_{(\ell)} \mathbf{n}_{(\ell)} \right) = \frac{\partial \left(\mathbf{P}_{(\ell)}^{\mathrm{PD}} \mathbf{n}_{(\ell)} \right)}{\partial \mathbf{F}_{(\ell)}} \frac{\partial \mathbf{F}_{(\ell)}}{\partial \mathbf{u}_{(p)}} \Delta \mathbf{u}_{(p)} \tag{4.52}$$

这里 $\dfrac{\partial \mathbf{F}_{(\ell)}}{\partial \mathbf{u}_{(p)}}$ 可由方程 (4.50) 计算。

4.3 Neo-Hookean 材料的本构模型

为了描述类橡胶材料的行为，发展了许多超弹性材料模型。在之前的模型中，Mooney-Rivli 模型 (Mooney, 1940; Rivlin, 1948a, b) 因其应变能密度函数形式简单而被普遍接受。neo-Hookean 模型 (Treloar, 1943) 是 Mooney-Rivlin 模型的一个特例，用该模型来描述不可压缩材料响应得到了普遍接受。因此，对于具有轻微可压缩性的类橡胶材料，应变能密度函数可以被表示为

$$\Psi(\bar{I}_1, J) = \frac{\mu}{2} \left(\bar{I}_1 - 3 \right) + \frac{\kappa}{8} \left(J - \frac{1}{J} \right)^2 \tag{4.53}$$

这里 J 是变形梯度张量的行列式 ($J = \det \mathbf{F}$)，κ 和 μ 分别是体积模量和剪切模量。体积模量相对于剪切模量较高，且响应以剪切为主。方程 (4.53) 中的第一项模拟等容变形 (Treloar, 1943)，第二项模拟材料的轻微压缩性。虽然第二项存在许多变形形式 (Pence & Gou, 2015)，但当 $J \to 1$ 时，Talamini 等 (2018) 建议的这种特殊形式简化为普遍接受的简单形式 $(J-1)^2$。

右柯西—格林张量 $\mathbf{C} = \mathbf{F}^{\mathrm{T}} \mathbf{F}$ 的归一化第一不变量 $\bar{I}_1$ 可以被表示为

$$\bar{I}_1 = \frac{\mathrm{tr} \mathbf{C}}{J^{2/3}} \tag{4.54}$$

第一 Piola-Kirchhoff 应力张量可以被表示为

$$\mathbf{P} = \frac{\partial \Psi}{\partial \mathbf{F}} = \mu \left(\mathbf{F} - \frac{1}{3} \mathrm{tr} \mathbf{C} \mathbf{F}^{-\mathrm{T}} \right) J^{-2/3} + \frac{\kappa}{4} \left(J^2 - J^{-2} \right) \mathbf{F}^{-\mathrm{T}} \tag{4.55}$$

对于平面应变和平面应力分析，第一 Piola-Kirchhoff 应力张量可以被表示为

$$\mathbf{P} = \mu \left(\mathbf{F} - \frac{1}{2} \mathrm{tr} \mathbf{C} \mathbf{F}^{-\mathrm{T}} \right) J^{-1} + \frac{\kappa}{4} \left(J^2 - J^{-2} \right) \mathbf{F}^{-\mathrm{T}} \tag{4.56}$$

和

$$\mathbf{P} = \mu \left(\mathbf{F} - C_{33} \mathbf{F}^{-\mathrm{T}} \right) J^{-2/3} \tag{4.57}$$

在本章末尾的附录中，对方程 (4.49) 中 $\dfrac{\partial \mathbf{P}_{\boldsymbol{\xi}(k)(j)}}{\partial \mathbf{F}_{\boldsymbol{\xi}(k)(j)}}$ 的计算以及方程 (4.56) 和 (4.57) 的推导进行了明确的描述。

4.4 数值实现

如图 4.4 所示，通过均匀离散化得到二维计算域。每个物质点占据的面积为 $A_{(k)} = (\Delta x)^2$，其中 Δx 是网格间距。点 $\mathbf{x}_{(k)}$ 的族成员是通过选择满足条件 $\|\mathbf{x}_{(j)} - \mathbf{x}_{(k)}\| < \delta$ 的相邻点 $\mathbf{x}_{(j)}$ 进行构造的，其中 δ 代表圆形影响域的半径。点 $\mathbf{x}_{(k)}$ 的族成员占据的面积为 $H_{(k)} = N_{(k)} A_{(k)}$，其中 $N_{(k)}$ 指定 $\mathbf{x}_{(k)}$ 的族成员数。近场半径设为 $\delta = 3.015\Delta x$，那么物体内任意一点的族成员数为 29。另外，这幅图显示了点 $\mathbf{x}_{(k)}$ 和 $\mathbf{x}_{(j)}$ 的族的交集 $H_{(k)} \cap H_{(j)}$。

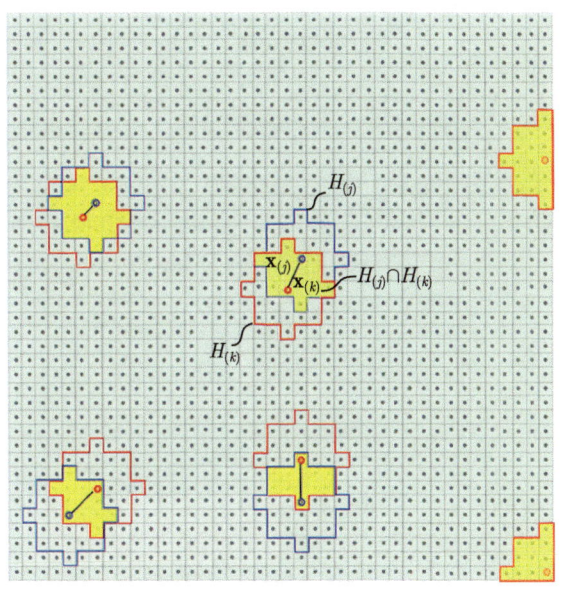

图 4.4 物质点 $\mathbf{x}_{(k)}$ 和 $\mathbf{x}_{(j)}$ 的相互作用域 $H_{(k)}$ 和 $H_{(j)}$ 以及它们的交集 $H_{(k)} \cap H_{(j)}$

采用隐式 Newton-Raphson 法求解 PD 控制方程，并在每个增量加载步中进行收敛性检验。全局误差的测定由 Newton-Raphson 方法获得的位移变化的 L^1 范数之和与更新位移的 L^1 范数之和的比值定义，即

$$\varepsilon = \frac{\sum_{i=1}^{N} \left(|\Delta u_{1(i)}| + |\Delta u_{2(i)}| \right)}{\sum_{i=1}^{N} \left(|u_{1(i)}| + |u_{2(i)}| \right)} \tag{4.58}$$

其中 N 表示计算域内点的总数。

对于控制方程 (4.48) 的求解，图 4.5 和图 4.6 描述了计算流程。

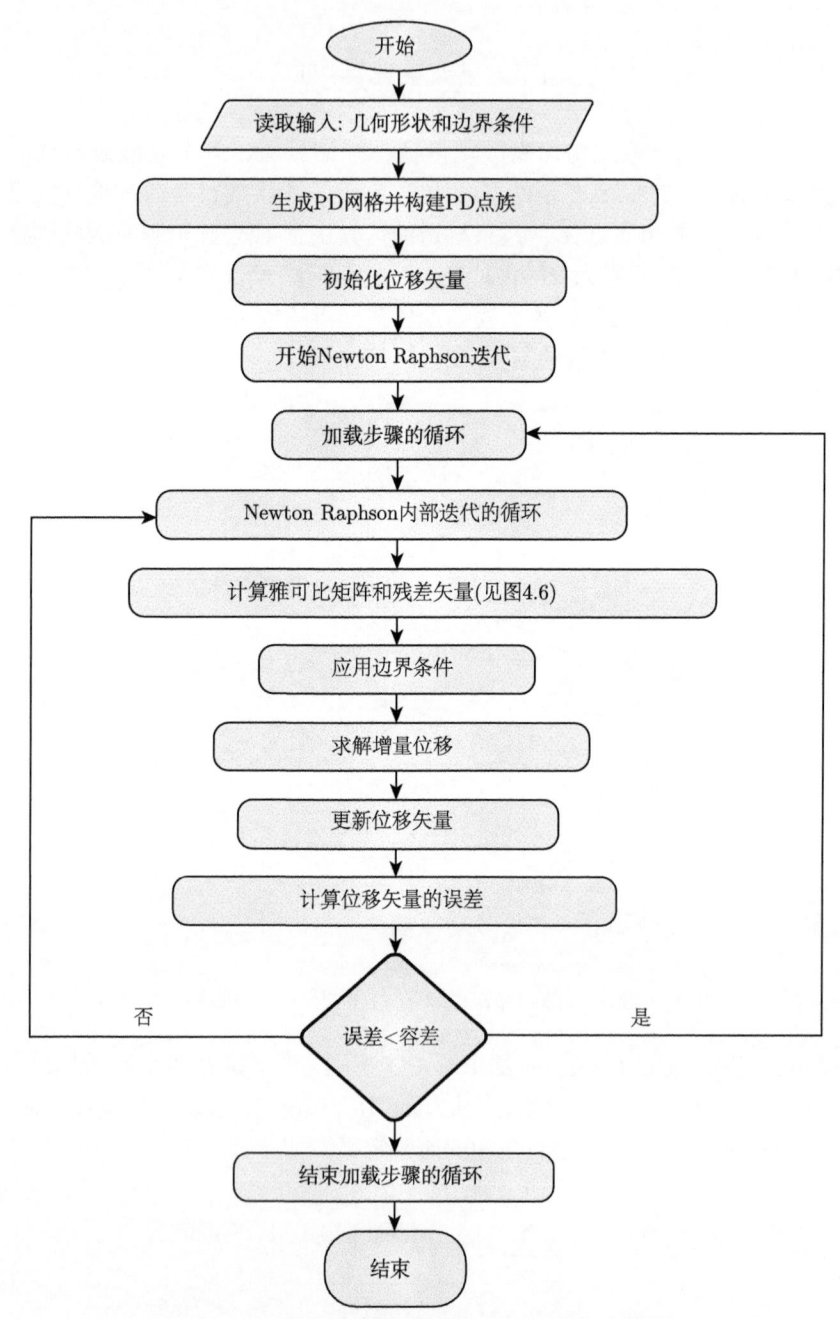

图 4.5　解的构造过程中描述求解步骤顺序的流程图

第四章 近场动力学平衡方程的弱形式

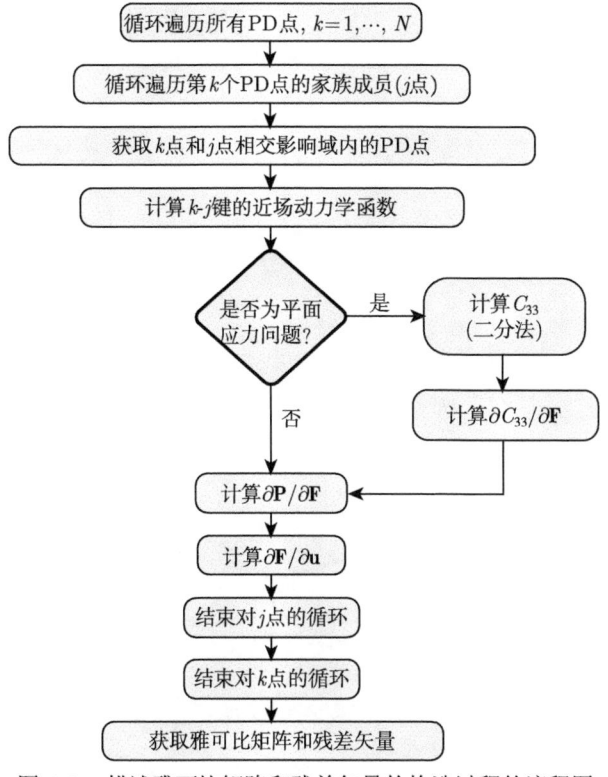

图 4.6 描述雅可比矩阵和残差矢量的构造过程的流程图

4.5 数值结果

通过考虑带孔橡胶薄板的拉伸问题，数值结果将验证该方法的有效性。如图 4.7 所示，尺寸为 $L = 100$mm、$W = 200$mm 和 $t = 3$mm 的橡胶薄板中心有一个半径为 $a = 10$mm 的孔。薄板是固定的，即沿着底部边界满足 $u_x = u_y = 0$。左右边缘无牵引力。沿上边界进行拉伸，而约束水平位移为 $u_x = 0$。体积模量和剪切模量分别指定为 $\kappa = 2.68$MPa 和 $\mu = 0.268$MPa。PD 区域由 19684 个物质点组成，其中每个点占据的面积为 $A_{(k)} = 1$mm^2。边界层区域的宽度由一个网格间距定义，共包含 558 个物质点。在平面应力条件下，在上边界沿垂直方向施加 110mm 的拉伸位移，位移增量为 0.25mm。如图 4.8 所示，当施加的位移为 $u = 10$mm、20mm 和 30mm 时，将沿薄板右边缘的水平和垂直位移的 PD 预测结果与 ANSYS 所得的解进行比较。比较结果表明两种方法的预测结果吻合很好。图 4.9 显示了当施加的位移为 10mm、30mm 和 110mm 时，变形构型中垂直位移的等值线图。正如预期的那样，由于考虑的是有限变形，初始的圆孔变为椭圆形。值得注意的是，位移预测结果不存在振荡。

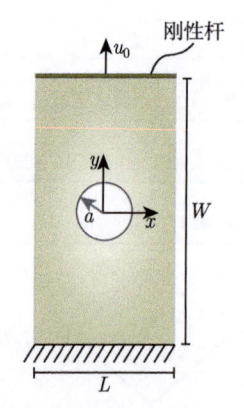

图 4.7 带孔橡胶薄板的几何形状以及边界条件

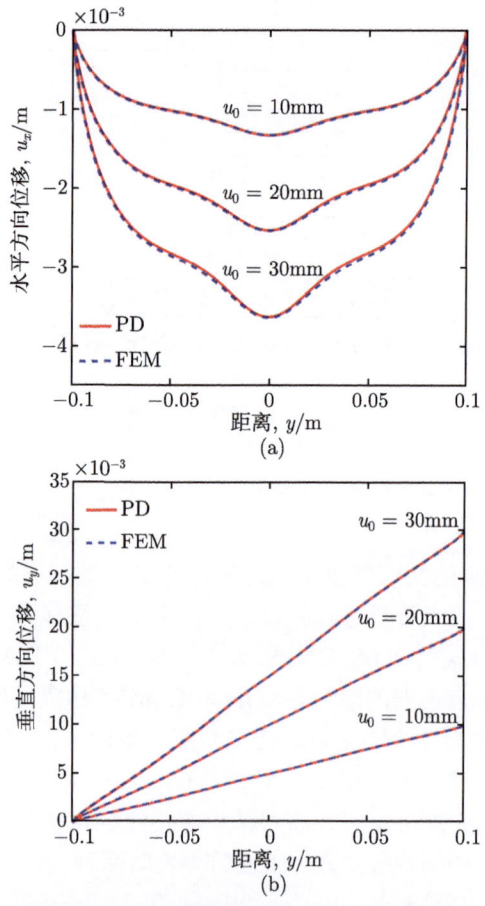

图 4.8 拉伸作用下带孔橡胶薄板的 PD 位移预测结果的比较
(a) 水平方向；(b) 垂直方向

第四章　近场动力学平衡方程的弱形式

(a)

(b)

(c)

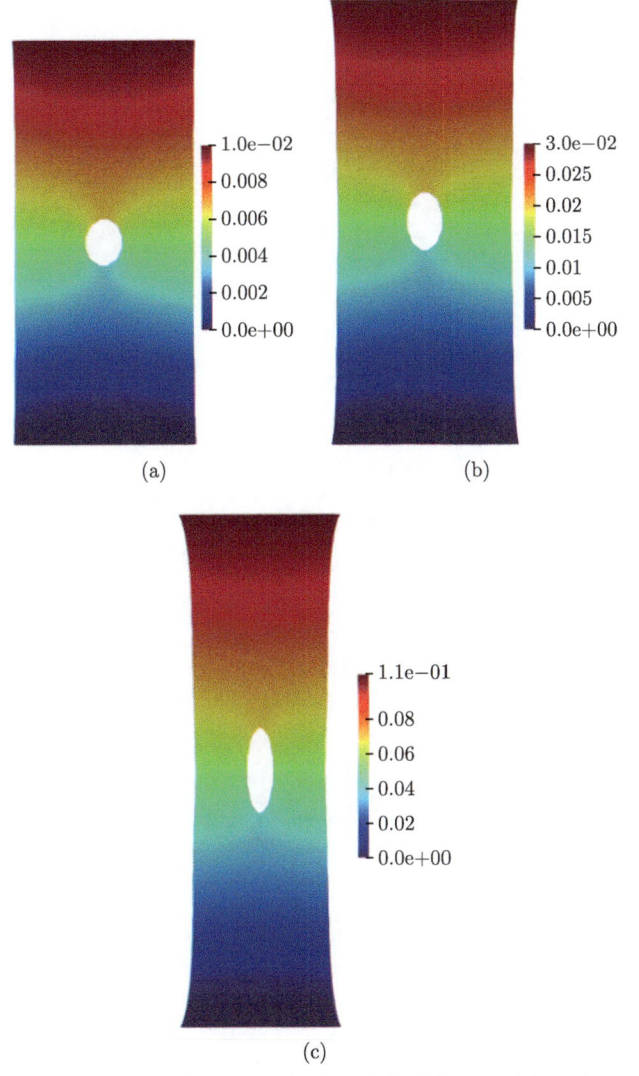

图 4.9　在施加不同拉伸作用下，带孔橡胶薄板的 PD 垂直位移预测结果
(a) 10mm；(b) 30mm；(c) 110mm

附　　录

在平面应变假设 $(\partial/\partial x_3) = 0$ 和 $y_3 = x_3$ 之下，变形梯度张量被简化为 $\mathbf{F} \sim F_{\alpha\beta}$，其中 $(\alpha, \beta = 1, 2)$。对于二维分析，可将方程 (4.53) 的等容部分修改为

$$\Psi(\overline{I}_1, J) = \frac{\mu}{2}\left(\frac{\mathrm{tr}\mathbf{C}}{J^{n/m}} - 2\right) + \frac{\kappa}{8}\left(J - \frac{1}{J}\right)^2 \qquad (4.59\mathrm{a})$$

或者

$$\Psi(\bar{I}_1, J) = \frac{\mu}{2}\left(\frac{\operatorname{tr}(\mathbf{C})}{(\det \mathbf{C})^{n/(2m)}} - 2\right) + \frac{\kappa}{8}\left(J - \frac{1}{J}\right)^2 \tag{4.59b}$$

对于一个可缩放的右柯西—格林张量 $a\mathbf{C}$，这个方程变为

$$\Psi(\bar{I}_1, J) = \frac{\mu}{2}\left(\frac{\operatorname{tr}(a\mathbf{C})}{(a^2 \det \mathbf{C})^{n/(2m)}} - 2\right) + \frac{\kappa}{8}\left(J - \frac{1}{J}\right)^2 \tag{4.60a}$$

或者

$$\Psi(\bar{I}_1, J) = \frac{\mu}{2}\left(\frac{a\operatorname{tr}(\mathbf{C})}{a^{n/m}(\det \mathbf{C})^{n/(2m)}} - 2\right) + \frac{\kappa}{8}\left(J - \frac{1}{J}\right)^2 \tag{4.60b}$$

设 $n = m = 1$ 使等容部分不变，则应变能密度函数变为

$$\Psi(\bar{I}_1, J) = \frac{\mu}{2}\left(\frac{\operatorname{tr}\mathbf{C}}{(\det \mathbf{C})^{1/2}} - 2\right) + \frac{\kappa}{8}\left(J - \frac{1}{J}\right)^2 \tag{4.61}$$

最后，可以改写为

$$\Psi(\bar{I}_1, J) = \frac{\mu}{2}(\bar{I}_1 - 2) + \frac{\kappa}{8}\left(J - \frac{1}{J}\right)^2 \tag{4.62}$$

其中 $\bar{I}_1 = \dfrac{\operatorname{tr}\mathbf{C}}{J}$。

因此，可以得到第一 Piola-Kirchhoff 应力张量为

$$\mathbf{P} = \frac{\partial \Psi}{\partial \mathbf{F}} = \mu\left(\mathbf{F} - \frac{1}{2}\operatorname{tr}\mathbf{C}\mathbf{F}^{-T}\right)J^{-1} + \frac{\kappa}{4}(J^2 - J^{-2})\mathbf{F}^{-T} \tag{4.63a}$$

或者

$$P_{ij} = \frac{\partial \Psi}{\partial F_{ij}} = \mu\left(F_{ij} - \frac{1}{2}F_{mn}F_{mn}F_{ji}^{-1}\right)J^{-1} + \frac{\kappa}{4}(J^2 - J^{-2})F_{ji}^{-1} \tag{4.63b}$$

在内力矢量的增量 $\Delta \mathbf{Q}_{(k)}$ 的计算中，所需的导数可以被写成

$$\frac{\partial P_{ij}}{\partial F_{kl}} = \mu\left(\frac{\partial F_{ij}}{\partial F_{kl}} - \frac{1}{2}\left(\frac{(F_{mn}F_{mn})}{\partial F_{kl}}F_{ji}^{-1} + (F_{mn}F_{mn})\frac{\partial F_{ji}^{-1}}{\partial F_{kl}}\right)\right)J^{-1}$$

$$-\mu\left(F_{ij}-\frac{1}{2}(F_{mn}F_{mn})F_{ji}^{-1}\right)J^{-1}F_{lk}^{-1}$$

$$+\frac{\kappa}{2}\left(J^2+J^{-2}\right)F_{lk}^{-1}F_{ji}^{-1}+\frac{\kappa}{4}\left(J^2+J^{-2}\right)\frac{\partial F_{ji}^{-1}}{\partial F_{kl}} \tag{4.64a}$$

或者

$$\frac{\partial P_{ij}}{\partial F_{kl}}=\mu\left(\delta_{ik}\delta_{jl}-\frac{1}{2}\left(2F_{kl}F_{ji}^{-1}-F_{mn}F_{mn}F_{li}^{-1}F_{jk}^{-1}\right)\right)J^{-1}$$

$$-\mu\left(F_{ij}-\frac{1}{2}F_{mn}F_{mn}F_{ji}^{-1}\right)J^{-1}F_{lk}^{-1}$$

$$+\frac{\kappa}{2}\left(J^2+J^{-2}\right)F_{lk}^{-1}F_{ji}^{-1}-\frac{\kappa}{4}\left(J^2+J^{-2}\right)F_{li}^{-1}F_{jk}^{-1} \tag{4.64b}$$

其中 $\frac{\partial J}{\partial F_{ij}}=JF_{ji}^{-1}$。

在平面应力假设 $\sigma_{13}=\sigma_{23}=\sigma_{33}=0$ 之下,柯西应力张量 $\boldsymbol{\sigma}$ 简化为 $\boldsymbol{\sigma}\sim\sigma_{\alpha\beta}$,其中 $(\alpha,\beta=1,2)$。这些条件可以等价地施加于第二 Piola-Kirchoff 应力张量 $\mathbf{S}$ 上,即 $S_{13}=S_{23}=S_{33}=0$。第二 Piola-Kirchoff 应力张量 $\mathbf{S}$ 与第一 Piola-Kirchhoff 应力张量之间的关系为

$$\mathbf{S}=\mathbf{F}^{-1}\mathbf{P}=\mu\left(\mathbf{I}-\frac{1}{3}\mathrm{tr}\mathbf{C}\mathbf{F}^{-1}\mathbf{F}^{-\mathrm{T}}\right)J^{-2/3}+\frac{\kappa}{4}\left(J^2-J^{-2}\right)\mathbf{F}^{-1}\mathbf{F}^{-\mathrm{T}} \tag{4.65}$$

利用关系 $\mathbf{C}^{-1}=\mathbf{F}^{-1}\mathbf{F}^{-\mathrm{T}}$,上述表达式可以被简化为

$$\mathbf{S}=\mu\left(I-\frac{1}{3}\mathrm{tr}\mathbf{C}\mathbf{C}^{-1}\right)J^{-2/3}+\frac{\kappa}{4}\left(J^2-J^{-2}\right)\mathbf{C}^{-1} \tag{4.66}$$

施加 $S_{13}=0$ 和 $S_{23}=0$,可得

$$\left(\mathbf{C}^{-1}\right)_{13}=0 \tag{4.67a}$$

$$\left(\mathbf{C}^{-1}\right)_{23}=0 \tag{4.67b}$$

和

$$\left(\mathbf{C}^{-1}\right)_{33}=\frac{1}{C_{33}} \tag{4.67c}$$

类似地,施加 $S_{33}=0$ 将得到下列附加的表达式

$$S_{33}=\mu\left(1-\frac{1}{3}\mathrm{tr}\mathbf{C}\left(\mathbf{C}^{-1}\right)_{33}\right)J^{-2/3}+\frac{\kappa}{4}\left(J^2-J^{-2}\right)\left(\mathbf{C}^{-1}\right)_{33}=0 \tag{4.68}$$

将方程 (4.67c) 代入方程 (4.68)，得到 C_{33} 的约束条件为

$$\mu \left(C_{33} - \frac{1}{3} \text{tr} \mathbf{C} \right) J^{-2/3} + \frac{\kappa}{4} \left(J^2 - J^{-2} \right) = 0 \tag{4.69}$$

在方程 (4.66) 中调用方程 (4.69)，并进行代数运算，对平面应力分析可得 $\mathbf{S}$ 的简化形式为

$$\mathbf{S} = \mu \left(\mathbf{I} - C_{33} \mathbf{C}^{-1} \right) J^{-2/3} \tag{4.70}$$

最后，得到第一 Piola-Kirchhoff 应力张量为

$$\mathbf{P} = \mathbf{FS} = \mu \left(\mathbf{F} - C_{33} \mathbf{F}^{-T} \right) J^{-2/3} \tag{4.71}$$

对于数值实现，$\text{tr}\mathbf{C}$ 和 J 可以被表示为

$$\text{tr}\mathbf{C} = \text{tr}\tilde{\mathbf{C}} + C_{33} \tag{4.72}$$

和

$$J = \sqrt{C_{33}} \tilde{J} \tag{4.73}$$

其中 $\text{tr}\tilde{\mathbf{C}} = C_{11} + C_{22}$ 和 $\tilde{J} = \sqrt{C_{11} C_{22} - C_{12}^2}$。

有了这些表达式，方程 (4.71) 和 (4.69) 可以被改写为

$$\mathbf{P} = \mu \left(\mathbf{F} - C_{33} \mathbf{F}^{-T} \right) C_{33}^{-1/3} \tilde{J}^{-2/3} \tag{4.74}$$

和

$$\mu \left(\frac{2}{3} C_{33}^{-2/3} - \frac{1}{3} C_{33}^{-1/3} \text{tr}\tilde{\mathbf{C}} \right) \tilde{J}^{-2/3} + \frac{\kappa}{4} \left(C_{33} \tilde{J}^2 - C_{33}^{-1} \tilde{J}^{-2} \right) = 0 \tag{4.75}$$

在每个加载步中，基于前一次迭代得到的位移场，采用二分法数值确定 $C_{33} = C_{33}^*$ 的值。

在内力矢量的增量 $\Delta \mathbf{Q}_{(k)}$ 的计算中，所需的导数可以被写成

$$\frac{\partial P_{ij}}{\partial F_{kl}} = \mu \left(\frac{\partial F_{ij}}{\partial F_{kl}} - \left(\frac{\partial C_{33}}{\partial F_{kl}} F_{ij}^{-T} + C_{33} \frac{\partial F_{ji}^{-1}}{\partial F_{kl}} \right) \right) C_{33}^{-1/3} \tilde{J}^{-2/3}$$

$$+ \mu \tilde{J}^{-2/3} \left(F_{ij} - C_{33} F_{ji}^{-1} \right) \left(-\frac{1}{3} C_{33}^{-4/3} \frac{\partial C_{33}}{\partial F_{kl}} - \frac{2}{3} C_{33}^{-1/3} F_{lk}^{-1} \right) \tag{4.76a}$$

或者

$$\frac{\partial P_{ij}}{\partial F_{kl}} = \mu \left(\delta_{ik} \delta_{jl} - \left(\frac{\partial C_{33}}{\partial F_{kl}} F_{ji}^{-1} - C_{33} F_{li}^{-1} F_{jk}^{-1} \right) \right) C_{33}^{-1/3} \tilde{J}^{-2/3}$$

$$+\mu \tilde{J}^{-2/3}\left(F_{ij}-C_{33}F_{ji}^{-1}\right)\left(-\frac{1}{3}C_{33}^{-4/3}\frac{\partial C_{33}}{\partial F_{kl}}-\frac{2}{3}C_{33}^{-1/3}F_{lk}^{-1}\right) \quad (4.76b)$$

由方程 (4.75) 可得 C_{33} 的导数为

$$\frac{\partial C_{33}}{\partial F_{kl}} = \frac{\left(\begin{array}{c}\dfrac{1}{3}\mu C_{33}^{-1/3}\tilde{J}^{-2/3}\dfrac{\partial \mathrm{tr}\tilde{\mathbf{C}}}{\partial F_{kl}}+\dfrac{2}{3}\mu\left(\dfrac{2}{3}C_{33}^{2/3}-\dfrac{1}{3}C_{33}^{-1/3}\mathrm{tr}\tilde{\mathbf{C}}\right)\tilde{J}^{-2/3}F_{ji}^{-1}\\ -\dfrac{\kappa}{4}\left(C_{33}2\tilde{J}^{2}F_{lk}^{-1}+2C_{33}^{-1}\tilde{J}^{-2}F_{ji}^{-1}\right)\end{array}\right)}{\left(\left(\dfrac{4}{9}\mu C_{33}^{-1/3}+\dfrac{1}{9}\mu C_{33}^{-4/3}\mathrm{tr}\tilde{\mathbf{C}}\right)\tilde{J}^{-2/3}+\dfrac{\kappa}{4}\tilde{J}^{2}+\dfrac{\kappa}{4}C_{33}^{-2}\tilde{J}^{-2}\right)}$$

$$(4.77)$$

参 考 文 献

Behera, D., Roy, P., & Madenci, E. (2020). Peridynamic correspondence model for finite elastic deformation and rupture in Neo-Hookean materials. *International Journal of Non-Linear Mechanics, 126*, 103564.

Chen, H. (2018). Bond-associated deformation gradients for peridynamic correspondence model. *Mechanics Research Communications, 90*, 34-41.

Chen, H., & Spencer, B. W. (2019). Peridynamic bond-associated correspondence model: Stability and convergence properties. *International Journal for Numerical Methods in Engineering, 117*(6), 713-727.

Gu, X., Madenci, E., & Zhang, Q. (2018). Revisit of non-ordinary state-based peridynamics. *Engineering fracture mechanics, 190*, 31-52.

Lehoucq, R. B., & Silling, S. A. (2008). Force flux and the peridynamic stress tensor. *Journal of the Mechanics and Physics of Solids, 56*(4), 1566-1577.

Madenci, E., Dorduncu, M., Barut, A., & Phan, N. (2018). Weak form of peridynamics for nonlocal essential and natural boundary conditions. *Computer Methods in Applied Mechanics and Engineering, 337*, 598-631.

Madenci, E., & Oterkus, E. (2014). *Peridynamic theory and its applications*. Springer.

Mooney, M. (1940). A theory of large elastic deformation. *Journal of Applied Physics, 11*(9), 582-592.

Pence, T. J., & Gou, K. (2015). On compressible versions of the incompressible neo-Hookean material. *Mathematics and Mechanics of Solids, 20*(2), 157-182.

Rivlin, R. (1948a). Large elastic deformations of isotropic materials. I. Fundamental concepts. *Philosophical Transactions of the Royal Society of London. Series A, Mathematical and Physical Sciences, 240*(822), 459-490.

Rivlin, R. S. (1948b). Large elastic deformations of isotropic materials. II. Some uniqueness theorems for pure, homogeneous deformation. *Philosophical Transactions of the Royal Society of London Series A, Mathematical and Physical Sciences, 240*(822), 491-508.

Roy, P., Behera, D., & Madenci, E. (2020). Peridynamic simulation of finite elastic deformation and rupture in polymers. *Engineering Fracture Mechanics, 236*, 107226.

Talamini, B., Mao, Y., & Anand, L. (2018). Progressive damage and rupture in polymers. *Journal of the Mechanics and Physics of Solids, 111*, 434-457.

Treloar, L. R. G. (1943). The elasticity of a network of long-chain molecules—II. *Transactions of the Faraday Society, 39*, 241-246.

第五章 超弹性材料的近场动力学建模

5.1 引　　言

大量研究 (Treloar, 1975; Boyce & Arruda, 2000) 专注于橡胶类材料的大变形行为和破坏的准确预测。在经典连续介质力学中，对唯象橡胶弹性的描述是基于均匀的、各向同性的超弹性材料的假设，其中应变能密度表示为右柯西—格林应变张量的三个不变量 (I_1、I_2 和 I_3) 的幂级数 (Rivlin, 1948)。而级数中随 I_1 线性变化的第一项表示 neo-Hookean 模型，分别随 I_1 和 I_2 线性变化的第一项和第二项构成 Mooney-Rivlin 模型。neo-Hookean 模型可以捕获单轴拉伸中低伸长率状态下的应力伸长率响应，但不能预测高伸长率状态下的响应。通过标定材料常数，Mooney-Rivlin 模型可以预测适度伸长率状态下的单轴拉伸行为；然而，对其他加载状态，如双轴拉伸，相同的参数表现出更强的响应。在几种高阶模型中，Yeoh 模型 (Yeoh, 1993) 涉及 I_1 的三次多项式，而 Gent 模型 (Gent, 1996) 则使用了 I_1 的对数函数，这个对数函数反过来可以写成包含 I_1 的所有次多项式的无穷级数。这些模型可以很好地预测中大伸长率的变形响应。

此外，还存在基于伸长率的模型，如 Ogden 模型 (Ogden, 1972)，该模型具有许多可调节的材料参数，这些参数需要根据实验数据进行校准。使用这些唯象模型的困难在于对不具有物理意义的材料参数进行适当的校准，它们的选择需要考虑 Drucker 稳定性假设的满足。这促使研究人员发展基于物理的模型，以考虑橡胶类材料的微观力学行为。具有弱键力的长链分子、自由旋转的链环以及网状排列的链间稀疏交联的存在，使橡胶材料表现出较大的非线性弹性变形。这种微观结构导致橡胶的主体行为由构型熵的变化所主导，其中分子网络在经历拉伸时变得更加有序。

为了反映变形的细观力学，基于统计力学的方法被采用。他们假设随机导向的长分子链结构。如果假设链端距长度的概率密度函数可以用高斯分布描述，而链没有接近其完全延伸的长度，则由构型熵的变化计算出的应变能密度变为 I_1 的线性函数。它能近似预测低伸长率时的响应。

对于较大伸长率，非高斯性分布是必要的。Kuhn 和 Grün(1942) 考虑了 Langevin 统计方法，能够解释链的大延伸，并提出了自由连接链 (FJC) 模型。

补充信息　在线原著版本包含本章补充材料，请访问 [https://doi.org/10.1007/978-3-030-97858-7_5]。

为了将单链拉伸行为转化为本构模型，有必要建立单链拉伸与施加的变形之间的关系。不过，可以通过假设网络结构来实现。网络单胞包含一定数量的链，在主拉伸空间中以不可压缩的方式变形。Wang 和 Guth(1952) 考虑了一种三链非高斯模型，其中这些链沿着立方体单元格的轴放置。由于网络在变形下缺乏协作性，该模型不能显示超出特定伸长率值的变形 (如单轴、双轴和剪切) 依赖状态。Flory 和 Rehner(1943) 以及 Treloar(1946) 分别提出了四链高斯模型和四链非高斯模型。四个链在正四面体的中心连接在一起，这个正四面体协同作用以响应施加的变形。它能捕捉变形依赖状态，但不能匹配双轴应力—伸长率响应。

Arruda 和 Boyce(1993) 提出了一种八链模型，其中这些链沿立方体单元格的对角线放置。这些链以协作方式运行，从而在大伸长率下预测不同变形状态的响应。在 Arruda-Boyce 模型中，仅使用两个物理激励材料参数 (即剪切模量和链的锁定伸长率) 也显得相当简单。Flory 和 Erman(1982) 提出了一种不同的模型，该模型考虑到链连接点受到与其他链相互作用产生的虚假特性的约束，从而消除了在低伸长率时由高斯统计法预测的响应的差异。针对低伸长率情况的 Flory-Erman 模型和针对高伸长率情况的 Arruda-Boyce 模型的混合模型，对橡胶材料从低到高伸长率的整个过程的应力—伸长率响应提供了最好的预测 (Boyce & Arruda, 2000)。Anand(1996) 在 Arruda-Boyce 模型现有的自由能函数中引入了表示体积变化和温度的能量项；因此，通过包含压缩性和热膨胀而推广了 Arruda-Boyce 模型。这个模型被称为 Anand 模型。

随着载荷的增加，橡胶材料表现出渐进损伤和断裂。可以采用基于断裂力学和损伤力学的模型来预测失效过程。然而，基于断裂力学的模型需要一个破坏准则。存在许多准则，如 J-积分 (Hocine et al., 1998; Hocine et al., 2002; Hocine & Abdelaziz, 2003)、局部能量释放率 (Mzabi et al., 2011)、应变能密度 (SED)(Hamdi et al., 2007)、局部 (或平均)SED(Berto, 2015)、撕裂能 (Rivlin & Thomas, 1953; Pidaparti et al., 1990)、最大主伸长率和应力 (Hamdi et al., 2007) 以及有效伸长率 (Ayatollahi et al. 2016)。这些模型显示出网格依赖性，需要额外的裂纹扩展准则，不适用于多裂纹相互作用的模拟。为了克服这些困难，发展了基于损伤力学和断裂力学的组合模型。

相场模型提供了这样一种以扩散方式表示不连续的组合方法。它涉及与相场梯度相关联的长度尺度，这有助于消除网格依赖性。Lake 和 Thomas(1967) 假设在断裂时，自由能的熵贡献可以忽略不计，而链的内能占主导地位。Smith 等 (1996) 提出了一种扩展自由连接链 (EFJC) 模型，该模型认为链的连杆是柔韧的而非僵硬的。Talamini 等 (2018) 发展了一种类似梯度损伤的相场模型，其中损伤由链网络的内能驱动，因此将 Arruda-Boyce 模型与 EFJC 模型结合起来。这是通过引入 Kuhn 片段的拉伸及其演变实现的。

Wu 等 (2016) 采用原始 Arruda-Boyce 和 neo-Hookean 模型的级数表示，使用基于相场的方法预测带有增强颗粒的橡胶材料的响应。这些模型表明，相场模型可以捕获橡胶材料的损伤萌生、扩展和断裂。然而，由于相场模型通过一个光滑的相场参数来表示不连续，因此不能显示材料体的物理破碎。此外，控制方程中的导数项要求场变量具有光滑性。

文献中关于 PD 框架下聚合物建模的尝试工作数量有限。Silling 和 Bobaru (2005) 使用键型 (BB)PD 模拟了聚合物薄板在平面加载下的拉伸和撕裂。Bang 和 Madenci (2017) 基于 neo-Hookean 模型，通过 BB-PD 应变能密度函数模拟了具有缺陷的聚合物薄板在等双轴、平面和单轴加载条件下的拉伸。Waxman 和 Guven(2020) 采用 PD 对应模型，使用 neo-Hookean 模型模拟了尼龙珠撞击平面的变形情况。Silling 和 Askari(2010) 基于 BB-PD 提出了一种橡胶薄板拉伸诱导各向异性的模拟方法，并与实验观察结果进行了比较。Henke(2013) 采用 Arruda-Boyce 模型作为 PD 对应模型的一部分来研究纳米纤维对聚合物的影响。Huang 等 (2019) 利用 PD 积分 (Madenci, 2017) 发展了 Yeoh 类材料模型的 PD 表示，并对带有缺陷的聚合物薄板建立了模型。

本章针对 Anand 模型给出了 PD 力密度矢量。采用键辅助影响域计算非局部变形梯度。如第三章所述，位移边界条件直接施加在边界点上。类似地，非零牵引力作为体力施加。采用 Newton-Raphson 方法隐式求解所得的非线性方程组。通过在位移控制准静态加载下对聚二甲硅氧烷 (PDMS) 材料实施模拟试验，验证了该方法的有效性。采用一种简单的 PD 键伸长率破坏准则来模拟渐进断裂。对于无缺陷、含边缘预置缺口、中心预置缺口和中心孔洞的 PDMS 薄板，PD 预测的应力—伸长率曲线与 Zhang 等 (2017) 的实验观察结果进行了比较。所有的 PD 预测结果与实验观测结果吻合较好。

5.2 Anand 模型

Anand 模型可以用来描述展现大伸长率的聚合物的行为。应变能密度 Ψ 可分为体积部分和等容部分，即 (Anand, 1996; Wu et al., 2016)

$$\Psi = U(J) + \overline{W}(\overline{I}_1) \tag{5.1}$$

这里 U 和 $\overline{W}$ 分别是体积部分和等容部分，其中 $J = \det \mathbf{F}$ 和 $\overline{I}_1 = J^{-2/3} I_1$，而 $I_1 = \operatorname{tr} \mathbf{C}$ 和 $\mathbf{C} = \mathbf{F}^\mathrm{T} \mathbf{F}$。$U$ 的显式表达式为

$$U(J) = \frac{\kappa}{8} \left(J - \frac{1}{J} \right)^2 \tag{5.2}$$

其中 κ 是体积弹性模量。原始 Arruda-Boyce 模型中的等容项用反 Langevin 函数来描述。然而,利用反 Langevin 函数的前五项,也可以将其表示成级数形式为 (Anand, 1996)

$$\overline{W}(\overline{I}_1) = C_1 \left[\begin{array}{l} \alpha_1 \left(\overline{I}_1 - 3\right) + \alpha_2 \left(\overline{I}_1^2 - 9\right) + \alpha_3 \left(\overline{I}_1^3 - 27\right) \\ + \alpha_4 \left(\overline{I}_1^4 - 81\right) + \alpha_5 \left(\overline{I}_1^5 - 243\right) \end{array} \right] \quad (5.3)$$

这里 $C_1 = \mu$ 是剪切模量。参数 α_1、α_2、α_3、α_4 和 α_5 被定义为

$$\alpha_1 = \frac{1}{2}, \quad \alpha_2 = \frac{1}{20\lambda_m^2}, \quad \alpha_3 = \frac{11}{1050\lambda_m^4}, \quad \alpha_4 = \frac{19}{7000\lambda_m^6}, \quad \alpha_5 = \frac{519}{673750\lambda_m^8} \quad (5.4)$$

其中 λ_m 表示锁定伸长率。

利用方程 (5.1),计算第一 Piola-Kirchhoff 应力张量,可得

$$\mathbf{P} = \frac{\partial \Psi}{\partial \mathbf{F}} = \overline{\mu} \left(\mathbf{F} - \frac{1}{3} \mathrm{tr} \mathbf{C} \mathbf{F}^{-T} \right) J^{-2/3} + \frac{\kappa}{4} \left(J^2 - J^{-2} \right) \mathbf{F}^{-T} \quad (5.5)$$

其中 $\overline{\mu}$ 被定义为

$$\overline{\mu} = 2 \frac{d\overline{W}(\overline{I}_1)}{d\overline{I}_1} = 2C_1 \left(\alpha_1 + 2\alpha_2 \overline{I}_1 + 3\alpha_3 \overline{I}_1^2 + 4\alpha_4 \overline{I}_1^3 + 5\alpha_5 \overline{I}_1^4 \right) \quad (5.6)$$

如本章末尾的附录中所推导的,对于平面应力理想化条件,第一 Piola-Kirchhoff 应力张量 $\mathbf{P}$ 变为

$$\mathbf{P} = \overline{\mu} \left(\mathbf{F} - C_{33} \mathbf{F}^{-T} \right) C_{33}^{-1/3} \tilde{J}^{-2/3} \quad (5.7)$$

5.3 破坏准则

如第一章所述,PD 中的裂纹扩展是通过消除物质点之间的相互作用实现的,也称为键断裂。临界伸长率准则 (Silling & Askari, 2005) 用于键断裂。对于线弹性脆性材料,临界伸长率 s_c 的值可以用其临界能量释放率 G_{Ic} 来表示 (Silling & Askari, 2005)。然而,它可能不适用于橡胶类材料。与线弹性材料中裂纹尖端附近存在三轴应力状态不同,橡胶类材料中裂纹尖端附近的主导应力场是单轴拉伸 (Boyce & Arruda, 2000; Long et al., 2011; Li et al., 2013)。因此,假定橡胶类材料的键断裂发生在两个物质点之间的伸长率 s 超过其临界单轴伸长率 s_c 时。临界伸长率 s_c 的值可以通过对直至断裂的实验荷载—位移数据进行校准来确定。

键的伸长率被被定义为

$$s = \frac{|\mathbf{y}' - \mathbf{y}|}{|\mathbf{x}' - \mathbf{x}|} \tag{5.8}$$

在每个加载步中，通过下列给定的键状态参数来监测键之间的相互作用

$$\mu(\mathbf{x}' - \mathbf{x}) = \begin{cases} 1, & s \leqslant s_c \\ 0, & s \geqslant s_c \end{cases} \tag{5.9}$$

其中 $\mu(\mathbf{x}' - \mathbf{x})$ 表示连接点 $\mathbf{x}$ 和 $\mathbf{x}'$ 的键的状态。如果状态参数的值为零，则对力密度矢量和变形梯度张量进行相应的修正。所以，通过以不可逆的方式消除物质点之间的力密度矢量，将损伤反映在运动平衡方程中。因此，载荷在物体各物质点之间重新分布，导致损伤自发形核和生长。

根据点 $\mathbf{x}$ 与其族中所有键的相互作用状态，计算局部损伤 $\varphi(\mathbf{x})$，可得 (Silling & Askari, 2005)

$$\varphi(\mathbf{x}) = 1 - \frac{\int_H \mu(\mathbf{x}' - \mathbf{x}) dV'}{\int_H dV'} \tag{5.10}$$

其定义是一个物质点与其族成员之间被消除的相互作用 (键) 的数量与初始相互作用总数的加权比值。对局部损伤的衡量是一个物体内部可能形成裂纹的指标。最初，一个物质点与其影响域内的所有物质点相互作用；因此，局部损伤值为零。然而，裂纹的产生终止了其影响域内一半的相互作用，导致局部损伤值为 1/2。

5.4 数值实现

采用网格间距 $\Delta x = \Delta y = \Delta$ 对求解域进行均匀离散，得到 PD 计算域。每个物质点占据的面积为 $A_{(k)} = (\Delta)^2$。点 $\mathbf{x}_{(k)}$ 的族成员根据近场半径 $\delta = 3.015\Delta x$ 来构造。通过考虑点 $\mathbf{x}_{(k)}$ 和 $\mathbf{x}_{(j)}$ 的族的相交区域 $H_{(k)} \cap H_{(j)}$ 来计算键辅助变形梯度 $\mathbf{F}_{\boldsymbol{\xi}(k)(j)}$。在计算域内利用 PD 运动方程来计算物质点的内力矢量 $\mathbf{L}^{\mathrm{PD}}$。采用 Newton-Raphson 法迭代求解非线性控制方程，得到位移矢量 $\mathbf{V}$ 的解。第四章已提供关于求解技术的细节。雅可比矩阵 $\mathbf{J}$ 的构造需要切模量 $\dfrac{\partial \mathbf{P}_{\boldsymbol{\xi}(k)(j)}}{\partial \mathbf{F}_{\boldsymbol{\xi}(k)(j)}}$。本章末尾的附录针对 Anand 材料模型给出了切模量的详细推导过程。

隐式模拟裂纹扩展对加载步长极为敏感。采用较大的加载步长可能导致在一次加载步中有过多的键断裂，并可能导致偏离预期的裂纹路径。因此，在所有的

模拟中都采用自适应加载步长方案。如果下列条件成立，则施加的位移增量减半到其当前值

$$s_{\text{rms}} = \sqrt{\sum_{i=1}^{n}(s_i - s_c)^2/n} \geqslant (\text{tol}) \times s_c, \quad 当 s_i \geqslant s_c 时 \quad (5.11)$$

其中 s_{rms} 表示伸长率差的均方根值，s_i 是超过 s_c 的键伸长率，n 是满足 $s_i \geqslant s_c$ 的键的总数，tol 是公差值。

5.5 数值结果

采用 PD 分析方法模拟不含预置缺口、含单边裂纹、含中心裂纹和含孔洞的聚二甲硅氧烷 (PDMS) 聚合物薄板。在没有缺陷的情况下，PDMS 薄板在承受载荷时表现出高伸长率。然而，PDMS 会以一种脆性的方式破坏，这严重限制了它的一些应用。因此，对这种材料进行损伤和断裂分析是至关重要的。

PDMS 薄板尺寸如下 $L = 12.5\text{mm}$，$W = 100\text{mm}$ 和 $t = 1\text{mm}$。如图 5.1 所示，模拟了 Zhang 等 (2017) 试验的四种不同类型的试件。其中 I 型试件没有任何预置缺口，II 型和 III 型试件分别在右侧边缘和中心沿试件中心对称线含有 2mm 的预置缺口。在 IV 型试件中心有一个直径为 2mm 的孔洞。

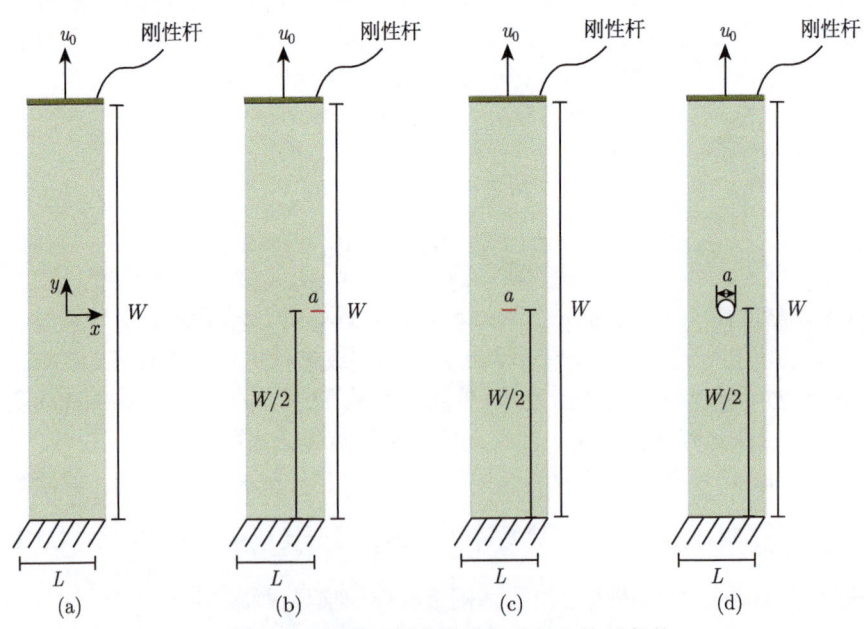

图 5.1　PDMS 试件的几何形状和边界条件
(a) I 型；(b) II 型；(c) III 型；(d) IV 型

薄板的底部边界是固定的，顶部边界在垂直方向上受位移控制的加载，直到损伤开始然后扩展。左右边界无牵引力约束。I、II、III 和 IV 型试件所使用的增量位移分别为 0.5mm、0.1mm、0.1mm 和 0.5mm。

基于网格尺寸和加载步长变化的收敛性研究，对 I、II 和 III 型试件，采用 20000 个物质点将区域进行离散；对 IV 型试件，采用 19948 个物质点将区域进行离散。每个点占据的面积指定为 $A_{(k)} = 6.25 \times 10^{-2} \text{mm}^2$。边界层区域的宽度指定为一个网格间距，则边界层区域包含 896 个物质点。

在对 II 型和 III 型试件实施 PDMS 薄板破坏分析的同时，对 I 型和 IV 型试件进行无破坏大变形行为模拟。这是通过为 I 型和 IV 型试件指定足够大的临界伸长率值来实现的。正如 Zhang 等 (2017) 所报道的那样，实验结果表明：可能由于材料的不均匀性，带有孔洞的薄板 (IV 型试件) 的破坏方向有一定的偏差。此外，如 Zhang 等 (2017) 所述，不同试件的体积模量和剪切模量值也存在差异。体积模量 κ、剪切模量 μ、锁定伸长率 λ_m 和临界伸长率 s_c 的取值如表 5.1 所示。

表 5.1 材料参数

参数	I 型	II 型	III 型	IV 型
κ/MPa	159.9	139.9	139.9	159.9
μ/MPa	0.32	0.28	0.28	0.32
λ_m	1.14	1.2	1.16	1.14
s_c	大	1.48	1.59	大

PDMS 的临界伸长率通过名义应力—伸长率响应进行校准，该响应来自 Zhang 等 (2017) 对 II 型和 III 型试件实施的断裂实验模拟。校准的临界伸长率 s_c 的值显示出轻微的变化。

图 5.2 给出了 I、II、III 和 IV 型试件的名义应力—伸长率曲线的 PD 预测结果与 Zhang 等 (2017) 的实验结果的比较。名义应力定义为 $\sigma_N = P/A$，其中 P 是在施加位移的试件上表面上计算出的总反作用力，A 是参考构型中上表面面积。伸长率定义为 $\lambda = \ell/L$，其中 ℓ 为试件的变形长度，L 为试件在参考构型中的初始长度。II 和 III 型试件的连续损伤阶段分别如图 5.3 和图 5.4 所示。II、III 和 IV 型试件的垂直位移变化也分别如图 5.5～图 5.7 所示。对于 I 和 IV 型试件，PD 模型可以成功地捕捉到应力—伸长率曲线随伸长率的增加而上升。对于 II 和 III 型试件，在达到一定名义应力后，裂纹附近的键开始相继断裂从而导致破坏。对于所有这些情况，PD 预测结果与实验结果吻合较好。

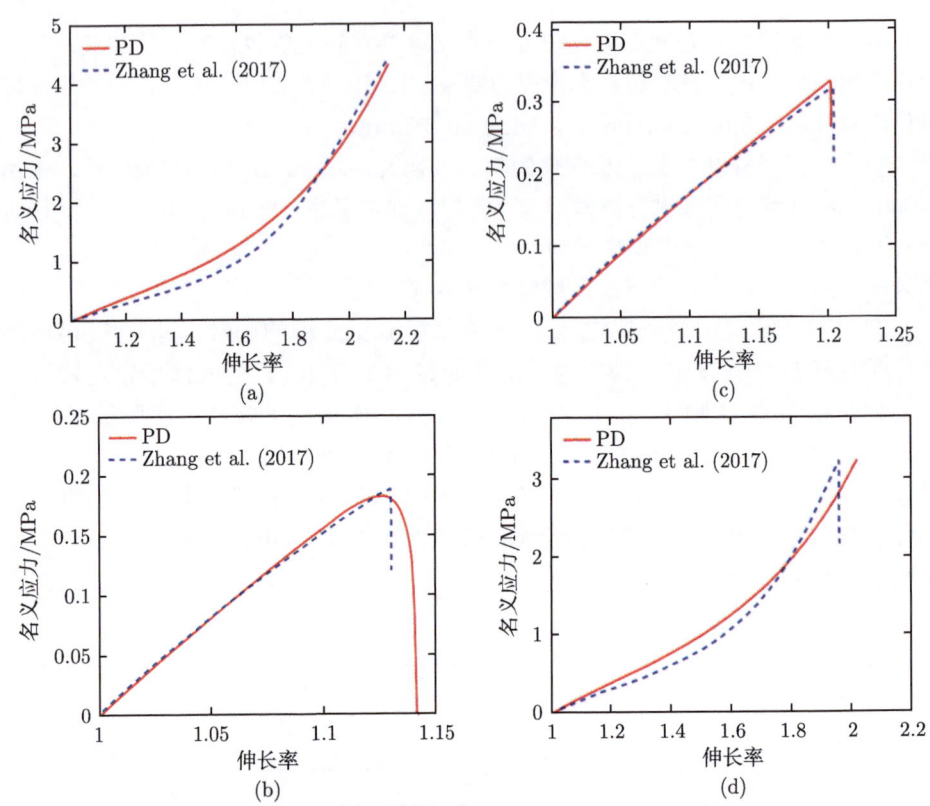

图 5.2　PDMS 试件的名义应力和施加的伸长率的预测的比较
(a) I 型；(b) II 型；(c) III 型；(d) IV 型

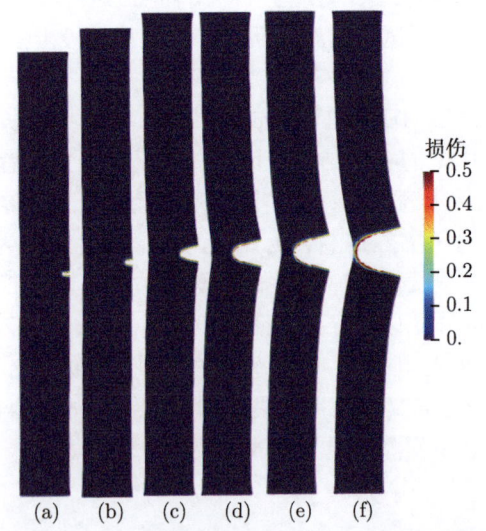

图 5.3　II 型 PDMS 试件中边缘裂纹开始出现、扩展和最终断裂的 PD 预测结果

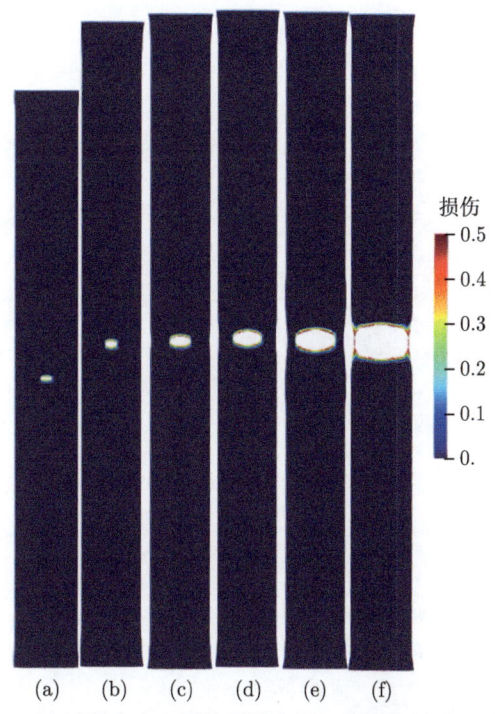

图 5.4 III 型 PDMS 试件中中心裂纹开始出现、扩展和最终断裂的 PD 预测结果

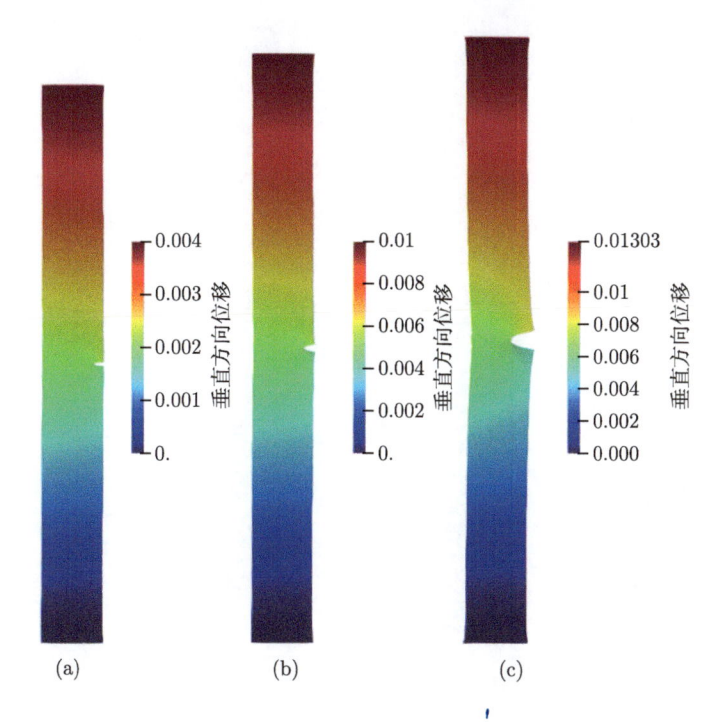

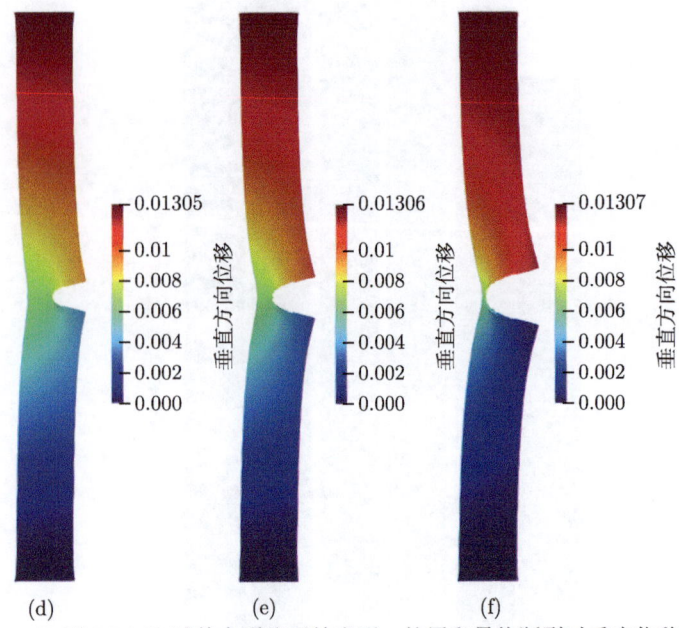

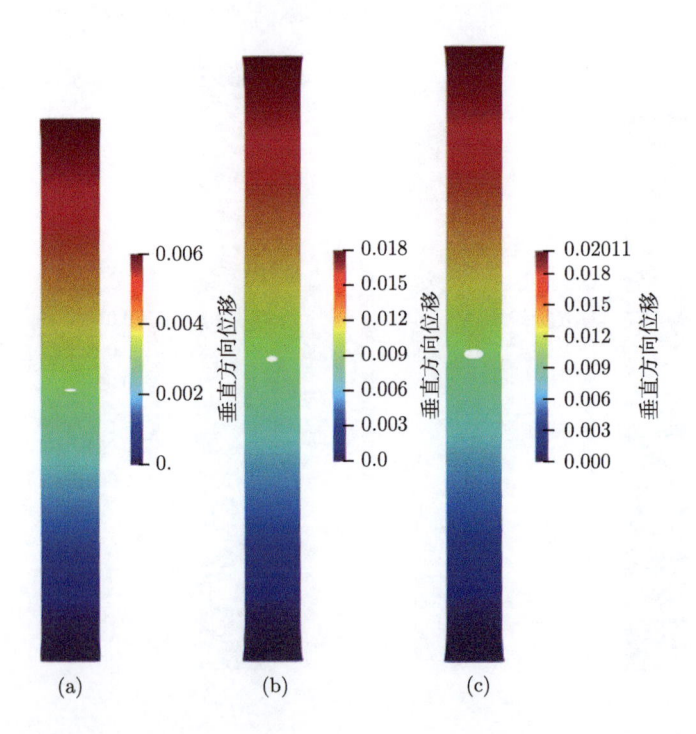

图 5.5 II 型 PDMS 试件在裂纹开始出现、扩展和最终断裂时垂直位移的 PD 预测结果 (单位: m)

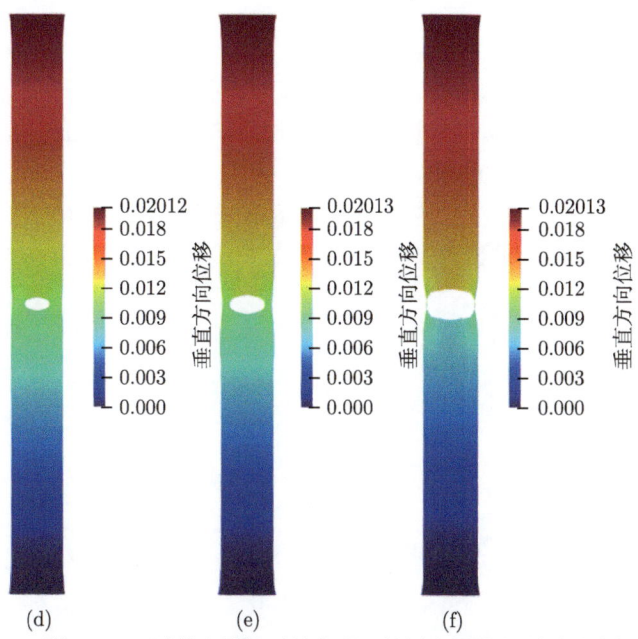

图 5.6　III 型 PDMS 试件在裂纹开始出现、扩展和最终断裂时垂直位移的 PD 预测结果 (单位：m)

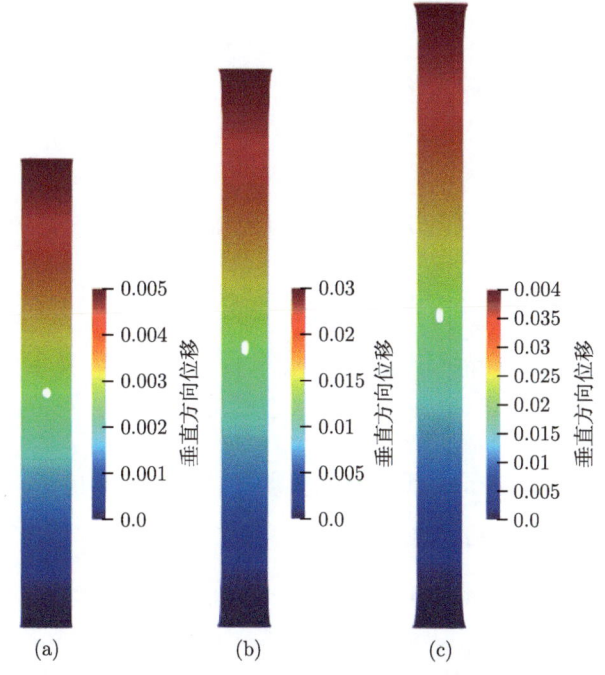

图 5.7　IV 型 PDMS 试件中垂直位移的 PD 预测结果 (单位：m)

附　录

在平面应力假设 $\sigma_{13} = \sigma_{23} = \sigma_{33} = 0$ 下,柯西应力张量 $\boldsymbol{\sigma}$ 简化为 $\boldsymbol{\sigma} \sim \sigma_{\alpha\beta}$,其中 $(\alpha, \beta = 1, 2)$。这些条件可以等价地施加在第二 Piola-Kirchhoff 应力张量 $\mathbf{S}$ 上,即 $S_{13} = S_{23} = S_{33} = 0$。

根据第一 Piola-Kirchhoff 应力张量 $\mathbf{P}$ 的显式形式 (方程 (5.5)),可以得到第二 Piola-Kirchhoff 应力张量 $\mathbf{S}$ 为

$$\mathbf{S} = \mathbf{F}^{-1}\mathbf{P} = \overline{\mu}\left(\mathbf{I} - \frac{1}{3}\mathrm{tr}\mathbf{C}\mathbf{F}^{-1}\mathbf{F}^{-T}\right)J^{-2/3} + \frac{\kappa}{4}\left(J^2 - J^{-2}\right)\mathbf{F}^{-1}\mathbf{F}^{-T} \tag{5.12}$$

通过使用 $\mathbf{C}^{-1} = \mathbf{F}^{-1}\mathbf{F}^{-T}$,这个方程可以被改写为

$$\mathbf{S} = \overline{\mu}\left(\mathbf{I} - \frac{1}{3}\mathrm{tr}\mathbf{C}\mathbf{C}^{-1}\right)J^{-2/3} + \frac{\kappa}{4}\left(J^2 - J^{-2}\right)\mathbf{C}^{-1} \tag{5.13}$$

施加条件 $S_{13} = 0$ 和 $S_{23} = 0$,可得

$$\left(\mathbf{C}^{-1}\right)_{13} = 0 \tag{5.14a}$$

$$\left(\mathbf{C}^{-1}\right)_{23} = 0 \tag{5.14b}$$

和

$$\left(\mathbf{C}^{-1}\right)_{33} = \frac{1}{C_{33}} \tag{5.14c}$$

类似地,$S_{33} = 0$ 可提供下列形式的附加条件

$$S_{33} = \overline{\mu}\left(1 - \frac{1}{3}\mathrm{tr}\mathbf{C}\left(\mathbf{C}^{-1}\right)_{33}\right)J^{-2/3} + \frac{\kappa}{4}\left(J^2 - J^{-2}\right)\left(\mathbf{C}^{-1}\right)_{33} = 0 \tag{5.15}$$

将方程 (5.14c) 代入方程 (5.15),得到 C_{33} 满足的约束条件为

$$\overline{\mu}\left(C_{33} - \frac{1}{3}\mathrm{tr}\mathbf{C}\right)J^{-2/3} + \frac{\kappa}{4}\left(J^2 - J^{-2}\right) = 0 \tag{5.16}$$

有了这个方程,对于平面应力分析,可以将方程 (5.13) 简化为下列简单形式

$$\mathbf{S} = \overline{\mu}\left(\mathbf{I} - C_{33}\mathbf{C}^{-1}\right)J^{-2/3} \tag{5.17}$$

最后,第一 Piola-Kirchhoff 应力张量变为 (Pascon, 2019)

$$\mathbf{P} = \mathbf{F}\mathbf{S} = \overline{\mu}\left(\mathbf{F} - C_{33}\mathbf{F}^{-T}\right)J^{-2/3} \tag{5.18}$$

由于 C_{33} 未知,需要通过求解约束条件 (方程 (5.16)) 来确定。确切地说,将涉及从 $\mathrm{tr}\mathbf{C}$ 和 J 中提取 C_{33}。对于数值实现,$\mathrm{tr}\mathbf{C}$ 和 J 可被表示为

$$\mathrm{tr}\mathbf{C} = \mathrm{tr}\tilde{\mathbf{C}} + C_{33} \tag{5.19}$$

和
$$J = \sqrt{C_{33}}\tilde{J} \tag{5.20}$$

其中 $\text{tr}\tilde{\mathbf{C}} = C_{11} + C_{22}$ 和 $\tilde{J} = \sqrt{C_{11}C_{22} - C_{12}^2}$。

根据这些表达式，方程 (5.18) 和 (5.16) 可以被改写为
$$\mathbf{P} = \overline{\mu}\left(\mathbf{F} - C_{33}\mathbf{F}^{-\mathrm{T}}\right)C_{33}^{-1/3}\tilde{J}^{-2/3} \tag{5.21}$$

和
$$\overline{\mu}\left(\frac{2}{3}C_{33}^{2/3} - \frac{1}{3}C_{33}^{-1/3}\text{tr}\tilde{\mathbf{C}}\right)\tilde{J}^{-2/3} + \frac{\kappa}{4}\left(C_{33}\tilde{J}^2 - C_{33}^{-1}\tilde{J}^{-2}\right) = 0 \tag{5.22}$$

计算在系统切刚度矩阵的构造中所需的 $\mathbf{P}$ 对 $\mathbf{F}$ 的导数，可得
$$\begin{aligned}\frac{\partial P_{ij}}{\partial F_{kl}} =& \overline{\mu}\left(\frac{\partial F_{ij}}{\partial F_{kl}} - \left(\frac{\partial C_{33}}{\partial F_{kl}}F_{ij}^{-\mathrm{T}} + C_{33}\frac{\partial F_{ji}^{-1}}{\partial F_{kl}}\right)\right)C_{33}^{-1/3}\tilde{J}^{-2/3} \\ & + \overline{\mu}\tilde{J}^{-2/3}\left(F_{ij} - C_{33}F_{ji}^{-1}\right)\left(-\frac{1}{3}C_{33}^{-4/3}\frac{\partial C_{33}}{\partial F_{kl}} - \frac{2}{3}C_{33}^{-1/3}F_{lk}^{-1}\right) \\ & + \frac{\partial \overline{\mu}}{\partial F_{kl}}\left(F_{ij} - C_{33}F_{ji}^{-1}\right)C_{33}^{-1/3}\tilde{J}^{-2/3}\end{aligned} \tag{5.23}$$

其中 $\dfrac{\partial \overline{\mu}}{\partial F_{kl}}$ 项可以被表示为
$$\frac{\partial \overline{\mu}}{\partial F_{kl}} = \frac{\partial \overline{\mu}}{\partial \overline{I}_1}\frac{\partial \overline{I}_1}{\partial F_{kl}} \tag{5.24}$$

计算 $\dfrac{\partial \overline{\mu}}{\partial \overline{I}_1}$ 和 $\dfrac{\partial \overline{I}_1}{\partial F_{kl}}$ 的表达式，可得
$$\frac{\partial \overline{\mu}}{\partial \overline{I}_1} = C_1\left(4\alpha_2 + 12\alpha_3\overline{I}_1 + 24\alpha_4\overline{I}_1^2 + 40\alpha_5\overline{I}_1^3\right) \tag{5.25}$$

$$\begin{aligned}\frac{\partial \overline{I}_1}{\partial F_{kl}} =& -\frac{1}{3}C_{33}^{-4/3}\frac{\partial C_{33}}{\partial F_{kl}}\tilde{J}^{-2/3}\left(\text{tr}\tilde{\mathbf{C}} + C_{33}\right) - \frac{2}{3}C_{33}^{-1/3}\tilde{J}^{-2/3}\left(\text{tr}\tilde{\mathbf{C}} + C_{33}\right)F_{lk}^{-1} \\ & + C_{33}^{-1/3}\tilde{J}^{-2/3}\left(\frac{\partial \text{tr}\tilde{\mathbf{C}}}{\partial F_{kl}} + \frac{\partial C_{33}}{\partial F_{kl}}\right)\end{aligned} \tag{5.26}$$

同时，方程 (5.23) 可以被简化为
$$\begin{aligned}\frac{\partial P_{ij}}{\partial F_{kl}} =& \overline{\mu}\left(\delta_{ik}\delta_{jl} - \left(\frac{\partial C_{33}}{\partial F_{kl}}F_{ji}^{-1} + C_{33}F_{li}^{-1}F_{jk}^{-1}\right)\right)C_{33}^{-1/3}\tilde{J}^{-2/3} \\ & + \overline{\mu}\tilde{J}^{-2/3}\left(F_{ij} - C_{33}F_{ji}^{-1}\right)\left(-\frac{1}{3}C_{33}^{-4/3}\frac{\partial C_{33}}{\partial F_{kl}} - \frac{2}{3}C_{33}^{-1/3}F_{lk}^{-1}\right)\end{aligned} \tag{5.27}$$

$$+ \frac{\partial \overline{\mu}}{\partial F_{kl}} \left(F_{ij} - C_{33} F_{ji}^{-1} \right) C_{33}^{-1/3} \tilde{J}^{-2/3}$$

C_{33} 的导数可由方程 (5.22) 求得，即

$$\frac{\partial C_{33}}{\partial F_{kl}} = \frac{\begin{pmatrix} \frac{1}{3}\overline{\mu} C_{33}^{-1/3} \tilde{J}^{-2/3} \frac{\partial \mathrm{tr}\tilde{\mathbf{C}}}{\partial F_{kl}} \\ + \frac{2}{3}\overline{\mu}\left(\frac{2}{3}C_{33}^{2/3} - \frac{1}{3}C_{33}^{-1/3}\mathrm{tr}\tilde{\mathbf{C}}\right)\tilde{J}^{-2/3}F_{lk}^{-1} \\ -\frac{\kappa}{4}\left(C_{33} 2\tilde{J}^2 F_{lk}^{-1} + 2C_{33}^{-1}\tilde{J}^{-2}F_{lk}^{-1}\right) \end{pmatrix} - \frac{\partial \overline{\mu}}{\partial F_{kl}}\left(\frac{2}{3}C_{33}^{2/3} - \frac{1}{3}C_{33}^{-1/3}\mathrm{tr}\tilde{\mathbf{C}}\right)\tilde{J}^{-2/3}}{\left(\overline{\mu}\tilde{J}^{-2/3}\left(\frac{4}{9}C_{33}^{-1/3} + \frac{1}{9}C_{33}^{-4/3}\mathrm{tr}\tilde{\mathbf{C}}\right) + \frac{\kappa}{4}\left(\tilde{J}^2 + C_{33}^{-2}\tilde{J}^{-2}\right)\right)}$$

(5.28)

约束方程 (5.16) 需要与 PD 平衡方程耦合求解。在每个加载步内，根据前一次迭代得到的位移场，采用二分法计算 $C_{33} = C_{33}^*$ 的值。

参 考 文 献

Anand, L. (1996). A constitutive model for compressible elastomeric solids. *Computational Mechanics, 18*, 339-355.

Arruda, E. M., & Boyce, M. C. (1993). A three-dimensional constitutive model for the large stretch behavior of rubber elastic materials. *Journal of the Mechanics and Physics of Solids, 41*, 389-412.

Ayatollahi, M. R., Heydari-Meybodi, M., Dehghany, M. & Berto, F. (2016) A new criterion for rupture assessment of rubber-like materials under mode-I crack loading: The effective stretch criterion. *Advanced Engineering Materials, 18* 1364-1370.

Bang, D. J., & Madenci, E. (2017). Peridynamic modeling of hyperelastic membrane deformation. *Journal of Engineering Materials and Technology, 139*, 031007.

Berto, F. (2015). A criterion based on the local strain energy densityfor the fracture assessment of cracked and V-notched components made of incompressible hyperelastic materials. *Theoretical and Applied Fracture Mechanics, 76*, 17-26.

Boyce, M. C., & Arruda, E. M. (2000). Constitutive models of rubber elasticity: A review. *Rubber Chemistry and Technology, 73*, 504-523.

Flory, P. J., & Erman, B. (1982). Theory of elasticity of polymer networks. 3. *Macromolecules, 15*, 800-806.

Flory, P. J., & Rehner, Jr. J. (1943). Statistical mechanics of cross-linked polymer networks I. Rubberlike elasticity. *The Journal of Chemical Physics, 11*, 512-520.

Gent, A. N. (1996). A new constitutive relation for rubber. *Rubber Chemistry and Technology, 69*, 59-61.

Hamdi, A., Hocine, N. A., Abdelaziz, M. N., & Benseddiq, N. (2007). Fracture of elastomers under static mixed mode: the strain-energydensity factor. *International Journal of Fracture, 144*, 65-75.

Henke, S. (2013). Peridynamic Modeling and Simulation of Polymer-Nanotube Composites. PhD thesis, Florida State University, Tallahassee, Florida.

Hocine, N. A., & Abdelaziz, M. N. (2003). A new alternative method to evaluate the J-integral in the case of elastomers. *International Journal of Fracture, 124*, 79-92.

Hocine, N. A., Abdelaziz, M. N., & Imad, A. (2002). Fracture problems of rubbers: J-integral estimation based upon Z factors and an investigation on the strain energy density distribution as a local criterion. *International Journal of Fracture, 117*, 1-23.

Hocine, N. A., Abdelaziz, M. N., & Mesmacque, G. (1998). Experimental and numerical investigation on single specimen methods of determination of J in rubber materials. *International Journal of Fracture 94*, 321-338.

Huang, Y., Oterkus, S., Hou, H., Oterkus, E., Wei, Z., & Zhang, S. (2019). Peridynamic model for visco-hyperelastic material deformation in different strain rates. *Continuum Mechanics and Thermodynamics*, 1-35.

Kuhn, W., & Grün, F. (1942). Beziehungen zwischen elastischen Konstanten und Dehnungsdoppelbrechung hochelastischer Stoffe. *Kolloid-Zeitschrift, 101*, 248-271.

Lake, G. J., & Thomas, A. G. (1967). The strength of highly elastic materials. *Proceedings of the Royal Society of London. Series A. Mathematical and Physical Sciences, 300*, 108-119.

Li, X. L., Li, X. J., Sang, J. B., Qie, Y. H., Tu, Y. P., & Zhang, C. B. (2013). Experimental Analysis of the Damage Zone around Crack Tip for Rubberlike Materials under Mode-I Fracture Condition. *Key Engineering Materials, 561*, 119-124.

Long, R., Krishnan, V. R., & Hui, C. Y. (2011). Finite strain analysis of crack tip fields in incompressible hyperelastic solids loaded in plane stress. *Journal of the Mechanics and Physics of Solids, 59*, 672-695.

Madenci, E. (2017). Peridynamic integrals for strain invariants of homogeneous deformation. *Zeitschrift für Angewandte Mathematik und Mechanik, 97*, 1236-1251.

Mzabi, S., Berghezan, D., Roux, S., Hild, F., & Creton, C. (2011). A critical local energy release rate criterion for fatigue fracture of elastomers. *Journal of Polymer Science Part B: Polymer Physics, 49*, 1518-1524.

Ogden, R. W. (1972). Large deformation isotropic elasticity–on the correlation of theory and experiment for incompressible rubberlike solids. *Proceedings of the Royal Society of London. A. Mathematical and Physical Sciences, 326*, 565-584.

Pascon, J. P. (2019). Large deformation analysis of plane-stress hyperelastic problems via triangular membrane finite elements. *International Journal of Advanced Structural Engineering, 11*, 331-350.

Pidaparti, R. M. V., Yang, T. Y., & Soedel, W. (1990). Plane stress finite element prediction of mixed-mode rubber fracture and experimental verification. *International Journal of Fracture, 45*, 221-241.

Rivlin, R. S. (1948). Large elastic deformations of isotropic materials IV. Further developments of the general theory. *Philosophical Transactions of the Royal Society of London. Series A, Mathematical and Physical Sciences, 241*, 379-397.

Rivlin, R. S., & Thomas, A. G. (1953). Rupture of rubber. I. Characteristic energy for tearing. *Journal of Polymer Science, 10*, 291-318.

Silling, S. A., & Askari, A. (2010). Peridynamic modeling of fracture in elastomers and composites. In Fall 178th Technical Meeting of the Rubber Division of the American Chemical Society, Inc. Milwaukee, Wisconsin, ISSN: 1547-1977.

Silling, S. A., & Askari. E. (2005). A meshfree method based on the peridynamic model of solid mechanics. *Computers & Structures, 83*, 526-535.

Silling, S. A., & Bobaru, F. (2005). Peridynamic modeling of membranes and fibers. *International Journal of Non-Linear Mechanics, 40*, 395-409.

Smith, S. B., Cui, Y., & Bustamante, C. (1996). Overstretching B-DNA: the elastic response of individual double-stranded and single-stranded DNA molecules. *Science, 271*, 795-799.

Talamini, B., Mao, Y., & Anand, L. (2018). Progressive damage and rupture in polymers. *Journal of the Mechanics and Physics of Solids, 111*, 434-457.

Treloar, L. R. G. (1946). The elasticity of a network of long-chain molecules.—III. *Transactions of the Faraday Society, 42*, 83-94.

Treloar, L. R. G. (1975). *The physics of rubber elasticity*. Oxford University Press.

Wang, M. C., & Guth, E. (1952). Statistical theory of networks of non-Gaussian flexible chains. *The Journal of Chemical Physics, 20*, 1144-1157.

Waxman, R., & Guven, I. (2020). Implementation of a Neo-Hookean material model in state-based peridynamics to represent nylon bead behavior during high-speed impact. AIAA Scitech 2020 Forum, Orlando, FL, AIAA 2020-0725.

Wu, J., McAuliffe, C., Waisman, H., & Deodatis, G. (2016). Stochastic analysis of polymer composites rupture at large deformations modeled by a phase field method. *Computer Methods in Applied Mechanics and Engineering, 312*, 596-634.

Yeoh, O. H. (1993). Some forms of the strain energy function for rubber. *Rubber Chemistry and Technology, 66*, 754-771.

Zhang, N., Zheng, S., & Liu, Z. (2017). Numerical Simulation and Experimental Study of Crack Propagation of Polydimethylsiloxane. *Procedia Engineering, 214*, 59-68.

第六章　黏性—超弹性变形的近场动力学建模

6.1 引　　言

由黏弹性材料制成的关键结构使得能够更好地理解其在大变形情况下的力学行为。在经典连续介质力学 (CCM) 中，从计算的角度来看，采用 Prony 级数模拟其时间依赖性行为是很容易理解的，并且商用有限元程序能够毫无困难地预测它们的响应。然而，由于 CCM 方程组涉及位移分量的空间导数，且不包含内部长度尺度，因此在处理裂纹的萌生和扩展时，CCM 面临着概念和数学上的挑战。如第一章所述，带有内部长度参数的近场动力学 (PD) 由于不含空间导数，因此非常适合用于结构的破坏分析。

第一个 PD 黏弹性材料响应是由 Mitchell(2011) 基于常规态型 (OSB)PD 开发的，其动机来自经典黏弹性理论中的标准线性固体 (SLS) 模型。在双参数 PD SLS 模型中，将标量扩展状态的偏离部分以加和方式分解为受演化方程控制的弹性部分和剩余部分。该模型被推广以包含任意多个参数的 PD-SLS 模型。它通过数值时间积分格式展示了单键松弛响应。随后，Weckner 和 Mohamed(2013) 提出了一维键型 (BB)PD 模型。利用傅里叶变换和拉普拉斯变换，根据格林函数推导了点荷载作用下无限长黏弹性杆的解析解。当近场半径趋于零时，该模型退化到局部黏弹性模型。Nikabdullah 等 (2014) 也提出了黏弹性 BB-PD 模型，其中通过键常数来体现材料的黏弹性属性。聚对苯二甲酸丁二酯和尼龙 66 试件的三维模拟与实验数据吻合较好。Speronello(2015) 采用 Mitchell(2011) 的黏弹性模型进行了显式 BB-PD 分析。Azizi 等 (2015) 在 BB-PD 中建立了 Burger 黏弹性模型，并通过键常数来体现材料的黏弹性属性。聚氨酯基碳纳米管增强复合材料的三维模拟结果与解析结果和实验观察结果吻合较好。

Dorduncu 等 (2016) 通过提出一种 OSB-PD 桁架单元，将 PD 相互作用纳入有限元框架中。他们将 Johnson 和 Tessler(1997) 的黏弹性内变量本构理论融入到 PD 桁架单元中，并通过数值模拟捕捉到各向同性板在力和热载荷作用下的黏弹性行为。Madenci 和 Oterkus(2017) 在考虑温度影响的 OSB-PD 框架内对黏弹性进行了建模。利用 Prony 级数表达式建立黏弹性响应模型。他们还模拟了使用黏弹性黏合剂粘合的双搭接接头的破坏。Delorme 等 (2017) 将 Mitchell(2011) 的

补充信息　在线原著版本包含本章补充材料，请访问 [https://doi.org/10.1007/978-3-030-97858-7_6]。

工作进行了推广，通过提出黏弹性部分满足的演化方程，将标量扩展状态的体积部分和偏离部分分解为弹性部分和黏弹性部分。当近场半径很小时，蠕变—恢复试验的模拟结果与经典结果吻合良好。

Silling(2019) 通过考虑一维 BB-PD 模型，研究了 PD 非局部性如何影响黏弹性介质中波的衰减。考虑键力中的阻尼项，利用傅里叶正变换和逆变换分析了一维无限长介质中具有固定振幅的位移波的衰减。他还分析了在边界上具有恒定振幅的波是如何从波源传播和衰减的。在 PD 影响域趋于零的极限情况下，退化为局部理论中的 Stokes 声衰减定律。Huang 等 (2019) 利用 Yeoh 应变能密度 (Strain Energy Density, SED) 函数和 Prony 级数发展了黏性—超弹性材料的 OSB-PD 模型。他们提出了预测聚脲膜和含有夹杂物的膜式声学超材料的损伤的数值模拟方法。

上述研究考虑了 BB-PD 和 OSB-PD，其中力密度矢量的计算需要 PD 形式的 SED 函数。通过在简单加载条件下在具有球形相互作用域的物质点上将 PD-SED 的变化率与 CCM 进行对比，以标定 PD 材料参数。因而，力密度矢量是为远离边界的物质点定义的。因此，在边界附近需要对 PD 材料参数进行表面校正。此外，上述文献中已有的基于 BB-PD 和 OSB-PD 的黏弹性模型没有考虑材料非线性和几何非线性。这些模型不适用于预测大变形材料的蠕变变形和破坏响应。

本章提出了一种 PD 建模方法，以研究黏性—超弹性材料的损伤萌生与生长。对有限变形情况下的黏弹性材料，具体推导了与每个 PD 键相关的 PD 力密度矢量。使用由 Chen(2018) 以及 Chen 和 Spencer(2019) 提出并由 Madenci 等 (2019) 利用 PD 微分算子 (PDDO) 扩展的键辅助 (BA) 相互作用域 (Madenci et al., 2019; Madenci et al., 2016; Madenci et al., 2017)，可以在没有虚假零能模式的情况下计算非局部变形梯度张量。如第三章所述，位移边界条件直接施加在边界点上。类似地，非零牵引力作为体力施加。由此产生的非线性控制方程组的求解需要空间积分、时间积分和迭代求解器，如 Newton-Raphson 方法。

通过考虑黏弹性均质各向同性材料在均匀拉伸下的松弛响应和在恒定应力下的蠕变和恢复响应，验证了本方法的精确性。随后，通过考虑在拉伸和剪切载荷作用下由具有截然不同性质的弹性和黏弹性材料组成的非均质棱柱，验证了界面模型的有效性。在没有破坏的情况下，通过与 ANSYS 有限元分析结果进行对比，验证了 PD 所预测的结果。

6.2 本构模型

6.2.1 超弹性响应

正如 Simo(1987) 所建议的，在有限变形条件下各向同性弹性材料的自由能函数可以被表示为

第六章 黏性—超弹性变形的近场动力学建模

$$\psi_e(\mathbf{C}) = U_e(J) + W_e(\bar{I}_1) \tag{6.1}$$

其中 $\mathbf{C} = \mathbf{F}^{\mathrm{T}}\mathbf{F}$ 是右柯西—格林张量，U_e 和 W_e 分别是能量函数中与体积相关部分和体积保持不变的部分，雅可比行列式 J 是变形梯度的行列式，即 $J = \det\mathbf{F}$。右柯西—格林张量的归一化第一不变量 $\bar{I}_1$ 可以被表示为

$$\bar{I}_1 = \frac{\mathrm{tr}\mathbf{C}}{J^{2/3}}, \quad \text{对于三维分析} \tag{6.2}$$

和

$$\bar{I}_1 = \frac{\mathrm{tr}\mathbf{C}}{J}, \quad \text{对于二维分析} \tag{6.3}$$

U_e 和 W_e 的显式表达式可以被定义为

$$U_e = \frac{1}{2}\kappa_e \left(\frac{1}{2}(J^2 - 1) - \ln J\right) \tag{6.4}$$

和

$$W_e = \frac{1}{2}\mu_e \left(\bar{I}_1 - \mathrm{tr}\mathbf{I}\right) \tag{6.5}$$

其中 κ_e 和 μ_e 分别是弹性材料的体积模量和剪切模量。对于平面应变假设下的二维分析，第一 Piola-Kirchhoff 应力张量可以被表示为

$$\mathbf{P} = \frac{\partial \psi_e}{\partial \mathbf{F}} = \frac{1}{2}\kappa_e \left(J^2 - 1\right)\mathbf{F}^{-\mathrm{T}} + \mu_e J^{-1}\left(\mathbf{F} - \frac{1}{2}\mathrm{tr}\mathbf{C}\mathbf{F}^{-\mathrm{T}}\right) \tag{6.6}$$

根据这种显式表示，柯西应力张量可以很容易地被写成

$$\boldsymbol{\sigma} = J^{-1}\mathbf{P}\mathbf{F}^{\mathrm{T}} = J^{-1}\left[\frac{1}{2}\kappa_e\left(J^2 - 1\right)\mathbf{I} + \mu_e J^{-1}\left(\mathbf{F}\mathbf{F}^{\mathrm{T}} - \frac{1}{2}\mathrm{tr}(\mathbf{F}\mathbf{F}^{\mathrm{T}})\mathbf{I}\right)\right] \tag{6.7}$$

在小应变假设下，即 $J = 1 + \mathrm{tr}\boldsymbol{\varepsilon}$、$\mathbf{C} = \mathbf{I} + 2\boldsymbol{\varepsilon}$、$J^{-1} \approx 1 - \mathrm{tr}\boldsymbol{\varepsilon}$ 和 $J^2 \approx 1$，其中 $\boldsymbol{\varepsilon}$ 表示线性化应变张量，上述表达式可以被简化为

$$\boldsymbol{\sigma} = \kappa_e \mathrm{tr}\boldsymbol{\varepsilon}\mathbf{I} + 2\mu_e \mathbf{e} \tag{6.8}$$

其中

$$\mathbf{e} = \boldsymbol{\varepsilon} - \frac{\mathrm{tr}\boldsymbol{\varepsilon}}{2}\mathbf{I} \tag{6.9}$$

6.2.2 黏弹性响应

根据 Freed 等 (2002) 的建议和 Simo(1987) 的考虑，黏弹性各向同性材料的自由能函数 ψ_v 可以被表示成下列形式

$$\psi_v(\mathbf{C}, \mathbf{Q}_p) = U_v(J) + W_v(\bar{I}_1) - \sum_{p=1}^{N}\frac{1}{2}\overline{\mathbf{C}} : \mathbf{Q}_p + \Xi\left(\sum_{p=1}^{N}\mathbf{Q}_p\right) \tag{6.10}$$

其中 $\overline{\mathbf{C}} = J^{-1}\mathbf{C}$，$\mathbf{Q}_p$ 为内变量，表示黏性应力张量，Ξ 为由内变量产生的能量贡献。U_v 和 W_v 的显式表达式可以被定义为

$$U_v = \frac{1}{2}\kappa_v \left(\frac{1}{2}(J^2 - 1) - \ln J\right) \tag{6.11}$$

和

$$W_v = \frac{1}{2}\mu_v \left(\overline{I}_1 - 2\right) \tag{6.12}$$

其中 κ_v 和 μ_v 分别是黏弹性材料的体积模量和剪切模量。根据这个表达式，第二 Piola-Kirchhoff 应力张量可以被表示为

$$\mathbf{S} = 2\frac{\partial \psi_v}{\partial \mathbf{C}} = 2\frac{\partial \left[U_v(J) + W_v(\overline{I}_1)\right]}{\partial \mathbf{C}} - \frac{\partial \overline{\mathbf{C}}}{\partial \mathbf{C}}\left(\sum_{p=1}^{N}\mathbf{Q}_p\right) \tag{6.13}$$

计算 $\partial \overline{\mathbf{C}}/\partial \mathbf{C}$ 项，可得

$$\frac{\partial \overline{\mathbf{C}}}{\partial \mathbf{C}} = J^{-1}\left(\mathbb{S} - \frac{1}{2}\mathbf{C} \otimes \mathbf{C}^{-1}\right) \tag{6.14}$$

其中 $\mathbb{S}$ 是四阶对称张量，其分量表达式为

$$\mathbb{S}_{ijkl} = \frac{1}{2}\left(\delta_{ik}\delta_{jl} + \delta_{il}\delta_{jk}\right) \tag{6.15}$$

假设 $\mathbf{Q}_p$ 是一个对称张量，则第二 Piola-Kirchhoff 应力张量可以被改写为 (Simo, 1987; Simo & Hughes, 2006)

$$\mathbf{S}(t) = 2\frac{\partial \left[U_v(J) + W_v(\overline{I}_1)\right]}{\partial \mathbf{C}} - J^{-1}\mathrm{DEV}\left(\sum_{p=1}^{N}\mathbf{Q}_p\right) \tag{6.16}$$

其中 $\mathrm{DEV}\left[\cdot\right]$ 被定义为

$$\mathrm{DEV}\left[\cdot\right] = \left[\cdot - \frac{1}{2}\left(\cdot : \mathbf{C}\right)\mathbf{C}^{-1}\right] \tag{6.17}$$

内变量的演化方程为

$$\dot{\mathbf{Q}}_p(t) + \frac{1}{\tau_p}\mathbf{Q}_p(t) = \frac{\gamma_p}{\tau_p}\mathrm{DEV}\left\{2\frac{\partial W_v(\overline{I}_1)}{\partial \overline{\mathbf{C}}}\right\} \tag{6.18}$$

其中 $\lim_{t \to -\infty} \mathbf{Q}_p(t) = \mathbf{0}$，上式中 $\gamma_p \in [0,1]$ 和 $\tau_p > 0$ 是满足限制条件 $\sum_{p=1}^{N} \gamma_p = 1 - \gamma_\infty$ 的材料参数，其中 $\gamma_\infty \in [0,1)$。这些材料参数出现在随时间变化的无量纲松弛模量的 Prony 级数表达式中，即

$$g_R(t) = \gamma_\infty + \sum_{p=1}^{N} \gamma_p e^{-t/\tau_p} \tag{6.19}$$

虽然没有限制，但值得注意的是，这个特殊的演化方程只适用于剪切模量。方程 (6.18) 的解可以利用卷积表达式被构造为 (Simo & Hughes, 2006)

$$\mathbf{Q}_p(t) = \frac{\gamma_p}{\tau_p} \int_{s=-\infty}^{s=t} \exp\left[-(t-s)/\tau_p\right] \mathrm{DEV}\left\{2\frac{\partial W_v(\overline{I}_1(s))}{\partial \overline{\mathbf{C}}}\right\} ds \tag{6.20}$$

将方程 (6.20) 中的 $\mathbf{Q}_p(t)$ 代入方程 (6.16)，则 $\mathbf{S}(t)$ 的表达式变为

$$\mathbf{S}(t) = J\frac{\partial U_v(J)}{\partial J}\mathbf{C}^{-1}(t) + \gamma_\infty J^{-1}\mathrm{DEV}\left\{2\frac{\partial W_v(\overline{I}_1)}{\partial \overline{\mathbf{C}}}\right\}$$

$$+ \sum_{p=1}^{N} J^{-1}\gamma_p \int_{s=-\infty}^{s=t} \exp\left[-(t-s)/\tau_p\right] \frac{d}{ds}\left(\mathrm{DEV}\left\{2\frac{\partial W_v(\overline{I}_1(s))}{\partial \overline{\mathbf{C}}}\right\}\right) ds$$
$$\tag{6.21}$$

值得注意的是，如果在数值实现中直接使用方程 (6.21)，那么每个 PD 物质点处的整个应变历史都是必要的。为了克服这一困难，Simo 和 Hughes (2006) 通过使用算法内变量对 $\mathbf{S}(t)$ 的卷积表达式进行了转换，算法内变量被定义为

$$\mathbf{H}_p(t) := \int_{s=-\infty}^{s=t} \exp\left[-(t-s)/\tau_p\right] \frac{d}{ds}\left(\mathrm{DEV}\left\{2\frac{\partial W_v(\overline{I}_1(s))}{\partial \overline{\mathbf{C}}}\right\}\right) ds \tag{6.22}$$

利用关系 $\mathbf{P} = \mathbf{FS}$，第一 Piola-Kirchhoff 应力张量 $\mathbf{P}$ 可以被写成

$$\mathbf{P} = \frac{\kappa_v}{2}\left(J^2 - 1\right)\mathbf{F}^{-\mathrm{T}} + \gamma_\infty \mu_v J^{-1}\left(\mathbf{F} - \frac{1}{2}(\mathrm{tr}\mathbf{C})\mathbf{F}^{-\mathrm{T}}\right)$$

$$+ \sum_{p=1}^{N} \gamma_p J^{-1}\left[\mathbf{F}\mathbf{H}_p - \frac{1}{2}(\mathbf{H}_p : \mathbf{C})\mathbf{F}^{-\mathrm{T}}\right] \tag{6.23}$$

时间区间 $[T_0, T]$（其中 $T_0 = -\infty$ 而 $T > 0$）可以被划分为子区间进行数值时间积分，即

$$[T_0, T] = \bigcup_n [t_n, t_{n+1}] \tag{6.24}$$

其中 $t_{n+1} = t_n + \Delta t_n$。

$\mathbf{H}_p(t)$ 在 t_{n+1} 时刻的时间离散形式可以被写成

$$\begin{aligned}\mathbf{H}_p(t_{n+1}) :=& \int_{s=-\infty}^{s=t_{n+1}} \exp\left[-(t_n + \Delta t_n - s)/\tau_p\right] \frac{d}{ds}\left(\mathrm{DEV}\left\{2\frac{\partial W_v(\overline{I}_1(s))}{\partial \overline{\mathbf{C}}}\right\}\right) ds \\ =& \exp\left[-\Delta t_n/\tau_p\right]\mathbf{H}_p(t_n) \\ & + \int_{s=t_n}^{s=t_{n+1}} \exp\left[-(t_{n+1} - s)/\tau_p\right] \frac{d}{ds}\left(\mathrm{DEV}\left\{2\frac{\partial W_v(\overline{I}_1(s))}{\partial \overline{\mathbf{C}}}\right\}\right) ds\end{aligned} \tag{6.25}$$

方程 (6.25) 中的最后一个积分可以用中点法则计算，即

$$\begin{aligned}& \int_{s=t_n}^{s=t_{n+1}} \exp\left[-(t_{n+1} - s)/\tau_p\right] \frac{d}{ds}\left(\mathrm{DEV}\left\{2\frac{\partial W_v(\overline{I}_1(s))}{\partial \overline{\mathbf{C}}}\right\}\right) ds \\ =& \exp\left[-\Delta t_n/(2\tau_p)\right] \left[\begin{array}{c}\left(\mathrm{DEV}\left\{2\frac{\partial W_v(\overline{I}_1(s))}{\partial \overline{\mathbf{C}}}\right\}\right)\Big|_{s=t_{n+1}} \\ -\left(\mathrm{DEV}\left\{2\frac{\partial W_v(\overline{I}_1(s))}{\partial \overline{\mathbf{C}}}\right\}\right)\Big|_{s=t_n}\end{array}\right]\end{aligned} \tag{6.26}$$

值得注意的是，上式的推导利用了指数函数的半群性。

为了更新 $\mathbf{H}_p$，将方程 (6.26) 代入方程 (6.25) 的最后一项，得到下列具有二阶精度的单步无条件稳定的递归公式 (Simo & Hughes, 2006)：

$$\begin{aligned}\mathbf{H}_p(t_{n+1}) =& \exp\left(-\frac{\Delta t_n}{\tau_p}\right)\mathbf{H}_p(t_n) \\ & + \mu_v \exp\left(-\frac{\Delta t_n}{2\tau_p}\right)\left[-\frac{1}{2}\mathrm{tr}\left(\mathbf{C}(t_{n+1})\right)\mathbf{C}^{-1}(t_{n+1}) + \frac{1}{2}\mathrm{tr}\left(\mathbf{C}(t_n)\right)\mathbf{C}^{-1}(t_n)\right]\end{aligned} \tag{6.27}$$

在构造控制方程和切模量时，需利用 BA 变形梯度张量计算内变量 $\mathbf{H}_p(t)$。对于后处理，在下一个时间步之前，通过内变量的演化方程求解特定时间步的位移之后，利用基于全域相互作用的 PDDO 对每个点进行计算。

6.2.3 弹性—黏弹性材料界面

当弹性和黏弹性材料之间存在界面时，可以用 Heaviside 函数的光滑近似将体积模量和剪切模量表示为

$$\kappa(x) = \frac{\kappa_v}{2}\left(1 + \tanh\left(\frac{-x}{\varepsilon}\right)\right) + \frac{\kappa_e}{2}\left(1 + \tanh\left(\frac{x}{\varepsilon}\right)\right) \tag{6.28}$$

和
$$\mu(x) = \frac{\mu_v}{2}\left(1 + \tanh\left(\frac{-x}{\varepsilon}\right)\right) + \frac{\mu_e}{2}\left(1 + \tanh\left(\frac{x}{\varepsilon}\right)\right) \quad (6.29)$$

其中控制近似阶数的参数为 $\varepsilon = 0.001$。

或者，正如 Oterkus 等 (2014) 以及 Mitts 等 (2020) 所考虑的，对于跨界面的两个物质点之间的力密度矢量，可以考虑平均意义下的键属性。键的平均体积模量和剪切模量可被近似为

$$\kappa = \frac{\kappa_e \ell_e + \kappa_v \ell_v}{\ell} \quad (6.30)$$

和

$$\mu = \frac{\mu_e \ell_e + \mu_v \ell_v}{\ell} \quad (6.31)$$

其中 ℓ_e 是弹性区域内的键长，ℓ_v 是黏弹性区域内的键长，$\ell = \ell_e + \ell_v$ 是键的总长度，如图 6.1 所示。

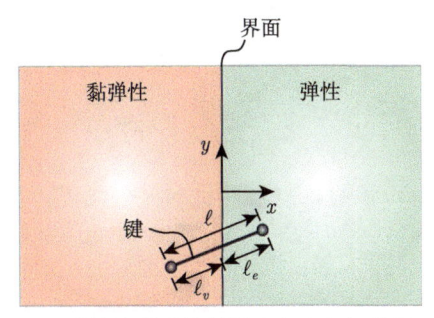

图 6.1 弹性和黏弹性材料中各点之间的界面键

6.3 切 模 量

$\dfrac{\partial \mathbf{P}_{(k)(j)}}{\partial \mathbf{F}_{(k)(j)}}$ 的分量形式可以被显式表示。为简洁起见，表达式中省略了物质点标识符 (k) 和 (j)。切模量 $\dfrac{\partial P_{ij}}{\partial F_{kl}}$ 可以被写成

$$\frac{\partial P_{ij}}{\partial F_{kl}} = (f_1)_{ijkl} + (f_2)_{ijkl} + (f_3)_{ijkl} \quad (6.32)$$

其中下标 i、j、k 和 l 表示沿着各自基矢量的分量。$(f_1)_{ijkl}$、$(f_2)_{ijkl}$ 和 $(f_3)_{ijkl}$ 的表达式分别为

$$(f_1)_{ijkl} = \frac{\kappa}{2}\left[2J^2 F_{lk}^{-1} F_{ji}^{-1} + \left(J^2 - 1\right)\frac{\partial F_{ji}^{-1}}{\partial F_{kl}}\right] \quad (6.33)$$

$$(f_2)_{ijkl} = \gamma_\infty \mu \left[-J^{-1} F_{lk}^{-1} \left(F_{ij} - \frac{1}{2} \text{tr}\mathbf{C} F_{ji}^{-1} \right) \right.$$
$$\left. + J^{-1} \left(\frac{\partial F_{ij}}{\partial F_{kl}} - \frac{1}{2} \frac{\partial \text{tr}\mathbf{C}}{\partial F_{kl}} F_{ji}^{-1} - \frac{1}{2} \text{tr}\mathbf{C} \frac{\partial F_{ji}^{-1}}{\partial F_{kl}} \right) \right] \quad (6.34)$$

$$(f_3)_{ijkl} = -\sum_{p=1}^{N} \left[\gamma_p J^{-1} F_{lk}^{-1} \left(F_{im} H_{(p)mj} - \frac{1}{2} \left(H_{(p)mn} C_{mn} \right) F_{ji}^{-1} \right) \right]$$
$$+ \sum_{p=1}^{N} \gamma_p J^{-1}(t_{n+1}) \left[\frac{\partial F_{im}}{\partial F_{kl}} H_{(p)mj} + F_{im} \frac{\partial H_{(p)mj}}{\partial F_{kl}} \right.$$
$$\left. -\frac{1}{2} \left(\frac{\partial H_{(p)mn}}{\partial F_{kl}} C_{mn} + H_{(p)mn} \right) F_{ji}^{-1} - \frac{1}{2} H_{(p)mn} C_{mn} \frac{\partial F_{ji}^{-1}}{\partial F_{kl}} \right] \quad (6.35)$$

可以得到 $\dfrac{\partial H_{(p)mn}}{\partial F_{kl}}$ 的表达式为

$$\frac{\partial H_{(p)mn}}{\partial F_{kl}} = -\frac{\mu}{2} \exp\left(-\frac{\Delta t_n}{2\tau_p}\right) \left[\frac{\partial \text{tr}\mathbf{C}}{\partial F_{kl}} C_{mn}^{-1} + \text{tr}\mathbf{C} \frac{\partial C_{mn}^{-1}}{\partial F_{kl}} \right] \quad (6.36)$$

其中材料常数 κ 和 μ 可以取弹性材料和黏弹性材料的值。值得注意的是，对于弹性材料，$(f_3)_{ijkl} = 0$。

6.4 数值结果

在求解控制方程的过程中，数值空间积分采用高斯积分 (无网格) 格式进行，内变量的积分则采用如 Simo 和 Hughes(2006) 所述的隐式时间积分进行。内变量的卷积表达式需要直接积分，同时存储一个物质点上的整个应变历史。然而，它的计算效率很低。因此，利用指数函数的半群性，对算法内变量采用 Simo 和 Hughes(2006) 建议的具有二阶精度的单步无条件稳定的递归关系。同时，对内变量使用线性化的更新公式，对残余力矢量进行线性化，得到切模量。代数方程组的求解可以使用高性能、鲁棒性和存储效率高的 Intel 直接求解器 PARDISO 来实现。

如图 6.2 所示，在所有模拟中都是通过均匀离散化得到计算域。每个物质点对应的面积为 $A_{(k)} = (\Delta x)^2$，其中 Δx 是网格间距。点 $\mathbf{x}_{(k)}$ 的族成员是通过选择满足条件 $|\mathbf{x}_{(j)} - \mathbf{x}_{(k)}| < \delta$ 的相邻点 $\mathbf{x}_{(j)}$ 来构造的，其中 δ 表示圆形影响域半径。点 $\mathbf{x}_{(k)}$ 的族成员所对应的面积是 $H_{(k)} = N_{(k)} A_{(k)}$，其中 $N_{(k)}$ 表示 $\mathbf{x}_{(k)}$ 的族成员

数。近场半径设为 $\delta = 3.015\Delta x$，那么计算域内部任意点的族中的物质点数为 29。同时，这副图显示了点 $\mathbf{x}_{(k)}$ 和 $\mathbf{x}_{(j)}$ 的族的交叉区域 $H_{(k)} \cap H_{(j)}$。

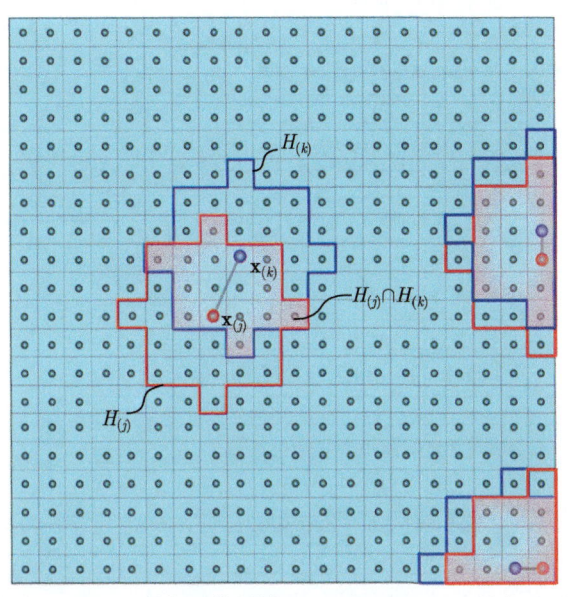

图 6.2　物质点 $\mathbf{x}_{(k)}$ 和 $\mathbf{x}_{(j)}$ 的相互作用域 $H_{(k)}$ 和 $H_{(j)}$ 以及其交叉区域 $H_{(k)} \cap H_{(j)}$

在离散模型中，位移边界条件被施加在最外一层物质点上。将牵引力边界条件作为体力 $\mathbf{b} = (b_x, b_y)^{\mathrm{T}}$ 也施加于最外一层物质点上。值得注意的是，零体力分量不会导致零牵引力条件的直接施加。采用基于 Newton-Raphson 法的隐式分析法求解 PD 控制方程，并在每一增量加载步中进行收敛性检验。全局误差定义为由 Newton-Raphson 法得到的位移变化量的 L^1 范数之和与更新后位移的 L^1 范数之和的比值，即

$$\varepsilon = \frac{\sum\limits_{i=1}^{n}\left(|\Delta u_{1(i)}| + |\Delta u_{2(i)}|\right)}{\sum\limits_{i=1}^{n}\left(|u_{1(i)}| + |u_{2(i)}|\right)} \tag{6.37}$$

其中 n 表示区域内点的总数，$u_{1(i)}$ 和 $u_{2(i)}$ 表示在第 i 个点处更新后的全局位移矢量的分量，$\Delta u_{1(i)}$ 和 $\Delta u_{2(i)}$ 表示在第 i 个点处全局位移矢量分量的变化量。当 ε 小于公差值时达到收敛。所有的数值模拟都采用了该收敛准则。数值求解的计算流程如图 6.3 和图 6.4 所示。

图 6.3 构造解的步骤流程

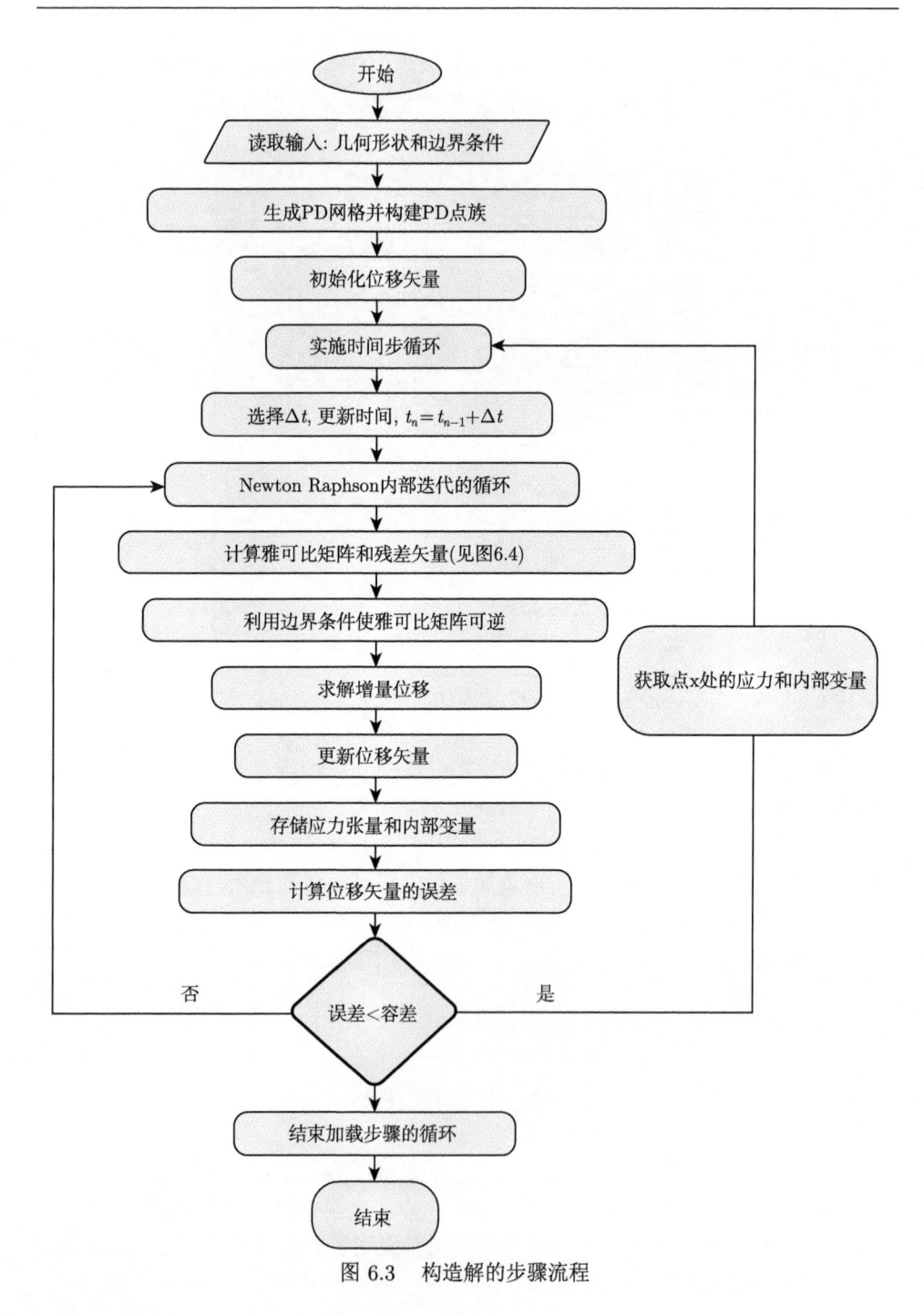

第六章 黏性—超弹性变形的近场动力学建模

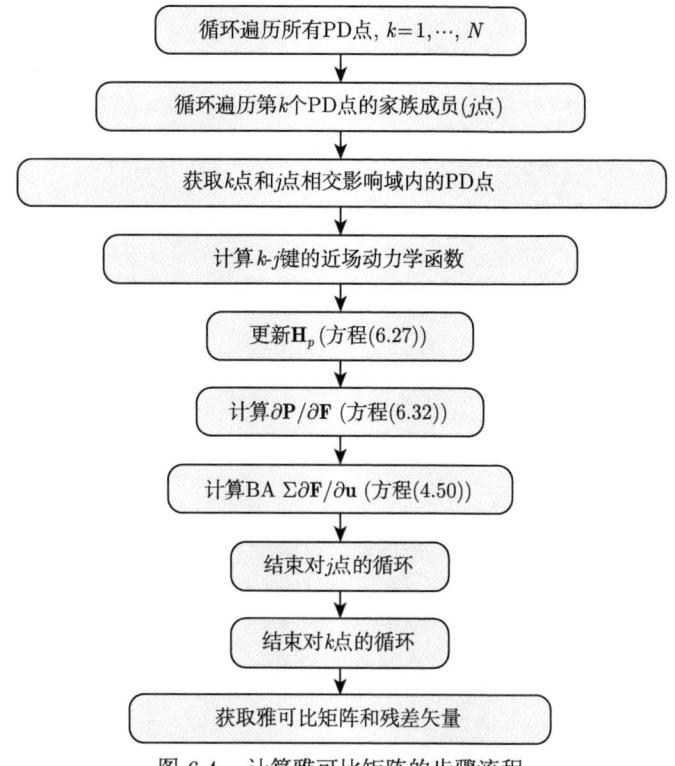

```
循环遍历所有PD点, k=1,…, N
    ↓
循环遍历第k个PD点的家族成员(j点)
    ↓
获取k点和j点相交影响域内的PD点
    ↓
计算k-j键的近场动力学函数
    ↓
更新 H_p (方程(6.27))
    ↓
计算 ∂P/∂F (方程(6.32))
    ↓
计算 BA Σ∂F/∂u (方程(4.50))
    ↓
结束对j点的循环
    ↓
结束对k点的循环
    ↓
获取雅可比矩阵和残差矢量
```

图 6.4　计算雅可比矩阵的步骤流程

通过 PD 分析，模拟黏弹性均质各向同性材料在有限变形情况下的松弛和蠕变响应。在此基础上，在拉伸和剪切载荷作用下，考虑包含两种不同材料界面并表现出弹性和黏弹性响应的非均质区域。通过 Heaviside 函数或取其平均值，对跨界面材料属性的变化进行建模。

弹性材料的体积模量和剪切模量分别指定为 $\kappa_e = 58.33 \mathrm{GPa}$ 和 $\mu_e = 26.92 \mathrm{GPa}$。反映黏弹性材料时间相关行为的无量纲松弛模量用 Prony 级数表示为 (Cheng et al. 2013)

$$g_R(t) = 1 - \alpha_1 \left(1 - e^{-t/\tau_1}\right) - \alpha_2 \left(1 - e^{-t/\tau_2}\right) - \alpha_3 \left(1 - e^{-t/\tau_3}\right) - \alpha_4 \left(1 - e^{-t/\tau_4}\right) \quad (6.38)$$

其中系数分别指定为 $\alpha_1 = 0.02728$、$\alpha_2 = 0.08933$、$\alpha_3 = 0.1098$ 和 $\alpha_4 = 0.1912$。松弛时间分别指定为 $\tau_1 = 0.009731\mathrm{s}$、$\tau_2 = 0.090992\mathrm{s}$、$\tau_3 = 0.878503\mathrm{s}$ 和 $\tau_4 = 7.491198\mathrm{s}$。体积模量和剪切模量分别指定为 $\kappa_v = 2.319\mathrm{GPa}$ 和 $\mu_v = 0.6051\mathrm{GPa}$。

数值时间积分的时间步长设定如下：时间小于 0.01s 时采用时间步长 $\Delta t_1 = 0.0005\mathrm{s} \approx \tau_1/20$，时间介于 0.01～0.1s 时采用时间步长 $\Delta t_2 = 0.005\mathrm{s} \approx \tau_2/20$，时间大于 0.1～10s 时取时间步长 $\Delta t_3 = 0.05\mathrm{s} \approx \tau_3/20$，时间大于 10s 时取时间

步长 $\Delta t_4 = 1\text{s} \approx \tau_4/10$。使用初始时间步长 $\Delta t_0 = 10^{-5}\text{s}$ 以精确捕捉材料的瞬时行为。利用 Plane 182 单元 (平面应变) 在 ANSYS 中进行有限元分析，采用相同时间步格式进行时间积分。此外，每个单元的中心与 PD 点的坐标重合。

6.4.1 黏弹性棱柱的松弛与蠕变响应

如图 6.5 和图 6.7 所示，长棱柱横截面的尺寸为 $L = 80\text{mm}$ 和 $W = 200\text{mm}$。棱柱沿底边是固定的，即 $u_x = u_y = 0$。左右边缘无牵引力。这些边界条件可以被表示为

$$u_x(x, y = -W/2 + \Delta y/2, t) = u_y(x, y = -W/2 + \Delta y/2, t) = 0 \tag{6.39}$$

$$b_x(x = -L/2 + \Delta x/2, y, t) = b_y(x = -L/2 + \Delta x/2, y, t) = 0 \tag{6.40}$$

和

$$b_x(x = L/2 - \Delta x/2, y, t) = b_y(x = L/2 - \Delta x/2, y, t) = 0 \tag{6.41}$$

基于收敛性研究，用 16000 个物质点离散区域，每个点对应的面积为 $A_{(k)} = 1\text{mm}^2$。通过与用 16000 个单元获得的有限元解对比，对 PD 预测结果进行了验证。

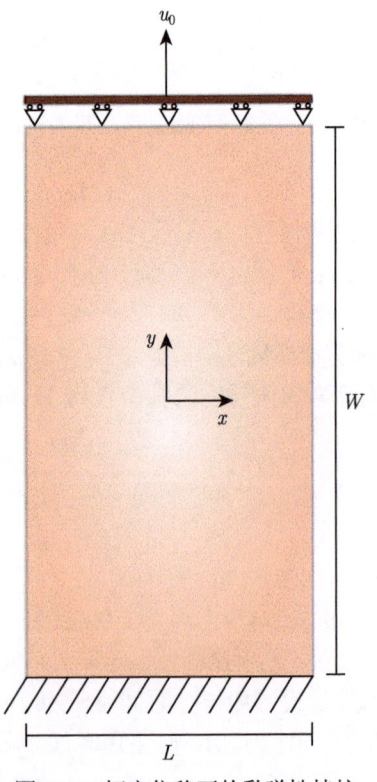

图 6.5 恒定位移下的黏弹性棱柱

6.5 松弛响应

对于松弛响应,如图 6.5 所示,棱柱上边界在垂直方向上受到大小为 $u_0 = 1\text{mm}$ 的拉伸位移。施加的位移保持恒定,以捕捉黏弹性材料的应力松弛响应。因此,沿上边缘边界条件可被表示为

$$u_y(x, W/2 - \Delta y/2, t) = u_0 H(t - \Delta t_0) \tag{6.42}$$

其中 $H(t - \Delta t_0)$ 是 Heaviside 函数。

模拟运行了 50s。以时间步长 Δt_1 执行 20 步,以时间步长 Δt_2 执行 18 步,以时间步长 Δt_3 执行 198 步,以时间步长 Δt_4 执行 40 步,从而完成数值时间积分。图 6.6 显示了棱柱中心处 $(x = L/2 - \Delta x/2, y = W/2 - \Delta y/2)$ 法向应力松弛响应的 PD 和 FEM 预测结果。他们极好的一致性显示了 PD 在捕捉瞬时和松弛行为方面的有效性。

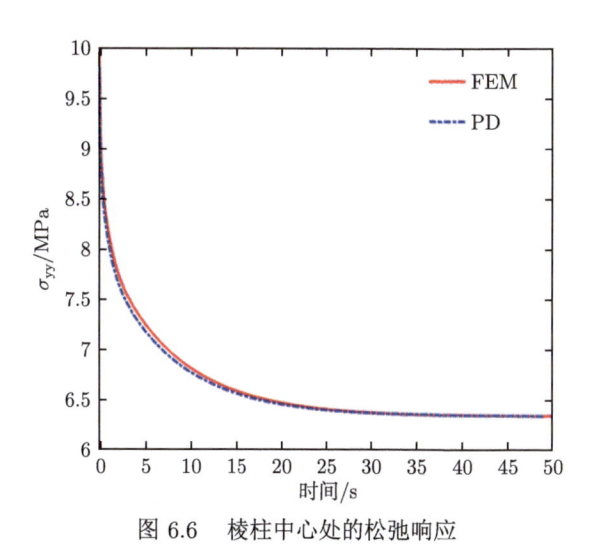

图 6.6 棱柱中心处的松弛响应

6.6 蠕变与恢复响应

对于蠕变和恢复响应,如图 6.7 所示,棱柱沿上边缘受到均匀拉伸或均匀剪切应力。载荷在 5s 时突然释放,允许材料恢复至 10s。在均匀拉伸载荷作用下,边界条件可以被表示为

$$\begin{aligned} &b_x(x, y = W/2 - \Delta y/2, t) = 0 \\ &b_y(x, y = W/2 - \Delta y/2, t) = [\sigma_o H(t - \Delta t_0) - \sigma_o H(t - 5)] \Delta x / A_{(k)} \end{aligned} \tag{6.43}$$

其中 $\sigma_o = 1\text{MPa}$。在均匀剪切载荷作用下，边界条件可以被表示为

$$b_x(x, y = W/2 - \Delta y/2, t) = [\sigma_o H(t - \Delta t_0) - \sigma_o H(t - 5)] \Delta x/A_{(k)} \tag{6.44}$$
$$b_y(x, y = W/2 - \Delta y/2, t) = 0$$

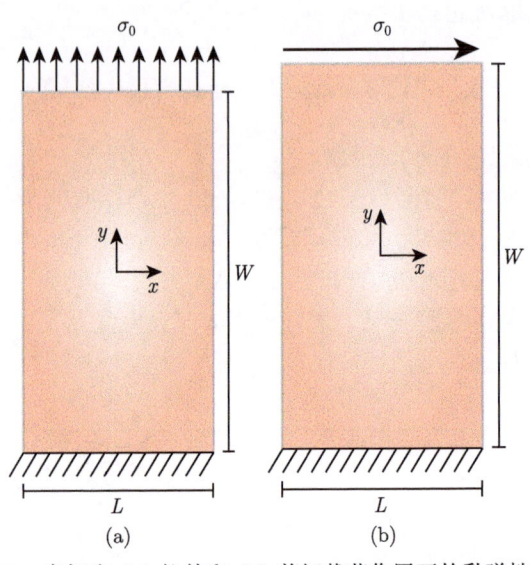

图 6.7 在恒定 (a) 拉伸和 (b) 剪切载荷作用下的黏弹性棱柱

模拟时间为 10s，时间积分实施了 110 步。对于这两种加载条件，如图 6.8 所示，PD 预测结果捕捉到瞬时弹性响应以及蠕变和恢复响应。结果与 ANSYS 的预测结果吻合较好。

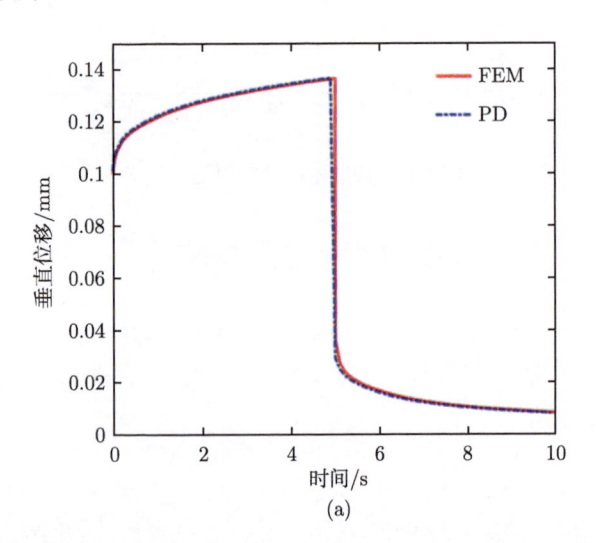

(b)

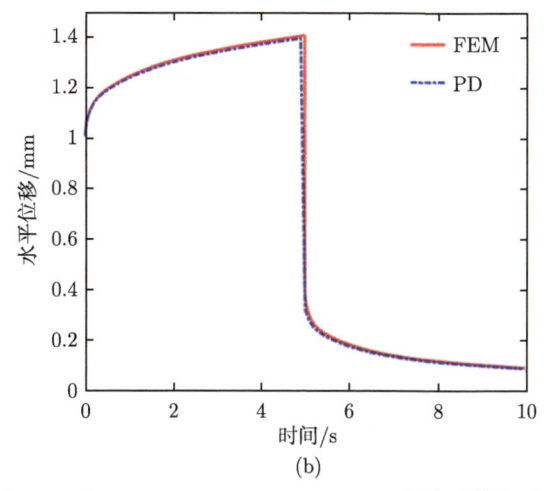

图 6.8 点 $(x=0, y=W/2-\Delta y/2)$ 处蠕变和恢复响应
(a) 拉伸载荷作用下的垂直位移；(b) 剪切荷载作用下的水平位移

6.6.1 非均质棱柱的蠕变响应

如图 6.9 所示，棱柱横截面的尺寸为 $L=160\text{mm}$ 和 $W=80\text{mm}$。基于这种特殊构型在不同网格尺寸下的收敛性研究，用 20000 个物质点离散区域，每个点对应的面积为 $A_{(k)}=0.64\text{mm}^2$。

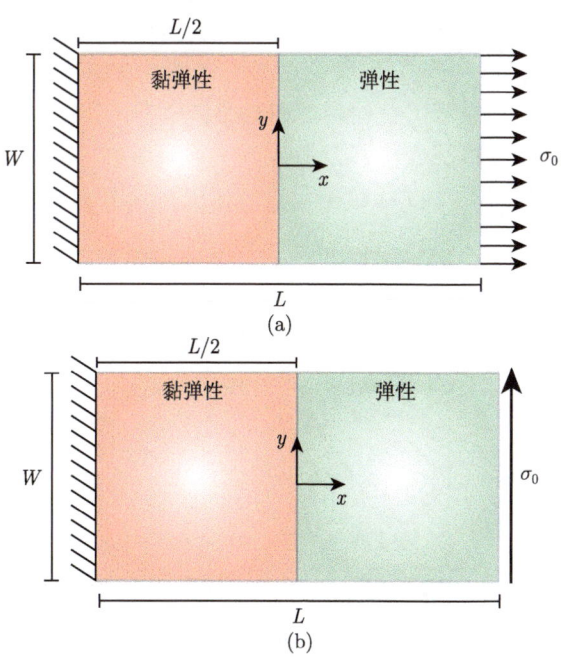

图 6.9 在恒定 (a) 拉伸和 (b) 剪切载荷作用下的非均质棱柱

棱柱沿左侧边界固定，即 $u_x = u_y = 0$。顶部和底部边缘无牵引力。这些边界条件可以被表示为

$$u_x(x = -L/2 + \Delta x/2, y, t) = u_y(x = -L/2 + \Delta x/2, y, t) = 0 \tag{6.45}$$

$$b_x(x, y = -W/2 + \Delta y/2, t) = b_y(x, y = -W/2 + \Delta y/2, t) = 0 \tag{6.46}$$

和

$$b_x(x, y = W/2 - \Delta y/2, t) = b_y(x, y = W/2 - \Delta y/2, t) = 0 \tag{6.47}$$

在图 6.9(a) 所示的均匀拉伸载荷作用下，施加如下边界条件

$$\begin{aligned} b_x(x = L/2 - \Delta x/2, y, t) &= \sigma_o H(t - \Delta t_0)\Delta y/A_{(k)} \\ b_y(x = L/2 - \Delta x/2, y, t) &= 0 \end{aligned} \tag{6.48}$$

在均匀剪切载荷作用下，施加如下边界条件

$$\begin{aligned} b_x(x = L/2 - \Delta x/2, y, t) &= 0 \\ b_y(x = L/2 - \Delta x/2, y, t) &= \sigma_o H(t - \Delta t_0)\Delta y/A_{(k)} \end{aligned} \tag{6.49}$$

其中 $\sigma_o = 1\text{MPa}$。

图 6.10 和图 6.11 分别显示了拉伸和剪切载荷下沿棱柱上边缘的水平和垂直位移预测结果。由黏弹性和弹性区域界面上的物质点相互作用产生的力密度矢量用 6.2.3 节中描述的两种方法计算。两种界面建模方法的预测结果几乎完全相同。图 6.12 和图 6.13 分别显示了拉伸和剪切载荷作用下，在 10s 内由于蠕变引起的水平和垂直位移的演变情况。位移分量的 PD 预测结果与 FE 预测结果吻合得很好。其中 FE 分析使用了 20000 个单元。

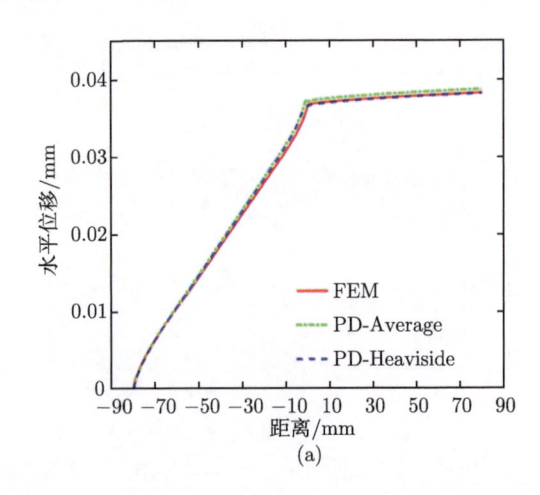

(a)

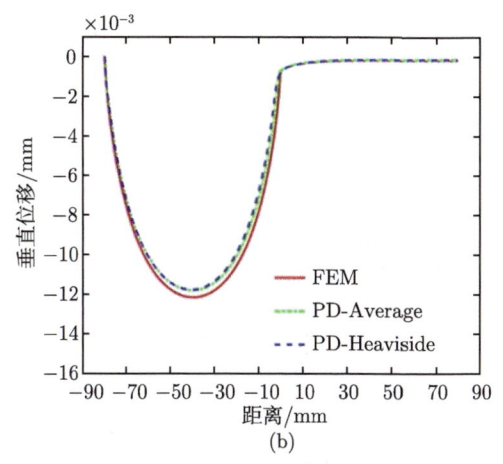

图 6.10　在拉伸载荷作用下，沿棱柱上边缘 PD 和 FEM 位移预测结果的比较
(a) 水平方向；(b) 垂直方向

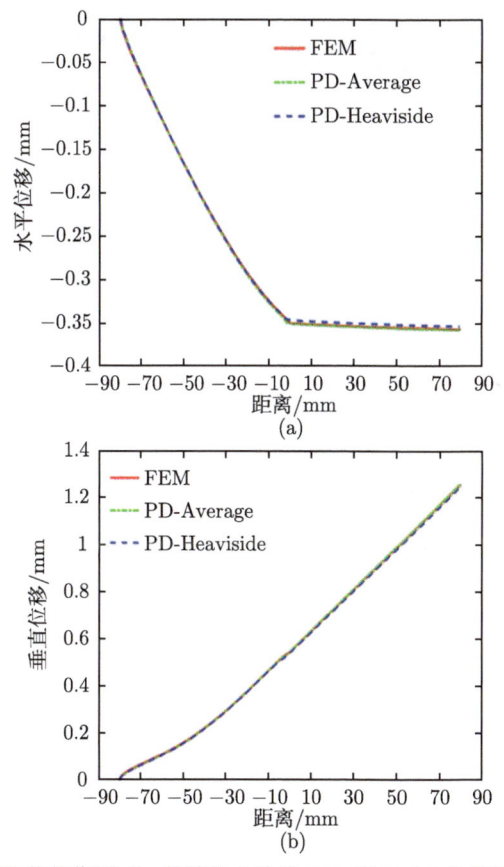

图 6.11　在剪切载荷作用下，沿棱柱上边缘 PD 和 FEM 位移预测结果的比较
(a) 水平方向；(b) 垂直方向

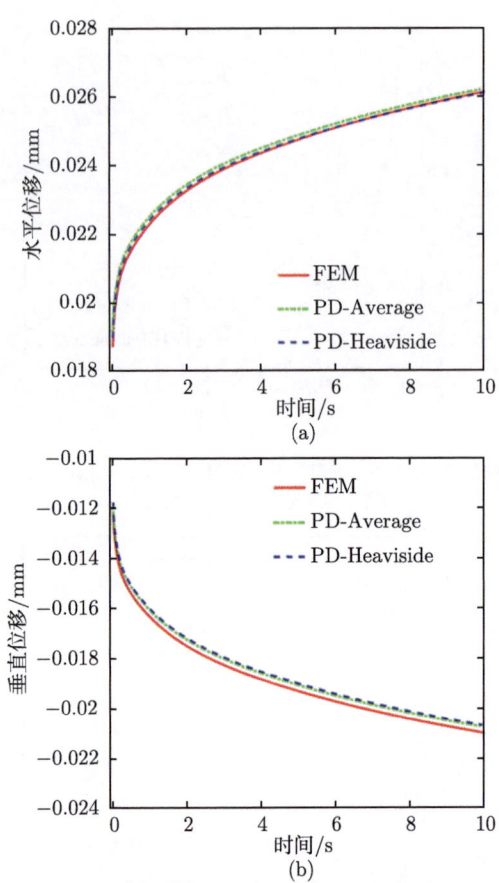

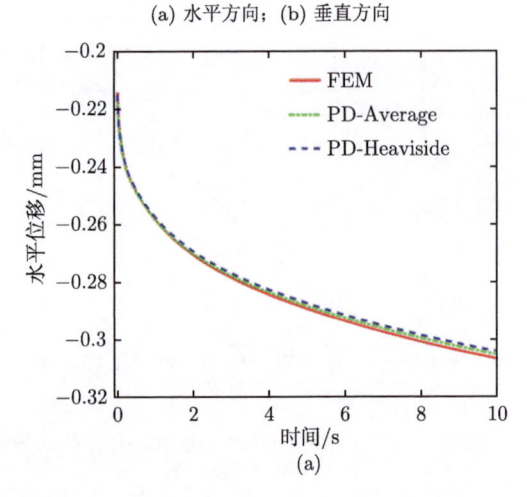

图 6.12　在拉伸载荷作用下，棱柱上点 ($x = -L/4 + \Delta x/2, y = W/2 - \Delta y/2$) 处 PD 和 FEM 位移预测结果随时间变化的比较
(a) 水平方向；(b) 垂直方向

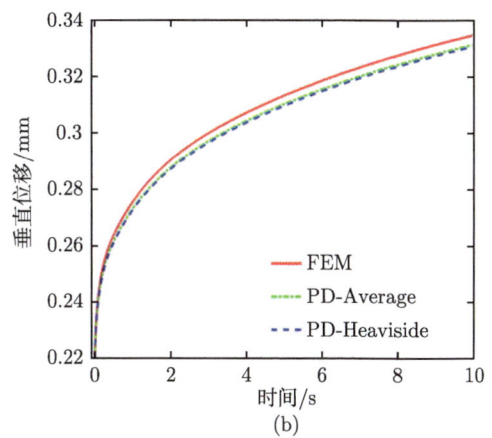

图 6.13　在剪切载荷作用下，棱柱上点 ($x = -L/4 + \Delta x/2, y = W/2 - \Delta y/2$) 处 PD 和 FEM 位移预测结果随时间变化的比较
(a) 水平方向；(b) 垂直方向

参 考 文 献

Azizi, M. A., Ihsan, M. A. K. A., & Mohamed, N. A. N. (2015). The peridynamic model of viscoelastic creep and recovery, *Multidiscipline Modeling in Materials and Structures, 11*, 579-597.

Chen, H. (2018). Bond-associated deformation gradients for peridynamic correspondence model. *Mechanics Research Communications, 90*, 34-41.

Chen, H., & Spencer, B. W. (2019). Peridynamic bond-associated correspondence model: Stability and convergence properties. *International Journal for Numerical Methods in Engineering, 117*, 713-727.

Cheng, F., Özsoy, Ö. Ö. & Reddy, J. N. (2013) Finite element modeling of viscoelastic behavior and tnterface damage in adhesively bonded joints. In S. Kumar & K. L. Mittal (Eds.) *Advances in modeling and design of adhesively bonded systems* (pp. 23-46). Scrivener Publishing.

Delorme, R., Tabiai, I., ·Lebel, L. L., & Lévesque, M. (2017). Generalization of the ordinary state-based peridynamic model for isotropic linear viscoelasticity. *Mechanics of Time Dependent Materials, 21*, 549-575.

Dorduncu, M., Barut, A., & Madenci, E. (2016). Peridynamic truss element for viscoelastic deformation, AIAA SciTech Forum, San Diego, California, USA, Paper No. AIAA 2016-1721.

Freed, A. D., Leonov, A. I., & Gray, H. R. (2002). A thermodynamic theory of solid viscoelasticity. Part II: Nonlinear thermo-viscoelasticity, NASA Document ID: 20030020783.

Huang, Y., Oterkus, S., Hou, H., Oterkus, E., Wei, Z. & Zhang, S. (2019) Peridynamic model for visco-hyperelastic material deformation in different strain rates *Continuum Mechanics and Thermodynamics*, 1-35.

Johnson, A. R., & Tessler, A., (1997). A viscoelastic high order beam finite element. In J. R. Whiteman (Ed.), *The mathematics of finite elements and applications* (pp. 333-345). Wiley.

Madenci, E., Barut, A., & Dorduncu, M. (2019). *Peridynamic differential operator for numerical analysis.* Springer.

Madenci, E., Barut, A., Dorduncu, M., & Phan, N. (2018). Coupling of peridynamics with finite elements without an overlap zone. AIAA SciTech Forum, Kissimmee, Florida, USA, Paper AIAA 2018-1462.

Madenci, E., Barut, A., & Futch, M. (2016). Peridynamic differential operator and its applications. *Computer Methods in Applied Mechanics and Engineering, 304*, 408-451.

Madenci, E., Dorduncu, M., Barut, A., & Futch, M. (2017). Numerical solution of linear and nonlinear partial differential equations using the peridynamic differential operator. *Numerical Methods for Partial Differential Equations, 33*, 1726-1753.

Madenci, E., & Oterkus, S. (2017). Ordinary state-based peridynamics for thermoviscoelastic deformation. *Engineering Fracture Mechanics, 175*, 31-45.

Mitchell, J. A. (2011). *A non-local, ordinary-state-based viscoelasticity model for peridynamics. SAND2011-8064.* Sandia National Laboratories.

Mitts, C., Naboulsi, S., Przybyla, C., & Madenci, E. (2020). Axisymmetric peridynamic analysis of crack deflection in a single strand ceramic matrix composite. *Engineering Fracture Mechanics, 235*, 107074.

Nikabdullah, N., Azizi, M. A., Alebrahim, R., & Singh, S. S. K. (2014). The application of peridynamic method on prediction of viscoelastic materials behaviour. *AIP Conference Proceedings, 1602*(1), 357-363.

Oterkus, S., Madenci, E., & Agwai, A. (2014). Peridynamic thermal diffusion. *Journal of Computational Physics, 265*, 71-96.

Silling, S. A. (2019). Attenuation of waves in a viscoelastic peridynamic medium. *Mathematics and Mechanics of Solids, 24*, 3597-3613.

Simo, J. C. (1987). On a fully three-dimensional finite-strain viscoelastic damage model: Formulation and computational aspects. *Computer Methods in Applied Mechanics and Engineering, 60*, 153-173.

Simo, J. C., & Hughes, T. J. (2006). *Computational inelasticity* (Vol. 7). Springer Science & Business Media.

Speronello, M. (2015). Study of computational peridynamics, explicit and implicit time integration, viscoelastic material. *PhD Dissertation*, Università degli Studi di Padova.

Weckner, O., & Mohamed, N. A. N. (2013). Viscoelastic material models in peridynamics. *Applied Mathematics and Computation, 219*, 6039-6043.

第七章　无虚拟层时边界条件的直接施加

7.1　引　　言

　　PD 运动方程是一个含有内部长度尺度的积分方程，边界条件通常作为边界层上的体积约束进行施加 (Kilic & Madenci, 2010)。对于键型 (BB)PD，Nishawala 和 Ostoja-Starzewski(2017) 解析推导出边界层区域的范围应等于影响域的大小。对于离散化模型，可以通过使用虚拟层以施加边界条件。推荐的虚拟区域的范围对于 BB-PD 模型是一个影响域 (Macek & Silling, 2007)，对于态型 PD 模型是一个影响域的两倍 (Sarego et al., 2016)。在第一章中讨论的沿边界的虚拟材料层上，可以施加位移和牵引力边界条件。然而，边界附近物质点的位移的精度取决于虚拟层中物质点的位移。不幸的是，没有直接方法确定虚拟层中物质点的位移，尤其对于有滚动支座或外部牵引力的边界。

　　像在 CCM 中一样，无虚拟层时直接施加边界条件将导致边界附近的位移场发生扭结，因此导致非物理应力集中。位于物体内部的物质点具有完整的影响域，而边界附近的物质点，即距表面 "δ" 距离内的物质点具有不完整的影响域。在求解域的 "内部" 区域，对于给定的均匀变形，基于键型 (BB)、常规态型 (OSB) 和非常规态型 (NOSB)PD 平衡方程均自动满足。然而，除非施加一个外力场，否则即使对于均匀变形，在 "外部" 区域和实际的 "边界层" 区域，它们也不能满足。它们的范围合起来是一个影响域大小 δ。另外，当使用 PD 微分算子 (PDDO) 推导时，对于给定的均匀变形，PD 形式的平衡方程在 "外部" 区域自动满足。类似地，基于 PDDO 的 PD 形式的牵引力分量能够在实际 "边界层" 区域施加牵引力条件。

　　本章对内部区域采用由 Silling(2000) 以及 Silling 等 (2007) 推导出的强形式的 PD 平衡方程，对外部区域采用由 Gu 等 (2018) 以及 Madenci 等 (2018) 推导出的替代形式。通过采用 PD 形式的牵引力分量，在实际边界层中施加非零牵引力条件。也直接在实际边界层中施加位移约束。消除非物理应力集中是至关重要的，尤其当破坏预测涉及经历塑性变形和蠕变的材料。通过考虑矩形平板和方形平板在各类边界条件下的均匀和非均匀变形，证明当前方法的有效性。

补充信息　在线原著版本包含本章补充材料，请访问 [https://doi.org/10.1007/978-3-030-97858-7_7]。

7.2　均匀变形下的近场动力学平衡方程

如图 7.1 所示，对于给定的均匀变形，在内部区域 $\mathcal{D}$ 中，即在位于物体内部具有完整影响域的物质点处，BB、OSB 和 NOSB-PD 平衡方程均得到满足。正如 Silling 和 Lehoucq(2010) 所证明的，当对称影响域缩小到零时，PD 平衡方程收敛于 CCM。然而，对于给定的均匀变形，除非施加一个外力场，否则在外部区域 $\mathcal{R}$ 和边界层区域 $\mathcal{B}$ 中，在位于边界附近具有不完整影响域的物质点处，这些方程均不满足。

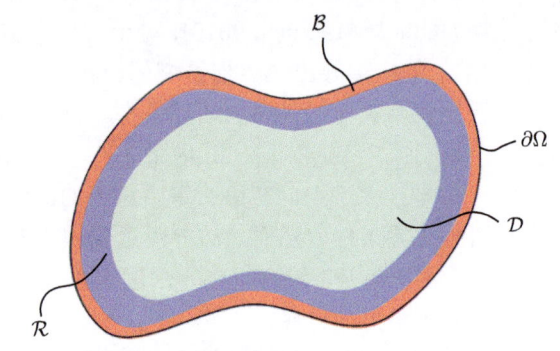

图 7.1　区域 Ω 被划分为内部区域 $\mathcal{D}$、外部区域 $\mathcal{R}$ 和真实的边界层区域 $\mathcal{B}$

这一论断可以通过考虑物体内均匀各向同性膨胀如 $\mathbf{y} = \mathbf{m}\mathbf{x} + \mathbf{x}$ 来证明，其中 $\mathbf{m} = s_0\mathbf{I}$，且 $\mathbf{I}$ 是单位矩阵。对于这种变形，变形梯度张量为

$$\mathbf{F}_0 = (s_0 + 1)\mathbf{I} \tag{7.1}$$

并且伸长率 s 为

$$s = \frac{|\mathbf{y}' - \mathbf{y}| - |\boldsymbol{\xi}|}{|\boldsymbol{\xi}|} = s_0 \tag{7.2}$$

在 BB-PD 中，结合方程 (1.6) 和方程 (1.7)，可以计算出内力矢量为

$$\begin{aligned}\mathbf{L}^{\mathrm{BB}}(\mathbf{x}) &= \int_{H_{\mathbf{x}}} cs_0 \frac{\mathbf{m}(\mathbf{x}' - \mathbf{x}) + \mathbf{x}' - \mathbf{x}}{|\mathbf{m}(\mathbf{x}' - \mathbf{x}) + \mathbf{x}' - \mathbf{x}|} dV_{\mathbf{x}'} \\ &= \int_{H_{\mathbf{x}}} cs_0 \frac{(s_0 + 1)(\mathbf{x}' - \mathbf{x})}{(s_0 + 1)|(\mathbf{x}' - \mathbf{x})|} dV_{\mathbf{x}'} = cs_0 \int_{H_{\mathbf{x}}} \frac{\boldsymbol{\xi}}{|\boldsymbol{\xi}|} dV_{\mathbf{x}'}\end{aligned} \tag{7.3}$$

其中对于完整对称影响域有 $\int_{H_{\mathbf{x}}} \frac{\boldsymbol{\xi}}{|\boldsymbol{\xi}|} dV_{\mathbf{x}'} = \mathbf{0}$，对于不完整（截断）的影响域有 $\int_{H_{\mathbf{x}}} \frac{\boldsymbol{\xi}}{|\boldsymbol{\xi}|} dV_{\mathbf{x}'} \neq \mathbf{0}$。

在 OSB-PD 中，结合方程 (1.2) 和方程 (1.30)，可以计算出内力矢量为

$$\mathbf{L}^{\text{OSB}}(\mathbf{x}) = \int_{H_{\mathbf{x}}} \left\{ ad\frac{1}{|\boldsymbol{\xi}|}(\theta(\mathbf{x}) + \theta(\mathbf{x}')) + 2b\frac{1}{|\boldsymbol{\xi}|}s_0 \right\} \frac{\mathbf{y}' - \mathbf{y}}{|\mathbf{y}' - \mathbf{y}|} dV_{\mathbf{x}'} \tag{7.4}$$

其中体积变化量 (膨胀率) 为

$$\theta(\mathbf{x}) = \text{tr}(\mathbf{I})s_0 \tag{7.5}$$

进而内力矢量可以被简化为

$$\mathbf{L}^{\text{OSB}}(\mathbf{x}, t) = 2\left\{ ad\text{tr}(\mathbf{I}) + b \right\} s_0 \int_{H_{\mathbf{x}}} \frac{1}{|\boldsymbol{\xi}|} \frac{\boldsymbol{\xi}}{|\boldsymbol{\xi}|} dV_{\mathbf{x}'} \tag{7.6}$$

其中对于完整对称影响域有 $\int_{H_{\mathbf{x}}} \frac{1}{|\boldsymbol{\xi}|}\frac{\boldsymbol{\xi}}{|\boldsymbol{\xi}|}dV_{\mathbf{x}'} = \mathbf{0}$，对于不完整的影响域有 $\int_{H_{\mathbf{x}}} \frac{1}{|\boldsymbol{\xi}|}\frac{\boldsymbol{\xi}}{|\boldsymbol{\xi}|}dV_{\mathbf{x}'} \neq \mathbf{0}$。

对于这种均匀变形场，根据方程 (3.27)，可以计算出键辅助变形梯度张量 $\mathbf{F}^{\text{PD}}_{\boldsymbol{\xi}}(\mathbf{x})$ 为

$$\mathbf{F}^{\text{PD}}_{\boldsymbol{\xi}}(\mathbf{x}) = \mathbf{F}_0 \int_{H_{\mathbf{x}} \cap H_{\mathbf{x}'}} (\mathbf{x}'' - \mathbf{x}) \otimes \mathbf{g}_{\boldsymbol{\xi}}(\mathbf{x}'' - \mathbf{x}) dV_{\mathbf{x}''} \tag{7.7}$$

由于 PD 函数的正交性 (Madenci et al., 2019; Madenci et al., 2016)，进一步计算可得

$$\mathbf{F}^{\text{PD}}_{\boldsymbol{\xi}}(\mathbf{x}) = \mathbf{F}_0 \mathbf{I} = \mathbf{F}_0 \tag{7.8}$$

在整个物体具有恒定变形梯度的情况下，计算第一 Piola-Kirchhoff 应力张量，可得

$$\mathbf{P}^{\text{PD}}_{\boldsymbol{\xi}} = \mathbf{P}^{\text{PD}}_{\boldsymbol{\xi}}(\mathbf{F}^{\text{PD}}_{\boldsymbol{\xi}}) = \mathbf{P}_0 \tag{7.9}$$

其中第一 Piola-Kirchhoff 应力张量 $\mathbf{P}^{\text{PD}}_{\boldsymbol{\xi}}(\mathbf{x})$ 通过利用 $\mathbf{F}^{\text{PD}}_{\boldsymbol{\xi}}(\mathbf{x})$ 来计算。

因此，在 NOSB 中，结合方程 (1.2) 和方程 (1.46)，可以计算出内力矢量 $\mathbf{L}^{\text{NOSB}}(\mathbf{x})$ 为

$$\mathbf{L}^{\text{NOSB}}(\mathbf{x}) = \int_{H_{\mathbf{x}}} \left(\mathbf{t}(\mathbf{x}) - \mathbf{t}(\mathbf{x}') \right) dV_{\mathbf{x}'} = \mathbf{P}_0 \int_{H_{\mathbf{x}}} \left(\mathbf{g}(\mathbf{x}, \boldsymbol{\xi}) - \mathbf{g}(\mathbf{x}', -\boldsymbol{\xi}) \right) dV_{\mathbf{x}'} \tag{7.10}$$

其中矢量 $\mathbf{g}(\mathbf{x}, \boldsymbol{\xi})$ 被定义为

$$\mathbf{g}(\mathbf{x}, \boldsymbol{\xi}) = w(|\boldsymbol{\xi}|)\mathbf{K}^{-1}(\mathbf{x})\boldsymbol{\xi} \tag{7.11}$$

对于满足 $\mathbf{K}(\mathbf{x}) = \mathbf{K}(\mathbf{x}') = \mathbf{K}_0$ 的完整影响域，内力矢量变为

$$\mathbf{L}^{\text{NOSB}}(\mathbf{x}) = \int_{H_\mathbf{x}} (\mathbf{t}(\mathbf{x}) - \mathbf{t}(\mathbf{x}')) \, dV_{\mathbf{x}'} = 2\mathbf{P}_0 \mathbf{K}_0^{-1} \int_{H_\mathbf{x}} w(|\boldsymbol{\xi}|) \boldsymbol{\xi} \, dV_{\mathbf{x}'} \tag{7.12}$$

其中对于具有径向对称性的权函数，则有 $\int_{H_\mathbf{x}} w(|\boldsymbol{\xi}|) \boldsymbol{\xi} \, dV_{\mathbf{x}'} = \mathbf{0}$。然而，对于满足 $\mathbf{K}(\mathbf{x}) \neq \mathbf{K}(\mathbf{x}')$ 的不完整影响域，方程 (7.10) 变为

$$\begin{aligned}\mathbf{L}^{\text{NOSB}}(\mathbf{x}) &= \int_{H_\mathbf{x}} (\mathbf{t}(\mathbf{x}) - \mathbf{t}(\mathbf{x}')) \, dV_{\mathbf{x}'} \\ &= \mathbf{P}_0 \int_{H_\mathbf{x}} w(|\boldsymbol{\xi}|) \left(\mathbf{K}^{-1}(\mathbf{x}) + \mathbf{K}^{-1}(\mathbf{x}') \right) \boldsymbol{\xi} \, dV_{\mathbf{x}'} = \mathbf{P}_0 \mathbf{c} \neq \mathbf{0} \end{aligned} \tag{7.13}$$

其中 $\mathbf{c}$ 是一个非零矢量。

对于 BB、OSB 和 NOSB-PD，平衡方程分别为方程 (7.3)、(7.6) 和 (7.10)，对于这种均匀变形，这些方程在内部区域 $\mathcal{D}$ 中即具有完整影响域的物质点处均得到满足。这些结果与对应于均匀变形的 $\nabla \cdot \mathbf{P} = \mathbf{0}$ 时的预测是一致的。否则，它们会偏离 CCM 内力矢量的零结果。因此，在区域 $\mathcal{R}$ 和 $\mathcal{B}$ 中，在位于边界附近具有不完整影响域的物质点处会产生残余力。

作为 PD 方程原始形式的替代，Gu 等 (2018) 以及 Madenci 等 (2018) 通过采用近场动力学微分算子 (PDDO)，引入了下列内力矢量 (方程 (1.3)) 和牵引力矢量 $\mathbf{T} = \mathbf{Pn}$ 的非局部形式

$$\mathbf{L}^{\text{PDDO}}(\mathbf{x}) = \int_{H_\mathbf{x}} \left(\mathbf{P}_{\boldsymbol{\xi}}^{\text{PD}}(\mathbf{x}') - \mathbf{P}_{\boldsymbol{\xi}}^{\text{PD}}(\mathbf{x}) \right) \mathbf{g}(\mathbf{x}, \boldsymbol{\xi}) dV_{\mathbf{x}'}, \quad 其中 \quad \mathbf{x} \in (\Omega - \mathcal{B}) \tag{7.14}$$

和

$$\mathbf{T}^{\text{PD}}(\mathbf{x}) = \mathbf{P}^{\text{PD}}(\mathbf{x})\mathbf{n}, \quad 其中 \quad \mathbf{x} \in \mathcal{B} \tag{7.15}$$

其中 $\mathbf{T}^{\text{PD}}(\mathbf{x})$ 是 PD 形式的牵引力矢量或者由 Lehoucq 和 Silling(2010) 定义的力通量，$\mathbf{P}^{\text{PD}} = \mathbf{P}^{\text{PD}}(\mathbf{F}^{\text{PD}})$ 是根据逐点变形梯度张量 $\mathbf{F}^{\text{PD}}(\mathbf{x})$ 进行计算的。如图 7.1 所示，$\mathcal{B}$ 表示沿非零体积边界的"真实边界层"。

在位于外部区域 $\mathcal{R}$ 中的点处，这种形式的平衡方程 (方程 (7.14)) 自动满足平衡，即

$$\mathbf{L}^{\text{PDDO}}(\mathbf{x}) = \int_{H_\mathbf{x}} \left(\mathbf{P}_{\boldsymbol{\xi}}^{\text{PD}}(\mathbf{x}') - \mathbf{P}_{\boldsymbol{\xi}}^{\text{PD}}(\mathbf{x}) \right) \mathbf{g}(\mathbf{x}, \boldsymbol{\xi}) dV_{\mathbf{x}'} = \mathbf{0}, \quad 其中 \quad \mathbf{x} \in \mathcal{R} \tag{7.16}$$

其中对于均匀变形，则有 $\mathbf{P}_{\boldsymbol{\xi}}^{\text{PD}}(\mathbf{x}') = \mathbf{P}_{\boldsymbol{\xi}}^{\text{PD}}(\mathbf{x}) = \mathbf{P}_0$，因此可以消除残余力。

7.3 近场动力学方程的统一

为了消除残余力并施加牵引力和位移边界条件，可以将求解域 Ω 划分为 $\mathcal{D}$、$\mathcal{R}$ 和 $\mathcal{B}$ 这三个区域，下列方程适用于这些区域

$$\mathbf{L}^{\mathrm{BB}}(\mathbf{x}) + \mathbf{b}(\mathbf{x}) = \int_{H_\mathbf{x}} cs \frac{\mathbf{y}' - \mathbf{y}}{|\mathbf{y}' - \mathbf{y}|} dV_{\mathbf{x}'} + \mathbf{b}(\mathbf{x}) = \rho \ddot{\mathbf{u}}(\mathbf{x}), \quad \text{其中} \quad \mathbf{x} \in \mathcal{D} \qquad (7.17)$$

$$\mathbf{L}^{\mathrm{OSB}}(\mathbf{x}) + \mathbf{b}(\mathbf{x}) = \int_{H_\mathbf{x}} \left\{ ad\frac{1}{|\boldsymbol{\xi}|}(\theta(\mathbf{x}) + \theta(\mathbf{x}')) + 2b\frac{1}{|\boldsymbol{\xi}|}s \right\} \frac{\mathbf{y}' - \mathbf{y}}{|\mathbf{y}' - \mathbf{y}|} dV_{\mathbf{x}'} + \mathbf{b}(\mathbf{x})$$

$$= \rho \ddot{\mathbf{u}}(\mathbf{x}), \quad \text{其中} \quad \mathbf{x} \in \mathcal{D} \qquad (7.18)$$

$$\mathbf{L}^{\mathrm{NOSB}}(\mathbf{x}) + \mathbf{b}(\mathbf{x}) = \int_{H_\mathbf{x}} \left(\mathbf{P}_{\boldsymbol{\xi}}^{\mathrm{PD}}(\mathbf{x})\mathbf{g}(\mathbf{x}, \boldsymbol{\xi}) - \mathbf{P}_{\boldsymbol{\xi}}^{\mathrm{PD}}(\mathbf{x}')\mathbf{g}(\mathbf{x}', -\boldsymbol{\xi}) \right) dV_{\mathbf{x}'} + \mathbf{b}(\mathbf{x})$$

$$= \rho \ddot{\mathbf{u}}(\mathbf{x}), \quad \text{其中} \quad \mathbf{x} \in \mathcal{D} \qquad (7.19)$$

和

$$\mathbf{L}^{\mathrm{PDDO}}(\mathbf{x}) + \mathbf{b}(\mathbf{x}) = \int_{H_\mathbf{x}} \left(\mathbf{P}_{\boldsymbol{\xi}}^{\mathrm{PD}}(\mathbf{x}') - \mathbf{P}_{\boldsymbol{\xi}}^{\mathrm{PD}}(\mathbf{x}) \right) \mathbf{g}(\mathbf{x}, \boldsymbol{\xi}) dV_{\mathbf{x}'} + \mathbf{b}(\mathbf{x})$$

$$= \rho \ddot{\mathbf{u}}(\mathbf{x}), \quad \text{其中} \quad \mathbf{x} \in \mathcal{R} \qquad (7.20)$$

$$\mathbf{P}^{\mathrm{PD}}(\mathbf{x})\mathbf{n} = \mathbf{T}^*, \quad \text{其中} \quad \mathbf{x} \in \mathcal{B}_\sigma \qquad (7.21)$$

和

$$\mathbf{u} = \mathbf{U}^*, \quad \text{其中} \quad \mathbf{x} \in \mathcal{B}_u \qquad (7.22)$$

其中 $\mathbf{T}^*$ 和 $\mathbf{U}^*$ 分别表示在求解域的 "真实边界层" 区域内施加的零与非零牵引力和位移约束。

第一 Piola-Kirchhoff 应力张量可以被显式表示为

$$\mathbf{P}_{\boldsymbol{\xi}}^{\mathrm{PD}}(\mathbf{F}_{\boldsymbol{\xi}}^{\mathrm{PD}}) = \frac{\partial W(\mathbf{F}_{\boldsymbol{\xi}}^{\mathrm{PD}})}{\partial \mathbf{F}_{\boldsymbol{\xi}}^{\mathrm{PD}}} \qquad (7.23)$$

其中 W 是描述材料行为的应变能密度函数。

7.4 数值实现

PD 平衡方程中的空间积分可以通过将求解域划分为与积分 (物质) 点相关的 N 个特定区域来进行数值计算。作为二维分析的一部分，计算域可以通过均匀离散化获得，离散过程中每个物质点占据的面积为 $A_{(k)} = \Delta^2$，其中 $\Delta = \Delta x = \Delta y$ 是网格间距。点 $\mathbf{x}_{(k)}$ 的族成员通过选取满足条件：$\|\mathbf{x}_{(j)} - \mathbf{x}_{(k)}\| < \delta$ 的相邻点 $\mathbf{x}_{(j)}$

来构造，其中 δ 表示圆形影响域的半径。那么点 $\mathbf{x}_{(k)}$ 的族成员所占据的面积为 $H_{(k)} = N_{(k)} A_{(k)}$，其中 $N_{(k)}$ 指定为在 $\mathbf{x}_{(k)}$ 的影响域中所含物质点的数量。图 7.2 显示了点 $\mathbf{x}_{(k)}$ 和 $\mathbf{x}_{(j)}$ 的族的相交区域 $H_{(k)} \cap H_{(j)}$。此外，这幅图还显示了求解域的三个不同的 PD 区域 $\mathcal{D}$、$\mathcal{R}$ 和 $\mathcal{B}$。对于态型 PD 模型，$\mathcal{R}$ 的范围由到边界层的距离 $(2\delta - \Delta)$ 定义，对于 BB-PD 模型，则由到边界层的距离 $(\delta - \Delta)$ 定义。

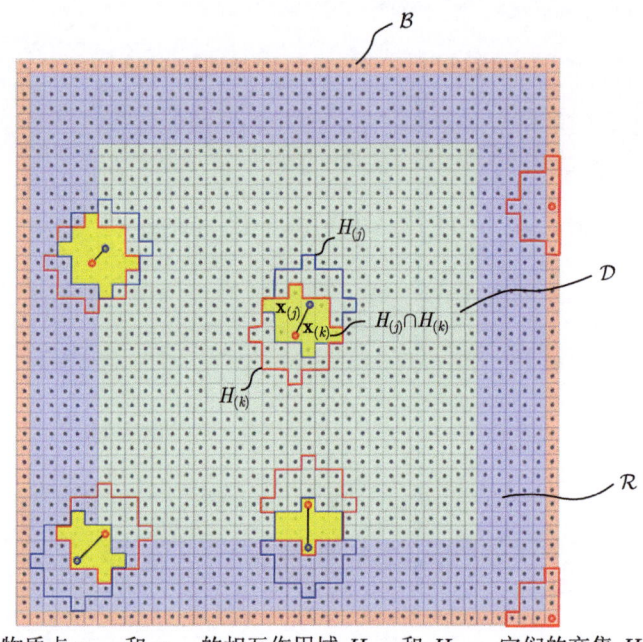

图 7.2 物质点 $\mathbf{x}_{(k)}$ 和 $\mathbf{x}_{(j)}$ 的相互作用域 $H_{(k)}$ 和 $H_{(j)}$、它们的交集 $H_{(k)} \cap H_{(j)}$ 以及 PD 区域

为了解释数值实现过程，包含内力矢量 $\mathbf{L}^{\text{NOSB}}(\mathbf{x})$ 和 $\mathbf{L}^{\text{PDDO}}(\mathbf{x})$ 的方程 (7.19) 和 (7.20) 分别作为区域 $\mathcal{D}$ 和 $\mathcal{R}$ 上的物质点的 PD 平衡方程。对于真实边界层区域 $\mathcal{B}$ 中的物质点，方程 (7.21) 和 (7.22) 分别被考虑施加外部牵引力约束和位移约束。边界层区域的宽度被指定为一个网格间距 Δ。

在方程 (7.19) 和 (7.20) 中，在点 $\mathbf{x}_{(k)}$ 处内力矢量的离散形式 $\mathbf{L}^{\text{NOSB}}_{(k)}$ 和 $\mathbf{L}^{\text{PDDO}}_{(k)}$ 可以分别被表示为

$$\mathbf{L}^{\text{NOSB}}_{(k)} = \sum_{j \in H_{(k)}} \left(\mathbf{P}^{\text{PD}}_{\boldsymbol{\xi}(k)(j)} \mathbf{g}_{(k)(j)} - \mathbf{P}^{\text{PD}}_{\boldsymbol{\xi}(j)(k)} \mathbf{g}_{(j)(k)} \right) A_{(j)},$$

$$\text{其中} \quad k = 1, \cdots, N_{\mathcal{D}}, \quad \text{对于} \quad \mathbf{x} \in \mathcal{D} \tag{7.24}$$

和

$$\mathbf{L}^{\text{PDDO}}_{(k)} = \sum_{j \in H_{(k)}} \left(\mathbf{P}^{\text{PD}}_{\boldsymbol{\xi}(k)(j)} - \mathbf{P}^{\text{PD}}_{\boldsymbol{\xi}(j)(k)} \right) \mathbf{g}_{(k)(j)} A_{(j)},$$

$$\text{其中} \quad k = 1, \cdots, N_{\mathcal{R}}, \quad \text{对于} \quad \mathbf{x} \in \mathcal{R} \tag{7.25}$$

其中 $\mathbf{P}^{\mathrm{PD}}_{\boldsymbol{\xi}(k)(j)}$ 和 $\mathbf{P}^{\mathrm{PD}}_{\boldsymbol{\xi}(j)(k)}$ 分别是使用键辅助变形梯度张量 $\mathbf{F}^{\mathrm{PD}}_{\boldsymbol{\xi}(k)(j)}$ 和 $\mathbf{F}^{\mathrm{PD}}_{\boldsymbol{\xi}(j)(k)}$ 进行计算的第一 Piola-Kirchhoff 应力张量。键辅助变形梯度张量 $\mathbf{F}^{\mathrm{PD}}_{\boldsymbol{\xi}(k)(j)}$ 的离散形式可以被表示为

$$\mathbf{F}^{\mathrm{PD}}_{\boldsymbol{\xi}(k)(j)} = \sum_{p \in H_{(k)} \cap H_{(j)}} \left(\mathbf{y}_{(p)} - \mathbf{y}_{(k)} \right) \otimes \mathbf{g}_{\boldsymbol{\xi}(k)(p)} A_{(p)} \tag{7.26}$$

在区域 $\mathcal{B}$ 中，牵引力矢量 $\mathbf{T}^{\mathrm{PD}}_{(k)}$ 可以表示为

$$\mathbf{T}^{\mathrm{PD}}_{(k)} = \mathbf{P}^{\mathrm{PD}}_{(k)}(\mathbf{F}^{\mathrm{PD}}_{(k)}) \mathbf{n}_{(k)} = \mathbf{T}^*, \quad \text{其中} \quad \mathbf{x}_{(k)} \in \mathcal{B} \tag{7.27}$$

其中 $\mathbf{n}_{(k)}$ 是与边界点 $\mathbf{x}_{(k)}$ 相关的外法线，$\mathbf{P}^{\mathrm{PD}}_{(k)}$ 是使用逐点变形梯度张量 $\mathbf{F}^{\mathrm{PD}}_{(k)}$ 进行计算的第一 Piola-Kirchhoff 应力张量。逐点变形梯度张量 $\mathbf{F}^{\mathrm{PD}}_{(k)}$ 的离散形式可以被表示为

$$\mathbf{F}^{\mathrm{PD}}_{(k)} = \sum_{j \in H_{(k)}} \left(\mathbf{y}_{(j)} - \mathbf{y}_{(k)} \right) \otimes \mathbf{g}_{(j)(k)} A_{(j)} \tag{7.28}$$

这些控制方程可以用矢量形式组合成

$$\mathbf{Q}(\mathbf{V}) - \mathbf{q}^*_\sigma = \mathbf{0} \tag{7.29}$$

其中 $\mathbf{V}$ 是未知位移矢量，被定义为

$$\mathbf{V}^{\mathrm{T}} = \left\{ \begin{array}{ccccccc} u_{1(1)} & u_{2(1)} & \cdots & u_{1(k)} & u_{2(k)} & \cdots & u_{1(N)} & u_{2(N)} \end{array} \right\} \tag{7.30}$$

它可以被划分为

$$\mathbf{V} = \left\{ \begin{array}{ccc} \mathbf{V}_\mathcal{D} & \mathbf{V}_\mathcal{R} & \mathbf{V}_\mathcal{B} \end{array} \right\}^{\mathrm{T}} \tag{7.31}$$

其中 $\mathbf{V}_\mathcal{D}$、$\mathbf{V}_\mathcal{R}$ 和 $\mathbf{V}_\mathcal{B}$ 分别包含区域 $\mathcal{D}$、$\mathcal{R}$ 和 $\mathcal{B}$ 中的未知量，其相应的维数分别为 $2N_\mathcal{D}$、$2N_\mathcal{R}$ 和 $2N_\mathcal{B}$。矢量 $\mathbf{Q}$ 产生于区域 $\mathcal{D}$ 和 $\mathcal{R}$ 中的 PD 内力 $\mathbf{L}^{\mathrm{NOSB}}_{(k)}$ 和 $\mathbf{L}^{\mathrm{PDDO}}_{(k)}$ 的相互作用，以及区域 $\mathcal{B}$ 中的内牵引力 $\mathbf{T}^{\mathrm{PD}}_{(k)}$。它也可以被划分为

$$\mathbf{Q} = \left\{ \begin{array}{ccc} \mathbf{Q}_\mathcal{D} & \mathbf{Q}_\mathcal{R} & \mathbf{Q}_\mathcal{B} \end{array} \right\}^{\mathrm{T}} \tag{7.32}$$

矢量 $\mathbf{q}^*_\sigma$ 产生于在边界层 $\mathcal{B}$ 中施加的牵引力 $\mathbf{T}^*$。

通过采用 Newton-Raphson 方法迭代求解出位移 **V**，可以求解由组装得到的非线性控制方程组。残差矢量 **R** 可以被定义为

$$\mathbf{R}(\mathbf{V}; \mathbf{q}_\sigma^*) = \left\{ \begin{array}{c} \mathbf{Q}_\mathcal{D}(\mathbf{V}, \mathbf{x}) \\ \mathbf{Q}_\mathcal{R}(\mathbf{V}, \mathbf{x}) \\ \mathbf{Q}_\mathcal{B}(\mathbf{V}, \mathbf{x}) - \mathbf{q}_\sigma^* \end{array} \right\} \tag{7.33}$$

对于施加的牵引力 $\mathbf{T}^*$，通过考虑未知位移矢量的增量变化量 $\Delta \mathbf{V}$，可以从 TSE 中得到增量残差矢量 $\Delta \mathbf{R}$，即

$$\mathbf{R}(\mathbf{V} + \Delta \mathbf{V}; \mathbf{q}_\sigma^*) = \mathbf{R}(\mathbf{V}; \mathbf{q}_\sigma^*) + \frac{\partial \mathbf{R}}{\partial \mathbf{V}} \Delta \mathbf{V} + \mathrm{HOT} \tag{7.34}$$

忽略高阶项 HOT，增量残差矢量 $\Delta \mathbf{R}$ 可被重写为

$$\Delta \mathbf{R} = \mathbf{R}(\mathbf{V} + \Delta \mathbf{V}; \mathbf{q}_\sigma^*) - \mathbf{R}(\mathbf{V}; \mathbf{q}_\sigma^*) = \frac{\partial \mathbf{R}}{\partial \mathbf{V}} \Delta \mathbf{V} \tag{7.35}$$

注意 $\mathbf{R}(\mathbf{V} + \Delta \mathbf{V}; \mathbf{q}_\sigma^*) = \mathbf{0}$，则可得增量形式的控制方程组为

$$-\mathbf{R}(\mathbf{V}; \mathbf{q}_\sigma^*) = \frac{\partial \mathbf{R}}{\partial \mathbf{V}} \Delta \mathbf{V} \tag{7.36}$$

其中 $\Delta \mathbf{V}$ 是未知增量矢量，$\dfrac{\partial \mathbf{R}}{\partial \mathbf{V}}$ 是雅可比矩阵。雅可比矩阵的组装维数为 $(2N \times 2N)$。在这种形式中，雅可比矩阵以压缩行格式存储。已知的位移边界条件可以通过行-列消去技术进行施加。控制方程组的解可以采用 Intel 稀疏直接求解器 PARDISO 隐式求得，该求解器具有功能强、鲁棒性好和内存效率高的特点。

在数值实现中，由于线性化的原因，使用方程 (7.36) 一步就满足方程 (7.33) 是不切实际的。因此，采用 Newton-Raphson 方法，通过下列递归形式迭代求解

$$\left(\frac{\partial \mathbf{R}}{\partial \mathbf{V}} \right)^{(n)} \Delta \mathbf{V}^{(n+1)} = -\mathbf{R}(\mathbf{V}^n; \mathbf{q}_\sigma^*) \tag{7.37}$$

式中 $\mathbf{V}^{(n+1)} = \mathbf{V}^{(n)} + \Delta \mathbf{V}^{(n+1)}$，其中 n 表示 Newton-Raphson 算法中的迭代次数。

构造雅可比矩阵需要显式求出 $\Delta \mathbf{R}_{(k)}$ 在点 $\mathbf{x}_{(k)}$ 处的值，这依赖于点 $\mathbf{x}_{(k)}$ 所在的区域 $\mathcal{D}$、$\mathcal{R}$ 和 $\mathcal{B}$。通过取位移矢量 $\mathbf{V}$ 的变分，区域 $\mathcal{D}$ 中点 $\mathbf{x}_{(k)}$ 处内力矢量 $\mathbf{Q}_{\mathcal{D}(k)}$ 的增量 $\Delta \mathbf{Q}_{\mathcal{D}(k)}$ 可由方程 (7.24) 求出为

$$\Delta \mathbf{Q}_{\mathcal{D}(k)} = \sum_{j \in H_{(k)}} \left[\begin{array}{c} \dfrac{\partial \mathbf{P}_{\boldsymbol{\xi}(k)(j)}}{\partial \mathbf{F}_{\boldsymbol{\xi}(k)(j)}} \left(\dfrac{\partial \mathbf{F}_{\boldsymbol{\xi}(k)(j)}}{\partial \mathbf{u}_{\boldsymbol{\xi}(k)(j)}} \Delta \mathbf{u}_{\boldsymbol{\xi}(k)(j)} \right) \mathbf{g}_{(k)(j)} \\ -\dfrac{\partial \mathbf{P}_{\boldsymbol{\xi}(j)(k)}}{\partial \mathbf{F}_{\boldsymbol{\xi}(j)(k)}} \left(\dfrac{\partial \mathbf{F}_{\boldsymbol{\xi}(j)(k)}}{\partial \mathbf{u}_{\boldsymbol{\xi}(j)(k)}} \Delta \mathbf{u}_{\boldsymbol{\xi}(j)(k)} \right) \mathbf{g}_{(j)(k)} \end{array} \right] A_{(j)} \tag{7.38}$$

第七章 无虚拟层时边界条件的直接施加

其中

$$\mathbf{u}_{\boldsymbol{\xi}(k)(j)} = \mathbf{u}_{\boldsymbol{\xi}(j)(k)} = \left\{ \begin{array}{ccccc} u_{1(p_1)} & u_{2(p_1)} & \cdots & u_{1(k)} & u_{2(k)} \\ & \cdots & u_{1(j)} & u_{2(j)} & \cdots & u_{1(p_n)} & u_{2(p_n)} \end{array} \right\} \quad (7.39)$$

和

$$\left\{ \begin{array}{ccc} p_1 & \cdots & p_n \end{array} \right\} \in H_{(k)} \cap H_{(j)} \quad (7.40)$$

采用类似的方法，区域 $\mathcal{R}$ 中点 $\mathbf{x}_{(k)}$ 处内力矢量 $\mathbf{Q}_{\mathcal{R}(k)}$ 的增量 $\Delta\mathbf{Q}_{\mathcal{R}(k)}$ 可由方程 (7.25) 求出为

$$\Delta\mathbf{Q}_{\mathcal{R}(k)} = \sum_{j\in H_{(k)}} \left[\begin{array}{c} \dfrac{\partial \mathbf{P}_{\boldsymbol{\xi}(k)(j)}}{\partial \mathbf{F}_{\boldsymbol{\xi}(k)(j)}} \left(\dfrac{\partial \mathbf{F}_{\boldsymbol{\xi}(k)(j)}}{\partial \mathbf{u}_{\boldsymbol{\xi}(k)(j)}} \Delta\mathbf{u}_{\boldsymbol{\xi}(k)(j)} \right) \\ -\dfrac{\partial \mathbf{P}_{\boldsymbol{\xi}(j)(k)}}{\partial \mathbf{F}_{\boldsymbol{\xi}(j)(k)}} \left(\dfrac{\partial \mathbf{F}_{\boldsymbol{\xi}(j)(k)}}{\partial \mathbf{u}_{\boldsymbol{\xi}(j)(k)}} \Delta\mathbf{u}_{\boldsymbol{\xi}(j)(k)} \right) \end{array} \right] \mathbf{g}_{(k)(j)} A_{(j)} \quad (7.41)$$

在方程 (7.38) 和 (7.41) 中，计算变形梯度张量对物质点 k 和 j 的相交影响域 $H_{(k)} \cap H_{(j)}$ 中的物质点的位移分量的导数 $\dfrac{\partial \mathbf{F}_{\boldsymbol{\xi}(k)(j)}}{\partial \mathbf{u}_{\boldsymbol{\xi}(k)(j)}}$，可得

$$\dfrac{\partial \mathbf{F}_{\boldsymbol{\xi}(k)(j)}}{\partial \mathbf{u}_{\boldsymbol{\xi}(k)(j)}}$$

$$= \begin{bmatrix} A_{(1)}g_1^{10}(\boldsymbol{\xi}_{(k)(1)}) & 0 & \cdots & -\sum\limits_{l\in H_{(k)}\cap H_{(j)}} A_{(l)}g_1^{10}(\boldsymbol{\xi}_{(k)(l)}) \\ A_{(1)}g_1^{01}(\boldsymbol{\xi}_{(k)(1)}) & 0 & \cdots & -\sum\limits_{l\in H_{(k)}\cap H_{(j)}} A_{(l)}g_1^{01}(\boldsymbol{\xi}_{(k)(l)}) \\ 0 & A_{(1)}g_1^{10}(\boldsymbol{\xi}_{(k)(1)}) & \cdots & 0 \\ 0 & A_{(1)}g_1^{01}(\boldsymbol{\xi}_{(k)(1)}) & \cdots & 0 \\ 0 & \cdots & A_{(N_{(k)})}g_1^{10}(\boldsymbol{\xi}_{(k)(N_{(k)})}) & 0 \\ 0 & \cdots & A_{(N_{(k)})}g_1^{01}(\boldsymbol{\xi}_{(k)(N_{(k)})}) & 0 \\ -\sum\limits_{l\in H_{(k)}\cap H_{(j)}} A_{(l)}g_1^{10}(\boldsymbol{\xi}_{(k)(l)}) & \cdots & 0 & A_{(N_{(k)})}g_1^{10}(\boldsymbol{\xi}_{(k)(N_{(k)})}) \\ -\sum\limits_{l\in H_{(k)}\cap H_{(j)}} A_{(l)}g_1^{01}(\boldsymbol{\xi}_{(k)(l)}) & \cdots & 0 & A_{(N_{(k)})}g_1^{01}(\boldsymbol{\xi}_{(k)(N_{(k)})}) \end{bmatrix}$$

$$(7.42)$$

对于均匀、各向同性且线性弹性材料响应，计算 $\dfrac{\partial \mathbf{P}}{\partial \mathbf{F}}$，可得

$$\frac{\partial \mathbf{P}_{\boldsymbol{\xi}(k)(j)}}{\partial \mathbf{F}_{\boldsymbol{\xi}(k)(j)}} = \begin{bmatrix} D_{11} & 0 & 0 & D_{12} \\ 0 & D_{33}/2 & D_{33}/2 & 0 \\ 0 & D_{33}/2 & D_{33}/2 & 0 \\ D_{21} & 0 & 0 & D_{22} \end{bmatrix} \tag{7.43}$$

其中对平面应变条件有 $D_{33}=E/(1+\nu)$、$D_{11}=D_{22}=E(1-\nu)/[(1+\nu)(1-2\nu)]$、$D_{12}=E\nu/[(1+\nu)(1-2\nu)]$，对平面应力条件，则有 $D_{11}=D_{22}=E/(1-\nu)^2$、$D_{12}=E\nu/(1-\nu)^2$，其中 E 和 ν 分别表示杨氏模量和泊松比。

对于 $\mathcal{B}$ 中的物质点，增量矢量 $\Delta \mathbf{Q}_{\mathcal{B}(k)}$ 可由方程 (7.27) 求得

$$\Delta \mathbf{Q}_{\mathcal{B}(k)} = \Delta (\mathbf{Pn})_{(k)} = \frac{\partial \mathbf{P}_{(k)}}{\partial \mathbf{F}_{(k)}} \mathbf{n}_{(k)} \frac{\partial \mathbf{F}_{(k)}}{\partial \mathbf{v}_{(k)}} \Delta \mathbf{v}_{(k)} \tag{7.44}$$

其中

$$\mathbf{v}_{(k)} = \left\{ \begin{array}{cccccccc} u_{1(p_1)} & u_{2(p_1)} & \cdots & u_{1(k)} & u_{2(k)} & \cdots & u_{1(p_n)} & u_{2(p_n)} \end{array} \right\} \tag{7.45}$$

且

$$\left\{ \begin{array}{ccc} p_1 & \cdots & p_n \end{array} \right\} \in H_{(k)} \tag{7.46}$$

在方程 (7.44) 中，计算变形梯度对物质点 k 的影响域中的物质点的位移分量的导数 $\dfrac{\partial \mathbf{F}_{(k)}}{\partial \mathbf{v}_{(k)}}$，可得

$$\frac{\partial \mathbf{F}_{(k)}}{\partial \mathbf{v}_{(k)}} = \begin{bmatrix} A_{(1)}g_1^{10}(\boldsymbol{\xi}_{(k)(1)}) & 0 & \cdots & -\sum_{j \in H_{(k)}} A_{(j)}g_1^{10}(\boldsymbol{\xi}_{(k)(j)}) & \\ A_{(1)}g_1^{01}(\boldsymbol{\xi}_{(k)(1)}) & 0 & \cdots & -\sum_{j \in H_{(k)}} A_{(j)}g_1^{01}(\boldsymbol{\xi}_{(k)(j)}) & \\ 0 & A_{(1)}g_1^{10}(\boldsymbol{\xi}_{(k)(1)}) & \cdots & 0 & \\ 0 & A_{(1)}g_1^{01}(\boldsymbol{\xi}_{(k)(1)}) & \cdots & 0 & \\ 0 & \cdots & A_{(N_{(k)})}g_1^{10}(\boldsymbol{\xi}_{(k)(N_{(k)})}) & 0 \\ 0 & \cdots & A_{(N_{(k)})}g_1^{01}(\boldsymbol{\xi}_{(k)(N_{(k)})}) & 0 \\ -\sum_{j \in H_{(k)}} A_{(j)}g_1^{10}(\boldsymbol{\xi}_{(k)(j)}) & \cdots & 0 & A_{(N_{(k)})}g_1^{10}(\boldsymbol{\xi}_{(k)(N_{(k)})}) \\ -\sum_{j \in H_{(k)}} A_{(j)}g_1^{01}(\boldsymbol{\xi}_{(k)(j)}) & \cdots & 0 & A_{(N_{(k)})}g_1^{01}(\boldsymbol{\xi}_{(k)(N_{(k)})}) \end{bmatrix} \tag{7.47}$$

矩阵 $\dfrac{\partial \mathbf{P}_{(k)}}{\partial \mathbf{F}_{(k)}}$ 来自本构方程，并且与方程 (7.43) 给出的形式相同。

7.5 数值结果

通过考虑常规或混合边界条件下的平板，数值结果证明了当前方法的有效性。在混合边界条件下，部分边界施加位移边界条件，部分边界施加牵引力边界条件。这种边界条件的急剧转变通常会导致应力集中 (有时是应力奇点)。

通过与采用 ANSYS(一种商用软件) 实施的有限元预测进行比较，评估了当前方法的精确性。有限元结果采用了相同的离散化 (即单元总数等于 PD 点总数的均匀离散化)。当前方法在本节图中被称为 "当前 PD"。此外，还与基于普遍接受的 PD 方法的预测结果进行了比较，这种方法没有将求解域划分为 $\mathcal{D}$、$\mathcal{R}$ 和 $\mathcal{B}$ 区域。而是将整个区域构建为区域 $\mathcal{D}$ 和 $\mathcal{B}$。将牵引力边界条件作为体力施加，而位移边界条件施加于区域 $\mathcal{B}$ 的最后一层物质点上，且不借助虚拟区域。当位移或非零牵引力边界条件施加于 PD 边界时，PD 位移解仅在这些边界附近显示出扭结。这种位移扭结不会出现在具有零牵引力条件的边界上。这种方法在本节图中被称为 "先前 PD"。并且采用与当前方法相同的离散化进行模拟。

以下所有的模拟都是在平面应变条件下针对具有小变形假设的弹性响应实施的。其中，材料的弹性模量 $E = 148\mathrm{GPa}$，泊松比 $\nu = 0.3$。

7.5.1 常规边界条件

对一个尺寸为 $L = 25\mathrm{mm}$ 和 $W = 5\mathrm{mm}$ 的矩形平板施加两种不同的边界条件，如图 7.3 所示。PD 网格是根据位于平板中心的笛卡儿坐标系生成的。采用 $\Delta = \Delta x = \Delta y = 0.125\mathrm{mm}$ 的均匀网格间距，将平板离散成 8000 个 PD 点，每个点占据的面积 $A_{(k)} = 0.156\mathrm{mm}^2$。在区域 $\mathcal{D}$、$\mathcal{R}$ 和 $\mathcal{B}$ 中，第二章所解释的 PD 函数采用在 TSE 中取 $N = 1$ 进行构造。在区域 Ω 中为每个物质点构造族成员时，采用近场半径 $\delta = 3\Delta$。

沿平板的上边缘施加 $u_0 = 0.1\mathrm{mm}$ 的拉伸位移或 $\sigma = 240\mathrm{MPa}$ 的牵引力载荷。平板底部和左侧边界通过滚动支架约束。右侧边缘无牵引力。尽管这样的条件对于这个细长的几何形状没有直接施加，但它对于 Behera 等 (2022) 所描述的其他几何构型是必要的。当在上部、左侧和底部边缘处施加边界条件时，平板被划分为 $\mathcal{D}$、$\mathcal{R}$ 和 $\mathcal{B}$ 三个区域，如图 7.4 所示。那么，$\mathcal{D}$、$\mathcal{R}$ 和 $\mathcal{B}$ 区域分别有 6392、1330 和 278 个物质点。

第一类:

在区域 $\mathcal{B}$ 中，施加如下边界条件

$$\left. \begin{array}{l} u_y(x,y) = 0 \\ \sigma_{xy}^{\mathrm{PD}}(x,y) = 0 \end{array} \right\}$$

其中 $(-W/2 + \Delta/2 \leqslant x \leqslant W/2 - \Delta/2)$ 且 $y = (-L/2 + \Delta/2)$ \hfill (7.48)

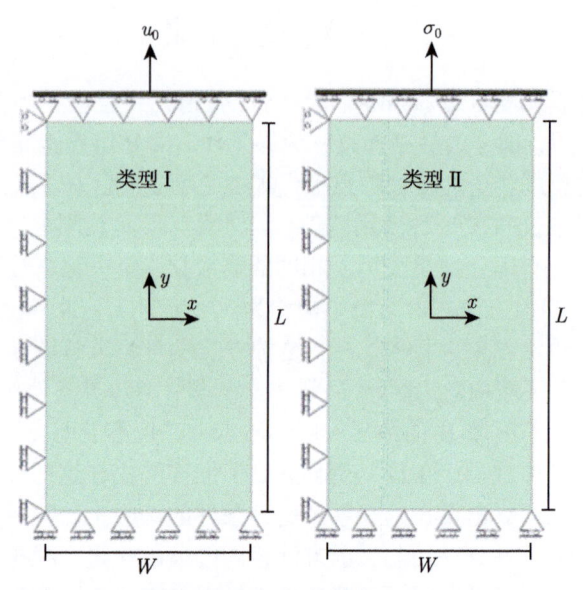

图 7.3　两种载荷作用下具有常规边界条件的矩形平板

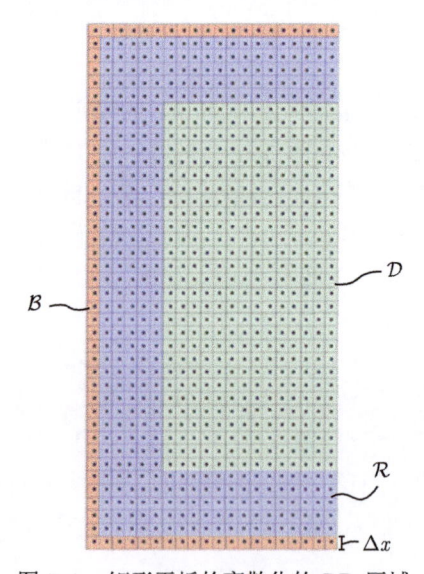

图 7.4　矩形平板的离散化的 PD 区域

$$\left.\begin{array}{l} u_x(x,y) = 0 \\ \sigma_{xy}^{\mathrm{PD}}(x,y) = 0 \end{array}\right\}$$

其中　$x = (-W/2 + \Delta/2)$　且　$(-L/2 + \Delta/2 \leqslant y \leqslant L/2 - \Delta/2)$ （7.49）

$$\left.\begin{array}{l} u_y(x,y) = u_0 \\ \sigma_{xy}^{\mathrm{PD}}(x,y) = 0 \end{array}\right\}$$

其中 $(-W/2 + \Delta/2 \leqslant x \leqslant W/2 - \Delta/2)$ 且 $y = (L/2 - \Delta/2)$ (7.50)

如图 7.5 所示，当前方法在水平方向和垂直方向捕捉到预期的线性位移场。在图 7.6 中，对于 $-L/2 + \Delta/2 \leqslant y \leqslant L/2 - \Delta/2$，也将位移分量与先前 NOSB-PD 方法和 FEM 的位移分量沿直线 $x = W/2 - \Delta/2$ 进行了比较。从这幅图中可以明显看出，当前方法不会导致任何位移扭结。类似地，图 7.7 对于 $-W/2 + \Delta/2 \leqslant x \leqslant W/2 - \Delta/2$ 沿直线 $y = \Delta/2$ 比较了位移分量。正如所预期的那样，远离施加载荷的边界，当前和先前的方法都没有显示出任何扭结。图 7.8 和图 7.9 分别显示了采用当前方法和先前方法在水平方向和垂直方向上所得位移的误差测量值。采用当前方法时，在整个区域内误差测量值均小到可以忽略不计。然而，采用先前方法时，误差在边界附近是显著的。图 7.10 显示了基于当前和先前 PD 方法的法向应力预测结果。与先前方法不同，当前方法得到了一个没有任何应力集中的均匀应力场。

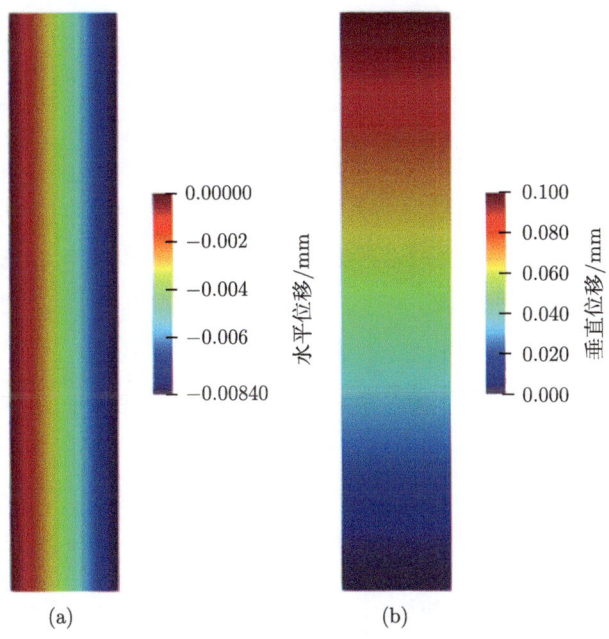

图 7.5 在第一类矩形平板中采用当前方法所得位移分量
(a) 水平方向；(b) 垂直方向

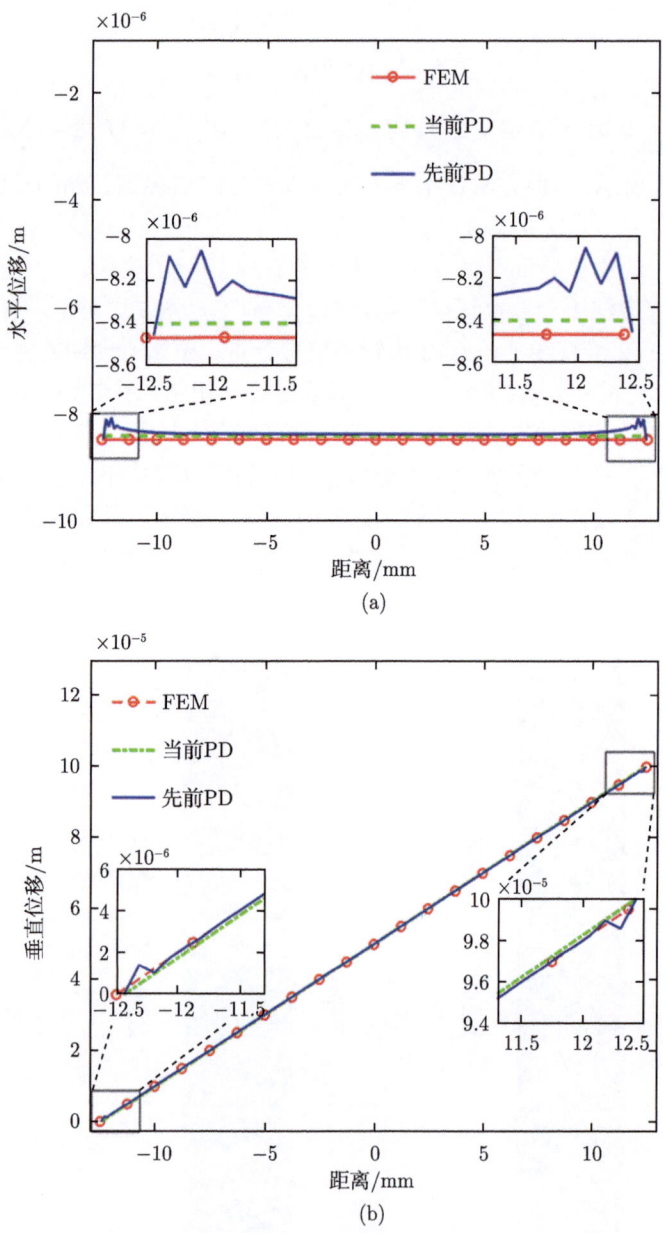

图 7.6 在第一类矩形平板中沿直线 $x = W/2 - \Delta/2$ 比较位移
(a) 水平分量；(b) 垂直分量

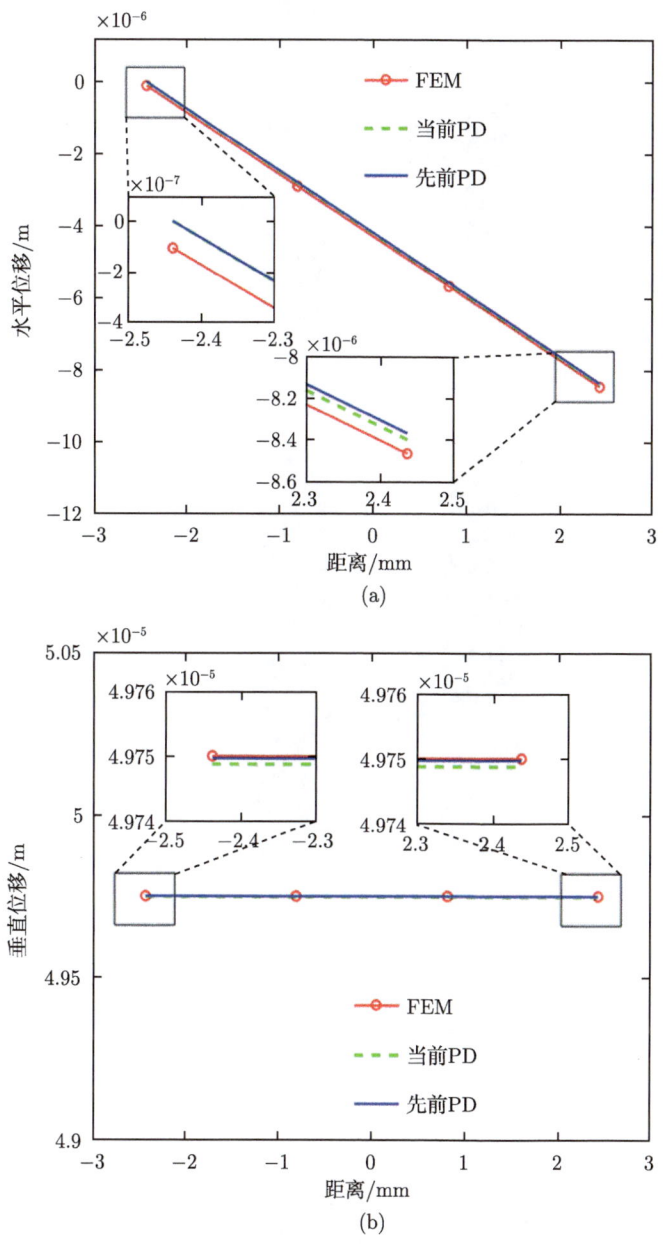

图 7.7 在第一类矩形平板中沿直线 $y = \Delta/2$ 比较位移

(a) 水平分量；(b) 垂直分量

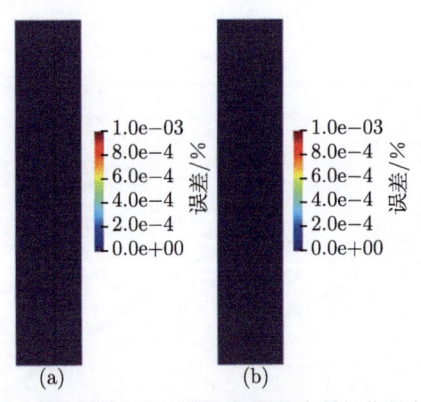

图 7.8　在第一类矩形平板中采用当前方法所得位移的误差测量值
(a) 水平方向；(b) 垂直方向

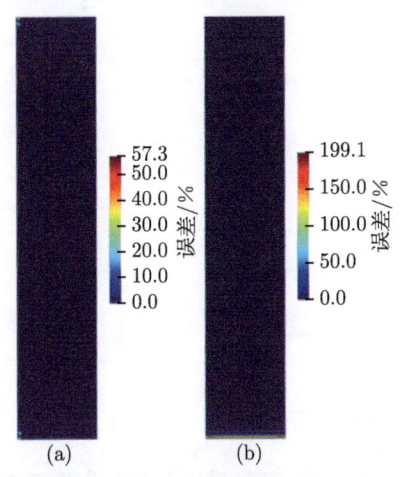

图 7.9　在第一类矩形平板中采用先前方法所得位移的误差测量值
(a) 水平方向；(b) 垂直方向

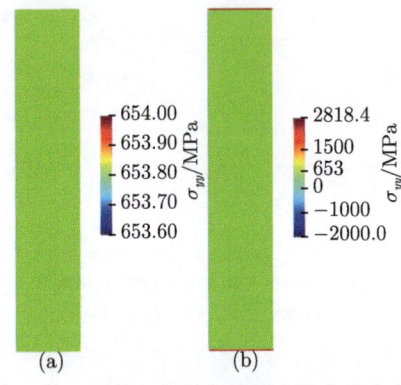

图 7.10　在第一类矩形平板中法向应力分量
(a) 当前方法；(b) 先前方法

第二类：

在区域 $\mathcal{B}$ 中，施加如下非零牵引力边界条件

$$\left.\begin{array}{l}\sigma_{yy}^{\mathrm{PD}}(x,y) = \sigma_0 \\ \sigma_{xy}^{\mathrm{PD}}(x,y) = 0\end{array}\right\}$$

其中 $(-W/2+\Delta/2 \leqslant x \leqslant W/2-\Delta/2)$ 且 $y=(L/2-\Delta/2)$ (7.51)

用当前方法预测的水平和垂直位移如图 7.11 所示。图 7.12 显示了沿右侧边缘 (即 $-L/2+\Delta/2 \leqslant y \leqslant L/2-\Delta/2$ 时 $x=W/2-\Delta/2$) 垂直和水平位移预测结果与先前 NOSB-PD 方法及 FEM 预测结果的比较。在图 7.13 中，对于 $-W/2+\Delta/2 \leqslant x \leqslant W/2-\Delta/2$，沿直线 $y=\Delta/2$ 对位移分量进行了比较，由于远离边界，采用当前方法和先前方法所得结果都没有显示出任何扭结。图 7.14 和图 7.15 显示了水平和垂直位移的误差测量值，使用当前方法时，在整个区域中误差可以忽略不计。使用先前方法，误差测量值在边界附近变得显著。如图 7.16 所示，基于当前方法所得法向应力恢复到施加的应力，没有任何集中。然而，先前的 NOSB-PD 方法由于边界附近的位移扭结而存在应力集中。

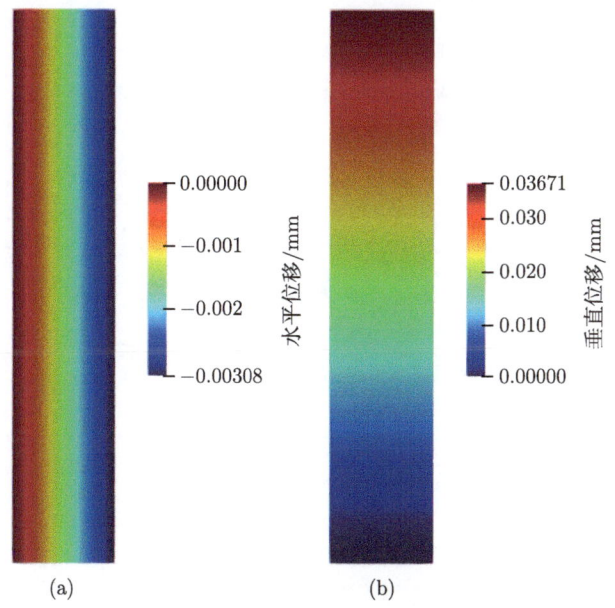

图 7.11 在第二类矩形平板中采用当前方法所得位移分量
(a) 水平方向；(b) 垂直方向

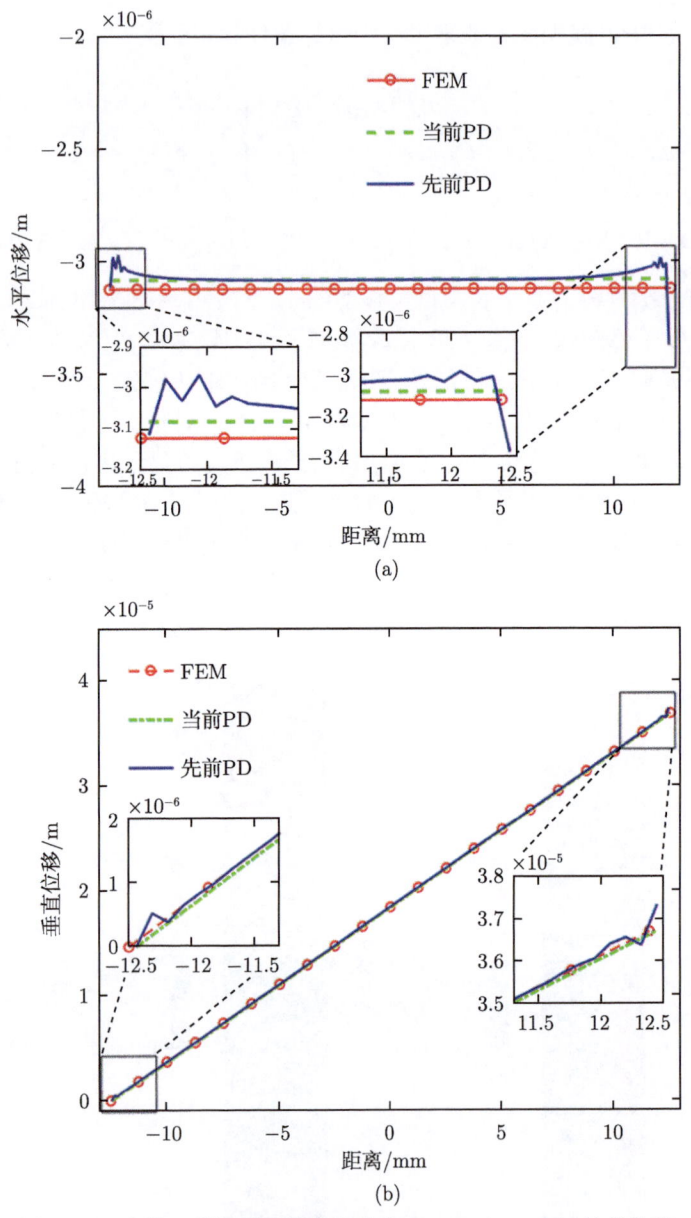

图 7.12 在第二类矩形平板中沿直线 $x = W/2 - \Delta/2$ 比较位移

(a) 水平分量；(b) 垂直分量

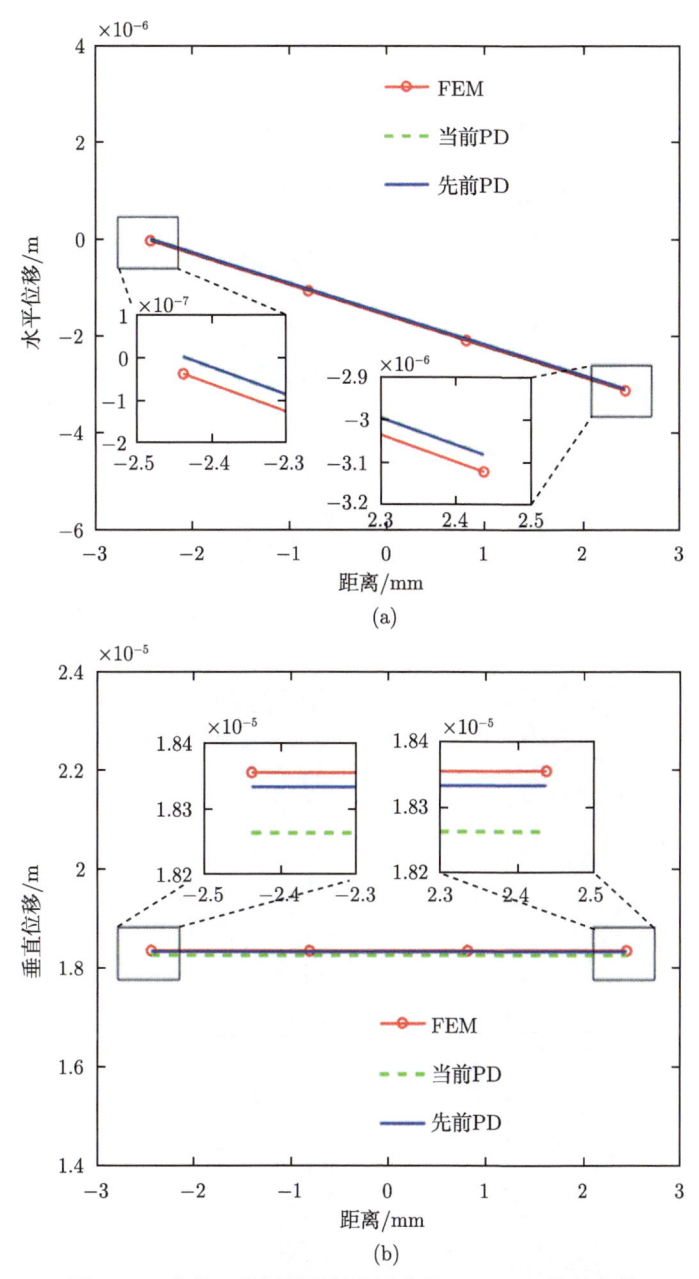

图 7.13 在第二类矩形平板中沿直线 $y = \Delta/2$ 比较位移

(a) 水平分量；(b) 垂直分量

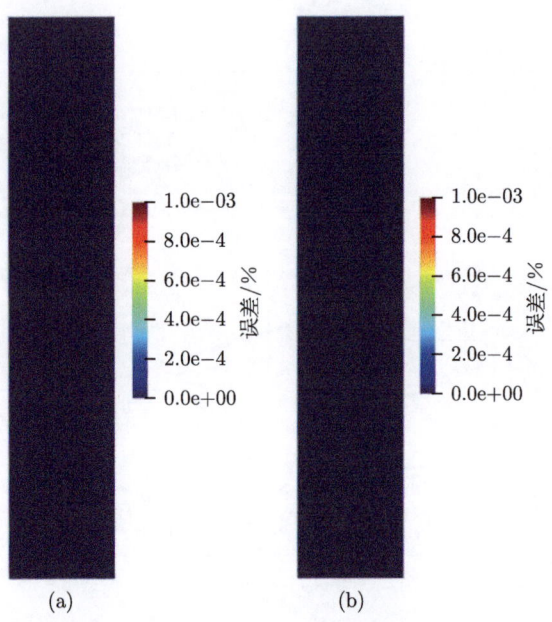

图 7.14　在第二类矩形平板中采用当前方法所得位移的误差测量值
(a) 水平方向；(b) 垂直方向

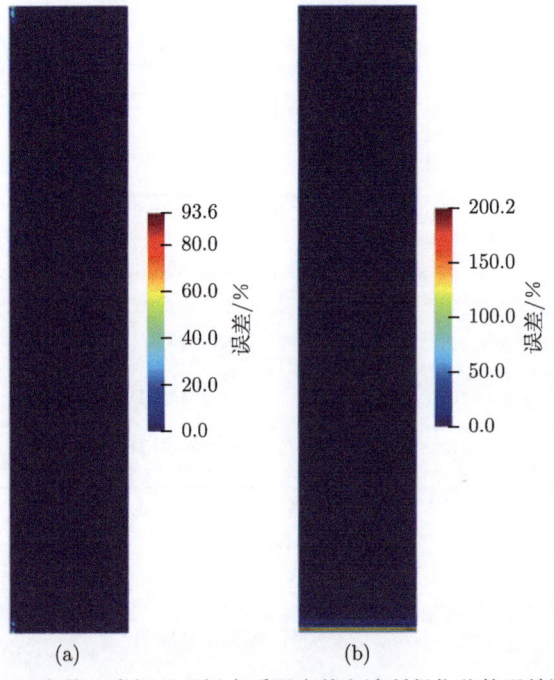

图 7.15　在第二类矩形平板中采用先前方法所得位移的误差测量值
(a) 水平方向；(b) 垂直方向

第七章　无虚拟层时边界条件的直接施加

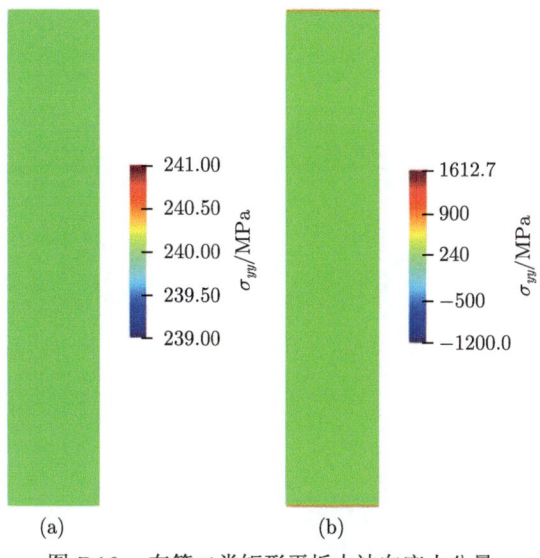

图 7.16　在第二类矩形平板中法向应力分量
(a) 当前方法；(b) 先前方法

7.5.2　混合边界条件

如图 7.17 所示，方形平板沿侧面边界和底部边界受到滚动支撑条件的约束。在顶部边界上 $-a < x < a$ 的距离内施加 $u_0 = -0.1\text{mm}$ 的垂直位移，其中 $a = L/4$。这种混合边界条件将导致非均匀变形和应力集中。由于非均匀位移场的存在，在 $\mathcal{R}$ 和 $\mathcal{B}$ 区域中变形梯度张量采用在 TSE 中取 $N = 3$ 的 PD 函数构造。然而，在区域 $\mathcal{D}$ 中，PD 函数采用在 TSE 中取 $N = 1$ 进行构造。因此，在为区域 Ω 中每个物质点构造族成员时，影响域大小采用 $\delta = 4\Delta$。采用 $\Delta = \Delta x = \Delta y = 1\text{mm}$ 的网格间距，将尺寸为 $L = W = 100\text{mm}$ 的平板均匀离散成 10000 个点。每个点占据的面积 $A_{(k)} = 1\text{mm}^2$。考虑边界条件时，将平板划分为 $\mathcal{D}$、$\mathcal{R}$ 和 $\mathcal{B}$ 区域，如图 7.18 所示。那么，$\mathcal{D}$、$\mathcal{R}$ 和 $\mathcal{B}$ 区域分别包含 7744、1860 和 396 个物质点。

在区域 $\mathcal{B}$ 中，施加如下边界条件

$$\left.\begin{array}{l} u_y(x,y) = -u_0 \\ \sigma_{xy}^{\text{PD}}(x,y) = 0 \end{array}\right\}$$

其中　$(-W/4 + \Delta/2 \leqslant x \leqslant W/4 - \Delta/2)$　且　$y = (L/2 - \Delta/2)$ （7.52）

和

$$\left.\begin{array}{l} \sigma_{yy}^{\text{PD}}(x,y) = 0 \\ \sigma_{xy}^{\text{PD}}(x,y) = 0 \end{array}\right\}$$

其中　$(W/4 - \Delta/2 \leqslant |x| \leqslant W/2 - \Delta/2)$　且　$y = (L/2 - \Delta/2)$ （7.53）

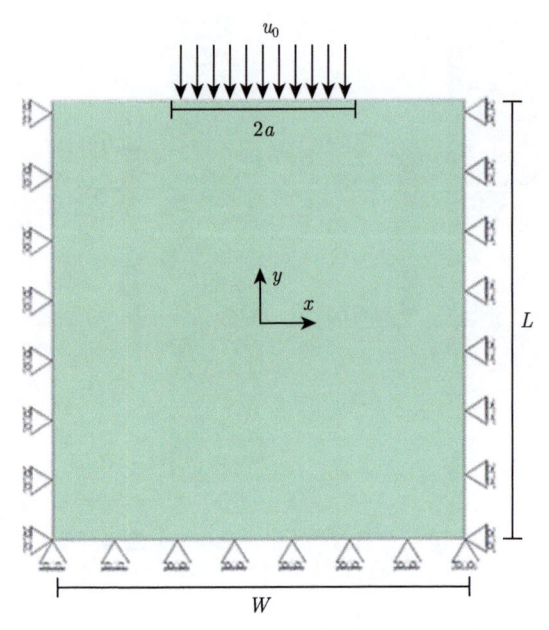

图 7.17　具有混合边界条件的方形平板

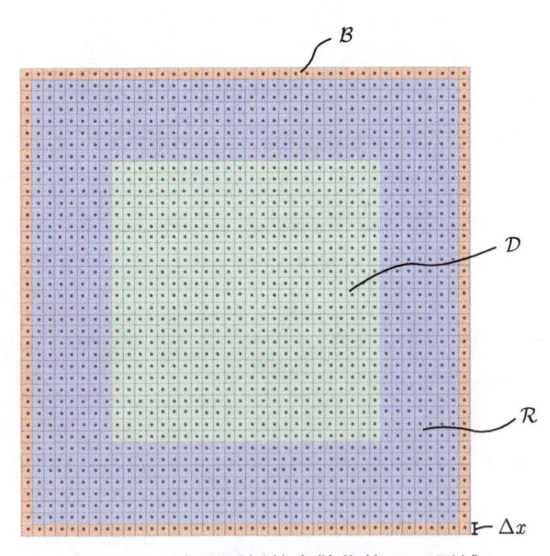

图 7.18　方形平板的离散化的 PD 区域

图 7.19 显示了使用当前方法得到的水平和垂直位移预测结果。三种方法所得的水平位移和垂直位移沿直线 $x = L/4$ 的对比显示在图 7.20 中。在顶部边缘上点 $x = -L/4$ 和 $x = L/4$ 处，由于存在从位移到无牵引力边界条件的转变，当前方法捕捉到如图 7.21 所示的预期应力集中。

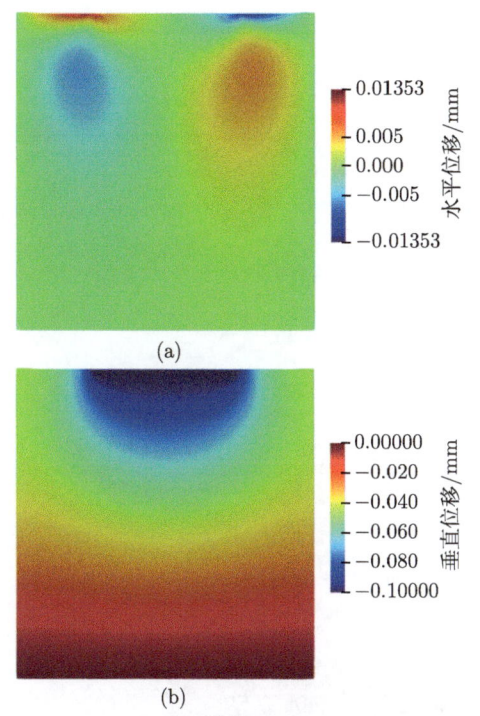

图 7.19　在方形平板中采用当前方法所得位移分量
(a) 水平方向；(b) 垂直方向

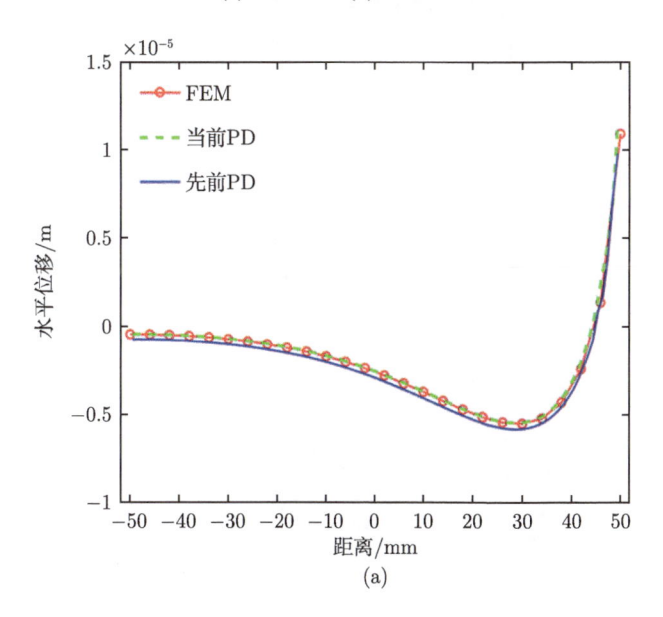

(b)

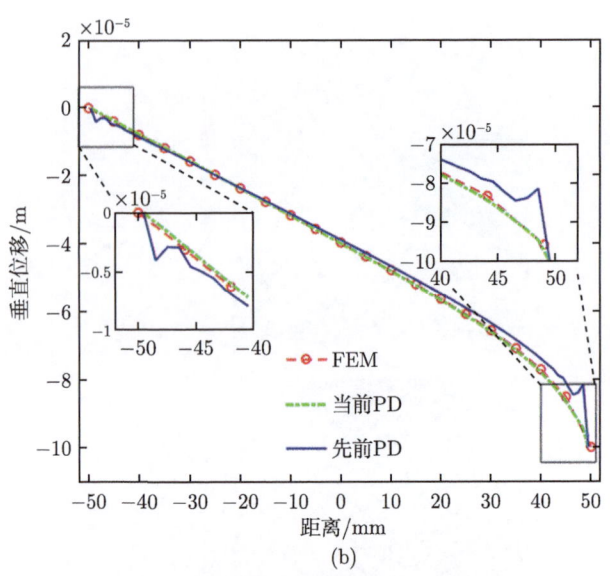

图 7.20　在方形平板中比较位移
(a) 水平分量；(b) 垂直分量

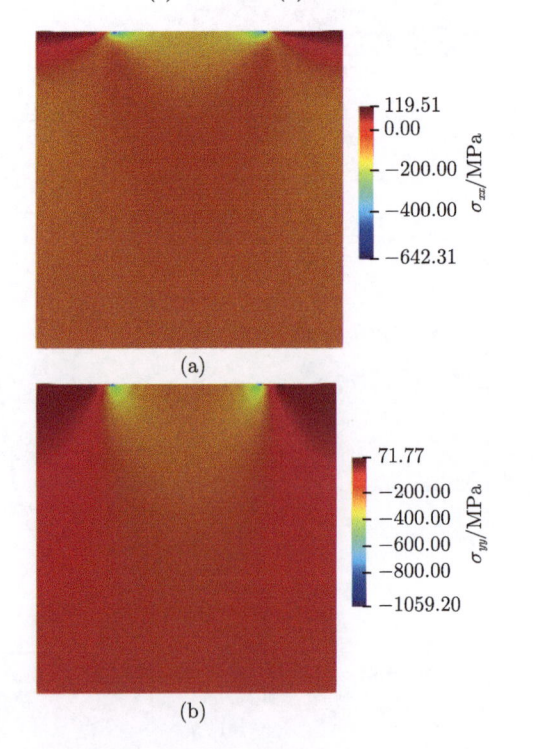

(a)

(b)

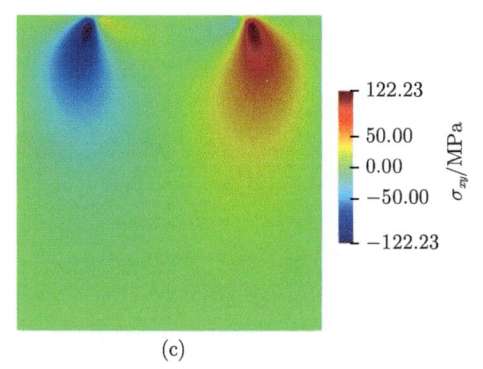

图 7.21　在方形平板中采用当前方法所得应力分量
(a) σ_{xx}; (b) σ_{yy}; (c) σ_{xy}

对于所有边界条件的组合，位移预测结果与有限元结果吻合得很好。当前方法在边界附近不存在非物理位移扭结。而且，值得注意的是，位移预测结果在 $\mathcal{R}$ 和 $\mathcal{D}$ 区域之间保持平滑。此外，当前方法还捕捉到由牵引力边界条件类型向位移边界条件类型转变而产生的预期应力集中。

参 考 文 献

Behera, D., Roy, P., Anicode, S. V. K., Madenci, E., & Spencer, B. (2022). Imposition of local boundary conditions in peridynamics without a fictitious layer and unphysical stress concentrations. *Computer Methods in Applied Mechanics and Engineering, 393*, 114734.

Gu, X., Madenci, E., & Zhang, Q. (2018). Revisit of non-ordinary state-based peridynamics. *Engineering Fracture Mechanics, 190*, 31-52.

Kilic, B., & Madenci, E. (2010). An adaptive dynamic relaxation method for quasi-static simulations using the peridynamic theory. *Theoretical and Applied Fracture Mechanics, 53*(3), 194-204.

Macek, R. W., & Silling, S. A. (2007). Peridynamics via finite element analysis. *Finite Elements in Analysis and Design, 43*(15), 1169-1178.

Madenci, E., Barut, A., & Dorduncu, M. (2019). *Peridynamic differential operator for numerical analysis.* Springer International Publishing.

Madenci, E., Barut, A., & Futch, M. (2016). Peridynamic differential operator and its applications. *Computer Methods in Applied Mechanics and Engineering, 304*, 408-451.

Madenci, E., Dorduncu, M., Barut, A., & Phan, N. (2018). Weak form of peridynamics for nonlocal essential and natural boundary conditions. *Computer Methods in Applied Mechanics and Engineering, 337*, 598-631.

Nishawala, V. V., & Ostoja-Starzewski, M. (2017). Peristatic solutions for finite one-and two-dimensional systems. *Mathematics and Mechanics of Solids, 22*(8), 1639-1653.

Sarego, G., Le, Q. V., Bobaru, F., Zaccariotto, M., & Galvanetto, U. (2016). Linearized state-based peridynamics for 2-D problems. *International Journal for Numerical Methods in Engineering, 108*(10), 1174-1197.

Silling, S. A. (2000). Reformulation of elasticity theory for discontinuities and long-range forces. *Journal of the Mechanics and Physics of Solids, 48*(1), 175-209.

Silling, S. A., Epton, M., Weckner, O., Xu, J., & Askari, E. (2007). Peridynamic states and constitutive modeling. *Journal of Elasticity, 88*(2), 151-184.

Silling, S. A., & Lehoucq, R. B. (2010). Peridynamic theory of solid mechanics. *Advances in Applied Mechanics, 44*, 73-168.

第八章　热弹性变形的近场动力学建模

8.1　引　　言

许多复杂的工程结构/部件，例如飞机、桥梁或发电厂的结构等，均被设计为可以在很大的温度范围内安全工作。在当今时代，甚至在诸如医疗保健行业等关键应用中也需要更小的电子设备。这种微电子元件可望在恶劣条件下工作而不会出现故障。在非均匀温度场存在的情况下，固体内部将出现应力。这些应力会引起裂纹，最终导致材料破坏。因此，在部件/结构的设计中，必须考虑材料的热弹性变形。

近场动力学 (PD) 热弹性分析适用于预测材料因温度变化引起的破坏。通常，固体中的热响应和力学响应是完全耦合的。力密度矢量仅由弹性变形而产生，因此需要从总变形中去除温度变化引起的变形影响。

Kilic 和 Madenci(2009) 基于键型 (BB)PD 提出了一个非耦合热力学模型。其思想基于在计算力密度矢量时从总拉伸中去除热影响。Oterkus 等 (2014) 基于热动力学推导出一个通用 PD 框架以实施耦合的热力学计算。Oterkus 和 Madenci (2017) 使用 BB-PD 研究了在发电厂运行期间 UO_2 核燃料芯块的开裂。Wang 等 (2018) 利用 BB-PD 研究了岩石中的热裂纹。

Hu 等 (2018) 使用常规态型 (OSB)PD 进行了热力学分析。可以通过从总力学膨胀中去除热分量的方法来预测弹性膨胀。然后用弹性膨胀来计算力密度矢量。Gao 和 Oterkus(2019a) 提出了一个与 OSB-PD 框架完全耦合的热力学公式。对复合材料，他们推广了这个公式 (Gao & Oterkus, 2019b)。D'Antuono 和 Morandini(2017) 通过与热扩散弱耦合，采用 OSB-PD 分析了脆性材料的热冲击响应。

Shou 和 Zhou(2020) 提出了一个耦合的热力学非常规态型 (NOSB)PD 模型，用于研究温度变化引起岩石裂纹的形成。Pathrikar 等 (2021) 提出了一个热力学模型以研究脆性材料的损伤。在 NOSB-PD 中，可以从总应变中减去热应变以计算力密度向量。然而，在进行模拟时，还需要一种消除零能模式的方法。

本章涉及使用 NOSB-PD 对固体进行热力学分析。虽然没有限制，但本章只考虑单向耦合，即温度对力学响应的影响。通过对均匀和非均匀温度场作用下物

补充信息　在线原著版本包含本章补充材料，请访问 [https://doi.org/10.1007/978-3-030-97858-7_8]。

体位移场进行数值预测，以证明方法的有效性。并根据 FE 预测结果对 PD 预测结果进行验证。

8.2 热弹性变形

考虑到热力学第一和第二定律，Oterkus 和 Madenci(2017) 推导出存在温度变化时的力密度矢量为

$$\mathbf{t}(\mathbf{x},\boldsymbol{\xi}) = \mathbf{t}_s(\mathbf{x},\boldsymbol{\xi}) - \mathbf{B}\Delta\Theta \tag{8.1}$$

其中 $\mathbf{t}_s(\mathbf{x},\boldsymbol{\xi})$ 是结构变形引起的力密度矢量，$\mathbf{B}$ 是热模量矢量，$\Delta\Theta$ 是物质点 $\mathbf{x}$ 处的温度变化。如方程 (3.31) 所示，对于 NOSB-PD，力密度矢量具有下列形式

$$\mathbf{t}(\mathbf{x},\boldsymbol{\xi}) = \mathbf{P}_{\boldsymbol{\xi}}^{\mathrm{PD}}(\mathbf{x})\mathbf{g}(\mathbf{x},\boldsymbol{\xi}) \tag{8.2}$$

对于线弹性材料响应，仅由弹性变形引起的第一 Piola-Kirchhoff 应力张量的 PD 形式可被表示为

$$\mathbf{P}_{\boldsymbol{\xi}}^{\mathrm{PD}}(\mathbf{x}) = \mathbf{C} : \varepsilon_{\boldsymbol{\xi}}^{e}(\mathbf{x}) \tag{8.3}$$

其中 $\mathbf{C}$ 是材料属性张量。通过从键辅助 (BA) 总应变张量 $\varepsilon_{\boldsymbol{\xi}}(\mathbf{x})$ 中减去热应变 $\varepsilon^{\mathrm{th}}(\mathbf{x})$，得到 BA 弹性应变张量 $\varepsilon_{\boldsymbol{\xi}}^{e}(\mathbf{x})$，即

$$\varepsilon_{\boldsymbol{\xi}}^{e}(\mathbf{x}) = \varepsilon_{\boldsymbol{\xi}}(\mathbf{x}) - \varepsilon^{\mathrm{th}}(\mathbf{x}) \tag{8.4}$$

利用方程 (3.27) 中的 BA 变形梯度张量 $\mathbf{F}_{\boldsymbol{\xi}}^{\mathrm{PD}}(\mathbf{x})$，BA 总应变可以被表示为

$$\varepsilon_{\boldsymbol{\xi}}(\mathbf{x}) = \frac{1}{2}\left(\left(\mathbf{F}_{\boldsymbol{\xi}}^{\mathrm{PD}}(\mathbf{x})\right)^{\mathrm{T}}\mathbf{F}_{\boldsymbol{\xi}}^{\mathrm{PD}}(\mathbf{x}) - \mathbf{I}\right) \tag{8.5}$$

对于小变形，计算可得

$$\varepsilon_{\boldsymbol{\xi}}(\mathbf{x}) = \frac{1}{2}\left(\left(\mathbf{F}_{\boldsymbol{\xi}}^{\mathrm{PD}}(\mathbf{x})\right)^{\mathrm{T}} + \mathbf{F}_{\boldsymbol{\xi}}^{\mathrm{PD}}(\mathbf{x})\right) - \mathbf{I} \tag{8.6}$$

其中 $\mathbf{F}_{\boldsymbol{\xi}}^{\mathrm{PD}}(\mathbf{x})$ 具有下列形式

$$\mathbf{F}_{\boldsymbol{\xi}}^{\mathrm{PD}}(\mathbf{x}) = \int_{H_{\mathbf{x}} \cap H_{\mathbf{x}'}} (\mathbf{y}'' - \mathbf{y}) \otimes \mathbf{g}_{\boldsymbol{\xi}}(\mathbf{x}'' - \mathbf{x}) dV_{\mathbf{x}''} \tag{8.7}$$

温度变化量 $\Delta\Theta$ 引起的热应变为

$$\varepsilon^{\mathrm{th}} = \alpha\Delta\Theta\mathbf{I} \tag{8.8}$$

其中 α 是材料的热膨胀系数，$\mathbf{I}$ 是单位矩阵。

将方程 (8.8) 和 (8.4) 代入方程 (8.3)，那么由温度变化引起的力密度矢量的最终形式可以被表示为

$$\mathbf{t}(\mathbf{x}) = \mathbf{C} : (\boldsymbol{\varepsilon}_{\boldsymbol{\xi}}(\mathbf{x}) - \alpha\Delta\Theta\mathbf{I})\mathbf{g}(\mathbf{x},\boldsymbol{\xi}) \tag{8.9}$$

或者

$$\mathbf{t}(\mathbf{x}) = (\mathbf{C} : \boldsymbol{\varepsilon}_{\boldsymbol{\xi}}(\mathbf{x}))\,\mathbf{g}(\mathbf{x},\boldsymbol{\xi}) - (\mathbf{C} : \alpha\mathbf{I}\mathbf{g}(\mathbf{x},\boldsymbol{\xi}))\,\Delta\Theta \tag{8.10}$$

将方程 (8.10) 与方程 (8.1) 进行比较，那么由结构变形引起的力密度矢量可以被表示为

$$\mathbf{t}_s(\mathbf{x}) = (\mathbf{C} : \boldsymbol{\varepsilon}_{\boldsymbol{\xi}}(\mathbf{x}))\,\mathbf{g}(\mathbf{x},\boldsymbol{\xi}) \tag{8.11}$$

热模量矢量可以被表示为

$$\mathbf{B} = ((\mathbf{C} : \alpha\mathbf{I})\mathbf{g}(\mathbf{x},\boldsymbol{\xi})) = \alpha\,((\mathbf{C} : \mathbf{I})\mathbf{g}(\mathbf{x},\boldsymbol{\xi})) \tag{8.12}$$

值得注意的是，热模量矢量也是键辅助的形式。

根据方程 (8.10) 和方程 (1.2)，包含温度效应的 PD 内力向量可以被写成

$$\mathbf{L}(\mathbf{x}) = \int_{H_\mathbf{x}} \begin{pmatrix} \mathbf{t}_s(\mathbf{x},\boldsymbol{\xi}) - (\mathbf{C} : \alpha\mathbf{I}\mathbf{g}(\mathbf{x},\boldsymbol{\xi}))\,\Delta\Theta(\mathbf{x}) - \mathbf{t}'_s(\mathbf{x}',-\boldsymbol{\xi}) \\ + (\mathbf{C} : \alpha\mathbf{I}\mathbf{g}(\mathbf{x}',-\boldsymbol{\xi}))\,\Delta\Theta(\mathbf{x}') \end{pmatrix} dV_{\mathbf{x}'} \tag{8.13}$$

8.3 数值实现

对于二维分析，通过均匀离散化得到计算域，如图 8.1 所示。每个物质点 $\mathbf{x}_{(k)}$ 对应的面积为 $A_{(k)} = \Delta^2$，其中 $\Delta = \Delta x = \Delta y$ 是网格间距。对于近场半径 δ，在距 $\mathbf{x}_{(k)}$ 距离为 δ 的范围内，即满足关系式：$\|\mathbf{x}_{(j)} - \mathbf{x}_{(k)}\| < \delta$ 的所有邻近物质点 $\mathbf{x}_{(j)}$，构成其族成员。利用 $\mathbf{x}_{(k)}$ 和 $\mathbf{x}_{(j)}$ 两点族中的物质点，如图 8.1 所示，计算 BA 变形梯度张量 $\mathbf{F}^{\text{PD}}_{\boldsymbol{\xi}(k)(j)}$。BA 变形梯度张量的离散形式可被表示为

$$\mathbf{F}^{\text{PD}}_{\boldsymbol{\xi}(k)(j)} = \sum_{p \in H_{(k)} \cap H_{(j)}} \left(\mathbf{y}_{(p)} - \mathbf{y}_{(k)}\right) \otimes \mathbf{g}_{\boldsymbol{\xi}(k)(p)} A_{(p)} \tag{8.14}$$

根据方程 (8.13)，在物质点 $\mathbf{x}_{(k)}$ 处内力密度矢量的离散形式可以被表示为

$$\mathbf{L}_{(k)} = \sum_{j \in H_{(k)}} \begin{pmatrix} \left(\mathbf{C}_{(k)} : (\boldsymbol{\varepsilon}_{\boldsymbol{\xi}(k)(j)} - \alpha_{(k)}\Delta\Theta_{(k)}\mathbf{I})\right) \mathbf{g}_{(k)(j)} \\ - \left(\mathbf{C}_{(j)} : (\boldsymbol{\varepsilon}_{\boldsymbol{\xi}(j)(k)} - \alpha_{(j)}\Delta\Theta_{(j)}\mathbf{I})\right) \mathbf{g}_{(j)(k)} \end{pmatrix} A_{(j)} \tag{8.15}$$

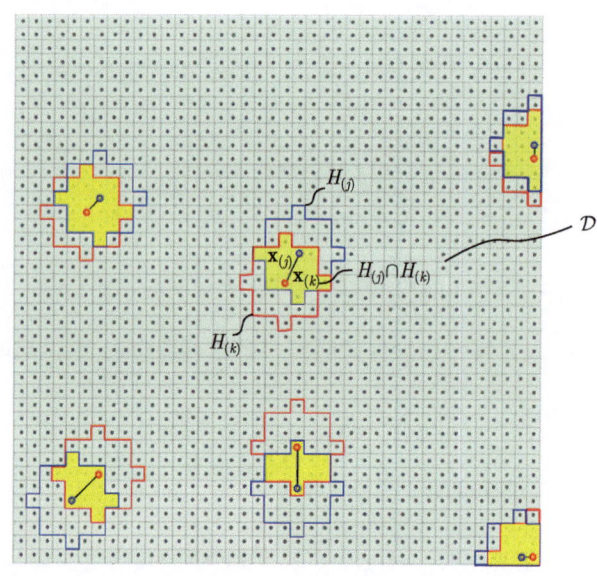

图 8.1 在离散区域中物质点 $\mathbf{x}_{(k)}$ 和 $\mathbf{x}_{(j)}$ 的相互作用域 $H_{(k)}$ 和 $H_{(j)}$ 及其交集 $H_{(k)} \cap H_{(j)}$

这个方程可以被划分成两部分，即

$$\mathbf{L}_{(k)} = \mathbf{L}_{(k)}^S - \mathbf{L}_{(k)}^T \tag{8.16}$$

其中 $\mathbf{L}_{(k)}^S$ 是总变形的贡献，具有下列形式

$$\mathbf{L}_{(k)}^S = \sum_{j \in H_{(k)}} \left(\left(\mathbf{C}_{(k)} : \boldsymbol{\varepsilon}_{\boldsymbol{\xi}(k)(j)} \right) \mathbf{g}_{(k)(j)} - \left(\mathbf{C}_{(j)} : \boldsymbol{\varepsilon}_{\boldsymbol{\xi}(j)(k)} \right) \mathbf{g}_{(j)(k)} \right) A_{(j)} \tag{8.17}$$

而 $\mathbf{L}_{(k)}^T$ 是由于温度变化而产生的贡献，具有下列形式

$$\mathbf{L}_{(k)}^T = \sum_{j \in H_{(k)}} \left(\left(\mathbf{C}_{(k)} : \alpha_{(k)} \Delta \Theta_{(k)} \mathbf{I} \right) \mathbf{g}_{(k)(j)} - \left(\mathbf{C}_{(j)} : \alpha_{(j)} \Delta \Theta_{(j)} \mathbf{I} \right) \mathbf{g}_{(j)(k)} \right) A_{(j)} \tag{8.18}$$

对于小变形，可用 BA 变形梯度张量 $\mathbf{F}_{\boldsymbol{\xi}(k)(j)}^{\mathrm{PD}}$ 来计算应变张量 $\boldsymbol{\varepsilon}_{\boldsymbol{\xi}(k)(j)}$，即

$$\boldsymbol{\varepsilon}_{\boldsymbol{\xi}(k)(j)} = \frac{1}{2} \left((\mathbf{F}_{\boldsymbol{\xi}(k)(j)}^{\mathrm{PD}})^{\mathrm{T}} + \mathbf{F}_{\boldsymbol{\xi}(k)(j)}^{\mathrm{PD}} \right) - \mathbf{I} \tag{8.19}$$

根据方程 (8.17) 和 (8.18)，控制方程可以组合成矢量形式

$$\mathbf{Q}^S(\mathbf{V}) + \mathbf{Q}(\boldsymbol{\Theta}) - \mathbf{q}_\sigma^* = \mathbf{0} \tag{8.20}$$

其中 $\mathbf{V}$ 是未知位移矢量，被定义为

$$\mathbf{V}^{\mathrm{T}} = \left\{ \begin{array}{ccccccc} u_{1(1)} & u_{2(1)} & \cdots & u_{1(k)} & u_{2(k)} & \cdots & u_{1(N)} & u_{2(N)} \end{array} \right\} \tag{8.21}$$

而 $\boldsymbol{\Theta}$ 是已知温度变化矢量，被定义为

第八章 热弹性变形的近场动力学建模

$$\Theta^{\mathrm{T}} = \left\{ \begin{array}{ccccccc} \Delta\Theta_{(1)} & \Delta\Theta_{(2)} & \cdots & \Delta\Theta_{(k-1)} & \Delta\Theta_{(k)} & \cdots & \Delta\Theta_{(N-1)} & \Delta\Theta_{(N)} \end{array} \right\} \tag{8.22}$$

由结构变形而产生的矢量 $\mathbf{Q}^S$ 包含了物质点的位移。矢量 $\mathbf{Q}(\Theta)$ 是温度变化对内力矢量的贡献,而矢量 $\mathbf{q}_\sigma^*$ 来自于在边界上施加的牵引力 $\mathbf{T}^*$。

对于线弹性材料,矢量 $\mathbf{Q}^S$ 可被分解为

$$\mathbf{Q}^S(\mathbf{V}) = \mathbf{K}\mathbf{V} \tag{8.23}$$

式中 $\mathbf{K}$ 是维数为 $(2N \times 2N)$ 的刚度矩阵,其中 N 表示物体内物质点的总数。通过在物质点 $\mathbf{x}_{(k)}$ 处组装矩阵 $\mathbf{k}_{(k)}$,可以得到刚度矩阵 $\mathbf{K}$。矩阵 $\mathbf{k}_{(k)}$ 可以被显式表示为

$$\mathbf{k}_{(k)} = \sum_{j \in H_{(k)}} \left[\mathbf{D}_{(k)} \left(\frac{\partial \mathbf{F}_{\boldsymbol{\xi}(k)(j)}}{\partial \mathbf{u}_{\boldsymbol{\xi}(k)(j)}} \right) \mathbf{g}_{(k)(j)} - \mathbf{D}_{(j)} \left(\frac{\partial \mathbf{F}_{\boldsymbol{\xi}(j)(k)}}{\partial \mathbf{u}_{\boldsymbol{\xi}(j)(k)}} \right) \mathbf{g}_{(j)(k)} \right] A_{(j)} \tag{8.24}$$

计算变形梯度张量对物质点 $\mathbf{x}_{(k)}$ 和 $\mathbf{x}_{(j)}$ 的相交影响域 $H_{(k)} \cap H_{(j)}$ 中的物质点的位移分量的导数 $\dfrac{\partial \mathbf{F}_{\boldsymbol{\xi}(k)(j)}}{\partial \mathbf{u}_{\boldsymbol{\xi}(k)(j)}}$,可得

$$\frac{\partial \mathbf{F}_{\boldsymbol{\xi}(k)(j)}}{\partial \mathbf{u}_{\boldsymbol{\xi}(k)(j)}} =
\begin{bmatrix}
A_{(1)}g_1^{10}(\boldsymbol{\xi}_{(k)(1)}) & 0 & \cdots & -\sum\limits_{l \in H_{(k)} \cap H_{(j)}} A_{(l)}g_1^{10}(\boldsymbol{\xi}_{(k)(l)}) & \\
A_{(1)}g_1^{01}(\boldsymbol{\xi}_{(k)(1)}) & 0 & \cdots & -\sum\limits_{l \in H_{(k)} \cap H_{(j)}} A_{(l)}g_1^{01}(\boldsymbol{\xi}_{(k)(l)}) & \\
0 & A_{(1)}g_1^{10}(\boldsymbol{\xi}_{(k)(1)}) & \cdots & 0 & \\
0 & A_{(1)}g_1^{01}(\boldsymbol{\xi}_{(k)(1)}) & \cdots & 0 & \\
0 & \cdots & A_{(N_{(k)})}g_1^{10}(\boldsymbol{\xi}_{(k)(N_{(k)})}) & 0 \\
0 & \cdots & A_{(N_{(k)})}g_1^{01}(\boldsymbol{\xi}_{(k)(N_{(k)})}) & 0 \\
-\sum\limits_{l \in H_{(k)} \cap H_{(j)}} A_{(l)}g_1^{10}(\boldsymbol{\xi}_{(k)(l)}) & \cdots & 0 & A_{(N_{(k)})}g_1^{10}(\boldsymbol{\xi}_{(k)(N_{(k)})}) \\
-\sum\limits_{l \in H_{(k)} \cap H_{(j)}} A_{(l)}g_1^{01}(\boldsymbol{\xi}_{(k)(l)}) & \cdots & 0 & A_{(N_{(k)})}g_1^{01}(\boldsymbol{\xi}_{(k)(N_{(k)})})
\end{bmatrix} \tag{8.25}$$

对于线性材料响应,材料属性矩阵 $\mathbf{D}$ 可以被表示为

$$\mathbf{D} = \begin{bmatrix} D_{11} & 0 & 0 & D_{12} \\ 0 & D_{33}/2 & D_{33}/2 & 0 \\ 0 & D_{33}/2 & D_{33}/2 & 0 \\ D_{21} & 0 & 0 & D_{22} \end{bmatrix} \tag{8.26}$$

其中对平面应变情况，$D_{33} = E/(1+\nu)$，$D_{11} = D_{22} = E(1-\nu)/[(1+\nu)(1-2\nu)]$，$D_{12} = E\nu/[(1+\nu)(1-2\nu)]$，对平面应力情况，则有 $D_{11} = D_{22} = E/(1-\nu)^2$，$D_{12} = E\nu/(1-\nu)^2$，式中 E 和 ν 分别表示杨氏模量和泊松比。

通过将方程 (8.19) 中所给方程 $\mathbf{L}_{(k)}$ 进行组合，可以得到维数为 $2N$ 的已知矢量 $\mathbf{Q}(\Theta)$。这个矢量是导致变形的强制项。最后，线性方程组可被表示为

$$\mathbf{KV} = -\mathbf{Q}(\Theta) + \mathbf{q}_\sigma^* \tag{8.27}$$

鉴于刚度矩阵的稀疏性，它以压缩行格式存储。通过行列消去技术可以施加位移边界条件。最后，采用稀疏求解器可以隐式求得方程组的解。适合使用具有高性能和高内存效率的 Intel 稀疏直接求解器 PARDISO。

8.4 数值结果

本节通过考虑保持恒温的各向同性矩形平板在均匀和非均匀温度变化下的自由膨胀，以验证该方法的有效性。如图 8.2 所示的各向同性矩形平板的尺寸为 $L = 25\text{mm}$ 和 $W = 5\text{mm}$。笛卡儿坐标系的原点位于平板的中心。弹性模量和泊松比分别指定为 $E = 148\text{GPa}$ 和 $\nu = 0.3$。热膨胀系数被指定为 $\alpha = 16.0 \times 10^{-6}(1/\text{K})$。

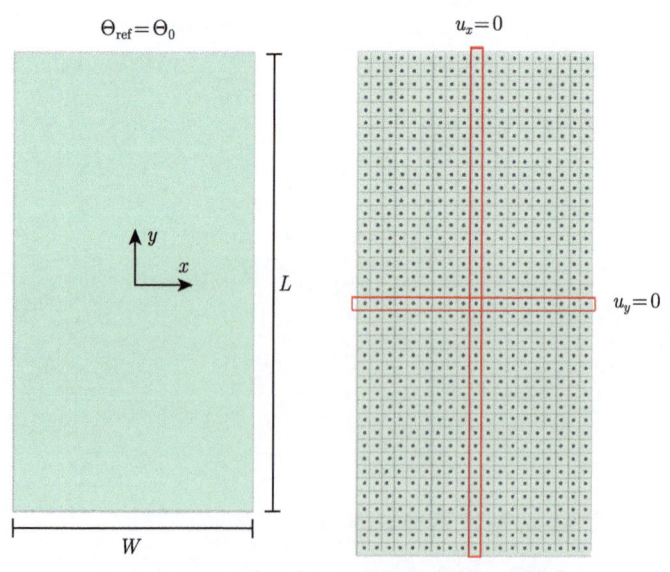

图 8.2 在参考温度 Θ_0 下的矩形平板及其离散化

通过使用在边界上没有施加约束的强形式的 PD 方程进行这些模拟。如有必要，可以采用第七章所述的方法施加位移约束和外部边界条件。将位移预测结果

与有限元 (FE) 分析结果进行比较，以评估该方法的精确性。FE 模型的离散化与 PD 模型的离散化相同，即 FE 模型中单元总数等于 PD 模型中的物质点数。采用商用 FE 软件 ANSYS 进行 FE 分析。

PD 计算域由 8241 个具有均匀网格间距 $\Delta x = \Delta y = \Delta = 0.122\text{mm}$ 的物质点组成。每个 PD 点 k 对应的面积 $A_{(k)} = 0.0152\text{mm}^2$。通过设置近场半径是网格间距的三倍，即 $\delta = 3.015\Delta$，来构造物质点的族成员。平板保持在初始参考温度 $\Theta_0 = 300\text{K}$。为了在分析中避免刚体运动，在沿直线 $x=0$ 的物质点上施加水平约束，在沿直线 $y=0$ 的物质点上施加垂直约束。

情况一：温度均匀升高

在所有物质点上，施加额外温度 $\Delta\Theta = 100\text{K}$ 将平板的初始温度增加到 $\Theta(x,y) = 400\text{K}$。因此，平板会发生膨胀。从 PD 得到的水平位移和垂直位移的预测结果如图 8.3 所示。图 8.4 显示了沿右侧边缘即直线 $x = W/2 - \Delta/2$ 及 $-L/2 + \Delta/2 < y < L/2 - \Delta/2$ 上的水平位移和垂直位移的比较。所有物质点的水平位移保持恒定不变，而垂直位移从底部到顶部呈线性增加。这些结果与预期的分析结果一致，并且与 FE 预测结果吻合较好。根据 PD 预测所得法向应力和剪切应力如图 8.5 所示。正如所预期的那样，由于平板自由膨胀，所有的应力分量都为零。

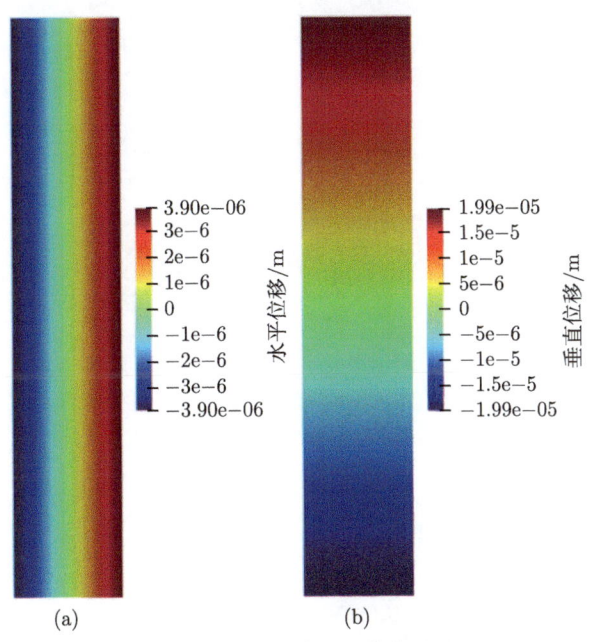

图 8.3　均匀温度变化下的位移分量
(a) 水平方向；(b) 垂直方向

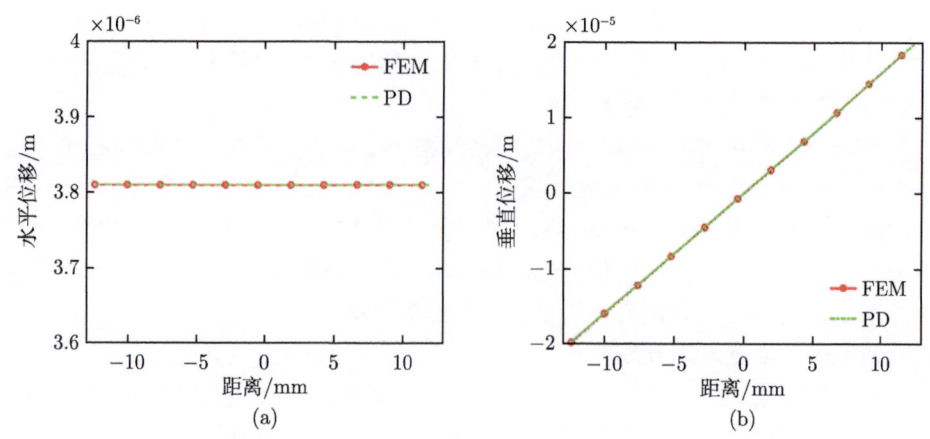

图 8.4　沿直线 $x = W/2 - \Delta/2$ 比较由均匀温度变化引起的位移分量
(a) 水平方向；(b) 垂直方向

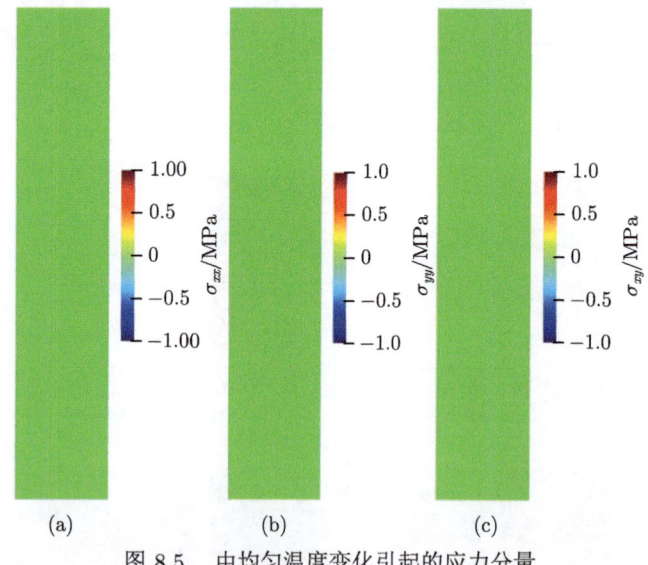

图 8.5　由均匀温度变化引起的应力分量
(a) σ_{xx}；(b) σ_{yy}；(c) σ_{xy}

情况二：非均匀温度变化

在平板内施加的非均匀温度为

$$\Theta(x,y) = 5.0 \times 10^5 y^2 + 400 \text{ K} \tag{8.28}$$

因此，物质点处的温度变化量为

$$\Delta\Theta(x,y) = 5.0 \times 10^5 y^2 + 100 \text{ K} \tag{8.29}$$

水平位移和垂直位移的 PD 预测结果如图 8.6 所示。图 8.7 显示了沿右侧边缘，即直线 $x = W/2 - \Delta/2$ 及 $-L/2 + \Delta/2 < y < L/2 - \Delta/2$ 上，PD 所得水平位移和垂直位移的变化曲线及其与 FE 预测结果的比较。PD 预测捕捉到预期的位移趋势，没有任何伪振荡，并且与 FE 结果非常一致。如图 8.8 所示，与均匀温度变化不同，物体内产生了应力。此外，由于施加的温度沿垂直方向呈二次变化，所以 PD 预测捕捉到预期的从底部到顶部的三次垂直位移和二次水平位移。

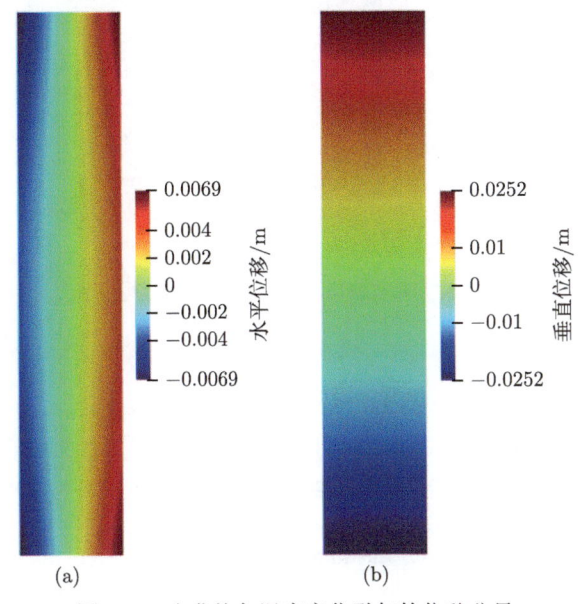

图 8.6 由非均匀温度变化引起的位移分量
(a) 水平方向；(b) 垂直方向

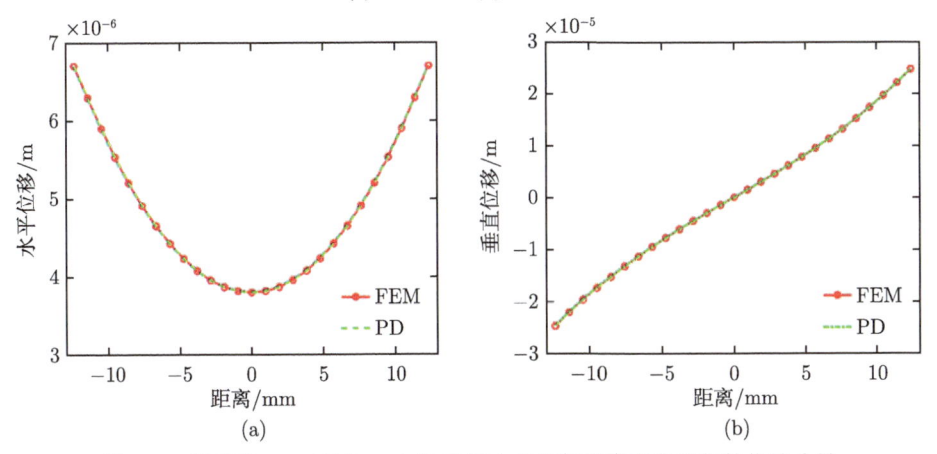

图 8.7 沿直线 $x = W/2 - \Delta/2$ 比较由非均匀温度变化引起的位移分量
(a) 水平方向；(b) 垂直方向

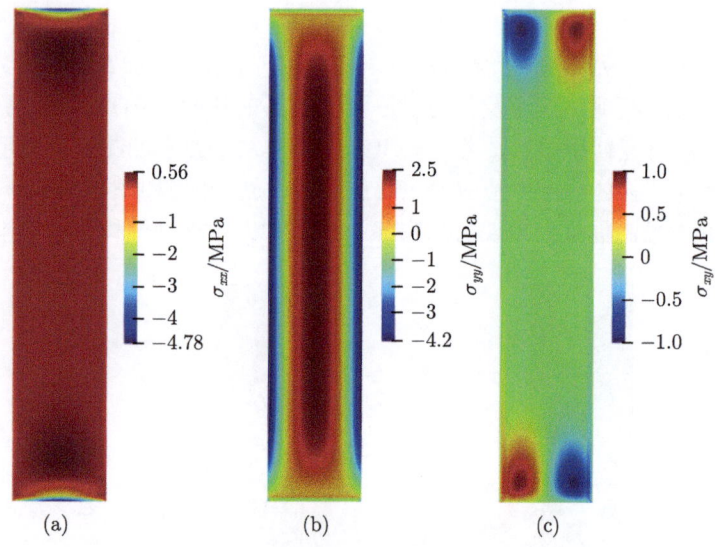

图 8.8　由非均匀温度变化引起的应力分量
(a) σ_{xx}; (b) σ_{yy}; (c) σ_{xy}

参 考 文 献

D'Antuono, P., & Morandini, M. (2017). Thermal shock response via weakly coupled peridynamic thermo-mechanics. *International Journal of Solids and Structures, 129*, 74-89.

Gao, Y., & Oterkus, S. (2019a). Ordinary state-based peridynamic modelling for fully coupled thermoelastic problems. *Continuum Mechanics and Thermodynamics, 31*(4), 907-937.

Gao, Y., & Oterkus, S. (2019b). Fully coupled thermomechanical analysis of laminated composites by using ordinary state based peridynamic theory. *Composite Structures, 207*, 397-424.

Hu, Y., Chen, H., Spencer, B. W., & Madenci, E. (2018). Thermomechanical peridynamic analysis with irregular non-uniform domain discretization. *Engineering Fracture Mechanics, 197*, 92-113.

Kilic, B., & Madenci, E. (2009). Peridynamic theory for thermomechanical analysis. *IEEE Transactions on Advanced Packaging, 33*(1), 97-105.

Oterkus, S., & Madenci, E. (2017). Peridynamic modeling of fuel pellet cracking. *Engineering Fracture Mechanics, 176*, 23-37.

Oterkus, S., Madenci, E., & Agwai, A. (2014). Fully coupled peridynamic thermomechanics. *Journal of the Mechanics and Physics of Solids, 64*, 1-23.

Pathrikar, A., Tiwari, S. B., Arayil, P., & Roy, D. (2021). Thermomechanics of damage in brittle solids: A peridynamics model. *Theoretical and Applied Fracture Mechanics, 112*, 102880.

Shou, Y., & Zhou, X. (2020). A coupled thermomechanical nonordinary state-based peridynamics for thermally induced cracking of rocks. *Fatigue & Fracture of Engineering Materials & Structures, 43*(2), 371-386.

Wang, Y., Zhou, X., & Kou, M. (2018). A coupled thermo-mechanical bond-based peridynamics for simulating thermal cracking in rocks. *International Journal of Fracture, 211*(1), 13-42.

第九章 弹塑性变形的近场动力学建模

9.1 引　　言

当施加的载荷超过一定限度时，韧性材料就会发生塑性变形。在许多材料中，响应取决于施加载荷的速度。这些材料在卸载时不能恢复其初始构型。通常，材料卸载后携带残余应力，因为它们在某些条件下可能会失效，所以在工程应用中使用这些材料时，需要格外注意。金属的塑性变形通常与纳米尺度的位错运动有关。然而，研究者们可以通过假设一个屈服面，在宏观尺度上对它进行建模。这是一个基于应力的超曲面，在其内部定义了弹性域。基于屈服面的塑性力学归结为一个约束优化问题，其中拉格朗日乘子 (也被称为塑性乘子) 与等效塑性应变的增量相关。存在一个流动法则，它是塑性应变增量张量与流动势垂直方向的塑性乘子之间的关系。根据是否满足 Drucker 稳定性假设，流动法则分为关联型和非关联型。例如，在 Perzyna 型模型中，存在无屈服面塑性。依赖速率的塑性通常称为黏塑性，有许多模型可以解释这一现象，如 Johnson-Cook 模型。在塑性模型中遇到的一个典型问题是剪切带的形成，剪切带就是局部化高应变带。基于经典连续介质力学 (CCM) 的有限元方法在模拟剪切带的形成时往往面临困难，且通常存在解依赖网格的问题。由于近场动力学 (PD) 理论的构造是非局部的，它能解决网格依赖性问题，并能提供精确的解。

在 PD 文献中关于塑性和黏塑性的研究报道较少。例如，Foster 等 (2010) 在非常规态型 (NOSB)PD 框架下发展了一个黏塑性模型。他们对 6061-T6 铝合金实施了泰勒冲击试验，并将模拟结果与实验结果进行了比较。Sun 和 Sundararaghavan(2014) 使用 NOSB-PD 模拟了准静态条件下的晶体塑性。他们对平面多晶进行了 PD 模拟，并将所得的应力、应变和纹理场与有限元预测结果进行了比较。他们还研究了影响剪切带形成的因素。Amani 等 (2016) 在 NOSB-PD 框架下阐述了热塑性破裂。他们使用 Johnson-Cook 塑性模型，对泰勒冲击试验和 Kalthoff-Winkler 试验进行了模拟。Madenci 和 Oterkus(2016) 发展了一个常规态型 (OSB)PD 塑性模型。他们将键伸长增量分解为弹性和塑性部分，并提出了力伸长关系。在他们的模型中，屈服面是由 von Mises 塑性理论驱动的。他们还使用了基于从真实区域到虚拟边界层的场变量线性外推的边界条件。通过提议将

补充信息　在线原著版本包含本章补充材料，请访问 [https://doi.org/10.1007/978-3-030-97858-7_9]。

力和扩展态分解，Mousavi 等 (2021) 也提出了一个二维 OSB-PD 塑性模型。他们应用该模型预测了铝制狗骨形试件中剪切带的形成。通过用一个微力平衡代替流动法则，Rahaman 等 (2017) 在 NOSB-PD 框架下发展了一个热黏塑性模型。他们在流动法则中引入微惯性，并基于经典和 PD 局部熵产的等价性以及内能率推导出相关力态。通过凭借一个相场型模型引入损伤，Pathrikar 等 (2019) 推广了 Rahaman 等 (2017) 的模型。在他们的模型中，温度演化方程由塑性和损伤引起的耗散控制。他们模拟了剪切带的传播和剪切冲塞破坏。Lakshmanan 等 (2021) 使用带有自适应动态松弛方法的 NOSB-PD 模拟了晶体塑性。他们模拟了三维多晶镁合金，并将结果与实验观察结果进行了比较。Nikravesh 和 Gerstle(2018) 在态型 PD 晶格模型中加入了塑性和损伤。这个离散模型被用于模拟混凝土巴西圆筒分裂试验。Gu 等 (2019) 在 NOSB-PD 框架下采用罚力稳定技术提出了一种用于晶体塑性的建模方法。对于多种本构模型，他们还提供了显式动态求解器和隐式准静态非线性求解器的数值实现的细节。结果表明，NOSB-PD 晶体塑性模型能捕捉多晶聚集体变形过程中自然形成的细剪切带和多晶体的弹塑性动态开裂过程。

本章对平面应变假设下具有小变形各向同性硬化的塑性力学，给出键辅助 NOSB-PD 公式。通过对载荷超过屈服应力的平板进行数值模拟，以验证该方法的有效性。

9.2 具有各向同性硬化的平面应变的 J_2 塑性公式

假设准静态条件下弹塑性变形较小，那么总应变增量 $\Delta\varepsilon$ 可以被分解成下列加和形式

$$\Delta\varepsilon = \Delta\varepsilon^e + \Delta\varepsilon^p \tag{9.1}$$

其中 $\Delta\varepsilon^e$ 和 $\Delta\varepsilon^p$ 分别是 $\Delta\varepsilon$ 的弹性部分和塑性部分。应变的弹性部分也是一个未知量，可以在计算塑性部分后确定。塑性力学中的一般假设是存在一个流动法则，并且塑性应变沿与流动势垂直的方向演化。这个流动法则可用于计算塑性应变增量，即

$$\Delta\varepsilon^p = \Delta\lambda\frac{\partial f(\boldsymbol{\sigma}, e_p)}{\partial \boldsymbol{\sigma}} \tag{9.2}$$

其中 $f(\boldsymbol{\sigma}, e_p)$ 是流动势函数，$\Delta\lambda$ 是非负塑性一致性参数，e_p 是有效塑性应变。对于关联的流动法则，流动势与屈服函数相同。可以给出 von Mises 屈服准则为

$$f(\boldsymbol{\sigma}, e_p) = 0 \tag{9.3}$$

这意味着在塑性演化过程中，应力状态应始终保持在屈服面上。

以增量方式给出的本构方程为

$$\Delta\boldsymbol{\sigma} = \mathbf{C} : \Delta\boldsymbol{\varepsilon}^e \tag{9.4}$$

其中 $\Delta\boldsymbol{\sigma}$ 是柯西应力增量张量，$\mathbf{C}$ 是本构张量。这个方程可以被改写为

$$\Delta\boldsymbol{\sigma} = \mathbf{C} : (\Delta\boldsymbol{\varepsilon} - \Delta\boldsymbol{\varepsilon}^p) \tag{9.5}$$

将方程 (9.2) 中的 $\Delta\boldsymbol{\varepsilon}^p$ 代入方程 (9.5)，可得

$$\Delta\boldsymbol{\sigma} = \mathbf{C} : \left(\Delta\boldsymbol{\varepsilon} - \Delta\lambda \frac{\partial f}{\partial \boldsymbol{\sigma}}\right) \tag{9.6}$$

对于具有各向同性硬化的 J_2 塑性，流动势函数 f 的显式形式为

$$f = S_{VM} - k \tag{9.7}$$

式中 $k = \sigma_Y + He_p$，其中 σ_Y 是屈服应力，S_{VM} 是 von Mises 应力。切模量和有效塑性应变分别为 $H \geqslant 0$ 和 $e_p \geqslant 0$，其中 $\Delta e_p = \sqrt{2/3}\Delta\lambda$。

$f < 0$ 定义了弹性区域，而 $f = 0$ 定义了可能发生塑性变形的条件。塑性变形受以下 Karush-Kuhn-Tucker(KKT) 互补条件控制：$\Delta\lambda \geqslant 0$，$f \leqslant 0$ 和 $\Delta\lambda f = 0$。一致性条件 $\Delta\lambda \dot{f} = 0$ 决定当 $f = 0$ 时 $\Delta\lambda$ 是零还是正的。von Mises 应力 S_{VM} 被定义为

$$S_{VM} = \sqrt{\frac{3}{2}\mathbf{S}^{\mathrm{dev}} : \mathbf{S}^{\mathrm{dev}}} \tag{9.8}$$

其中 $\mathbf{S}^{\mathrm{dev}}$ 是 $\boldsymbol{\sigma}$ 的偏应力部分，它可以被表示为

$$\mathbf{S}^{\mathrm{dev}} = \boldsymbol{\sigma} - \frac{1}{3}\mathrm{tr}(\boldsymbol{\sigma})\mathbf{I} \tag{9.9}$$

屈服函数对应力张量的导数 $\dfrac{df}{d\boldsymbol{\sigma}}$ 可按如下方式计算：

$$\frac{df}{d\boldsymbol{\sigma}} = \frac{dS_{VM}}{d\boldsymbol{\sigma}} = \frac{3}{2S_{VM}}\mathbf{S}^{\mathrm{dev}} : \frac{d\mathbf{S}^{\mathrm{dev}}}{d\boldsymbol{\sigma}} = \sqrt{\frac{3}{2}}\frac{\mathbf{S}^{\mathrm{dev}}}{\sqrt{\mathbf{S}^{\mathrm{dev}} : \mathbf{S}^{\mathrm{dev}}}} = \sqrt{\frac{3}{2}}\mathbf{N} \tag{9.10}$$

其中 $\mathbf{N}$ 是垂直于屈服面的方向，被定义为

$$\mathbf{N} = \frac{\mathbf{S}^{\mathrm{dev}}}{\sqrt{\mathbf{S}^{\mathrm{dev}} : \mathbf{S}^{\mathrm{dev}}}} \tag{9.11}$$

9.3 数值实现

塑性变形的数值实现需要使用返回映射算法以计算塑性一致性参数 $\Delta\lambda$。Simo 和 Hughes(2006) 对有限和小应变塑性的数值实现进行了详细的分析。对于准静态假设，可通过提供随时间变化的增量载荷或位移逐步进行塑性分析。接下来的部分将概述确定塑性一致性参数和弹塑性切模量的过程。

9.3.1 返回映射算法

假设在一个加载步内塑性应变增量 $\Delta\varepsilon^p$ 为零，即总应变增量是弹性的，则预试柯西应力张量 $\boldsymbol{\sigma}_{\text{trial}}^{(i)}$ 可被定义为

$$\boldsymbol{\sigma}_{\text{trial}}^{(i)} = \boldsymbol{\sigma}^{(i-1)} + \mathbf{C} : \Delta\boldsymbol{\varepsilon} \tag{9.12}$$

其中 i 表示当前步，$\boldsymbol{\sigma}^{(i-1)}$ 是从前一步所得的已知柯西应力。计算预试偏应力张量，可得

$$\mathbf{S}^{\text{dev}(i)} = \boldsymbol{\sigma}_{\text{trial}}^{(i)} - \frac{1}{3}\text{tr}\left(\boldsymbol{\sigma}_{\text{trial}}^{(i)}\right)\mathbf{I} \tag{9.13}$$

因此，计算 von Mises 屈服应力，可得

$$S_{VM}^{(i)} = \sqrt{\frac{3}{2}\mathbf{S}^{\text{dev}(i)} : \mathbf{S}^{\text{dev}(i)}} \tag{9.14}$$

如果在某点处流动势函数 $f\left(S_{VM}^{(i)}, k\right)$ 为负，那么该物质点在弹性区域内。此时，柯西应力张量等于预试柯西应力张量，即 $\boldsymbol{\sigma}^{(i)} = \boldsymbol{\sigma}_{\text{trial}}^{(i)}$。如果对于预试应力有 $f\left(S_{VM}^{(i)}, k\right) \geqslant 0$，那么 f 需要重新归零，因为 f 不能大于零。因此，需要强制令下式成立

$$f\left(S_{VM}(\Delta\lambda), e_p(\Delta\lambda)\right) = 0 \tag{9.15}$$

从而求解出 $\Delta\lambda$。

通常，方程 (9.15) 是一个用 $\Delta\lambda$ 表示的非线性代数方程。求解 $\Delta\lambda$ 需要用数值方法，例如，Newton-Raphson 法、二分法等。当 $\Delta\lambda \geqslant 0$ 时，只考虑方程 (9.15) 的非负解。计算出 $\Delta\lambda$ 之后，便可更新柯西应力张量，即

$$\boldsymbol{\sigma}^{(i)} = \boldsymbol{\sigma}^{(i-1)} + \mathbf{C} : \left(\Delta\boldsymbol{\varepsilon} - \Delta\lambda\frac{\partial f}{\partial\boldsymbol{\sigma}}\right) \tag{9.16}$$

已知塑性应变 $\Delta\lambda$，便可确定增量有效塑性应变，即

$$\Delta e_p = \sqrt{\frac{2}{3}}\Delta\lambda \tag{9.17}$$

最后，更新有效塑性应变 e_p，可得

$$e_p^{(i)} = e_p^{(i-1)} + \sqrt{\frac{2}{3}}\Delta\lambda \tag{9.18}$$

注意，由于 $\Delta\lambda \geqslant 0$，所以 e_p 是 $\Delta\lambda$ 的一个单调递增函数。

9.3.2 弹塑性切模量

对于 $\Delta\lambda > 0$ 的塑性变形，一致性条件意味着 $\dot{f} = 0$。取屈服函数的时间导数，可得

$$\dot{f}(\boldsymbol{\sigma}, e_p) = \frac{\partial f}{\partial \boldsymbol{\sigma}} : \dot{\boldsymbol{\sigma}} + \frac{\partial f}{\partial e_p}\dot{e}_p = 0 \tag{9.19}$$

在增量形式中，它可以表示为

$$\Delta f(\boldsymbol{\sigma}, e_p) = \frac{\partial f}{\partial \boldsymbol{\sigma}} : \Delta\boldsymbol{\sigma} + \frac{\partial f}{\partial e_p}\Delta e_p = 0 \tag{9.20}$$

对增量应力 $\Delta\boldsymbol{\sigma}$ 使用方程 (9.5)，那么方程 (9.20) 可以被改写为

$$\frac{\partial f}{\partial \boldsymbol{\sigma}} : \mathbf{C} : (\Delta\boldsymbol{\varepsilon} - \Delta\boldsymbol{\varepsilon}^p) + \frac{\partial f}{\partial e_p}\Delta e_p = 0 \tag{9.21}$$

将方程 (9.2) 和 (9.17) 代入方程 (9.21)，可得

$$\frac{\partial f}{\partial \boldsymbol{\sigma}} : \mathbf{C} : \left(\Delta\boldsymbol{\varepsilon} - \Delta\lambda\frac{\partial f}{\partial \boldsymbol{\sigma}}\right) + \frac{\partial f}{\partial e_p}\sqrt{\frac{2}{3}}\Delta\lambda = 0 \tag{9.22}$$

对 $\Delta\lambda$ 求解方程 (9.22)，可得

$$\Delta\lambda = \frac{\dfrac{\partial f}{\partial \boldsymbol{\sigma}} : \mathbf{C} : \Delta\boldsymbol{\varepsilon}}{\dfrac{\partial f}{\partial \boldsymbol{\sigma}} : \mathbf{C} : \dfrac{\partial f}{\partial \boldsymbol{\sigma}} - \sqrt{\dfrac{2}{3}}\dfrac{\partial f}{\partial e_p}} \tag{9.23}$$

注意，只考虑 $\Delta\lambda$ 的非负值。在方程 (9.6) 中使用 $\Delta\lambda$ 的值，可得

$$\Delta\boldsymbol{\sigma} = \mathbf{C} : \left(\Delta\boldsymbol{\varepsilon} - \frac{\dfrac{\partial f}{\partial \boldsymbol{\sigma}} : \mathbf{C} : \Delta\boldsymbol{\varepsilon}}{\dfrac{\partial f}{\partial \boldsymbol{\sigma}} : \mathbf{C} : \dfrac{\partial f}{\partial \boldsymbol{\sigma}} - \sqrt{\dfrac{2}{3}}\dfrac{\partial f}{\partial e_p}}\dfrac{\partial f}{\partial \boldsymbol{\sigma}}\right) \tag{9.24}$$

第九章　弹塑性变形的近场动力学建模

为了获得应力增量与应变增量之间的关系，方程 (9.24) 可被改写为

$$\Delta\boldsymbol{\sigma} = \mathbf{C} : \left(\mathbf{I} - \frac{\frac{\partial f}{\partial \boldsymbol{\sigma}} \otimes \mathbf{C} : \frac{\partial f}{\partial \boldsymbol{\sigma}}}{\frac{\partial f}{\partial \boldsymbol{\sigma}} : \mathbf{C} : \frac{\partial f}{\partial \boldsymbol{\sigma}} - \sqrt{\frac{2}{3}} \frac{\partial f}{\partial e_p}} \right) \Delta\boldsymbol{\varepsilon} \tag{9.25}$$

因此，弹塑性切模量被定义为

$$\mathbf{C}^{ep} = \begin{cases} \mathbf{C}, & \text{如果} \Delta\lambda = 0 \\ \mathbf{C} : \left(\mathbf{I} - \dfrac{\frac{\partial f}{\partial \boldsymbol{\sigma}} \otimes \mathbf{C} : \frac{\partial f}{\partial \boldsymbol{\sigma}}}{\frac{\partial f}{\partial \boldsymbol{\sigma}} : \mathbf{C} : \frac{\partial f}{\partial \boldsymbol{\sigma}} - \sqrt{\frac{2}{3}} \frac{\partial f}{\partial e_p}} \right), & \text{如果} \Delta\lambda > 0 \end{cases} \tag{9.26}$$

对于方程 (9.7) 中定义的各向同性硬化的情况，$\dfrac{\partial f}{\partial e_p}$ 的值为

$$\frac{\partial f}{\partial e_p} = -H \tag{9.27}$$

在方程 (9.23) 中分别利用由方程 (9.10) 和 (9.27) 所得的 $\dfrac{df}{d\boldsymbol{\sigma}}$ 和 $\dfrac{\partial f}{\partial e_p}$ 的表达式，可得

$$\Delta\lambda = \frac{2\mu \mathbf{N} : \Delta\boldsymbol{\varepsilon}}{2\mu + \frac{2}{3}H} \tag{9.28}$$

这里 $\mathbf{N} = \mathbf{S}/\|\mathbf{S}\|$ 是归一化偏张量，其中 $\mathbf{N} : \mathbf{N} = 1$，由此得到 $\mathbf{C} : \mathbf{N} = 2\mu\mathbf{N}$，其中 μ 表示剪切模量。接着，在方程 (9.25) 中使用方程 (9.10) 和 (9.27)，可得

$$\Delta\boldsymbol{\sigma} = \left[\mathbf{C} - \frac{4\mu^2}{2\mu + \frac{2}{3}H} \mathbf{N} \otimes \mathbf{N} \right] \Delta\boldsymbol{\varepsilon} \tag{9.29}$$

9.3.3 算法细节

由于塑性依赖于应力，所以在数值模拟过程中需要准确地计算应力。因此，可以采用第七章所述的方法来消除边界附近由于直接施加边界条件而产生的非物理应力。通过均匀离散化得到 PD 区域，然后将其分为 $\mathcal{D}$、$\mathcal{R}$ 和 $\mathcal{B}$ 三个区域，如第七章所述。在区域 $\mathcal{D}$ 和 $\mathcal{R}$ 中，考虑键辅助 (BA) 族成员来计算变形梯度，而在

区域 $\mathcal{B}$ 中，变形梯度是逐点计算的，并且直接施加边界条件。组装之后，得到一个非线性方程组，可采用 Newton-Raphson 程序迭代求解。

Newton-Raphson 算法需要在每次迭代中计算残差和雅可比矩阵。在迭代过程中，需要通过计算应力和塑性应变来得到残余力。有效塑性应变由 von Mises 屈服准则得到。

采用以下步骤获得在每步 Newton-Raphson 迭代中计算雅可比矩阵所需的第一 Piola-Kirchhoff 应力张量 $\mathbf{P}$ 以及 $\dfrac{\partial \mathbf{P}}{\partial \mathbf{F}}$。对于小变形情况，第一 Piola-Kirchhoff 应力 $\mathbf{P}$ 等于柯西应力 $\boldsymbol{\sigma}$。

1. 在迭代步 (i)，利用位移 $\mathbf{u}^{(i-1)}$ 确定变形梯度 $\mathbf{F}^{(i)}$。然后，得到变形梯度的变化量为

$$\Delta \mathbf{F}^{(i)} = \mathbf{F}^{(i)} - \mathbf{F}^{\mathrm{old}} \tag{9.30}$$

其中 $\mathbf{F}^{\mathrm{old}}$ 是从上一个加载步所得的变形梯度。

2. 根据变形梯度的变化量，计算应变的变化量，即

$$\Delta \boldsymbol{\varepsilon}^{(i)} = \frac{1}{2}\left(\Delta \mathbf{F}^{(i)\mathrm{T}} + \Delta \mathbf{F}^{(i)}\right)$$

3. 假设塑性应变增量张量为零，即 $\Delta \boldsymbol{\varepsilon}^p = \mathbf{0}$，计算预试应力，可得

$$\boldsymbol{\sigma}_{\mathrm{trial}}^{(i)} = \boldsymbol{\sigma}^{\mathrm{old}} + \mathbf{C} : \Delta \boldsymbol{\varepsilon}^{(i)} \tag{9.31}$$

其中 $\boldsymbol{\sigma}^{\mathrm{old}}$ 是从上一个加载步所得的柯西应力。

4. 然后，计算偏预试应力张量，可得

$$\mathbf{S}_{\mathrm{trial}}^{(i)} = \boldsymbol{\sigma}_{\mathrm{trial}}^{(i)} - \frac{1}{3}\mathrm{tr}\left(\boldsymbol{\sigma}_{\mathrm{trial}}^{(i)}\right)\mathbf{I} \tag{9.32}$$

5. 利用方程 (9.14)，计算 von Mises 应力 $(S_{\mathrm{trial}}^{(i)})_{VM}$。

6. 利用预试应力确定屈服函数的值 $f = (S_{\mathrm{trial}}^{(i)})_{VM} - \left[\sigma_Y + He_p^{\mathrm{old}}\right]$，其中 e_p^{old} 是从上一个加载步所得的等效塑性应变。

7. 如果屈服函数的值为负，即 $f < 0$，则不存在塑性应变增量，那么应力状态是弹性的。此时，$\mathbf{P}^{(i)} = \boldsymbol{\sigma}^{(i)} = \boldsymbol{\sigma}^{(i)\mathrm{trial}}$ 和 $\mathbf{C}^{ep} = \mathbf{C}$。因此

$$\frac{\partial \mathbf{P}}{\partial \mathbf{F}} = \begin{bmatrix} C_{11} & 0 & 0 & C_{12} \\ 0 & C_{33}/2 & C_{33}/2 & 0 \\ 0 & C_{33}/2 & C_{33}/2 & 0 \\ C_{21} & 0 & 0 & C_{22} \end{bmatrix} \tag{9.33}$$

对于平面应变条件，$C_{33} = E/(1+\nu)$，$C_{11} = C_{22} = E(1-\nu)/[(1+\nu)(1-2\nu)]$，$C_{12} = E\nu/[(1+\nu)(1-2\nu)]$，其中 E 和 ν 分别表示杨氏模量和泊松比。

8. 如果屈服函数 $f > 0$，则存在塑性变形，那么需要计算塑性一致性参数 $\Delta\lambda^{(i)}$。当前迭代的柯西应力为 $\boldsymbol{\sigma}^{(i)} = \boldsymbol{\sigma}_{\text{trial}}^{(i)} - 2\mu\Delta\lambda^{(i)}\mathbf{N}$，等效塑性应变为 $e_p^{(i)} = e_p^{\text{old}} + \sqrt{\dfrac{2}{3}}\Delta\lambda^{(i)}$。对于关联流动法则，可得归一化偏应力张量的值为

$$\mathbf{N} = \frac{\mathbf{S}_{\text{trial}}}{\|\mathbf{S}_{\text{trial}}\|} \tag{9.34}$$

根据 $\boldsymbol{\sigma}^{(i)}$ 得到 von Mises 应力 $S_{VM}^{(i)}$。使用 $S_{VM}^{(i)}$ 和 $e_p^{(i)}$，并采用下列屈服条件可求解出 $\Delta\lambda^{(i)}$，

$$f = S_{VM}^{(i)} - [\sigma_Y + He_p^{\text{old}}] = 0 \tag{9.35}$$

通常，f 是用 $\Delta\lambda^{(i)}$ 表示的非线性方程，可采用迭代法求解。

9. 一旦确定 $\Delta\lambda^{(i)}$ 的值，便可更新应力为 $\boldsymbol{\sigma}^{(i)} = \boldsymbol{\sigma}_{\text{trial}}^{(i)} - 2\mu\Delta\lambda^{(i)}\mathbf{N}$ 以及塑性应变为 $\boldsymbol{\varepsilon}_p^{(i)} = \boldsymbol{\varepsilon}_p^{\text{old}} + \sqrt{\dfrac{2}{3}}\Delta\lambda^{(i)}\mathbf{N}$。

10. 虽然由方程 (9.26) 可以求得弹塑性切模量，但是如 Simo 和 Hughes(2006) 所述，其解不具有二次收敛性。而在使用算法时，建议用另一个替代表达式，可以恢复二次收敛性。算法切模量 (Kim, 2014) 具有下列形式

$$^{\text{alg}}\mathbf{C}^{\text{ep}} = \left[\mathbf{C} - \frac{4\mu^2}{2\mu + \dfrac{2}{3}H}\mathbf{N}\otimes\mathbf{N} - \frac{4\mu^2}{\|\mathbf{S}_{\text{trial}}\|}\left(\mathbf{I}^{\text{dev}} - \mathbf{N}\otimes\mathbf{N}\right)\right] \tag{9.36}$$

从中得到 $\dfrac{\partial \mathbf{P}}{\partial \mathbf{F}}$ 的矩阵表示为

$$\frac{\partial \mathbf{P}}{\partial \mathbf{F}} = \begin{bmatrix} ^{\text{alg}}C_{11}^{\text{ep}} & 0 & 0 & ^{\text{alg}}C_{12}^{\text{ep}} \\ 0 & ^{\text{alg}}C_{33}^{\text{ep}}/2 & ^{\text{alg}}C_{33}^{\text{ep}}/2 & 0 \\ 0 & ^{\text{alg}}C_{33}^{\text{ep}}/2 & ^{\text{alg}}C_{33}^{\text{ep}}/2 & 0 \\ ^{\text{alg}}C_{12}^{\text{ep}} & 0 & 0 & ^{\text{alg}}C_{22}^{\text{ep}} \end{bmatrix} \tag{9.37}$$

其中 $^{\text{alg}}C_{ij}^{\text{ep}}$ 是一致性切模量 $^{\text{alg}}\mathbf{C}^{\text{ep}}$ 的分量。

9.4 数值结果

考虑如图 9.1 所示尺寸为 $L = 25\text{mm}$ 和 $W = 5\text{mm}$ 并受拉伸作用的矩形区域，以验证具有塑性的 PD 模型的精确性。块体底部边缘受滚轮约束，而顶部边缘

受增量位移作用。其杨氏模量和泊松比分别为 $E = 113 \times 10^3 \text{MPa}$ 和 $\nu = 0.342$。材料的屈服应力指定为 $\sigma_y = 10.17 \times 10^2 \text{MPa}$，而切模量设为 $H = 1.38 \times 10^3 \text{MPa}$。

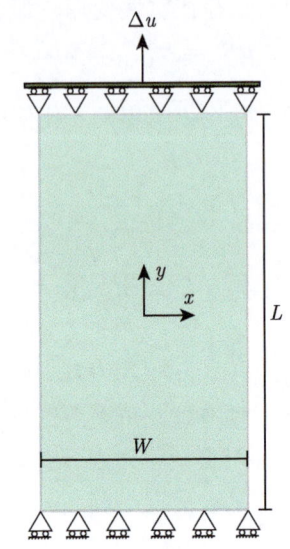

图 9.1 拉伸作用下的矩形平板

研究 Madenci 和 Oterkus(2016) 所给的两种加载场景。在第一种情况下，对顶部边缘连续加载超过屈服点，如图 9.2(a) 所示，直到最终施加的位移为 $\Delta u(t_0) = \Delta u_0 = 0.14L$。在第二种情况下，对该区域首先加载超过屈服点，直到施加位移变为 $\Delta u(t_1) = \Delta u_1 = 0.068L$，然后卸载到 $\Delta u(t_2) = \Delta u_2 = 0.062L$，接着再次加载到 $\Delta u(t_0) = \Delta u_0 = 0.14L$(参见图 9.2(b))。

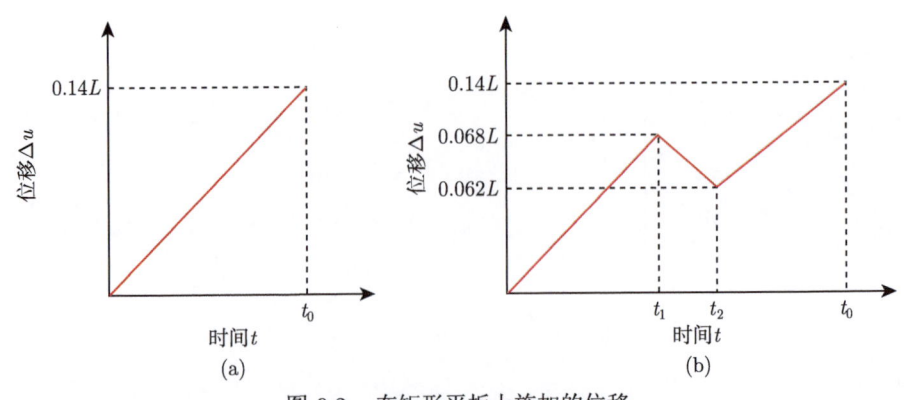

图 9.2 在矩形平板上施加的位移
(a) 连续加载；(b) 加载、卸载再加载

PD 区域由采用均匀离散化所得的 2121 个物质点组成，其网格间距为 $\Delta = \Delta x = \Delta y = 0.238\text{mm}$。取近场半径 $\delta = 3\Delta$，用于为区域中每个物质点构造族成

第九章　弹塑性变形的近场动力学建模

员。如图 9.3 所示，求解域被划分为 $\mathcal{D}$、$\mathcal{R}$ 和 $\mathcal{B}$，每个区域分别包含 1869、210 和 42 个物质点。对所有区域，在 TSE 中取 $N=1$ 构造 PD 函数。

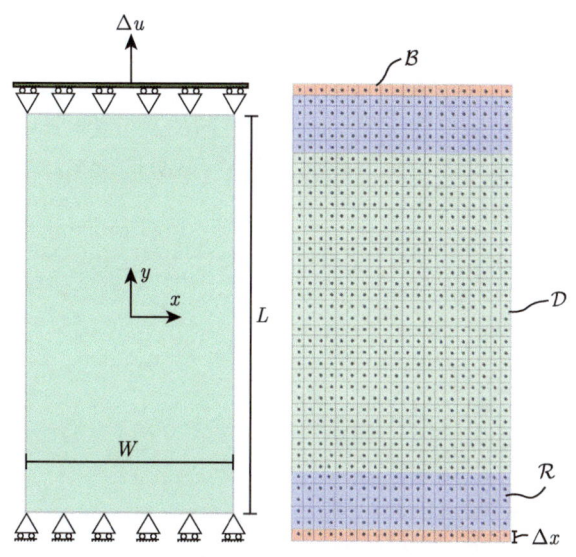

图 9.3　在拉伸作用下经历塑性变形的矩形平板及其离散化的 PD 区域

在区域 $\mathcal{B}$ 中，施加如下边界条件

$$\left.\begin{array}{r}u_y = \Delta u \\ \sigma_{xy}^{\mathrm{PD}}(x,y) = 0\end{array}\right\}$$

当　$(-W/2+\Delta/2 \leqslant x \leqslant W/2-\Delta/2)$　且　$y=(L/2-\Delta/2)$ （9.38）

和

$$\left.\begin{array}{r}\sigma_{xy}^{\mathrm{PD}}(x,y) = 0 \\ u_y(x,y) = 0\end{array}\right\}$$

当　$(-W/2+\Delta/2 \leqslant x \leqslant W/2-\Delta/2)$　且　$y=(-L/2+\Delta/2)$ （9.39）

为了避免刚体运动，沿垂直中心线的物质点还受到下列约束

$$u_x(x,y) = 0$$

当　$(-L/2+\Delta/2 \leqslant y \leqslant L/2-\Delta/2)$　且　$x=0$ （9.40）

在数值模拟过程中，采用大小为 $\Delta u = 5\times 10^{-3}\mathrm{mm}$ 的恒定增量位移加载。在卸载过程中也保持相同的步长。对点 $(x=0, y=0)$，考虑应力随施加的应变的演

化过程。如图 9.4 所示，对于连续加载的情况，当加载超过屈服点时，PD 预测结果捕捉到各向同性线性硬化。对于第二种情况，卸载时的斜率等于初始斜率，即杨氏模量，并且再次加载时遵循相同的斜率，直到应力达到卸载处的屈服面。可以确认在这一阶段没有发生塑性变形。随着荷载的进一步增加，塑性变形发生，曲线遵循与第一种情况相似的路径，直到最后的加载步。根据在 ANSYS 中获得的有限元结果对 PD 预测结果进行验证，采用相同的离散化，即 FE 网格中的单元总数等于 PD 中总物质点数。两个解吻合很好 (参见图 9.4)。

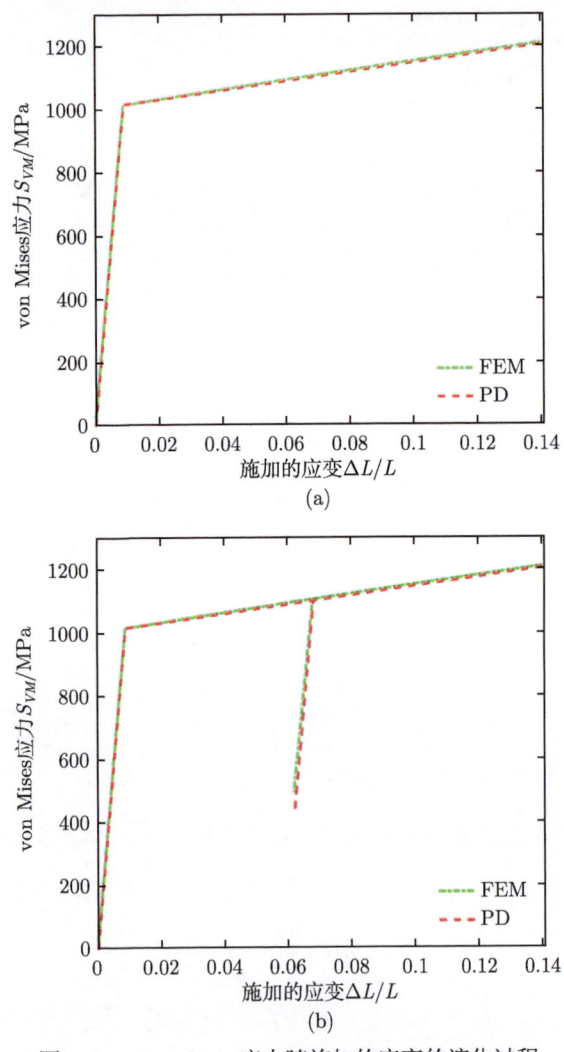

图 9.4　von Mises 应力随施加的应变的演化过程
(a) 连续加载；(b) 加载、卸载再加载

图 9.5 给出了两种情况下最后加载步的等效塑性应变。最后加载步的 von Mises 等效应力显示在图 9.6 中。值得注意的是，对于这两种情况均未观察到非均匀应力和塑性应变。此外，由于最终加载量相同，所以两种情况下的应力和塑性应变是相同的。

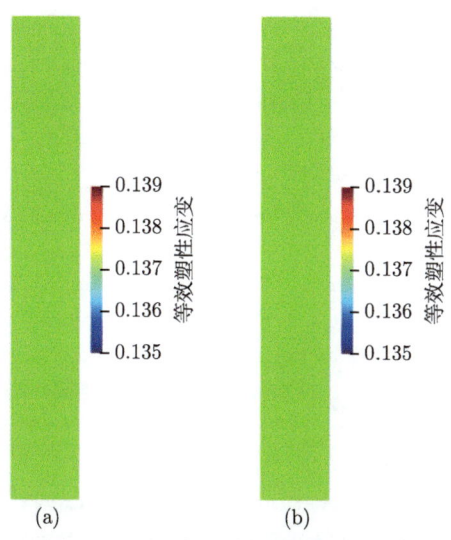

图 9.5 最后加载步的等效塑性应变
(a) 连续加载；(b) 加载、卸载再加载

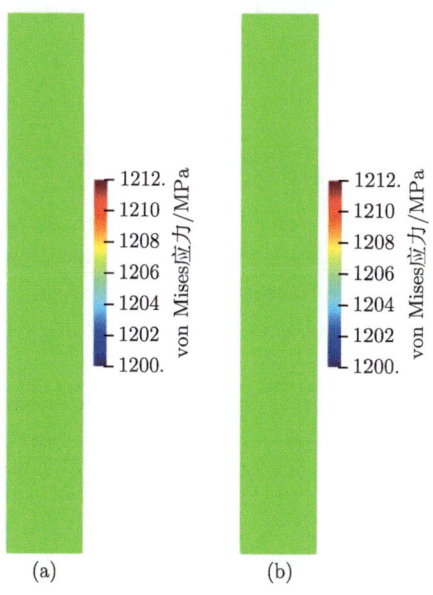

图 9.6 最后加载步的 von Mises 应力
(a) 连续加载；(b) 加载、卸载再加载

参 考 文 献

Amani, J., Oterkus, E., Areias, P., Zi, G., Nguyen-Thoi, T., & Rabczuk, T. (2016). A non-ordinary state-based peridynamics formulation for thermoplastic fracture. *International Journal of Impact Engineering, 87*, 83-94.

Foster, J. T., Silling, S. A., & Chen, W. W. (2010). Viscoplasticity using peridynamics. *International Journal for Numerical Methods in Engineering, 81*(10), 1242-1258.

Gu, X., Zhang, Q., & Madenci, E. (2019). Non-ordinary state-based peridynamic simulation of elastoplastic deformation and dynamic cracking of polycrystal. *Engineering Fracture Mechanics, 218*, 106568.

Kim, N. H. (2014). *Introduction to nonlinear finite element analysis*. Springer Science & Business Media.

Lakshmanan, A., Luo, J., Javaheri, I., & Sundararaghavan, V. (2021). Three-dimensional crystal plasticity simulations using peridynamics theory and experimental comparison. *International Journal of Plasticity, 142*, 102991.

Madenci, E., & Oterkus, S. (2016). Ordinary state-based peridynamics for plastic deformation according to von Mises yield criteria with isotropic hardening. *Journal of the Mechanics and Physics of Solids, 86*, 192-219.

Mousavi, F., Jafarzadeh, S., & Bobaru, F. (2021). An ordinary state-based peridynamic elastoplastic 2D model consistent with J2 plasticity. *International Journal of Solids and Structures, 229*, 111146.

Nikravesh, S., & Gerstle, W. (2018). Improved state-based peridynamic lattice model including elasticity, plasticity and damage. *Computer Modeling in Engineering & Sciences, 116*(3), 323-347.

Pathrikar, A., Rahaman, M. M., & Roy, D. (2019). A thermodynamically consistent peridynamics model for visco-plasticity and damage. *Computer Methods in Applied Mechanics and Engineering, 348*, 29-63.

Rahaman, M. M., Roy, P., Roy, D., & Reddy, J. N. (2017). A peridynamic model for plasticity: micro-inertia based flow rule, entropy equivalence and localization residuals. *Computer Methods in Applied Mechanics and Engineering, 327*, 369-391.

Simo, J. C., & Hughes, T. J. (2006). *Computational inelasticity* (Vol. 7). Springer Science & Business Media.

Sun, S., & Sundararaghavan, V. (2014). A peridynamic implementation of crystal plasticity. *International Journal of Solids and Structures, 51*(19-20), 3350-3360.

第十章 蠕变的近场动力学建模

10.1 引　言

在恒定应力下，蠕变变形分为三个阶段，即初级阶段、二级阶段和三级阶段，如图 10.1 所示。在初级阶段和二级阶段，应变率几乎保持不变，而在三级阶段，应变率加速变化，往往导致材料的破坏。

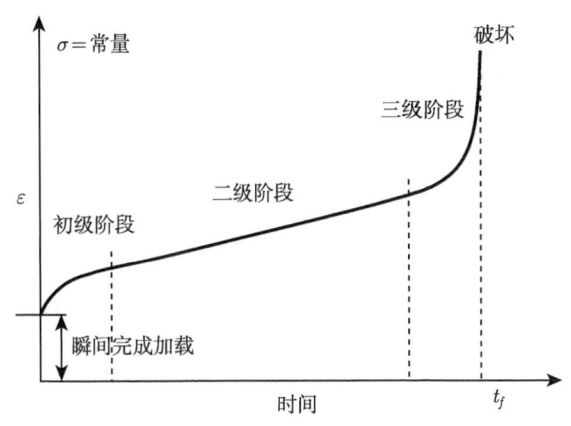

图 10.1　蠕变变形过程示意图

蠕变分析很有用，因为它可以为在高温下运行的部件的蠕变寿命提供合理估计。Norton(1929) 提出了一个幂律蠕变模型，可描述直到二级蠕变的蠕变行为。由 Evans 和 Wilshire(1985) 提出的 theta 投影模型也是一个被广泛接受用于描述蠕变行为的模型。Graham 和 Walles(1955) 提出了一个可以描述蠕变所有三个阶段的模型。设计能描述所有材料在较宽温度范围内蠕变变形的单一本构方程是很困难的。Holdsworth(2008) 总结了现有蠕变模型及其应用。

通常采用包含损伤力学的蠕变模型模拟三级蠕变变形。蠕变损伤模型含有一个描述材料退化的内在损伤变量。一般而言，损伤变量用一个张量表示 (Betten, 2008)。然而，对于各向同性材料，它被简化为一个标量。蠕变损伤模型大致可以分为两类：基于应力的蠕变模型和基于应变的蠕变模型。Kachanov(1958) 提出了一个基于应力的模型，该模型使用 Norton 型蠕变模型和有效应力来评估蠕变寿

补充信息　在线原著版本包含本章补充材料，请访问 [https://doi.org/10.1007/978-3-030-97858-7_10]。

命。Rabotnov(1969) 通过引入一个基于有效应力的损伤律来评估蠕变寿命，推广了 Kachanov 的模型，该模型被称为 Rabotnov-Kachanov 模型。这个模型中的标量损伤变量可以取 0～1 的值，其中 0 表示未损伤的材料，1 表示完全损伤的材料。该模型具有网格敏感性，当损伤变量值达到 1 时，应力值达到无穷大。Liu 和 Murakami(1998) 对蠕变损伤律进行了修正，使得当损伤变量值达到 1 时，应力不会趋于无穷大。

在基于应变的蠕变损伤模型中，损伤律是基于等效应变的。Nikbin 等 (1984) 提出了用等效蠕变应变与蠕变断裂应变之比定义损伤率的模型。Spindler(2004) 以及 Wen 等 (2013) 通过重新定义蠕变断裂应变对 Nikbin 的模型进行了修改。Meng 和 Weng(2019) 对可用于破坏预测的蠕变损伤模型进行了总结。

在文献中，包含损伤力学的蠕变变形的 PD 模型是有限的。Tupek 等 (2013) 通过重新定义权函数，提出了一个将损伤力学纳入 PD 体系的框架。Behzadinasab 和 Foster(2020) 应用损伤力学研究了韧性材料的断裂。Kulkarni 和 Tabarraei(2020) 使用 Liu 和 Murakami 的蠕变损伤模型，以及 OSB-PD 演示了钢试件的 I 型蠕变断裂。本章主要使用 Liu 和 Murakami 的蠕变损伤模型以及 NOSB-PD 研究蠕变变形。通过考虑承受一系列恒定应力作用的单轴和二维平面应力不锈钢试件的蠕变变形，以验证该方法的有效性。

10.2 Liu 和 Murakami 的蠕变损伤模型

在 Liu 和 Murakami 的蠕变损伤模型中，各向同性材料的蠕变应变率的演化可被表示为

$$\dot{\varepsilon}^c = \frac{3}{2} C \sigma_{eq}^n \frac{\mathbf{S}}{\sigma_{eq}} \exp\left(\frac{2(n+1)}{\pi\sqrt{1+3/n}} \left(\frac{\sigma_1}{\sigma_{eq}}\right)^2 \omega^{3/2}\right) \tag{10.1}$$

其中 $\dot{\varepsilon}^c$、$\mathbf{S}$、σ_{eq} 和 σ_1 分别表示蠕变应变率、偏应力、von Mises 等效应力和最大主应力。它们被定义为

$$\mathbf{S} = \boldsymbol{\sigma} - \frac{1}{3}\mathrm{tr}(\boldsymbol{\sigma})\mathbf{I} \tag{10.2}$$

$$\sigma_{eq} = \sqrt{\frac{3}{2}\mathbf{S}:\mathbf{S}} \tag{10.3}$$

和

$$\sigma_1 = \max(\mathrm{eig}(\boldsymbol{\sigma})) \tag{10.4}$$

材料常数 C 和 n 可以通过单轴蠕变试验确定。

第十章　蠕变的近场动力学建模

标量损伤变量 ω 表示材料的退化，如孔隙和微裂纹的产生。损伤的增加会导致材料刚度的降低。其演化取决于当前应力状态，那么

$$\dot{\omega} = D\frac{(1-e^{-q})}{q}\sigma_r^p e^{q\omega} \tag{10.5}$$

其中 $\dot{\omega}$ 和 σ_r 分别是损伤率和断裂应力。断裂应力 σ_r 可由 σ_{eq} 和 σ_1 求得，即

$$\sigma_r = \alpha\sigma_1 + (1-\alpha)\sigma_{eq} \tag{10.6}$$

其中 α 是多轴参数。它可以通过多轴蠕变试验及 FEM 分析来确定。材料常数 D、p 和 q 由单轴蠕变试验得到。

10.3　应变增量与应力状态

考虑小变形假设下的准静态加载条件，总应变的变化量 $\Delta\varepsilon$ 可被分解为如下加和形式

$$\Delta\varepsilon = \Delta\varepsilon^e + \Delta\varepsilon^c \tag{10.7}$$

其中 $\Delta\varepsilon^e$ 为弹性应变的变化量，$\Delta\varepsilon^c$ 为蠕变应变的变化量。因此，弹性应变的变化量可被写为

$$\Delta\varepsilon^e = \Delta\varepsilon - \Delta\varepsilon^c \tag{10.8}$$

计算蠕变应变的变化量 $\Delta\varepsilon^c$ 需要对方程 (10.1) 和 (10.5) 进行积分。然而，没有可用的解析表达式。对于足够小的时间增量 Δt，在 $\boldsymbol{\sigma}$ 和 ω 为常数的假设下，蠕变应变的变化量可以被近似为

$$\Delta\varepsilon^c = \frac{3}{2}C\sigma_{eq}^n\frac{\mathbf{S}}{\sigma_{eq}}\exp\left(\frac{2(n+1)}{\pi\sqrt{1+3/n}}\left(\frac{\sigma_1}{\sigma_{eq}}\right)^2\omega^{3/2}\right)\Delta t \tag{10.9}$$

类似地，可以得到损伤增量为

$$\Delta\omega = D\frac{(1-e^{-q})}{q}\sigma_r^p e^{q\omega}\Delta t \tag{10.10}$$

考虑次弹性假设下的损伤，那么可由弹性应变的变化量得到应力的变化量为

$$\Delta\boldsymbol{\sigma} = \mathbf{C}(1-\omega):\Delta\varepsilon^e \tag{10.11}$$

其中 $\mathbf{C}$ 是四阶材料属性张量。这个应力增量 $\Delta\boldsymbol{\sigma}$ 可与先前已知应力 $\boldsymbol{\sigma}_{\text{old}}$ 相加，得到当前应力状态 $\boldsymbol{\sigma}$，即

$$\boldsymbol{\sigma} = \boldsymbol{\sigma}_{\text{old}} + \Delta\boldsymbol{\sigma} \tag{10.12}$$

10.4　NOSB-PD 力密度矢量

假设小变形时，数值计算 t 时刻 NOSB-PD 力密度矢量的流程可描述为：

1. 在 t 时刻，计算 BA 变形梯度的变化量 $\Delta \mathbf{F}_{\boldsymbol{\xi}}(\mathbf{x})$。从前一个时间步 $(t-\Delta t)$ 所得已知量为 $\boldsymbol{\sigma}_{\boldsymbol{\xi}}^{\text{old}}(\mathbf{x})$ 和 $\omega^{\text{old}}(\mathbf{x})$。

2. 利用从方程 (3.29) 所得的 BA 变形梯度增量 $\Delta \mathbf{F}_{\boldsymbol{\xi}}(\mathbf{x})$，计算总应变增量 $\Delta \boldsymbol{\varepsilon}_{\boldsymbol{\xi}}(\mathbf{x})$，可得

$$\Delta \boldsymbol{\varepsilon}_{\boldsymbol{\xi}}(\mathbf{x}) = \frac{1}{2}\left(\Delta \mathbf{F}_{\boldsymbol{\xi}}(\mathbf{x}) + \Delta \mathbf{F}_{\boldsymbol{\xi}}^{\mathrm{T}}(\mathbf{x})\right) \tag{10.13}$$

3. 利用方程 (10.9) 计算蠕变应变的变化量。虽然不受限制，但蠕变应变增量可通过对先前应力状态和损伤值进行显式积分来计算，即

$$\Delta \boldsymbol{\varepsilon}_{\boldsymbol{\xi}}^{c}(\mathbf{x}) = \frac{3}{2} C \left(\sigma_{\boldsymbol{\xi},\mathrm{eq}}^{\text{old}}(\mathbf{x})\right)^n \frac{\mathbf{S}_{\boldsymbol{\xi}}^{\text{old}}(\mathbf{x})}{\sigma_{\boldsymbol{\xi},\mathrm{eq}}^{\text{old}}(\mathbf{x})} \exp\left(\frac{2(n+1)}{\pi\sqrt{1+3/n}}\left(\frac{\sigma_{\boldsymbol{\xi},1}^{\text{old}}(\mathbf{x})}{\sigma_{\boldsymbol{\xi},\mathrm{eq}}^{\text{old}}(\mathbf{x})}\right)^2 \left(\omega^{\text{old}}(\mathbf{x})\right)^{3/2}\right) \Delta t \tag{10.14}$$

4. 类似地，计算损伤增量值，可得

$$\Delta \omega(\mathbf{x}) = D \frac{(1-e^{-q})}{q}\left(\sigma_r^{\text{old}}(\mathbf{x})\right)^p e^{q\omega^{\text{old}}(\mathbf{x})} \Delta t \tag{10.15}$$

5. 更新当前损伤值，可得

$$\omega(\mathbf{x}) = \omega_{\text{old}}(\mathbf{x}) + \Delta \omega(\mathbf{x}) \tag{10.16}$$

6. 在已知 $\Delta \boldsymbol{\varepsilon}_{\boldsymbol{\xi}}(\mathbf{x})$ 和 $\Delta \boldsymbol{\varepsilon}_{\boldsymbol{\xi}}^{c}(\mathbf{x})$ 的值的情况下，计算柯西应力增量，可得

$$\Delta \boldsymbol{\sigma}_{\boldsymbol{\xi}}(\mathbf{x}) = \mathbf{C}(1-\omega) : (\Delta \boldsymbol{\varepsilon}_{\boldsymbol{\xi}}(\mathbf{x}) - \Delta \boldsymbol{\varepsilon}_{\boldsymbol{\xi}}^{c}(\mathbf{x})) \tag{10.17}$$

7. 更新柯西应力，可得

$$\boldsymbol{\sigma}_{\boldsymbol{\xi}}(\mathbf{x}) = \boldsymbol{\sigma}_{\boldsymbol{\xi}}^{\text{old}}(\mathbf{x}) + \Delta \boldsymbol{\sigma}_{\boldsymbol{\xi}}(\mathbf{x}) \tag{10.18}$$

8. 对于小变形假设，可以认为第一 Piola-Kirchhoff 应力等于柯西应力，即 $\mathbf{P}_{\boldsymbol{\xi}}(\mathbf{x}) = \boldsymbol{\sigma}_{\boldsymbol{\xi}}(\mathbf{x})$。因此，由方程 (3.31) 计算力密度矢量可得

$$\mathbf{t}(\mathbf{x}, \boldsymbol{\xi}) = \mathbf{P}_{\boldsymbol{\xi}}(\mathbf{x})\mathbf{g}(\mathbf{x}, \boldsymbol{\xi}) \tag{10.19}$$

10.5 数值实现

Liu 和 Murakami 的蠕变损伤模型是基于应力指数可为 10 次的幂律蠕变。因此，该模型对应力高度敏感，需要精确预测物质点处的应力。在 PD 分析中，由于边界条件的施加，在边界附近会得到不精确的应力。因此，为了消除应力预测的不精确性，采用在第七章中提出的方法，将牵引力和位移边界条件直接施加在最外层物质点上。

通过均匀离散化获得二维 PD 计算域，其中 $\Delta x = \Delta y = \Delta$，$\Delta$ 是网格间距。以 δ 为物质点影响域的半径，然后将 PD 区域划分为 $\mathcal{D}$、$\mathcal{R}$ 和 $\mathcal{B}$ 三个区域，如第七章中的图 7.2 所示，其中 $\mathcal{D}$ 是内部区域，$\mathcal{R}$ 是距离边界 $(2\delta - \Delta)$ 范围的外部区域，而最外层物质点构成区域 $\mathcal{B}$。认为所有满足条件 $\|\mathbf{x}_{(j)} - \mathbf{x}_{(k)}\| < \delta$ 的邻近物质点 $\mathbf{x}_{(j)}$ 都属于物质点 $\mathbf{x}_{(k)}$ 的族。

构造雅可比矩阵需要显式求出 $\Delta\mathbf{R}_{(k)}$ 在点 $\mathbf{x}_{(k)}$ 处的值，该值依赖于 $\mathbf{x}_{(k)}$ 所在的区域 $\mathcal{D}$、$\mathcal{R}$ 和 $\mathcal{B}$。7.4 节给出了构造雅可比矩阵的步骤。在区域 $\mathcal{D}$ 和 $\mathcal{R}$ 中，需要通过计算 $\dfrac{\partial \mathbf{P}_{\boldsymbol{\xi}(k)(j)}}{\partial \mathbf{F}_{\boldsymbol{\xi}(k)(j)}}$ 以确定内力矢量的增量 $\Delta\mathbf{Q}_{\mathcal{D}(k)}$ 和 $\Delta\mathbf{Q}_{\mathcal{R}(k)}$。由于蠕变应变和损伤是用前一个时间步的位移值显式计算的，因此带有损伤的材料属性矩阵可被表示为

$$\frac{\partial \mathbf{P}_{\boldsymbol{\xi}(k)(j)}}{\partial \mathbf{F}_{\boldsymbol{\xi}(k)(j)}} = \mathbf{D}(\omega_{\boldsymbol{\xi}(k)(j)})$$

$$= \begin{bmatrix} D_{11}(1-\omega_{\boldsymbol{\xi}(k)(j)}) & 0 & 0 & D_{12}(1-\omega_{\boldsymbol{\xi}(k)(j)}) \\ 0 & \dfrac{D_{33}(1-\omega_{\boldsymbol{\xi}(k)(j)})}{2} & \dfrac{D_{33}(1-\omega_{\boldsymbol{\xi}(k)(j)})}{2} & 0 \\ 0 & \dfrac{D_{33}(1-\omega_{\boldsymbol{\xi}(k)(j)})}{2} & \dfrac{D_{33}(1-\omega_{\boldsymbol{\xi}(k)(j)})}{2} & 0 \\ D_{21}(1-\omega_{\boldsymbol{\xi}(k)(j)}) & 0 & 0 & D_{22}(1-\omega_{\boldsymbol{\xi}(k)(j)}) \end{bmatrix}$$

(10.20)

对于平面应变条件有 $D_{33} = E/(1+\nu)$，$D_{11} = D_{22} = E(1-\nu)/[(1+\nu)(1-2\nu)]$，$D_{12} = E\nu/[(1+\nu)(1-2\nu)]$，对于平面应力条件则有 $D_{11} = D_{22} = E/(1-\nu)^2$，$D_{12} = E\nu/(1-\nu)^2$，其中 E 和 ν 分别表示杨氏模量和泊松比。

对于 $\mathcal{B}$ 中的物质点，需要通过计算 $\dfrac{\partial \mathbf{P}_{(k)}}{\partial \mathbf{F}_{(k)}}$ 来确定内力矢量的增量 $\Delta\mathbf{Q}_{\mathcal{B}(k)}$。矩阵 $\dfrac{\partial \mathbf{P}_{(k)}}{\partial \mathbf{F}_{(k)}}$ 是材料属性矩阵，根据逐点损伤值进行计算，即

$$\frac{\partial \mathbf{P}_{(k)}}{\partial \mathbf{F}_{(k)}} = \mathbf{D}(\omega_{(k)})$$

$$= \begin{bmatrix} D_{11}(1-\omega_{(k)}) & 0 & 0 & D_{12}(1-\omega_{(k)}) \\ 0 & D_{33}(1-\omega_{(k)})/2 & D_{33}(1-\omega_{(k)})/2 & 0 \\ 0 & D_{33}(1-\omega_{(k)})/2 & D_{33}(1-\omega_{(k)})/2 & 0 \\ D_{21}(1-\omega_{(k)}) & 0 & 0 & D_{22}(1-\omega_{(k)}) \end{bmatrix}$$

(10.21)

值得注意的是，蠕变应变和损伤值有两种类型。一种是利用区域 $\mathcal{D}$ 和 $\mathcal{R}$ 中的 BA 变形梯度得到。第二种是在得到位移解 **V** 后作为后处理的一部分逐点进行计算。

10.6 数值结果

通过对 316 不锈钢试件在 600℃ 时受到恒定应力作用进行一维和二维蠕变变形的数值模拟，以验证该方法的有效性。为了获取精度，将数值预测结果与 Hyde 等 (2010) 的试验观察结果和恒定应力时的解析解进行比较。

不锈钢材料属性设定为弹性模量 $E = 148\text{GPa}$ 和泊松比 $\nu = 0.3$。Hyde 等 (2010) 通过施加恒定应力对圆柱试件进行了蠕变试验，确定了 Liu 和 Murakami 的材料参数为 $C = 1.47 \times 10^{-29}$，$n = 10.147$，$D = 2.73 \times 10^{-30}$，$p = 10.949$，$q = 6.35$。

10.6.1 单轴蠕变

由 316 不锈钢制成的高 $H = 50\text{mm}$ 和直径 $D = 10\text{mm}$ 的圆柱试件在顶部受到恒定应力，如图 10.2 所示。采用四种不同应力水平 $\sigma_0 = 240\text{MPa}$、260MPa、280MPa 和 300MPa 对试件进行测试。由于加载状态为单轴，所以把求解域看作一维 (1D) 区域进行数值模拟。通过采用 $\Delta = 0.25\text{mm}$ 进行均匀离散化，生成由 200 个物质点组成的计算域。笛卡儿坐标系位于中心。通过取近场半径为 $\delta = 3\Delta$ 来构造族成员。如图 10.3 所示，计算域被划分为 $\mathcal{D}$、$\mathcal{R}$ 和 $\mathcal{B}$ 三个区域。区域 $\mathcal{D}$ 和 $\mathcal{R}$ 分别有 188 和 10 个物质点。

在边界 $\mathcal{B}$ 中有两个物质点。底部边界受到如下位移约束

$$u(y = -H/2 + \Delta/2) = 0 \tag{10.22}$$

而顶部边界受到大小为 $\sigma_0 = 240\text{MPa}$、260MPa、280MPa 和 300MPa 的恒定应力，即

$$\sigma_y(y = H/2 - \Delta/2) = \sigma_0 \tag{10.23}$$

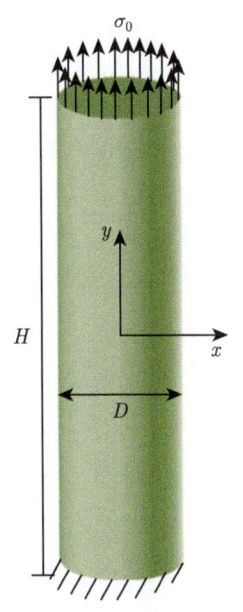

图 10.2　圆柱试件的几何构造和边界条件

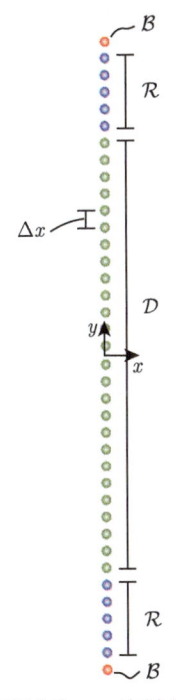

图 10.3　求解域的 PD 离散化和区域划分

当施加的应力为 240MPa 时，在瞬时时间步的应力预测结果如图 10.4 所示。在所有的物质点上应力都是恒定的，对所有其他施加的应力也有相似的观察。通过令施加的应力保持恒定，数值模拟一直进行到逐点损伤值达到 0.95，该值在后处理过程中计算得到。对于所有施加的应力值，在 $y = \Delta/2$ 处，蠕变应变和损伤随时间的演变，以及它们与 Hyde 等 (2010) 的试验和解析结果的比较显示在图 10.5 ~ 图 10.12 中。从这些图可以看出，对于所有施加的应力，数值预测结果与试验结果和解析结果都吻合得很好，从而证明了该方法的有效性。

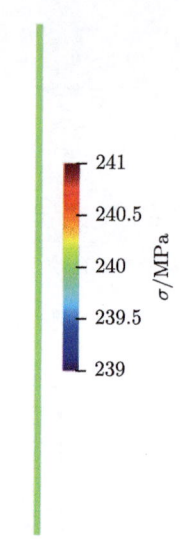

图 10.4 施加的应力为 $\sigma_0 = 240$MPa 时物质点处的 PD 应力预测结果

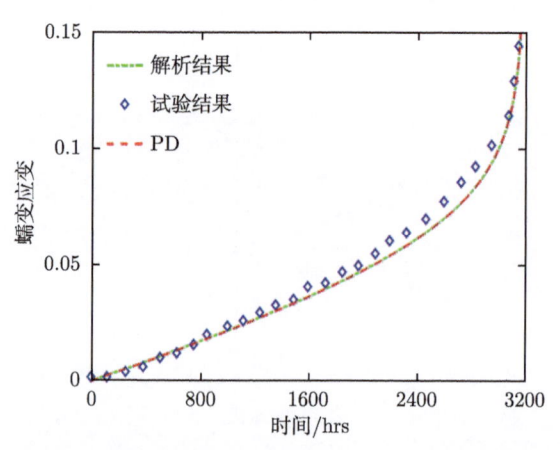

图 10.5 当 $\sigma_0 = 240$MPa 时，在点 $y = \Delta/2$ 处，蠕变应变随时间的演变

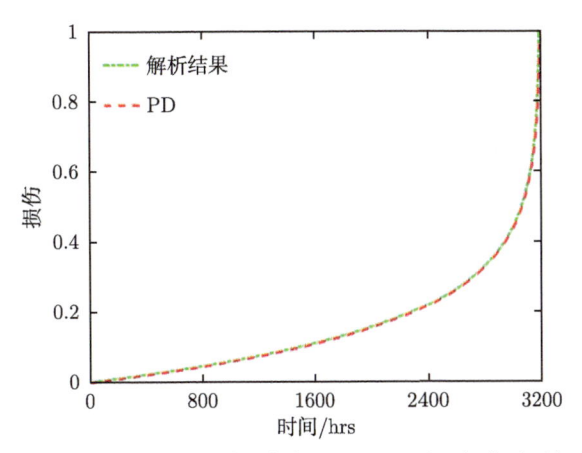

图 10.6　当 $\sigma_0 = 240\text{MPa}$ 时，在点 $y = \Delta/2$ 处，损伤随时间的演变

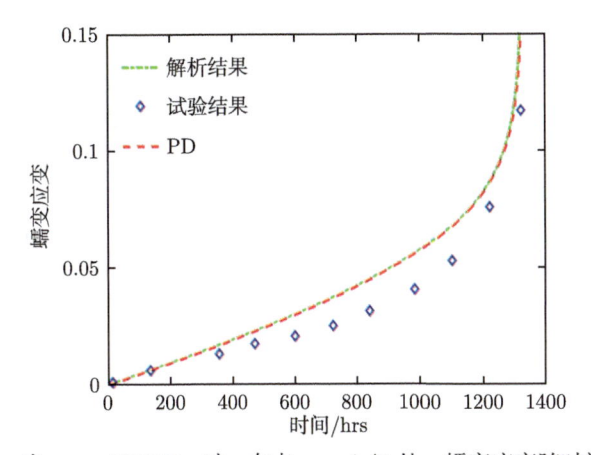

图 10.7　当 $\sigma_0 = 260\text{MPa}$ 时，在点 $y = \Delta/2$ 处，蠕变应变随时间的演变

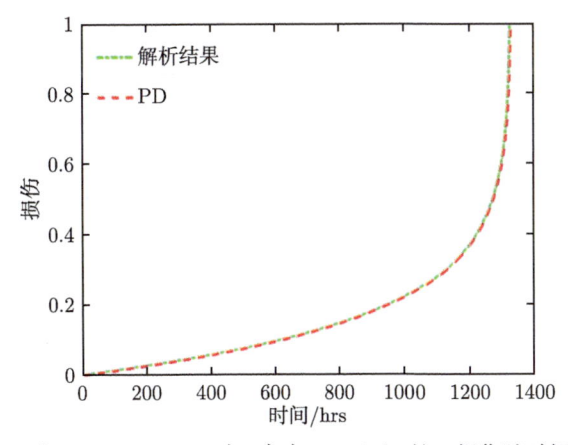

图 10.8　当 $\sigma_0 = 260\text{MPa}$ 时，在点 $y = \Delta/2$ 处，损伤随时间的演变

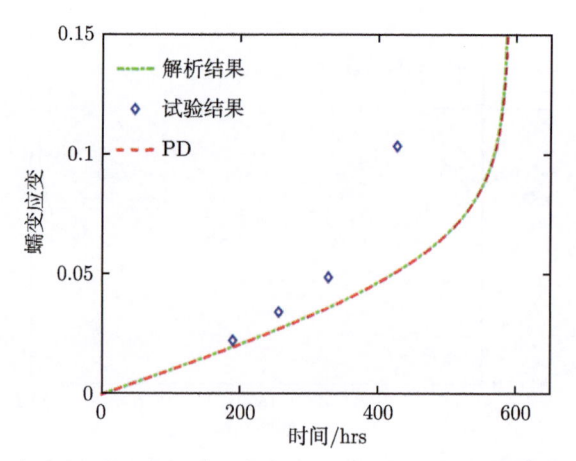

图 10.9　当 $\sigma_0 = 280\text{MPa}$ 时，在点 $y = \Delta/2$ 处，蠕变应变随时间的演变

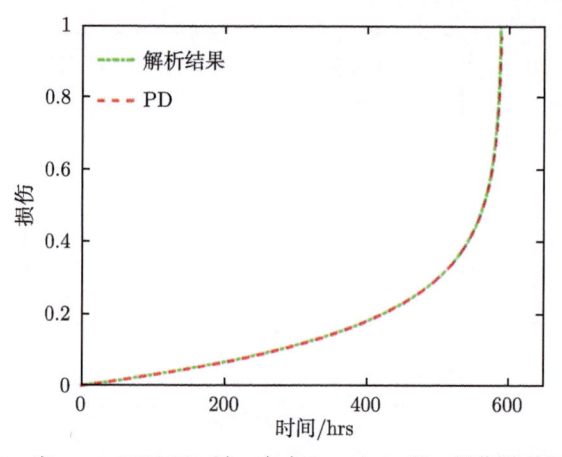

图 10.10　当 $\sigma_0 = 280\text{MPa}$ 时，在点 $y = \Delta/2$ 处，损伤随时间的演变

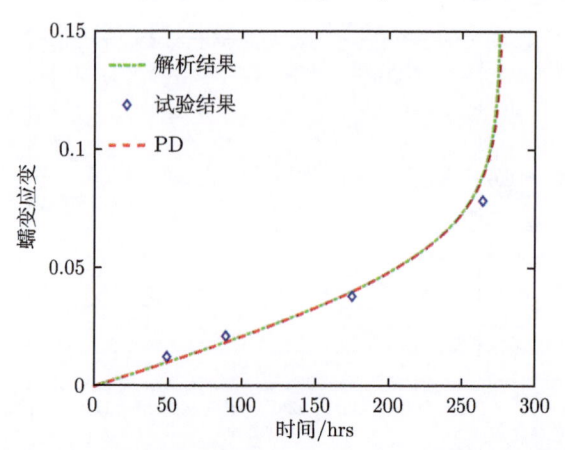

图 10.11　当 $\sigma_0 = 300\text{MPa}$ 时，在点 $y = \Delta/2$ 处，蠕变应变随时间的演变

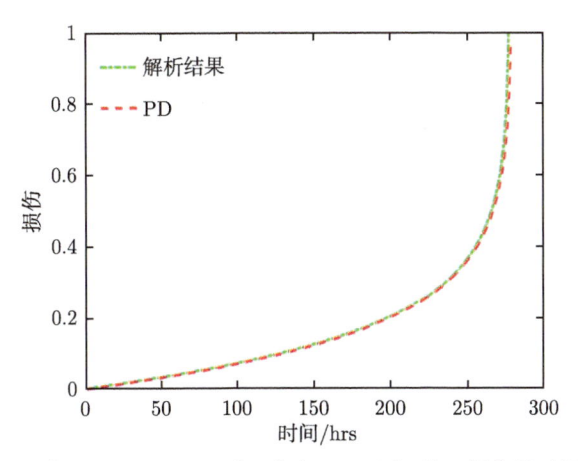

图 10.12 当 $\sigma_0 = 300\text{MPa}$ 时,在点 $y = \Delta/2$ 处,损伤随时间的演变

10.6.2 矩形平板的蠕变变形

如图 10.13 所示,尺寸为 $L = 25\text{mm}$ 和 $W = 5\text{mm}$ 的矩形平板沿顶部边缘受到恒定拉应力 $\sigma_0 = 240\text{MPa}$。平板底部边缘在滚动支座上。采用均匀网格间距 $\Delta = \Delta x = \Delta y = 0.238\text{mm}$ 将求解域离散成 2121 个 PD 点。为了施加边界条件,将计算域划分为 $\mathcal{D}$、$\mathcal{R}$ 和 $\mathcal{B}$ 区域,如图 10.14 所示,其中每个区域分别包含 1869、210 和 42 个物质点。对于所有区域,在 TSE 中取 $N = 1$ 构造 PD 函数。近场半径取 $\delta = 3\Delta$,用于为区域中每个物质点构造族成员。

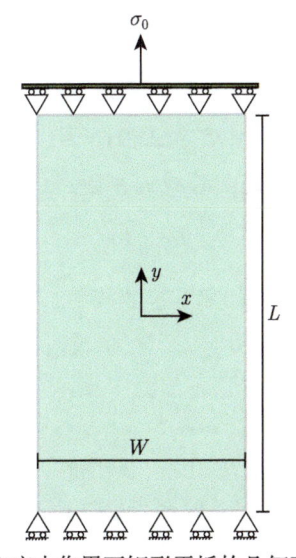

图 10.13 恒定应力作用下矩形平板的几何形状和边界条件

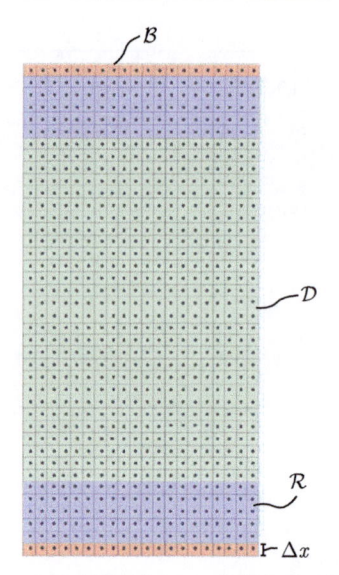

图 10.14 矩形平板的 PD 离散化和区域划分

在区域 $\mathcal{B}$ 中，施加如下非零牵引力

$$\left.\begin{array}{l}\sigma_{yy}^{\mathrm{PD}}(x,y)=\sigma_0=240\mathrm{MPa}\\ \sigma_{xy}^{\mathrm{PD}}(x,y)=0\end{array}\right\}$$

当 $(-W/2+\Delta/2\leqslant x\leqslant W/2-\Delta/2)$ 且 $y=(L/2-\Delta/2)$ (10.24)

$$\left.\begin{array}{l}\sigma_{xy}^{\mathrm{PD}}(x,y)=0\\ u_y(x,y)=0\end{array}\right\}$$

当 $(-W/2+\Delta/2\leqslant x\leqslant W/2-\Delta/2)$ 且 $y=(-L/2+\Delta/2)$ (10.25)

为了避免刚体运动，沿垂直中心线的物质点还被施加如下约束

$$u_x(x,y)=0$$

当 $(-L/2+\Delta/2\leqslant y\leqslant L/2-\Delta/2)$ 且 $x=0$ (10.26)

平板受到 $\sigma_0=240\mathrm{MPa}$ 的拉应力。在瞬时时间步，PD 法向应力和剪切应力的预测结果如图 10.15 所示。在应力预测中没有发现偏应力；它们恢复了施加的压力，即 $\sigma_{yy}=240\mathrm{MPa}$，而 $\sigma_{xx}=\sigma_{xy}=0$。对于施加的恒定应力，允许平板蠕变，直到逐点损伤值达到 $\omega(\mathbf{x}_{(k)})=0.9$。采用时间步长 $\Delta t=0.1\mathrm{h}$ 进行显式时间积分。当损伤值为 0.85 时，物质点处逐点蠕变应变和损伤值如图 10.16 所示。在物体的所有物质点处，蠕变和损伤值都是均匀不变的。图 10.17 和图 10.18 给出了在点 $(x=0,y=0)$ 处等效蠕变应变和损伤的演化过程，并与认为等效应力为

240MPa 时所得的解析解进行了比较。对初始应力和蠕变演化的 PD 预测结果与解析解吻合得很好。

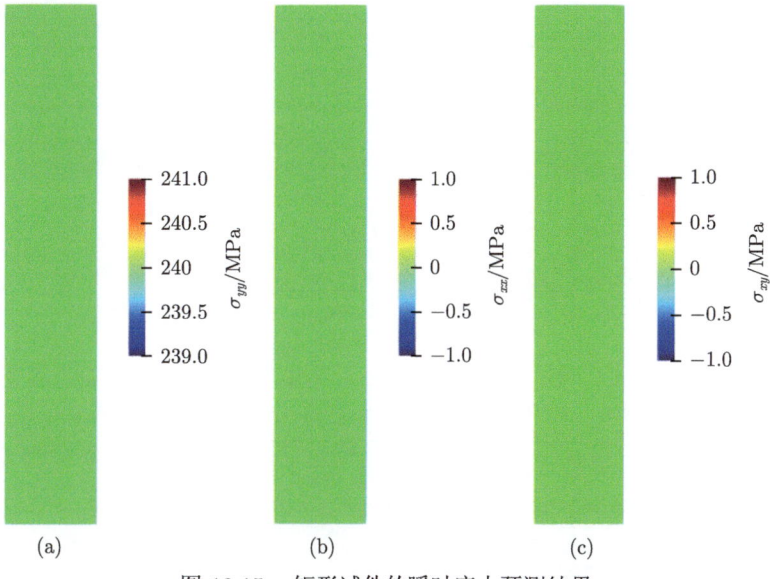

图 10.15 矩形试件的瞬时应力预测结果
(a) σ_{yy}；(b) σ_{xx}；(c) σ_{xy}

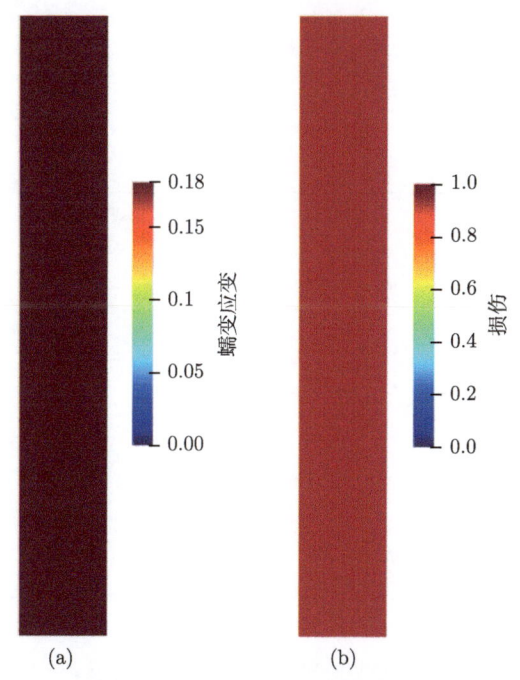

图 10.16 在模拟结束时矩形平板的等效蠕变应变和损伤

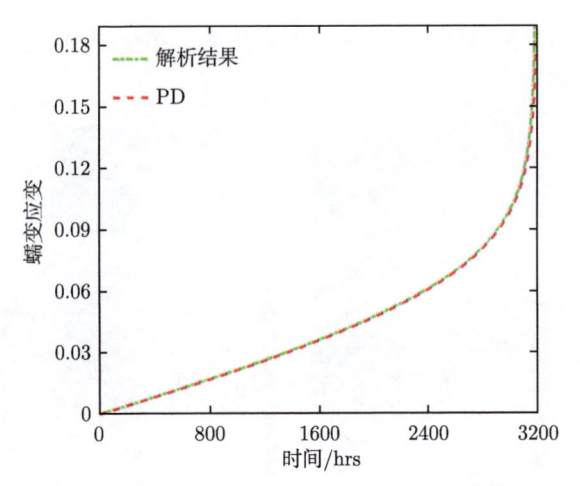

图 10.17　当 $\sigma_0 = 240\text{MPa}$ 时，在点 $y = \Delta/2$ 处，蠕变应变随时间的演变

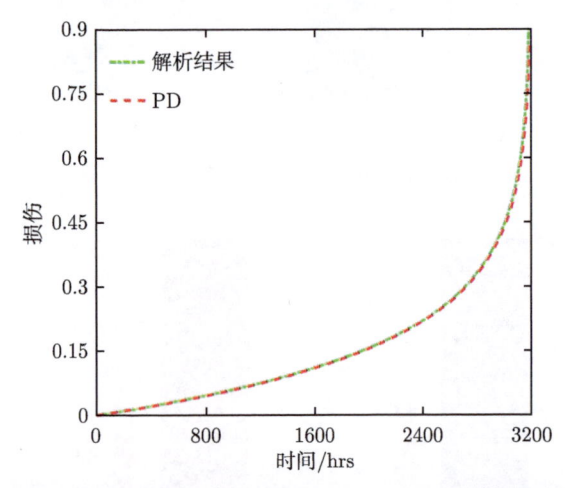

图 10.18　当 $\sigma_0 = 240\text{MPa}$ 时，在点 $y = \Delta/2$ 处，损伤随时间的演变

参 考 文 献

Behzadinasab, M., & Foster, J. T. (2020). A semi-Lagrangian constitutive correspondence framework for peridynamics. *Journal of the Mechanics and Physics of Solids, 137,* 103862.

Betten, J. (2008). *Creep mechanics.* Springer Science & Business Media.

Evans, R. W., & Wilshire, B. (1985). *Creep of metals and alloys.* The Institute of Metals.

Graham, A., & Walles, K. F. A. (1955). Relationships between long and short time creep and tensile properties of a commercial alloy. *Journal of the Iron and Steel Institute, 179,* 104-121.

Holdsworth, S. R. (2008). Constitutive equations for creep curves and predicting service life. In *Creep-resistant steels* (pp. 403-420). Woodhead Publishing.

Hyde, C. J., Hyde, T. H., Sun, W., & Becker, A. A. (2010). Damage mechanics based predictions of creep crack growth in 316 stainless steel. *Engineering Fracture Mechanics, 77*(12), 2385-2402.

Kachanov, L. M. (1958). Time to failure under creep conditions. *Izvestiia Akademii Nauk SSSR, Otdelenie Teckhnicheskikh Nauk, 8*, 26-31.

Kulkarni, S. S., & Tabarraei, A. (2020). An ordinary state based peridynamic correspondence model for metal creep. *Engineering Fracture Mechanics, 233*, 107042.

Liu, Y., & Murakami, S. (1998). Damage localization of conventional creep damage models and proposition of a new model for creep damage analysis. *JSME International Journal Series A Solid Mechanics and Material Engineering, 41*(1), 57-65.

Meng, Q., & Wang, Z. (2019). Creep damage models and their applications for crack growth analysis in pipes: A review. *Engineering Fracture Mechanics, 205*, 547-576.

Nikbin, K. M., Smith, D. J., & Webster, G. A. (1984). Prediction of creep crack growth from uniaxial creep data. *Proceedings of the Royal Society of London A: Mathematical and Physical Sciences, 396*(1810), 183-197.

Norton, F. H. (1929). *The creep of steel at high temperatures.* McGraw-Hill Book Company.

Rabotnov, Y. N. (1969). *Creep problems in structural members.* North-Holland.

Spindler, M. W. (2004). The multiaxial creep ductility of austenitic stainless steels. *Fatigue & Fracture of Engineering Materials & Structures, 27*, 273-281.

Tupek, M. R., Rimoli, J. J., & Radovitzky, R. (2013). An approach for incorporating classical continuum damage models in state-based peridynamics. *Computer Methods in Applied Mechanics and Engineering, 263*, 20-26.

Wen, J. F., Tu, S. T., Gao, X. L., & Reddy, J. N. (2013). Simulations of creep crack growth in 316 stainless steel using a novel creep-damage model. *Engineering Fracture Mechanics, 98*, 169-184.

第十一章 轴对称近场动力学分析

11.1 引　言

与三维模型相比，轴对称模型具有一定的计算优势。然而，关于轴对称分析的 PD 模型很少。Zhang 和 Qiao (2018, 2019) 用四个通过标定确定的 PD 材料参数表示常规态型 (OSB) 近场动力学 (PD) 平衡方程中出现的力密度矢量。标定过程需要应变能密度函数的 PD 表示及其在简单加载条件下与经典连续介质力学对应的等效形式。对于材料内部的一点，这种标定是有效的。然而，对表面附近的物质点需要进行额外标定 (Madenci & Oterkus, 2014)。此外，Wildman 和 Gazonas (2016) 讨论了用于轴对称缺口建模的非常规态型 PD 对应模型。最近，Roy (2018) 发展了一种用于轴对称分析的 PD 对应材料模型，并在不考虑损伤预测的情况下通过基准试验验证了模拟结果。Mitts 等 (2020, 2021) 发展了一种轴对称 PD 模型，用于模拟裂纹在线弹性固体中的萌生和后续扩展，以及在陶瓷基复合材料中由于界面相存在而导致的裂纹偏转。

本章通过 Johnson-Cook 塑性模型对经历弹性和塑性变形以及发热的结构进行非常规态型 (NOSB) PD 轴对称分析。键辅助 (BA) 变形梯度张量 (Chen, 2018; Chen & Spencer, 2019) 打破了对称性，从而消除了零能变形模式 (Gu et al., 2019)。因此，不存在伪数值振荡。本章从功率平衡的角度推导出 PD 平衡方程。采用 PD 与经典连续介质力学之间本构对应的观念，建立力密度矢量的显式形式。通过 PD 中的非局部性消除经典轴对称模型中在对称轴附近出现的应力奇点。这允许在轴对称模型中使用基于应力的破坏准则，而这在经典轴对称模型中是不可能的。此外，它允许裂纹在轴对称结构中萌生和扩展，这是经典理论难以模拟的。

本章的数值结果涉及泰勒冲击试验的模拟，并将变形预测结果以及等效塑性应变和温度的计算结果与试验观测结果进行了比较。

11.2 轴对称假设

在轴对称假设下，加载、几何、材料和边界条件关于单轴呈现对称性的特定三维问题可以简化为单个半平面。这种理想化情况极大降低了计算需求。在如

补充信息　在线原著版本包含本章补充材料，请访问 [https://doi.org/10.1007/978-3-030-97858-7_11]。

第十一章 轴对称近场动力学分析

图 11.1 所示的柱坐标系 (r,θ,z) 下，对称轴是轴向 z。径向是 r，角方向是 θ。不存在角 (即 θ) 依赖性。因此，位移、应力和应变分量只依赖于 r 和 z。

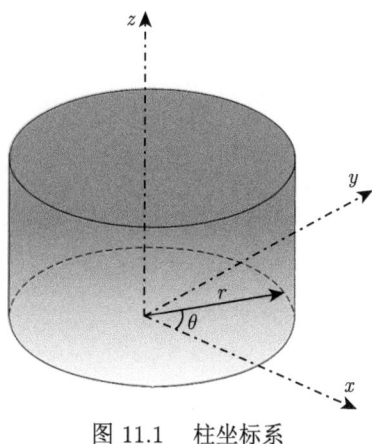

图 11.1　柱坐标系

在经典连续介质力学中，推导出运动方程为

$$\rho \ddot{\mathbf{u}}(\mathbf{x},t) = \mathbf{L}(\mathbf{x},t) + \mathbf{b}(\mathbf{x},t) \tag{11.1}$$

其中物理量 ρ 表示质量密度。物理量 $\ddot{\mathbf{u}}$ 和 $\mathbf{b}$ 分别表示点 $\mathbf{x} = (r,\theta,z)^\mathrm{T}$ 处的加速度矢量和体力密度矢量。内力矢量可以被表示为

$$\mathbf{L}(\mathbf{x},t) = \nabla \cdot \boldsymbol{\sigma}(\mathbf{x},t) \tag{11.2}$$

其中 $\boldsymbol{\sigma}(\mathbf{x},t)$ 为 t 时刻的柯西应力张量。在轴对称假设下，线性各向同性材料的应力分量可以被表示为

$$\sigma_{rr} = (\lambda + 2\mu)\frac{\partial u}{\partial r} + \lambda\left(\frac{u}{r} + \frac{\partial w}{\partial z}\right) \tag{11.3}$$

$$\sigma_{zz} = (\lambda + 2\mu)\frac{\partial w}{\partial z} + \lambda\left(\frac{u}{r} + \frac{\partial u}{\partial r}\right) \tag{11.4}$$

$$\sigma_{\theta\theta} = (\lambda + 2\mu)\frac{u}{r} + \lambda\left(\frac{\partial w}{\partial z} + \frac{\partial u}{\partial r}\right) \tag{11.5}$$

和

$$\sigma_{rz} = \mu\left(\frac{\partial u}{\partial z} + \frac{\partial w}{\partial r}\right) \tag{11.6}$$

其中 u 和 w 分别表示径向和轴向位移场，而 λ 和 μ 是 Lame 材料常数。

11.3 机械功率平衡的 PD 形式

在笛卡儿坐标系下，Silling 等 (2007) 对占据区域 Ω 的物体推导出如下形式的 PD 平衡方程

$$\rho\ddot{\mathbf{y}}(\mathbf{x},t) = \int_{\Omega} \left(\mathbf{t}(\mathbf{x},\mathbf{x}'-\mathbf{x},t) - \mathbf{t}'(\mathbf{x}',\mathbf{x}-\mathbf{x}',t)\right) dV_{\mathbf{x}'} + \mathbf{b}(\mathbf{x},t) \tag{11.7}$$

其中 $\mathbf{t}$ 和 $\mathbf{t}'$ 分别是点 $\mathbf{x}$ 和 $\mathbf{x}'$ 处的力密度矢量，$\mathbf{b}$ 是体力密度矢量。矢量 $\mathbf{y}$ 描述点 $\mathbf{x}$ 在变形构型中的位置，即 $\mathbf{y} = \mathbf{x} + \mathbf{u}$，而 $\mathbf{u}$ 表示位移矢量。在这个方程的两边，与速度 $\dot{\mathbf{y}}$ 取点积，并在 Ω 的有限子区域 $\tilde{\Omega}$ 上积分，可得

$$\int_{\tilde{\Omega}} \rho\ddot{\mathbf{y}} \cdot \dot{\mathbf{y}} dV_{\mathbf{x}} = \int_{\tilde{\Omega}} \int_{\Omega} (\mathbf{t} \cdot \dot{\mathbf{y}} - \mathbf{t}' \cdot \dot{\mathbf{y}}) dV_{\mathbf{x}'} dV_{\mathbf{x}} + \int_{\tilde{\Omega}} \mathbf{b} \cdot \dot{\mathbf{y}} dV_{\mathbf{x}} \tag{11.8}$$

或者

$$\int_{\tilde{\Omega}} \rho\ddot{\mathbf{y}} \cdot \dot{\mathbf{y}} dV_{\mathbf{x}} = \int_{\tilde{\Omega}} \int_{\Omega} ((\mathbf{t} \cdot \dot{\mathbf{y}} - \mathbf{t}' \cdot \dot{\mathbf{y}}) + (\mathbf{t} \cdot \dot{\mathbf{y}}' - \mathbf{t} \cdot \dot{\mathbf{y}}')) dV_{\mathbf{x}'} dV_{\mathbf{x}} + \int_{\tilde{\Omega}} \mathbf{b} \cdot \dot{\mathbf{y}} dV_{\mathbf{x}} \tag{11.9}$$

这个方程可被改写为

$$\begin{aligned}\int_{\tilde{\Omega}} \rho\ddot{\mathbf{y}} \cdot \dot{\mathbf{y}} dV_{\mathbf{x}} = & \int_{\tilde{\Omega}} \int_{\Omega} (\mathbf{t} \cdot \dot{\mathbf{y}}' - \mathbf{t}' \cdot \dot{\mathbf{y}}) dV_{\mathbf{x}'} dV_{\mathbf{x}} \\ & - \int_{\tilde{\Omega}} \int_{\Omega} (\mathbf{t} \cdot \dot{\mathbf{y}}' - \mathbf{t} \cdot \dot{\mathbf{y}}) dV_{\mathbf{x}'} dV_{\mathbf{x}} + \int_{\tilde{\Omega}} \mathbf{b} \cdot \dot{\mathbf{y}} dV_{\mathbf{x}}\end{aligned} \tag{11.10}$$

根据 Silling 和 Lehoucq (2010) 的表述，将机械功率平衡表示为

$$\dot{\mathcal{K}}\left(\tilde{\Omega}\right) + \mathcal{W}_{\text{abs}}\left(\tilde{\Omega}\right) = \mathcal{W}_{\text{sup}}\left(\tilde{\Omega}\right) \tag{11.11}$$

其中 $\mathcal{K}\left(\tilde{\Omega}\right)$ 是 $\tilde{\Omega}$ 的动能，$\mathcal{W}_{\text{abs}}\left(\tilde{\Omega}\right)$ 是被 $\tilde{\Omega}$ 吸收的功率，$\mathcal{W}_{\text{sup}}\left(\tilde{\Omega}\right)$ 是向 $\tilde{\Omega}$ 提供的功率。它们可以被显式表示为

$$\mathcal{K}\left(\tilde{\Omega}\right) = \int_{\tilde{\Omega}} \frac{1}{2} \rho \dot{\mathbf{y}} \cdot \dot{\mathbf{y}} dV_{\mathbf{x}} \tag{11.12}$$

$$\mathcal{W}_{\text{abs}}\left(\tilde{\Omega}\right) = \int_{\tilde{\Omega}} \int_{\Omega} \mathbf{t} \cdot (\dot{\mathbf{y}}' - \dot{\mathbf{y}}) dV_{\mathbf{x}'} dV_{\mathbf{x}} \tag{11.13}$$

$$\mathcal{W}_{\text{sup}}\left(\tilde{\Omega}\right) = \int_{\tilde{\Omega}} \int_{\Omega} (\mathbf{t} \cdot \dot{\mathbf{y}}' - \mathbf{t}' \cdot \dot{\mathbf{y}}) dV_{\mathbf{x}'} dV_{\mathbf{x}} + \int_{\tilde{\Omega}} \mathbf{b} \cdot \dot{\mathbf{y}} dV_{\mathbf{x}} \tag{11.14}$$

或者

$$\mathcal{W}_{\sup}\left(\tilde{\Omega}\right) = \int_{\tilde{\Omega}}\int_{\Omega-\tilde{\Omega}}(\mathbf{t}\cdot\dot{\mathbf{y}}'-\mathbf{t}'\cdot\dot{\mathbf{y}})dV_{\mathbf{x}'}dV_{\mathbf{x}}$$
$$+\int_{\tilde{\Omega}}\int_{\tilde{\Omega}}(\mathbf{t}\cdot\dot{\mathbf{y}}'-\mathbf{t}'\cdot\dot{\mathbf{y}})dV_{\mathbf{x}'}dV_{\mathbf{x}} + \int_{\tilde{\Omega}}\mathbf{b}\cdot\dot{\mathbf{y}}dV_{\mathbf{x}} \quad (11.15)$$

在第二个积分中，用 $\mathbf{x}'$ 替换 $\mathbf{x}$，用 $\mathbf{x}$ 替换 $\mathbf{x}'$，可得

$$\int_{\tilde{\Omega}}\int_{\tilde{\Omega}}(\mathbf{t}\cdot\dot{\mathbf{y}}'-\mathbf{t}'\cdot\dot{\mathbf{y}})dV_{\mathbf{x}'}dV_{\mathbf{x}} = \int_{\tilde{\Omega}}\int_{\tilde{\Omega}}(\mathbf{t}'\cdot\dot{\mathbf{y}}-\mathbf{t}\cdot\dot{\mathbf{y}}')dV_{\mathbf{x}}dV_{\mathbf{x}'}$$
$$= -\int_{\tilde{\Omega}}\int_{\tilde{\Omega}}(\mathbf{t}\cdot\dot{\mathbf{y}}'-\mathbf{t}'\cdot\dot{\mathbf{y}})dV_{\mathbf{x}'}dV_{\mathbf{x}} = 0 \quad (11.16)$$

因此，所提供的功率 $\mathcal{W}_{\sup}\left(\tilde{\Omega}\right)$ 的表达式可被简化为

$$\mathcal{W}_{\sup}\left(\tilde{\Omega}\right) = \int_{\tilde{\Omega}}\int_{\Omega-\tilde{\Omega}}(\mathbf{t}\cdot\dot{\mathbf{y}}'-\mathbf{t}'\cdot\dot{\mathbf{y}})dV_{\mathbf{x}'}dV_{\mathbf{x}} + \int_{\tilde{\Omega}}\mathbf{b}\cdot\dot{\mathbf{y}}dV_{\mathbf{x}} \quad (11.17)$$

11.4 热功率平衡的 PD 形式

在笛卡儿坐标系下，Oterkus 等 (2014) 对占据区域 Ω 的物体推导出如下形式的近场动力学热扩散方程

$$\dot{T}(\mathbf{x},t) = -\int_{\Omega}q(\mathbf{x}',\mathbf{x},t)dV_{\mathbf{x}'} + \tau(\mathbf{x},t) \quad (11.18)$$

其中 $T(\mathbf{x},t)$ 为温度场，$q(\mathbf{x}',\mathbf{x},t)$ 是从 $\mathbf{x}'$ 到 $\mathbf{x}$ 的热传递速率，$\tau(\mathbf{x},t)$ 为热源。在子区域 $\tilde{\Omega}$ 上，对这个方程进行积分，可得

$$\int_{\tilde{\Omega}}\dot{T}(\mathbf{x},t)dV_{\mathbf{x}} = -\int_{\tilde{\Omega}}\int_{\Omega}q(\mathbf{x}',\mathbf{x},t)dV_{\mathbf{x}'}dV_{\mathbf{x}} + \int_{\tilde{\Omega}}\tau(\mathbf{x},t)dV_{\mathbf{x}} \quad (11.19)$$

或者

$$\int_{\tilde{\Omega}}\dot{T}dV_{\mathbf{x}} = -\int_{\tilde{\Omega}}\int_{\Omega-\tilde{\Omega}}q(\mathbf{x}',\mathbf{x},t)dV_{\mathbf{x}'}dV_{\mathbf{x}} - \int_{\tilde{\Omega}}\int_{\tilde{\Omega}}q(\mathbf{x}',\mathbf{x},t)dV_{\mathbf{x}'}dV_{\mathbf{x}} + \int_{\tilde{\Omega}}\tau(\mathbf{x},t)dV_{\mathbf{x}}$$
$$(11.20)$$

在第二个积分中，用 $\mathbf{x}'$ 替换 $\mathbf{x}$，用 $\mathbf{x}$ 替换 $\mathbf{x}'$，并且利用等式 $q(\mathbf{x}',\mathbf{x},t) = -q(\mathbf{x},\mathbf{x}',t)$，可得

$$\int_{\tilde{\Omega}}\int_{\tilde{\Omega}}q(\mathbf{x}',\mathbf{x},t)dV_{\mathbf{x}'}dV_{\mathbf{x}} = \int_{\tilde{\Omega}}\int_{\tilde{\Omega}}q(\mathbf{x},\mathbf{x}',t)dV_{\mathbf{x}}dV_{\mathbf{x}'}$$

$$= -\int_{\tilde{\Omega}}\int_{\tilde{\Omega}} q(\mathbf{x}',\mathbf{x},t)dV_{\mathbf{x}'}dV_{\mathbf{x}} = 0 \tag{11.21}$$

热功率平衡的 PD 形式可被表示为

$$\int_{\tilde{\Omega}} \dot{T}(\mathbf{x},t)dV_{\mathbf{x}} = -\int_{\tilde{\Omega}}\int_{\Omega-\tilde{\Omega}} q(\mathbf{x}',\mathbf{x},t)dV_{\mathbf{x}'}dV_{\mathbf{x}} + \int_{\tilde{\Omega}} \tau(\mathbf{x},t)dV_{\mathbf{x}} \tag{11.22}$$

或者

$$\int_{\tilde{\Omega}} \dot{T}(\mathbf{x},t)dV_{\mathbf{x}} = \mathcal{Q}\left(\tilde{\Omega}\right) \tag{11.23}$$

其中 $\mathcal{Q}\left(\tilde{\Omega}\right)$ 表示给 $\tilde{\Omega}$ 供热的速率,即

$$\mathcal{Q}\left(\tilde{\Omega}\right) = -\int_{\tilde{\Omega}}\int_{\Omega-\tilde{\Omega}} q(\mathbf{x}',\mathbf{x},t)dV_{\mathbf{x}'}dV_{\mathbf{x}} + \int_{\tilde{\Omega}} \tau(\mathbf{x},t)dV_{\mathbf{x}} \tag{11.24}$$

11.5 内能密度变化率的 PD 形式

Silling 和 Lehoucq (2010) 假定热力学第一定律可表述为

$$\dot{\mathcal{E}}\left(\tilde{\Omega}\right) + \dot{\mathcal{K}}\left(\tilde{\Omega}\right) = \mathcal{W}_{\text{sup}}\left(\tilde{\Omega}\right) + \mathcal{Q}\left(\tilde{\Omega}\right) + \mathcal{W}_{\text{p}}\left(\tilde{\Omega}\right) \tag{11.25}$$

其中 $\mathcal{E}\left(\tilde{\Omega}\right)$ 是 $\tilde{\Omega}$ 中的内能,$\mathcal{Q}\left(\tilde{\Omega}\right)$ 是给 $\tilde{\Omega}$ 供热的速率,$\mathcal{W}_{\text{p}}\left(\tilde{\Omega}\right)$ 是 $\tilde{\Omega}$ 中的塑性功率。$\mathcal{W}_{\text{p}}\left(\tilde{\Omega}\right)$ 的显式表达式为

$$\mathcal{W}_{\text{p}}\left(\tilde{\Omega}\right) = \int_{\tilde{\Omega}} \chi\dot{\gamma}^{\text{p}}(\mathbf{x},t)dV_{\mathbf{x}} \tag{11.26}$$

其中 χ 是标量微观应力,它共轭于等效塑性应变率 $\dot{\gamma}^{\text{p}}$。

结合方程 (11.11) 和 (11.25),可得

$$\dot{\mathcal{E}}\left(\tilde{\Omega}\right) = \mathcal{W}_{\text{abs}}\left(\tilde{\Omega}\right) + \mathcal{Q}\left(\tilde{\Omega}\right) + \mathcal{W}_{\text{p}}\left(\tilde{\Omega}\right) \tag{11.27}$$

基于 $\mathcal{W}_{\text{abs}}$、$\mathcal{Q}$ 和 $\mathcal{W}_{\text{p}}$ 的可加性质,内能 $\mathcal{E}$ 是可加的。因此,它可以用内能密度 e 表示为

$$\dot{\mathcal{E}}\left(\tilde{\Omega}\right) = \int_{\tilde{\Omega}} \dot{e}(\mathbf{x},t)dV_{\mathbf{x}} \tag{11.28}$$

第十一章 轴对称近场动力学分析 · 199 ·

将方程 (11.13)、(11.24)、(11.26) 和 (11.28) 代入方程 (11.27)，可得

$$\int_{\tilde{\Omega}} \dot{e}(\mathbf{x},t)dV_{\mathbf{x}} = \int_{\tilde{\Omega}}\int_{\Omega} \mathbf{t}\cdot(\dot{\mathbf{y}}'-\dot{\mathbf{y}})dV_{\mathbf{x}'}dV_{\mathbf{x}} - \int_{\tilde{\Omega}}\int_{\Omega} q(\mathbf{x}',\mathbf{x},t)dV_{\mathbf{x}'}dV_{\mathbf{x}}$$
$$+ \int_{\tilde{\Omega}} \tau(\mathbf{x},t)dV_{\mathbf{x}} + \int_{\tilde{\Omega}} \chi\dot{\gamma}^{\mathrm{p}}(\mathbf{x},t)dV_{\mathbf{x}} \quad (11.29)$$

或者

$$\dot{e}(\mathbf{x},t) = \int_{\Omega} \mathbf{t}\cdot(\dot{\mathbf{y}}'-\dot{\mathbf{y}})dV_{\mathbf{x}'} - \int_{\Omega} q(\mathbf{x}',\mathbf{x},t)dV_{\mathbf{x}'} + \tau(\mathbf{x},t) + \chi\dot{\gamma}^{\mathrm{p}}(\mathbf{x},t) \quad (11.30)$$

11.6 轴对称 PD 运动方程

在柱坐标系 (r,θ,z) 下，周向位移分量 u_θ 为零，并且由于存在轴对称的几何结构和载荷，物理量在周向方向 θ 上没有变化，即 $\partial(\cdot)/\partial\theta = 0$。非零位移分量 u_r 和 u_z 仅用 r 和 z 坐标表示。在笛卡儿坐标系下，点 $\mathbf{x}$ 在未变形状态下的位置矢量用 $\mathbf{x}^{\mathrm{T}} = (x_r, x_\theta, x_z)$ 描述。这个点在变形状态下的位置矢量变为 $\mathbf{y}^{\mathrm{T}} = (y_r, y_\theta, y_z)$，其中 $y_r = x_r + u_r$，$y_\theta = x_\theta$，$y_z = x_z + u_z$。

方程 (11.7) 中的力密度矢量 $\mathbf{t}$ 被定义为

$$\mathbf{t} = t_r(r,\theta,z,r',\theta',z')\mathbf{e}_r + t_\theta(r,\theta,z,r',\theta',z')\mathbf{e}_\theta + t_z(r,\theta,z,r',\theta',z')\mathbf{e}_z \quad (11.31)$$

其中 $\mathbf{e}_r$、$\mathbf{e}_\theta$ 和 $\mathbf{e}_z$ 是柱坐标系 (r,θ,z) 的基矢量。在参考构型中，圆柱形区域由 $\Omega = \{(r,\theta,z): r_1 \leqslant r \leqslant r_2, 0 \leqslant \theta \leqslant 2\pi, h_1 \leqslant z \leqslant h_2\}$ 定义。

通过将所有矢量用分量形式表示，并用 Ω 替换 $\tilde{\Omega}$，可由机械功率平衡方程 (11.11) 推导出轴对称 PD 运动方程。因此，Ω 的动能 $\mathcal{K}(\Omega)$、被 Ω 吸收的功率 $\mathcal{W}_{\mathrm{abs}}(\Omega)$，以及对 Ω 做功的功率 $\mathcal{W}_{\mathrm{sup}}(\Omega)$ 可以被表示为

$$\mathcal{K}(\Omega) = \int_{\Omega} \frac{1}{2}\rho\dot{\mathbf{y}}\cdot\dot{\mathbf{y}}dV_{\mathbf{x}} \quad (11.32)$$

$$\mathcal{W}_{\mathrm{abs}}(\Omega) = \int_{\Omega}\int_{\Omega} \mathbf{t}\cdot(\dot{\mathbf{y}}'-\dot{\mathbf{y}})dV_{\mathbf{x}'}dV_{\mathbf{x}} \quad (11.33)$$

$$\mathcal{W}_{\mathrm{sup}}(\Omega) = \int_{\Omega}\int_{\Omega} (\mathbf{t}\cdot\dot{\mathbf{y}}'-\mathbf{t}'\cdot\dot{\mathbf{y}})dV_{\mathbf{x}'}dV_{\mathbf{x}} + \int_{\Omega} \mathbf{b}\cdot\dot{\mathbf{y}}dV_{\mathbf{x}} \quad (11.34)$$

或者

$$\mathcal{W}_{\mathrm{sup}}(\Omega) = \int_{\Omega} \mathbf{b}\cdot\dot{\mathbf{y}}dV_{\mathbf{x}} \quad (11.35)$$

由于在方程 (11.16) 中 $\tilde{\Omega} = \Omega$，所以方程 (11.34) 中的第一个积分为零。动能 $\mathcal{K}(\Omega)$ 和做功的功率 $\mathcal{W}_{\text{sup}}(\Omega)$ 可以被很容易改写为

$$\dot{\mathcal{K}}(\Omega) = \int_{h_1}^{h_2}\int_0^{2\pi}\int_{r_1}^{r_2} (\rho\ddot{y}_r\dot{y}_r + \rho\ddot{y}_z\dot{y}_z)rdrd\theta dz \tag{11.36}$$

$$\mathcal{W}_{\text{sup}}(\Omega) = \int_{h_1}^{h_2}\int_0^{2\pi}\int_{r_1}^{r_2} (b_r\dot{y}_r + b_z\dot{y}_z)rdrd\theta dz \tag{11.37}$$

吸收功率 $\mathcal{W}_{\text{abs}}(\Omega)$ 可被改写为

$$\mathcal{W}_{\text{abs}}(\Omega)$$
$$= \int_{h_1}^{h_2}\int_0^{2\pi}\int_{r_1}^{r_2}\int_{h_1}^{h_2}\int_0^{2\pi}\int_{r_1}^{r_2} \mathbf{t}\cdot(\dot{y}'_r\mathbf{e}'_r + \dot{y}'_z\mathbf{e}'_z - \dot{y}_r\mathbf{e}_r - \dot{y}_z\mathbf{e}_z)r'dr'd\theta'dz'rdrd\theta dz \tag{11.38}$$

或者

$$\mathcal{W}_{\text{abs}}(\Omega) = \int_{h_1}^{h_2}\int_{r_1}^{r_2}\int_{h_1}^{h_2}\int_{r_1}^{r_2} (S_r\dot{y}'_r + S_z\dot{y}'_z)r'dr'dz'rdrdz$$
$$- \int_{h_1}^{h_2}\int_{r_1}^{r_2}\int_{h_1}^{h_2}\int_{r_1}^{r_2} (T_r\dot{y}_r + T_z\dot{y}_z)r'dr'dz'rdrdz \tag{11.39}$$

其中

$$T_r = \int_0^{2\pi}\int_0^{2\pi} \mathbf{t}\cdot\mathbf{e}_r d\theta'd\theta \tag{11.40}$$

$$T_z = \int_0^{2\pi}\int_0^{2\pi} \mathbf{t}\cdot\mathbf{e}_z d\theta'd\theta \tag{11.41}$$

$$S_r = \int_0^{2\pi}\int_0^{2\pi} \mathbf{t}\cdot\mathbf{e}'_r d\theta'd\theta \tag{11.42}$$

$$S_z = \int_0^{2\pi}\int_0^{2\pi} \mathbf{t}\cdot\mathbf{e}'_z d\theta'd\theta \tag{11.43}$$

在方程 (11.39) 的第一个积分中，交换变量 $r \leftrightarrow r'$ 和 $z \leftrightarrow z'$，可得

$$\mathcal{W}_{\text{abs}}(\Omega) = \int_{h_1}^{h_2}\int_{r_1}^{r_2}\int_{h_1}^{h_2}\int_{r_1}^{r_2} (S'_r\dot{y}_r + S'_z\dot{y}_z)r'dr'dz'rdrdz$$
$$- \int_{h_1}^{h_2}\int_{r_1}^{r_2}\int_{h_1}^{h_2}\int_{r_1}^{r_2} (T_r\dot{y}_r + T_z\dot{y}_z)r'dr'dz'rdrdz \tag{11.44}$$

第十一章 轴对称近场动力学分析

或者

$$\mathcal{W}_{\text{abs}}(\Omega) = -\int_{h_1}^{h_2}\int_{r_1}^{r_2}\int_{h_1}^{h_2}\int_{r_1}^{r_2} [(T_r - S'_r)\dot{y}_r + (T_z - S'_z)\dot{y}_z] r' dr' dz' r dr dz \tag{11.45}$$

将方程 (11.36)、(11.37) 和 (11.45) 代入方程 (11.11)，那么机械功率平衡可以被改写为

$$2\pi \int_{h_1}^{h_2}\int_{r_1}^{r_2} (\rho\ddot{y}_r\dot{y}_r + \rho\ddot{y}_z\dot{y}_z) r dr dz$$

$$- \int_{h_1}^{h_2}\int_{r_1}^{r_2}\int_{h_1}^{h_2}\int_{r_1}^{r_2} [(T_r - S'_r)\dot{y}_r + (T_z - S'_z)\dot{y}_z] r' dr' dz' r dr dz$$

$$= 2\pi \int_{h_1}^{h_2}\int_{r_1}^{r_2} (b_r\dot{y}_r + b_z\dot{y}_z) r dr dz \tag{11.46}$$

或者

$$2\pi \int_{h_1}^{h_2}\int_{r_1}^{r_2} \left[\left(\rho\ddot{y}_r - \frac{1}{2\pi}\int_{h_1}^{h_2}\int_{r_1}^{r_2} (T_r - S'_r) r' dr' dz' - b_r \right)\dot{y}_r \right. \\ \left. + \left(\rho\ddot{y}_z - \frac{1}{2\pi}\int_{h_1}^{h_2}\int_{r_1}^{r_2} (T_z - S'_z) r' dr' dz' - b_z \right)\dot{y}_z \right] r dr dz = 0 \tag{11.47}$$

对于任意的 $\dot{y}_r$ 和 $\dot{y}_z$，可以得到下列平衡方程

$$\int_{h_1}^{h_2}\int_{r_1}^{r_2} (T_r - S'_r) r' dr' dz' + 2\pi b_r = 2\pi \rho\ddot{y}_r \tag{11.48}$$

和

$$\int_{h_1}^{h_2}\int_{r_1}^{r_2} (T_z - S'_z) r' dr' dz' + 2\pi b_z = 2\pi \rho\ddot{y}_z \tag{11.49}$$

考虑到仅在点 $\mathbf{x}$ 的有限邻域 $H_{\mathbf{x}} \subset \{(r,z) : r_1 \leqslant r \leqslant r_2, h_1 \leqslant z \leqslant h_2\}$ 内有相互作用，这些方程可以被改写为

$$\rho\ddot{\mathbf{y}} = \frac{1}{2\pi}\int_{H_{\mathbf{x}}} (\mathbf{T} - \mathbf{S}') r' dr' dz' + \mathbf{b} \tag{11.50}$$

其中

$$\mathbf{T} = (T_r, T_z)^{\mathrm{T}}, \quad \mathbf{S}' = (S'_r, S'_z)^{\mathrm{T}}, \quad \mathbf{b} = (b_r, b_z)^{\mathrm{T}}, \quad \mathbf{y} = (y_r, y_z)^{\mathrm{T}} \tag{11.51}$$

由方程 (11.26) 和 (11.24) 所得的塑性功率 $\mathcal{W}_\mathrm{p}(\Omega)$ 和供热速率 $\mathcal{Q}(\Omega)$ 可以被分别表示为

$$\mathcal{W}_\mathrm{p}(\Omega) = \int_{h_1}^{h_2}\int_0^{2\pi}\int_{r_1}^{r_2} \chi\dot{\gamma}^\mathrm{p} r dr d\theta dz = 2\pi \int_{h_1}^{h_2}\int_{r_1}^{r_2} \chi\dot{\gamma}^\mathrm{p} r dr dz \qquad (11.52)$$

$$\mathcal{Q}(\Omega) = -\int_{h_1}^{h_2}\int_0^{2\pi}\int_{r_1}^{r_2}\left(\int_{h_1}^{h_2}\int_0^{2\pi}\int_{r_1}^{r_2} qr'dr'd\theta'dz'\right) r dr d\theta dz$$
$$+ \int_{h_1}^{h_2}\int_0^{2\pi}\int_{r_1}^{r_2} \tau r dr d\theta dz \qquad (11.53)$$

或者

$$\mathcal{Q}(\Omega) = -\int_{h_1}^{h_2}\int_{r_1}^{r_2}\int_{h_1}^{h_2}\int_{r_1}^{r_2} \widehat{q} r'dr'dz' r dr dz + 2\pi \int_{h_1}^{h_2}\int_{r_1}^{r_2} \tau r dr dz \qquad (11.54)$$

其中

$$\widehat{q} = \int_0^{2\pi}\int_0^{2\pi} q d\theta' d\theta \qquad (11.55)$$

将方程 (11.39)、(11.52) 和 (11.54) 代入方程 (11.27)，可得内能密度变化率的 PD 形式为

$$\dot{\mathcal{E}}(\Omega) = \int_{h_1}^{h_2}\int_{r_1}^{r_2}\left(\int_{h_1}^{h_2}\int_{r_1}^{r_2} (S_r\ddot{y}'_r + S_z\ddot{y}'_z - T_r\dot{y}_r - T_z\dot{y}_z) r'dr'dz'\right) r dr dz$$
$$- \int_{h_1}^{h_2}\int_{r_1}^{r_2}\left(\int_{h_1}^{h_2}\int_{r_1}^{r_2} \widehat{q} r'dr'dz'\right) r dr dz + 2\pi \int_{h_1}^{h_2}\int_{r_1}^{r_2} (\tau + \chi\dot{\gamma}^\mathrm{p}) r dr dz$$
$$(11.56)$$

11.7 力密度矢量的确定

在笛卡儿坐标系下，Silling 和 Lehoucq (2010) 以及 Madenci 和 Oterkus (2014) 推导出具有对称相互作用域的点 $\mathbf{x}$ 处的力密度矢量的显式形式如下 (参见图 11.2)

$$\mathbf{t}(\mathbf{x}) = \mathbf{P}(\mathbf{x})\mathbf{g}(\mathbf{x}, \mathbf{x}' - \mathbf{x}) \qquad (11.57)$$

其中 $\mathbf{P}$ 是第一 Piola-Kirchhoff(拉格朗日描述) 应力张量，矢量 $\mathbf{g}(\mathbf{x}, \mathbf{x}' - \mathbf{x})$ 被定义为

$$\mathbf{g}(\mathbf{x}, \mathbf{x}' - \mathbf{x}) = w(|\boldsymbol{\xi}|)\mathbf{K}^{-1}(\mathbf{x})\boldsymbol{\xi} \qquad (11.58)$$

其中 $w(|\boldsymbol{\xi}|)$ 是影响函数，$\boldsymbol{\xi} = \mathbf{x}' - \mathbf{x}$ 是相对位置矢量。形状张量 $\mathbf{K}$ 被定义为

$$\mathbf{K}(\mathbf{x}) = \int_{H_\mathbf{x}} w(|\boldsymbol{\xi}|)(\boldsymbol{\xi} \otimes \boldsymbol{\xi}) dV_{\mathbf{x}'} \tag{11.59}$$

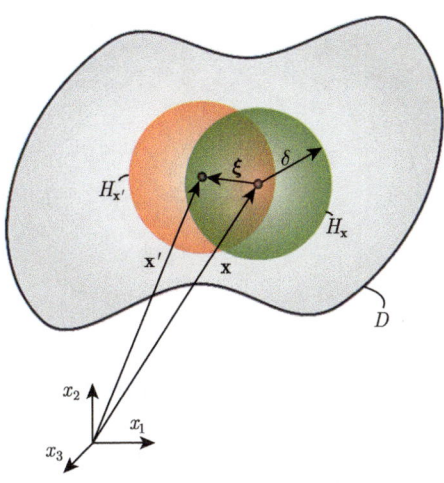

图 11.2 对称相互作用域内的物质点

计算第一 Piola-Kirchhoff (拉格朗日描述) 应力张量 $\mathbf{P}$ 需要变形梯度张量 $\mathbf{F}$ 的 PD 表示。对于轴对称变形，变形梯度和第一 Piola-Kirchhoff 应力张量的分量可被表示为

$$\mathbf{F}(\mathbf{x}) = \begin{bmatrix} \widehat{\mathbf{F}} & 0 \\ 0 & F_{\theta\theta} \end{bmatrix} \quad \text{和} \quad \mathbf{P}(\mathbf{x}) = \begin{bmatrix} \widehat{\mathbf{P}} & 0 \\ 0 & P_{\theta\theta} \end{bmatrix} \tag{11.60}$$

其中 $\widehat{\mathbf{F}}$ 和 $\widehat{\mathbf{P}}$ 被定义为

$$\widehat{\mathbf{F}}(\mathbf{x}) = \begin{bmatrix} F_{rr} & F_{rz} \\ F_{zr} & F_{zz} \end{bmatrix} \quad \text{和} \quad \widehat{\mathbf{P}}(\mathbf{x}) = \begin{bmatrix} P_{rr} & P_{rz} \\ P_{zr} & P_{zz} \end{bmatrix} \tag{11.61}$$

$\widehat{\mathbf{F}}$ 的 PD 表示可以被写成 (Silling et al., 2007)

$$\widehat{\mathbf{F}}(\mathbf{x}) = \int_{H_\mathbf{x}} (\mathbf{y}' - \mathbf{y}) \otimes \mathbf{g}(\mathbf{x}, \boldsymbol{\xi}) r' dr' dz' \tag{11.62}$$

其中符号 $\otimes$ 表示两个矢量的并矢积。矢量 $(\mathbf{y}' - \mathbf{y}) = ((y'_r - y_r), (y'_z - y_z))^\mathrm{T}$ 和 $\boldsymbol{\xi} = ((x'_r - x_r), (x'_z - x_z))^\mathrm{T}$ 分别是变形构型和初始构型中点 $\mathbf{x}$ 和 $\mathbf{x}'$ 之间的相对位置矢量。注意，变形梯度的 $\theta\theta$ 分量为 $F_{\theta\theta} = y_r/x_r$，并且 $\mathbf{g} = (g_r, g_z)^\mathrm{T}$。

对于轴对称变形，经典内能变化率 $\dot{\mathcal{E}}_{\mathrm{c}}(\Omega)$ 可以被表示为 (Rahaman et al., 2017; Silling & Lehoucq, 2010)

$$\dot{\mathcal{E}}_{\mathrm{c}}(\Omega) = \int_{h_1}^{h_2}\int_0^{2\pi}\int_{r_1}^{r_2}(\mathbf{P}:\dot{\mathbf{F}} - \nabla\cdot\mathbf{q} + \tau + \chi\dot{\gamma}^{\mathrm{p}})rdrd\theta dz \tag{11.63}$$

将变形梯度张量 $\mathbf{F}$ 的非零分量代入，就可以得到下列计算式

$$\dot{\mathcal{E}}_{\mathrm{c}}(\Omega) = \int_{h_1}^{h_2}\int_0^{2\pi}\int_{r_1}^{r_2}\begin{pmatrix} P_{rr}\dot{F}_{rr} + P_{rz}\dot{F}_{rz} + P_{zr}\dot{F}_{zr} + P_{zz}\dot{F}_{zz} \\ + P_{\theta\theta}\dot{F}_{\theta\theta} - \nabla\cdot\mathbf{q} + \tau + \chi\dot{\gamma}^{\mathrm{p}} \end{pmatrix}rdrd\theta dz \tag{11.64}$$

或者

$$\dot{\mathcal{E}}_{\mathrm{c}}(\Omega) = 2\pi\int_{h_1}^{h_2}\int_{r_1}^{r_2}\left(\widehat{\mathbf{P}}:\dot{\widehat{\mathbf{F}}} + P_{\theta\theta}\dot{F}_{\theta\theta} - \nabla\cdot\mathbf{q} + \tau + \chi\dot{\gamma}^{\mathrm{p}}\right)rdrdz \tag{11.65}$$

根据 $\widehat{\mathbf{F}}$ 的 PD 表示，这个方程可以被改写为

$$\dot{\mathcal{E}}_{\mathrm{c}}(\Omega) = 2\pi\int_{h_1}^{h_2}\int_{r_1}^{r_2}\widehat{\mathbf{P}}:\left(\int_{H_{\mathbf{x}}}(\dot{\mathbf{y}}'-\dot{\mathbf{y}})\otimes\mathbf{g}r'dr'dz'\right)rdrdz \\ + 2\pi\int_{h_1}^{h_2}\int_{r_1}^{r_2}\left(P_{\theta\theta}\dot{F}_{\theta\theta} - \nabla\cdot\mathbf{q} + \tau + \chi\dot{\gamma}^{\mathrm{p}}\right)rdrdz \tag{11.66}$$

或者

$$\dot{\mathcal{E}}_{\mathrm{c}}(\Omega) = 2\pi\int_{h_1}^{h_2}\int_{r_1}^{r_2}\left(\int_{H_{\mathbf{x}}}(\widehat{\mathbf{P}}\mathbf{g})\cdot(\dot{\mathbf{y}}'-\dot{\mathbf{y}})r'dr'dz'\right)rdrdz \\ + 2\pi\int_{h_1}^{h_2}\int_{r_1}^{r_2}\left(P_{\theta\theta}\dot{F}_{\theta\theta} - \nabla\cdot\mathbf{q} + \tau + \chi\dot{\gamma}^{\mathrm{p}}\right)rdrdz \tag{11.67}$$

将积分域从 $H_{\mathbf{x}}$ 扩展到 Ω，并用分量形式表示，可得

$$\dot{\mathcal{E}}_{\mathrm{c}}(\Omega) = 2\pi\int_{h_1}^{h_2}\int_{r_1}^{r_2}\left(\int_{h_1}^{h_2}\int_{r_1}^{r_2}\begin{bmatrix}(P_{rr}g_r + P_{rz}g_z)(\dot{y}'_r - \dot{y}_r) \\ +(P_{zr}g_r + P_{zz}g_z)(\dot{y}'_z - \dot{y}_z)\end{bmatrix}r'dr'dz'\right)rdrdz \\ + 2\pi\int_{h_1}^{h_2}\int_{r_1}^{r_2}\left(P_{\theta\theta}\frac{\dot{y}_r}{x_r} - \nabla\cdot\mathbf{q} + \tau + \chi\dot{\gamma}^{\mathrm{p}}\right)rdrdz \tag{11.68}$$

或者

$$\dot{\mathcal{E}}_c(\Omega) = 2\pi \int_{h_1}^{h_2}\int_{r_1}^{r_2}\left(\int_{h_1}^{h_2}\int_{r_1}^{r_2}\left[\begin{array}{c}(P_{rr}g_r+P_{rz}g_z)(\dot{y}'_r-\dot{y}_r)\\+(P_{zr}g_r+P_{zz}g_z)(\dot{y}'_z-\dot{y}_z)\end{array}\right]r'dr'dz'\right)rdrdz$$

$$+2\pi\int_{h_1}^{h_2}\int_{r_1}^{r_2}\left(\int_{h_1}^{h_2}\int_{r_1}^{r_2}\frac{1}{\alpha}P_{\theta\theta}\frac{\dot{y}_r}{x_r}r'dr'dz'\right)rdrdz$$

$$-2\pi\int_{h_1}^{h_2}\int_{r_1}^{r_2}(\nabla\cdot\mathbf{q}-\tau-\chi\dot{\gamma}^{\mathrm{p}})\,rdrdz \tag{11.69}$$

其中常数 α 被定义为

$$\alpha = \int_{h_1}^{h_2}\int_{r_1}^{r_2} r'dr'dz' \tag{11.70}$$

对于均匀变形，比较方程 (11.69) 和 (11.56) 中内能密度变化率的经典表示和 PD 表示，可得 PD 平衡方程 (11.50) 中力密度矢量的分量的显式表达式为

$$T_r = 2\pi(P_{rr}g_r+P_{rz}g_z)-\frac{2\pi P_{\theta\theta}}{\alpha x_r} \tag{11.71}$$

$$T_z = 2\pi(P_{zr}g_r+P_{zz}g_z) \tag{11.72}$$

$$S_r = 2\pi(P_{rr}g_r+P_{rz}g_z) \tag{11.73}$$

$$S_z = 2\pi(P_{zr}g_r+P_{zz}g_z) \tag{11.74}$$

如 Gu 等 (2019) 所述，由于影响域 $H_{\mathbf{x}}$ 的形状对称，$\widehat{\mathbf{F}}(\mathbf{x})$ 会导致零能变形模式。然而，键辅助变形梯度张量 $\widehat{\mathbf{F}}_{\boldsymbol{\xi}}(\mathbf{x})$ 考虑的是属于点 $\mathbf{x}$ 和 $\mathbf{x}'$ 的影响域的交集 $H_{\mathbf{x}}\cap H_{\mathbf{x}'}$；因此，它打破了对称性，从而消除这种变形模式 (Chen, 2018; Chen & Spencer, 2019)。它可以被表示为 (Chen & Spencer, 2019)

$$\widehat{\mathbf{F}}_{\boldsymbol{\xi}}(\mathbf{x}) = \int_{H_{\mathbf{x}}\cap H_{\mathbf{x}'}}(\mathbf{y}''-\mathbf{y})\otimes \mathbf{g}_{\boldsymbol{\xi}}(\mathbf{x},\mathbf{x}''-\mathbf{x})dV_{\mathbf{x}''} \tag{11.75}$$

其中 $\boldsymbol{\xi}=\mathbf{x}'-\mathbf{x}$，矢量 $\mathbf{g}_{\boldsymbol{\xi}}(\mathbf{x},\mathbf{x}''-\mathbf{x})$ 由 PD 函数组成，即

$$\mathbf{g}_{\boldsymbol{\xi}}(\mathbf{x},\mathbf{x}''-\mathbf{x})=\left\{\begin{array}{c}g_{\boldsymbol{\xi}1}^{10}(\mathbf{x},\mathbf{x}''-\mathbf{x};w(|\mathbf{x}''-\mathbf{x}|))\\g_{\boldsymbol{\xi}1}^{01}(\mathbf{x},\mathbf{x}''-\mathbf{x};w(|\mathbf{x}''-\mathbf{x}|))\end{array}\right\} \tag{11.76}$$

其中权函数 $w(|\boldsymbol{\xi}|)$ 可选为

$$w(|\boldsymbol{\xi}|) = \delta^2\big/|\boldsymbol{\xi}|^2 \tag{11.77}$$

上标 0 和 1 表示对变量 x_i (其中 $i = r, z$) 求导的阶数，下标 1 表示在 PD 函数的构造中泰勒级数展开 (TSE) 的阶数 (Madenci et al., 2019)。如图 11.3 所示，通过考虑对大小和形状没有任何要求的交集区域 H_ξ，来构造 PD 函数。下标 ξ 表明物理量的 PD 表示与键相关。

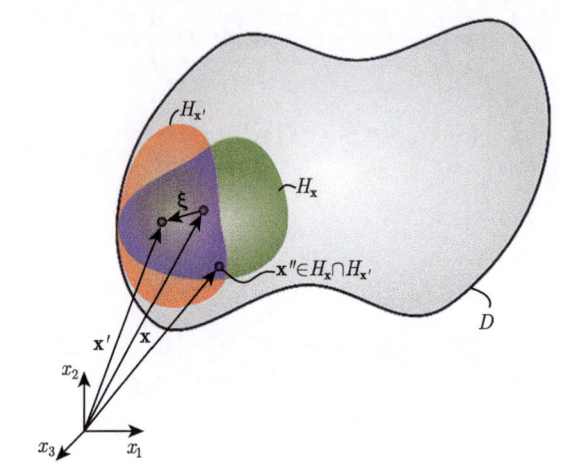

图 11.3　点 **x** 和 **x'** 在交集区域 $(H_\mathbf{x} \cap H_{\mathbf{x}'})$ 中的非对称位置

对于均匀变形，$\widehat{\mathbf{F}}_\xi(\mathbf{x})$ 恢复到 $\widehat{\mathbf{F}}(\mathbf{x})$。因此，可以利用 $\widehat{\mathbf{F}}_\xi(\mathbf{x})$ 计算 $\mathbf{P}_\xi$ 的分量，那么力密度矢量的分量，即方程 (11.71)~(11.74)，可被表示成下列形式

$$T_r = 2\pi(P_{\xi rr}g_r + P_{\xi rz}g_z) - \frac{2\pi P_{\theta\theta}}{\alpha x_r} \tag{11.78}$$

$$T_z = 2\pi(P_{\xi zr}g_r + P_{\xi zz}g_z) \tag{11.79}$$

$$S_r = 2\pi(P_{\xi rr}g_r + P_{\xi rz}g_z) \tag{11.80}$$

$$S_z = 2\pi(P_{\xi zr}g_r + P_{\xi zz}g_z) \tag{11.81}$$

11.8　柯西应力的演变

变形率张量 **D** 可被分解为

$$\mathbf{D} = \mathbf{D}^e + \mathbf{D}^p \tag{11.82}$$

其中 $\mathbf{D}^e$ 和 $\mathbf{D}^p$ 分别表示弹性和塑性部分。根据相关流动规则，塑性部分可以被表示为

$$\mathbf{D}^p = \dot{\gamma}^p \mathbf{N}^p \tag{11.83}$$

其中 $\dot{\gamma}^p$ 是等效塑性应变率，$\mathbf{N}^p$ 表示塑性流动的方向。它被定义为

$$\mathbf{N}^p = \frac{\boldsymbol{\sigma}^{\text{dev}}}{\|\boldsymbol{\sigma}^{\text{dev}}\|} \tag{11.84}$$

其中 $\boldsymbol{\sigma}^{\text{dev}} = \boldsymbol{\sigma} - \frac{1}{3}\text{tr}(\boldsymbol{\sigma})\mathbf{I}$ 是柯西应力张量的偏量部分。

柯西应力张量的演变是通过其客观 Jaumann 变化率 $\overset{\Delta}{\boldsymbol{\sigma}}$ 刻画的，即

$$\overset{\Delta}{\boldsymbol{\sigma}} = \dot{\boldsymbol{\sigma}} + \boldsymbol{\sigma}\mathbf{W} - \mathbf{W}\boldsymbol{\sigma} \tag{11.85}$$

其中 $\boldsymbol{\sigma}$ 是柯西应力张量，$\mathbf{W}$ 是自旋张量。本构方程用变形率形式可表示为

$$\overset{\Delta}{\boldsymbol{\sigma}} = \mathbf{C} : (\mathbf{D} - \mathbf{D}^p) = \mathbf{C} : \mathbf{D}^e \tag{11.86}$$

其中 $\mathbf{D}^p$ 是变形率张量的塑性部分。注意，这里的本构方程是次弹性的而不是超弹性的。因此，可以相当精确地分析涉及小弹性应变的问题。显式关系可以被表示为

$$\left\{\begin{matrix} \overset{\Delta}{\sigma_{\boldsymbol{\xi}rr}} \\ \overset{\Delta}{\sigma_{\boldsymbol{\xi}\theta\theta}} \\ \overset{\Delta}{\sigma_{\boldsymbol{\xi}zz}} \\ \overset{\Delta}{\sigma_{\boldsymbol{\xi}rz}} \end{matrix}\right\} = \begin{bmatrix} \lambda + 2\mu & \lambda & \lambda & 0 \\ \lambda & \lambda + 2\mu & \lambda & 0 \\ \lambda & \lambda & \lambda + 2\mu & 0 \\ 0 & 0 & 0 & 2\mu \end{bmatrix} \left(\begin{matrix} D^e_{\boldsymbol{\xi}rr} \\ D^e_{\boldsymbol{\xi}\theta\theta} \\ D^e_{\boldsymbol{\xi}zz} \\ D^e_{\boldsymbol{\xi}rz} \end{matrix}\right) \tag{11.87}$$

其中 λ 和 μ 是 Lame 材料常数。

11.9 Johnson-Cook 塑性模型

在 Johnson-Cook 塑性模型中，von Mises 流动应力 σ 被定义为

$$\sigma = \left(A + B\varepsilon_p^n\right)\left(1 + C\ln\dot{\varepsilon}_p^*\right)\left[1 - (T^*)^m\right] \tag{11.88}$$

其中 ε_p 是等效塑性应变，A 是屈服应力，B 和 n 是应变硬化常数，C 是应变率常数，m 是温度软化指数。同系温度 T^* 和无量纲等效塑性应变率 $\dot{\varepsilon}_p^*$ 被定义为

$$T^* = \frac{T - T_0}{T_m - T_0} \tag{11.89}$$

和

$$\dot{\varepsilon}_p^* = \frac{\dot{\varepsilon}_p}{\dot{\varepsilon}_{p0}} \tag{11.90}$$

其中 T、T_0 和 T_m 分别是当前温度、室温和熔融温度，$\dot{\varepsilon}_{p0}$ 是参考等效塑性应变率。当 $\dot{\varepsilon}_p^* < 1$ 时，Camacho 和 Ortiz (1997) 使用了方程 (11.88) 的修正形式

$$\sigma_e = \left(A + B\varepsilon_p^n\right)\left(1 + \dot{\varepsilon}_p^*\right)^C \left[1 - (T^*)^m\right] \tag{11.91}$$

11.10 等效塑性应变的确定

通过使用变形梯度矩阵 $\mathbf{F}(\mathbf{x})$ 的逐点 PD 表示，计算速度梯度 $\mathbf{L} = \dot{\mathbf{F}}\mathbf{F}^{-1}$、变形率矩阵 $\mathbf{D} = \frac{1}{2}(\mathbf{L} + \mathbf{L}^T)$ 和自旋矩阵 $\mathbf{W} = \frac{1}{2}(\mathbf{L} - \mathbf{L}^T)$ 的 PD 表示。此外，变形率矩阵被分解为 $\mathbf{D} = \mathbf{D}^e + \mathbf{D}^p$。

作为求解算法的一部分，对于在一个时间步长上发生的变形增量，最初不考虑任何塑性部分，即 $\mathbf{D} = \mathbf{D}^e$ 和 $\mathbf{D}^p = 0$。随后，计算弹性应变增量 $\Delta\varepsilon_e = \mathbf{D}^e \Delta t$ 及其偏量部分 $\Delta\varepsilon_e^{\text{dev}} = \Delta\varepsilon_e - \frac{1}{3}\text{tr}(\Delta\varepsilon_e)\mathbf{I}$。在 $(t + \Delta t)$ 时刻，柯西应力张量的预试偏量部分具有下列形式

$$\boldsymbol{\sigma}_{t+\Delta t}^{\text{dev, trial}} = \boldsymbol{\sigma}_t^{\text{dev}} + 2\mu\Delta\boldsymbol{\varepsilon}_e^{\text{dev}} \tag{11.92}$$

从而能够由 Johnson-Cook 模型 (方程 (11.91)) 计算有效 (von Mises) 应力 $\sigma_e = \sqrt{\frac{3}{2}\boldsymbol{\sigma}_{t+\Delta t}^{\text{dev, trial}} : \boldsymbol{\sigma}_{t+\Delta t}^{\text{dev, trial}}}$ 和 von Mises 流动应力 σ。若 $\sigma < \sigma_e$，则 $\boldsymbol{\sigma}_{t+\Delta t}^{\text{dev}} = \boldsymbol{\sigma}_{t+\Delta t}^{\text{dev, trial}}$，因为 σ 属于弹性体系。

如果 $\sigma \geqslant \sigma_e$，计算它们的差 $(\sigma - \sigma_e)$，并计算 $\Delta\varepsilon_e^{\text{dev}}$ 沿偏应力张量方向的投影，即

$$\Delta e^{\text{dev}} = \Delta\varepsilon_e^{\text{dev}} : \mathbf{Q} \tag{11.93}$$

其中 $\mathbf{Q}$ 是流动张量，被定义为

$$\mathbf{Q} = \frac{\boldsymbol{\sigma}_{t+\Delta t}^{\text{dev, trial}}}{\sqrt{\boldsymbol{\sigma}_{t+\Delta t}^{\text{dev, trial}} : \boldsymbol{\sigma}_{t+\Delta t}^{\text{dev, trial}}}} \tag{11.94}$$

等效塑性应变的增量可被表示为

$$\Delta\varepsilon_p = \sqrt{\frac{2}{3}}\Delta\lambda \tag{11.95}$$

根据 von Mises 屈服准则，确定等效塑性应变增量的方程变为

$$\sqrt{\frac{2}{3}}\left[A+B\left(\varepsilon_\mathrm{p}^t+\sqrt{\frac{2}{3}}\Delta\lambda\right)^n\right]\left[1+\sqrt{\frac{2}{3}}\left(\frac{\Delta\lambda}{\Delta t\dot\varepsilon_\mathrm{p}^0}\right)\right]^C[1-(T^*)^m]-\sqrt{\boldsymbol{\sigma}_t^\mathrm{dev}:\boldsymbol{\sigma}_t^\mathrm{dev}}$$
$$=2\mu(\Delta e^\mathrm{dev}-\Delta\lambda) \tag{11.96}$$

其中 ε_p^t 表示 t 时刻的等效塑性应变。

可以采用二分法求解这个非线性代数方程。正如 Foster 等 (2010) 所指出的，在这种情况下，Newton-Raphson 方法可能不会得到一个收敛解。等效塑性应变为

$$\varepsilon_\mathrm{p}^{t+\Delta t}=\varepsilon_\mathrm{p}^t+\Delta\varepsilon_\mathrm{p} \tag{11.97}$$

11.11 柯西应力与温度的演变

非局部变形率矩阵的弹性和塑性部分，即 $\mathbf{D}^\mathrm{e}$ 和 $\mathbf{D}^\mathrm{p}$，可分别计算为

$$\mathbf{D}^\mathrm{e}=\mathbf{D}-\mathbf{D}^\mathrm{p} \tag{11.98}$$

和

$$\mathbf{D}^\mathrm{p}=\frac{\Delta\varepsilon_\mathrm{p}}{\Delta t}\sqrt{\frac{3}{2}}\frac{\boldsymbol{\sigma}_t^\mathrm{dev}}{\sqrt{\boldsymbol{\sigma}_t^\mathrm{dev}:\boldsymbol{\sigma}_t^\mathrm{dev}}} \tag{11.99}$$

利用柯西应力的客观 Jaumann 变化率，修正后的柯西应力变化率可以被表示为

$$\dot{\boldsymbol{\sigma}}=\lambda\mathrm{tr}(\mathbf{D}^\mathrm{e})\mathbf{I}+2\mu\mathbf{D}^\mathrm{e}-\boldsymbol{\sigma}\mathbf{W}+\mathbf{W}\boldsymbol{\sigma} \tag{11.100}$$

由 $\boldsymbol{\sigma}$ 通过下列关系可得键辅助第一 Piola-Kirchhoff 应力张量：

$$\mathbf{P}_{\boldsymbol{\xi}}=J_{\boldsymbol{\xi}}\boldsymbol{\sigma}\mathbf{F}_{\boldsymbol{\xi}}^{-\mathrm{T}} \tag{11.101}$$

这里，$\boldsymbol{\sigma}$ 是逐点柯西应力张量，$J_{\boldsymbol{\xi}}$ 和 $\mathbf{F}_{\boldsymbol{\xi}}^{-\mathrm{T}}$ 由键辅助变形梯度张量 $\mathbf{F}_{\boldsymbol{\xi}}$ 计算。

假设绝热加热条件，考虑由塑性功引起的温度的现象学演化方程为 (Amani et al., 2016)

$$\rho C_\mathrm{p}\frac{\partial T}{\partial t}=\beta\boldsymbol{\sigma}(\mathbf{x}):\mathbf{D}^\mathrm{p}(\mathbf{x}) \tag{11.102}$$

其中 C_p 是比热容，β 是 Taylor-Quinney 常数。

11.12 数值模拟

模拟两个圆柱形试件在高速下相互碰撞 (泰勒冲击试验)，并将变形形状与试验结果进行比较。圆柱形试件发生塑性变形，受冲击端在回弹后形成蘑菇形。

采用均匀离散化方法将二维 (2D) 区域离散成有限数量的物质点。每个物质点对应的体积为 $r\Delta r\Delta z$，其中 $\Delta r = \Delta z = \Delta$ 表示网格间距，r 为径向距离。集合 $\{\mathbf{x}_j : \|\mathbf{x}_j - \mathbf{x}_i\| < \delta\}$ 表示物质点的族成员，其中 δ 是近场半径，指定为 $\delta = 3.015\Delta$。

在数值模拟中采用三次样条权函数，它可被表示为

$$w(|\mathbf{x}' - \mathbf{x}|) = \alpha \begin{cases} (2-q)^3/4 - (1-q)^3, & 0 \leqslant q \leqslant 1 \\ (2-q)^3/4, & 1 < q \leqslant 2 \\ 0, & q > 2 \end{cases} \quad (11.103)$$

其中 $q = |\mathbf{x}' - \mathbf{x}|/\delta$，$\alpha = 10/(7\pi\delta^2)$，$\delta$ 表示近场半径。

无氧高导电性 (OFHC) 铜试件的长度和直径分别为 $L = 23.47$mm 和 $D = 7.62$mm。其杨氏模量 $E = 124$GPa，泊松比 $\nu = 0.34$，质量密度 $\rho = 8960$kg/m^3。据 Amani 等 (2016) 报道，Johnson-Cook 塑性模型参数指定为屈服应力 $A = 90$MPa、应变硬化常数 $B = 292$MPa、应变硬化系数 $n = 0.31$、应变率常数 $C = 0.025$、热软化指数参数 $m = 1.09$、室温 $T_0 = 298$K 和熔融温度 $T_\mathrm{m} = 1356$K。

比热容 C_p(J/kg·K) 被设定为 (Banerjee, 2005)

$$C_\mathrm{p} = \begin{cases} 4.16 \times 10^{-5}T^3 - 0.027T^2 + 6.21T - 142.6, & T < 270\text{K} \\ 0.1009T + 358.4, & T \geqslant 270\text{K} \end{cases} \quad (11.104)$$

Banerjee (2005) 还提出了剪切模量 $\mu(T)$ 随温度下降的表达式，即

$$\mu(T) = \mu_0 - \frac{D}{\exp(T'_0/T) - 1} \quad (11.105)$$

其中 μ_0 是铜在 $T = 0$K 时的剪切模量，设定 $\mu_0 = 51.3$GPa。材料参数 D 和 T'_0 指定为 $D = 3$GPa 和 $T'_0 = 165$K。

对 4340 钢试件模拟时，考虑三种不同的圆柱几何形状。试件的长度分别为 $L = 25.4$mm、12.7mm 和 0.81mm。直径保持为 $D = 7.62$mm。钢的杨氏模量 $E = 200$GPa，泊松比 $\nu = 0.29$，质量密度为 $\rho = 7830$ kg/m^3。Johnson-Cook 材料参数设定为 $A = 792$MPa、$B = 510$MPa、$n = 0.26$、$C = 0.014$、$m = 1.03$、$T_0 = 298$K 和 $T_\mathrm{m} = 1793$K。

比热容 C_p (J/kg·K) 被指定为 (Banerjee, 2005)

$$C_\mathrm{p} = \begin{cases} A_1 + B_1 t + C_1|t|^{-\alpha}, & \text{如果 } T \leqslant T_\mathrm{c} \\ A_2 + B_2 t + C_2|t|^{-\alpha'}, & \text{如果 } T > T_\mathrm{c} \end{cases} \quad (11.106)$$

其中

$$t = \frac{T}{T_c} - 1 \tag{11.107}$$

其中临界温度 T_c 被给定为 $T_c = 1040\text{K}$。方程 (11.106) 中的材料参数被设定为 $A_1 = 190.14\text{J/kg·K}$、$B_1 = -273.75\text{J/kg·K}$、$C_1 = 418.30\text{J/kg·K}$、$A_2 = 465.21\text{J/kg·K}$、$B_2 = 267.52\text{J/kg·K}$、$C_2 = 58.16\text{J/kg·K}$、$\alpha = 0.20$ 和 $\alpha' = 0.35$。剪切模量作为温度的函数可由方程 (11.105) 表示。对于 4340 钢，方程 (11.105) 中的材料参数如下：$\mu_0 = 85\text{GPa}$、$D = 10\text{GPa}$ 和 $T_0' = 298\text{K}$。

对于 OFHC 铜和 4340 钢试件，由数值模拟所得不同速度下的变形形状如图 11.4 和图 11.5 所示。对于铜试件，冲击速度分别为 $v = 130\text{m/s}$、190m/s 和 210m/s，而对于钢试件，冲击速度分别为 $v = 208\text{m/s}$、282m/s 和 343m/s。模拟结果与 Johnson (1983) 报道的试验观测结果进行了比较。

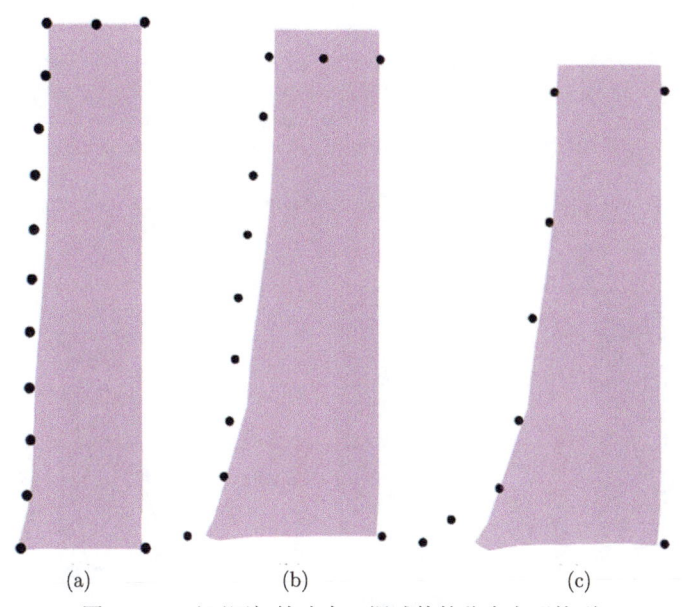

图 11.4　对不同初始速度，铜试件的稳态变形构型
(a) $v = 130\text{m/s}$; (b) $v = 190\text{m/s}$; (c) $v = 210\text{m/s}$

结果表明，对于铜试件，在低速冲击下，变形形状与试验结果吻合得较好。然而，在较高速冲击下，模拟结果与试验结果之间存在较小偏差。这可能是由于某些材料参数选择不当，例如比热容、Taylor-Quinney 系数等。对于钢试件，数值模拟结果与试验结果吻合得很好。

针对铜和钢试件在不同速度下的变形形状，图 11.6 和图 11.7 给出了等效塑性应变等值线图。可以看出最大塑性应变出现在受冲击端中心附近。还注意到，对于铜试件，在远离冲击端一段距离处发生鼓包现象。这种效应在钢试件中不存在，这与试验观察结果一致。这意味着与钢试件相比，铜试件能承受更大的塑性变形，因此允许更多的能量耗散。

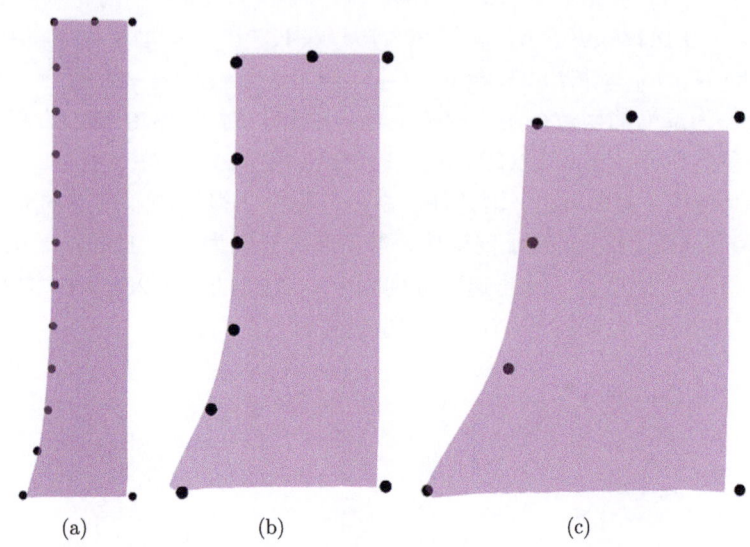

图 11.5 对不同初始速度，钢试件的稳态变形构型
(a) $v = 208\text{m/s}$; (b) $v = 282\text{m/s}$; (c) $v = 343\text{m/s}$

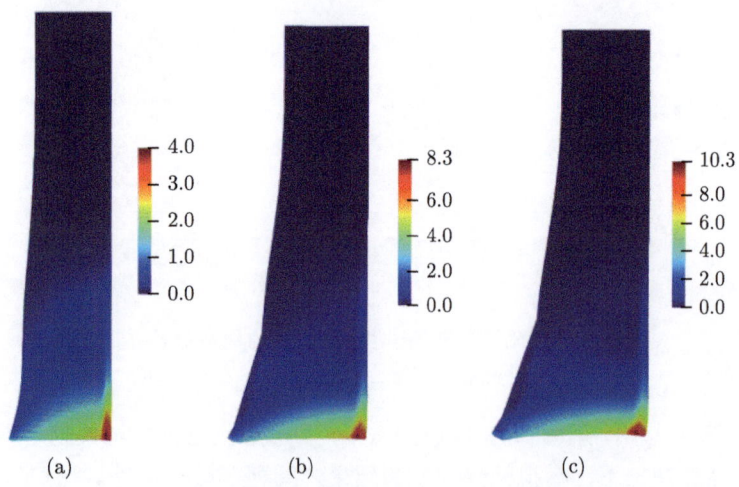

图 11.6 对不同初始速度，铜试件稳态时的等效塑性应变等值线图
(a) $v = 130\text{m/s}$; (b) $v = 190\text{m/s}$; (c) $v = 210\text{m/s}$

图 11.8 和图 11.9 显示了铜和钢试件在不同速度下变形形状中的温度等值线图。最高温度出现在受冲击端中心处。正如所预期的那样，随着速度的增加，最高温度也随之增加。

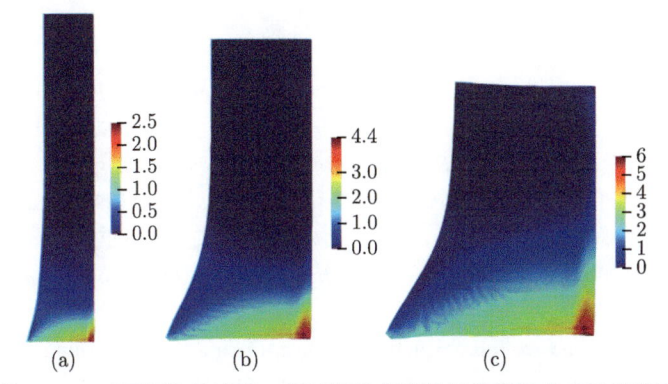

图 11.7 对不同初始速度，钢试件稳态时的等效塑性应变等值线图

(a) $v = 208\text{m/s}$; (b) $v = 282\text{m/s}$; (c) $v = 343\text{m/s}$

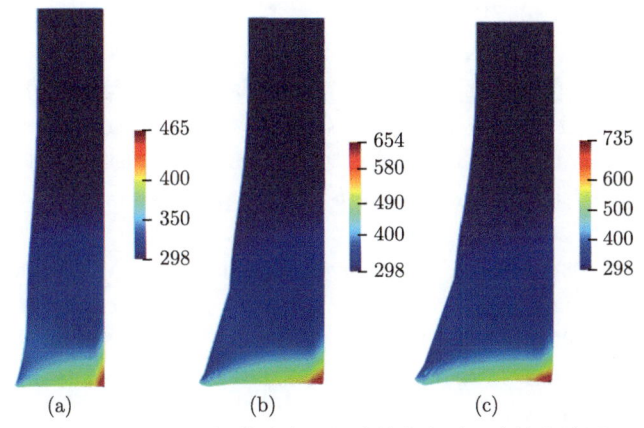

图 11.8 对不同初始速度，铜试件稳态时温度等值线图

(a) $v = 130\text{m/s}$; (b) $v = 190\text{m/s}$; (c) $v = 210\text{m/s}$

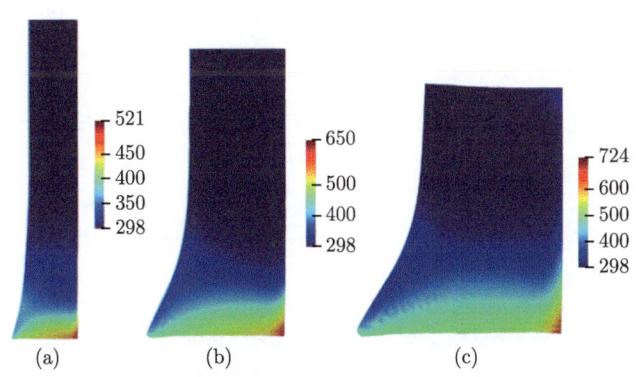

图 11.9 对不同初始速度，钢试件稳态时温度等值线图

(a) $v = 208\text{m/s}$; (b) $v = 282\text{m/s}$; (c) $v = 343\text{m/s}$

参 考 文 献

Amani, J., Oterkus, E., Areias, P., Zi, G., Nguyen-Thoi, T., & Rabczuk, T. (2016). A non-ordinary state-based peridynamics formulation for thermoplastic fracture. *International Journal of Impact Engineering, 87*, 83-94.

Banerjee, B. (2005). *Taylor impact tests: Detailed report.* C-SAFE Internal Report.

Camacho, G. T., & Ortiz, M. (1997). Adaptive Lagrangian modelling of ballistic penetration of metallic targets. *Computer Methods in Applied Mechanics and Engineering, 142*(3-4), 269-301.

Chen, H. (2018). Bond-associated deformation gradients for peridynamic correspondence model. *Mechanics Research Communications, 90*, 34-41.

Chen, H., & Spencer, B. W. (2019). Peridynamic bond-associated correspondence model: Stability and convergence properties. *International Journal for Numerical Methods in Engineering, 117*(6), 713-727.

Foster, J. T., Silling, S. A., & Chen, W. W. (2010). Viscoplasticity using peridynamics. *International Journal for Numerical Methods in Engineering, 81*(10), 1242-1258.

Gu, X., Zhang, Q., Madenci, E., & Xia, X. (2019). Possible causes of numerical oscillations in non-ordinary state-based peridynamics and a bond-associated higher-order stabilized model. *Computer Methods in Applied Mechanics and Engineering, 357*, 112592.

Johnson, G. R. (1983). A constitutive model and data for materials subjected to large strains, high strain rates, and high temperatures. In: *Proceedings of 7th Information Symposium*, Ballistics (pp. 541-547).

Madenci, E., & Oterkus, E. (2014). Peridynamic theory. In *Peridynamic theory and its applications*. Springer.

Madenci, E., Barut, A., & Dorduncu, M. (2019). *Peridynamic differential operator for numerical analysis*. Springer.

Mitts, C., Naboulsi, S., Przybyla, C., & Madenci, E. (2020). Axisymmetric peridynamic analysis of crack deflection in a single strand ceramic matrix composite. *Engineering Fracture Mechanics, 235*, 107074.

Mitts, C., Madenci, E., & Dorduncu, M. (2021). Peridynamics for axisymmetric analysis. In *Peridynamic modeling, numerical techniques, and applications* (pp. 57-76). Elsevier.

Oterkus, S., Madenci, E., & Agwai, A. (2014). Peridynamic thermal diffusion. *Journal of Computational Physics, 265*, 71-96.

Rahaman, M. M., Roy, P., Roy, D., & Reddy, J. N. (2017). A peridynamic model for plasticity: Micro-inertia based flow rule, entropy equivalence and localization residuals. *Computer Methods in Applied Mechanics and Engineering, 327*, 369-391.

Roy, P. (2018). *Non-classical continuum models for solids using peridynamics and gauge theory*. PhD thesis, Indian Istitute of Science, India.

Silling, S. A., Epton, M., Weckner, O., Xu, J., & Askari, E. (2007). Peridynamic states and constitutive modeling. *Journal of Elasticity, 88*(2), 151-184.

Silling, S. A., & Lehoucq, R. B. (2010). Peridynamic theory of solid mechanics. *Advances in Applied Mechanics, 44*, 73-168.

Wildman, R. A., & Gazonas, G. A. (2016). Absorbing boundary conditions with verification. In *Handbook of peridynamic modeling*. Chapman and Hall/CRC.

Zhang, Y., & Qiao, P. (2018). An axisymmetric ordinary state-based peridynamic model for linear elastic solids. *Computer Methods in Applied Mechanics and Engineering, 341*, 517-550.

Zhang, Y., & Qiao, P. (2019). Peridynamic simulation of two-dimensional axisymmetric pull-out tests. *International Journal of Solids and Structures, 168*, 41-57.

第十二章　有限变形梁的近场动力学建模

12.1　引　　言

在经典连续介质力学中存在许多梁模型，它们主要被分成诱导梁理论和本征梁理论 (Meier et al., 2019)。诱导梁理论通过假设一个运动学约束进而由三维连续介质力学推导出局部一维 (1D) 梁方程。通过对横截面进行积分，将三维本构方程简化为一维本构方程。另一方面，本征梁理论则直接假设了梁方程，而并未参考任何三维连续介质力学理论。本征梁理论中的本构方程通过试验确定。此外还有半诱导理论，其中的本构关系是假定的，而运动方程是从三维理论推导出来的。Euler-Bernoulli 梁理论是几何线性的，可以捕捉拉伸、扭转和弯曲变形。几何线性的 Timoshenko 梁理论除了考虑拉伸、扭转和弯曲变形外，还考虑了剪切变形。非线性 Euler-Bernoulli 和 Kirchhoff-Love 梁理论考虑了几何非线性；然而，它们仅限于拉伸、扭转和弯曲响应的分析。

Simo (1985) 发展了一个有限应变梁模型，该模型允许梁在三维空间中变形。该模型是对 Reissner (1972) 和 Antman (1974) 所提出模型的改进。采用质心曲线的位置矢量和表示横截面旋转的旋转张量来确定梁的构型。Simo 和 Vu-Quoc (1986) 对 Simo (1985) 所提出的模型给出了变分公式，并开发了有限元程序。他们表明由线性化弱形式所得的整体几何刚度矩阵在非平衡构型下是非对称的。然而，该刚度矩阵在平衡构型下是对称的。Simo 和 Vu-Quoc (1991) 发展了一种考虑了扭转引起的翘曲和剪切变形的有限变形梁理论。此外，他们对双剪切和双力矩情况推导了附加控制方程，并提出了在叠加刚体运动下不变的基于能量的本构方程。这类几何非线性理论被称为 Simo-Reissner 理论，它考虑了剪切变形以及拉伸、扭转和弯曲变形。所有这些梁理论都假设梁截面是刚性的。由于上述梁控制方程是偏微分方程，所以在不连续点上没有定义。因此，利用这些理论的有限元公式模拟梁的破坏面临着障碍。

为了使模型能够描述破坏，由 Silling (2000) 提出的近场动力学 (PD) 理论消除了这些障碍。文献中有一些 PD 降维模型，如一维梁模型等。例如，Silling 等 (2003) 利用傅里叶变换研究了一维 PD 无限杆在自平衡载荷作用下的变形。由于 PD 考虑了长程相互作用，他们在解中发现了一些非典型特征。O'Grady 和 Foster

---

补充信息　在线原著版本包含本章补充材料，请访问 [https://doi.org/10.1007/978-3-030-97858-7_12]。

(2014) 对 Euler-Bernoulli 梁发展了一种非常规态型 (NOSB)PD 模型。通过考虑适用于厚梁和厚板的剪切变形，Diyaroglu 等 (2015) 在键型 (BB)PD 框架下提出了 Timoshenko 梁理论和 Mindlin 板理论。Chowdhury 等 (2015) 在 NOSB-PD 框架下建立了微极和非极 Timoshenko 梁模型。Diyaroglu 等 (2019) 在常规态型 (OSB)PD 框架下建立了 Euler-Bernoulli 梁模型。

Nguyen 和 Oterkus(2019) 提出了一种 BB-PD 模型，用于分析海上结构物中的复杂梁网络，并对导管架平台在波浪载荷作用下和船导管架平台碰撞下的损伤进行了分析。他们考虑了小变形，并且在每个物质点处采用 6 个自由度 (DOF)。Yang 等 (2020) 通过将拉格朗日量中的经典导数替换为其非局部对应项，发展了 PD-Timoshenko 梁模型，并得到了其 Euler-Lagrange 方程。Yang 等 (2021a) 建立了一种不需要剪切修正的高阶 BB-PD 梁，并考虑了不同类型的加载和边界条件下的梁。Yang 等 (2021b) 在没有使用剪切修正因子的情况下，为高阶功能梯度薄梁和厚梁建立了 PD 理论。Nguyen 和 Oterkus (2021) 发展了一种几何非线性 BB-PD 模型，用于捕捉梁结构的三维变形和损伤。该梁在每个物质点处都有 6 个自由度，并通过全拉格朗日坐标系中的虚位移原理得到运动方程。通过与大变形的 FEM 比较，他们验证了 PD 模型，并分析了可由直梁表示的任意大截面的损伤。该模型考虑了轴向、弯曲、剪切和扭转变形对应变能密度的贡献。

本章在 NOSB-PD 框架下利用 Simo-Reissner 梁理论给出 PD 运动方程。在变形场中使用 Simo 近似，由热力学第一定律在刚性平移和刚性旋转下的不变性推导出 PD 梁运动方程。梁的变形态与对应的力态和力矩态关于内功率共轭，进而可由内功率得到变形态。采用本构对应法将 PD 力和力矩态分别与经典合力和合力矩联系起来。利用 PD 微分算子 (PDDO) 定义应变和曲率的非局部测量值。采用 Simo 和 Vu-Quoc (1986) 提出的二次应变能密度函数描述材料响应。旋转张量基于增量旋转的指数进行更新 (Simo & Vu-Quoc, 1986)。本章介绍完 PD 空间离散之后，给出了一些数值结果，以验证所建立方法的有效性。其中包括悬臂梁在端点力矩下多次旋转的纯弯曲，含切口的圆形梁的伸展，半圆拱在点载荷作用下的大挠度，以及有两个构件的支架在点载荷作用下的挠度。

12.2 PD 能量平衡

在没有热交换或热生成的情况下，热力学第一定律的整体形式可被表述为 (Silling & Lehoucq, 2010)

$$\dot{E}(\bar{\Omega}) + \dot{K}(\bar{\Omega}) = W_{\sup}(\bar{\Omega}) \tag{12.1}$$

其中 $\bar{\Omega}$ 是参考构型 Ω 的子域，即 $\bar{\Omega} \subset \Omega$，$E(\bar{\Omega})$ 是 $\bar{\Omega}$ 的内能，$K(\bar{\Omega})$ 是 $\bar{\Omega}$ 的动能，$W_{\sup}(\bar{\Omega})$ 是向 $\bar{\Omega}$ 提供的功率。内能变化率 $\dot{E}$、动能变化率 $\dot{K}$ 以及 $W_{\sup}$ 的

显式形式可以被表示为

$$\dot{E}(\bar{\Omega}) = \int_{\bar{\Omega}} \dot{U} dV = \int_{\bar{\Omega}} \int_{\Omega} \mathbf{t} \cdot (\dot{\mathbf{y}}' - \dot{\mathbf{y}}) dV' dV \tag{12.2}$$

$$\dot{K}(\bar{\Omega}) = \frac{d}{dt} \int_{\bar{\Omega}} \frac{1}{2} \rho \dot{\mathbf{y}} \cdot \dot{\mathbf{y}} dV \tag{12.3}$$

$$W_{\sup}(\bar{\Omega}) = \int_{\bar{\Omega}} \int_{\Omega \setminus \bar{\Omega}} (\mathbf{t} \cdot \dot{\mathbf{y}}' - \mathbf{t}' \cdot \dot{\mathbf{y}}) dV' dV + \int_{\bar{\Omega}} \mathbf{f} \cdot \dot{\mathbf{y}} dV$$

$$= \int_{\bar{\Omega}} \int_{\Omega} (\mathbf{t} \cdot \dot{\mathbf{y}}' - \mathbf{t}' \cdot \dot{\mathbf{y}}) dV' dV + \int_{\bar{\Omega}} \mathbf{f} \cdot \dot{\mathbf{y}} dV \tag{12.4}$$

其中 $\mathbf{t}$ 和 $\mathbf{t}'$ 分别是点 $\mathbf{x}$ 和 $\mathbf{x}'$ 处的力密度矢量，$\mathbf{f}$ 是体力矢量。矢量 $\mathbf{y}$ 是点 $\mathbf{x}$ 在变形构型中的位置，即 $\mathbf{y} = \mathbf{x} + \mathbf{u}$，其中 $\mathbf{u}$ 表示位移矢量。

将方程 (12.2)~(12.4) 中的 $\dot{E}$、$\dot{K}$ 和 $W_{\sup}$ 的表达式代入方程 (12.1)，得到能量平衡方程为

$$\int_{\bar{\Omega}} \int_{\Omega} \mathbf{t} \cdot (\dot{\mathbf{y}}' - \dot{\mathbf{y}}) dV' dV + \int_{\bar{\Omega}} \rho \dot{\mathbf{y}} \cdot \ddot{\mathbf{y}} dV = \int_{\bar{\Omega}} \int_{\Omega} (\mathbf{t} \cdot \dot{\mathbf{y}}' - \mathbf{t}' \cdot \dot{\mathbf{y}}) dV' dV + \int_{\bar{\Omega}} \mathbf{f} \cdot \dot{\mathbf{y}} dV \tag{12.5}$$

12.3 Simo-Reissner 梁理论

正如 Simo (1985) 所详细推导的那样，当前构型中杆的几何形状是通过一组截面来描述的，这组截面的质心由一条称为质心线的曲线连接。如图 12.1 所示，由于剪切变形的存在，截面不一定垂直于质心线。梁截面质心在当前构型中的位置用矢量 $\boldsymbol{\varphi}_0(S, t)$ 表示，其中 S 表示参考构型中沿梁的质心曲线的弧长，t 表示时间。参考构型中梁横截面上的局部坐标用 ξ_1 和 ξ_2 表示。

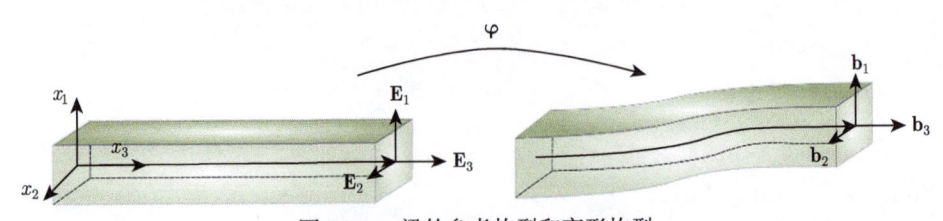

图 12.1 梁的参考构型和变形构型

在当前构型中，梁截面平面内的单位矢量用 $\mathbf{b}_1(S, t)$ 和 $\mathbf{b}_2(S, t)$ 表示，垂直于截面的单位矢量为 $\mathbf{n}(S, t)$ (Simo, 1985)。标准正交矢量集 $\{\mathbf{b}_1, \mathbf{b}_2, \mathbf{n}\}$ 被称

第十二章　有限变形梁的近场动力学建模

为运动基，同时注意 $\mathbf{b}_3 = \mathbf{n}$。在 $t = 0$ 时刻的参考构型中，运动基被设定为 $\{\mathbf{E}_1(S), \mathbf{E}_2(S), \mathbf{E}_3(S)\}$。如果梁参考构型是一条直线，则 $\{\mathbf{E}_1(S), \mathbf{E}_2(S), \mathbf{E}_3(S)\}$ 恢复成用 $\{\mathbf{i}_1, \mathbf{i}_2, \mathbf{i}_3\}$ 表示的标准基。

假设梁沿 $\mathbf{i}_3$ 对齐，基 $\{\mathbf{b}_1, \mathbf{b}_2, \mathbf{n}\}$ 和 $\{\mathbf{E}_1, \mathbf{E}_2, \mathbf{E}_3\}$ 由正交张量 $\mathbf{\Lambda}(S,t)$ 联系起来，即

$$\mathbf{b}_i(S,t) = \mathbf{\Lambda}(S,t)\mathbf{E}_i(S), \quad i \in \{1,2,3\} \tag{12.6}$$

类似地，基 $\{\mathbf{E}_1, \mathbf{E}_2, \mathbf{E}_3\}$ 和 $\{\mathbf{i}_1, \mathbf{i}_2, \mathbf{i}_3\}$ 由下式联系起来

$$\mathbf{E}_j(S) = \mathbf{\Lambda}_0(S)\mathbf{i}_j, \quad j \in \{1,2,3\} \tag{12.7}$$

其中 $\mathbf{\Lambda}_0$ 定义为 $\mathbf{\Lambda}_0 := \mathbf{\Lambda}(S, t=0)$。结合方程 (12.6) 和 (12.7)，可得

$$\mathbf{b}_j = \mathbf{\Lambda}\mathbf{\Lambda}_0 \mathbf{i}_j = \bar{\mathbf{\Lambda}}\mathbf{i}_j, \quad j \in \{1,2,3\} \tag{12.8}$$

$\mathbf{b}_i$ 对 S 求导可得

$$\frac{\partial \mathbf{b}_i(S,t)}{\partial S} = \mathbf{\Omega}(S,t)\mathbf{b}_i(S,t) = \boldsymbol{\omega} \times \mathbf{b}_i \tag{12.9}$$

其中 $\mathbf{\Omega}(S,t)$ 是一个反对称张量，推导可得 (Simo, 1985)

$$\mathbf{\Omega}(S,t) = \frac{\partial \mathbf{\Lambda}(S,t)}{\partial S}\mathbf{\Lambda}^{\mathrm{T}}(S,t) + \mathbf{\Lambda}(S,t)\mathbf{\Omega}_0(S)\mathbf{\Lambda}^{\mathrm{T}}(S,t) \tag{12.10}$$

其中 $\mathbf{\Omega}_0$ 表示梁的初始曲率，可被表示为

$$\mathbf{\Omega}_0(S) = \frac{d\mathbf{\Lambda}_0}{dS}\mathbf{\Lambda}_0^{\mathrm{T}} \tag{12.11}$$

与 $\mathbf{\Omega}(S,t)$ 相关的轴向矢量用 $\boldsymbol{\omega}(S,t)$ 表示。$\mathbf{b}_i$ 的物质时间导数可以被表示为

$$\dot{\mathbf{b}}_i = \mathbf{W}(S,t)\mathbf{b}_i = \mathbf{w} \times \mathbf{b}_i \tag{12.12}$$

其中 $\mathbf{W}(S,t)$ 是一个反对称张量，它表示运动基的自旋，可被定义为

$$\mathbf{W}(S,t) = \dot{\mathbf{\Lambda}}(S,t)\mathbf{\Lambda}^{\mathrm{T}}(S,t) \tag{12.13}$$

与 $\mathbf{W}(S,t)$ 相关的轴向矢量用 $\mathbf{w}(S,t)$ 表示，它给出运动基的涡度。将增量涡度和增量变形作为梁构型的自由度。

梁内变形场可被近似为 (Simo, 1985)

$$\boldsymbol{\varphi}_t = \boldsymbol{\varphi}(S,t) = \boldsymbol{\varphi}_0(S,t) + \xi_i \mathbf{b}_i(S,t) \quad i \in \{1,2\} \tag{12.14}$$

其中 $\boldsymbol{\varphi}_t$ 是物质点在当前构型中的位置矢量。$\boldsymbol{\varphi}_t$ 的物质时间导数可被表示为

$$\dot{\boldsymbol{\varphi}}_t = \dot{\boldsymbol{\varphi}}_0 + \xi_i \dot{\mathbf{b}}_i \tag{12.15}$$

在方程 (12.15) 中使用方程 (12.12) 以及由方程 (12.14) 所得的关系式 $\xi_i \mathbf{b}_i = \boldsymbol{\varphi}_t - \boldsymbol{\varphi}_0$，可将其改写为

$$\dot{\boldsymbol{\varphi}}_t = \dot{\boldsymbol{\varphi}}_0 + \xi_i \mathbf{W} \mathbf{b}_i = \dot{\boldsymbol{\varphi}}_0 + \xi_i \mathbf{w} \times \mathbf{b}_i = \dot{\boldsymbol{\varphi}}_0 + \mathbf{w} \times (\boldsymbol{\varphi}_t - \boldsymbol{\varphi}_0) \tag{12.16}$$

进而其物质时间导数 $\ddot{\boldsymbol{\varphi}}_t$ 变为

$$\ddot{\boldsymbol{\varphi}}_t = \ddot{\boldsymbol{\varphi}}_0 + \dot{\mathbf{w}} \times (\boldsymbol{\varphi}_t - \boldsymbol{\varphi}_0) + \mathbf{w} \times (\dot{\boldsymbol{\varphi}}_t - \dot{\boldsymbol{\varphi}}_0) \tag{12.17}$$

那么，梁的运动方程可被表示为

$$\frac{\partial \mathbf{f}}{\partial S} + \bar{\mathbf{q}} = \rho A \ddot{\boldsymbol{\varphi}}_0 \tag{12.18}$$

和

$$\frac{\partial \mathbf{m}}{\partial S} + \frac{\partial \boldsymbol{\varphi}_0}{\partial S} \times \mathbf{f} + \bar{\mathbf{m}} = \dot{\mathbf{H}}_t = \rho \mathbf{I} \dot{\mathbf{w}} + \mathbf{w} \times \mathbf{H}_t \tag{12.19}$$

其中 $\mathbf{f}$ 和 $\mathbf{m}$ 是单位参考弧长的合力和合力矩，$\bar{\mathbf{q}}$ 和 $\bar{\mathbf{m}}$ 是单位参考弧长所施加的力和力矩，A 是横截面积，$\mathbf{I}$ 是惯性矩。正如 Simo (1985) 所指出的，虽然通过参考弧长 S 参数化了合力场和合力矩场 ($\mathbf{f}(S)$ 和 $\mathbf{m}(S)$)，但它们是根据空间基 (即 $\mathbf{b}_1$、$\mathbf{b}_2$ 和 $\mathbf{n}$) 表示的。通过在参考构型中对 $\mathbf{f}(S)$ 和 $\mathbf{m}(S)$ 进行后拉操作，Simo(1985) 引入了材料合力 $\mathbf{N}(S)$ 和合力矩 $\mathbf{M}(S)$，即

$$\mathbf{f}(S) = \mathbf{\Lambda}(S)\mathbf{N}(S) \tag{12.20}$$

和

$$\mathbf{m}(S) = \mathbf{\Lambda}(S)\mathbf{M}(S) \tag{12.21}$$

值得注意的是，$\mathbf{f}(S)$ 和 $\mathbf{m}(S)$ 关于 $\mathbf{b}_1$、$\mathbf{b}_2$ 和 $\mathbf{n}$ 的分量与 $\mathbf{N}(S)$ 和 $\mathbf{M}(S)$ 关于 $\mathbf{E}_1$、$\mathbf{E}_2$ 和 $\mathbf{E}_3$ 的分量相同。内功率可以被写成

$$\dot{E} = \int_I \left(\mathbf{f} \cdot \overset{\nabla}{\boldsymbol{\gamma}} + \mathbf{m} \cdot \overset{\nabla}{\boldsymbol{\omega}} \right) dS = \int_I \left(\mathbf{N} \cdot \dot{\mathbf{\Gamma}} + \mathbf{M} \cdot \dot{\mathbf{K}} \right) dS \tag{12.22}$$

其中 $\boldsymbol{\gamma}$ 和 $\boldsymbol{\omega}$ 是空间应变度量，$\mathbf{\Gamma}$ 和 $\mathbf{K}$ 是材料应变度量。算子 $\overset{\nabla}{(\cdot)}$ 表示客观变化率，由下式给出

$$\overset{\nabla}{(\cdot)} = \frac{\partial}{\partial t}(\cdot) - \mathbf{w} \times (\cdot) \tag{12.23}$$

空间应变度量 γ 被表示为 (Simo, 1985)

$$\gamma(S,t) = \frac{\partial \boldsymbol{\varphi}_0(S,t)}{\partial S} - \mathbf{n}(S,t) \tag{12.24}$$

此外，γ 与 $\boldsymbol{\Gamma}$ 以及 $\boldsymbol{\omega}$ 与 $\mathbf{K}$ 之间也存在一定的关系，即

$$\boldsymbol{\Gamma} = \boldsymbol{\Lambda}^{\mathrm{T}} \gamma \tag{12.25}$$

和

$$\mathbf{K} = \boldsymbol{\Lambda}^{\mathrm{T}} \boldsymbol{\omega} \tag{12.26}$$

12.4 PD 梁运动方程

本节在 Simo-Reissner 假设下，基于热力学第一定律在刚体运动下的形式不变性，描述 PD 梁运动方程。

12.4.1 刚性平移不变性

由于在梁的质心曲线上的所有点处都施加有直线均匀速度 $\mathbf{a}$，所以

$$\dot{\boldsymbol{\varphi}}_0 \to \dot{\boldsymbol{\varphi}}_0 + \mathbf{a} \tag{12.27}$$

其中 $\mathbf{a}$ 是一个常矢量。横截面积保持固定，即 $\boldsymbol{\varphi}_t - \boldsymbol{\varphi}_0 = \xi_i \mathbf{b}_i$ 不依赖于时间，涡度 $\mathbf{w}$ 也被认为随时间保持不变。这意味着

$$\dot{\boldsymbol{\varphi}}_t \to \dot{\boldsymbol{\varphi}}_t + \mathbf{a} \quad \text{和} \quad \ddot{\boldsymbol{\varphi}}_t \to \ddot{\boldsymbol{\varphi}}_t \tag{12.28}$$

令 $\mathbf{y}$ 为 $\boldsymbol{\varphi}_t$，方程 (12.5) 可以被改写为

$$\begin{aligned} & \int_{\bar{\Omega}} \int_{\Omega} \mathbf{t} \cdot (\dot{\boldsymbol{\varphi}}_t' - \dot{\boldsymbol{\varphi}}_t) dV' dV + \int_{\bar{\Omega}} \rho \dot{\boldsymbol{\varphi}}_t \cdot \ddot{\boldsymbol{\varphi}}_t \, dV \\ & = \int_{\bar{\Omega}} \int_{\Omega} (\mathbf{t} \cdot \dot{\boldsymbol{\varphi}}_t' - \mathbf{t}' \cdot \dot{\boldsymbol{\varphi}}_t) \, dV' dV + \int_{\bar{\Omega}} \mathbf{f} \cdot \dot{\boldsymbol{\varphi}}_t dV \end{aligned} \tag{12.29}$$

在方程 (12.29) 中使用变换 (参见方程 (12.28))，可得

$$\begin{aligned} & \int_{\bar{\Omega}} \int_{\Omega} \mathbf{t} \cdot (\dot{\boldsymbol{\varphi}}_t' - \dot{\boldsymbol{\varphi}}_t) dV' dV + \int_{\bar{\Omega}} \rho (\dot{\boldsymbol{\varphi}}_t + \mathbf{a}) \cdot \ddot{\boldsymbol{\varphi}}_t \, dV \\ & = \int_{\bar{\Omega}} \int_{\Omega} (\mathbf{t} \cdot (\dot{\boldsymbol{\varphi}}_t' + \mathbf{a}) - \mathbf{t}' \cdot (\dot{\boldsymbol{\varphi}}_t + \mathbf{a})) \, dV' dV + \int_{\bar{\Omega}} \mathbf{f} \cdot (\dot{\boldsymbol{\varphi}}_t + \mathbf{a}) dV \end{aligned} \tag{12.30}$$

方程 (12.28) 中所述的变换不应改变热力学第一定律 (方程 (12.29))。因此，由方程 (12.29) 减去方程 (12.30) 所得的多余项应该消失，即

$$\mathbf{a} \cdot \left(\int_{\bar{\Omega}} \rho \ddot{\boldsymbol{\varphi}}_t \, dV - \int_{\bar{\Omega}} \int_{\Omega} (\mathbf{t} - \mathbf{t}') dV' dV - \int_{\bar{\Omega}} \mathbf{f} \, dV \right) = 0 \qquad (12.31)$$

或者

$$\int_{\bar{\Omega}} \rho \ddot{\boldsymbol{\varphi}}_t \, dV - \int_{\bar{\Omega}} \int_{\Omega} (\mathbf{t} - \mathbf{t}') dV' dV - \int_{\bar{\Omega}} \mathbf{f} \, dV = \mathbf{0} \qquad (12.32)$$

对任意且独立的 $\mathbf{a}$ 都成立。在上述 PD 运动方程中，$\bar{\Omega}$ 是任意的，它可以定义为截面面积 A 和质心曲线的任意部分 $\bar{I}$ 的笛卡儿积，即 $\bar{\Omega} = A \times \bar{I}$，从而可得

$$\int_{\bar{I}} \int_{A} \rho \ddot{\boldsymbol{\varphi}}_t dAdS - \int_{\bar{I}} \int_{A} \int_{I} \int_{A} (\mathbf{t} - \mathbf{t}') dA' dS' dAdS - \int_{\bar{I}} \int_{A} \mathbf{f} dAdS = \mathbf{0} \qquad (12.33)$$

上述方程可以被改写为

$$\int_{\bar{I}} \rho \ddot{\boldsymbol{\varphi}}_0 \bar{A}(S) dS - \int_{\bar{I}} \int_{I} (\bar{\mathbf{t}} - \bar{\mathbf{t}}') dS' \, dS - \int_{\bar{I}} \bar{\mathbf{f}} dS = \mathbf{0} \qquad (12.34)$$

其中力矢量 $\bar{\mathbf{t}}$、$\bar{\mathbf{t}}'$ 和 $\bar{\mathbf{f}}$ 被定义为

$$\bar{\mathbf{t}} := \int_{A} \int_{A} \mathbf{t} \, dA' dA \qquad (12.35)$$

$$\bar{\mathbf{t}}' := \int_{A} \int_{A} \mathbf{t}' \, dA' dA \qquad (12.36)$$

和

$$\bar{\mathbf{f}} := \int_{A} \mathbf{f} dA \qquad (12.37)$$

下面的等式值得注意

$$\int_{A} \rho (\ddot{\boldsymbol{\varphi}}_0 + \xi_i \ddot{\mathbf{b}}_i) dA = \rho \ddot{\boldsymbol{\varphi}}_0 A(S) \qquad (12.38)$$

其中 $A(S)$ 是任意 S 处截面积，当从截面质心测量 ξ_1 和 ξ_2 时，$\int_{A} \xi_i dA = 0$。

利用 $\bar{I}$ 的任意性和局部化定理，方程 (12.34) 的最终形式变成

$$\rho \ddot{\boldsymbol{\varphi}}_0 \bar{A} = \int_{I} (\bar{\mathbf{t}} - \bar{\mathbf{t}}') dS' + \bar{\mathbf{f}} \qquad (12.39)$$

12.4.2 刚性旋转不变性

在梁的质心曲线上的所有点处施加恒定的角速度 **c**，可得

$$\mathbf{w} \to \mathbf{w} + \mathbf{c} \tag{12.40}$$

类似于前面的情况，$\varphi_t - \varphi_0 = \xi_i \mathbf{b}_i$ 不依赖于时间，质心曲线 φ_0 随时间保持不变，则有

$$\dot{\varphi}_t \to \dot{\varphi}_0 + (\mathbf{w} + \mathbf{c}) \times (\varphi_t - \varphi_0) = \dot{\varphi}_t + \mathbf{c} \times (\varphi_t - \varphi_0) \tag{12.41}$$

$$\ddot{\varphi}_t \to \ddot{\varphi}_t \tag{12.42}$$

在方程 (12.29) 中使用变换 (方程 (12.41) 和 (12.42))，它可以被重写为

$$\int_{\bar{\Omega}} \int_{\Omega} \mathbf{t} \cdot (\dot{\varphi}'_t + \mathbf{c} \times (\varphi'_t - \varphi'_0) - \dot{\varphi}_t - \mathbf{c} \times (\varphi_t - \varphi_0))\, dV' dV$$

$$+ \int_{\bar{\Omega}} \rho (\dot{\varphi}_t + \mathbf{c} \times (\varphi_t - \varphi_0)) \cdot \ddot{\varphi}_t\, dV$$

$$= \int_{\bar{\Omega}} \int_{\Omega} (\mathbf{t} \cdot (\dot{\varphi}'_t + \mathbf{c} \times (\varphi'_t - \varphi'_0)) - \mathbf{t}' \cdot (\dot{\varphi}_t + \mathbf{c} \times (\varphi_t - \varphi_0)))\, dV' dV$$

$$+ \int_{\bar{\Omega}} \mathbf{f} \cdot (\dot{\varphi}_t + \mathbf{c} \times (\varphi_t - \varphi_0))\, dV \tag{12.43}$$

方程 (12.41) 和 (12.42) 中所述的变换不应改变热力学第一定律 (12.29)。因此，由方程 (12.29) 减去方程 (12.43) 所得的多余项应该消失，即

$$\mathbf{c} \cdot \left[\int_{\bar{\Omega}} \int_{\Omega} ((\varphi'_t - \varphi'_0) - (\varphi_t - \varphi_0)) \times \mathbf{t}\, dV' dV + \int_{\bar{\Omega}} \rho(\varphi_t - \varphi_0) \times \ddot{\varphi}_t\, dV \right. $$
$$\left. - \int_{\bar{\Omega}} \int_{\Omega} ((\varphi'_t - \varphi'_0) \times \mathbf{t} - (\varphi_t - \varphi_0) \times \mathbf{t}')\, dV' dV - \int_{\bar{\Omega}} (\varphi_t - \varphi_0) \times \mathbf{f}\, dV \right] = 0$$
$$\tag{12.44}$$

或者

$$\int_{\bar{\Omega}} \int_{\Omega} ((\varphi'_t - \varphi'_0) - (\varphi_t - \varphi_0)) \times \mathbf{t}\, dV' dV + \int_{\bar{\Omega}} \rho(\varphi_t - \varphi_0) \times \ddot{\varphi}_t\, dV$$

$$- \int_{\bar{\Omega}} \int_{\Omega} ((\varphi'_t - \varphi'_0) \times \mathbf{t} - (\varphi_t - \varphi_0) \times \mathbf{t}')\, dV' dV - \int_{\bar{\Omega}} (\varphi_t - \varphi_0) \times \mathbf{f}\, dV = \mathbf{0}$$
$$\tag{12.45}$$

对任意且独立的 **c** 都成立。上述方程可由如下形式的 PD 角动量平衡进行化简

$$\int_{\Omega} \mathbf{t} \times (\varphi'_t - \varphi_t) dV' = \mathbf{0} \tag{12.46}$$

将方程 (12.46) 代入方程 (12.45) 的第一项，可得

$$\int_{\bar{\Omega}}\int_{\Omega}(\boldsymbol{\varphi}_0 - \boldsymbol{\varphi}'_0) \times \mathbf{t}\,dV'dV + \int_{\bar{\Omega}}\rho(\boldsymbol{\varphi}_t - \boldsymbol{\varphi}_0) \times \ddot{\boldsymbol{\varphi}}_t\,dV$$
$$- \int_{\bar{\Omega}}\int_{\Omega}((\boldsymbol{\varphi}'_t - \boldsymbol{\varphi}'_0) \times \mathbf{t} - (\boldsymbol{\varphi}_t - \boldsymbol{\varphi}_0) \times \mathbf{t}')\,dV'dV - \int_{\bar{\Omega}}(\boldsymbol{\varphi}_t - \boldsymbol{\varphi}_0) \times \mathbf{f}\,dV = \mathbf{0}$$
(12.47)

类似于前面 $\bar{\Omega} = A \times \bar{I}$ 的情况，它可以被进一步改写为

$$\int_{\bar{I}}\int_{A}\int_{I}\int_{A}(\boldsymbol{\varphi}_0 - \boldsymbol{\varphi}'_0) \times \mathbf{t}\,dA'dS'dAdS + \int_{\bar{I}}\int_{A}\rho(\boldsymbol{\varphi}_t - \boldsymbol{\varphi}_0) \times \ddot{\boldsymbol{\varphi}}_t\,dAdS$$
$$- \int_{\bar{I}}\int_{A}\int_{I}\int_{A}((\boldsymbol{\varphi}'_t - \boldsymbol{\varphi}'_0) \times \mathbf{t} - (\boldsymbol{\varphi}_t - \boldsymbol{\varphi}_0) \times \mathbf{t}')\,dA'dS'dAdS$$
$$- \int_{\bar{I}}\int_{A}(\boldsymbol{\varphi}_t - \boldsymbol{\varphi}_0) \times \mathbf{f}\,dAdS = \mathbf{0} \qquad (12.48)$$

角动量 $\mathbf{H}_t$ 被定义为

$$\mathbf{H}_t = \int_{A}\rho(\boldsymbol{\varphi}_t - \boldsymbol{\varphi}_0) \times \dot{\boldsymbol{\varphi}}_t\,dA \qquad (12.49)$$

使用方程 (12.16)，它可以被改写为

$$\mathbf{H}_t = \int_{A}\rho(\boldsymbol{\varphi}_t - \boldsymbol{\varphi}_0) \times (\dot{\boldsymbol{\varphi}}_0 + \mathbf{w} \times (\boldsymbol{\varphi}_t - \boldsymbol{\varphi}_0))\,dA \qquad (12.50)$$

注意 $\int_{A}\rho(\boldsymbol{\varphi}_t - \boldsymbol{\varphi}_0) \times \dot{\boldsymbol{\varphi}}_0\,dA = \int_{A}\rho(\boldsymbol{\varphi}_t - \boldsymbol{\varphi}_0)\,dA \times \dot{\boldsymbol{\varphi}}_0 = \left(\int_{A}\rho\xi_i\,dA\right)\mathbf{b}_i \times \dot{\boldsymbol{\varphi}}_0 = \mathbf{0}$，它可以被简化为

$$\mathbf{H}_t = \int_{A}\rho(\boldsymbol{\varphi}_t - \boldsymbol{\varphi}_0) \times (\mathbf{w} \times (\boldsymbol{\varphi}_t - \boldsymbol{\varphi}_0))\,dA \qquad (12.51)$$

利用矢量三重积公式，上述方程可以被改写成另一种形式为

$$\mathbf{H}_t = \int_{A}\rho\left[((\boldsymbol{\varphi}_t - \boldsymbol{\varphi}_0) \cdot (\boldsymbol{\varphi}_t - \boldsymbol{\varphi}_0))\mathbf{w} - ((\boldsymbol{\varphi}_t - \boldsymbol{\varphi}_0) \cdot \mathbf{w})(\boldsymbol{\varphi}_t - \boldsymbol{\varphi}_0)\right]dA$$
$$= \int_{A}\rho\left[\|\boldsymbol{\varphi}_t - \boldsymbol{\varphi}_0\|^2\mathbf{w} - ((\boldsymbol{\varphi}_t - \boldsymbol{\varphi}_0) \otimes (\boldsymbol{\varphi}_t - \boldsymbol{\varphi}_0))\mathbf{w}\right]dA$$
$$= \int_{A}\rho\left[\|\boldsymbol{\varphi}_t - \boldsymbol{\varphi}_0\|^2\mathbf{1} - (\boldsymbol{\varphi}_t - \boldsymbol{\varphi}_0) \otimes (\boldsymbol{\varphi}_t - \boldsymbol{\varphi}_0)\right]dA\,\mathbf{w} = \mathbf{I}_\rho\mathbf{w} \qquad (12.52)$$

第十二章 有限变形梁的近场动力学建模

其中 $\mathbf{I}_\rho$ 是惯性张量 (Simo, 1985)，$\mathbf{1}$ 是单位张量。如果运动基与惯性主轴对齐，那么 $\mathbf{I}_\rho$ 可以表示成一个对角矩阵 $\mathbf{I}_\rho = \mathrm{Diag}\,(I_1, I_2, J)$，其中 I_1 和 I_2 表示截面主惯性矩，$J = I_1 + I_2$ 表示截面极惯性矩。

此外，将方程 (12.16) 代入方程 (12.51)，可得

$$\mathbf{H}_t = \int_A \rho(\boldsymbol{\varphi}_t - \boldsymbol{\varphi}_0) \times (\dot{\boldsymbol{\varphi}}_t - \dot{\boldsymbol{\varphi}}_0)\, dA \tag{12.53}$$

因此，$\mathbf{H}_t$ 的物质时间导数可以被表示为

$$\dot{\mathbf{H}}_t = \int_A \rho(\boldsymbol{\varphi}_t - \boldsymbol{\varphi}_0) \times (\ddot{\boldsymbol{\varphi}}_t - \ddot{\boldsymbol{\varphi}}_0)\, dA = \int_A \rho(\boldsymbol{\varphi}_t - \boldsymbol{\varphi}_0) \times \ddot{\boldsymbol{\varphi}}_t\, dA \tag{12.54}$$

利用方程 (12.52)，$\dot{\mathbf{H}}_t$ 也可以被表示为

$$\dot{\mathbf{H}}_t = \mathbf{I}_\rho \dot{\mathbf{w}} + \mathbf{w} \times \mathbf{H}_t \tag{12.55}$$

注意，在数值模拟中，$\mathbf{I}_\rho$ 相对于标准基的分量可用下式计算

$$[\mathbf{I}_\rho] = [\bar{\boldsymbol{\Lambda}}]\,\mathrm{Diag}(I_1, I_2, J)[\bar{\boldsymbol{\Lambda}}^{\mathrm{T}}] \tag{12.56}$$

其中 $\bar{\boldsymbol{\Lambda}} = \boldsymbol{\Lambda}\boldsymbol{\Lambda}_0$。使用方程 (12.54)，方程 (12.48) 可以被改写为

$$\int_{\bar{I}}\int_I (\boldsymbol{\varphi}_0 - \boldsymbol{\varphi}'_0) \times \bar{\mathbf{t}}\, dS' dS + \int_{\bar{I}} \dot{\mathbf{H}}_t\, dS - \int_{\bar{I}}\int_I (\bar{\mathbf{m}} - \bar{\mathbf{m}}')\, dS' dS - \int_{\bar{I}} \mathbf{m}_e\, dS = \mathbf{0} \tag{12.57}$$

其中合力矩矢量 $\bar{\mathbf{m}}$、$\bar{\mathbf{m}}'$ 和 $\mathbf{m}_e$ 被定义为

$$\bar{\mathbf{m}} := \int_A \int_A (\boldsymbol{\varphi}'_t - \boldsymbol{\varphi}'_0) \times \mathbf{t}\, dA' dA \tag{12.58}$$

$$\bar{\mathbf{m}}' := \int_A \int_A (\boldsymbol{\varphi}_t - \boldsymbol{\varphi}_0) \times \mathbf{t}'\, dA' dA \tag{12.59}$$

和

$$\mathbf{m}_e := \int_A (\boldsymbol{\varphi}_t - \boldsymbol{\varphi}_0) \times \mathbf{f}\, dA \tag{12.60}$$

由于 $\bar{I}$ 是独立且任意的，则有

$$\dot{\mathbf{H}}_t = \int_I (\bar{\mathbf{m}} - \bar{\mathbf{m}}')\, dS' - \int_I (\boldsymbol{\varphi}_0 - \boldsymbol{\varphi}'_0) \times \bar{\mathbf{t}}\, dS' + \mathbf{m}_e \tag{12.61}$$

方程 (12.39) 和 (12.61) 构成 PD 梁运动方程。

12.5 PD 梁的功率共轭与变形态

通过分析内功率，可以确定 PD 梁的变形态。用 $\boldsymbol{\varphi}_t$ 替换 $\mathbf{y}$，内能率可被表示为

$$\dot{E} = \int_\Omega \int_\Omega \mathbf{t} \cdot (\dot{\mathbf{y}}' - \dot{\mathbf{y}}) dV' dV = \int_\Omega \int_\Omega \mathbf{t} \cdot (\dot{\boldsymbol{\varphi}}'_t - \dot{\boldsymbol{\varphi}}_t) dV' dV \tag{12.62}$$

通过利用变形场近似 (方程 (12.14))，它可以被显式改写为

$$\dot{E} = \int_\Omega \int_\Omega \mathbf{t} \cdot (\dot{\boldsymbol{\varphi}}'_0 + \xi'_i \dot{\mathbf{b}}'_i - \dot{\boldsymbol{\varphi}}_0 - \xi_i \dot{\mathbf{b}}_i) dV' dV \tag{12.63}$$

或者

$$\dot{E} = \int_\Omega \int_\Omega \mathbf{t} \cdot \left(\dot{\boldsymbol{\varphi}}'_0 - \dot{\boldsymbol{\varphi}}_0 + (\xi'_i - \xi_i) \dot{\mathbf{b}}_i + \xi'_i (\dot{\mathbf{b}}'_i - \dot{\mathbf{b}}_i) \right) dV' dV \tag{12.64}$$

利用方程 (12.14)，角动量平衡方程 (12.46) 被改写为

$$\int_\Omega (\boldsymbol{\varphi}'_0 - \boldsymbol{\varphi}_0 + \xi'_i \mathbf{b}'_i - \xi_i \mathbf{b}_i) \times \mathbf{t}\, dV' = \mathbf{0} \tag{12.65}$$

或者

$$\int_\Omega (\boldsymbol{\varphi}'_0 - \boldsymbol{\varphi}_0) \times \mathbf{t}\, dV' = -\int_\Omega (\xi'_i \mathbf{b}'_i - \xi_i \mathbf{b}_i) \times \mathbf{t}\, dV' \tag{12.66}$$

利用方程 (12.12)，方程 (12.64) 的第二个积分的被积函数可被重新排列为

$$\begin{aligned}
\mathbf{t} \cdot (\xi'_i - \xi_i) \dot{\mathbf{b}}_i &= \mathbf{t} \cdot (\xi'_i - \xi_i)(\mathbf{w} \times \mathbf{b}_i) \\
&= \mathbf{w} \cdot ((\xi'_i \mathbf{b}_i - \xi_i \mathbf{b}_i) \times \mathbf{t}) \\
&= \mathbf{w} \cdot ((\xi'_i \mathbf{b}'_i - \xi_i \mathbf{b}_i + \xi'_i \mathbf{b}_i - \xi'_i \mathbf{b}'_i) \times \mathbf{t})
\end{aligned} \tag{12.67}$$

利用方程 (12.67)，方程 (12.64) 中的第二个积分变为

$$\begin{aligned}
&\int_\Omega \mathbf{w} \cdot \int_\Omega ((\xi'_i \mathbf{b}'_i - \xi_i \mathbf{b}_i + \xi'_i \mathbf{b}_i - \xi'_i \mathbf{b}'_i) \times \mathbf{t})\, dV' dV \\
&= \int_\Omega \mathbf{w} \cdot \int_\Omega (-(\boldsymbol{\varphi}'_0 - \boldsymbol{\varphi}_0) \times \mathbf{t} + \xi'_i (\mathbf{b}_i - \mathbf{b}'_i) \times \mathbf{t})\, dV' dV
\end{aligned} \tag{12.68}$$

将方程 (12.68) 代入方程 (12.64)，并使用张量恒等式，可得内功率的表达式为

$$\dot{E} = \int_\Omega \int_\Omega \mathbf{t} \cdot \left(\dot{\boldsymbol{\varphi}}'_0 - \dot{\boldsymbol{\varphi}}_0 - \mathbf{w} \times (\boldsymbol{\varphi}'_0 - \boldsymbol{\varphi}_0) + \mathbf{w} \times \xi'_i (\mathbf{b}_i - \mathbf{b}'_i) + \xi'_i (\dot{\mathbf{b}}'_i - \dot{\mathbf{b}}_i) \right) dV' dV \tag{12.69}$$

使用方程 (12.12)，它可以被简化为

$$\dot{E} = \int_\Omega \int_\Omega \mathbf{t} \cdot \left(\dot{\boldsymbol{\varphi}}'_0 - \dot{\boldsymbol{\varphi}}_0 - \mathbf{w} \times (\boldsymbol{\varphi}'_0 - \boldsymbol{\varphi}_0) \right) dV'dV$$
$$+ \int_\Omega \int_\Omega \mathbf{t} \cdot ((\mathbf{w}' - \mathbf{w}) \times \xi'_i \mathbf{b}'_i) \, dV'dV \qquad (12.70)$$

在方程 (12.70) 的最后一项中使用 $\xi'_i \mathbf{b}'_i = \boldsymbol{\varphi}'_t - \boldsymbol{\varphi}'_0$，并利用标量三重积的性质，可以将其改写为

$$\dot{E} = \int_I \int_A \int_I \int_A \mathbf{t} \cdot \left(\dot{\boldsymbol{\varphi}}'_0 - \dot{\boldsymbol{\varphi}}_0 - \mathbf{w} \times (\boldsymbol{\varphi}'_0 - \boldsymbol{\varphi}_0) \right) dA'dS'dAdS$$
$$+ \int_I \int_A \int_I \int_A (\mathbf{w}' - \mathbf{w}) \cdot ((\boldsymbol{\varphi}'_t - \boldsymbol{\varphi}'_0) \times \mathbf{t}) \, dA'dS'dAdS \qquad (12.71)$$

利用方程 (12.35) 和 (12.58) 中 $\bar{\mathbf{t}}$ 和 $\bar{\mathbf{m}}$ 的定义，得到最终形式为

$$\dot{E} = \int_I \int_I \bar{\mathbf{t}} \cdot \left(\dot{\boldsymbol{\varphi}}'_0 - \dot{\boldsymbol{\varphi}}_0 - \mathbf{w} \times (\boldsymbol{\varphi}'_0 - \boldsymbol{\varphi}_0) \right) dS'dS + \int_I \int_I \bar{\mathbf{m}} \cdot (\mathbf{w}' - \mathbf{w}) dS'dS \qquad (12.72)$$

由方程 (12.72) 可知，合力 $\bar{\mathbf{t}}$、合力矩 $\bar{\mathbf{m}}$ 以及相应的变形率构成内功率 $\dot{E}$。

12.6 本构对应

采用 Silling 等 (2007) 提出的本构对应法确定合力 $\bar{\mathbf{t}}$ 和力矩 $\bar{\mathbf{m}}$。从经典连续介质力学 (Classical Continuum Mechanics, CCM) 得到的内能率，即方程 (12.22) 可被表示为 (Simo, 1985)

$$\dot{E}_{\mathrm{CCM}} = \int_I \int_A \mathbf{P} : \dot{\mathbf{F}} \, dAdS = \int_I (\mathbf{f} \cdot \overset{\triangledown}{\boldsymbol{\gamma}} + \mathbf{m} \cdot \overset{\triangledown}{\boldsymbol{\omega}}) dS \qquad (12.73)$$

根据方程 (12.23) 和 (12.24)，$\overset{\triangledown}{\boldsymbol{\gamma}}$ 可以被显式写成

$$\overset{\triangledown}{\boldsymbol{\gamma}} = \frac{\partial}{\partial t}\left(\frac{\partial \boldsymbol{\varphi}_0}{\partial S}\right) - \mathbf{w} \times \frac{\partial \boldsymbol{\varphi}_0}{\partial S} - \left(\frac{\partial \mathbf{n}}{\partial t} - \mathbf{w} \times \mathbf{n}\right) = \frac{\partial}{\partial t}\left(\frac{\partial \boldsymbol{\varphi}_0}{\partial S}\right) - \mathbf{w} \times \frac{\partial \boldsymbol{\varphi}_0}{\partial S} \qquad (12.74)$$

其中由方程 (12.12) 可知 $\dfrac{\partial \mathbf{n}}{\partial t} = \mathbf{w} \times \mathbf{n}$。

根据 CCM，梁的单位参考弧长所产生的合力矩可被表示成下列形式 (Simo, 1985)

$$\mathbf{m} = \int_A (\boldsymbol{\varphi}_t - \boldsymbol{\varphi}_0) \times \mathbf{L}_3 \, dA = \int_A \xi_i \mathbf{b}_i \times \mathbf{L}_3 \, dA \qquad (12.75)$$

这里 $\mathbf{L}_3 = \mathbf{PE}_3$，其中 $\mathbf{P}$ 为第一 Piola-Kirchhoff 应力张量，$\mathbf{E}_3$ 为参考构型中沿梁长度方向的单位矢量。利用方程 (12.75)，方程 (12.73) 的第二项变为

$$\int_I \mathbf{m} \cdot \overset{\nabla}{\boldsymbol{\omega}}\, dS = \int_I \int_A \xi_i \mathbf{b}_i \times \mathbf{L}_3\, dA \cdot \overset{\nabla}{\boldsymbol{\omega}}\, dS$$

$$= \int_I \int_A \overset{\nabla}{\boldsymbol{\omega}} \cdot (\xi_i \mathbf{b}_i \times \mathbf{L}_3) dA dS$$

$$= \int_I \int_A \mathbf{L}_3 \xi_i \cdot \left(\overset{\nabla}{\boldsymbol{\omega}} \times \mathbf{b}_i \right) dA dS \tag{12.76}$$

为了进一步推导，给出下列等式

$$\left(\overset{\nabla}{\boldsymbol{\omega}} - \frac{\partial \mathbf{w}}{\partial S} \right) \times \mathbf{b}_i = 0 \tag{12.77}$$

在本章末尾的附录中描述了其详细推导过程。在方程 (12.76) 中调用这个等式 (方程 (12.77))，可得

$$\int_I \int_A \mathbf{L}_3 \xi_i \cdot \left(\overset{\nabla}{\boldsymbol{\omega}} \times \mathbf{b}_i \right) dA dS = \int_I \int_A \mathbf{L}_3 \xi_i \cdot \left(\frac{\partial \mathbf{w}}{\partial S} \times \mathbf{b}_i \right) dA dS$$

$$= \int_I \int_A \frac{\partial \mathbf{w}}{\partial S} \cdot (\mathbf{b}_i \times \mathbf{L}_3 \xi_i) dA dS$$

$$= \int_I \mathbf{m} \cdot \frac{\partial \mathbf{w}}{\partial S} dS \tag{12.78}$$

在方程 (12.73) 中利用方程 (12.74) 和 (12.78)，可得

$$\dot{E}_{\text{CCM}} = \int_I \left(\mathbf{f} \cdot \left(\frac{\partial}{\partial t} \left(\frac{\partial \boldsymbol{\varphi}_0}{\partial S} \right) - \mathbf{w} \times \frac{\partial \boldsymbol{\varphi}_0}{\partial S} \right) + \mathbf{m} \cdot \frac{\partial \mathbf{w}}{\partial S} \right) dS \tag{12.79}$$

同时，引入两种非局部应变度量，即

$$\bar{D}_S \boldsymbol{\varphi}_0 = \int_H (\boldsymbol{\varphi}'_0 - \boldsymbol{\varphi}_0)\, g_1^1(S, S' - S)\, dS' \tag{12.80}$$

$$\bar{D}_S \mathbf{w} = \int_H (\mathbf{w}' - \mathbf{w})\, g_1^1(S, S' - S)\, dS' \tag{12.81}$$

其中 $g_1^1(S, S' - S)$ 是 PD 函数 (Madenci et al., 2019)。在本研究中，考虑一阶泰勒级数展开来构造 $g_1^1(S, S' - S)$，即 (Madenci et al., 2019)

$$g_1^1(S, S' - S) = K^{-1}(S)(S' - S) \tag{12.82}$$

第十二章　有限变形梁的近场动力学建模

其中 $K(S)$ 被定义为

$$K(S) = \int_H w(|\boldsymbol{\xi}|)(S'-S)^2 dS' \tag{12.83}$$

利用方程 (12.80) 和 (12.81) 中定义的非局部应变度量，方程 (12.79) 可以被改写为

$$\dot{E}_{\text{CCM}} = \int_I \left(\mathbf{f} \cdot \left(\frac{\partial}{\partial t}(\bar{D}_S \boldsymbol{\varphi}_0) - \mathbf{w} \times \bar{D}_S \boldsymbol{\varphi}_0 \right) + \mathbf{m} \cdot \bar{D}_S \mathbf{w} \right) dS \tag{12.84}$$

将方程 (12.80) 和 (12.81) 中 $\bar{D}_S \boldsymbol{\varphi}_0$ 和 $\bar{D}_S \mathbf{w}$ 的表达式代入方程 (12.84)，可得

$$\dot{E}_{\text{CCM}} = \int_I \mathbf{f} \cdot \begin{pmatrix} \int_H (\dot{\boldsymbol{\varphi}}'_0 - \dot{\boldsymbol{\varphi}}_0)\, g_1^1(S, S'-S)\, dS' \\ -\mathbf{w} \times \int_H (\boldsymbol{\varphi}'_0 - \boldsymbol{\varphi}_0)\, g_1^1(S, S'-S)\, dS' \end{pmatrix} dS$$

$$+ \int_I \mathbf{m} \cdot \left(\int_H (\mathbf{w}' - \mathbf{w})\, g_1^1(S, S'-S)\, dS' \right) dS \tag{12.85}$$

利用标量三重积的性质，可以将其改写为

$$\dot{E}_{\text{CCM}} = \int_I \int_I \mathbf{f}(S) g_1^1(S, S'-S) \cdot (\dot{\boldsymbol{\varphi}}'_0 - \dot{\boldsymbol{\varphi}}_0)\, dS' dS$$

$$- \int_I \int_I (\mathbf{f}(S) g_1^1(S, S'-S)) \cdot (\mathbf{w} \times (\boldsymbol{\varphi}'_0 - \boldsymbol{\varphi}_0)) dS' dS$$

$$+ \int_I \int_I \mathbf{m} g_1^1(S, S'-S) \cdot (\mathbf{w}' - \mathbf{w}) dS' dS \tag{12.86}$$

或者

$$\dot{E}_{\text{CCM}} = \int_I \int_I \mathbf{f}(S) g_1^1(S, S'-S) \cdot (\dot{\boldsymbol{\varphi}}'_0 - \dot{\boldsymbol{\varphi}}_0 - \mathbf{w} \times (\boldsymbol{\varphi}'_0 - \boldsymbol{\varphi}_0))\, dS' dS$$

$$+ \int_I \int_I \mathbf{m} g_1^1(S, S'-S) \cdot (\mathbf{w}' - \mathbf{w}) dS' dS \tag{12.87}$$

将方程 (12.87) 与 PD 内能率方程 (12.72) 进行对应项比较，可以确定 PD 力态为

$$\bar{\mathbf{t}}(S, S' - S) = \mathbf{f}(S)g_1^1(S, S' - S) \tag{12.88}$$

和

$$\bar{\mathbf{m}}(S, S' - S) = \mathbf{m}(S)g_1^1(S, S' - S) \tag{12.89}$$

利用方程 (12.20) 和 (12.21)，可得其最终形式为

$$\bar{\mathbf{t}}(S) = \mathbf{\Lambda}(S)\mathbf{N}(S)g_1^1(S, S' - S) \tag{12.90}$$

和

$$\bar{\mathbf{m}}(S) = \mathbf{\Lambda}(S)\mathbf{M}(S)g_1^1(S, S' - S) \tag{12.91}$$

12.7 本构方程

对于弹性变形，应变能密度函数可被表示为 (Simo & Vu-Quoc, 1986)

$$\Psi(\mathbf{\Gamma}, \mathbf{K}) = \frac{1}{2} \begin{pmatrix} \mathbf{\Gamma}^{\mathrm{T}} & \mathbf{K}^{\mathrm{T}} \end{pmatrix} \mathrm{Diag}(\ GA_1 \ \ GA_2 \ \ EA \ \ EI_1 \ \ EI_2 \ \ GJ \ ) \begin{pmatrix} \mathbf{\Gamma} \\ \mathbf{K} \end{pmatrix} \tag{12.92}$$

其中 E 和 G 为材料的杨氏模量和剪切模量，A 为梁横截面积，A_1 和 A_2 为剪切修正后的修正面积，I_1 和 I_2 为截面主惯性矩 (假设运动基与惯性主轴对齐)，$J = I_1 + I_2$ 为截面极惯性矩。合力和力矩可由下式确定

$$\mathbf{N} = \frac{\partial \Psi(\mathbf{\Gamma}, \mathbf{K})}{\partial \mathbf{\Gamma}} \tag{12.93}$$

$$\mathbf{M} = \frac{\partial \Psi(\mathbf{\Gamma}, \mathbf{K})}{\partial \mathbf{K}} \tag{12.94}$$

对于应变能函数 $\Psi(\mathbf{\Gamma}, \mathbf{K})$ (方程 (12.92))，$\mathbf{N}$ 和 $\mathbf{M}$ 的分量的显式表达式变为

$$\begin{Bmatrix} \mathbf{N} \\ \mathbf{M} \end{Bmatrix} = \mathbf{D} \begin{Bmatrix} \mathbf{\Gamma} \\ \mathbf{K} \end{Bmatrix} \tag{12.95}$$

其中 $\mathbf{N} = \begin{pmatrix} N_1 & N_2 & N_3 \end{pmatrix}^{\mathrm{T}}$、$\mathbf{M} = \begin{pmatrix} M_1 & M_2 & M_3 \end{pmatrix}^{\mathrm{T}}$、$\mathbf{\Gamma} = \begin{pmatrix} \Gamma_1 & \Gamma_2 & \Gamma_3 \end{pmatrix}^{\mathrm{T}}$、$\mathbf{K} = \begin{pmatrix} K_1 & K_2 & K_3 \end{pmatrix}^{\mathrm{T}}$ 以及 $\mathbf{D} = \mathrm{Diag}\begin{pmatrix} GA_1 & GA_2 & EA & EI_1 & EI_2 & GJ \end{pmatrix}$。在本书中，我们认为 $A_1 = A_2 = A$。

12.8 旋转更新

可采用下式更新旋转张量

$$\mathbf{\Lambda}_{n+1} = \exp(\mathbf{\Theta}_n)\mathbf{\Lambda}_n \tag{12.96}$$

其中 $\mathbf{\Lambda}_n$ 和 $\mathbf{\Lambda}_{n+1}$ 分别是第 n 步和第 $(n+1)$ 步的旋转场，$\mathbf{\Theta}$ 是增量旋转。可由反对称自旋张量 $\mathbf{W}$ 计算增量旋转 $\mathbf{\Theta}$，即

$$\mathbf{\Theta} = \Delta\mathbf{W} = \mathbf{W}\Delta t \tag{12.97}$$

其中 $\Delta\mathbf{W}$ 表示 $\mathbf{W}$ 的变化量。$\mathbf{\Theta}$ 的指数可以被表示为 (Simo & Vu-Quoc, 1986)

$$\exp(\mathbf{\Theta}) = \mathbf{I} + \frac{2}{1+\|\bar{\boldsymbol{\theta}}\|^2}(\bar{\mathbf{\Theta}} + \bar{\mathbf{\Theta}}^2) \tag{12.98}$$

其中 $\bar{\mathbf{\Theta}}$ 是轴向矢量为 $\bar{\boldsymbol{\theta}}$ 的反对称张量，$\bar{\boldsymbol{\theta}}$ 被定义为

$$\bar{\boldsymbol{\theta}} = \frac{1}{2}\frac{\tan\frac{1}{2}\|\boldsymbol{\theta}\|}{\frac{1}{2}\|\boldsymbol{\theta}\|}\boldsymbol{\theta} \tag{12.99}$$

这里 $\boldsymbol{\theta} = \mathbf{w}\Delta t$，其中 $\mathbf{w}$ 是角速度矢量。

12.9 应变更新

通过方程 (12.80) 以非局部形式计算第 $(n+1)$ 步的 $\frac{\partial \boldsymbol{\varphi}_0}{\partial S}$ 需要更新应变度量 $\boldsymbol{\Gamma}$，即

$$\boldsymbol{\Gamma}_{n+1} = \mathbf{\Lambda}_{n+1}^{\mathrm{T}}\frac{\partial\boldsymbol{\varphi}_{0\,n+1}}{\partial S} - \mathbf{E}_3 \tag{12.100}$$

注意，对于参考构型不是直线的梁，上述方程被修改为

$$\boldsymbol{\Gamma}_{n+1} = \mathbf{\Lambda}_{n+1}^{\mathrm{T}}\frac{\partial\boldsymbol{\varphi}_{0\,n+1}}{\partial S} - \mathbf{\Lambda}_0^{\mathrm{T}}\frac{\partial\boldsymbol{\varphi}_{0\,0}}{\partial S} \tag{12.101}$$

其中 $\mathbf{\Lambda}_0$ 是初始构型中的旋转张量场，$\frac{\partial\boldsymbol{\varphi}_{0\,0}}{\partial S}$ 是初始构型 $\boldsymbol{\varphi}_{0\,0} := \boldsymbol{\varphi}_0(S,0)$ 关于 S 的梯度。

材料曲率矢量 $\mathbf{K}$ 可以被更新为

$$\mathbf{K}_{n+1} = \mathbf{\Lambda}_{n+1}^{\mathrm{T}}\boldsymbol{\omega}_{n+1} \tag{12.102}$$

注意，对于具有初始弯曲几何形状的梁，初始曲率应从 Ω 中减去。Ω 的更新方式为

$$\Omega_{n+1} = \frac{\partial \Lambda_{n+1}}{\partial S} \Lambda_{n+1}^{\mathrm{T}} - \frac{\partial \Lambda_0}{\partial S} \Lambda_0^{\mathrm{T}} \qquad (12.103)$$

使用 PD 微分算子 (Madenci et al., 2019)，计算 $\frac{\partial \Lambda}{\partial S}$ 的非局部形式，可得

$$\bar{D}_S \Lambda = \int_H (\Lambda' - \Lambda) g_1^1(S, S' - S) \, dS' \qquad (12.104)$$

用 $\bar{D}_S \Lambda$ 代替方程 (12.103) 中的 $\frac{\partial \Lambda}{\partial S}$，可得 Ω 及其轴向矢量 ω，从而用于更新 $\mathbf{K}$。

12.10 数值实现

数值模拟既可以进行准静态加载，也可以进行拟动态加载。接下来讨论这两类方法的数值实现过程。

12.10.1 使用 Newton-Raphson 方法的准静态解

杆的变形构型由 $\varphi_0(S)$ 和 $\Lambda(S)$ 给定。根据 Simo 和 Vu-Quoc (1986) 的研究，这种构型可能受到扰动，即

$$\varphi_{0\varepsilon} = \varphi_0 + \varepsilon \eta_0 \qquad (12.105)$$

和

$$\Lambda_\varepsilon = \exp(\varepsilon \Theta) \Lambda \qquad (12.106)$$

其中 η_0 是无穷小位移，Θ 是叠加的无穷小旋转 (一个反对称张量)，$\varepsilon > 0$ 是一个很小的数。计算 $\varphi_{0\varepsilon}$ 和 Λ_ε 对 ε 的导数，可得 (Simo & Vu-Quoc, 1986)

$$\left. \frac{d\varphi_{0\varepsilon}}{d\varepsilon} \right|_{\varepsilon=0} = \eta_0 \qquad (12.107)$$

和

$$\left. \frac{d\Lambda_\varepsilon}{d\varepsilon} \right|_{\varepsilon=0} = \Theta \Lambda \qquad (12.108)$$

上面的表达式是 φ_0 和 Λ 的变分，即 $\delta \varphi_0 = \eta_0$ 和 $\delta \Lambda = \Theta \Lambda$。类似地，$\Gamma$ 和 $\mathbf{K}$ 的变分可被表示为 (Simo & Vu-Quoc, 1986)

$$\delta \Gamma = \left. \frac{d\Gamma_\varepsilon}{d\varepsilon} \right|_{\varepsilon=0} = \Lambda^{\mathrm{T}} \left(\frac{d\eta_0}{dS} - \theta \times \frac{d\varphi_0}{dS} \right) \qquad (12.109)$$

和
$$\delta \mathbf{K} = \left.\frac{d\mathbf{K}_\varepsilon}{d\varepsilon}\right|_{\varepsilon=0} = \mathbf{\Lambda}^{\mathrm{T}}\frac{d\boldsymbol{\theta}}{dS} \tag{12.110}$$

在准静态情况下，运动方程取下列形式

$$\int_I (\bar{\mathbf{t}} - \bar{\mathbf{t}}')dS' + \bar{\mathbf{f}} = \mathbf{0} \tag{12.111}$$

和

$$\int_I (\bar{\mathbf{m}} - \bar{\mathbf{m}}')dS' - \int_I (\boldsymbol{\varphi}_0 - \boldsymbol{\varphi}'_0) \times \bar{\mathbf{t}}\,dS' + \mathbf{m}_e = \mathbf{0} \tag{12.112}$$

考虑到相互作用仅存在于物质点 S 的影响域 H_S 内，方程 (12.111) 和 (12.112) 可以用分量形式表示为

$$\int_{H_S} (\Lambda_{ij}N_j g - \Lambda'_{ij}N'_j g')dS' + \bar{f}_i = 0 \tag{12.113}$$

和

$$\int_{H_S} (\Lambda_{ij}M_j g - \Lambda'_{ij}M'_j g')dS' - \in_{ijk} \int_{H_S} (\varphi_0 - \varphi'_0)_j \bar{t}_k dS' + m_{e\,i} = 0 \tag{12.114}$$

采用 Newton-Raphson 方法求解方程组 (方程 (12.113) 和 (12.114))。可以将点 S 处的残余矢量表示为

$$(R_\mathrm{f})_i = \int_{H_S} (\Lambda_{ij}N_j g - \Lambda'_{ij}N'_j g')dS' + \bar{f}_i \tag{12.115}$$

和

$$(R_\mathrm{m})_i = \int_{H_S} (\Lambda_{ij}M_j g - \Lambda'_{ij}M'_j g')dS' - \in_{ijk} \int_{H_S} (\varphi_0 - \varphi'_0)_j \bar{t}_k dS' + m_{e\,i} \tag{12.116}$$

R_f 和 R_m 的一阶变分可以用分量形式表示为

$$(\delta_{(\boldsymbol{\eta}_0, \boldsymbol{\Theta})} R_\mathrm{f})_i = \int_{H_S} \left(\delta\Lambda_{ij}N_j g - \delta\Lambda'_{ij}N'_j g' + \Lambda_{ij}\delta N_j g - \Lambda'_{ij}\delta N'_j g'\right) dS' + \delta_{(\boldsymbol{\eta}_0, \boldsymbol{\Theta})}\bar{f}_i \tag{12.117}$$

和

$$(\delta_{(\boldsymbol{\eta}_0, \boldsymbol{\Theta})} R_\mathrm{m})_i = \int_{H_S} (\delta\Lambda_{ij}M_j g - \delta\Lambda'_{ij}M'_j g' + \Lambda_{ij}\delta M_j g - \Lambda'_{ij}\delta M'_j g')dS'$$

$$- \varepsilon_{ijk} \int_{H_S} ((\delta\varphi_0 - \delta\varphi'_0)_j \Lambda_{kp} N_p g$$
$$+ (\varphi_0 - \varphi'_0)_j (\delta\Lambda_{kp} N_p g + \Lambda_{kp} \delta N_p g))dS' + \delta_{(\boldsymbol{\eta}_0, \boldsymbol{\Theta})} m_{ei} \quad (12.118)$$

利用方程 (12.107)~(12.110)，方程 (12.117) 和 (12.118) 可被表示为

$$(\delta_{(\boldsymbol{\eta}_0, \boldsymbol{\Theta})} R_f)_i = \int_{H_S} \left(\Theta_{ip} \Lambda_{pj} N_j g - \Theta'_{ip} \Lambda'_{pj} N'_j g' \right) dS'$$
$$+ \int_{H_S} \begin{pmatrix} \Lambda_{ij} \dfrac{\partial N_j}{\partial \Gamma_n} \Lambda_{np}^{\mathrm{T}} \left(\dfrac{d\boldsymbol{\eta}_0}{dS} - \boldsymbol{\theta} \times \dfrac{d\boldsymbol{\varphi}_0}{dS} \right)_p g \\ -\Lambda'_{ij} \dfrac{\partial N'_j}{\partial \Gamma'_n} \Lambda'^{\mathrm{T}}_{np} \left(\left(\dfrac{d\boldsymbol{\eta}_0}{dS}\right)' - \boldsymbol{\theta}' \times \dfrac{d\boldsymbol{\varphi}'_0}{dS} \right)_p g' \end{pmatrix} dS' + \delta\bar{f}_i$$
$$(12.119)$$

和

$$(\delta_{(\boldsymbol{\eta}_0, \boldsymbol{\Theta})} R_m)_i = \int_{H_S} \left[\begin{array}{c} \Theta_{ip} \Lambda_{pj} M_j g - \Theta'_{ip} \Lambda'_{pj} M'_j g' \\ +\Lambda_{ij} \dfrac{\partial M_j}{\partial K_n} \Lambda_{np}^{\mathrm{T}} \left(\dfrac{d\boldsymbol{\theta}}{dS}\right)_p g - \Lambda'_{ij} \dfrac{\partial M'_j}{\partial K'_n} \Lambda'^{\mathrm{T}}_{np} \left(\dfrac{d\boldsymbol{\theta}}{dS}\right)'_p g' \end{array} \right] dS'$$
$$- \varepsilon_{ijk} \int_{H_S} \left[\begin{array}{c} (\boldsymbol{\eta}_0 - \boldsymbol{\eta}'_0)_j \Lambda_{kp} N_p g \\ +(\boldsymbol{\varphi}_0 - \boldsymbol{\varphi}'_0)_j \left(\Theta_{kn} \Lambda_{np} N_p g \right. \\ \left. +\Lambda_{kp} \dfrac{\partial N_p}{\partial \Gamma_n} \Lambda_{nq}^{\mathrm{T}} \left(\dfrac{d\boldsymbol{\eta}_0}{dS} - \boldsymbol{\theta} \times \dfrac{d\boldsymbol{\varphi}_0}{dS} \right)_q g \right) \end{array} \right] dS'$$
$$+ \delta m_{ei} \quad (12.120)$$

值得注意的是，在上述方程中使用了以下等式

$$\delta N_j = \frac{\partial N_j}{\partial \Gamma_n} \delta \Gamma_n \quad (12.121)$$

和

$$\delta M_j = \frac{\partial M_j}{\partial K_n} \delta K_n \quad (12.122)$$

$\mathbf{R}_f$ 和 $\mathbf{R}_m$ 关于 $(\boldsymbol{\varphi}_0, \boldsymbol{\Lambda})$ 的一阶泰勒级数展开为

$$\mathbf{R}_f \left(\boldsymbol{\varphi}_0^{(k)} + \boldsymbol{\eta}_0^{(k)} + \Delta \boldsymbol{\eta}_0, \exp(\Delta \boldsymbol{\Theta}) \exp(\boldsymbol{\Theta}^{(k)}) \boldsymbol{\Lambda}^{(k)} \right)$$
$$= \mathbf{R}_f(\boldsymbol{\varphi}_0^{(k)} + \boldsymbol{\eta}_0^{(k)}, \exp(\boldsymbol{\Theta}^{(k)}) \boldsymbol{\Lambda}^{(k)}) + \delta_{(\Delta \boldsymbol{\eta}_0, \Delta \boldsymbol{\Theta})} \mathbf{R}_f \quad (12.123)$$

和

$$\mathbf{R}_{\mathrm{m}}\left(\boldsymbol{\varphi}_0^{(k)}+\boldsymbol{\eta}_0^{(k)}+\Delta\boldsymbol{\eta}_0,\exp(\Delta\boldsymbol{\Theta})\exp(\boldsymbol{\Theta}^{(k)})\boldsymbol{\Lambda}^{(k)}\right)$$
$$=\mathbf{R}_{\mathrm{m}}(\boldsymbol{\varphi}_0^{(k)}+\boldsymbol{\eta}_0^{(k)},\exp(\boldsymbol{\Theta}^{(k)})\boldsymbol{\Lambda}^{(k)})+\delta_{(\Delta\boldsymbol{\eta}_0,\Delta\boldsymbol{\Theta})}\mathbf{R}_{\mathrm{m}} \qquad (12.124)$$

其中

$$\delta_{(\Delta\boldsymbol{\eta}_0,\Delta\boldsymbol{\Theta})}\mathbf{R}_{\mathrm{f}}=\langle\partial_{\Delta\boldsymbol{\eta}_0}\mathbf{R}_{\mathrm{f}},\Delta\boldsymbol{\eta}_0\rangle+\langle\partial_{\Delta\boldsymbol{\Theta}}\mathbf{R}_{\mathrm{f}},\Delta\boldsymbol{\Theta}\rangle \qquad (12.125)$$

和

$$\delta_{(\Delta\boldsymbol{\eta}_0,\Delta\boldsymbol{\Theta})}\mathbf{R}_{\mathrm{m}}=\langle\partial_{\Delta\boldsymbol{\eta}_0}\mathbf{R}_{\mathrm{m}},\Delta\boldsymbol{\eta}_0\rangle+\langle\partial_{\Delta\boldsymbol{\Theta}}\mathbf{R}_{\mathrm{m}},\Delta\boldsymbol{\Theta}\rangle \qquad (12.126)$$

其中符号 $\langle\cdot,\cdot\rangle$ 表示内积。从 $\boldsymbol{\eta}_0$ 和 $\boldsymbol{\Theta}$ 的初始猜测开始，Newton-Raphson 方法在物质点 S 处给出如下方程

$$\mathbf{R}_{\mathrm{f}}(\boldsymbol{\varphi}_0^{(k)}+\boldsymbol{\eta}_0^{(k)},\exp(\boldsymbol{\Theta}^{(k)})\boldsymbol{\Lambda}^{(k)})+\delta_{(\Delta\boldsymbol{\eta}_0,\Delta\boldsymbol{\Theta})}\mathbf{R}_{\mathrm{f}}=\mathbf{0} \qquad (12.127)$$

和

$$\mathbf{R}_{\mathrm{m}}(\boldsymbol{\varphi}_0^{(k)}+\boldsymbol{\eta}_0^{(k)},\exp(\boldsymbol{\Theta}^{(k)})\boldsymbol{\Lambda}^{(k)})+\delta_{(\Delta\boldsymbol{\eta}_0,\Delta\boldsymbol{\Theta})}\mathbf{R}_{\mathrm{m}}=\mathbf{0} \qquad (12.128)$$

其中 k 表示迭代步。注意，在物质点 S 处在第 k 步迭代时 $\mathbf{R}_{\mathrm{f}}(\boldsymbol{\varphi}_0^{(k)}+\boldsymbol{\eta}_0^{(k)},\exp(\boldsymbol{\Theta}^{(k)})\boldsymbol{\Lambda}^{(k)})$ 和 $\mathbf{R}_{\mathrm{m}}(\boldsymbol{\varphi}_0^{(k)}+\boldsymbol{\eta}_0^{(k)},\exp(\boldsymbol{\Theta}^{(k)})\boldsymbol{\Lambda}^{(k)})$ 是已知的。

利用由方程 (12.119) 和 (12.120) 所得的 $\delta_{(\boldsymbol{\eta}_0,\boldsymbol{\Theta})}\mathbf{R}_{\mathrm{f}}$ 和 $\delta_{(\boldsymbol{\eta}_0,\boldsymbol{\Theta})}\mathbf{R}_{\mathrm{m}}$ 的表达式，通过用 $\Delta\boldsymbol{\eta}_0$ 替换 $\boldsymbol{\eta}_0$，用 $\Delta\boldsymbol{\Theta}$ 替换 $\boldsymbol{\Theta}$，可以得到 $\delta_{(\Delta\boldsymbol{\eta}_0,\Delta\boldsymbol{\Theta})}\mathbf{R}_{\mathrm{f}}$ 和 $\delta_{(\Delta\boldsymbol{\eta}_0,\Delta\boldsymbol{\Theta})}\mathbf{R}_{\mathrm{m}}$ 的表达式。因此，方程 (12.127) 和 (12.128) 用矩阵—矢量形式可以被重写为

$$\int_{H_S}\left(\mathbf{V}\Delta\boldsymbol{\theta}-\mathbf{V}'\Delta\boldsymbol{\theta}'+\mathbf{A}\left(\frac{d\Delta\boldsymbol{\eta}_0}{dS}-\mathbf{B}\Delta\boldsymbol{\theta}\right)-\mathbf{A}'\left(\left(\frac{d\Delta\boldsymbol{\eta}_0}{dS}\right)'-\mathbf{B}'\Delta\boldsymbol{\theta}'\right)\right)dS'$$
$$=-\mathbf{R}_{\mathrm{f}}(\boldsymbol{\varphi}_0^{(k)}+\boldsymbol{\eta}_0^{(k)},\exp(\boldsymbol{\Theta}^{(k)})\boldsymbol{\Lambda}^{(k)}) \qquad (12.129)$$

和

$$\int_{H_S}\left(\begin{array}{l}\mathbf{U}\Delta\boldsymbol{\theta}-\mathbf{U}'\Delta\boldsymbol{\theta}'+\mathbf{C}\dfrac{d\Delta\boldsymbol{\theta}}{dS}-\mathbf{C}'\left(\dfrac{d\Delta\boldsymbol{\theta}}{dS}\right)'\\ -\mathbf{V}(\Delta\boldsymbol{\eta}_0-\Delta\boldsymbol{\eta}'_0)-(\mathbf{F}-\bar{\mathbf{G}})\Delta\boldsymbol{\theta}-\mathbf{H}\dfrac{d\Delta\boldsymbol{\eta}_0}{dS}\end{array}\right)dS'$$
$$=-\mathbf{R}_{\mathrm{m}}(\boldsymbol{\varphi}_0^{(k)}+\boldsymbol{\eta}_0^{(k)},\exp(\boldsymbol{\Theta}^{(k)})\boldsymbol{\Lambda}^{(k)}) \qquad (12.130)$$

其中 $\mathbf{V}$ 是与矢量 $\mathbf{v} = (\ v_1\ \ v_2\ \ v_3\ )^{\mathrm{T}} = \mathbf{\Lambda N g}$ 相关的反对称矩阵的负值,即 $\mathbf{V} := -\mathrm{skew}(\mathbf{v})$,可被表示为

$$\mathrm{skew}(\mathbf{v}) = \begin{bmatrix} 0 & -v_3 & v_2 \\ v_3 & 0 & -v_1 \\ -v_2 & v_1 & 0 \end{bmatrix} \tag{12.131}$$

类似地,$\mathbf{V}' = -\mathrm{skew}(\mathbf{v}')$,其中 $\mathbf{v}' = (\ v_1'\ \ v_2'\ \ v_3'\ )^{\mathrm{T}} = \mathbf{\Lambda}' \mathbf{N}' \mathbf{g}'$。矩阵 $\mathbf{A}$ 和 $\mathbf{A}'$ 由下式给出

$$\mathbf{A} = \mathbf{\Lambda} \frac{\partial \mathbf{N}}{\partial \mathbf{\Gamma}} \mathbf{\Lambda}^{\mathrm{T}} g \tag{12.132}$$

和

$$\mathbf{A}' = \mathbf{\Lambda}' \left(\frac{\partial \mathbf{N}}{\partial \mathbf{\Gamma}} \right)' {\mathbf{\Lambda}'}^{\mathrm{T}} g' \tag{12.133}$$

其中

$$\frac{\partial \mathbf{N}}{\partial \mathbf{\Gamma}} = \begin{bmatrix} GA_{\mathrm{cs1}} & 0 & 0 \\ 0 & GA_{\mathrm{cs2}} & 0 \\ 0 & 0 & EA_{\mathrm{cs}} \end{bmatrix} \tag{12.134}$$

其中 E 和 G 分别为杨氏模量和剪切模量,A_{cs1} 和 A_{cs2} 是修正后的截面面积,A_{cs} 是截面面积。通常假设 $A_{\mathrm{cs1}} = A_{\mathrm{cs2}} = A_{\mathrm{cs}}$。反对称矩阵 $\mathbf{B}$ 和 $\mathbf{B}'$ 被定义为

$$\mathbf{B} := -\mathrm{skew}(\mathbf{b})$$

和

$$\mathbf{B}' := -\mathrm{skew}(\mathbf{b}')$$

其中轴向矢量 $\mathbf{b}$ 和 $\mathbf{b}'$ 具有如下形式

$$\mathbf{b} = (\ b_1\ \ b_2\ \ b_3\ )^{\mathrm{T}} = \frac{d\boldsymbol{\varphi}_0}{dS}$$

和

$$\mathbf{b}' = (\ b_1'\ \ b_2'\ \ b_3'\ )^{\mathrm{T}} = \left(\frac{d\boldsymbol{\varphi}_0}{dS} \right)'$$

矩阵 $\mathbf{U}$ 和 $\mathbf{U}'$ 被定义为

$$\mathbf{U} := -\mathrm{skew}(\mathbf{u})$$

和
$$\mathbf{U}' = -\mathrm{skew}(\mathbf{u}')$$
其中
$$\mathbf{u} = \begin{pmatrix} u_1 & u_2 & u_3 \end{pmatrix}^{\mathrm{T}} = \mathbf{\Lambda M g}$$
和
$$\mathbf{u}' = \begin{pmatrix} u_1' & u_2' & u_3' \end{pmatrix}^{\mathrm{T}} = \mathbf{\Lambda}' \mathbf{M}' \mathbf{g}'$$
矩阵 $\mathbf{C}$ 和 $\mathbf{C}'$ 可被表示为
$$\mathbf{C} = \mathbf{\Lambda} \frac{\partial \mathbf{M}}{\partial \mathbf{K}} \mathbf{\Lambda}^{\mathrm{T}} g \tag{12.135}$$
和
$$\mathbf{C}' = \mathbf{\Lambda}' \left(\frac{\partial \mathbf{M}}{\partial \mathbf{K}} \right)' \mathbf{\Lambda}'^{\mathrm{T}} g' \tag{12.136}$$
其中
$$\frac{\partial \mathbf{M}}{\partial \mathbf{K}} = \begin{bmatrix} EI_1 & 0 & 0 \\ 0 & EI_2 & 0 \\ 0 & 0 & GJ \end{bmatrix} \tag{12.137}$$

其中 I_1 和 I_2 是横截面上关于 x 轴和 y 轴的惯性矩，$J = I_1 + I_2$ 是极惯性矩。

矩阵 $\mathbf{F}$、$\bar{\mathbf{G}}$ 和 $\mathbf{H}$ 由下式给出
$$\mathbf{F} = \begin{bmatrix} E_{22} + E_{33} & -E_{21} & -E_{31} \\ -E_{12} & E_{11} + E_{33} & -E_{32} \\ -E_{13} & -E_{23} & E_{11} + E_{22} \end{bmatrix} \tag{12.138}$$

$$\bar{\mathbf{G}} = \begin{bmatrix} y_2 \bar{H}_{31} - y_3 \bar{H}_{21} & y_2 \bar{H}_{32} - y_3 \bar{H}_{22} & y_2 \bar{H}_{33} - y_3 \bar{H}_{23} \\ -y_1 \bar{H}_{31} + y_3 \bar{H}_{11} & -y_1 \bar{H}_{32} + y_3 \bar{H}_{12} & -y_1 \bar{H}_{33} + y_3 \bar{H}_{13} \\ y_1 \bar{H}_{21} - y_2 \bar{H}_{11} & y_1 \bar{H}_{22} - y_2 \bar{H}_{12} & y_1 \bar{H}_{23} - y_2 \bar{H}_{13} \end{bmatrix} \tag{12.139}$$

和
$$\mathbf{H} = \begin{bmatrix} y_2 A_{31} - y_3 A_{21} & y_2 A_{32} - y_3 A_{22} & y_2 A_{33} - y_3 A_{23} \\ -y_1 A_{31} + y_3 A_{11} & -y_1 A_{32} + y_3 A_{12} & -y_1 A_{33} + y_3 A_{13} \\ y_1 A_{21} - y_2 A_{11} & y_1 A_{22} - y_2 A_{12} & y_1 A_{23} - y_2 A_{13} \end{bmatrix} \tag{12.140}$$

其中 $\mathbf{E} := (\boldsymbol{\varphi}_0 - \boldsymbol{\varphi}'_0) \otimes \mathbf{v}$、$\bar{\mathbf{H}} = \mathbf{AB}$ 以及 $\mathbf{y} := \boldsymbol{\varphi}_0 - \boldsymbol{\varphi}'_0$。

在方程 (12.129) 和 (12.130) 中，通过求解线性代数方程组，可以得到所有点处的未知矢量 $\Delta\eta_0$ 和 $\Delta\theta$。持续迭代计算，直到满足公差标准，即误差 $\varepsilon <$ tol，其中 tol 是用户指定的正数。误差值可被定义为

$$\varepsilon = \frac{\sum_{i=1}^{N}\left(|\Delta\eta_{0\,1(i)}| + |\Delta\eta_{0\,2(i)}| + |\Delta\eta_{0\,3(i)}|\right)}{\sum_{i=1}^{N}\left(|\eta_{0\,1(i)}| + |\eta_{0\,2(i)}| + |\eta_{0\,3(i)}|\right)} \quad (12.141)$$

其中 N 是离散后构型中物质点的总数，$\eta_{0\,1(i)}$、$\eta_{0\,2(i)}$ 和 $\eta_{0\,3(i)}$ 是更新后的位移矢量在第 i 个物质点处的分量。$\Delta\eta_{0\,1(i)}$、$\Delta\eta_{0\,2(i)}$ 和 $\Delta\eta_{0\,3(i)}$ 是位移矢量分量的变化量。符号 $|\cdot|$ 表示 L^1 范数。

12.10.2 使用弧长方法的准静态解

在发生失稳的临界点处，小扰动会使梁进入另一种平衡状态。采用 Newton-Raphson 方法对这一现象进行数值模拟比较困难。通常情况下，即使加载步长很小，解也不会收敛。Riks(1979) 提出的弧长方法特别适用于这种不稳定性。非线性代数控制方程可以被写成

$$\mathbf{R}^{\text{int}}(\mathbf{u} + \Delta\mathbf{u} + \tilde{\Delta}\mathbf{u}) + (\lambda + \Delta\lambda + \tilde{\Delta}\lambda)\mathbf{q} = 0 \quad (12.142)$$

其中 $\mathbf{R}^{\text{int}}$ 是内部残余力矢量，$\mathbf{q}$ 是施加的载荷，$\lambda \in [0, 1]$ 是载荷因子，$\Delta\mathbf{u}$ 和 $\tilde{\Delta}\mathbf{u}$ 是广义位移的已知增量和未知增量，$\Delta\lambda$ 和 $\tilde{\Delta}\lambda$ 是载荷因子的已知增量和未知增量。

正如 Crisfield (1983) 所提出的，对 $\mathbf{R}^{\text{int}}(\mathbf{u} + \Delta\mathbf{u} + \tilde{\Delta}\mathbf{u})$ 进行泰勒级数展开，并忽略高阶项，可得

$$\mathbf{R}^{\text{int}}(\mathbf{u} + \Delta\mathbf{u}) + \left.\frac{\partial \mathbf{R}^{\text{int}}}{\partial \mathbf{u}}\right|_{\mathbf{u}+\Delta\mathbf{u}} \tilde{\Delta}\mathbf{u} + (\lambda + \Delta\lambda + \tilde{\Delta}\lambda)\mathbf{q} = 0 \quad (12.143)$$

令 $\mathbf{J} = \left.\dfrac{\partial \mathbf{R}^{\text{int}}}{\partial \mathbf{u}}\right|_{\mathbf{u}+\Delta\mathbf{u}}$，方程 (12.143) 可被简化为

$$\mathbf{J}\tilde{\Delta}\mathbf{u} + \tilde{\Delta}\lambda\mathbf{q} = -\mathbf{R}^{\text{int}}(\mathbf{u} + \Delta\mathbf{u}) - (\lambda + \Delta\lambda)\mathbf{q} = -\mathbf{R}(\mathbf{u} + \Delta\mathbf{u}, \lambda + \Delta\lambda) \quad (12.144)$$

根据方程 (12.144)，$\tilde{\Delta}\mathbf{u}$ 可被表示为

$$\tilde{\Delta}\mathbf{u} = -\mathbf{J}^{-1}\left(\mathbf{R}(\mathbf{u} + \Delta\mathbf{u}, \lambda + \Delta\lambda) + \tilde{\Delta}\lambda\mathbf{q}\right) \quad (12.145)$$

采用紧凑形式，$\tilde{\Delta}\mathbf{u}$ 可被表示为

$$\tilde{\Delta}\mathbf{u} = \tilde{\Delta}\bar{\mathbf{u}} + \tilde{\Delta}\lambda\,\tilde{\Delta}\mathbf{u}_t \tag{12.146}$$

其中

$$\tilde{\Delta}\bar{\mathbf{u}} = -\mathbf{J}^{-1}\mathbf{R}(\mathbf{u}+\Delta\mathbf{u},\lambda+\Delta\lambda) \tag{12.147}$$

和

$$\tilde{\Delta}\mathbf{u}_t = -\mathbf{J}^{-1}\mathbf{q} \tag{12.148}$$

弧长方法假定了一个附加方程，这个方程必须随方程 (12.146) 一起求解。由 Crisfield (1983) 推导出的这个方程为

$$\alpha_1(\tilde{\Delta}\lambda)^2 + \alpha_2\tilde{\Delta}\lambda + \alpha_3 = 0 \tag{12.149}$$

其中

$$\alpha_1 = \bar{\Delta}\mathbf{u}\cdot\bar{\Delta}\mathbf{u} \tag{12.150}$$

$$\alpha_2 = 2(\Delta\mathbf{u}+\tilde{\Delta}\bar{\mathbf{u}})\cdot\tilde{\Delta}\mathbf{u}_t \tag{12.151}$$

和

$$\alpha_3 = (\Delta\mathbf{u}+\tilde{\Delta}\bar{\mathbf{u}})\cdot(\Delta\mathbf{u}+\tilde{\Delta}\bar{\mathbf{u}}) - (\Delta l)^2 \tag{12.152}$$

其中 Δl 是待指定的参数。

12.10.3 拟动态方法

基于第 n 时间步的已知构型，即 $(\boldsymbol{\varphi}_{0,n},\boldsymbol{\Lambda}_n)$，求解第 $(n+1)$ 时间步的 PD 梁方程 (方程 (12.39) 和 (12.61))，以确定构型 $(\boldsymbol{\varphi}_{0,n+1},\boldsymbol{\Lambda}_{n+1})$。因此，将方程 (12.39) 和 (12.61) 在空间上离散为

$$\rho\ddot{\boldsymbol{\varphi}}_{0(k)}\bar{A}_{(k)} = \sum_{j\in H_{(k)}}\left(\bar{\mathbf{t}}(S_{(k)},S_{(j)}-S_{(k)}) - \bar{\mathbf{t}}(S_{(j)},S_{(k)}-S_{(j)})\right)\Delta S_{(j)} + \bar{\mathbf{f}}_{(k)} \tag{12.153}$$

和

$$\rho\mathbf{I}_{(k)}\dot{\mathbf{w}}_{(k)} + \mathbf{w}_{(k)}\times\mathbf{H}_{t(k)} = \sum_{j\in H_{(k)}}\left(\bar{\mathbf{m}}(S_{(k)},S_{(j)}-S_{(k)}) - \bar{\mathbf{m}}(S_{(j)},S_{(k)}-S_{(j)})\right)\Delta S_{(j)}$$
$$-\sum_{j\in H_{(k)}}(\boldsymbol{\varphi}_{0(k)}-\boldsymbol{\varphi}_{0(j)})\times\bar{\mathbf{t}}(S_{(k)},S_{(j)}-S_{(k)})\Delta S_{(j)} + \mathbf{m}_{e(k)} \tag{12.154}$$

其中下标 (k) 表示感兴趣的物质点，由下标 (j) 表示的点属于点 (k) 的影响域。数值时间积分是通过预测—校正方法实现的。为了获得准静态解，采用数值阻尼方案，即将预测—校正法中每一子步骤的速度和角速度降低到原先的 0.99 倍。当所有物质点处的速度 $\dot{\varphi}_0$ 和角速度 $\dot{\mathbf{w}}$ 变为零时，可得到准静态解。获得质心曲线的增量位移 $\Delta \varphi$ 和增量旋转张量 Θ 后，构型被更新为

$$\varphi_{0,n+1} = \varphi_{0,n} + \Delta\varphi_{0,n} \tag{12.155}$$

和

$$\Lambda_{n+1} = \exp(\Theta_n)\Lambda_n \tag{12.156}$$

本构对应关系可以被写成离散化形式为

$$\bar{\mathbf{t}}(S_{(k)}, S_{(j)} - S_{(k)}) = \Lambda(S_{(k)})\mathbf{N}(S_{(k)})g_1^1(S_{(k)}, S_{(j)} - S_{(k)}) \tag{12.157}$$

和

$$\bar{\mathbf{m}}(S_{(k)}, S_{(j)} - S_{(k)}) = \Lambda(S_{(k)})\mathbf{M}(S_{(k)})g_1^1(S_{(k)}, S_{(j)} - S_{(k)}) \tag{12.158}$$

用经典本构方程（方程 (12.95)）表示 $\mathbf{N}(S_{(k)})$ 和 $\mathbf{M}(S_{(k)})$。PD 形式的方程 (12.80)、(12.81) 和 (12.104) 也被写成离散形式为

$$(\bar{D}_S\varphi_0)_{(k)} = \sum_{j \in H_{(k)}} \left(\varphi_0(S_{(j)}) - \varphi_0(S_{(k)})\right) g_1^1(S_{(k)}, S_{(j)} - S_{(k)})\Delta S_{(j)} \tag{12.159}$$

$$(\bar{D}_S\mathbf{w})_{(k)} = \sum_{j \in H_{(k)}} \left(\mathbf{w}(S_{(j)}) - \mathbf{w}(S_{(k)})\right) g_1^1(S_{(k)}, S_{(j)} - S_{(k)})\Delta S_{(j)} \tag{12.160}$$

和

$$(\bar{D}_S\Lambda)_{(k)} = \sum_{j \in H_{(k)}} \left(\Lambda(S_{(j)}) - \Lambda(S_{(k)})\right) g_1^1(S_{(k)}, S_{(j)} - S_{(k)})\Delta S_{(j)} \tag{12.161}$$

12.11 零能模式的消除

为了消除零能变形模式，通过对方程 (12.159) 中定义的梯度和有限差分近似的梯度取平均值，以计算 φ_0 的键相关梯度，即

$$\bar{D}_S\varphi_0 = \frac{1}{2}\left[\int_H (\varphi'_0 - \varphi_0)\, g_1^1(S, S' - S)\, dS' + \frac{\varphi'_0 - \varphi_0}{S' - S}\right] \tag{12.162}$$

其离散形式为

$$\left(\bar{D}_S\boldsymbol{\varphi}_0\right)_{(k)} = \frac{1}{2} \sum_{j \in H_{(k)}} \left[\begin{array}{l} \left(\boldsymbol{\varphi}_0(S_{(j)}) - \boldsymbol{\varphi}_0(S_{(k)})\right) g_1^1(S_{(k)}, S_{(j)} - S_{(k)}) \Delta S_{(j)} \\ + \dfrac{\boldsymbol{\varphi}_0(S_{(j)}) - \boldsymbol{\varphi}_0(S_{(k)})}{S_{(j)} - S_{(k)}} \end{array} \right]$$

(12.163)

对于使用 Newton-Raphson 法和弧长法所得的隐式解，采用一种不同策略消除零能模式。在这种方法中，利用物质点 S 和 S' 的影响域的交集计算非局部梯度如下：

$$\left(\bar{D}_S\boldsymbol{\varphi}_0\right)(S, S' - S) = \int_{H \cap H'} (\boldsymbol{\varphi}''_0 - \boldsymbol{\varphi}_0) g_1^1(S, S'' - S) dS'' \quad (12.164)$$

$$\left(\bar{D}_S\mathbf{w}\right)(S, S' - S) = \int_{H \cap H'} (\mathbf{w}'' - \mathbf{w}) g_1^1(S, S'' - S) dS'' \quad (12.165)$$

和

$$\left(\bar{D}_S\boldsymbol{\Lambda}\right)(S, S' - S) = \int_{H \cap H'} (\boldsymbol{\Lambda}'' - \boldsymbol{\Lambda}) g_1^1(S, S'' - S) dS'' \quad (12.166)$$

方程 (12.164) 和 (12.165) 用于方程 (12.90) 和 (12.91) 中 $\mathbf{N}$ 和 $\mathbf{M}$ 的计算。

12.12 数值结果

通过考虑不同初始梁构型在力矩和点载荷作用下的大变形，证明这种 PD 梁理论的适用性。对于所有的数值模拟，梁区域被离散成均匀曲线段。每个物质点对应一个曲线长度 ΔS，其中 ΔS 是网格尺寸。通过搜索满足 $|S_{(j)} - S_{(k)}| < \delta$ 的物质点 $S_{(j)}$，其中 δ 为近场半径，得到物质点 $S_{(k)}$ 的家族成员。近场半径设定为 $\delta = 3.015 \Delta S$。注意，对于截面为矩形的梁，截面面积为 $A = bh$，其中 b 为宽度，h 为高度，关于 x 轴和 y 轴的惯性矩分别为 $I_1 = bh^3/12$ 和 $I_2 = b^3h/12$。对于截面为圆形的梁，截面面积为 $A = \pi r^2$，关于 x 轴和 y 轴的惯性矩为 $I_1 = I_2 = \pi r^4/4$。极惯性矩为 $I_3 = I_1 + I_2$。边界条件是通过一个长度为 $3\Delta S$ 的 (虚构的) 边界层施加的。接下来展示 PD 梁理论的精确性。

12.12.1 悬臂梁的纯弯曲

如图 12.2 所示，考虑受端点力距作用的悬臂梁，其长度为 $L = 1$m、宽度为 $b = 0.2$m 和高度为 $h = 0.3$m。材料属性设定为杨氏模量 $E = 200$GPa 和剪切模量 $G = 80$GPa。PD 区域由 206 个物质点组成，包括采用网格间距 $\Delta S = L/200$ 所得的虚构边界。考虑 y-z 平面内的面内弯曲，纯弯曲力矩 M 下梁的曲率半径

为 $\rho = EI_1 / M$。为了使直梁在半圆内变形，曲率半径必须为 $\rho = 1/\pi$。因此，可得端点力距为 $M = M_0 = \pi EI_1 = 2.827 \times 10^8 \text{N·m}$。类似地，为了使直杆旋转一、二和四圈，施加的端点力矩必须为 $M = 2M_0 = 2\pi EI_1 = 5.6549 \times 10^8 \text{N·m}$、$M = 4M_0 = 4\pi EI_1 = 1.131 \times 10^9 \text{N·m}$ 和 $M = 8M_0 = 8\pi EI_1 = 2.2619 \times 10^9 \text{N·m}$。施加的力矩分布在虚构边界层的三层质点上。因此，单位长度的力矩 $m = M/3\Delta S$ 施加于虚构区域中的每个物质点上 (参见图 12.3)。

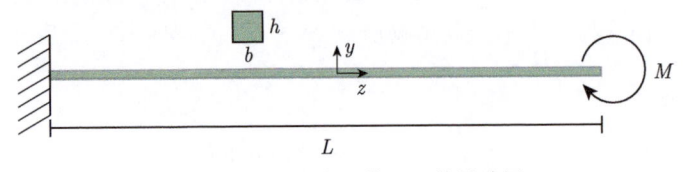

图 12.2 端点力距作用下的悬臂梁

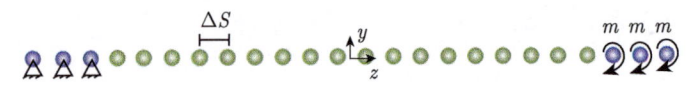

图 12.3 具有边界条件的梁的 PD 离散化

采用 12.10.1 节给出的 Newton-Raphson 方法，隐式求解运动控制方程。对于旋转半圈的半圆和旋转一、二和四圈的整圆，PD 预测结果成功捕捉到梁的期望变形形状，如图 12.4 所示。

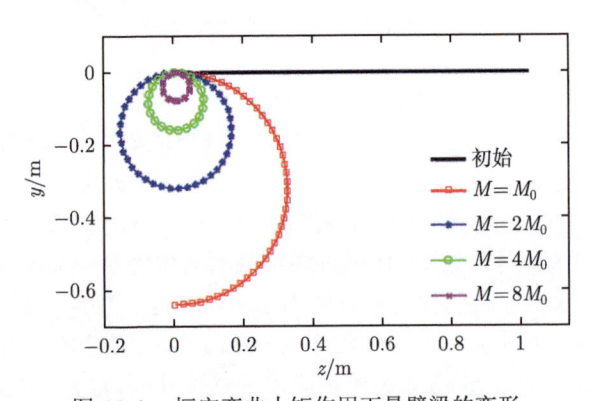

图 12.4 恒定弯曲力矩作用下悬臂梁的变形

12.12.2 带切口的圆形梁的伸展

如图 12.5 所示，考虑一个半径为 $R = 0.1\text{m}$ 的带切口的圆形梁，切口上方表面固定，而切口下方表面用 $F_z = -1.5 \times 10^6 \text{N}$ 的力拉动。梁的圆形截面的半径为 $r = 0.01\text{m}$。它由弹性材料制成，杨氏模量为 $E = 200\text{GPa}$，剪切模量为 $G = 76.923\text{GPa}$。

第十二章 有限变形梁的近场动力学建模

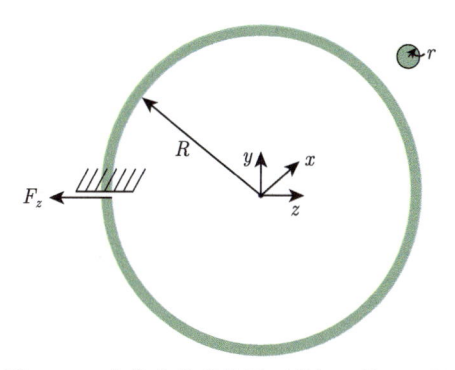

图 12.5 在集中载荷作用下带切口的圆形梁

通过将区域离散成 400 个具有网格间距 $\Delta S = Rd\theta$ 的物质点来获得 PD 区域，其中 $d\theta = 2\pi/400$。如图 12.6 所示，由于几何形状的圆形性质，没有创建虚构的物质点，边界条件施加于切口上方和下方的三层物质点上。通过约束切口上方的三个物质点以施加位移边界条件。类似地，施加的载荷均匀地分布在切口下方三个物质点上，其中每个质点承受单位长度载荷 $f_z = F_z/3\Delta S$。

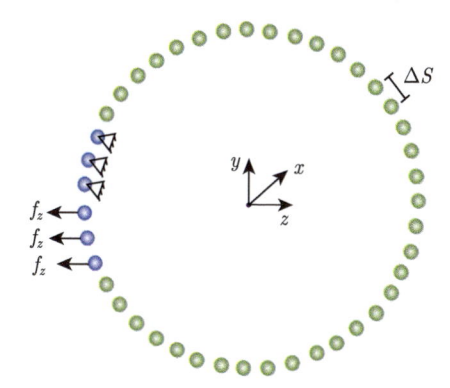

图 12.6 带切口的圆形梁的 PD 离散化以及边界条件的施加

假设梁的参数方程为 $x = 0$、$y = R\sin\theta$、$z = R\cos\theta + R$，则点 (x, y, z) 处的初始旋转矩阵由下式给出

$$\mathbf{\Lambda}_0 = \begin{bmatrix} 1 & 0 & 0 \\ 0 & y/R & -(z-R)/R \\ 0 & (z-R)/R & y/R \end{bmatrix} \tag{12.167}$$

为了通过含阻尼的动态系统获得静态解，时间步长设定为 $\Delta t = 5 \times 10^{-8}$s，密度为 $\rho = 7850\text{kg/m}^3$。

由 PD 所得的最终几何形状如图 12.7 所示。在保持相同离散化的前提下，即 FE 中的单元总数等于 PD 中的物质点总数，通过与 ANSYS 所得的有限元结果对比，对 PD 预测结果进行验证。图 12.8 显示 PD 预测结果与 FE 解吻合很好。

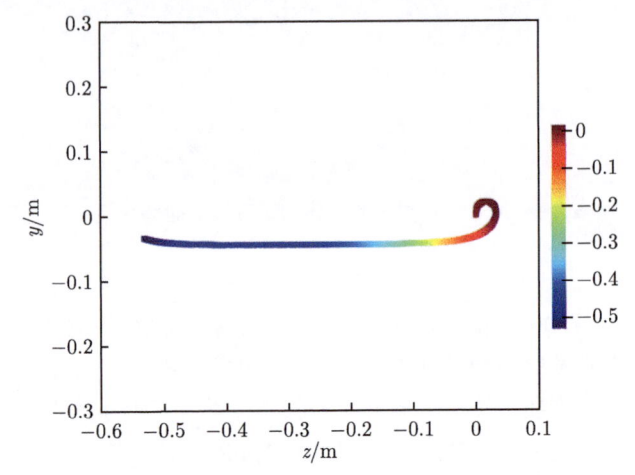

图 12.7　带切口的圆形梁的变形的 PD 预测结果

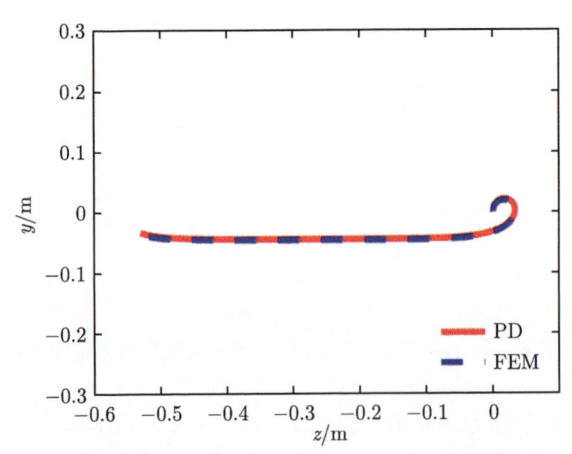

图 12.8　带切口的圆形梁的变形的 PD 和 FE 预测结果的比较

12.12.3　半圆拱的大挠度

如图 12.9 所示，半径为 $R = 0.5\text{m}$ 两端固定的半圆拱在拱顶处承受大小为 $F_y = -1 \times 10^8 \text{N}$ 的集中载荷。横截面的宽度为 $b = 0.1\text{m}$，高度为 $h = 0.1\text{m}$。材料属性设定为杨氏模量 $E = 200\text{GPa}$ 和剪切模量 $G = 76.923\text{GPa}$。载荷作为分布在两个物质点上的体力施加。

第十二章　有限变形梁的近场动力学建模

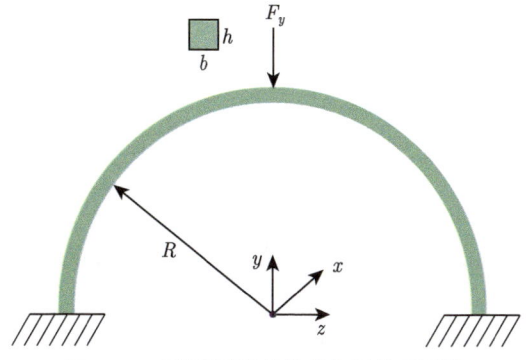

图 12.9　顶端受到点载荷作用的半圆拱

通过将周长均匀离散成 500 个物质点来获得 PD 区域。网格间距由 $\Delta S = Rd\theta$ 给定，其中 $d\theta = \pi/500$。为了施加固定边界条件，在两端创建由三个物质点组成的虚构层，使它们遵循圆形路径，如图 12.10 所示。PD 离散化在施加载荷的几何位置上没有物质点。因此，施加的载荷均匀地分布在靠近几何位置的两个物质点上。在每个物质点处单位长度施加的载荷设定为 $f_y = F_y/2\Delta S$。

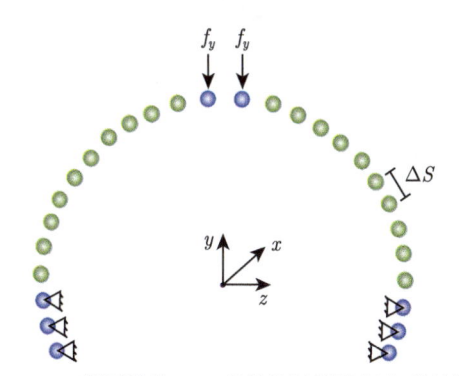

图 12.10　半圆拱的 PD 离散化以及边界条件的施加

对于数值模拟，在物质点 (x, y, z) 处初始旋转矩阵由下式给定

$$\mathbf{\Lambda}_0 = \begin{bmatrix} 1 & 0 & 0 \\ 0 & y/R & -(z-R)/R \\ 0 & (z-R)/R & y/R \end{bmatrix} \tag{12.168}$$

通过考虑梁的参数方程 $x = 0$、$y = R\sin\theta$ 和 $z = R\cos\theta + R$，得到方程 (12.168)。采用 12.10.2 节所述的弧长方法进行数值求解。弧长参数设定为 $\Delta l = 0.005$。图 12.11 显示了位移解 u_y 以及梁的变形形状。弯曲的梁承受如此大的外加载荷而发生屈曲或弹性失稳。

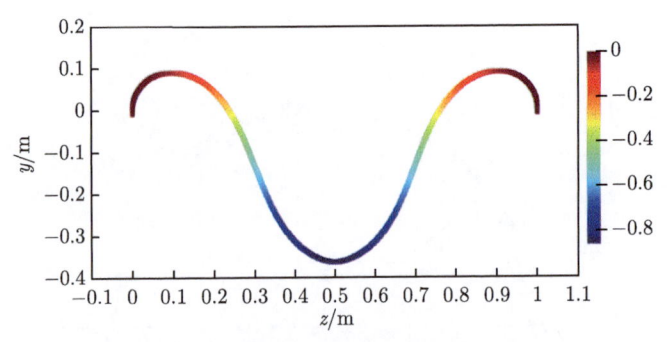

图 12.11　半圆拱在中心点载荷作用下的屈曲

如图 12.12 所示，接下来考虑同一根梁在顶部除了施加面内载荷 $F_y = -1 \times 10^8$N，还受到面外载荷 $F_x = 2 \times 10^6$N。因此，除了 f_y，顶端的物质点还承受单位长度的面外载荷 $f_x = F_x/2\Delta S$。

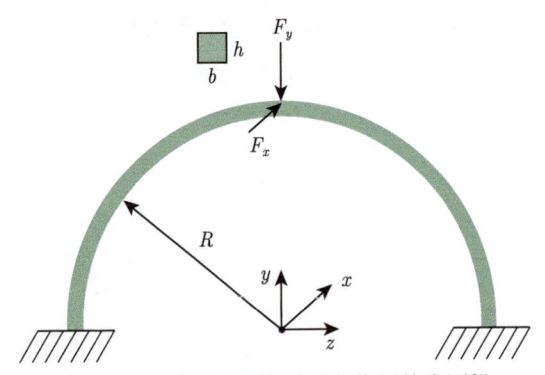

图 12.12　受面内和面外载荷作用的半圆拱

具有相同参数的弧长方法在给定的加载条件下不能收敛。因此，采用拟动态方法以获得准静态解，其中时间步长为 $\Delta t = 1 \times 10^{-7}$s，密度为 $\rho = 7850$kg/m^3。图 12.13 和图 12.14 分别给出了位移解 u_x 和 u_y，以及变形后的形状。该方法成功地捕获到变形形状。

12.12.4　点载荷作用下的支架

一个二维支架由夹角为 45° 的两根梁构件组成。每根梁的长度为 $L = 1$m，横截面尺寸为 $b = 0.1$m 和 $h = 0.1$m。如图 12.15 所示，支架在连接点处承受集中载荷 $F_x = -3 \times 10^6$N 的作用，同时约束另外两个端点。杨氏模量和剪切模量分别为 $E = 200$GPa 和 $G = 100$GPa。

如图 12.16 所示，采用网格间距 $\Delta S = L/N$ (其中 $N = 100$) 对每根梁进行均匀离散，以获得 PD 区域。为了在梁的末端施加位移约束，在梁的末端创建由三个物质点组成的虚构层。集中载荷作为体力施加在靠近连接点的两个物质点上，单位长度施加的力为 $f_x = F_x/2\Delta S$。

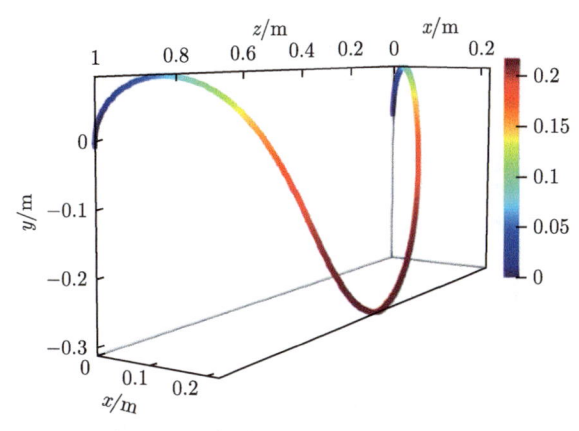

图 12.13 位移 u_x 以及梁的变形形状

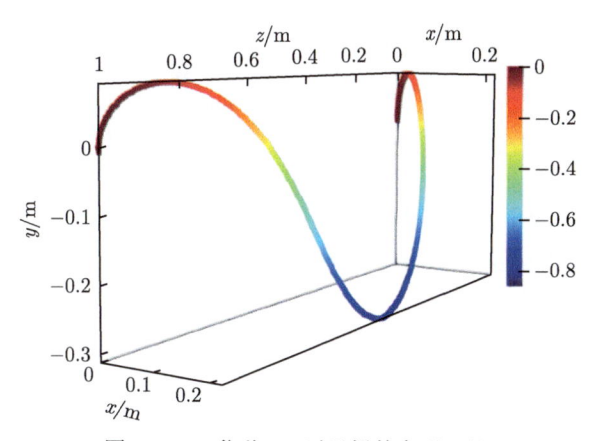

图 12.14 位移 u_y 以及梁的变形形状

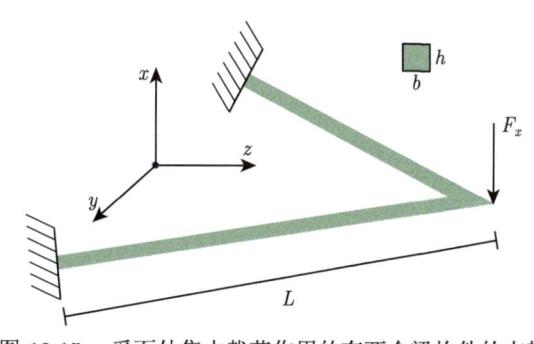

图 12.15 受面外集中载荷作用的有两个梁构件的支架

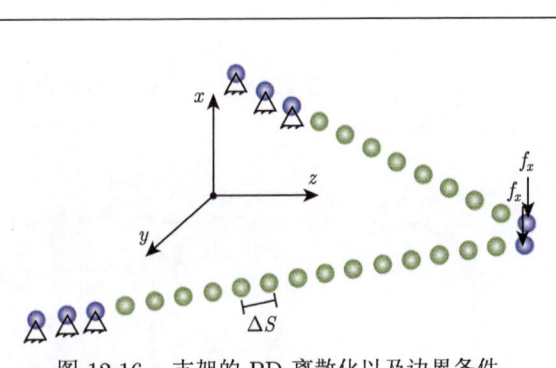

图 12.16　支架的 PD 离散化以及边界条件

两根梁的初始旋转矩阵为

$$\mathbf{\Lambda}_{01} = \begin{bmatrix} 1 & 0 & 0 \\ 0 & 1/\sqrt{2} & 1/\sqrt{2} \\ 0 & -1/\sqrt{2} & 1/\sqrt{2} \end{bmatrix} \tag{12.169}$$

和

$$\mathbf{\Lambda}_{02} = \begin{bmatrix} 1 & 0 & 0 \\ 0 & -1/\sqrt{2} & 1/\sqrt{2} \\ 0 & -1/\sqrt{2} & -1/\sqrt{2} \end{bmatrix} \tag{12.170}$$

由拟动态方法的平衡解得到准静态解。时间步长设定为 $\Delta t = 1 \times 10^{-7}$s，质量密度为 $\rho = 7850 \text{kg/m}^3$。约束连接点附近的两个物质点具有相同的位移和相对旋转，从而表示连接点。图 12.17 显示了支架的面外位移 u_x 以及变形形状。

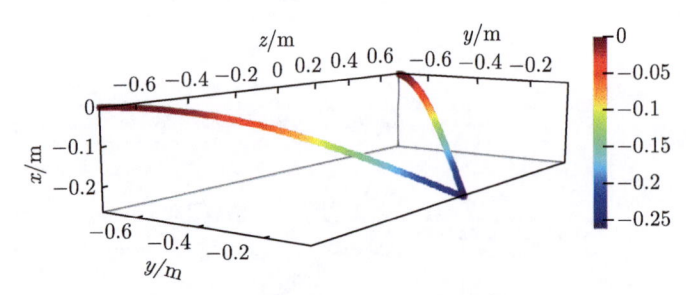

图 12.17　支架的面外位移 u_x 以及变形形状

附　　录

这里给出一个有用的等式的推导过程。此等式在本构对应过程中使用。

命题：下列等式成立：

$$\left(\overset{\triangledown}{\boldsymbol{\omega}} - \frac{\partial \mathbf{w}}{\partial S}\right) \times \mathbf{b}_i = \mathbf{0} \tag{12.171}$$

证明：对方程 (12.12) 关于 S 求导，可得

$$\frac{\partial \dot{\mathbf{b}}_i}{\partial S} = \frac{\partial \mathbf{w}}{\partial S} \times \mathbf{b}_i + \mathbf{w} \times \frac{\partial \mathbf{b}_i}{\partial S} \tag{12.172}$$

在方程 (12.172) 的最后一项中使用方程 (12.9)，可得

$$\frac{\partial \dot{\mathbf{b}}_i}{\partial S} = \frac{\partial \mathbf{w}}{\partial S} \times \mathbf{b}_i + \mathbf{w} \times (\boldsymbol{\omega} \times \mathbf{b}_i) \tag{12.173}$$

方程 (12.9) 的物质时间导数可以被写成

$$\frac{\partial \dot{\mathbf{b}}_i}{\partial S} = \dot{\boldsymbol{\omega}} \times \mathbf{b}_i + \boldsymbol{\omega} \times \dot{\mathbf{b}}_i \tag{12.174}$$

在方程 (12.174) 的第二项中使用方程 (12.12)，可得

$$\frac{\partial \dot{\mathbf{b}}_i}{\partial S} = \dot{\boldsymbol{\omega}} \times \mathbf{b}_i + \boldsymbol{\omega} \times (\mathbf{w} \times \mathbf{b}_i) \tag{12.175}$$

用方程 (12.175) 减去方程 (12.173)，可得

$$\dot{\boldsymbol{\omega}} \times \mathbf{b}_i - \frac{\partial \mathbf{w}}{\partial S} \times \mathbf{b}_i + \boldsymbol{\omega} \times (\mathbf{w} \times \mathbf{b}_i) - \mathbf{w} \times (\boldsymbol{\omega} \times \mathbf{b}_i) = \mathbf{0} \tag{12.176}$$

矢量三重积的性质可被表述为

$$\mathbf{w} \times (\boldsymbol{\omega} \times \mathbf{b}_i) = (\mathbf{w} \cdot \mathbf{b}_i)\boldsymbol{\omega} - (\mathbf{w} \cdot \boldsymbol{\omega})\mathbf{b}_i \tag{12.177}$$

和

$$\boldsymbol{\omega} \times (\mathbf{w} \times \mathbf{b}_i) = (\boldsymbol{\omega} \cdot \mathbf{b}_i)\mathbf{w} - (\boldsymbol{\omega} \cdot \mathbf{w})\mathbf{b}_i \tag{12.178}$$

用方程 (12.178) 减去方程 (12.177)，可得

$$\boldsymbol{\omega} \times (\mathbf{w} \times \mathbf{b}_i) - \mathbf{w} \times (\boldsymbol{\omega} \times \mathbf{b}_i) = (\boldsymbol{\omega} \cdot \mathbf{b}_i)\mathbf{w} - (\mathbf{w} \cdot \mathbf{b}_i)\boldsymbol{\omega} \tag{12.179}$$

把方程 (12.179) 代入方程 (12.176)，可得

$$\dot{\boldsymbol{\omega}} \times \mathbf{b}_i - \frac{\partial \mathbf{w}}{\partial S} \times \mathbf{b}_i + (\boldsymbol{\omega} \cdot \mathbf{b}_i)\mathbf{w} - (\mathbf{w} \cdot \mathbf{b}_i)\boldsymbol{\omega} = \mathbf{0} \qquad (12.180)$$

调用矢量三重积的性质，可得

$$\left(\dot{\boldsymbol{\omega}} - \frac{\partial \mathbf{w}}{\partial S}\right) \times \mathbf{b}_i + \mathbf{b}_i \times (\mathbf{w} \times \boldsymbol{\omega}) = \mathbf{0} \qquad (12.181)$$

上式可以被简化为

$$\left(\dot{\boldsymbol{\omega}} - \frac{\partial \mathbf{w}}{\partial S} - \mathbf{w} \times \boldsymbol{\omega}\right) \times \mathbf{b}_i = \mathbf{0} \qquad (12.182)$$

再由方程 (12.23)，上式可以用紧凑形式表示为

$$\left(\overset{\triangledown}{\boldsymbol{\omega}} - \frac{\partial \mathbf{w}}{\partial S}\right) \times \mathbf{b}_i = \mathbf{0} \qquad (12.183)$$

参 考 文 献

Antman, S. S. (1974). Kirchhoff's problem for nonlinearly elastic rods. *Quarterly of Applied Mathematics, 32*(3), 221-240.

Chowdhury, S. R., Rahaman, M. M., Roy, D., & Sundaram, N. (2015). A micropolar peridynamic theory in linear elasticity. *International Journal of Solids and Structures, 59*, 171-182.

Crisfield, M. (1983). An arc-length method including line searches and accelerations. *International Journal for Numerical Methods in Engineering, 19*(9), 1269-1289.

Diyaroglu, C., Oterkus, E., Oterkus, S., & Madenci, E. (2015). Peridynamics for bending of beams and plates with transverse shear deformation. *International Journal of Solids and Structures, 69*, 152-168.

Diyaroglu, C., Oterkus, E., & Oterkus, S. (2019). An Euler–Bernoulli beam formulation in an ordinary state-based peridynamic framework. *Mathematics and Mechanics of Solids, 24*(2), 361-376.

Madenci, E., Barut, A., & Dorduncu, M. (2019). *Peridynamic differential operator for numerical analysis*. Springer.

Meier, C., Popp, A., & Wall, W. A. (2019). Geometrically exact finite element formulations for slender beams: Kirchhoff-Love theory versus Simo-Reissner theory. *Archives of Computational Methods in Engineering, 26*(1), 163-243.

Nguyen, C. T., & Oterkus, S. (2019). Peridynamics formulation for beam structures to predict damage in offshore structures. *Ocean Engineering, 173*, 244-267.

Nguyen, C. T., & Oterkus, S. (2021). Peridynamics for geometrically nonlinear analysis of three-dimensional beam structures. *Engineering Analysis with Boundary Elements, 126*, 68-92.

O'Grady, J., & Foster, J. (2014). Peridynamic plates and flat shells: A non-ordinary, state-based model. *International Journal of Solids and Structures, 51*(25-26), 4572-4579.

Reissner, E. (1972). On one-dimensional finite-strain beam theory: The plane problem. *Zeitschrift für Angewandte Mathematik und Physik, 23*(5), 795-804.

Riks, E. (1979). An incremental approach to the solution of snapping and buckling problems. *International Journal of Solids and Structures, 15*(7), 529-551.

Silling, S. A. (2000). Reformulation of elasticity theory for discontinuities and long-range forces. *Journal of the Mechanics and Physics of Solids, 48*(1), 175-209.

Silling, S. A., Zimmermann, M., & Abeyaratne, R. (2003). Deformation of a peridynamic bar. *Journal of Elasticity, 73*(1), 173-190.

Silling, S. A., Epton, M., Weckner, O., Xu, J., & Askari, E. (2007). Peridynamic states and constitutive modeling. *Journal of Elasticity, 88*(2), 151-184.

Silling, S. A., & Lehoucq, R. B. (2010). Peridynamic theory of solid mechanics. *Advances in Applied Mechanics, 44*, 73-168.

Simo, J. C. (1985). A finite strain beam formulation. The three-dimensional dynamic problem. Part I. *Computer Methods in Applied Mechanics and Engineering, 49*(1), 55-70.

Simo, J. C., & Vu-Quoc, L. (1986). A three-dimensional finite-strain rod model. Part II: Computational aspects. *Computer Methods in Applied Mechanics and Engineering, 58*(1), 79-116.

Simo, J. C., & Vu-Quoc, L. (1991). A geometrically-exact rod model incorporating shear and torsion-warping deformation. *International Journal of Solids and Structures, 27*(3), 371-393.

Yang, Z., Oterkus, S., & Oterkus, E. (2020). Peridynamic formulation for Timoshenko beam. *Procedia Structural Integrity, 28*, 464-471.

Yang, Z., Oterkus, E., & Oterkus, S. (2021a). Peridynamic higher-order beam formulation. *Journal of Peridynamics and Nonlocal Modeling, 3*(1), 67-83.

Yang, Z., Oterkus, E., & Oterkus, S. (2021b). Peridynamic formulation for higher order functionally graded beams. *Thin-Walled Structures, 160*, 107343.

第十三章 键转动键型近场动力学

13.1 引　　言

如第一章所述，由 Silling (2000) 提出的 BB-PD 只考虑了具有单一键常数 (微模量)c 的键伸长；因此，其泊松比被限制为一个特定值。虽然 OSB-PD 理论比 BB-PD 理论更通用，但现有的有限单元并不适合 OSB-PD 理论在有限元框架中的实现。然而，通过使用现有的桁架单元，并用相对位移表征键力，BB-PD 非常适合于 FE 实现，例如 Macek 和 Silling (2007) 以及 Beckmann 等 (2013) 的研究。

因此，研究者们对 Silling (2000) 提出的原始 BB-PD 进行了许多改进，以消除对泊松比取值的限制。首先，这些改进引入了额外的变形模式。Gerstle 等 (2007) 基于成对的 PD 力和力矩所提出的微极 (MP)PD 模型允许键的拉伸和弯曲变形。作为这个模型的扩展，Diana 和 Cosolo (2019) 最近提出了一种广义 BB-MPPD，通过考虑用键伸长、键剪切变形和相对旋转表示的微弹性能量函数，从而包括剪切变形的影响。

Wang 等 (2018) 以及 Zhou 等 (2018) 提出的共轭 BB-PD 模型考虑了键伸长和一对共轭键的一系列相对旋转。该模型中的应变能用键伸长和键旋转表示。最近，Gu 和 Zhang (2020) 对该模型进行了改进，通过引入切向键力和旋转应变能密度的新定义，使它们不受离散化的影响，并考虑了随物质点间距离增加而减小的远程力。Prakash 和 Seidel (2015) 以及 Zhou 和 Shou (2016) 引入了额外的切向键力以捕捉键在切向方向上的位移。Hu 和 Madenci (2016) 区分了物质点之间的法向键和剪切键，以分别考虑法向变形和剪切变形。

除了键伸长，Zhu 和 Ni(2017) 还考虑了每根键的旋转。然而，键旋转包含刚体旋转的影响，因此该模型只有在均匀变形的情况下才能提供精确的结果。最近，Li 等 (2020) 通过基于"局部应变"状态度量了键的旋转，解决了这一矛盾。Huang 等 (2019) 提出了一种包含键常数的单键双参数 PD 模型，使用杨氏模量和泊松比来表示切向刚度和法向刚度。此外，Zheng 等 (2020) 提出了一种模型，其中键受到轴向和横向成对力的作用，并通过引入质点旋转，消除了横向力引起的角动量不平衡。因此，键经历轴向和横向位移以及质点旋转。

与每一种变形模式有关，这些模型需要用杨氏模量和泊松比确定 PD 键常数，

补充信息　在线原著版本包含本章补充材料，请访问 [https://doi.org/10.1007/978-3-030-97858-7_13]。

第十三章　键转动键型近场动力学

方法是在简单加载条件下，令求解域内部一点处的 PD 应变能或 PD 力与经典连续介质力学的应变能或力对应相等。然而，由于与靠近自由表面的物质点相关的相互作用被截断；因此，自由表面附近的 PD 材料参数需要被修正，Madenci 和 Oterkus (2014) 已对此进行了详细阐述。

基于 Madenci 等 (2021) 最近的工作，本章描述了对 BB-PD 的改进，并用于模拟含键伸长和键旋转的各向同性材料的线弹性变形；从而消除对泊松比的限制。与 BB-PD 相同，其推导过程使用了微势和键常数。但是，由于去除了刚体旋转，对于定义键的点，其族内成员是不一样的。

本章在小变形假设下推导出 PD 平衡方程，并采用隐式方法求解。与伸长和旋转有关的键常数与连续介质力学中的应力和应变分量的本构关系直接相关。此外，无需表面校正过程，也不需要在求解域中引入虚拟区域，可以直接施加位移和牵引力型边界条件。另外，在键破坏准则中，除了应用临界伸长率，还应用了临界相对旋转角度。

通过模拟双悬臂梁 (DCB) 的 I 型断裂响应和紧凑剪切试件的 II 型断裂响应，验证了该方法的有效性。

13.2　键运动学

如图 13.1 所示，在笛卡儿坐标系中，其基矢量用 $\mathbf{e}_i (i=1,2,3)$ 表示，物质点 $\mathbf{x}$ 和 $\mathbf{x}'$ 定义了一个近场动力学键。这些物质点分别经历位移 $\mathbf{u} = \mathbf{u}(\mathbf{x})$ 和 $\mathbf{u}' = \mathbf{u}(\mathbf{x}')$。在变形状态下，它们的位置变为 $\mathbf{y} = \mathbf{x} + \mathbf{u}$ 和 $\mathbf{y}' = \mathbf{x}' + \mathbf{u}'$。点 $\mathbf{x}$ 和 $\mathbf{x}'$ 的相对位移矢量和相对位置矢量分别被定义为 $\boldsymbol{\eta} = \mathbf{u}' - \mathbf{u}$ 和 $\boldsymbol{\xi} = \mathbf{x}' - \mathbf{x}$。单位矢量 $\mathbf{n}$ 被定义为 $\mathbf{n} = \boldsymbol{\xi}/|\boldsymbol{\xi}|$。

在"小变形"假设下

$$\frac{(\mathbf{y}'-\mathbf{y})}{|\mathbf{y}'-\mathbf{y}|} \cdot \frac{\boldsymbol{\xi}}{|\boldsymbol{\xi}|} = \frac{(\mathbf{y}'-\mathbf{y})}{|\mathbf{y}'-\mathbf{y}|} \cdot \mathbf{n} \approx 1 \tag{13.1}$$

此外，由键伸长和键旋转引起的位移矢量 $\mathbf{e}$ 和 $\mathbf{v}$ 被分别定义为

$$\mathbf{e} = ((\mathbf{u}(\mathbf{x}') - \mathbf{u}(\mathbf{x})) \cdot \mathbf{n}) \mathbf{n} \tag{13.2}$$

和

$$\mathbf{v} = (\mathbf{u}(\mathbf{x}') - \mathbf{u}(\mathbf{x})) - ((\mathbf{u}(\mathbf{x}') - \mathbf{u}(\mathbf{x})) \cdot \mathbf{n}) \mathbf{n} - \boldsymbol{\omega}(\mathbf{x}) \boldsymbol{\xi} \tag{13.3}$$

其中 $\boldsymbol{\omega}(\mathbf{x})$ 是无限小旋转张量。无限小旋转张量 $\boldsymbol{\omega}(\mathbf{x})$ 与相对位置矢量 $\boldsymbol{\xi}$ 的乘积对应于 $\mathbf{x}$ 和 $\mathbf{x}'$ 之间键的刚体旋转 (RBR)。键旋转矢量 $\mathbf{v}$ 不包括刚体旋转 (RBR) 的影响。

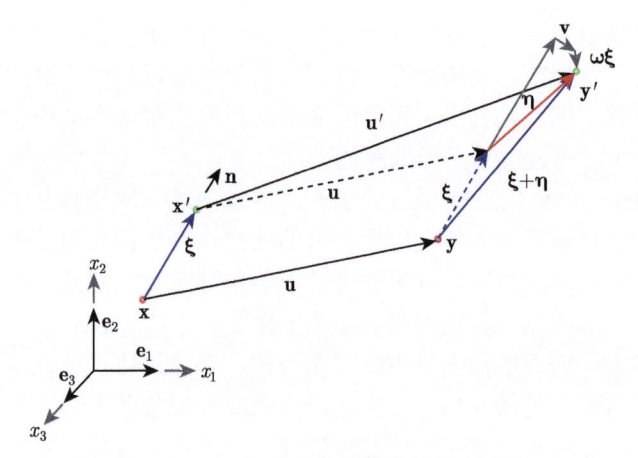

图 13.1　x 和 x′ 之间的键的伸长和旋转

对位移矢量关于点 x 进行泰勒级数展开，那么可以将相对位移矢量 $\boldsymbol{\eta} = \mathbf{u}(\mathbf{x}') - \mathbf{u}(\mathbf{x})$ 近似为

$$\mathbf{u}(\mathbf{x}') - \mathbf{u}(\mathbf{x}) \approx \frac{\partial \mathbf{u}}{\partial \mathbf{x}}\boldsymbol{\xi} = (\nabla \mathbf{u})\boldsymbol{\xi} = (\boldsymbol{\varepsilon}(\mathbf{x}) + \boldsymbol{\omega}(\mathbf{x}))\boldsymbol{\xi} \tag{13.4}$$

其中应变张量 $\boldsymbol{\varepsilon}(\mathbf{x})$ 和无限小旋转张量 $\boldsymbol{\omega}(\mathbf{x})$ 被定义为

$$\boldsymbol{\varepsilon}(\mathbf{x}) = \frac{1}{2}(\nabla \mathbf{u} + \mathbf{u}\nabla) \tag{13.5}$$

和

$$\boldsymbol{\omega}(\mathbf{x}) = \frac{1}{2}(\nabla \mathbf{u} - \mathbf{u}\nabla) \tag{13.6}$$

这些张量具有性质 $\boldsymbol{\varepsilon}(\mathbf{x}) = \boldsymbol{\varepsilon}^{\mathrm{T}}(\mathbf{x})$ 和 $\boldsymbol{\omega}(\mathbf{x}) = -\boldsymbol{\omega}^{\mathrm{T}}(\mathbf{x})$。键旋转角矢量 $\mathbf{r}$ 被定义为

$$\mathbf{r} = \frac{(\mathbf{u}(\mathbf{x}') - \mathbf{u}(\mathbf{x})) - ((\mathbf{u}(\mathbf{x}') - \mathbf{u}(\mathbf{x})) \cdot \mathbf{n})\mathbf{n} - \boldsymbol{\omega}(\mathbf{x})\boldsymbol{\xi}}{|\boldsymbol{\xi}|} \tag{13.7}$$

根据等式 $(\mathbf{a} \otimes \mathbf{b})\mathbf{c} = (\mathbf{b} \cdot \mathbf{c})\mathbf{a}$，矢量 $\mathbf{e}$ 和 $\mathbf{r}$ 可以被改写为

$$\mathbf{e} = (\mathbf{n} \otimes \mathbf{n})(\mathbf{u}(\mathbf{x}') - \mathbf{u}(\mathbf{x})) \tag{13.8}$$

和

$$\mathbf{r} = \frac{(\mathbf{I} - \mathbf{n} \otimes \mathbf{n})(\mathbf{u}(\mathbf{x}') - \mathbf{u}(\mathbf{x}))}{|\boldsymbol{\xi}|} - \boldsymbol{\omega}(\mathbf{x})\mathbf{n} \tag{13.9}$$

将方程 (13.4) 代入，并注意到 $(\mathbf{n} \otimes \mathbf{n})\boldsymbol{\omega}(\mathbf{x})\mathbf{n} = \mathbf{0}$，那么方程 (13.9) 可以被改写为

$$\mathbf{r} = \frac{(\mathbf{I} - \mathbf{n} \otimes \mathbf{n})}{|\boldsymbol{\xi}|}\boldsymbol{\varepsilon}(\mathbf{x})\boldsymbol{\xi} \tag{13.10}$$

由小变形引起的键伸长率可被表示为

$$s = \frac{(\mathbf{u}(\mathbf{x}') - \mathbf{u}(\mathbf{x})) \cdot \mathbf{n}}{|\boldsymbol{\xi}|} = \frac{((\mathbf{y}' - \mathbf{y}) - \boldsymbol{\xi}) \cdot \mathbf{n}}{|\boldsymbol{\xi}|} \approx \frac{|\mathbf{y}' - \mathbf{y}| - |\boldsymbol{\xi}|}{|\boldsymbol{\xi}|} \tag{13.11}$$

或者

$$s = \frac{(\mathbf{u}(\mathbf{x}') - \mathbf{u}(\mathbf{x})) \cdot \mathbf{n}}{|\boldsymbol{\xi}|} = \frac{1}{|\boldsymbol{\xi}|}(\boldsymbol{\varepsilon}(\mathbf{x})\boldsymbol{\xi} + \boldsymbol{\omega}(\mathbf{x})\boldsymbol{\xi}) \cdot \mathbf{n}$$

$$= \mathbf{n}^{\mathrm{T}}(\boldsymbol{\varepsilon}(\mathbf{x})\mathbf{n} + \boldsymbol{\omega}(\mathbf{x})\mathbf{n}) = \mathbf{n}^{\mathrm{T}}\boldsymbol{\varepsilon}(\mathbf{x})\mathbf{n} \tag{13.12}$$

其中 $\mathbf{n}^{\mathrm{T}}\boldsymbol{\omega}(\mathbf{x})\mathbf{n} = 0$。

13.3 近场动力学微势与键力

与 Zhu 和 Ni (2017)、Li 等 (2020) 以及 Huang 等 (2019) 之前的工作类似，通过包括键的旋转，可以将 Silling (2000) 提出的微势 ϖ 推广为

$$\varpi = \frac{1}{2}\left(cs^2 + dr^2\right)|\boldsymbol{\xi}| \tag{13.13}$$

其中 $r^2 = \mathbf{r}^{\mathrm{T}}\mathbf{r}$，常数 c 和 d 分别表示与键伸长和旋转相关的微模量。它们的显式表达式与工程材料常数直接相关。

根据 Silling 和 Askari(2005) 的建议，可采用下式计算键力分量

$$\mathbf{f}(\mathbf{u}' - \mathbf{u}, \mathbf{x}' - \mathbf{x}) = \frac{\partial \varpi}{\partial(\mathbf{u}' - \mathbf{u})} \tag{13.14}$$

或者

$$\mathbf{f}(\mathbf{u}' - \mathbf{u}, \mathbf{x}' - \mathbf{x}) = \left(cs\frac{\partial s}{\partial(\mathbf{u}' - \mathbf{u})} + d\left(\frac{\partial \mathbf{r}}{\partial(\mathbf{u}' - \mathbf{u})}\right)^{\mathrm{T}}\mathbf{r}\right)|\boldsymbol{\xi}| \tag{13.15}$$

计算 s 和 $\mathbf{r}$ 的导数，可得

$$\frac{\partial s}{\partial(\mathbf{u}' - \mathbf{u})} = \frac{\mathbf{n}}{|\boldsymbol{\xi}|} \tag{13.16}$$

和

$$\frac{\partial \mathbf{r}}{\partial (\mathbf{u'} - \mathbf{u})} = \frac{(\mathbf{I} - \mathbf{n} \otimes \mathbf{n})}{|\boldsymbol{\xi}|} - \mathbf{Z} \tag{13.17}$$

其中

$$\mathbf{Z} = \frac{\partial (\omega \mathbf{n})}{\partial (\mathbf{u'} - \mathbf{u})} \tag{13.18}$$

利用 Madenci 等 (2016, 2019) 提出的近场动力学微分算子 (PDDO)，无限小旋转张量的 PD 形式可被表示为

$$\boldsymbol{\omega}(\mathbf{x}) = \frac{1}{2} \int_{H_\mathbf{x}} [(\mathbf{u}(\mathbf{x'}) - \mathbf{u}(\mathbf{x})) \otimes \mathbf{g} - \mathbf{g} \otimes (\mathbf{u}(\mathbf{x'}) - \mathbf{u}(\mathbf{x}))] dV_{\mathbf{x'}} \tag{13.19}$$

其中矢量 $\mathbf{g}$ 用第二章中描述的 PD 函数表示。因此，可以使用下式计算矩阵 $\mathbf{Z}$

$$\mathbf{Z} = \frac{\partial (\omega \mathbf{n})}{\partial (\mathbf{u'} - \mathbf{u})} = \frac{1}{2} ((\hat{\mathbf{g}} \cdot \mathbf{n})\mathbf{I} - \hat{\mathbf{g}} \otimes \mathbf{n}) \tag{13.20}$$

其中

$$\hat{\mathbf{g}} = \int_{V_\mathbf{x}} \mathbf{g} dV_{\mathbf{x'}} \tag{13.21}$$

值得注意的是，对于具有对称影响域的物质点，$\hat{\mathbf{g}} = \mathbf{0}$；从而导出下列最终形式

$$\frac{\partial \mathbf{r}}{\partial (\mathbf{u'} - \mathbf{u})} = \frac{(\mathbf{I} - \mathbf{n} \otimes \mathbf{n})}{|\boldsymbol{\xi}|} \tag{13.22}$$

将方程 (13.11)、(13.9)、(13.16) 和 (13.22) 中的 s 和 $\mathbf{r}$ 及其导数代入方程 (13.15)，可以得到键力的最终形式为

$$\mathbf{f}(\mathbf{u'} - \mathbf{u}, \mathbf{x'} - \mathbf{x}) = c \frac{1}{|\boldsymbol{\xi}|} (\mathbf{n} \otimes \mathbf{n})(\mathbf{u}(\mathbf{x'}) - \mathbf{u}(\mathbf{x}))$$
$$+ d \frac{1}{|\boldsymbol{\xi}|} (\mathbf{I} - \mathbf{n} \otimes \mathbf{n}) [(\mathbf{u}(\mathbf{x'}) - \mathbf{u}(\mathbf{x})) - \boldsymbol{\omega}(\mathbf{x})\boldsymbol{\xi}] \tag{13.23}$$

或者

$$\mathbf{f}(\mathbf{u'} - \mathbf{u}, \mathbf{x'} - \mathbf{x}) = c s \mathbf{n} + d \mathbf{r} \tag{13.24}$$

如 13.4 节所示，这个 PD 键力满足线动量和角动量平衡。

13.4 守恒律

方程 (13.23) 中给出的力密度矢量可以被表示为

$$\mathbf{f}(\mathbf{u}-\mathbf{u}',\mathbf{x}'-\mathbf{x}) = (c-d)\frac{1}{|\boldsymbol{\xi}|}\left((\mathbf{u}(\mathbf{x}')-\mathbf{u}(\mathbf{x}))\cdot\mathbf{n}\right)\mathbf{n}$$
$$+d\frac{1}{|\boldsymbol{\xi}|}\left((\mathbf{u}(\mathbf{x}')-\mathbf{u}(\mathbf{x}))-\boldsymbol{\omega}(\mathbf{x})\boldsymbol{\xi}\right) \quad (13.25)$$

根据 $\mathbf{u}(\mathbf{x}')-\mathbf{u}(\mathbf{x}) = (\mathbf{y}'-\mathbf{y})-\boldsymbol{\xi}$ 和 $\boldsymbol{\omega}(\mathbf{x})\boldsymbol{\xi} = \boldsymbol{\Omega}\times\boldsymbol{\xi}$，上述表达式可被改写为

$$\mathbf{f}(\mathbf{u}-\mathbf{u}',\mathbf{x}'-\mathbf{x}) = (c-d)\frac{1}{|\boldsymbol{\xi}|}\left((\mathbf{u}(\mathbf{x}')-\mathbf{u}(\mathbf{x}))\cdot\mathbf{n}\right)\mathbf{n}$$
$$+d\frac{(\mathbf{y}'(\mathbf{x}')-\mathbf{y}(\mathbf{x}))-\boldsymbol{\xi}}{|\boldsymbol{\xi}|} - d\boldsymbol{\Omega}(\mathbf{x})\times\mathbf{n} \quad (13.26)$$

其中键的刚体旋转矢量被定义为

$$\boldsymbol{\Omega}(\mathbf{x}) = \left\{\begin{array}{c}\omega_{32}\\\omega_{13}\\\omega_{21}\end{array}\right\} \quad (13.27)$$

应用小变形假设 $\mathbf{y}'-\mathbf{y}\approx|\mathbf{y}'-\mathbf{y}|\mathbf{n}$，方程 (13.26) 被简化为

$$\mathbf{f}(\mathbf{u}-\mathbf{u}',\mathbf{x}'-\mathbf{x}) = (c-d)\frac{1}{|\boldsymbol{\xi}|}\left((\mathbf{u}(\mathbf{x}')-\mathbf{u}(\mathbf{x}))\cdot\mathbf{n}\right)\mathbf{n}$$
$$+d\frac{|\mathbf{y}'-\mathbf{y}|-|\boldsymbol{\xi}|}{|\boldsymbol{\xi}|}\mathbf{n} - d\boldsymbol{\Omega}(\mathbf{x})\times\mathbf{n} \quad (13.28)$$

根据方程 (13.11)，它可以被改写为

$$\mathbf{f}(\mathbf{u}-\mathbf{u}',\mathbf{x}'-\mathbf{x}) = c\frac{|\mathbf{y}'-\mathbf{y}|-|\boldsymbol{\xi}|}{|\boldsymbol{\xi}|}\mathbf{n} - d\boldsymbol{\Omega}(\mathbf{x})\times\mathbf{n} \quad (13.29)$$

或者

$$\mathbf{f}(\mathbf{u}-\mathbf{u}',\mathbf{x}'-\mathbf{x}) = c\frac{|\mathbf{y}'-\mathbf{y}|-|\boldsymbol{\xi}|}{|\boldsymbol{\xi}|}\frac{(\mathbf{x}'-\mathbf{x})}{|\mathbf{x}'-\mathbf{x}|} - d\boldsymbol{\Omega}(\mathbf{x})\times\frac{(\mathbf{x}'-\mathbf{x})}{|\mathbf{x}'-\mathbf{x}|} \quad (13.30)$$

体积 V 中所有物质点在 t 时刻的线动量 $\mathbf{L}$ 和角动量 (关于坐标原点) $\mathbf{H}_0$ 可由下式给出

$$\mathbf{L} = \int_V \rho(\mathbf{x})\dot{\mathbf{u}}(\mathbf{x},t)\,dV \quad (13.31)$$

和

$$\mathbf{H}_0 = \int_V \mathbf{y}(\mathbf{x},t) \times \rho(\mathbf{x})\dot{\mathbf{u}}(\mathbf{x},t)\,dV \tag{13.32}$$

合力 $\mathbf{F}$ 和关于原点的合力矩 $\mathbf{\Pi}_0$ 可以被表示为

$$\mathbf{F} = \int_V \mathbf{b}(\mathbf{x},t)dV + c\int_V \int_{H_\mathbf{x}} \frac{|\mathbf{y}'-\mathbf{y}|-|\boldsymbol{\xi}|}{|\boldsymbol{\xi}|}\frac{(\mathbf{x}'-\mathbf{x})}{|\mathbf{x}'-\mathbf{x}|}dH_{\mathbf{x}'}dV$$
$$- d\int_V \boldsymbol{\Omega}(\mathbf{x}) \times \int_{H_\mathbf{x}} \mathbf{n}\,dH_{\mathbf{x}'}dV \tag{13.33}$$

和

$$\mathbf{\Pi}_0 = \int_V \mathbf{y}(\mathbf{x}) \times \mathbf{b}(\mathbf{x})dV + c\int_V \mathbf{y}(\mathbf{x}) \times \int_{H_\mathbf{x}} \frac{|\mathbf{y}'-\mathbf{y}|-|\boldsymbol{\xi}|}{|\boldsymbol{\xi}|}\frac{(\mathbf{x}'-\mathbf{x})}{|\mathbf{x}'-\mathbf{x}|}dH_{\mathbf{x}'}dV$$
$$- d\int_V \mathbf{y}(\mathbf{x}) \times \boldsymbol{\Omega}(\mathbf{x}) \times \int_{H_\mathbf{x}} \mathbf{n}\,dH_{\mathbf{x}'}dV \tag{13.34}$$

其中积分 $\int_{H_\mathbf{x}} \mathbf{n}\,dH_{\mathbf{x}'} = \mathbf{0}$。因此,合力和合力矩可以被改写成下列形式

$$\mathbf{F} = \int_V \mathbf{b}(\mathbf{x},t)dV + \frac{c}{2}\int_V \int_{H_\mathbf{x}} \frac{|\mathbf{y}'-\mathbf{y}|-|\boldsymbol{\xi}|}{|\boldsymbol{\xi}|}\frac{(\mathbf{x}'-\mathbf{x})}{|\mathbf{x}'-\mathbf{x}|}dH_{\mathbf{x}'}dV$$
$$- \frac{c}{2}\int_V \int_{H_\mathbf{x}} \frac{|\mathbf{y}'-\mathbf{y}|-|\boldsymbol{\xi}|}{|\boldsymbol{\xi}|}\frac{(\mathbf{x}-\mathbf{x}')}{|\mathbf{x}'-\mathbf{x}|}dH_{\mathbf{x}'}dV \tag{13.35}$$

和

$$\mathbf{\Pi}_0 = \int_V \mathbf{y}(\mathbf{x}) \times \mathbf{b}(\mathbf{x})dV + \frac{c}{2}\int_V \mathbf{y}(\mathbf{x}) \times \int_{H_\mathbf{x}} \frac{|\mathbf{y}'-\mathbf{y}|-|\boldsymbol{\xi}|}{|\boldsymbol{\xi}|}\frac{(\mathbf{x}'-\mathbf{x})}{|\mathbf{x}'-\mathbf{x}|}dH_{\mathbf{x}'}dV$$
$$- \frac{c}{2}\int_V \mathbf{y}(\mathbf{x}) \times \int_{H_\mathbf{x}} \frac{|\mathbf{y}'-\mathbf{y}|-|\boldsymbol{\xi}|}{|\boldsymbol{\xi}|}\frac{(\mathbf{x}-\mathbf{x}')}{|\mathbf{x}'-\mathbf{x}|}dH_{\mathbf{x}'}dV \tag{13.36}$$

由于对 $\mathbf{x}' \notin H_\mathbf{x}$ 有 $\mathbf{f}(\mathbf{x}'-\mathbf{x}) = \mathbf{f}(\mathbf{x}-\mathbf{x}') = \mathbf{0}$,所以可以改写这些方程,以包括体积 V 中的所有物质点,即

$$\mathbf{F} = \int_V \mathbf{b}(\mathbf{x},t)dV + \frac{c}{2}\int_V \int_V \frac{|\mathbf{y}'-\mathbf{y}|-|\boldsymbol{\xi}|}{|\boldsymbol{\xi}|}\frac{(\mathbf{x}'-\mathbf{x})}{|\mathbf{x}'-\mathbf{x}|}dV'dV$$
$$- \frac{c}{2}\int_V \int_V \frac{|\mathbf{y}'-\mathbf{y}|-|\boldsymbol{\xi}|}{|\boldsymbol{\xi}|}\frac{(\mathbf{x}-\mathbf{x}')}{|\mathbf{x}'-\mathbf{x}|}dV'dV \tag{13.37}$$

和

$$\mathbf{\Pi}_0 = \int_V \mathbf{y}(\mathbf{x}) \times \mathbf{b}(\mathbf{x}) dV + \frac{c}{2} \int_V \mathbf{y}(\mathbf{x}) \times \int_V \frac{|\mathbf{y'} - \mathbf{y}| - |\boldsymbol{\xi}|}{|\boldsymbol{\xi}|} \frac{(\mathbf{x'} - \mathbf{x})}{|\mathbf{x'} - \mathbf{x}|} dV' dV$$

$$- \frac{c}{2} \int_V \mathbf{y}(\mathbf{x}) \times \int_V \frac{|\mathbf{y'} - \mathbf{y}| - |\boldsymbol{\xi}|}{|\boldsymbol{\xi}|} \frac{(\mathbf{x} - \mathbf{x'})}{|\mathbf{x'} - \mathbf{x}|} dV' dV \tag{13.38}$$

如果在这些方程右边第二个积分中交换参数 $\mathbf{x}$ 和 $\mathbf{x'}$，这些积分就变成

$$\int_V \int_V \frac{|\mathbf{y'} - \mathbf{y}| - |\boldsymbol{\xi}|}{|\boldsymbol{\xi}|} \frac{(\mathbf{x} - \mathbf{x'})}{|\mathbf{x'} - \mathbf{x}|} dV' dV = \int_V \int_V \frac{|\mathbf{y'} - \mathbf{y}| - |\boldsymbol{\xi}|}{|\boldsymbol{\xi}|} \frac{(\mathbf{x'} - \mathbf{x})}{|\mathbf{x'} - \mathbf{x}|} dV dV' \tag{13.39}$$

和

$$\int_V \mathbf{y}(\mathbf{x}) \times \int_V \frac{|\mathbf{y'} - \mathbf{y}| - |\boldsymbol{\xi}|}{|\boldsymbol{\xi}|} \frac{(\mathbf{x} - \mathbf{x'})}{|\mathbf{x'} - \mathbf{x}|} dV' dV$$

$$= \int_V \mathbf{y}(\mathbf{x'}) \times \int_V \frac{|\mathbf{y'} - \mathbf{y}| - |\boldsymbol{\xi}|}{|\boldsymbol{\xi}|} \frac{(\mathbf{x'} - \mathbf{x})}{|\mathbf{x'} - \mathbf{x}|} dV dV' \tag{13.40}$$

因此，合力和合力矩被化简为

$$\mathbf{F} = \int_V \mathbf{b}(\mathbf{x}, t) dV \tag{13.41}$$

和

$$\mathbf{\Pi}_0 = \int_V \mathbf{y}(\mathbf{x}) \times \mathbf{b}(\mathbf{x}) dV - \frac{c}{2} \int_V (\mathbf{y}(\mathbf{x'}) - \mathbf{y}(\mathbf{x})) \times \int_V \frac{|\mathbf{y'} - \mathbf{y}| - |\boldsymbol{\xi}|}{|\boldsymbol{\xi}|} \frac{(\mathbf{x'} - \mathbf{x})}{|\mathbf{x'} - \mathbf{x}|} dV dV' \tag{13.42}$$

应用小变形假设 $\mathbf{y'} - \mathbf{y} \approx |\mathbf{y'} - \mathbf{y}|\mathbf{n}$，并注意到 $\int_V \mathbf{n} dV = \mathbf{0}$，力矩的表达式可被简化为

$$\mathbf{\Pi}_0 = \int_V \mathbf{y}(\mathbf{x}) \times \mathbf{b}(\mathbf{x}) dV - \frac{c}{2} \int_V \int_V \frac{(\mathbf{y}(\mathbf{x'}) - \mathbf{y}(\mathbf{x})) \times (\mathbf{y}(\mathbf{x'}) - \mathbf{y}(\mathbf{x}))}{|\boldsymbol{\xi}|} dV dV'$$

$$+ \frac{c}{2} \int_V (\mathbf{y}(\mathbf{x'}) - \mathbf{y}(\mathbf{x})) \times \int_V \frac{(\mathbf{x'} - \mathbf{x})}{|\mathbf{x'} - \mathbf{x}|} dV dV' \tag{13.43}$$

由线动量平衡 $\dot{\mathbf{L}} = \mathbf{F}$ 和角动量平衡 $\dot{\mathbf{H}}_0 = \mathbf{\Pi}_0$ 可导出

$$\int_V (\rho(\mathbf{x})\ddot{\mathbf{u}}(\mathbf{x}, t) - \mathbf{b}(\mathbf{x}, t)) dV = \mathbf{0} \tag{13.44}$$

和

$$\int_V \mathbf{y}(\mathbf{x}) \times (\rho(\mathbf{x})\ddot{\mathbf{u}}(\mathbf{x},t) - \mathbf{b}(\mathbf{x},t))\, dV = \mathbf{0} \tag{13.45}$$

13.5　非对称影响域内的键力

在方程 (13.23) 中，通过将 $(\mathbf{n}\otimes\mathbf{n})$ 和 $(\mathbf{I}-\mathbf{n}\otimes\mathbf{n})$ 替换成用 Madenci 等 (2016, 2019) 提出的 PD 函数表示的非局部形式，可以对 PD 键力进行改写。对于三维分析，可以推导出 $(\mathbf{n}\otimes\mathbf{n})$ 和 $(\mathbf{I}-\mathbf{n}\otimes\mathbf{n})$ 的表达式为

$$(\mathbf{n}\otimes\mathbf{n}) = \frac{\pi\delta^4}{30}|\boldsymbol{\xi}|(\operatorname{tr}\mathbf{G}(\boldsymbol{\xi})\mathbf{I} + 2\mathbf{G}(\boldsymbol{\xi})) \tag{13.46}$$

和

$$(\mathbf{I}-\mathbf{n}\otimes\mathbf{n}) = \frac{\pi\delta^4}{15}|\boldsymbol{\xi}|(2\operatorname{tr}\mathbf{G}(\boldsymbol{\xi})\mathbf{I} - \mathbf{G}(\boldsymbol{\xi})) \tag{13.47}$$

对于二维分析，它们变成

$$(\mathbf{n}\otimes\mathbf{n}) = \frac{\pi h\delta^3}{24}|\boldsymbol{\xi}|(\operatorname{tr}\mathbf{G}(\boldsymbol{\xi})\mathbf{I} + 2\mathbf{G}(\boldsymbol{\xi})) \tag{13.48}$$

和

$$(\mathbf{I}-\mathbf{n}\otimes\mathbf{n}) = \frac{\pi h\delta^3}{24}|\boldsymbol{\xi}|(3\operatorname{tr}\mathbf{G}(\boldsymbol{\xi})\mathbf{I} - 2\mathbf{G}(\boldsymbol{\xi})) \tag{13.49}$$

其中矩阵 $\mathbf{G}(\boldsymbol{\xi})$ 和矢量 $\mathbf{g}(\boldsymbol{\xi})$ 是根据第二章中推导的 PD 函数定义的。它们的 PD 表示无需一个完整的相互作用域，并且对于对称地位于其族内的物质点，它将退化为局部表示。

根据上述定义，键力可以被改写为

$$\mathbf{f}(\mathbf{u}'-\mathbf{u}, \mathbf{x}'-\mathbf{x}) = \mathbf{C}(\boldsymbol{\xi})\frac{(\mathbf{u}(\mathbf{x}')-\mathbf{u}(\mathbf{x}))}{|\boldsymbol{\xi}|} + \mathbf{D}(\boldsymbol{\xi})\frac{(\mathbf{u}(\mathbf{x}')-\mathbf{u}(\mathbf{x}))-\boldsymbol{\omega}(\mathbf{x})\boldsymbol{\xi}}{|\boldsymbol{\xi}|} \tag{13.50}$$

对于三维分析，矩阵 $\mathbf{C}(\boldsymbol{\xi})$ 和 $\mathbf{D}(\boldsymbol{\xi})$ 被定义为

$$\mathbf{C}(\boldsymbol{\xi}) = \frac{\pi\delta^4}{30}c|\boldsymbol{\xi}|(\operatorname{tr}\mathbf{G}(\boldsymbol{\xi})\mathbf{I} + 2\mathbf{G}(\boldsymbol{\xi})) \tag{13.51}$$

和

$$\mathbf{D}(\boldsymbol{\xi}) = \frac{\pi\delta^4}{15}d|\boldsymbol{\xi}|(2\operatorname{tr}\mathbf{G}(\boldsymbol{\xi})\mathbf{I} - \mathbf{G}(\boldsymbol{\xi})) \tag{13.52}$$

对于二维分析，它们被定义为

$$\mathbf{C}(\boldsymbol{\xi}) = \frac{\pi h \delta^3}{24} c|\boldsymbol{\xi}|(\operatorname{tr} \mathbf{G}(\boldsymbol{\xi})\mathbf{I} + 2\mathbf{G}(\boldsymbol{\xi})) \tag{13.53}$$

和

$$\mathbf{D}(\boldsymbol{\xi}) = \frac{\pi h \delta^3}{24} d|\boldsymbol{\xi}|(3\operatorname{tr}\mathbf{G}(\boldsymbol{\xi})\mathbf{I} - 2\mathbf{G}(\boldsymbol{\xi})) \tag{13.54}$$

为了获得等大反向的键力，力密度矢量可以被改写为

$$\mathbf{f}(\mathbf{u}' - \mathbf{u}, \mathbf{x}' - \mathbf{x}) = \overline{\mathbf{C}}(\mathbf{x}, \mathbf{x}') \frac{\mathbf{u}(\mathbf{x}') - \mathbf{u}(\mathbf{x})}{|\boldsymbol{\xi}|}$$
$$+ \overline{\mathbf{D}}(\mathbf{x}, \mathbf{x}') \frac{[(\mathbf{u}(\mathbf{x}') - \mathbf{u}(\mathbf{x})) - \overline{\boldsymbol{\omega}}(\mathbf{x}, \mathbf{x}')\boldsymbol{\xi}]}{|\boldsymbol{\xi}|} \tag{13.55}$$

其中

$$\overline{\mathbf{C}}(\mathbf{x}, \mathbf{x}') = \frac{\mathbf{C}(\boldsymbol{\xi}) + \mathbf{C}(-\boldsymbol{\xi})}{2} = \frac{\mathbf{C}(\mathbf{x}' - \mathbf{x}) + \mathbf{C}(\mathbf{x} - \mathbf{x}')}{2} \tag{13.56}$$

$$\overline{\mathbf{D}}(\mathbf{x}, \mathbf{x}') = \frac{\mathbf{D}(\boldsymbol{\xi}) + \mathbf{D}(-\boldsymbol{\xi})}{2} = \frac{\mathbf{D}(\mathbf{x}' - \mathbf{x}) + \mathbf{D}(\mathbf{x} - \mathbf{x}')}{2} \tag{13.57}$$

和

$$\bar{\boldsymbol{\omega}}(\mathbf{x}, \mathbf{x}') = \frac{\boldsymbol{\omega}(\mathbf{x}) + \boldsymbol{\omega}(\mathbf{x}')}{2} \tag{13.58}$$

13.6 键 常 数

通过将应变能密度 (SED) 函数的 PD 表示与经典连续介质力学中的 SED 函数等价，可以确定键力中出现的键常数 c 和 d。经典连续介质力学中的 SED 函数可以被表示为

$$W^{\mathrm{CCM}} = \frac{1}{2}\boldsymbol{\varepsilon}^{\mathrm{T}}(\mathbf{x})\mathbf{C}\boldsymbol{\varepsilon}(\mathbf{x}) \tag{13.59}$$

其中 $\boldsymbol{\varepsilon}(\mathbf{x}) = \{ \varepsilon_{11} \quad \varepsilon_{22} \quad \varepsilon_{33} \quad 2\varepsilon_{12} \quad 2\varepsilon_{23} \quad 2\varepsilon_{31} \}^{\mathrm{T}}$，$\mathbf{C}$ 是材料属性矩阵。SED 的 PD 形式可以利用下式计算

$$W^{\mathrm{PD}} = \frac{1}{2}\int_{H_{\mathbf{x}}} \varpi dV_{\mathbf{x}'} = \frac{1}{2}\int_{H_{\mathbf{x}}} \frac{1}{2}\left(cs^2 + dr^2\right)|\boldsymbol{\xi}|dV_{\mathbf{x}'} \tag{13.60}$$

键伸长率 s(方程 (13.12)) 和键旋转角矢量 $\mathbf{r}$ (方程 (13.10)) 可被表示为

$$s = \mathbf{m}^{\mathrm{T}}\boldsymbol{\varepsilon}(\mathbf{x}) \tag{13.61}$$

和
$$\mathbf{r} = (\mathbf{P} - \mathbf{Q})\,\varepsilon(\mathbf{x}) \tag{13.62}$$

其中对于三维分析，$\mathbf{m}$、$\mathbf{P}$ 和 $\mathbf{Q}$ 被定义为

$$\mathbf{m}^{\mathrm{T}} = \left\{ \begin{array}{cccccc} n_1^2 & n_2^2 & n_3^2 & n_1 n_2 & n_2 n_3 & n_3 n_1 \end{array} \right\} \tag{13.63}$$

$$\mathbf{P} = \begin{bmatrix} n_1 & 0 & 0 & \dfrac{n_2}{2} & 0 & \dfrac{n_3}{2} \\ 0 & n_2 & 0 & \dfrac{n_1}{2} & \dfrac{n_3}{2} & 0 \\ 0 & 0 & n_3 & 0 & \dfrac{n_2}{2} & \dfrac{n_1}{2} \end{bmatrix} \tag{13.64}$$

和

$$\mathbf{Q} = \begin{bmatrix} n_1^3 & n_1 n_2^2 & n_1 n_3^2 & n_1^2 n_2 & n_1 n_2 n_3 & n_1^2 n_3 \\ n_1^2 n_2 & n_2^3 & n_2 n_3^2 & n_1 n_2^2 & n_2^2 n_3 & n_1 n_2 n_3 \\ n_1^2 n_3 & n_2^2 n_3 & n_3^3 & n_1 n_2 n_3 & n_2 n_3^2 & n_1 n_3^2 \end{bmatrix} \tag{13.65}$$

对于二维分析，它们可被简化为

$$\mathbf{m}^{\mathrm{T}} = \left\{ \begin{array}{ccc} n_1^2 & n_2^2 & n_1 n_2 \end{array} \right\} \tag{13.66}$$

$$\mathbf{P} = \begin{bmatrix} n_1 & 0 & \dfrac{n_2}{2} \\ 0 & n_2 & \dfrac{n_1}{2} \end{bmatrix} \tag{13.67}$$

$$\mathbf{Q} = \begin{bmatrix} n_1^3 & n_1 n_2^2 & n_1^2 n_2 \\ n_1^2 n_2 & n_2^3 & n_1 n_2^2 \end{bmatrix} \tag{13.68}$$

从而可利用下式计算 SED 函数的 PD 形式

$$W^{\mathrm{PD}} = \frac{1}{2} \varepsilon^{\mathrm{T}}(\mathbf{x}) \left(\int_{H_{\mathbf{x}}} \frac{1}{2} \left(c \mathbf{m} \mathbf{m}^{\mathrm{T}} + d \left(\mathbf{P}^{\mathrm{T}} \mathbf{P} - \mathbf{P}^{\mathrm{T}} \mathbf{Q} - (\mathbf{P}^{\mathrm{T}} \mathbf{Q})^{\mathrm{T}} + \mathbf{Q}^{\mathrm{T}} \mathbf{Q} \right) \right) |\boldsymbol{\xi}| \, dV_{\mathbf{x}'} \right) \varepsilon(\mathbf{x}) \tag{13.69}$$

或者

$$W^{\mathrm{PD}} = \frac{1}{2} \varepsilon^{\mathrm{T}}(\mathbf{x}) \left(\int_{H_{\mathbf{x}}} \frac{1}{2} \left(c \mathbf{M} + d(\mathbf{N} - \mathbf{M}) \right) |\boldsymbol{\xi}| \, dV_{\mathbf{x}'} \right) \varepsilon(\mathbf{x}) \tag{13.70}$$

其中矩阵 $\mathbf{M}$ 和 $\mathbf{N}$ 被定义为 $\mathbf{M} = \mathbf{m}\mathbf{m}^{\mathrm{T}} = \mathbf{P}^{\mathrm{T}}\mathbf{Q} = \mathbf{Q}^{\mathrm{T}}\mathbf{Q}$ 和 $\mathbf{N} = \mathbf{P}^{\mathrm{T}}\mathbf{P}$，可见它们具有对称性质。对于三维分析，方程 (13.70) 中出现的矩阵被定义为

第十三章　键转动键型近场动力学

$$\mathbf{M} = \begin{bmatrix} n_1^4 & n_1^2 n_2^2 & n_1^2 n_3^2 & n_1^3 n_2 & n_1^2 n_2 n_3 & n_1^3 n_3 \\ n_1^2 n_2^2 & n_2^4 & n_2^2 n_3^2 & n_1 n_2^3 & n_2^3 n_3 & n_1 n_2^2 n_3 \\ n_1^2 n_3^2 & n_2^2 n_3^2 & n_3^4 & n_1 n_2 n_3^2 & n_2 n_3^3 & n_1 n_3^3 \\ n_1^3 n_2 & n_1 n_2^3 & n_1 n_2 n_3^2 & n_1^2 n_2^2 & n_1 n_2^2 n_3 & n_1^2 n_2 n_3 \\ n_1^2 n_2 n_3 & n_2^3 n_3 & n_2 n_3^3 & n_1 n_2^2 n_3 & n_2^2 n_3^2 & n_1 n_2 n_3^2 \\ n_1^3 n_3 & n_1 n_2^2 n_3 & n_1 n_3^3 & n_1^2 n_2 n_3 & n_1 n_2 n_3^2 & n_1^2 n_3^2 \end{bmatrix} \quad (13.71)$$

和

$$\mathbf{N} = \begin{bmatrix} n_1^2 & 0 & 0 & \dfrac{n_1 n_2}{2} & 0 & \dfrac{n_1 n_3}{4} \\ 0 & n_2^2 & 0 & \dfrac{n_1 n_2}{2} & \dfrac{n_2 n_3}{2} & 0 \\ 0 & 0 & n_3^2 & 0 & \dfrac{n_2 n_3}{2} & \dfrac{n_1 n_3}{2} \\ \dfrac{n_1 n_2}{2} & \dfrac{n_1 n_2}{2} & 0 & \dfrac{n_1^2 + n_2^2}{4} & \dfrac{n_1 n_3}{4} & \dfrac{n_2 n_3}{4} \\ 0 & \dfrac{n_2 n_3}{2} & \dfrac{n_2 n_3}{2} & \dfrac{n_1 n_3}{4} & \dfrac{n_2^2 + n_3^2}{4} & \dfrac{n_1 n_2}{4} \\ \dfrac{n_1 n_3}{2} & 0 & \dfrac{n_1 n_3}{2} & \dfrac{n_2 n_3}{4} & \dfrac{n_1 n_2}{4} & \dfrac{n_1^2 + n_3^2}{4} \end{bmatrix} \quad (13.72)$$

在球形相互作用域上对其进行积分，可得

$$\int_{H_\mathbf{x}} \mathbf{M} \, |\boldsymbol{\xi}| \, dV_{\mathbf{x}'} = \frac{\pi \delta^4}{15} \begin{bmatrix} 3 & 1 & 1 & 0 & 0 & 0 \\ 1 & 3 & 1 & 0 & 0 & 0 \\ 1 & 1 & 3 & 0 & 0 & 0 \\ 0 & 0 & 0 & 1 & 0 & 0 \\ 0 & 0 & 0 & 0 & 1 & 0 \\ 0 & 0 & 0 & 0 & 0 & 1 \end{bmatrix} \quad (13.73)$$

和

$$\int_{H_\mathbf{x}} \mathbf{N} \, |\boldsymbol{\xi}| \, dV_{\mathbf{x}'} = \frac{\pi \delta^4}{6} \begin{bmatrix} 2 & 0 & 0 & 0 & 0 & 0 \\ 0 & 2 & 0 & 0 & 0 & 0 \\ 0 & 0 & 2 & 0 & 0 & 0 \\ 0 & 0 & 0 & 1 & 0 & 0 \\ 0 & 0 & 0 & 0 & 1 & 0 \\ 0 & 0 & 0 & 0 & 0 & 1 \end{bmatrix} \quad (13.74)$$

对于二维分析，这些矩阵被简化为

$$\mathbf{M} = \begin{bmatrix} n_1^4 & n_1^2 n_2^2 & n_1^3 n_2 \\ n_1^2 n_2^2 & n_2^4 & n_1 n_2^3 \\ n_1^3 n_2 & n_1 n_2^3 & n_1^2 n_2^2 \end{bmatrix} \tag{13.75}$$

和

$$\mathbf{N} = \begin{bmatrix} n_1^2 & 0 & \dfrac{n_1 n_2}{2} \\ 0 & n_2^2 & \dfrac{n_1 n_2}{2} \\ \dfrac{n_1 n_2}{2} & \dfrac{n_1 n_2}{2} & \dfrac{1}{4} \end{bmatrix} \tag{13.76}$$

在圆形相互作用域上对其进行积分，可得

$$\int_{H_\mathbf{x}} \mathbf{M} |\boldsymbol{\xi}| dV_{\mathbf{x}'} = \frac{\pi h \delta^3}{12} \begin{bmatrix} 3 & 1 & 0 \\ 1 & 3 & 0 \\ 0 & 0 & 1 \end{bmatrix} \tag{13.77}$$

和

$$\int_{H_\mathbf{x}} \mathbf{N} |\boldsymbol{\xi}| dV_{\mathbf{x}'} = \frac{\pi h \delta^3}{6} \begin{bmatrix} 2 & 0 & 0 \\ 0 & 2 & 0 \\ 0 & 0 & 1 \end{bmatrix} \tag{13.78}$$

将方程 (13.59) 与方程 (13.70) 进行比较，可得材料属性矩阵的 PD 形式 $\mathbf{C}^{\mathrm{PD}}$ 为

$$\mathbf{C}^{\mathrm{PD}} = \frac{1}{2} \int_{H_\mathbf{x}} (c\mathbf{M} + d(\mathbf{N} - \mathbf{M})) |\boldsymbol{\xi}| dV_{\mathbf{x}'} \tag{13.79}$$

式中对于三维分析 $dV_\mathbf{x} = \xi^2 \sin\phi d\phi d\theta d\xi$，对于二维分析 $dV_\mathbf{x} = h\xi d\theta d\xi$，其中 $\xi = |\boldsymbol{\xi}|$ 是位置矢量的长度，角度变化范围为 $\phi \in (0, \pi)$ 和 $\theta \in (0, 2\pi)$。如图 13.2 所示，在原点位于 $\mathbf{x}$ 处的笛卡儿坐标系 (x_1, x_2, x_3) 下，物质点 $\mathbf{x}$ 和 $\mathbf{x}'$ 之间位置矢量 $\boldsymbol{\xi}$ 的分量 (ξ_1, ξ_2, ξ_3) 可以分别表示为 $n_1 = \xi_1/\xi = \sin\phi\cos\theta$、$n_2 = \xi_2/\xi = \sin\phi\sin\theta$ 和 $n_3 = \xi_3/\xi = \cos\phi$。

第十三章 键转动键型近场动力学

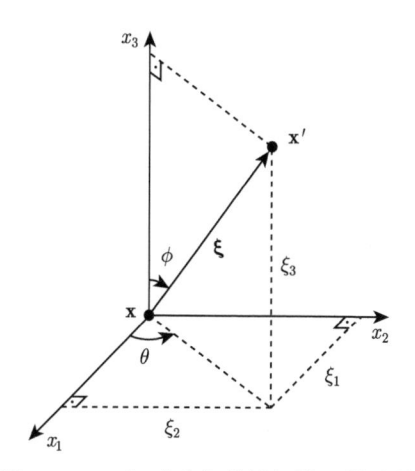

图 13.2 **x** 和 **x**′ 之间的键矢量 **ξ** 的分量

通过对方程 (13.79) 中的积分进行显式计算，对于三维分析，PD 材料属性矩阵的最终形式为

$$\mathbf{C}^{\mathrm{PD}} = \frac{\pi\delta^4}{30} \begin{bmatrix} 3c+2d & c-d & c-d & 0 & 0 & 0 \\ c-d & 3c+2d & c-d & 0 & 0 & 0 \\ c-d & c-d & 3c+2d & 0 & 0 & 0 \\ 0 & 0 & 0 & c+3d/2 & 0 & 0 \\ 0 & 0 & 0 & 0 & c+3d/2 & 0 \\ 0 & 0 & 0 & 0 & 0 & c+3d/2 \end{bmatrix} \tag{13.80}$$

在经典连续介质力学中，材料属性矩阵具有下列形式

$$\mathbf{C} = \begin{bmatrix} 2\mu+\lambda & \lambda & \lambda & 0 & 0 & 0 \\ \lambda & 2\mu+\lambda & \lambda & 0 & 0 & 0 \\ \lambda & \lambda & 2\mu+\lambda & 0 & 0 & 0 \\ 0 & 0 & 0 & \mu & 0 & 0 \\ 0 & 0 & 0 & 0 & \mu & 0 \\ 0 & 0 & 0 & 0 & 0 & \mu \end{bmatrix} \tag{13.81}$$

其中 λ 和 μ 表示 Lame 材料常数。令这些材料属性矩阵 (方程 (13.80) 和 (13.81)) 的系数对应相等，便可确定键常数 c 和 d 为

$$c = \frac{6}{\pi\delta^4}(2\mu+3\lambda) = \frac{6}{\pi\delta^4}\frac{E}{1-2\nu} \tag{13.82}$$

和

$$d = \frac{12}{\pi\delta^4}(\mu - \lambda) = \frac{6E}{\pi\delta^4}\frac{1-4\nu}{(1+\nu)(1-2\nu)} \tag{13.83}$$

其中 $\lambda = \frac{2\mu\nu}{1-2\nu}$ 和 $\mu = \frac{E}{2(1+\nu)}$。注意当泊松比 $\nu = 1/4$ 时，键常数 d 为零。

对于二维分析，PD 材料属性矩阵的最终形式变为

$$\mathbf{C}^{\text{PD}} = \frac{\pi h \delta^3}{24} \begin{bmatrix} 3c+d & c-d & 0 \\ c-d & 3c+d & 0 \\ 0 & 0 & c+d \end{bmatrix} \tag{13.84}$$

此时，在经典连续介质力学中，材料属性矩阵可以被写成

$$\mathbf{C} = \begin{bmatrix} D_1 & D_1 D_2 & 0 \\ D_1 D_2 & D_1 & 0 \\ 0 & 0 & D_1(1-D_2)/2 \end{bmatrix} \tag{13.85}$$

其中对于平面应力问题有 $D_1 = E/(1-\nu^2)$ 和 $D_2 = \nu$，对于平面应变问题有 $D_1 = E(1-\nu)/[(1+\nu)(1-2\nu)]$ 和 $D_2 = \nu/(1-\nu)$。类似地，令这些材料属性矩阵 (方程 (13.84) 和 (13.85)) 的系数对应相等，便可确定键常数 c 和 d 为

$$c = \frac{6D_1(1+D_2)}{\pi h \delta^3} \tag{13.86}$$

和

$$d = \frac{6D_1(1-3D_2)}{\pi h \delta^3} \tag{13.87}$$

其中 $\lambda = \frac{2\mu\nu}{1-2\nu}$ 和 $\mu = \frac{E}{2(1+\nu)}$。在平面应力条件下，这些常数变为

$$c = \frac{6}{\pi h \delta^3}\frac{E}{(1-\nu)} \tag{13.88}$$

和

$$d = \frac{6}{\pi h \delta^3}\frac{E(1-3\nu)}{(1-\nu^2)} \tag{13.89}$$

在平面应变条件下，它们变为

$$c = \frac{1}{\pi h \delta^3}\frac{6E}{(1+\nu)(1-2\nu)} \tag{13.90}$$

和

$$d = \frac{6}{\pi h \delta^3} \frac{E(1-4\nu)}{(1+\nu)(1-2\nu)} \tag{13.91}$$

13.7　键断裂准则

近场动力学理论可以通过物质点之间键的断裂来模拟裂纹的萌生和扩展。键是否断裂可以根据破坏准则确定，如临界伸长率准则 (Silling & Askari, 2005) 和临界相对旋转角度准则 (Zhang & Qiao, 2019)。

Silling 和 Askari (2005) 提出的临界伸长率准则对 I 型断裂下的键断裂具有物理意义，因为所有穿过潜在裂纹表面的键只会经历伸长。当满足此准则时，会导致所有键的对称断裂和裂纹表面的产生。但是，这与 II 型和 III 型断裂下的键变形并不一致，因为如图 13.3 所示，有些键可能经历伸长，而另一些键可能经历收缩。被拉伸的键最终会断裂；然而，经历收缩的键总是完好无损。这将导致反对称键断裂，因此临界伸长率准则无法明确定义裂纹表面 (Ren et al., 2016; Zhang & Qiao, 2019)。

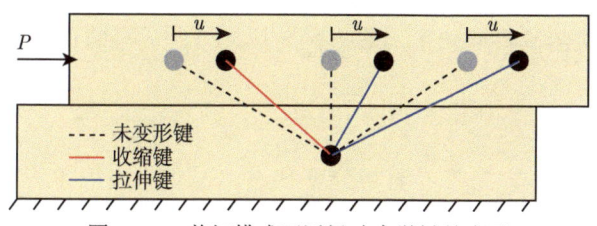

图 13.3　剪切模式下近场动力学键的变形

对于线弹性脆性材料，在开口和剪切断裂模式下，临界伸长率 s_c 和临界相对旋转角 γ_c 的值可以分别用其临界能量释放率 G_{Ic} 和 G_{IIc} 表示 (Silling & Askari, 2005; Zhang & Qiao, 2019)。因此，当两个物质点之间的伸长率 s 或两个键之间的相对旋转角 γ 超过其临界值时，键就会断裂。

通过下式给出的键状态参数对键之间的相互作用进行监测

$$\mu(\mathbf{x}' - \mathbf{x}) = \begin{cases} 1, & s \leqslant s_c \text{ 且 } \gamma \leqslant \gamma_c \\ 0, & s \geqslant s_c \text{ 或 } \gamma \geqslant \gamma_c \end{cases} \tag{13.92}$$

其中 $\mu(\mathbf{x}' - \mathbf{x})$ 表示连接点 $\mathbf{x}$ 和 $\mathbf{x}'$ 的键的状态。所以，通过不可逆地去除物质点之间的力密度矢量，可以在运动平衡方程中反映损伤。因此，载荷在物体内的物质点之间被重新分配，导致损伤以自主的方式成核和扩展。

根据点 $\mathbf{x}$ 与其族内所有键的相互作用状态，可由下式计算局部损伤 $\phi(\mathbf{x})$ (Silling & Askari, 2005)

$$\phi(\mathbf{x}) = 1 - \frac{\int_{H_{\mathbf{x}}} \mu(\mathbf{x}' - \mathbf{x}) dV_{\mathbf{x}'}}{\int_{H_{\mathbf{x}}} dV_{\mathbf{x}'}} \tag{13.93}$$

它被定义为一个物质点与其族成员之间断裂键数量与初始键总数的加权比。局部损伤的测量值是物体内部可能形成裂纹的一个指标。最初，一个物质点与其影响域内的所有物质点相互作用；因此，局部损伤值为 0。然而，裂纹的产生终止了其影响域内一半的相互作用，导致局部损伤值变为 1/2。

比较方程 (13.60) 和 (13.70)，可以得到微势的显式表达式为

$$\varpi = \frac{1}{2} \boldsymbol{\varepsilon}^{\mathrm{T}}(\mathbf{x}) \left(c \mathbf{M} + d \left(\mathbf{N} - \mathbf{M} \right) \right) |\boldsymbol{\xi}| \, \boldsymbol{\varepsilon}(\mathbf{x}) \tag{13.94}$$

通过考虑下列形式的临界应变状态，可以求出与各向同性膨胀对应的临界微势

$$\boldsymbol{\varepsilon}^{\mathrm{T}}(\mathbf{x}) = \left\{ \begin{array}{cccccc} s_{\mathrm{c}} & s_{\mathrm{c}} & s_{\mathrm{c}} & 0 & 0 & 0 \end{array} \right\} \tag{13.95}$$

其中 s_{c} 是键断裂的临界伸长率 (膨胀率)。因此，临界微势可由下式计算

$$\varpi_{\mathrm{c}}(s_{\mathrm{c}}) = \frac{1}{2} c \boldsymbol{\varepsilon}^{\mathrm{T}}(\mathbf{x}) \mathbf{M} |\boldsymbol{\xi}| \boldsymbol{\varepsilon}(\mathbf{x}) = \frac{1}{2} c |\boldsymbol{\xi}| s_{\mathrm{c}}^2 \tag{13.96}$$

通过考虑下列形式的临界剪切应变状态，可以求出简单剪切变形对应的临界微势

$$\boldsymbol{\varepsilon}^{\mathrm{T}}(\mathbf{x}) = \left\{ \begin{array}{cccccc} 0 & 0 & 0 & 0 & \gamma_{\mathrm{c}} & 0 \end{array} \right\} \tag{13.97}$$

其中 γ_{c} 是键断裂的临界相对旋转角度。因此，临界微势可由下式计算

$$\varpi_{\mathrm{c}}(\gamma_{\mathrm{c}}) = \frac{1}{2} \left(c n_2^2 n_3^2 + \frac{d}{4} \left(n_2^2 + n_3^2 - 4 n_2^2 n_3^2 \right) \right) |\boldsymbol{\xi}| \gamma_{\mathrm{c}}^2 \tag{13.98}$$

根据 $n_2 = \sin\phi \sin\theta$ 和 $n_3 = \cos\phi$，计算可得

$$\varpi_{\mathrm{c}}(\gamma_{\mathrm{c}}) = \frac{1}{8} \left(4 \left(c - d \right) \sin^2\phi \cos^2\phi \sin^2\theta - d \sin^2\phi \cos^2\theta + d \right) |\boldsymbol{\xi}| \gamma_{\mathrm{c}}^2 \tag{13.99}$$

根据 Silling 和 Askari(2005) 的推导，临界伸长率与临界能量释放率 G_{IC} 有关。根据图 13.4(a)，由各向同性膨胀引起的临界能量释放率可由下式计算

$$G_{\mathrm{IC}} = \int_0^{\delta} \left\{ \int_0^{2\pi} \int_z^{\delta} \int_0^{\arccos(z/\xi)} \varpi_{\mathrm{c}}(s_{\mathrm{c}}) \xi^2 \sin\phi d\phi d\xi d\theta \right\} dz \tag{13.100}$$

或者

$$G_{\text{IC}} = \frac{1}{2}cs_c^2 \int_0^\delta \left\{ \int_0^{2\pi} \int_z^\delta \int_0^{\arccos(z/\xi)} |\boldsymbol{\xi}|\,\xi^2 \sin\phi\, d\phi\, d\xi\, d\theta \right\} dz = \frac{1}{2}cs_c^2 \left(\frac{\pi\delta^5}{5} \right)$$

(13.101)

如图 13.4(a) 所示，这个积分表示破坏位于裂纹两侧的物质点之间的所有键 (微势) 所需的功的总和。

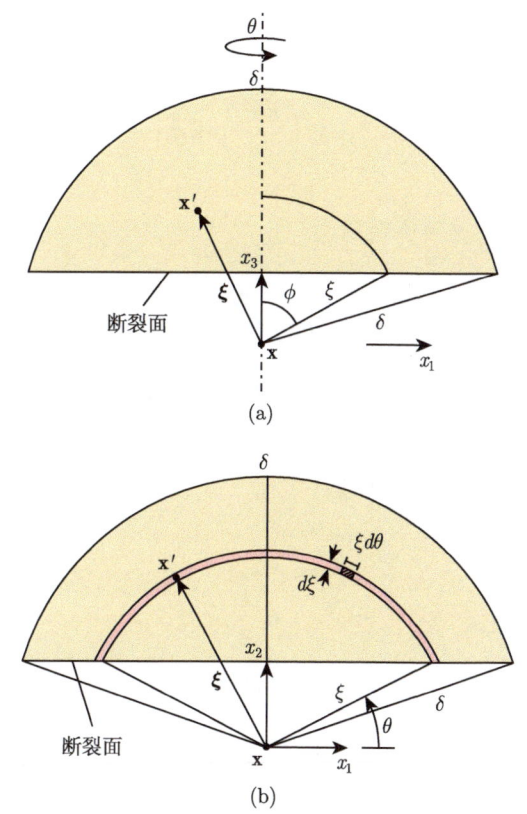

图 13.4 穿过断裂面的微势 (键) 的积分域

(a) 三维分析；(b) 二维分析

从而可以确定临界伸长率为

$$s_c = \sqrt{\frac{10}{\pi\delta^5}\frac{G_{\text{IC}}}{c}} \qquad (13.102)$$

类似地，临界相对旋转角也可以与临界能量释放率有关。由简单剪切变形引起的临界能量释放率 G_{IIC} 可由下式计算

$$G_{\text{IIC}} = \int_0^\delta \left\{ \int_0^{2\pi} \int_z^\delta \int_0^{\arccos(z/\xi)} \varpi_c(\gamma_c) \xi^2 \sin\phi d\phi d\xi d\theta \right\} dz \tag{13.103}$$

或者

$$G_{\text{IIC}} = \frac{1}{2}\gamma_c^2 \int_z^\delta \int_0^{2\pi} \int_z^\delta \int_0^{\arccos(z/\xi)} \begin{pmatrix} 4(c-d)\sin^2\phi\cos^2\phi\sin^2\theta \\ -d\sin^2\phi\cos^2\theta + d \end{pmatrix}$$
$$\times |\boldsymbol{\xi}|\,\xi^2 \sin\phi d\phi d\xi d\theta dz \tag{13.104}$$

或者

$$G_{\text{IIC}} = \frac{1}{2}\gamma_c^2 \left(4(c-d)\left(\frac{\pi\delta^5}{60}\right) - d\left(\frac{\pi\delta^5}{20}\right) + d\left(\frac{\pi\delta^5}{5}\right) \right) = \frac{\pi\delta^5}{120}(4c+5d)\gamma_c^2 \tag{13.105}$$

从而可以确定临界相对旋转角为

$$\gamma_c = \sqrt{\frac{120 G_{\text{IIC}}}{\pi\delta^5(4c+5d)}} \tag{13.106}$$

对于二维分析，通过考虑下列形式的临界应变状态，可以求出各向同性膨胀对应的临界微势

$$\boldsymbol{\varepsilon}^{\text{T}}(\mathbf{x}) = \left\{ \begin{matrix} s_c & s_c & 0 \end{matrix} \right\} \tag{13.107}$$

那么，临界微势可由下式求出

$$\varpi_c(s_c) = \frac{1}{2}c s_c^2 |\boldsymbol{\xi}| \tag{13.108}$$

通过考虑下列形式的临界剪切应变状态，可以求出简单剪切变形对应的临界微势

$$\boldsymbol{\varepsilon}^{\text{T}}(\mathbf{x}) = \left\{ \begin{matrix} 0 & 0 & \gamma_c \end{matrix} \right\} \tag{13.109}$$

那么，临界微势可由下式求出

$$\varpi_c(\gamma_c) = \frac{1}{2}\left((c-d)n_1^2 n_2^2 + \frac{d}{4} \right) \gamma_c^2 |\boldsymbol{\xi}| \tag{13.110}$$

其中 $n_1 = \cos\theta$ 和 $n_2 = \sin\theta$。

由各向同性膨胀引起的临界能量释放率 G_{IC} 可由下式计算

$$G_{\text{IC}} = h \int_0^\delta \left\{ \int_z^\delta \int_{\arcsin(z/\xi)}^{\pi-\arcsin(z/\xi)} \varpi_c(s_c) \xi d\phi d\xi \right\} dz \tag{13.111}$$

或者

$$G_{\mathrm{IC}} = hcs_\mathrm{c}^2 \int_0^\delta \left\{ \int_z^\delta \int_{\arcsin(z/\xi)}^{\pi-\arcsin(z/\xi)} |\boldsymbol{\xi}|\,\xi d\phi d\xi \right\} dz = \frac{1}{2}hcs_\mathrm{c}^2 \left(\frac{\delta^4}{2}\right) \qquad (13.112)$$

从而可以确定临界伸长率为

$$s_\mathrm{c} = \sqrt{\frac{4}{h\delta^4}\frac{G_{\mathrm{IC}}}{c}} \qquad (13.113)$$

类似地，由简单剪切变形引起的临界能量释放率 G_{IIC} 可由下列积分得到

$$G_{\mathrm{IIC}} = h \int_0^\delta \left\{ \int_z^\delta \int_{\arcsin(z/\xi)}^{\pi-\arcsin(z/\xi)} \varpi_\mathrm{c}(\gamma_\mathrm{c})\xi d\phi d\xi \right\} dz \qquad (13.114)$$

计算可得

$$\begin{aligned} G_{\mathrm{IIC}} = & \frac{1}{2}h\gamma_\mathrm{c}^2(c-d) \int_0^\delta \left\{ \int_z^\delta \int_{\arcsin(z/\xi)}^{\pi-\arcsin(z/\xi)} n_1^2 n_2^2 \xi^2 d\phi d\xi \right\} dz \\ & + \frac{1}{2}h\gamma_\mathrm{c}^2 \frac{d}{4} \int_0^\delta \left\{ \int_z^\delta \int_{\arcsin(z/\xi)}^{\pi-\arcsin(z/\xi)} \xi^2 d\phi d\xi \right\} dz \end{aligned} \qquad (13.115)$$

或者

$$G_{\mathrm{IIC}} = \frac{1}{2}h\gamma_\mathrm{c}^2(c-d)\left(\frac{\delta^4}{15}\right) + \frac{1}{2}h\gamma_\mathrm{c}^2 \frac{d}{4}\left(\frac{\delta^4}{2}\right) \qquad (13.116)$$

从而可以确定临界相对旋转角为

$$\gamma_\mathrm{c} = \sqrt{\frac{240 G_{\mathrm{IIC}}}{h\delta^4(8c+7d)}} \qquad (13.117)$$

通过推广 Zhang 和 Qiao (2019) 提出的偏转角概念，可以推导出任意两根键间的相对旋转角。如图 13.5 所示，两键 $\boldsymbol{\xi}' = \mathbf{x}' - \mathbf{x}$ 和 $\boldsymbol{\xi}'' = \mathbf{x}'' - \mathbf{x}$ 发生变形，在变形状态下分别变成 $(\mathbf{y}' - \mathbf{y})$ 和 $(\mathbf{y}'' - \mathbf{y})$。单位矢量 $\mathbf{N}$ 垂直于键 $\boldsymbol{\xi}'$ 和 $\boldsymbol{\xi}''$ 形成的平面。单位矢量 $\mathbf{n}'$ 和 $\mathbf{t}'$ 都在键 $\boldsymbol{\xi}'$ 和 $\boldsymbol{\xi}''$ 形成的平面上，它们分别沿 $\boldsymbol{\xi}'$ 的方向和垂直于 $\boldsymbol{\xi}'$ 的方向。

键 $\mathbf{y}'$ 的位置可以用下式描述

$$\mathbf{y}' = \mathbf{R}\,\boldsymbol{\xi}' \qquad (13.118)$$

其中 **R** 是逆时针方向的旋转矩阵，其定义如下

$$\mathbf{R} = \begin{bmatrix} \cos\varphi & -N_3\sin\varphi & N_2\sin\varphi \\ N_3\sin\varphi & \cos\varphi & -N_1\sin\varphi \\ -N_2\sin\varphi & N_1\sin\varphi & \cos\varphi \end{bmatrix} + \begin{bmatrix} N_1N_1 & N_1N_2 & N_1N_3 \\ N_1N_2 & N_2N_2 & N_2N_3 \\ N_1N_3 & N_2N_3 & N_3N_3 \end{bmatrix}(1-\cos\varphi) \tag{13.119}$$

对于二维分析，根据 $N_1 = N_2 = 0$ 和 $N_3 = 1$，上式可以被简化为

$$\mathbf{R} = \begin{bmatrix} \cos\varphi & -\sin\varphi & 0 \\ \sin\varphi & \cos\varphi & 0 \\ 0 & 0 & 1 \end{bmatrix} \tag{13.120}$$

矢量 $\boldsymbol{\xi}'$ 和 $\mathbf{y}'$ 之间的夹角被定义为 φ，可由下式确定

$$\varphi = \arccos\left(\frac{\boldsymbol{\xi}' \cdot \mathbf{y}'}{|\boldsymbol{\xi}'||\mathbf{y}'|}\right) \tag{13.121}$$

可以得到键 $\mathbf{y}''$ 相对于未变形状态的位置为

$$\mathbf{z}'' = \mathbf{R}^{\mathrm{T}}\mathbf{y}'' \tag{13.122}$$

如图 13.5 所示，键 $\boldsymbol{\xi}'$ 关于 $\boldsymbol{\xi}''$ 的相对旋转角可以被表示为

$$\gamma = \frac{|(\mathbf{z}'' - \boldsymbol{\xi}'') \cdot \mathbf{n}'|}{|\boldsymbol{\xi}'' \cdot \mathbf{t}'|} \tag{13.123}$$

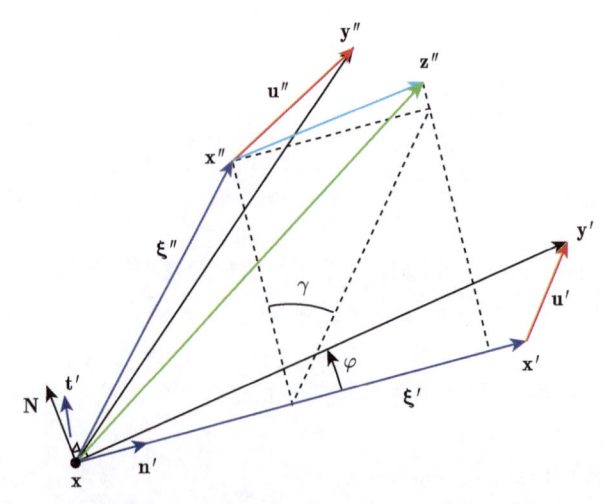

图 13.5 在物质点 **x** 处连接的键 $\boldsymbol{\xi}'$ 和 $\boldsymbol{\xi}''$ 之间的相对旋转 (偏转) 角 γ

13.8 数值实现

在没有惯性力的情况下，Silling (2000) 在 $\mathbf{x}$ 的参考构型上推导出 BB-PD 平衡方程为

$$\mathbf{L}(\mathbf{x}) + \mathbf{b}(\mathbf{x}) = 0 \tag{13.124}$$

其中 $\mathbf{b}$ 是外体力密度矢量，$\mathbf{L}(\mathbf{x})$ 是 PD 内力密度矢量，被定义为

$$\mathbf{L}(\mathbf{x}) = \int_{H_\mathbf{x}} \mathbf{f}(\mathbf{u}' - \mathbf{u}, \mathbf{x}' - \mathbf{x}) \, dV_{\mathbf{x}'} \tag{13.125}$$

其中 $dV_{\mathbf{x}'}$ 是物质点 $\mathbf{x}'$ 的体积。

通过将求解域划分成与积分 (物质) 点相关的 N 个特定体积，可以对方程 (13.125) 中的空间积分进行数值计算。在点 $\mathbf{x}_{(k)}$ 处 PD 平衡方程 (方程 (13.124)) 的离散形式可以被表示为

$$\mathbf{L}_{(k)} + \mathbf{b}_{(k)} = \sum_{j=1}^{N} m_{(k)(j)} \mathbf{f}_{(k)(j)} V_{(j)} + \mathbf{b}_{(k)} = \mathbf{0}, \quad 其中 \ k = 1, 2, \cdots, N \tag{13.126}$$

其中 $m_{(k)(j)}$ 作为点 $\mathbf{x}_{(k)}$ 的族索引。它被定义为

$$m_{(k)(j)} = \begin{cases} 1, & \mathbf{x}_{(j)} \in H_{(k)} \\ 0, & \mathbf{x}_{(j)} \notin H_{(k)} \end{cases} \tag{13.127}$$

如图 13.6 所示，其中 $H_{(k)}$ 表示物质点 $\mathbf{x}_{(k)}$ 的影响域 (积分域)。矢量 $\mathbf{f}_{(k)(j)}$ 表示物质点 $\mathbf{x}_{(j)}$ 对 $\mathbf{x}_{(k)}$ 施加的键力。这两点之间的相对位置矢量被定义为 $\boldsymbol{\xi}_{(k)(j)} = \mathbf{x}_{(j)} - \mathbf{x}_{(k)}$。每个占据有限体积 $V_{(k)}$ 的点都可以经历位移 $\mathbf{u}_{(k)}$，并且可能承受体载荷 $\mathbf{b}_{(k)}$ 的作用。

将方程 (13.126) 两边同时乘以 $\delta \mathbf{u}_{(k)} V_{(k)}$，然后计算来自所有物质点 $\mathbf{x}_{(k)}(k = 1, \cdots, N)$ 的贡献的总和，则区域内的总虚功可由下式计算

$$\sum_{k=1}^{N} \sum_{j=1}^{N} m_{(k)(j)} \delta \mathbf{u}_{(k)}^{\mathrm{T}} \mathbf{f}_{(k)(j)} V_{(j)} V_{(k)} + \sum_{k=1}^{N} \delta \mathbf{u}_{(k)}^{\mathrm{T}} \mathbf{b}_{(k)} V_{(k)} = 0 \tag{13.128}$$

其中 $\delta \mathbf{u}_{(k)}$ 为点 $\mathbf{x}_{(k)}$ 处的虚位移矢量。类似地，总虚功也可以用 $\mathbf{x}_{(j)}$ 作为主要的兴趣点来表示，通过交换指标 k 和 j，可以很容易地表示成

$$\sum_{j=1}^{N} \sum_{k=1}^{N} m_{(j)(k)} \delta \mathbf{u}_{(j)}^{\mathrm{T}} \mathbf{f}_{(j)(k)} V_{(k)} V_{(j)} + \sum_{j=1}^{N} \delta \mathbf{u}_{(j)}^{\mathrm{T}} \mathbf{b}_{(j)} V_{(j)} = 0 \tag{13.129}$$

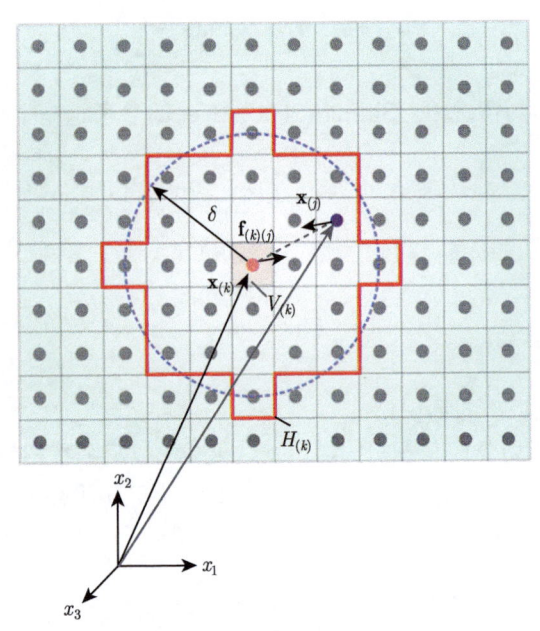

图 13.6　区域离散化以及 $\mathbf{x}_{(k)}$ 和 $\mathbf{x}_{(j)}$ 之间的键力

结合方程 (13.128) 和 (13.129)，可得

$$\sum_{k=1}^{N}\sum_{j=1}^{N}\left(m_{(k)(j)}\delta\mathbf{u}_{(k)}^{\mathrm{T}}\mathbf{f}_{(k)(j)} + m_{(j)(k)}\delta\mathbf{u}_{(j)}^{\mathrm{T}}\mathbf{f}_{(j)(k)}\right)V_{(j)}V_{(k)} + 2\sum_{k=1}^{N}\delta\mathbf{u}_{(k)}^{\mathrm{T}}\mathbf{b}_{(k)}V_{(k)} = \mathbf{0} \tag{13.130}$$

或者

$$\sum_{k=1}^{N}\sum_{j=1}^{N}\left\{\begin{array}{c}\delta\mathbf{u}_{(k)}\\ \delta\mathbf{u}_{(j)}\end{array}\right\}^{\mathrm{T}}\left\{\begin{array}{c}m_{(k)(j)}\mathbf{f}_{(k)(j)}\\ m_{(j)(k)}\mathbf{f}_{(j)(k)}\end{array}\right\}V_{(j)}V_{(k)} + 2\sum_{k=1}^{N}\delta\mathbf{u}_{(k)}^{\mathrm{T}}\mathbf{b}_{(k)}V_{(k)} = \mathbf{0} \tag{13.131}$$

值得注意，如果 $\mathbf{x}_{(k)} \in H_{(j)}$，那么 $\mathbf{x}_{(j)} \in H_{(k)}$，则 $m_{(k)(j)} = m_{(j)(k)} = 1$。同样，如果 $\mathbf{x}_{(k)} \notin H_{(j)}$，那么 $\mathbf{x}_{(j)} \notin H_{(k)}$，则 $m_{(k)(j)} = m_{(j)(k)} = 0$，从而导致没有键力，即 $\mathbf{f}_{(k)(j)} = \mathbf{f}_{(j)(k)} = \mathbf{0}$。因此，方程 (13.131) 可以被改写为

$$\sum_{k=1}^{N}\sum_{j=1}^{K}\left\{\begin{array}{c}\delta\mathbf{u}_{(k)}\\ \delta\mathbf{u}_{(j)}\end{array}\right\}^{\mathrm{T}}\left\{\begin{array}{c}\mathbf{f}_{(k)(j)}\\ \mathbf{f}_{(j)(k)}\end{array}\right\}V_{(j)}V_{(k)} + 2\sum_{k=1}^{N}\delta\mathbf{u}_{(k)}^{\mathrm{T}}\mathbf{b}_{(k)}V_{(k)} = \mathbf{0} \tag{13.132}$$

其中 K 表示物质点 $\mathbf{x}_{(k)}$ 的族成员数。

这个方程可以被改写成下列整体方程组的形式

$$\delta\mathbf{v}^{\mathrm{T}}\left(\mathbf{F} - 2\mathbf{F}^{*}\right) = \mathbf{0} \tag{13.133}$$

其中 $\mathbf{F}$ 表示所有内键力矢量。由未知量组成的虚矢量 $\delta\mathbf{v}$ 和施加的体载荷矢量 $\mathbf{F}^*$ 被定义为

$$\delta\mathbf{v}^{\mathrm{T}} = \left\{\delta\mathbf{u}_{(1)}^{\mathrm{T}}, \delta\mathbf{u}_{(2)}^{\mathrm{T}}, \cdots, \delta\mathbf{u}_{(N)}^{\mathrm{T}}\right\} \tag{13.134}$$

和

$$\mathbf{F}^{*\mathrm{T}} = \left\{\mathbf{b}_{(1)}^{\mathrm{T}}V_{(1)}, \mathbf{b}_{(2)}^{\mathrm{T}}V_{(2)}, \cdots, \mathbf{b}_{(N)}^{\mathrm{T}}V_{(N)}\right\} \tag{13.135}$$

对于任意虚位移，由方程 (13.133) 可推导出整体矩阵平衡方程为

$$\frac{1}{2}\mathbf{F} = \mathbf{F}^* \tag{13.136}$$

根据方程 (13.55)，力密度矢量 $\mathbf{f}_{(k)(j)}$ 可以用离散形式表示为

$$\mathbf{f}_{(k)(j)}(\mathbf{u}_{(j)} - \mathbf{u}_{(k)}, \mathbf{x}_{(j)} - \mathbf{x}_{(k)}) = \bar{\mathbf{L}}_{(k)(j)}\mathbf{u}_{(j)} - \bar{\mathbf{L}}_{(k)(j)}\mathbf{u}_{(k)} - \frac{\bar{\mathbf{D}}_{(k)(j)}}{|\boldsymbol{\xi}_{(k)(j)}|}\bar{\boldsymbol{\omega}}_{(k)(j)}\boldsymbol{\xi}_{(k)(j)} \tag{13.137}$$

其中

$$\bar{\mathbf{L}}_{(k)(j)} = \frac{1}{|\boldsymbol{\xi}_{(k)(j)}|}\left(\bar{\mathbf{C}}_{(k)(j)} + \bar{\mathbf{D}}_{(k)(j)}\right) \tag{13.138}$$

根据方程 (13.58) 中的定义，离散形式的键平均 RBR $\bar{\boldsymbol{\omega}}_{(k)(j)}\boldsymbol{\xi}_{(k)(j)}$ 变为

$$\bar{\boldsymbol{\omega}}_{(k)(j)}\boldsymbol{\xi}_{(k)(j)} = \frac{1}{2}\boldsymbol{\omega}_{(k)}\boldsymbol{\xi}_{(k)(j)} + \frac{1}{2}\boldsymbol{\omega}_{(j)}\boldsymbol{\xi}_{(k)(j)} \tag{13.139}$$

RBR 项 $\boldsymbol{\omega}_{(k)}\boldsymbol{\xi}_{(k)(j)}$ 和 $\boldsymbol{\omega}_{(j)}\boldsymbol{\xi}_{(k)(j)}$ 可以被显式表示为

$$\boldsymbol{\omega}_{(k)}\boldsymbol{\xi}_{(k)(j)} = \mathbf{M}_{(k)(j)}\mathbf{u}_{(k)} \tag{13.140}$$

和

$$\boldsymbol{\omega}_{(j)}\boldsymbol{\xi}_{(k)(j)} = \mathbf{M}_{(k)(j)}\mathbf{u}_{(j)} \tag{13.141}$$

其中 $\mathbf{M}_{(k)(j)}$ 是微分算子矩阵，被定义为

$$\mathbf{M}_{(k)(j)} = \frac{1}{2}\begin{bmatrix} \xi_{2(k)(j)}\dfrac{\partial}{\partial x_2} + \xi_{3(k)(j)}\dfrac{\partial}{\partial x_3} & -\xi_{2(k)(j)}\dfrac{\partial}{\partial x_1} & -\xi_{3(k)(j)}\dfrac{\partial}{\partial x_1} \\ -\xi_{1(k)(j)}\dfrac{\partial}{\partial x_2} & \xi_{1(k)(j)}\dfrac{\partial}{\partial x_1} + \xi_{3(k)(j)}\dfrac{\partial}{\partial x_3} & -\xi_{3(k)(j)}\dfrac{\partial}{\partial x_2} \\ -\xi_{1(k)(j)}\dfrac{\partial}{\partial x_3} & -\xi_{2(k)(j)}\dfrac{\partial}{\partial x_3} & \xi_{1(k)(j)}\dfrac{\partial}{\partial x_1} + \xi_{2(k)(j)}\dfrac{\partial}{\partial x_2} \end{bmatrix} \tag{13.142}$$

利用近场动力学微分算子 (PDDO), 可推导出 $\mathbf{M}_{(k)(j)}\mathbf{u}_{(k)}$ 和 $\mathbf{M}_{(k)(j)}\mathbf{u}_{(j)}$ 的 PD 表示为

$$\mathbf{M}_{(k)(j)}\mathbf{u}_{(\alpha)} = -\sum_{\ell=1}^{K} \mathbf{G}_{(k)(j)}^{(\alpha_\ell)}\mathbf{u}_{(\alpha)} + \sum_{\ell=1}^{K} \mathbf{G}_{(k)(j)}^{(\alpha_\ell)}\mathbf{u}_{(\alpha_\ell)}, \quad \text{其中 } (\alpha = k, j) \quad (13.143)$$

其中 $\mathbf{u}_{(\alpha_\ell)}(\ell = 1, \cdots, K \text{ 或 } J)$ 是物质点 $\mathbf{x}_{(\alpha)}$ 的第 ℓ 个族成员的位移矢量。PD 函数的矩阵 $\mathbf{G}_{(k)(j)}^{(\alpha_\ell)}(\alpha = k, j)$ 被定义为

$$\mathbf{G}_{(k)(j)}^{(\alpha_\ell)} = \frac{1}{2} \begin{bmatrix} \xi_{2(k)(j)} g_{2(\alpha_\ell)}^{010} + \xi_{3(k)(j)} g_{2(\alpha_\ell)}^{001} & -\xi_{2(k)(j)} g_{2(\alpha_\ell)}^{100} & -\xi_{3(k)(j)} g_{2(\alpha_\ell)}^{100} \\ -\xi_{1(k)(j)} g_{2(\alpha_\ell)}^{010} & \xi_{1(k)(j)} g_{2(\alpha_\ell)}^{100} + \xi_{3(k)(j)} g_{2(\alpha_\ell)}^{001} & -\xi_{3(k)(j)} g_{2(\alpha_\ell)}^{010} \\ -\xi_{1(k)(j)} g_{2(\alpha_\ell)}^{001} & -\xi_{2(k)(j)} g_{2(\alpha_\ell)}^{001} & \xi_{1(k)(j)} g_{2(\alpha_\ell)}^{100} + \xi_{2(k)(j)} g_{2(\alpha_\ell)}^{010} \end{bmatrix} \quad (13.144)$$

在简洁形式下, RBR 项 $\boldsymbol{\omega}_{(k)}\boldsymbol{\xi}_{(k)(j)}$ 和 $\boldsymbol{\omega}_{(j)}\boldsymbol{\xi}_{(k)(j)}$ 可以被改写为

$$\boldsymbol{\omega}_{(\alpha)}\boldsymbol{\xi}_{(k)(j)} = \mathbf{H}_{(k)(j)}^{(\alpha)}\mathbf{v}_{(\alpha)}, \quad \text{其中 } (\alpha = k, j) \quad (13.145)$$

其中矢量 $\mathbf{v}_{(\alpha)}(\alpha = k, j)$ 分别包括了点 $\mathbf{x}_{(k)}$ 和 $\mathbf{x}_{(j)}$ 族内所有物质点的位移。它们被定义为

$$\mathbf{v}_{(k)}^{\mathrm{T}} = \left\{ \begin{array}{cccc} \mathbf{u}_{(k)}^{\mathrm{T}} & \mathbf{u}_{(k_1)}^{\mathrm{T}} & \mathbf{u}_{(k_2)}^{\mathrm{T}} & \cdots & \mathbf{u}_{(k_K)}^{\mathrm{T}} \end{array} \right\} \quad (13.146)$$

和

$$\mathbf{v}_{(j)}^{\mathrm{T}} = \left\{ \begin{array}{cccc} \mathbf{u}_{(j)}^{\mathrm{T}} & \mathbf{u}_{(j_1)}^{\mathrm{T}} & \mathbf{u}_{(j_2)}^{\mathrm{T}} & \cdots & \mathbf{u}_{(j_J)}^{\mathrm{T}} \end{array} \right\} \quad (13.147)$$

相应地, $(3 \times 3K)$ 阶矩阵 $\mathbf{H}_{(k)(j)}^{(k)}$ 和 $(3 \times 3J)$ 阶矩阵 $\mathbf{H}_{(k)(j)}^{(j)}$ 被定义为

$$\mathbf{H}_{(k)(j)}^{(k)} = \left[-\sum_{\ell=1}^{K} \mathbf{G}_{(k)(j)}^{(k_\ell)} \quad \mathbf{G}_{(k)(j)}^{(k_1)} \quad \mathbf{G}_{(k)(j)}^{(k_2)} \quad \cdots \quad \mathbf{G}_{(k)(j)}^{(k_K)} \right] \quad (13.148)$$

和

$$\mathbf{H}_{(k)(j)}^{(j)} = \left[-\sum_{\ell=1}^{J} \mathbf{G}_{(k)(j)}^{(j_\ell)} \quad \mathbf{G}_{(k)(j)}^{(j_1)} \quad \mathbf{G}_{(k)(j)}^{(j_2)} \quad \cdots \quad \mathbf{G}_{(k)(j)}^{(j_J)} \right] \quad (13.149)$$

最后, 方程 (13.137) 中的平均 RBR 项 $\bar{\boldsymbol{\omega}}_{(k)(j)}\boldsymbol{\xi}_{(k)(j)}$ 用位移矢量 $\mathbf{v}_{(k)}$ 和 $\mathbf{v}_{(j)}$ 可表示为

$$\bar{\boldsymbol{\omega}}_{(k)(j)}\boldsymbol{\xi}_{(k)(j)} = \frac{1}{2} \left[\mathbf{H}_{(k)(j)}^{(k)} \quad \mathbf{H}_{(k)(j)}^{(j)} \right] \left\{ \begin{array}{c} \mathbf{v}_{(k)} \\ \mathbf{v}_{(j)} \end{array} \right\} \quad (13.150)$$

值得注意的是，平均 RBR 项取决于 $\mathbf{x}_{(k)}$ 和 $\mathbf{x}_{(j)}$ 族内物质点的位移。如图 13.7 所示，有些物质点为物质点 $\mathbf{x}_{(k)}$ 和 $\mathbf{x}_{(j)}$ 的族所共有。在这种情况下，与这些公共点相关的位移必须被组装到整体矩阵中的相同位置。

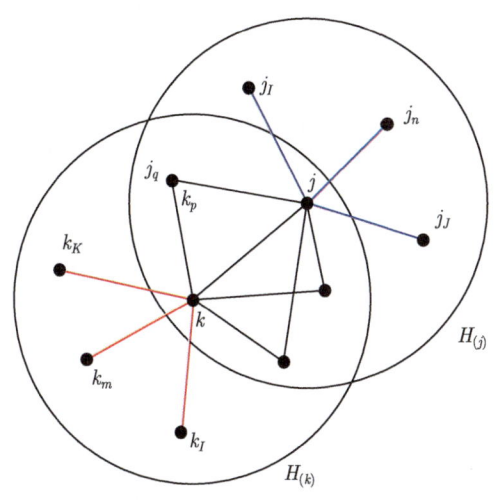

图 13.7 物质点 $\mathbf{x}_{(k)}$ 和 $\mathbf{x}_{(j)}$ 的族成员

因此，方程 (13.137) 中的项 $\bar{\mathbf{L}}_{(k)(j)}\mathbf{u}_{(k)}$ 和 $\bar{\mathbf{L}}_{(k)(j)}\mathbf{u}_{(j)}$ 可被改写为

$$\bar{\mathbf{L}}_{(k)(j)}\mathbf{u}_{(\alpha)} = \bar{\mathbf{L}}_{(k)(j)}\mathbf{B}_{(\alpha)}\mathbf{v}_{(\alpha)}, \quad \text{其中 } (\alpha = k, j) \tag{13.151}$$

其中矩阵 $\mathbf{B}_{(k)}$ 和 $\mathbf{B}_{(j)}$ 的维数分别为 $(3 \times 3K)$ 和 $(3 \times 3J)$，它们被定义为

$$\mathbf{B}_{(\alpha)} = \begin{bmatrix} \mathbf{I} & \mathbf{0} & \mathbf{0} & \cdots & \mathbf{0} \end{bmatrix}, \quad \text{其中 } (\alpha = k, j) \tag{13.152}$$

将方程 (13.150)~(13.152) 代入方程 (13.137)，可以推导出用位移矢量 $\mathbf{v}_{(k)}$ 和 $\mathbf{v}_{(j)}$ 表示的力密度矢量 $\mathbf{f}_{(k)(j)}$ 的表达式为

$$\mathbf{f}_{(k)(j)} = \mathbf{S}_{(k)(j)}\mathbf{v}_{(k)} + \mathbf{Q}_{(k)(j)}\mathbf{v}_{(j)} \tag{13.153}$$

子矩阵 $\mathbf{S}_{(k)(j)}$ 和 $\mathbf{Q}_{(k)(j)}$ 的维数分别为 $(3 \times 3K)$ 和 $(3 \times 3J)$，其定义为

$$\mathbf{S}_{(k)(j)} = -\left(\bar{\mathbf{L}}_{(k)(j)}\mathbf{B}_{(k)} + \frac{1}{2}\frac{\bar{\mathbf{D}}_{(k)(j)}}{|\boldsymbol{\xi}_{(k)(j)}|}\mathbf{H}_{(k)(j)}^{(k)} \right) \tag{13.154}$$

和

$$\mathbf{Q}_{(k)(j)} = \left(\bar{\mathbf{L}}_{(k)(j)}\mathbf{B}_{(j)} - \frac{1}{2}\frac{\bar{\mathbf{D}}_{(k)(j)}}{|\boldsymbol{\xi}_{(k)(j)}|}\mathbf{H}_{(k)(j)}^{(j)} \right) \tag{13.155}$$

或者，力密度矢量可以被改写为

$$\left\{\begin{array}{c} \mathbf{f}_{(k)(j)} \\ \mathbf{f}_{(j)(k)} \end{array}\right\} = \left[\begin{array}{cc} \mathbf{S}_{(k)(j)} & \mathbf{Q}_{(k)(j)} \\ -\mathbf{S}_{(k)(j)} & -\mathbf{Q}_{(k)(j)} \end{array}\right] \left\{\begin{array}{c} \mathbf{v}_{(k)} \\ \mathbf{v}_{(j)} \end{array}\right\} \tag{13.156}$$

其中子矩阵可被进一步计算并改写为

$$\mathbf{S}_{(k)(j)} = \left[\begin{array}{cccc} \mathbf{S}_{(k)(j)}^{(k)} & \mathbf{S}_{(k)(j)}^{(k_1)} & \mathbf{S}_{(k)(j)}^{(k_2)} & \cdots & \mathbf{S}_{(k)(j)}^{(k_K)} \end{array}\right] \tag{13.157}$$

和

$$\mathbf{Q}_{(k)(j)} = \left[\begin{array}{cccc} \mathbf{Q}_{(k)(j)}^{(k)} & \mathbf{Q}_{(k)(j)}^{(k_1)} & \mathbf{Q}_{(k)(j)}^{(k_2)} & \cdots & \mathbf{Q}_{(k)(j)}^{(k_K)} \end{array}\right] \tag{13.158}$$

其中

$$\mathbf{S}_{(k)(j)}^{(k)} = -\bar{\mathbf{L}}_{(k)(j)} - \frac{1}{2}\frac{\bar{\mathbf{D}}_{(k)(j)}}{\left|\boldsymbol{\xi}_{(k)(j)}\right|}\sum_{\ell=1}^{K}\mathbf{G}_{(k)(j)}^{(k_\ell)} \tag{13.159}$$

$$\mathbf{S}_{(k)(j)}^{(k_\ell)} = -\frac{1}{2}\frac{\bar{\mathbf{D}}_{(k)(j)}}{\left|\boldsymbol{\xi}_{(k)(j)}\right|}\mathbf{G}_{(k)(j)}^{(k_\ell)}, \quad \ell = 1, \cdots, K \tag{13.160}$$

$$\mathbf{Q}_{(k)(j)}^{(k)} = \bar{\mathbf{L}}_{(k)(j)} - \frac{1}{2}\frac{\bar{\mathbf{D}}_{(k)(j)}}{\left|\boldsymbol{\xi}_{(k)(j)}\right|}\sum_{\ell=1}^{K}\mathbf{G}_{(k)(j)}^{(k_\ell)} \tag{13.161}$$

和

$$\mathbf{Q}_{(k)(j)}^{(k_\ell)} = -\frac{1}{2}\frac{\bar{\mathbf{D}}_{(k)(j)}}{\left|\boldsymbol{\xi}_{(k)(j)}\right|}\mathbf{G}_{(k)(j)}^{(k_\ell)}, \quad \ell = 1, \cdots, J \tag{13.162}$$

键矢量 $\mathbf{f}_{(k)(j)}$ 的显式形式可以被改写为

$$\mathbf{f}_{(k)(j)} = \mathbf{T}_{(k)(j)}\mathbf{v}_{(k)(j)} \tag{13.163}$$

其中

$$\mathbf{T}_{(k)(j)} = \left[\begin{array}{ccccc} \mathbf{S}_{(k)(j)}^{(k)} & \mathbf{S}_{(k)(j)}^{(k_1)} & \cdots & \mathbf{S}_{(k)(j)}^{(k_m)} & \cdots \\ \mathbf{S}_{(k)(j)}^{(k_p)} & \cdots & \mathbf{S}_{(k)(j)}^{(k_K)} & \mathbf{Q}_{(k)(j)}^{(j)} & \mathbf{Q}_{(k)(j)}^{(j_1)} \\ \cdots & \mathbf{Q}_{(k)(j)}^{(j_n)} & \cdots & \mathbf{Q}_{(k)(j)}^{(j_q)} & \cdots & \mathbf{Q}_{(k)(j)}^{(j_J)} \end{array}\right]_{3\times(3K+3J)}$$

$$\tag{13.164}$$

和

$$\begin{aligned}\mathbf{v}_{(k)(j)}^{\mathrm{T}} = \Big\{ &\mathbf{u}_{(k)}^{\mathrm{T}}, \mathbf{u}_{(k_1)}^{\mathrm{T}}, \cdots, \mathbf{u}_{(k_m)}^{\mathrm{T}}, \cdots, \mathbf{u}_{(k_p)}^{\mathrm{T}}, \cdots, \mathbf{u}_{(k_K)}^{\mathrm{T}}, \\ &\mathbf{u}_{(j)}^{\mathrm{T}}, \mathbf{u}_{(j_1)}^{\mathrm{T}}, \cdots, \mathbf{u}_{(j_n)}^{\mathrm{T}}, \cdots, \mathbf{u}_{(j_q)}^{\mathrm{T}}, \cdots, \mathbf{u}_{(jJ)}^{\mathrm{T}} \Big\} \end{aligned} \tag{13.165}$$

值得注意的是，特殊值 $\nu = 1/4$ 或者 $\nu = 1/3$ 使得 $\bar{\mathbf{D}}_{(k)(j)} = \mathbf{0}$，那么此时方程 (13.156) 中的力密度矢量 $\mathbf{f}_{(k)(j)}$ 和 $\mathbf{f}_{(j)(k)}$ 可以被简化为

$$\left\{ \begin{array}{c} \mathbf{f}_{(k)(j)} \\ \mathbf{f}_{(j)(k)} \end{array} \right\} = \frac{1}{|\boldsymbol{\xi}_{(k)(j)}|} \left[\begin{array}{cc} -\bar{\mathbf{C}}_{(k)(j)} \mathbf{B}_{(k)} & \mathbf{C}_{(k)(j)} \mathbf{B}_{(j)} \\ \bar{\mathbf{C}}_{(k)(j)} \mathbf{B}_{(k)} & -\mathbf{C}_{(k)(j)} \mathbf{B}_{(j)} \end{array} \right] \left\{ \begin{array}{c} \mathbf{v}_{(k)} \\ \mathbf{v}_{(j)} \end{array} \right\} \tag{13.166}$$

或者

$$\left\{ \begin{array}{c} \mathbf{f}_{(k)(j)} \\ \mathbf{f}_{(j)(k)} \end{array} \right\} = \frac{1}{|\boldsymbol{\xi}_{(k)(j)}|} \left[\begin{array}{cc} -\bar{\mathbf{C}}_{(k)(j)} & \bar{\mathbf{C}}_{(k)(j)} \\ \bar{\mathbf{C}}_{(k)(j)} & -\bar{\mathbf{C}}_{(k)(j)} \end{array} \right] \left\{ \begin{array}{c} \mathbf{u}_{(k)} \\ \mathbf{u}_{(j)} \end{array} \right\} \tag{13.167}$$

整体内力矢量 $\mathbf{F}$ 可以用整体刚度矩阵 $\mathbf{K}$ 和位移矢量 $\mathbf{V}$ 表示成

$$\mathbf{F} = \mathbf{K}\mathbf{V} \tag{13.168}$$

其中

$$\mathbf{F} = \sum_{k=1}^{N} \sum_{j=1}^{K} \mathbf{F}_{(k)(j)} \tag{13.169}$$

$$\mathbf{K} = \sum_{k=1}^{N} \sum_{j=1}^{K} \mathbf{K}_{(k)(j)} \tag{13.170}$$

和

$$\begin{aligned}\mathbf{V}^{\mathrm{T}} = \Big\{ &\mathbf{u}_{(1)}^{\mathrm{T}}, \sim, \mathbf{u}_{(k)}^{\mathrm{T}}, \sim, \mathbf{u}_{(k_m)}^{\mathrm{T}}, \sim, \mathbf{u}_{(k_p)}^{\mathrm{T}} = \mathbf{u}_{(j_q)}^{\mathrm{T}}, \\ &\sim \mathbf{u}_{(k_K)}^{\mathrm{T}}, \sim, \mathbf{u}_{(j)}^{\mathrm{T}}, \sim, \mathbf{u}_{(j_n)}^{\mathrm{T}}, \sim, \mathbf{u}_{(jJ)}^{\mathrm{T}}, \sim, \mathbf{u}_{(N)}^{\mathrm{T}} \Big\}_{3N} \end{aligned} \tag{13.171}$$

其中矢量 $\mathbf{F}_{(k)(j)}$ 和矩阵 $\mathbf{K}_{(k)(j)}$ 被定义为

$$\mathbf{F}_{(k)(j)} = \left\{ \cdots, \mathbf{f}_{(k)(j)}^{\mathrm{T}} V_{(k)} V_{(j)}, \cdots \quad \cdots \quad \cdots, \mathbf{f}_{(j)(k)}^{\mathrm{T}} V_{(k)} V_{(j)}, \cdots \right\}^{\mathrm{T}} \tag{13.172}$$

和

$$\mathbf{K}_{(k)(j)} = \begin{bmatrix} \ddots & \vdots & & \vdots & \\ \cdots & \mathbf{S}_{(k)(j)}^{(k)} + \mathbf{Q}_{(k)(j)}^{(j_3)} & \sim & \mathbf{S}_{(k)(j)}^{(k_m)} & \sim \\ & \vdots & & \vdots & \\ \cdots & -\mathbf{S}_{(k)(j)}^{(k)} - \mathbf{Q}_{(k)(j)}^{(j_3)} & \sim & \mathbf{S}_{(k)(j)}^{(k_m)} & \sim \\ & \vdots & & & \\ & \vdots & & \vdots & \\ & \mathbf{S}_{(k)(j)}^{(k_p)} + \mathbf{Q}_{(k)(j)}^{(j_q)} & \sim & \mathbf{S}_{(k)(j)}^{(k_K)} & \sim \\ & \vdots & & \vdots & \\ & -\mathbf{S}_{(k)(j)}^{(k_p)} - \mathbf{Q}_{(k)(j)}^{(j_q)} & \sim & -\mathbf{S}_{(k)(j)}^{(k_K)} & \sim \\ & \vdots & & \vdots & \\ \sim & \mathbf{Q}_{(k)(j)}^{(j)} + \mathbf{S}_{(k)(j)}^{(k_4)} & \sim & \mathbf{Q}_{(k)(j)}^{(j_n)} & \sim & \mathbf{Q}_{(k)(j)}^{(j_J)} & \cdots \\ & \vdots & & \vdots & & \vdots & \\ \sim & -\mathbf{Q}_{(k)(j)}^{(j)} - \mathbf{S}_{(k)(j)}^{(k_4)} & \sim & -\mathbf{Q}_{(k)(j)}^{(j_n)} & \sim & -\mathbf{Q}_{(k)(j)}^{(j_J)} & \cdots \\ & \vdots & \ddots & \vdots & & \vdots & \end{bmatrix} V_{(k)} V_{(j)}$$

(13.173)

在这些方程中，虚线符号和空白区域表示 (3×3) 阶零子矩阵，而波浪符号表示非零子矩阵区域。另外，矢量 $\mathbf{F}_{(k)(j)}$ 和 $\mathbf{V}$ 是 $3N$ 阶的，矩阵 $\mathbf{K}_{(k)(j)}$ 是 $(3N\times 3N)$ 阶的。

虽然显式算法适用于破坏的萌生与扩展，并且能简单实现对 PD 方程的求解，但它需要非常小的时间步长以保持数值稳定性。因此，这是一个计算挑战，尤其是在准静态加载下破坏开始之前。通过使用隐式求解器，如双共轭梯度稳定化 (BICGSTAB) 方法，可以显著减少计算时间。最近，Ni 等 (2019) 提出了一种隐式静态求解流程,以一种有效的方式模拟损伤演化过程,并能确定结构破坏载荷和裂纹扩展路径。或者,如 Hu 等 (2018) 所提出的,通过构造一个整体集总质量矩阵以及一种混合隐式/显式时间积分格式,也可以进行显式分析。

通过采用 Ni 等 (2019) 提出的增量迭代求解流程,可以得到控制方程 (13.168) 的隐式解。该算法的具体步骤可以描述为:

1. 指定初始加载系数 λ_0、最终加载系数 λ_f、增量加载系数 $\Delta\lambda$ 以及加载步数 $k=0$ 和迭代数 $j=1$。注意,初始加载系数 λ_0 应该足够小,以使任何键都不会发生损伤。

2. 指定 I 型和 II 型临界能量释放率 G_{Ic} 和 G_{IIc},从而计算临界伸长率 s_c 和临界旋转角 γ_c。

3. 指定每次迭代允许键断裂的最大数量 m。如果没有指定,每次迭代中所有超过临界值 s_c 和 γ_c 的键都会断裂。

4. 计算系统刚度矩阵,对于 λ_0 求解下列平衡方程

$$\mathbf{K}_0^1 \mathbf{V}_0^1 = \lambda_0 \mathbf{F} \tag{13.174}$$

5. 对每根键计算 $\bar{s}_i = s_i/s_c$ 和 $\bar{\gamma}_i = \gamma_i/\gamma_c$,其中下标 i 表示键索引,且有 $(i=1,\cdots,N)$,而 N 表示区域中键的总数量。然后,对于每根键,选择 $\bar{s}_i$ 和 $\bar{\gamma}_i$ 中较大的一个存储在数组 a_i 中,即

$$a_i = \begin{cases} \bar{s}_i, & \text{当 } \bar{s}_i > \bar{\gamma}_i \\ \bar{\gamma}_i, & \text{当 } \bar{\gamma}_i > \bar{s}_i \end{cases}, \quad \text{其中 } (i=1,\cdots,N) \tag{13.175}$$

6. 利用数组 a_i 中的最大值确定键索引 ℓ,即

$$a_\ell = \max(a_i) \tag{13.176}$$

7. 根据下式计算下一个加载系数

$$\lambda_1 = \lambda_0/a_\ell \tag{13.177}$$

为了在单个步骤中实现第一个键破坏,执行步骤 4 到步骤 7。

8. 根据 λ_1、加载步数 $k=1$ 和迭代数 $j=1$ 继续执行下一步。

9. 计算系统刚度矩阵,对于 λ_1 求解下列平衡方程

$$\mathbf{K}_1^j \mathbf{V}_1^j = \lambda_1 \mathbf{F} \tag{13.178}$$

10. 利用解矢量 $\mathbf{V}_1^j$，对每个未断裂的键，计算 $\bar{s}_i = s_i/s_c$ 和 $\bar{\gamma}_i = \gamma_i/\gamma_c$，并在数组 a_i 中存储 $\bar{s}_i = s_i/s_c$ 和 $\bar{\gamma}_i = \gamma_i/\gamma_c$ 中较大的一个，即

$$a_i = \begin{cases} 略过, & 当键 i 已断开 \\ \bar{s}_i, & 当 \bar{s}_i > \bar{\gamma}_i \\ \bar{\gamma}_i, & 当 \bar{\gamma}_i > \bar{s}_i \end{cases} \tag{13.179}$$

11. 将 a_i 按降序排列为

$$a_{\ell_1} > a_{\ell_2} > \cdots > a_{\ell_m} > a_i \quad (\ell_p(其中 p = 1, \cdots, m) 和 i 是未断裂的键) \tag{13.180}$$

12. 检查是否满足 $a_{\ell_p} > 1$ $(p = 1, \cdots, m)$。如果是，断开键 ℓ_p，令迭代数 $j = j+1$，而不增加加载步数，转至步骤 9 继续执行。如果不是，继续执行下一步。

13. 令 $k \leftarrow k+1$、$\lambda_{k+1} = \lambda_k + \Delta\lambda$ 和迭代数 $j = 1$。

14. 计算系统刚度矩阵，对于 λ_{k+1} 求解下列平衡方程

$$\mathbf{K}_{k+1}^j \mathbf{V}_{k+1}^j = \lambda_{k+1} \mathbf{F} \tag{13.181}$$

15. 利用解矢量 $\mathbf{V}_{k+1}^j$，对每个未断裂的键，计算 $\bar{s}_i = s_i/s_c$ 和 $\bar{\gamma}_i = \gamma_i/\gamma_c$，并在数组 a_i 中存储 $\bar{s}_i = s_i/s_c$ 和 $\bar{\gamma}_i = \gamma_i/\gamma_c$ 中较大的一个，即

$$a_i = \begin{cases} 略过, & 当键 i 已断开 \\ \bar{s}_i, & 当 \bar{s}_i > \bar{\gamma}_i \\ \bar{\gamma}_i, & 当 \bar{\gamma}_i > \bar{s}_i \end{cases} \tag{13.182}$$

16. 将 a_i 按降序排列为

$$a_{\ell_1} > a_{\ell_2} > \cdots > a_{\ell_m} > a_i \quad (\ell_p(其中 p = 1, \cdots, m)和 i 是未断裂的键) \tag{13.183}$$

17. 检查是否满足 $a_{\ell_p} > 1$ $(p = 1, \cdots, m)$。如果是，断开键 ℓ_p。

18. 如果还有新的键断裂，那么尚未达到平衡状态。则增加迭代数 $j = j+1$，不增加加载步数，转至步骤 14 继续执行。如果没有新的键断裂，那么在第 j 次迭代后达到平衡。则对下一个加载增量，转至步骤 13 继续执行。

13.9 数值结果

通过对 I 型断裂考虑双悬臂梁以及对 II 型断裂考虑紧凑剪切试件，验证此新型 BB-PD 平衡方程的有效性。如图 13.8 和图 13.12 所示，笛卡儿坐标系的原点

与裂纹开口位置一致。预置裂纹是通过去除穿过裂纹平面的物质点之间的键引入，而不是像第一章图 1.12 中所描述的那样，直接在裂纹表面施加无牵引力条件。

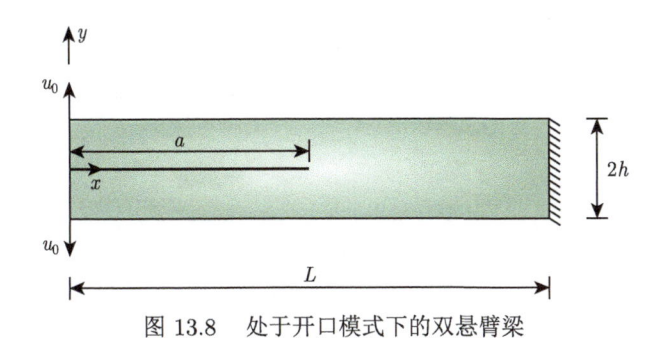

图 13.8 处于开口模式下的双悬臂梁

13.9.1 开口模式下的裂纹扩展

如 Li 等 (2020) 之前考虑过的，如图 13.8 所示的双悬臂梁 (DCB) 处于开口断裂模式。DCB 的几何参数为长度 $L = 200\text{mm}$、宽度 $2h = 40\text{mm}$ 和深度 $B = 10\text{mm}$。沿中心线的预置裂纹的初始长度为 $a = 100\text{mm}$。

如图 13.8 所示，DCB 试件沿卸载边固定，而水平边无任何加载。图 13.9 显示了 DCB 的 PD 离散。采用 160×800 个物质点得到 DCB 的 PD 模型，其中网格间距为 $\Delta x = \Delta y = 0.25\text{mm}$。杨氏模量和泊松比分别为 $E = 200\text{GPa}$ 和 $\nu = 1/3$。对于该离散化，其临界能量释放率为 $G_{\text{Ic}} = 962.8\text{N/m}$，那么对应的临界伸长率为 $s_\text{c} = 0.003$。

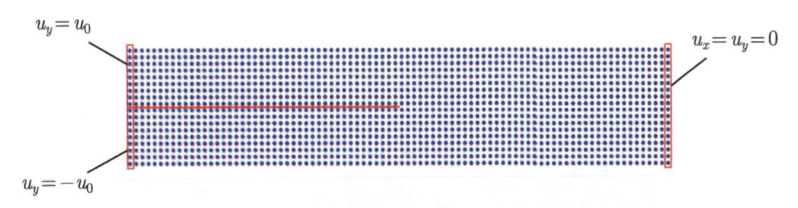

图 13.9 DCB 的离散化描述、加载和边界条件

在沿固定垂直边缘的一层物质点上施加位移约束 $u_x = 0$ 和 $u_y = 0$。在对面方向上以位移形式施加载荷，其中沿 DCB 上端施加位移 $u_y = u_0$，沿 DCB 下端施加位移 $u_y = -u_0$，并且它们被施加在单层物质点上。在增量迭代过程中，初始施加的位移 u_0 设置为 0.001，然后以 $\Delta u_0 = 0.005\text{mm}$ 逐渐增加。

随着梁被逐渐拉开，通过将沿直线 $x = 10\text{mm}$ 的力相加来计算反作用力。反作用力线性变化，直到第一个键断裂点。随着施加的位移的增加，多个键可能进一步断裂，其刚度损失反映在整体刚度矩阵中。图 13.10 显示了本 PD 模型预测的载荷——位移关系与 Li 等 (2020) 发表的预测结果的比较。对最大 (临界) 载荷,本模型的预测结果是 $P_{\max} = 1137$N,对应的临界开口位移为 0.436mm。如图 13.10 所示,所预测的临界载荷和施加的位移与以往报道的 VCCT 的 PD 和 FE 结果接近。达到临界开口位移之后,载荷 P 随着开口位移的增大而减小,直至开口位移大约达到 1.25mm。正如所预期的那样,当裂纹在固定边缘附近扩展时,载荷开始增加。

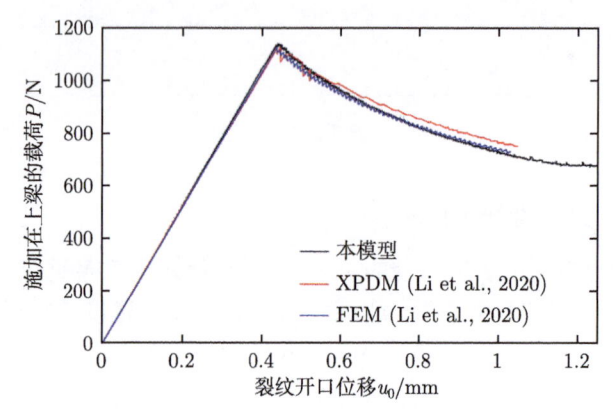

图 13.10　施加的载荷与裂纹开口位移的关系

图 13.11 显示了裂纹萌生时、达到临界施加开口位移即 $u_0 = 1.25$mm 时以及加载结束时对应的变形形态和损伤等值线图。值得注意的是,损伤云图显示了本方法在捕捉开裂过程方面的精确性。

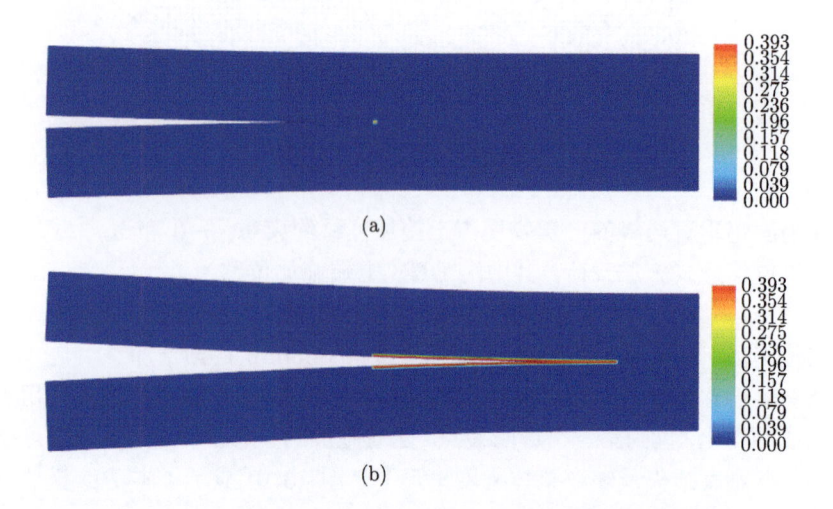

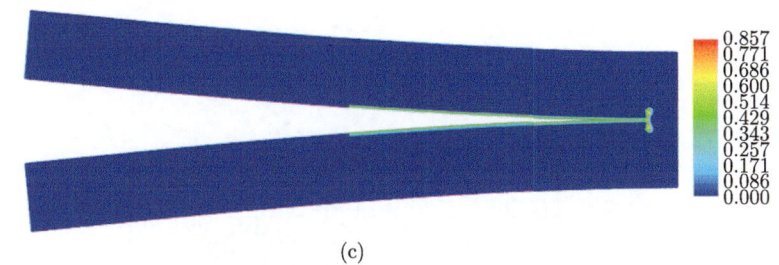

图 13.11　DCB 在：(a) 裂纹萌生、(b) $u_0 = 1.25$mm 和 (c) 加载结束时的变形形态和损伤等值线图

13.9.2　剪切模式下的裂纹扩展

如 Zhang 和 Qiao (2019) 先前考虑过的，图 13.12 所示的紧凑剪切试件的几何参数为长度 $L = 100$mm、宽度 $h = 25$mm 和深度 $B = 1000$mm。预置裂纹的长度为 $a = 30$mm。试件的近场动力学离散化如图 13.13 所示。采用间隔尺寸为 $\Delta x = \Delta y = 0.5$mm 的 200×100 个网格点，得到具有对称条件的半几何图形的 PD 模型。其杨氏模量、泊松比以及 II 型断裂的临界能量释放率分别为 $E = 70$GPa、$\nu = 0.35$ 和 $G_{\text{IIc}} = 0.1$N/mm。对于该网格间距，临界相对旋转角的相应值为 $\gamma_c = 0.0032$。

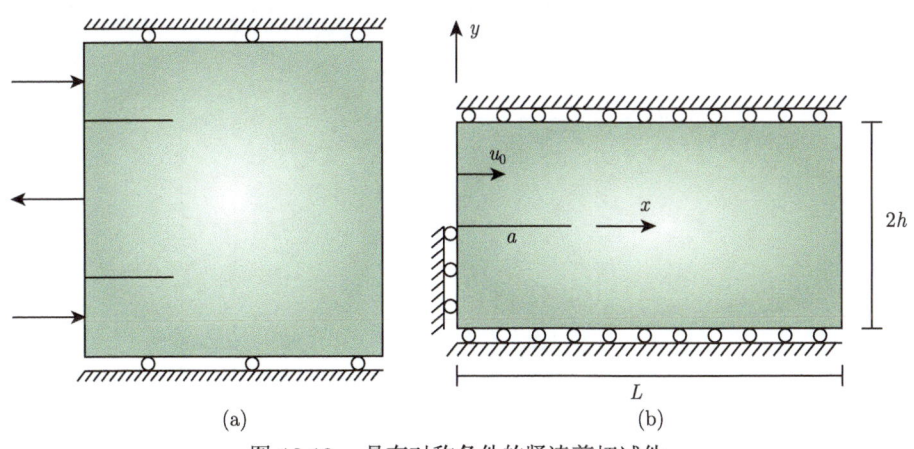

图 13.12　具有对称条件的紧凑剪切试件
(a) 全几何图形；(b) 半几何图形

如图 13.13 所示，沿水平边界的一层物质点在垂直方向上固定，即 $u_y = 0$。同时，试件左边缘下半部分的一层物质点在水平方向上固定 (即 $u_x = 0$)，而沿试件左边缘上半部分的一层物质点上施加 $u_x = u_0$ 的位移载荷。在增量迭代求解过程中，初始施加的位移 u_0 设置为 0.001mm，在第一次键断裂后以 $\Delta u_0 = 0.001$mm

逐渐增加。

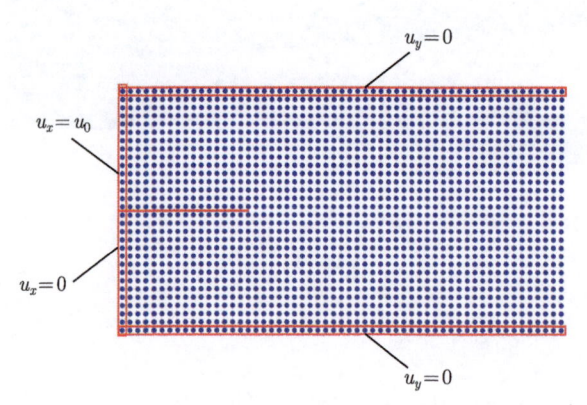

图 13.13　紧凑剪切试件中带边界条件的离散化描述

当试件受到施加的位移增量时，通过把沿直线 $x = 10\text{mm}$ 的力相加来计算反作用力。如图 13.14 所示，正如预期的那样，反作用力线性变化，直到第一个键断裂点。随着施加的位移的增加，它继续逐渐增加后逐渐减小。该图还显示了本 PD 模型的预测结果与 Zhang 和 Qiao (2019) 发表的结果的比较。预测的最大反作用力 (临界载荷) 是 $P_{\max} = 394\text{kN}$，对应的临界施加位移为 $u_0 = 0.0254\text{mm}$。预测的临界载荷与之前 VCCT 的 PD 和 FE 结果接近。当施加的位移达到 $u_0 = 0.0355\text{mm}$ 时，就会发生分裂。

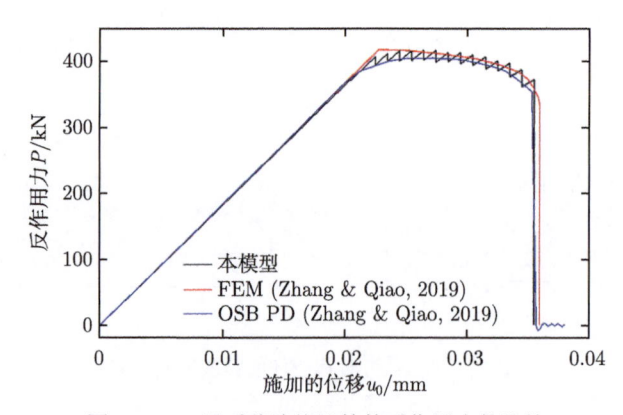

图 13.14　沿受载边缘计算的反作用力的比较

图 13.15 显示了与损伤萌生时、达到临界载荷时和试件上下半部分之间分裂时相对应的载荷水平下的损伤演化情况。裂纹表面以上的上半部分推动裂纹表面以下的下半部分，直到卸载发生时分裂形成。

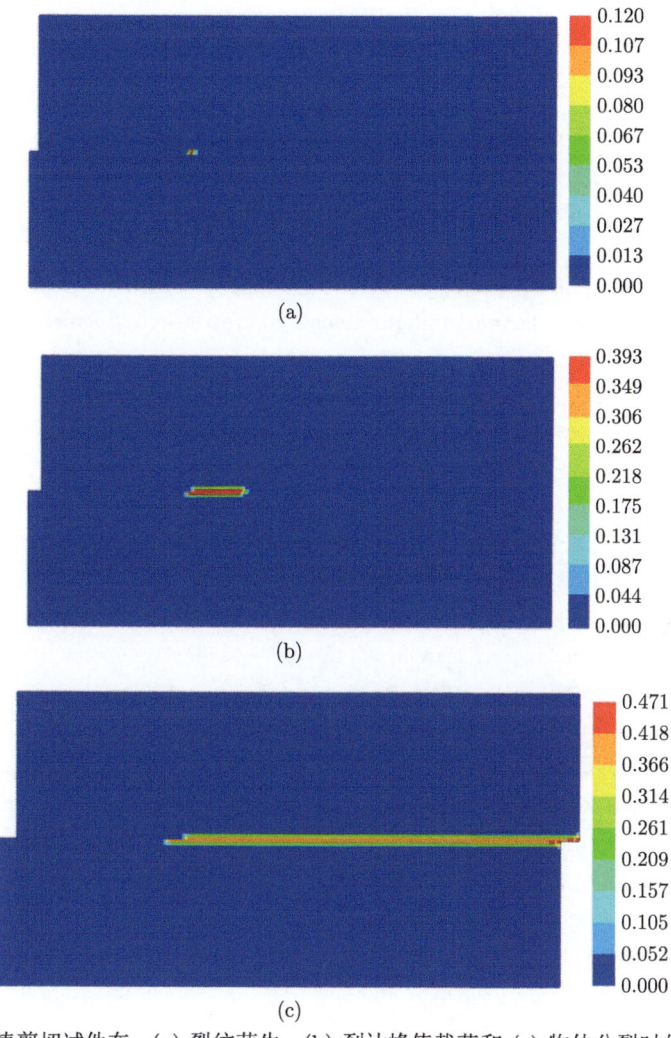

图 13.15　紧凑剪切试件在：(a) 裂纹萌生、(b) 到达峰值载荷和 (c) 物体分裂时的变形形态和损伤等值线图

参 考 文 献

Beckmann, R., Mella, R., & Wenman, M. R. (2013). Mesh and timestep sensitivity of fracture from thermal strains using peridynamics implemented in Abaqus. *Computer Methods in Applied Mechanics and Engineering, 263*, 71-80.

Diana, V., & Casolo, S. (2019). A bond-based micropolar peridynamic model with shear deformability: Elasticity, failure properties and initial yield domains. *International Journal of Solids and Structures, 160*, 201-231.

Gerstle, W., Sau, N., & Silling, S. (2007). Peridynamic modeling of concrete structures. *Nuclear Engineering and Design, 237*(12-13), 1250-1258.

Gu, X., & Zhang, Q. (2020). A modified conjugated bond-based peridynamic analysis for impact failure of concrete gravity dam. *Meccanica, 55*(3), 547-566.

Hu, Y. L., & Madenci, E. (2016). Bond-based peridynamic modeling of composite laminates with arbitrary fiber orientation and stacking sequence. *Composite Structures, 153*, 139-175.

Hu, Y., Chen, H., Spencer, B. W., & Madenci, E. (2018). Thermomechanical peridynamic analysis with irregular non-uniform domain discretization. *Engineering Fracture Mechanics, 197*, 92-113.

Huang, X., Li, S., Jin, Y., Yang, D., Su, G., & He, X. (2019). Analysis on the influence of Poisson's ratio on brittle fracture by applying uni-bond dual-parameter peridynamic model. *Engineering Fracture Mechanics, 222*, 106685.

Li, W. J., Zhu, Q. Z., & Ni, T. (2020). A local strain-based implementation strategy for the extended peridynamic model with bond rotation. *Computer Methods in Applied Mechanics and Engineering, 358*, 112625.

Macek, R. W., & Silling, S. A. (2007). Peridynamics via finite element analysis. *Finite Elements in Analysis and Design, 43*(15), 1169-1178.

Madenci, E., & Oterkus, E. (2014). Peridynamic theory. In *Peridynamic theory and its applications* (pp. 19-43). Springer.

Madenci, E., Barut, A., & Futch, M. (2016). Peridynamic differential operator and its applications. *Computer Methods in Applied Mechanics and Engineering, 304*, 408-451.

Madenci, E., Barut, A., & Dorduncu, M. (2019). *Peridynamic differential operator for numerical analysis*. Springer.

Madenci, E., Barut, A., & Phan, N. (2021). Bond-based peridynamics with stretch and rotation kinematics for opening and shearing modes of fracture. *Journal of Peridynamics and Nonlocal Modeling, 3*, 211-254.

Ni, T., Zaccariotto, M., Zhu, Q. Z., & Galvanetto, U. (2019). Static solution of crack propagation problems in peridynamics. *Computer Methods in Applied Mechanics and Engineering, 346*, 126-151.

Prakash, N., & Seidel, G. D. (2015). A novel two-parameter linear elastic constitutive model for bond based peridynamics. In *56th AIAA/ASCE/AHS/ASC Structures, Structural Dynamics, and Materials Conference* (p. 0461).

Ren, H., Zhuang, X., & Rabczuk, T. (2016). A new peridynamic formulation with shear deformation for elastic solid. *Journal of Micromechanics and Molecular Physics, 1*(02), 1650009.

Silling, S. A. (2000). Reformulation of elasticity theory for discontinuities and long-range forces. *Journal of the Mechanics and Physics of Solids, 48*(1), 175-209.

Silling, S. A., & Askari, E. (2005). A meshfree method based on the peridynamic model of solid mechanics. *Computers & Structures, 83*(17-18), 1526-1535.

Wang, Y., Zhou, X., Wang, Y., & Shou, Y. (2018). A 3-D conjugated bond-pair-based peridynamic formulation for initiation and propagation of cracks in brittle solids. *International Journal of Solids and Structures, 134*, 89-115.

Zhang, Y., & Qiao, P. (2019). A new bond failure criterion for ordinary state-based peridynamic mode II fracture analysis. *International Journal of Fracture, 215*(1-2), 105-128.

Zheng, G., Shen, G., Xia, Y., & Hu, P. (2020). A bond-based peridynamic model considering effects of particle rotation and shear influence coefficient. *International Journal for Numerical Methods in Engineering, 121*(1), 93-109.

Zhou, X. P., & Shou, Y. D. (2017). Numerical simulation of failure of rock-like material subjected to compressive loads using improved peridynamic method. *International Journal of Geomechanics, 17*(3), 04016086.

Zhou, X., Wang, Y., Shou, Y., & Kou, M. (2018). A novel conjugated bond linear elastic model in bond-based peridynamics for fracture problems under dynamic loads. *Engineering Fracture Mechanics, 188*, 151-183.

Zhu, Q. Z., & Ni, T. (2017). Peridynamic formulations enriched with bond rotation effects. *International Journal of Engineering Science, 121*, 118-129.

第十四章　复合材料层合板的键转动键型近场动力学

14.1 引　　言

根据 Oterkus 和 Madenci(2012) 的推导，纤维增强层合板的原始 BB-PD 模型有两个独立的 PD 微模量 (材料参数)c_f 和 c_m，分别用于纤维和基体，而不是四个独立的工程材料常数 E_{11}、E_{22}、G_{12}，和 ν_{12}。BB-PD 模型下的纤维增强层合板的材料常数有两个约束，即 $Q_{12} = Q_{66}$ 和 $Q_{22} = 3Q_{12}$，这将导致 $G_{12} = \nu_{12} E_{22}/(1 - \nu_{21}\nu_{12})$ 和 $\nu_{12} = 1/3$ 固定不变。通常，许多复合材料体系都不能满足这些约束。本章对第十三章中的键转动 BB-PD 进行扩展，以模拟复合材料层合板的线弹性变形。扩展模型对材料常数只有一个约束，即 $Q_{12} + 2Q_{66} = Q_{22}$，这将导致面内剪切模量必须取固定值，即 $G_{12} = (1 - \nu_{12}) E_{22}/[2(1 - \nu_{21}\nu_{12})]$。

在小变形假设下，本章推导出对应的 PD 平衡方程，并采用隐式方法进行求解。建立与伸长和旋转有关的微模量与连续介质力学中的应力和应变分量的本构关系的直接联系。此外，无需对用于基体伸长和旋转的微模量进行表面修正。但是，需要对与纤维相关的微模量进行表面修正。

本章通过在具有不同纤维取向的层合板中捕捉正确的变形场，验证了这种方法的精确性。最后，在具有不同纤维取向且存在预置裂纹的层合板中，建立了其渐进破坏的能力。同时采用临界伸长率和临界相对旋转角度作为键断裂准则。

14.2　近场动力学微势

考虑由 Oterkus 和 Madenci(2012) 提出的纤维增强层合板中键的微势，那么，方程 (13.13) 对各向同性材料给出的微势可以被修改为

$$\omega = \frac{1}{2} \left(c(\theta)s^2 + d(\theta)r^2 \right) |\boldsymbol{\xi}| \tag{14.1}$$

其中 $r^2 = \mathbf{r}^\mathrm{T}\mathbf{r}$，而 $\mathbf{r}$ 是键旋转角矢量，如方程 (13.7) 所定义，$|\boldsymbol{\xi}|$ 是键矢量 $\boldsymbol{\xi}$ 的长度。材料参数 $c(\theta)$ 和 $d(\theta)$ 分别表示与键伸长和旋转相关的微模量。它们被定义为

$$c(\theta) = \begin{cases} c_\mathrm{f}, & \theta = \phi \text{ 或 } \theta = \phi + \pi \\ c_\mathrm{m}, & \theta \in (0, 2\pi) \end{cases} \tag{14.2}$$

补充信息　在线原著版本包含本章补充材料，请访问 [https://doi.org/10.1007/978-3-030-97858-7_14]。

和

$$d(\theta) = \begin{cases} d_{\mathrm{f}}, & \theta = \phi \text{ 或 } \theta = \phi + \pi \\ d_{\mathrm{m}}, & \theta \in (0, 2\pi) \end{cases} \quad (14.3)$$

其中 ϕ 表示纤维取向角，且 $\theta \in (0, 2\pi)$。键常数 c_{f}、d_{f}、c_{m} 和 d_{m} 分别与纤维和基体的工程材料常数直接相关。如图 14.1 所示，纤维取向角 ϕ 是相对于参考轴 x 定义的。纤维方向通常与 x_1 轴一致，其横向与 x_2 轴一致。单向层合板具有特殊的正交各向异性。因此，薄层合板具有四个独立材料常数：纤维方向弹性模量 E_{11}、横向弹性模量 E_{22}、面内剪切模量 G_{12} 和面内泊松比 ν_{12}。

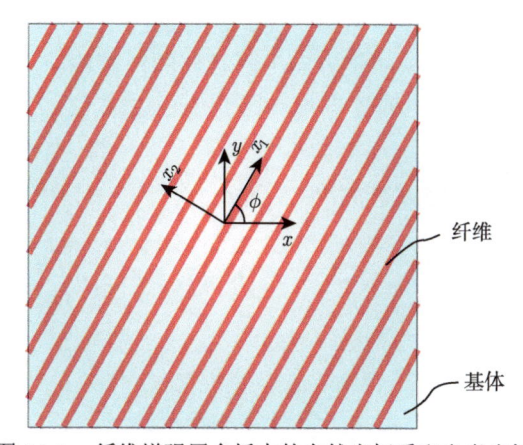

图 14.1 纤维增强层合板中的自然坐标系和参考坐标系

14.3 近场动力学键常数

如第十三章所述，通过将 SED 函数的 PD 表示与 CCM 表示等价，可以确定键力中出现的键常数 $c(\theta)$ 和 $d(\theta)$，而在 CCM 中 SED 函数可表示为

$$W^{\mathrm{CCM}}(\mathbf{x}) = \frac{1}{2} \boldsymbol{\varepsilon}^{\mathrm{T}}(\mathbf{x}) \mathbf{C} \boldsymbol{\varepsilon}(\mathbf{x}) \quad (14.4)$$

其中 $\boldsymbol{\varepsilon}(\mathbf{x}) = \begin{pmatrix} \varepsilon_{11} & \varepsilon_{22} & 2\varepsilon_{12} \end{pmatrix}^{\mathrm{T}}$，$\mathbf{C}$ 是材料属性矩阵。SED 的 PD 形式可被表示为

$$W^{\mathrm{PD}}(\mathbf{x}) = \frac{1}{2} \int_{H_{\mathbf{x}}} \varpi \, dV_{\mathbf{x}'} = \frac{1}{2} \int_{H_{\mathbf{x}}} \frac{1}{2} \left(c(\theta) s^2 + d(\theta) r^2 \right) |\boldsymbol{\xi}| \, dV_{\mathbf{x}'} \quad (14.5)$$

其中 $dV_{\mathbf{x}} = h\xi d\theta\, d\xi$，$h$ 表示层合板厚度，且 $\theta \in (0, 2\pi)$。

将键伸长率 s(方程 (13.61)) 和键旋转角矢量 $\mathbf{r}$(方程 (13.62)) 代入方程 (14.5)，可以得到 SED 函数的 PD 形式为

$$W^{\mathrm{PD}} = \frac{1}{2}\boldsymbol{\varepsilon}^{\mathrm{T}}(\mathbf{x}) \left(\int_{H_{\mathbf{x}}} \frac{1}{2} \left(c(\theta)\mathbf{M}(\theta) + d(\theta) \left(\mathbf{N}(\theta) - \mathbf{M}(\theta) \right) \right) |\boldsymbol{\xi}| dV_{\mathbf{x}'} \right) \boldsymbol{\varepsilon}(\mathbf{x}) \quad (14.6)$$

其中矩阵 $\mathbf{M}$ 和 $\mathbf{N}$ 分别由方程 (13.75) 和 (13.76) 定义。比较方程 (14.4) 和 (14.6)，可得材料属性矩阵的 PD 形式 $\mathbf{C}^{\mathrm{PD}}$ 为

$$\mathbf{C}^{\mathrm{PD}} = \frac{1}{2} \int_{H_{\mathbf{x}}} \left[c(\theta)\mathbf{M}(\theta) + d(\theta) \left(\mathbf{N}(\theta) - \mathbf{M}(\theta) \right) \right] |\boldsymbol{\xi}| dV_{\mathbf{x}'} \quad (14.7)$$

纤维的键常数 c_{f} 和 d_{f} 依赖于方向，而基体的键常数 c_{m} 和 d_{m} 不依赖于方向，因为它们不像纤维那样具有方向性。因此，表达式 (14.7) 可被改写为

$$\begin{aligned} \mathbf{C}^{\mathrm{PD}} = & \frac{1}{2} h c_{\mathrm{m}} \int_{0}^{2\pi} \int_{0}^{\delta} \mathbf{M}(\theta) \xi^2 d\xi d\theta + \frac{1}{2} h d_{\mathrm{m}} \int_{0}^{2\pi} \int_{0}^{\delta} (\mathbf{N}(\theta) - \mathbf{M}(\theta)) \xi^2 d\xi d\theta \\ & + \frac{1}{2} h c_{\mathrm{f}} \mathbf{M}(\phi) \int_{H_{\mathbf{x}}} \xi dA_{\mathbf{x}'} + \frac{1}{2} h d_{\mathrm{f}} \left(\mathbf{N}(\phi) - \mathbf{M}(\phi) \right) \int_{H_{\mathbf{x}}} \xi dA_{\mathbf{x}'} \end{aligned} \quad (14.8)$$

或者

$$\begin{aligned} \mathbf{C}^{\mathrm{PD}} = & \frac{1}{2} h \int_{0}^{2\pi} \int_{0}^{\delta} \left[(c_{\mathrm{m}} - d_{\mathrm{m}})\mathbf{M}(\theta) + d_{\mathrm{m}}\mathbf{N}(\theta) \right] \xi^2 d\xi d\theta \\ & + \frac{1}{2} h \left[(c_{\mathrm{f}} - d_{\mathrm{f}})\mathbf{M}(\phi) + d_{\mathrm{f}}\mathbf{N}(\phi) \right] \int_{H_{\mathbf{x}}} \xi dA_{\mathbf{x}'} \end{aligned} \quad (14.9)$$

进一步计算，可得

$$\begin{aligned} \mathbf{C}^{\mathrm{PD}} = & \frac{\pi h \delta^3}{24} \begin{bmatrix} 3c_{\mathrm{m}} + d_{\mathrm{m}} & c_{\mathrm{m}} - d_{\mathrm{m}} & 0 \\ c_{\mathrm{m}} - d_{\mathrm{m}} & 3c_{\mathrm{m}} + d_{\mathrm{m}} & 0 \\ 0 & 0 & c_{\mathrm{m}} + d_{\mathrm{m}} \end{bmatrix} \\ & + \frac{1}{2} h \left[(c_{\mathrm{f}} - d_{\mathrm{f}})\mathbf{M}(\phi) + d_{\mathrm{f}}\mathbf{N}(\phi) \right] I_{\mathrm{f}} \end{aligned} \quad (14.10)$$

其中

$$I_{\mathrm{f}} = \int_{H_{\mathbf{x}}} \xi dA_{\mathbf{x}'} \approx 2 \sum_{q=1}^{Q=m} \xi_{(q)} A_{(q)} = 2(\xi_{(1)} + \xi_{(2)} \cdots + \xi_{(m)}) A_{(q)} \quad (14.11)$$

其中 Q 为点 $\mathbf{x}$ 的影响域内纤维键数的一半。在物质点 $\mathbf{x}_{(q)}$ 和 $\mathbf{x}$ 之间的键在纤维方向上的初始长度及其变形后的伸长率分别用 $\xi_{(q)}$ 和 $s_{(q)}$ 表示。方程 (14.11) 中的积分可以被改写为

$$I_\mathrm{f} \approx 2(\Delta x + 2\Delta x + \cdots + m\Delta x)A_{(q)} = m(m+1)\Delta x A_{(q)} = (m+1)\delta A_{(q)} \quad (14.12)$$

与物质点 $\mathbf{x}$ 相互作用的点 $\mathbf{x}_{(q)}$ 的面积用 $A_{(q)}$ 表示，它可以被近似为 (Oterkus & Madenci, 2012)

$$A_{(q)} = \frac{\pi \delta^2}{N} \quad (14.13)$$

其中 δ 是点 $\mathbf{x}$ 的近场半径，N 是其影响域内的物质点数。最终，积分 I_f 可由下式计算

$$I_\mathrm{f} \approx \frac{\pi \delta^3 (m+1)}{N} \quad (14.14)$$

因此，材料属性矩阵的 PD 形式 $\mathbf{C}^{\mathrm{PD}}$ (方程 (14.10)) 可以被近似为

$$\mathbf{C}^{\mathrm{PD}} = \frac{\pi h \delta^3}{24} \begin{bmatrix} 3c_\mathrm{m}+d_\mathrm{m} & c_\mathrm{m}-d_\mathrm{m} & 0 \\ c_\mathrm{m}-d_\mathrm{m} & 3c_\mathrm{m}+d_\mathrm{m} & 0 \\ 0 & 0 & c_\mathrm{m}+d_m \end{bmatrix}$$
$$+ \frac{\pi h \delta^3}{24} \frac{12(m+1)}{N} \left[(c_\mathrm{f}-d_\mathrm{f})\mathbf{M}(\phi) + d_\mathrm{f}\mathbf{N}(\phi)\right] \quad (14.15)$$

其中

$$\mathbf{M}(\phi) = \begin{bmatrix} \cos^4\phi & \cos^2\phi\sin^2\phi & \cos^3\phi\sin\phi \\ \cos^2\phi\sin^2\phi & \sin^4\phi & \cos\phi\sin^3\phi \\ \cos^3\phi\sin\phi & \cos\phi\sin^3\phi & \cos^2\phi\sin^2\phi \end{bmatrix} \quad (14.16)$$

和

$$\mathbf{N}(\phi) = \frac{1}{4} \begin{bmatrix} 4\cos^2\phi & 0 & 2\cos\phi\sin\phi \\ 0 & 4\sin^2\phi & 2\cos\phi\sin\phi \\ 2\cos\phi\sin\phi & 2\cos\phi\sin\phi & 1 \end{bmatrix} \quad (14.17)$$

材料属性矩阵可以被写成

$$\mathbf{C} = \begin{bmatrix} \bar{Q}_{11} & \bar{Q}_{12} & \bar{Q}_{16} \\ \bar{Q}_{12} & \bar{Q}_{22} & \bar{Q}_{26} \\ \bar{Q}_{16} & \bar{Q}_{26} & \bar{Q}_{66} \end{bmatrix} \quad (14.18)$$

其中

$$\bar{Q}_{11} = Q_{11} \cos^4 \phi + Q_{22} \sin^4 \phi + 2 (Q_{12} + 2 Q_{66}) \sin^2 \phi \cos^2 \phi \tag{14.19}$$

$$\bar{Q}_{12} = (Q_{11} + Q_{22} - 4 Q_{66}) \sin^2 \phi \cos^2 \phi + Q_{12} (\cos^4 \phi + \sin^4 \phi) \tag{14.20}$$

$$\bar{Q}_{16} = (Q_{11} - Q_{12} - 2 Q_{66}) \cos^3 \phi \sin \phi - (Q_{22} - Q_{12} - 2 Q_{66}) \sin^3 \phi \cos \phi \tag{14.21}$$

$$\bar{Q}_{22} = Q_{11} \sin^4 \phi + Q_{22} \cos^4 \phi + 2 (Q_{12} + 2 Q_{66}) \sin^2 \phi \cos^2 \phi \tag{14.22}$$

$$\bar{Q}_{26} = (Q_{11} - Q_{12} - 2 Q_{66}) \cos \phi \sin^3 \phi - (Q_{22} - Q_{12} - 2 Q_{66}) \cos^3 \phi \sin \phi \tag{14.23}$$

$$\bar{Q}_{66} = (Q_{11} + Q_{22} - 2 Q_{12} - 2 Q_{66}) \sin^2 \phi \cos^2 \phi + Q_{66} (\sin^4 \phi + \cos^4 \phi) \tag{14.24}$$

其中

$$Q_{11} = \frac{E_{11}}{1 - \nu_{21} \nu_{12}} \tag{14.25}$$

$$Q_{12} = \frac{\nu_{12} E_{22}}{1 - \nu_{21} \nu_{12}} \tag{14.26}$$

$$Q_{22} = \frac{E_{22}}{1 - \nu_{21} \nu_{12}} \tag{14.27}$$

和

$$Q_{66} = G_{12} \tag{14.28}$$

条件是

$$1 - \nu_{12}\nu_{21} > 0 \quad \text{和} \quad \nu_{12}/E_{11} = \nu_{21}/E_{22} \tag{14.29}$$

使这些材料属性矩阵即方程 (14.15) 和 (14.18) 的系数对应相等，可以导出下列关系

$$\frac{24}{\pi h \delta^3} \bar{Q}_{11} = 3c_m + d_m + \frac{12(m+1)}{N}(c_f - d_f) \cos^4 \phi + \frac{12(m+1)}{N} d_f \cos^2 \phi \tag{14.30}$$

$$\frac{24}{\pi h \delta^3} \bar{Q}_{22} = 3c_m + d_m + \frac{12(m+1)}{N}(c_f - d_f) \sin^4 \phi + \frac{12(m+1)}{N} d_f \sin^2 \phi \tag{14.31}$$

$$\frac{24}{\pi h \delta^3} \bar{Q}_{66} = c_m + d_m + \frac{12(m+1)}{N}(c_f - d_f) \cos^2 \phi \sin^2 \phi + \frac{3(m+1)}{N} d_f \tag{14.32}$$

$$\frac{24}{\pi h \delta^3} \bar{Q}_{12} = c_m - d_m + \frac{12(m+1)}{N}(c_f - d_f) \cos^2 \phi \sin^2 \phi \tag{14.33}$$

$$\frac{24}{\pi h \delta^3}\bar{Q}_{16} = \frac{3(m+1)}{N}\cos\phi\sin\phi\left[4(c_f - d_f)\cos^2\phi + 2d_f\right] \tag{14.34}$$

和

$$\frac{24}{\pi h \delta^3}\bar{Q}_{26} = \frac{3(m+1)}{N}\cos\phi\sin\phi\left[4(c_f - d_f)\sin^2\phi + 2d_f\right] \tag{14.35}$$

根据这些关系，可以确定键伸长和旋转微模量，即 c_m 和 c_f 以及 d_m 和 d_f

$$c_m = \frac{6}{\pi h \delta^3}(Q_{22} + Q_{12}) \tag{14.36}$$

$$d_m = \frac{6}{\pi h \delta^3}(Q_{22} - 3Q_{12}) \tag{14.37}$$

$$c_f = \frac{2N}{\pi h \delta^3(m+1)}(Q_{11} - Q_{22}) = \frac{2}{hI_f}(Q_{11} - Q_{22}) \tag{14.38}$$

和

$$d_f = \frac{4N}{\pi h \delta^3(m+1)}(Q_{12} - Q_{22} + 2Q_{66}) \tag{14.39}$$

14.4 近场动力学键力

根据第十三章所述的方法，可以推导出键力为

$$\begin{aligned}\mathbf{f}(\mathbf{u}' - \mathbf{u}, \mathbf{x}' - \mathbf{x}) =\ & (c_m + c_f)(\mathbf{n} \otimes \mathbf{n})\frac{\mathbf{u}(\mathbf{x}') - \mathbf{u}(\mathbf{x})}{|\boldsymbol{\xi}|} \\ & + (d_m + d_f)(\mathbf{I} - \mathbf{n} \otimes \mathbf{n})\frac{(\mathbf{u}(\mathbf{x}') - \mathbf{u}(\mathbf{x})) - \boldsymbol{\omega}(\mathbf{x})\boldsymbol{\xi}}{|\boldsymbol{\xi}|}\end{aligned} \tag{14.40}$$

虽然方程 (14.40) 自动满足线动量平衡，但是与纤维键相关的旋转微模量 d_f 的存在破坏了角动量平衡。因此，为了满足角动量平衡，设旋转微模量 d_f 为零。然而，这将引入一个对材料常数的约束，即

$$Q_{12} - Q_{22} + 2Q_{66} = 0 \tag{14.41}$$

其结果是面内剪切模量必须取固定值，即

$$G_{12} = \frac{E_{22}(1 - \nu_{12})}{2(1 - \nu_{21}\nu_{12})} \tag{14.42}$$

在此约束条件下，由方程 (14.40) 可以导出键力的最终形式为

$$\mathbf{f}(\mathbf{u}' - \mathbf{u}, \mathbf{x}' - \mathbf{x}) = c_m(\mathbf{n} \otimes \mathbf{n})\frac{\mathbf{u}(\mathbf{x}') - \mathbf{u}(\mathbf{x})}{|\boldsymbol{\xi}|} + c_f(\mathbf{n} \otimes \mathbf{n})\frac{\mathbf{u}(\mathbf{x}') - \mathbf{u}(\mathbf{x})}{|\boldsymbol{\xi}|}$$

$$+ d_m(\mathbf{I} - \mathbf{n} \otimes \mathbf{n})\frac{(\mathbf{u}(\mathbf{x}') - \mathbf{u}(\mathbf{x})) - \omega(\mathbf{x})\boldsymbol{\xi}}{|\boldsymbol{\xi}|} \tag{14.43}$$

或者

$$\mathbf{f}(\mathbf{u}' - \mathbf{u}, \mathbf{x}' - \mathbf{x}) = \mathbf{C}_m(\mathbf{x}, \mathbf{x}')\frac{\mathbf{u}(\mathbf{x}') - \mathbf{u}(\mathbf{x})}{|\boldsymbol{\xi}|} + \mathbf{C}_f(\mathbf{x}, \mathbf{x}')\frac{\mathbf{u}(\mathbf{x}') - \mathbf{u}(\mathbf{x})}{|\boldsymbol{\xi}|}$$

$$+ \mathbf{D}_m(\mathbf{x}, \mathbf{x}')\frac{(\mathbf{u}(\mathbf{x}') - \mathbf{u}(\mathbf{x})) - \omega(\mathbf{x})\boldsymbol{\xi}}{|\boldsymbol{\xi}|} \tag{14.44}$$

其中

$$\mathbf{C}_m(\mathbf{x}, \mathbf{x}') = c_m(\mathbf{n} \otimes \mathbf{n}) \tag{14.45}$$

$$\mathbf{C}_f(\mathbf{x}, \mathbf{x}') = c_f(\mathbf{n} \otimes \mathbf{n}) \tag{14.46}$$

和

$$\mathbf{D}_m(\mathbf{x}, \mathbf{x}') = d_m(\mathbf{I} - \mathbf{n} \otimes \mathbf{n}) \tag{14.47}$$

值得注意的是，方程 (14.2) 和 (14.3) 中的微模量 c_m 和 d_m 在基体中是连续变化的。因此，可以在方程 (14.45) 和 (14.47) 中应用由方程 (13.48) 和 (13.49) 给出的 $(\mathbf{n} \otimes \mathbf{n})$ 和 $(\mathbf{I} - \mathbf{n} \otimes \mathbf{n})$ 的非局部表示，则有

$$\mathbf{C}_m(\mathbf{x}, \mathbf{x}') = c_m \frac{\pi h \delta^3}{24} |\boldsymbol{\xi}| (\mathrm{tr}\mathbf{G}(\boldsymbol{\xi})\mathbf{I} + 2\mathbf{G}(\boldsymbol{\xi})) \tag{14.48a}$$

或者

$$\mathbf{C}_m(\mathbf{x}, \mathbf{x}') = \frac{(Q_{22} + Q_{12})}{4} |\boldsymbol{\xi}| (\mathrm{tr}\mathbf{G}(\boldsymbol{\xi})\mathbf{I} + 2\mathbf{G}(\boldsymbol{\xi})) \tag{14.48b}$$

和

$$\mathbf{D}_m(\mathbf{x}, \mathbf{x}') = d_m \frac{\pi h \delta^3}{24} |\boldsymbol{\xi}| (3\mathrm{tr}\mathbf{G}(\boldsymbol{\xi})\mathbf{I} - 2\mathbf{G}(\boldsymbol{\xi})) \tag{14.49a}$$

或者

$$\mathbf{D}_m(\mathbf{x}, \mathbf{x}') = \frac{(Q_{22} - 3Q_{12})}{4} |\boldsymbol{\xi}| (3\mathrm{tr}\mathbf{G}(\boldsymbol{\xi})\mathbf{I} - 2\mathbf{G}(\boldsymbol{\xi})) \tag{14.49b}$$

其中矩阵 $\mathbf{G}(\boldsymbol{\xi})$ 是根据第二章导出的 PD 函数来定义的。它们的 PDDO 表示无需完整的相互作用域。因此，不需要对力密度矢量中与基体项相关的微模量进行表面修正。然而，需要在边界附近对微模量 c_f 进行修正。否则，由于在边界附近缺少纤维键，会导致对力密度矢量的计算不精确。将在 14.5 节推导出修正系数 $S^f(\mathbf{x}, \mathbf{x}')$，现在先在方程 (14.44) 中应用这个修正系数，可得

$$\mathbf{C}_f(\mathbf{x}, \mathbf{x}') = c_f S^f(\mathbf{x}, \mathbf{x}')(\mathbf{n} \otimes \mathbf{n}) \tag{14.50}$$

为了在层合板内任意一点处获得相等且相反的键力,力密度矢量可以被修改为

$$\mathbf{f}(\mathbf{u}'-\mathbf{u},\mathbf{x}'-\mathbf{x}) = \bar{\mathbf{C}}_m(\mathbf{x},\mathbf{x}')\frac{\mathbf{u}(\mathbf{x}')-\mathbf{u}(\mathbf{x})}{|\boldsymbol{\xi}|} + \bar{\mathbf{C}}_f(\mathbf{x},\mathbf{x}')\frac{\mathbf{u}(\mathbf{x}')-\mathbf{u}(\mathbf{x})}{|\boldsymbol{\xi}|}$$
$$+ \bar{\mathbf{D}}_m(\mathbf{x},\mathbf{x}')\frac{[(\mathbf{u}(\mathbf{x}')-\mathbf{u}(\mathbf{x}))-\bar{\boldsymbol{\omega}}(\mathbf{x},\mathbf{x}')\boldsymbol{\xi}]}{|\boldsymbol{\xi}|} \quad (14.51)$$

其中

$$\bar{\mathbf{C}}_m(\mathbf{x},\mathbf{x}') = \frac{\mathbf{C}_m(\boldsymbol{\xi}) + \mathbf{C}_m(-\boldsymbol{\xi})}{2} = \frac{\mathbf{C}_m(\mathbf{x}'-\mathbf{x}) + \mathbf{C}_m(\mathbf{x}-\mathbf{x}')}{2} \quad (14.52)$$

$$\bar{\mathbf{D}}_m(\mathbf{x},\mathbf{x}') = \frac{\mathbf{D}_m(\boldsymbol{\xi}) + \mathbf{D}_m(-\boldsymbol{\xi})}{2} = \frac{\mathbf{D}_m(\mathbf{x}'-\mathbf{x}) + \mathbf{D}_m(\mathbf{x}-\mathbf{x}')}{2} \quad (14.53)$$

$$\bar{\mathbf{C}}_f(\mathbf{x},\mathbf{x}') = \frac{\mathbf{C}_f(\boldsymbol{\xi}) + \mathbf{C}_f(-\boldsymbol{\xi})}{2} = \frac{\mathbf{C}_f(\mathbf{x}'-\mathbf{x}) + \mathbf{C}_f(\mathbf{x}-\mathbf{x}')}{2} \quad (14.54)$$

和

$$\bar{\boldsymbol{\omega}}(\mathbf{x},\mathbf{x}') = \frac{\boldsymbol{\omega}(\mathbf{x}) + \boldsymbol{\omega}(\mathbf{x}')}{2} \quad (14.55)$$

14.5 纤维微模量的表面修正

由于在边界附近的点的影响域内缺少纤维键,所以需要对边界附近的纤维键的微模量进行修正。通过考虑 $\varepsilon_{11} \neq 0$,$\varepsilon_{22} = \gamma_{12} = 0$ 的简单应变状态,将与纤维变形相关的 PD-SED 与 CCM-SED 进行校准,可以确定修正因子。

对于这种应变状态,沿纤维在点 $x_{1(k)}$ 处的经典 SED 可被表示为

$$W_{f(k)} = \frac{1}{2}(Q_{11} - Q_{22})\varepsilon_{11}^2 \quad (14.56)$$

由方程 (14.5) 计算 PD-SED,可得

$$W_{f(k)}^{PD} = \frac{1}{4}\sum_{j=1}^{N_{(k)}^f} c_f s_{(k)(j)}^2 \xi_{(k)(j)} V_{(j)} \quad (14.57)$$

或者

$$W_{f(k)}^{PD} = \frac{1}{4}\sum_{j=1}^{N_{(k)}^f} c_f \left(\frac{u_{1(j)} - u_{1(k)}}{\xi_{(k)(j)}}\right)^2 \xi_{(k)(j)} V_{(j)} \quad (14.58)$$

其中 $u_{1(j)}$ 和 $u_{1(k)}$ 分别表示点 $x_{1(j)}$ 和 $x_{1(k)}$ 仅在纤维方向上的位移分量，$N_{(k)}^{\text{f}}$ 是与纤维键相关的点 $x_{1(k)}$ 的族成员数。与施加的应变状态对应的位移分量可被表示为

$$u_{1(k)} = \varepsilon_{11} x_{1(k)} \tag{14.59a}$$

和

$$u_{1(j)} = \varepsilon_{11} x_{1(j)} \tag{14.59b}$$

其中 $x_{1(k)}$ 和 $x_{1(j)}$ 表示在物质坐标系 (x_1, y_1) 中在纤维方向上的坐标。

定义在点 $x_{1(k)}$ 处纤维键的表面修正系数为

$$S_{(k)}^{\text{f}} = \frac{W_{f(k)}}{W_{f(k)}^{\text{PD}}} = \frac{2(Q_{11} - Q_{22})}{\sum_{j=1}^{N_{(k)}^{\text{f}}} c_{\text{f}} (x_{1(j)} - x_{1(k)}) V_{(j)}} \tag{14.60}$$

将方程 (14.38) 中的 c_{f} 代入上述方程，可得

$$S_{(k)}^{\text{f}} = \frac{W_{f(k)}}{W_{f(k)}^{\text{PD}}} = \frac{h I_{\text{f}}}{\sum_{j=1}^{N_{(k)}^{\text{f}}} (x_{1(j)} - x_{1(k)}) V_{(j)}} \tag{14.61}$$

因此，对于 $x_{1(k)}$ 和 $x_{1(j)}$ 之间的键，表面修正因子 $S_{(k)(j)}^{\text{f}}$ 可被近似为

$$S_{(k)(j)}^{\text{f}} = \frac{1}{2} \left(S_{(k)}^{\text{f}} + S_{(j)}^{\text{f}} \right) \tag{14.62}$$

14.6 数值实现

如第十三章所述，方程 (14.51) 中的力可以被写成如下离散形式

$$\mathbf{f}_{(k)(j)} = \mathbf{H}_{(k)(j)}^{(k)}(\mathbf{x}, \mathbf{x}') \mathbf{v}_{(k)} + \mathbf{H}_{(k)(j)}^{(j)}(\mathbf{x}, \mathbf{x}') \mathbf{v}_{(j)} \tag{14.63}$$

其中系数矩阵 $\mathbf{H}_{(k)(j)}^{(k)}$ 和 $\mathbf{H}_{(k)(j)}^{(j)}$ 由方程 (13.148) 和 (13.149) 给出。矢量 $\mathbf{v}_{(k)}$ 和 $\mathbf{v}_{(j)}$ 分别包含与 $\mathbf{x}_{(k)}$ 和 $\mathbf{x}_{(j)}$ 的物质点族相关的位移分量，它们被定义为

$$\mathbf{v}_{(k)}^{\text{T}} = \left\{ \begin{array}{ccccc} \mathbf{u}_{(k)}^{\text{T}} & \mathbf{u}_{(k_1)}^{\text{T}} & \mathbf{u}_{(k_2)}^{\text{T}} & \cdots & \mathbf{u}_{(k_K)}^{\text{T}} \end{array} \right\} \tag{14.64}$$

和

$$\mathbf{v}_{(j)}^{\text{T}} = \left\{ \begin{array}{ccccc} \mathbf{u}_{(j)}^{\text{T}} & \mathbf{u}_{(j_1)}^{\text{T}} & \mathbf{u}_{(j_2)}^{\text{T}} & \cdots & \mathbf{u}_{(j_J)}^{\text{T}} \end{array} \right\} \tag{14.65}$$

第十四章 复合材料层合板的键转动键型近场动力学

类似地，从 $\mathbf{x}_{(j)}$ 到 $\mathbf{x}_{(k)}$ 的力密度矢量与 $\mathbf{f}_{(k)(j)}$ 相反，因此可被表示为

$$\mathbf{f}_{(j)(k)} = -\mathbf{f}_{(k)(j)} = -\mathbf{H}_{(k)(j)}^{(k)}(\mathbf{x},\mathbf{x}')\mathbf{v}_{(k)} - \mathbf{H}_{(k)(j)}^{(j)}(\mathbf{x},\mathbf{x}')\mathbf{v}_{(j)} \tag{14.66}$$

结合方程 (14.63) 和 (14.66)，可得矩阵形式的键平衡方程为

$$\left\{ \begin{array}{c} \mathbf{f}_{(k)(j)} \\ \mathbf{f}_{(j)(k)} \end{array} \right\} = \left[\begin{array}{cc} \mathbf{H}_{(k)(j)}^{(k)}(\mathbf{x},\mathbf{x}') & \mathbf{H}_{(k)(j)}^{(j)}(\mathbf{x},\mathbf{x}') \\ -\mathbf{H}_{(k)(j)}^{(k)}(\mathbf{x},\mathbf{x}') & -\mathbf{H}_{(k)(j)}^{(j)}(\mathbf{x},\mathbf{x}') \end{array} \right] \left\{ \begin{array}{c} \mathbf{v}_{(k)} \\ \mathbf{v}_{(j)} \end{array} \right\} \tag{14.67}$$

14.7 键伸长率与转动角的计算

图 14.2 显示了从 $\mathbf{x}_{(k)}$ 到 $\mathbf{x}_{(j)}$ 的任意键的初始构型和变形构型。在这幅图中，经过物质点 $\mathbf{x}_{(k)}$ 的纤维与总体 X 轴成 ϕ 夹角。注意，如图 14.2 所示，由于键的变形构型被平移回点 $\mathbf{x}_{(k)}$ 处，所以键的变形是相对于物质点 $\mathbf{x}_{(k)}$ 测量的。在这种情况下，物质点 $\mathbf{x}_{(j)}$ 经历相对位移 $\mathbf{u}_{(k)(j)}$ 后到达点 $\mathbf{x}'_{(j)}$ 处。键的相对变形位置用 $\mathbf{y}_{(k)(j)} = \mathbf{x}'_{(j)} - \mathbf{x}_{(k)}$ 表示。另外，如图 14.2 所示，平行和垂直于纤维方向的单位矢量用 $\mathbf{n}_f$ 和 $\mathbf{t}_f$ 表示。这些单位矢量被用于计算转动角参数 $d_{(k)(j)}$ 和 $h_{(k)(j)}$，其中 $d_{(k)(j)}$ 表示 $\mathbf{x}_{(j)}$ 在平行于纤维方向上移动的距离，$h_{(k)(j)}$ 表示 $\mathbf{x}_{(j)}$ 在垂直于纤维方向上的高度。

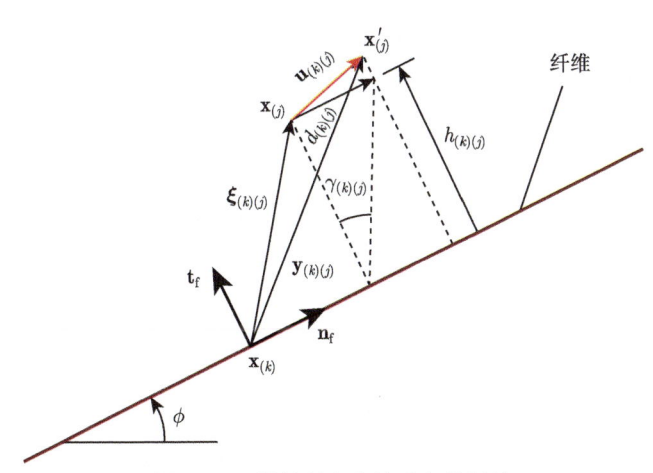

图 14.2 键伸长率和转动角的测量

在 PD 中，键伸长率由键的最终长度和初始长度之差与键的初始长度之比来定义，即 (Silling, 2000)

$$s_{(k)(j)} = \frac{\left|\mathbf{y}_{(k)(j)}\right| - \left|\boldsymbol{\xi}_{(k)(j)}\right|}{\left|\boldsymbol{\xi}_{(k)(j)}\right|} \tag{14.68}$$

其中
$$\mathbf{y}_{(k)(j)} = \boldsymbol{\xi}_{(k)(j)} + \mathbf{u}_{(j)} - \mathbf{u}_{(k)} \tag{14.69}$$

如图 14.2 所示，$\gamma_{(k)(j)}$ 表示相对于纤维测量的键转动角，它被定义为位移矢量 $\mathbf{u}_{(k)(j)} = \mathbf{u}_{(j)} - \mathbf{u}_{(k)}$ 在纤维方向 $\mathbf{n}_\mathrm{f}$ 上的投影与位置矢量 $\boldsymbol{\xi}_{(k)(j)}$ 在垂直于纤维的方向 $\mathbf{t}_\mathrm{f}$ 上的投影之比。因此，转动角 $\gamma_{(k)(j)}$ 可以被表示为

$$\gamma_{(k)(j)} = \left|\frac{d_{(k)(j)}}{h_{(k)(j)}}\right| = \left|\frac{(\mathbf{u}_{(j)} - \mathbf{u}_{(k)}) \cdot \mathbf{n}_\mathrm{f}}{\boldsymbol{\xi}_{(k)(j)} \cdot \mathbf{t}_\mathrm{f}}\right| \tag{14.70}$$

14.8 键断裂准则

如果键伸长率超过临界伸长率 (Silling & Askari, 2005) 或键转动角超过临界转动角 (Madenci et al., 2021)，则允许键破坏。对于层合板，键临界伸长率 s_c 和键临界转动角 γ_c 的确定是一项艰难的任务。一种方法是将首次破坏载荷与试验或复合材料中可用的破坏准则进行比较，并校准临界伸长率和剪切角，以便预测的首次破坏载荷与试验或其他可用的破坏准则相匹配。

假设角铺设层合板的临界伸长率和临界剪切角是先验确定的，则可采用下列断键准则：

1. 不允许纤维键断裂。因此，与纤维方向一致的键不会断裂。另外，只允许基体键因拉伸和/或剪切而断裂。如果键伸长率为负值，则键不会因拉伸而断裂，但如果键转动角超过临界剪切角，则键可能因剪切而断裂。

2. 如果 $s_{(k)(j)} < s_\mathrm{cr}$ 且 $\gamma_{(k)(j)} < \gamma_\mathrm{cr}$，则键保持完好，由方程 (14.51) 计算键力。

3. 如果 $s_{(k)(j)} > s_\mathrm{cr}$ 且 $\gamma_{(k)(j)} < \gamma_\mathrm{cr}$，则键因拉伸而断裂，那么消除键间相互作用。在这种情况下，$\mathbf{f}_{(j)(k)} = -\mathbf{f}_{(k)(j)} = \mathbf{0}$。

4. 如果 $s_{(k)(j)} < s_\mathrm{cr}$ 且 $\gamma_{(k)(j)} > \gamma_\mathrm{cr}$，则键因剪切而断裂，那么终止键间相互作用，即 $\mathbf{f}_{(j)(k)} = -\mathbf{f}_{(k)(j)} = \mathbf{0}$。

5. 如果 $s_{(k)(j)} > s_\mathrm{cr}$ 且 $\gamma_{(k)(j)} > \gamma_\mathrm{cr}$，则键因拉伸和剪切而断裂，那么通过设置 $\mathbf{f}_{(j)(k)} = -\mathbf{f}_{(k)(j)} = \mathbf{0}$ 来消除键间相互作用。

6. 另外，如果某点的损伤程度大于 0.6，为了保持系统矩阵的稳定性，则不允许与该点连接的任何键断裂。

14.9 数值结果

在物质坐标系 (x_1, x_2) 下，正交各向异性材料的属性为 $E_{11} = 164.3\,\mathrm{GPa}$ 和 $E_{22} = 8.977\,\mathrm{GPa}$。剪切模量和泊松比分别为 $G_{12} = 5.02\,\mathrm{GPa}$ 和 $\nu_{12} = 0.32$。方

形层合板的长度和宽度为 $L=W=100\text{mm}$。其厚度为 $h=1\text{mm}$。纤维取向被指定为 $\phi=0°$、$45°$ 和 $90°$。

如图 14.3 所示，网格点是根据附在层合板中心的局部坐标系 (x_1,x_2) 生成的。局部 x_1 轴与纤维方向一致，而局部 x_2 轴垂直于纤维方向。如果纤维取向与笛卡儿坐标系不一致，那么由于坐标系的取向，区域的边缘成锯齿状。

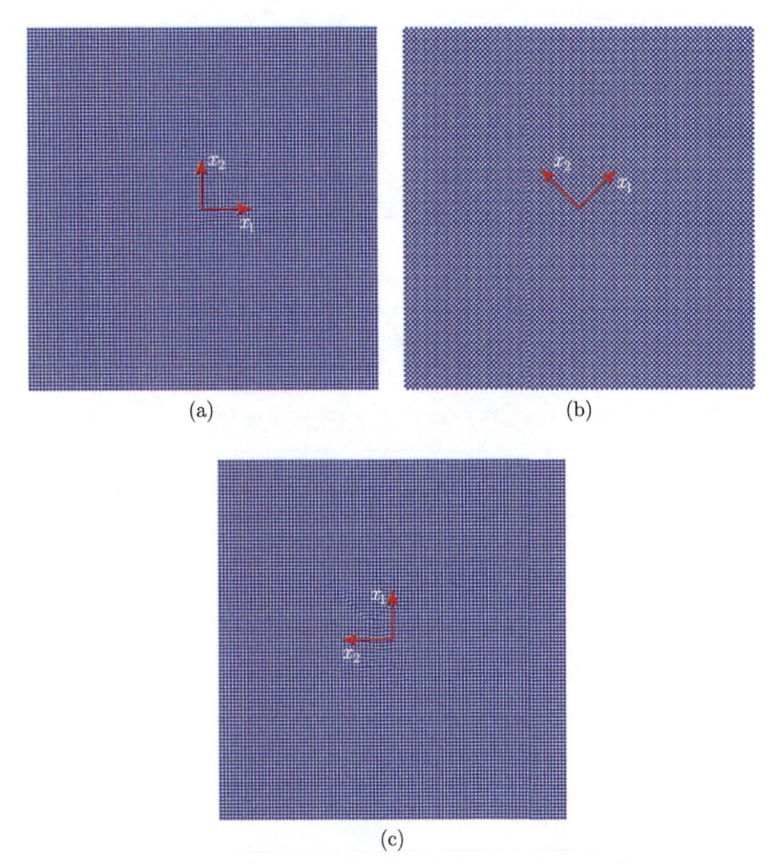

图 14.3 在物质坐标系下层合板的近场动力学离散化

(a) $0°$ 层合板；(b) $45°$ 层合板；(c) $90°$ 层合板

14.9.1 拉伸作用下的层合板

如图 14.4 所示的层合板，其左端位于滚动支座上，在右侧边缘受到体载荷形式的牵引力。在顶部和底部边缘没有任何加载和运动边界条件。采用网格间距为 $\Delta x_1=\Delta x_2=0.5\text{mm}$ 的具有 200×200 个物质点的层合板 PD 模型。

沿右侧边缘施加均匀应力 $\sigma_0=10\text{GPa}$。在沿右侧边缘的物质点上施加相应的体力密度 $\mathbf{b}=(b_x,b_y)^\text{T}$，其中 $b_x=2\times 10^{13}\text{N/m}^3$ 和 $b_y=0$。类似地，在沿左侧

边缘物质点上施加位移约束 $u_x = 0$。对于纤维取向不是 0° 或 90° 的层合板，在沿边缘的三层物质点上施加边界条件。或者，在沿边缘的单层物质点上施加边界条件。

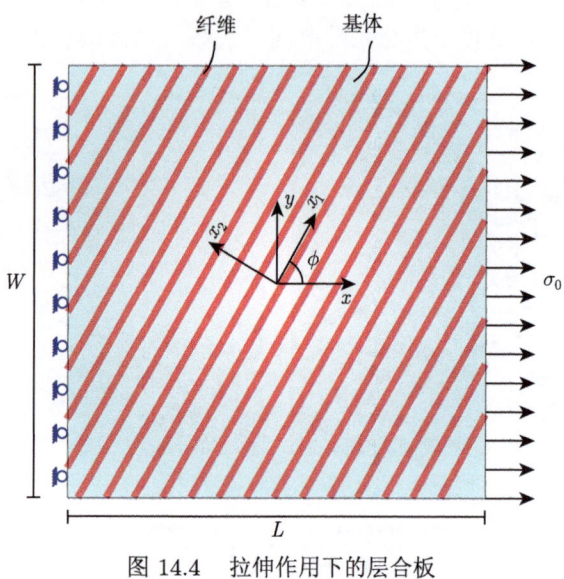

图 14.4 拉伸作用下的层合板

本章通过将纤维取向为 $\phi = 0°$、45° 和 90° 的层合板的变形结果与有限元的预测结果进行比较，验证了该 BB-PD 模型的有效性。对于纤维取向为 $\phi = 0°$、45° 和 90° 的层合板，图 14.5~ 图 14.10 分别显示了 BB-PD 和 FE 对水平和垂直位移变化的预测结果。PD 预测结果与 FE 解基本一致。

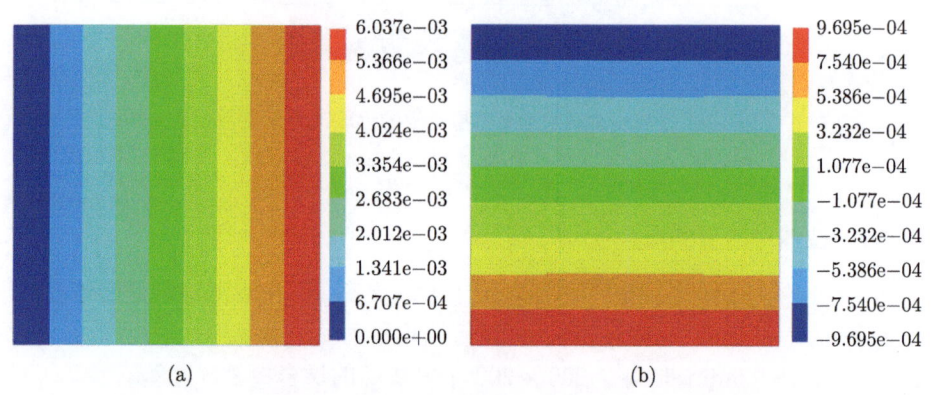

图 14.5 $\phi = 0°$ 的层合板在拉伸作用下的 BB-PD 位移 (单位：m)
(a) 水平方向；(b) 垂直方向

图 14.6 $\phi = 0°$ 的层合板在拉伸作用下的 FE 位移 (单位：m)
(a) 水平方向；(b) 垂直方向

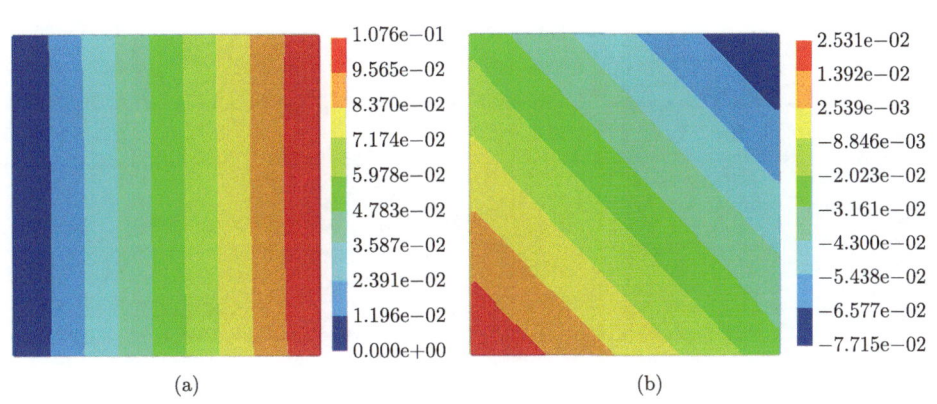

图 14.7 $\phi = 45°$ 的层合板在拉伸作用下的 BB-PD 位移 (单位：m)
(a) 水平方向；(b) 垂直方向

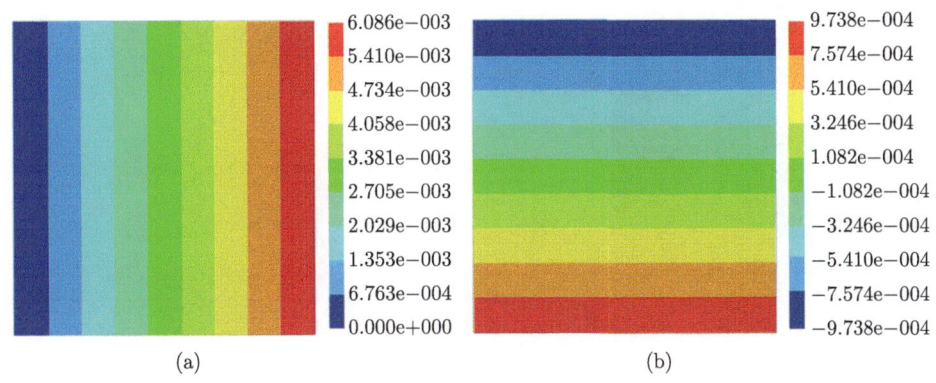

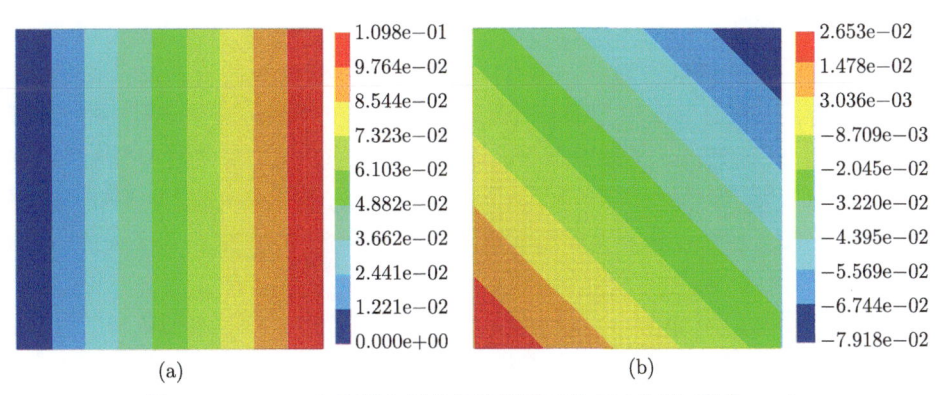

图 14.8 $\phi = 45°$ 的层合板在拉伸作用下的 FE 位移 (单位：m)
(a) 水平方向；(b) 垂直方向

(a)   (b)

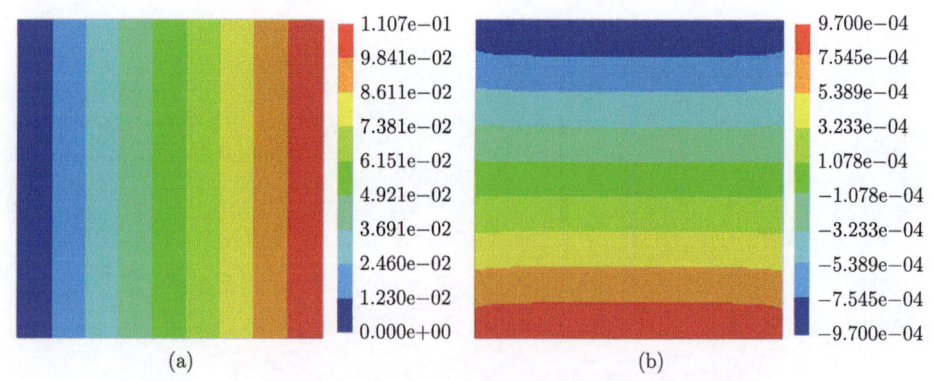

图 14.9 $\phi = 90°$ 的层合板在拉伸作用下的 BB-PD 位移 (单位: m)

(a) 水平方向；(b) 垂直方向

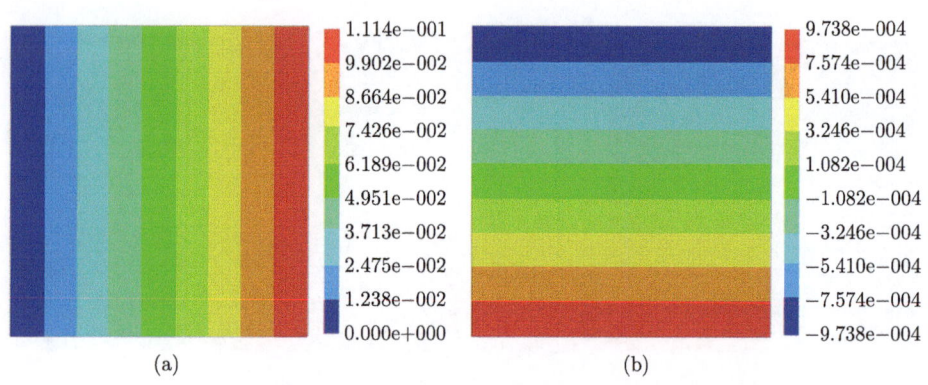

(a)   (b)

图 14.10 $\phi = 90°$ 的层合板在拉伸作用下的 FE 位移 (单位: m)

(a) 水平方向；(b) 垂直方向

14.9.2 渐进破坏

本章通过对纤维取向为 $\phi = 0°$、$45°$ 和 $90°$ 的层合板的渐进破坏进行模拟，进一步验证了该 BB-PD 模型的有效性。如图 14.11 所示，在层合板的中心处有一条长度为 $2a = 20\text{mm}$ 的垂直预置裂纹。层合板的左侧边缘受到水平方向约束，而层合板的右侧边缘受到指定的水平位移 $u_x = \Delta u_0$ 的约束。此外，为了减小系统矩阵奇异的可能性，层合板的左下角还受到垂直位移的约束。未在层合板的水平边界上施加任何类型的牵引力。

采用网格间距为 $\Delta x_1 = \Delta x_2 = 1\text{mm}$ 的具有 100×100 个物质点的层合板 PD 模型。如图 14.12 所示，通过令跨越 $(x = 0, y = -a)$ 和 $(x = 0, y = a)$ 之间的物理裂纹线的键断裂，以先验引入预置裂纹。垂直裂纹的存在由损伤参数 $\phi(\mathbf{x})$ 表示 (方程 (1.60))。

第十四章　复合材料层合板的键转动键型近场动力学　　　　　　　　　　　　· 305 ·

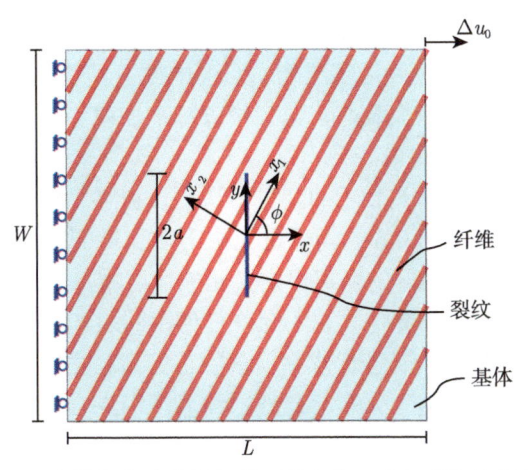

图 14.11　在施加位移边界条件下具有中心垂直裂纹的方形层合板

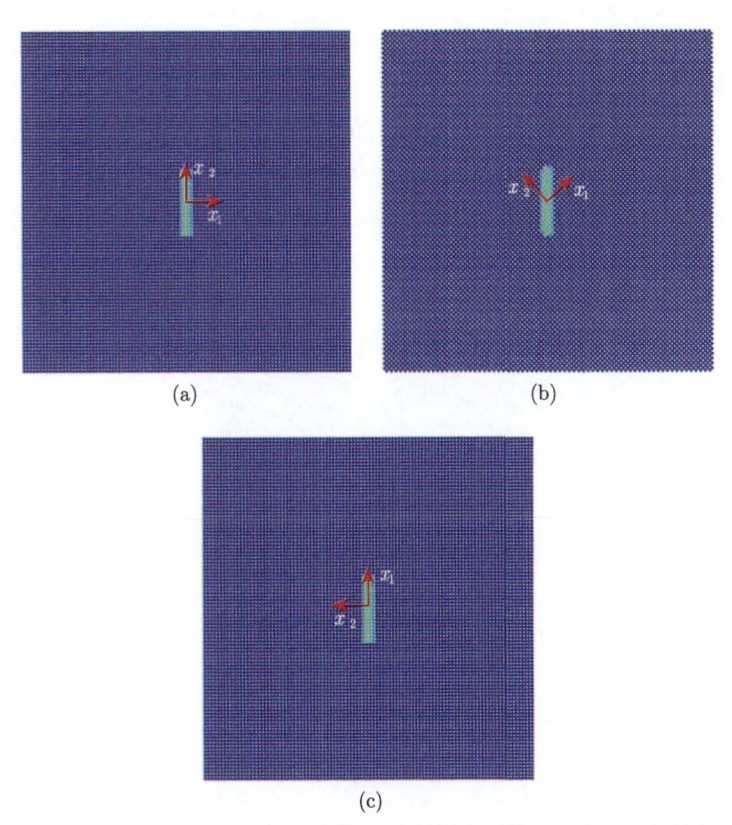

图 14.12　在物质坐标系下带预置裂纹的层合板的近场动力学离散化
(a) 0° 层合板；(b) 45° 层合板；(c) 90° 层合板

在沿左侧边缘的物质点上施加位移约束 $u_x = 0$，沿右侧边缘施加位移增量 $u_x = \Delta u_0$。并且在层合板边缘的三层物质点上施加边界条件。

在数值模拟中，递增施加载荷，迭代检查每个加载步的平衡条件，直到没有额外的键断裂 (Ni et al., 2019)。

为了追踪以裂纹扩展形式表示的渐进损伤，设置临界伸长率和临界剪切角分别为 $s_c = 0.014$ 和 $\gamma_c = 0.007$。为了避免由于缺少键而导致边界上意料之外的键破坏，在离垂直边界 $10\Delta x$ 的距离内定义无破坏区域。在无破坏区域的范围内，即使伸长率和剪切角超过临界值，也不允许任何键断裂。

本章对所产生的裂纹扩展进行监测，直到它们到达垂直边界附近的无破坏区域，或者直到沿水平边缘发生分裂。此外，计算了沿层合板的左侧边缘施加的位移 $u_x = \Delta u_0$ 与反作用力响应。

图 14.13 显示了在 0° 层合板中分析结束时得到的损伤变量的变化情况。图 14.14 显示了反作用力作为施加的位移的函数。如图 14.13 所示，裂纹沿平行于纤维的四个水平方向同时萌生并扩展。这与预期一致，因为基体破坏是在纯剪切模式下发生的。因此，从裂纹萌生直到裂纹扩展结束，键破坏是因键转动角超过临界剪切角 γ_c 所导致的。

如图 14.14 所示，边缘反作用力随施加的边缘位移的变化情况表明，在 $u_0/L = 0.308 \times 10^{-3}$ 的点 A 处，键首次断裂，当裂纹向垂直边缘扩展时，层合板继续承受更多载荷。这与预期一致，因为所有的载荷都由不允许断裂的纤维键承担。

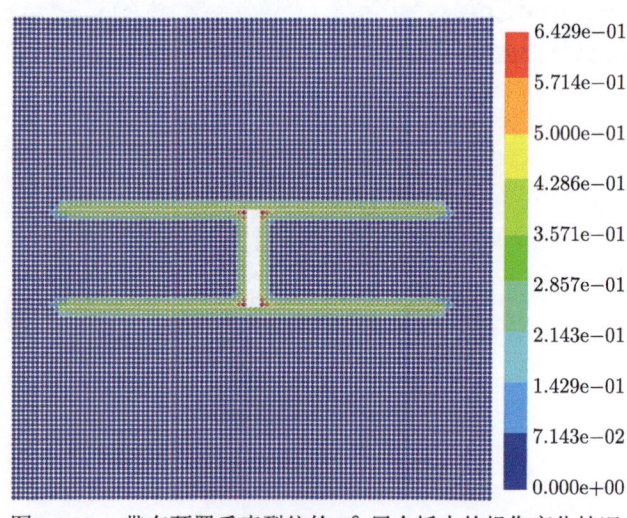

图 14.13 带有预置垂直裂纹的 0° 层合板内的损伤变化情况

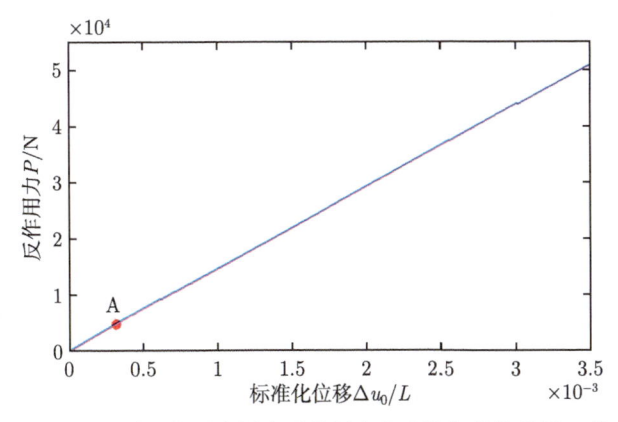

图 14.14 在 0° 层合板内反作用力作为施加的位移的函数

图 14.15 显示了在 45° 层合板内的损伤变化情况。由于键的拉伸破坏，在裂纹尖端开始发生破坏。在此之后不久，破坏模式转变为键斜破坏，裂纹沿 45° 纤维方向扩展，直到层合板从水平边缘裂开。如图 14.16 所示，在反作用力与施加位移响应中，在 $u_0/L = 2.77 \times 10^{-3}$ 的点 A 处，键首次断裂，而分裂始于 $u_0/L = 2.87 \times 10^{-3}$ 的 B 点附近。由于裂纹的非稳态扩展，反作用力突然从峰值载荷下降到零，直到穿过边界发生分裂。

图 14.17 显示了在 90° 层合板内的损伤变化情况。由于键的拉伸破坏，在裂纹尖端开始发生破坏。裂纹沿 90° 纤维方向扩展，直到层合板沿垂直边缘裂开。

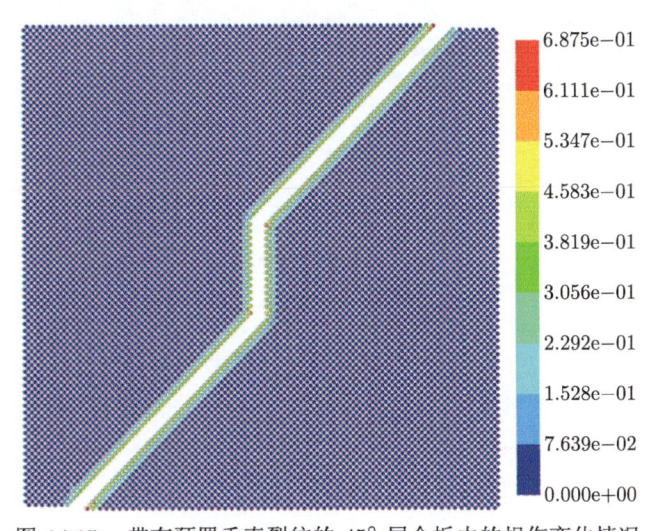

图 14.15 带有预置垂直裂纹的 45° 层合板内的损伤变化情况

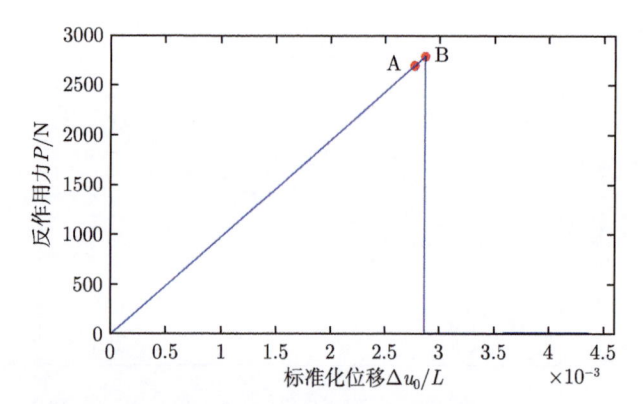

图 14.16 在 45° 层合板内反作用力作为施加的位移的函数

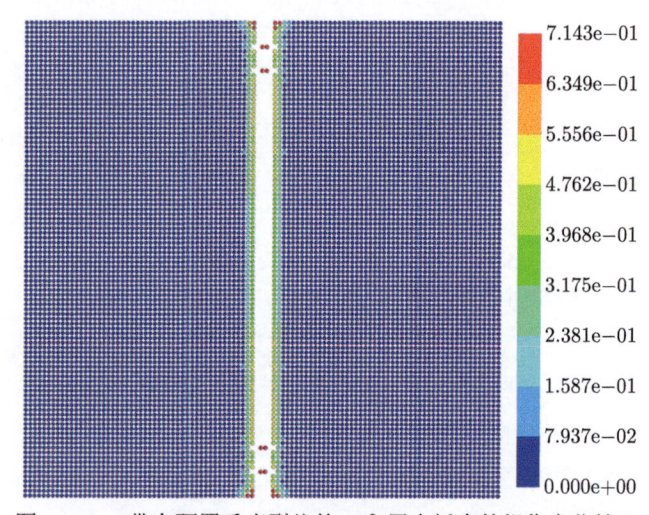

图 14.17 带有预置垂直裂纹的 90° 层合板内的损伤变化情况

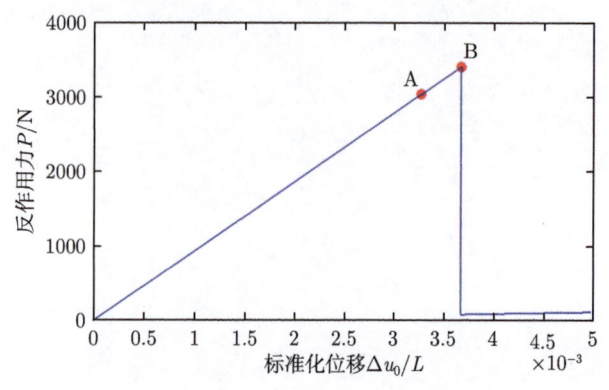

图 14.18 在 90° 层合板内反作用力作为施加的位移的函数

如图 14.18 所示，在反作用力与施加位移响应中，在 $u_0/L = 3.28 \times 10^{-3}$ 的点 A 处，键首次断裂，而分裂始于 $u_0/L = 3.68 \times 10^{-3}$ 的 B 点附近。由于裂纹的非稳态扩展，反作用力突然从峰值载荷下降到零，直到穿过边界发生分裂。

参 考 文 献

Madenci, E., Barut, A., & Phan, N. (2021). Bond-based peridynamics with stretch and rotation kinematics for opening and shearing modes of fracture. *Journal of Peridynamics and Nonlocal Modeling, 3*, 211-254.

Ni, T., Zaccariotto, M., Zhu, Q. Z., & Galvanetto, U. (2019). Static solution of crack propagation problems in peridynamics. *Computer Methods in Applied Mechanics and Engineering, 346*, 126-151.

Oterkus, E., & Madenci, E. (2012). Peridynamic analysis of fiber-reinforced composite materials. *Journal of Mechanics of Materials and Structures, 7*(1), 45-84.

Silling, S. A. (2000). Reformulation of elasticity theory for discontinuities and long-range forces. *Journal of the Mechanics and Physics of Solids, 48*(1), 175-209.

Silling, S. A., & Askari, E. (2005). A meshfree method based on the peridynamic model of solid mechanics. *Computers & Structures, 83*(17-18), 1526-1535.

第十五章 在 ANSYS 中耦合键型近场动力学与有限元

15.1 引　　言

　　有限元方法 (FEM) 在计算上具有鲁棒性,在没有裂纹萌生和扩展的情况下可以非常有效地模拟材料的响应。然而,因为位移的导数在不连续处没有定义,所以使用 FEM 进行损伤预测可能非常复杂。尽管 PD 在破坏预测方面的能力是无可比拟的,但是它的计算成本比 FEM 更高。因此,将 PD 理论 (Silling, 2000; Silling et al., 2007) 和 FEM 耦合起来更为可行,以利用它们的显著优势。基本 PD 方程与有限元分析 (FEA) 的基本原理完全一致。Macek 和 Silling(2007) 已证明,在 FEA 构架中已经存在的桁架单元可以转换为 PD 的等效形式从而成为键型 PD 的一部分。然而,这两种方法的耦合并不简单,因为 PD 理论采用的体积约束是非局部的,而 FEM 采用的表面约束是局部的。此外,PD 理论需要一个虚构区域以施加边界条件。因此,通常通过 PD 节点和 FE 节点共存并且使得信息能够传递的重叠区域实现耦合。

　　现有研究中已经存在了多种耦合方法 (Kilic & Madenci, 2010; Liu & Hong, 2012; Lubineau et al., 2012; Han et al., 2016; Seleson et al., 2013, 2015; Silling et al., 2015; D'Elia et al., 2016; Galvanetto et al., 2016; Ni et al., 2021);然而,正如 Ongaro 等 (2021) 所讨论的那样,它们在耦合界面上缺乏局部和非局部牵引力之间的平衡。对这些局部—非局部耦合方法的分类和深入比较,可以在 D'Elia 等 (2021) 的一篇综述文章中找到。

　　与之前的耦合技术不同,Madenci 等 (2018a, b) 提供了一种变分方法,将 PD 和 FE 分析耦合起来并用于隐式分析,而沿着这些区域的界面没有过渡 (重叠) 区域。具有任意几何形状的 PD 区域直接与传统的局部 (常规) 单元连接,同时通过拉格朗日乘子满足位移连续性。由此得到的全局方程组包含 PD 节点和 FE 节点的贡献。这些方程组可以被同时求解,而不需要迭代过程。最近,Zhang 和 Madenci(2022) 以及 Zhang 等 (2022) 使用 ANSYS 固有的单元和耦合命令将键型 PD 与 FEM 耦合起来,并分别进行了二维和三维分析。然而,这种方法在界面节点附近仍然存在轻微的位移扭结。

　　本章将第四章中描述的弱形式的 PD 与第七章中描述的统一 PD 控制方程相

第十五章　在 ANSYS 中耦合键型近场动力学与有限元

结合，提出了一种没有重叠区域的耦合方法。PD 区域和 FE 区域沿界面共享节点，而没有任何约束条件。在界面节点附近无位移扭结。PD 区域可以被传统有限元区域完全或部分包围。在 PD 区域采用 ANSYS 内置的 MATRIX27 单元，在其余区域采用传统单元。利用第二章中所述的 PDDO，本章推导了 MATRIX27 单元的系数和应力分量表达式的 PD 形式。PD-FE 耦合方法的计算结果与 FE 分析结果吻合得很好。

15.2　耦合方法

与之前的耦合技术不同，这种方法不需要使用渐变技术或混合函数在过渡区域上实现耦合。如图 15.1 所示，具有任意几何形状的 PD 区域与 FE 区域相连接。区域 Ω 被划分为 FE 区域 Ω^{FE} 和 PD 区域 Ω^{PD}，即 $\Omega = \Omega^{\text{PD}} \cup \Omega^{\text{FE}}$。区域 Ω^{PD} 由内部区域 $\mathcal{D}$、外部区域 $\mathcal{R}$ 以及具有非零体积的"真实边界层"区域 $\mathcal{B}$ 组成，即 $\Omega^{\text{PD}} = \mathcal{D} \cup \mathcal{R} \cup \mathcal{B}$。区域 $\mathcal{R}$ 的范围由 2δ 定义，区域 $\mathcal{B}$ 的宽度为一个 PD 网格间距。边界层区域 $\mathcal{B}$ 具有较窄的宽度 b，其中间表面定义了 PD 区域的表面 S^{PD}。边界层区域的体积为 $V_{\mathcal{B}} = bS^{\text{PD}}$，它比外部区域的体积 $V_{\mathcal{R}}$ 小得多，即 $V_{\mathcal{B}} \ll V_{\mathcal{R}}$。

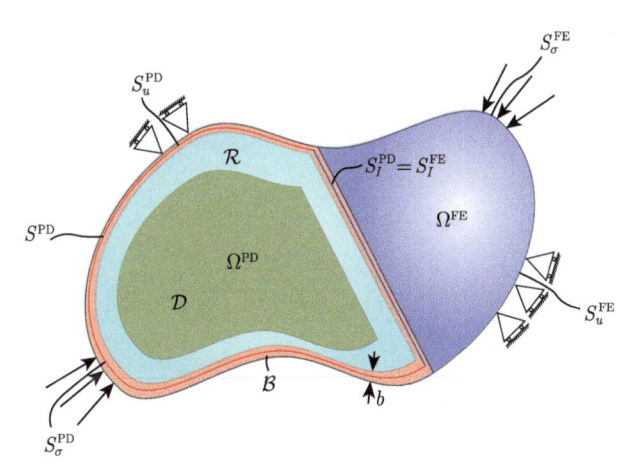

图 15.1　包含 PD-FE 界面的 PD 区域与 FE 区域的耦合

表面 S^{PD} 可以受到位移约束和/或外部牵引力作用。它被分解为 S_u^{PD}、S_σ^{PD} 和 S_I^{PD}，分别表示受位移约束 $\mathbf{U}^{*\text{PD}}$ 和外部牵引力 $\mathbf{T}^{*\text{PD}}$ 的边界部分以及 PD-FE 界面。以 PD 和 FE 形式出现的上标分别表示与 PD 区域和 FE 区域相关的量。

如图 15.2 所示，求解域被离散为 PD 物质点和有限单元。PD 区域和 FE 区域沿界面共享同一组节点。从而得到包含 PD 点和 FE 节点的贡献的全局方程组。

利用满足 PD 平衡方程的 PD 内力和位移场，构造代表 PD 区域的刚度矩阵。这些方程被同时求解；因此，这是一种直接耦合方法。通过计算由虚功原理产生的边界积分，以确定与沿界面的 PD 点和 FE 节点相关的耦合项。

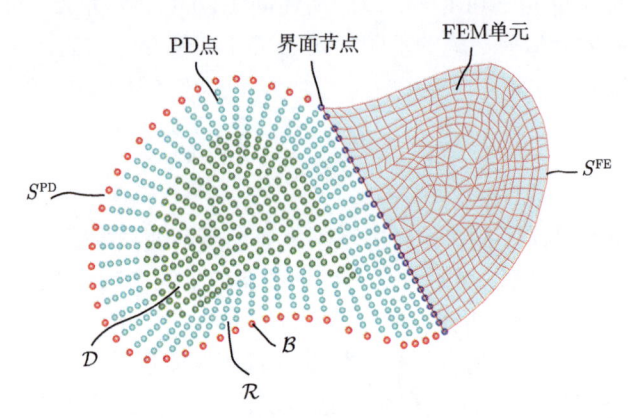

图 15.2 在 FE 和 PD 的内部、外部和边界区域中边界段的描述

对于整个区域 Ω，应用虚功原理，可得

$$\delta W_{\text{internal}}^{\text{PD}} + \delta W_{\text{inertial}}^{\text{PD}} + \delta W_{\text{internal}}^{\text{FE}} + \delta W_{\text{inertial}}^{\text{FE}}$$
$$= \delta W_u^{\text{PD}} + \delta W_u^{\text{FE}} + \delta W_\sigma^{\text{PD}} + \delta W_\sigma^{\text{FE}} + \delta W_b^{\text{PD}} + \delta W_b^{\text{FE}} \quad (15.1)$$

其中 $\delta(\cdot)$ 表示一个变量的虚值 (Madenci et al., 2018b)。在 $\alpha = \text{PD}, \text{FE}$ 区域内，由内力、惯性力、外牵引力和体载荷所产生的虚功分别用 $\delta W_{\text{internal}}^\alpha$、$\delta W_{\text{inertial}}^\alpha$、$\delta W_\sigma^\alpha$ 和 δW_b^α 表示。

由施加的位移约束所产生的零值虚功用 δW_u^α 表示。此外，值得注意的是，边界层区域 $\mathcal{B}$ 中的 PD 点对由惯性力和体载荷产生的虚功没有贡献。在方程 (15.1) 中代入由惯性力、内力和外力所产生的虚功，可得

$$\int_{\mathcal{D}\cup\mathcal{R}} \delta \mathbf{u}^{\text{PD}}(\mathbf{x},t) \cdot \rho \ddot{\mathbf{u}}^{\text{PD}}(\mathbf{x},t) dV + \int_{\Omega^{\text{PD}}} \text{tr}\left(\nabla \delta \mathbf{u}^{\text{PD}}(\mathbf{x},t)^{\text{T}} \mathbf{P}^{\text{PD}}(\mathbf{x},t)\right) dV$$
$$+ \int_{\Omega^{\text{FE}}} \delta \mathbf{u}^{\text{FE}}(\mathbf{x},t) \cdot \rho \ddot{\mathbf{u}}^{\text{FE}}(\mathbf{x},t) dV + \int_{\Omega^{\text{FE}}} \text{tr}\left(\nabla \delta \mathbf{u}^{\text{FE}}(\mathbf{x},t)^{\text{T}} \mathbf{P}^{\text{FE}}(\mathbf{x},t)\right) dV$$
$$= \int_{\mathcal{D}\cup\mathcal{R}} \delta \mathbf{u}^{\text{PD}}(\mathbf{x},t) \cdot \mathbf{b}^{\text{PD}}(\mathbf{x},t) dV + \int_{\Omega^{\text{FE}}} \delta \mathbf{u}^{\text{FE}}(\mathbf{x},t) \cdot \mathbf{b}^{\text{FE}}(\mathbf{x},t) dV$$
$$+ \int_{S_\sigma^{\text{PD}}} \delta \mathbf{u}^{\text{PD}}(\mathbf{x},t) \cdot \mathbf{T}^{*\text{PD}} dA + \int_{S_\sigma^{\text{FE}}} \delta \mathbf{u}^{\text{FE}}(\mathbf{x},t) \cdot \mathbf{T}^{*\text{FE}} dA \quad (15.2)$$

其中 $\mathbf{u}(\mathbf{x},t)$ 是区域 Ω 上的位移场，并且沿表面 S_u^α 有 $\mathbf{u}(\mathbf{x},t)=\mathbf{U}^{*\alpha}$。此外，$\mathbf{P}(\mathbf{x},t)$ 和 $\mathbf{b}(\mathbf{x},t)$ 分别表示第一 Piola-Kirchhoff 应力张量和体载荷密度矢量。利用恒等式 $\nabla\cdot(\mathbf{A}\mathbf{a})=(\nabla\cdot\mathbf{A})\cdot\mathbf{a}+\mathrm{tr}(\mathbf{A}\nabla\mathbf{a}^\mathrm{T})$，其中 $\mathbf{A}$ 和 $\mathbf{a}$ 分别表示矩阵和矢量，那么方程 (15.2) 可以被改写为

$$\int_{\mathcal{D}\cup\mathcal{R}}\delta\mathbf{u}^{\mathrm{PD}}\cdot\rho\ddot{\mathbf{u}}^{\mathrm{PD}}dV+\int_{\Omega^{\mathrm{PD}}}\left[\nabla\cdot\left(\mathbf{P}^{\mathrm{PD}}\delta\mathbf{u}^{\mathrm{PD}}\right)-\delta\mathbf{u}^{\mathrm{PD}}\cdot\left(\nabla\cdot\mathbf{P}^{\mathrm{PD}}\right)\right]dV$$

$$+\int_{\Omega^{\mathrm{FE}}}\delta\mathbf{u}^{\mathrm{FE}}\cdot\ddot{\mathbf{u}}^{\mathrm{FE}}dV+\int_{\Omega^{\mathrm{FE}}}\mathrm{tr}\left(\nabla\delta\left(\mathbf{u}^{\mathrm{FE}}\right)^\mathrm{T}\mathbf{P}^{\mathrm{FE}}\right)dV$$

$$=\int_{\mathcal{D}\cup\mathcal{R}}\delta\mathbf{u}^{\mathrm{PD}}\cdot\mathbf{b}^{\mathrm{PD}}dV+\int_{\Omega^{\mathrm{FE}}}\delta\mathbf{u}^{\mathrm{FE}}\cdot\mathbf{b}^{\mathrm{FE}}dV$$

$$+\int_{S_\sigma^{\mathrm{PD}}}\delta\mathbf{u}^{\mathrm{PD}}\cdot\mathbf{T}^{*\mathrm{PD}}dA+\int_{S_\sigma^{\mathrm{FE}}}\delta\mathbf{u}^{\mathrm{FE}}\cdot\mathbf{T}^{*\mathrm{FE}}dA \tag{15.3}$$

注意到 $(\mathbf{P}\delta\mathbf{u})\cdot\mathbf{n}=\delta\mathbf{u}\cdot(\mathbf{P}\mathbf{n})$，并且在方程 (15.3) 中应用散度定理，可得

$$\int_{\mathcal{D}\cup\mathcal{R}}\delta\mathbf{u}^{\mathrm{PD}}\cdot\rho\ddot{\mathbf{u}}^{\mathrm{PD}}dV-\int_{\Omega^{\mathrm{PD}}}\delta\mathbf{u}^{\mathrm{PD}}\cdot\left(\nabla\cdot\mathbf{P}^{\mathrm{PD}}\right)dV+\oint_{S^{\mathrm{PD}}}\delta\mathbf{u}^{\mathrm{PD}}\cdot(\mathbf{P}^{\mathrm{PD}}\mathbf{n})dA$$

$$+\int_{\Omega^{\mathrm{FE}}}\delta\mathbf{u}^{\mathrm{FE}}\cdot\rho\ddot{\mathbf{u}}^{\mathrm{FE}}dV+\int_{\Omega^{\mathrm{FE}}}\mathrm{tr}\left(\nabla\delta\left(\mathbf{u}^{\mathrm{FE}}\right)^\mathrm{T}\mathbf{P}^{\mathrm{FE}}\right)dV$$

$$=\int_{\mathcal{D}\cup\mathcal{R}}\delta\mathbf{u}^{\mathrm{PD}}\cdot\mathbf{b}^{\mathrm{PD}}dV+\int_{\Omega^{\mathrm{FE}}}\delta\mathbf{u}^{\mathrm{FE}}\cdot\mathbf{b}^{\mathrm{FE}}dV$$

$$+\int_{S_\sigma^{\mathrm{PD}}}\delta\mathbf{u}^{\mathrm{PD}}\cdot\mathbf{T}^{*\mathrm{PD}}dA+\int_{S_\sigma^{\mathrm{FE}}}\delta\mathbf{u}^{\mathrm{FE}}\cdot\mathbf{T}^{*\mathrm{FE}}dA \tag{15.4}$$

根据 $\Omega^{\mathrm{PD}}=\mathcal{D}\cup\mathcal{R}\cup\mathcal{B}$ 和 $\mathcal{B}=bS^{\mathrm{PD}}\ll\mathcal{R}$，上述方程可以被改写为 (Madenci et al., 2018b)

$$\int_{\mathcal{D}\cup\mathcal{R}}\delta\mathbf{u}^{\mathrm{PD}}\cdot\rho\ddot{\mathbf{u}}^{\mathrm{PD}}dV-\left(\int_{\mathcal{D}}\delta\mathbf{u}^{\mathrm{PD}}\cdot\mathbf{L}^{\mathrm{PD}}(\mathbf{x})dV+\int_{\mathcal{R}}\delta\mathbf{u}^{\mathrm{PD}}\cdot\mathbf{L}^{\mathrm{PDDO}}(\mathbf{x})dV\right)$$

$$-b\int_{S^{\mathrm{PD}}}\delta\mathbf{u}^{\mathrm{PD}}\cdot\mathbf{L}^{\mathrm{PDDO}}(\mathbf{x})dA+\oint_{S^{\mathrm{PD}}}\delta\mathbf{u}^{\mathrm{PD}}\cdot(\mathbf{P}^{\mathrm{PD}}\mathbf{n})dA$$

$$+\int_{\Omega^{\mathrm{FE}}}\delta\mathbf{u}^{\mathrm{FE}}\cdot\rho\ddot{\mathbf{u}}^{\mathrm{FE}}dV+\int_{\Omega^{\mathrm{FE}}}\mathrm{tr}\left(\nabla\delta\left(\mathbf{u}^{\mathrm{FE}}\right)^\mathrm{T}\mathbf{P}^{\mathrm{FE}}\right)dV$$

$$=\int_{\mathcal{D}\cup\mathcal{R}}\delta\mathbf{u}^{\mathrm{PD}}\cdot\mathbf{b}^{\mathrm{PD}}dV+\int_{\Omega^{\mathrm{FE}}}\delta\mathbf{u}^{\mathrm{FE}}\cdot\mathbf{b}^{\mathrm{FE}}dV$$

$$+\int_{S_\sigma^{\mathrm{PD}}}\delta\mathbf{u}^{\mathrm{PD}}\cdot\mathbf{T}^{*\mathrm{PD}}dA+\int_{S_\sigma^{\mathrm{FE}}}\delta\mathbf{u}^{\mathrm{FE}}\cdot\mathbf{T}^{*\mathrm{FE}}dA \tag{15.5}$$

其中

$$\int_{\mathcal{B}} \delta \mathbf{u}^{\mathrm{PD}} \cdot \mathbf{L}^{\mathrm{PDDO}}(\mathbf{x}) dV = -b \int_{S^{\mathrm{PD}}} \delta \mathbf{u}^{\mathrm{PD}} \cdot \mathbf{L}^{\mathrm{PDDO}}(\mathbf{x}) dA \qquad (15.6)$$

由于 b 无穷小，那么沿边界层区域 $\mathcal{B}$ 由内力矢量所产生的虚功远远小于 $\mathcal{R}$ 内由内力矢量所产生的虚功和沿边界 S^{PD} 由内牵引力所产生的虚功。因此，方程 (15.5) 可以被化简为

$$\int_{\mathcal{D} \cup \mathcal{R}} \delta \mathbf{u}^{\mathrm{PD}} \cdot \rho \ddot{\mathbf{u}}^{\mathrm{PD}} dV - \left(\int_{\mathcal{D}} \delta \mathbf{u}^{\mathrm{PD}} \cdot \mathbf{L}^{\mathrm{PD}}(\mathbf{x}) dV + \int_{\mathcal{R}} \delta \mathbf{u}^{\mathrm{PD}} \cdot \mathbf{L}^{\mathrm{PDDO}}(\mathbf{x}) dV \right)$$
$$+ \oint_{S^{\mathrm{PD}}} \delta \mathbf{u}^{\mathrm{PD}} \cdot (\mathbf{P}^{\mathrm{PD}} \mathbf{n}) dA + \int_{\Omega^{\mathrm{FE}}} \delta \mathbf{u}^{\mathrm{FE}} \cdot \rho \ddot{\mathbf{u}}^{\mathrm{FE}} dV + \int_{\Omega^{\mathrm{FE}}} \mathrm{tr} \left(\nabla \delta (\mathbf{u}^{\mathrm{FE}})^{\mathrm{T}} \mathbf{P}^{\mathrm{FE}} \right) dV$$
$$= \int_{\mathcal{D} \cup \mathcal{R}} \delta \mathbf{u}^{\mathrm{PD}} \cdot \mathbf{b}^{\mathrm{PD}} dV + \int_{S_\sigma^{\mathrm{PD}}} \delta \mathbf{u}^{\mathrm{PD}} \cdot \mathbf{T}^{*\mathrm{PD}} dA$$
$$+ \int_{\Omega^{\mathrm{FE}}} \delta \mathbf{u}^{\mathrm{FE}} \cdot \mathbf{b}^{\mathrm{FE}} dV + \int_{S_\sigma^{\mathrm{FE}}} \delta \mathbf{u}^{\mathrm{FE}} \cdot \mathbf{T}^{*\mathrm{FE}} dA \qquad (15.7)$$

在这个方程中，体积分和面积分可以通过离散区域并进行数值积分来计算。为了解释控制方程的显式构造过程，考虑二维区域以简化代数运算和积分过程。因此，仅涉及下列形式的面积分和线积分

$$\int_{\mathcal{D} \cup \mathcal{R}} \delta \mathbf{u}^{\mathrm{PD}} \cdot \rho \ddot{\mathbf{u}}^{\mathrm{PD}} dA - \left(\int_{\mathcal{D}} \delta \mathbf{u}^{\mathrm{PD}} \cdot \mathbf{L}^{\mathrm{PD}}(\mathbf{x}) dA + \int_{\mathcal{R}} \delta \mathbf{u}^{\mathrm{PD}} \cdot \mathbf{L}^{\mathrm{PDDO}}(\mathbf{x}) dA \right)$$
$$+ \oint_{\Gamma^{\mathrm{PD}}} \delta \mathbf{u}^{\mathrm{PD}} \cdot (\mathbf{P}^{\mathrm{PD}} \mathbf{n}) d\Gamma + \int_{\Omega^{\mathrm{FE}}} \delta \mathbf{u}^{\mathrm{FE}} \cdot \rho \ddot{\mathbf{u}}^{\mathrm{FE}} dA + \int_{\Omega^{\mathrm{FE}}} \mathrm{tr} \left(\nabla \delta (\mathbf{u}^{\mathrm{FE}})^{\mathrm{T}} \mathbf{P}^{\mathrm{FE}} \right) dA$$
$$= \int_{\mathcal{D} \cup \mathcal{R}} \delta \mathbf{u}^{\mathrm{PD}} \cdot \mathbf{b}^{\mathrm{PD}} dA + \int_{\Gamma_\sigma^{\mathrm{PD}}} \delta \mathbf{u}^{\mathrm{PD}} \cdot \mathbf{T}^{*\mathrm{PD}} d\Gamma$$
$$+ \int_{\Omega^{\mathrm{FE}}} \delta \mathbf{u}^{\mathrm{FE}} \cdot \mathbf{b}^{\mathrm{FE}} dA + \int_{\Gamma_\sigma^{\mathrm{FE}}} \delta \mathbf{u}^{\mathrm{FE}} \cdot \mathbf{T}^{*\mathrm{FE}} d\Gamma \qquad (15.8)$$

PD 区域和 FE 区域分别由 $\Gamma^{\mathrm{PD}} = \Gamma_\sigma^{\mathrm{PD}} \cup \Gamma_u^{\mathrm{PD}} \cup \Gamma_I^{\mathrm{PD}}$ 和 $\Gamma^{\mathrm{FE}} = \Gamma_\sigma^{\mathrm{FE}} \cup \Gamma_u^{\mathrm{FE}} \cup \Gamma_I^{\mathrm{FE}}$ 来界定。沿 PD-FE 界面，$\mathbf{x} \in \left(\Gamma_I^{\mathrm{PD}} = \Gamma_I^{\mathrm{FE}} \right)$，位移连续，即 $\mathbf{u}^{\mathrm{PD}}(\mathbf{x}, t) = \mathbf{u}^{\mathrm{FE}}(\mathbf{x}, t)$，其相应的变分为 $\delta \mathbf{u}^{\mathrm{PD}}(\mathbf{x}, t) = \delta \mathbf{u}^{\mathrm{FE}}(\mathbf{x}, t)$。

本节通过小变形假设下的键型 (BB)PD 来描述耦合方法，那么 $\mathbf{L}^{\mathrm{PD}}(\mathbf{x}) = \mathbf{L}^{\mathrm{BB}}(\mathbf{x})$。但注意，所提耦合方法并不仅限于键型 PD。

15.3 内力矢量

在区域 $\mathcal{D}$ 中，内力矢量 $\mathbf{L}^{\mathrm{BB}}(\mathbf{x})$ 可以被表示为 (Silling, 2000; Silling et al., 2007)

$$\mathbf{L}^{\mathrm{BB}}(\mathbf{x}) = \int_{H_{\mathbf{x}}} \left(\mathbf{t}^{\mathrm{BB}}(\mathbf{x}) - \mathbf{t}^{\mathrm{BB}}(\mathbf{x}') \right) dV_{\mathbf{x}'} = \int_{H_{\mathbf{x}}} \mathbf{f}(\mathbf{x}, \mathbf{x}') dV_{\mathbf{x}'} \tag{15.9}$$

其中 $H_{\mathbf{x}}$ 表示相互作用域 (点 $\mathbf{x}$ 的影响域)。对于小变形情况，在第三章中已给出力密度矢量 $\mathbf{t}^{\mathrm{BB}}(\mathbf{x})$ 和 $\mathbf{t}^{\mathrm{BB}}(\mathbf{x}')$ 的显式表达式，即为

$$\mathbf{t}^{\mathrm{BB}}(\mathbf{x}) = -\mathbf{t}^{\mathrm{BB}}(\mathbf{x}') = \frac{1}{2}\mathbf{f}(\mathbf{x}, \mathbf{x}') \tag{15.10}$$

其中

$$\mathbf{f}(\mathbf{x}, \mathbf{x}') = \mu \bar{\mathbf{S}}(\mathbf{x}, \mathbf{x}') \left(\mathbf{u}^{\mathrm{PD}}(\mathbf{x}') - \mathbf{u}^{\mathrm{PD}}(\mathbf{x}) \right) \tag{15.11}$$

其中 μ 是剪切模量，$\bar{\mathbf{S}}(\mathbf{x}, \mathbf{x}')$ 被定义为

$$\bar{\mathbf{S}}(\mathbf{x}, \mathbf{x}') = \frac{\mathbf{S}(\boldsymbol{\xi}) + \mathbf{S}(-\boldsymbol{\xi})}{2} = \frac{\mathbf{S}(\mathbf{x}' - \mathbf{x}) + \mathbf{S}(\mathbf{x} - \mathbf{x}')}{2} \tag{15.12}$$

其中矩阵 $\mathbf{S}(\boldsymbol{\xi})$ 被定义为

$$\mathbf{S}(\boldsymbol{\xi}) = (\mathrm{tr}\mathbf{G}(\boldsymbol{\xi})\mathbf{I} + 2\mathbf{G}(\boldsymbol{\xi})) \tag{15.13}$$

矩阵 $\mathbf{G}(\boldsymbol{\xi})$ 和矢量 $\mathbf{g}(\boldsymbol{\xi})$ 用 PD 函数表示，并在第二章中对于二维和三维分析给出了显式推导过程。

在区域 $\mathcal{R}$ 中，内力矢量 $\mathbf{L}^{\mathrm{PDDO}}(\mathbf{x})$ 可以被写成 (Gu et al., 2018; Madenci et al., 2018a)

$$\mathbf{L}^{\mathrm{PDDO}}(\mathbf{x}) = \int_{H_{\mathbf{x}}} \left(\mathbf{t}^{\mathrm{PDDO}}(\mathbf{x}') - \mathbf{t}^{\mathrm{PDDO}}(\mathbf{x}) \right) dV_{\mathbf{x}'} \tag{15.14}$$

其中力密度矢量为

$$\mathbf{t}^{\mathrm{PDDO}}(\mathbf{x}') = \boldsymbol{\sigma}^{\mathrm{PD}}(\mathbf{x}')\mathbf{g}(\mathbf{x}, \boldsymbol{\xi}) \tag{15.15a}$$

和

$$\mathbf{t}^{\mathrm{PDDO}}(\mathbf{x}) = \boldsymbol{\sigma}^{\mathrm{PD}}(\mathbf{x})\mathbf{g}(\mathbf{x}, \boldsymbol{\xi}) \tag{15.15b}$$

矢量 $\mathbf{g}(\mathbf{x}, \boldsymbol{\xi})$ 具有如下形式 (Silling et al., 2007)

$$\mathbf{g}(\mathbf{x}, \boldsymbol{\xi}) = \omega(|\boldsymbol{\xi}|)\mathbf{K}^{-1}(\mathbf{x})\boldsymbol{\xi} \tag{15.16}$$

其中形状张量 **K** 被定义为

$$\mathbf{K}(\mathbf{x}) = \int_{H_{\mathbf{x}'}} (\omega(|\boldsymbol{\xi}|)\boldsymbol{\xi} \otimes \boldsymbol{\xi})\, dV_{\mathbf{x}'} \tag{15.17}$$

权函数 $\omega(|\boldsymbol{\xi}|)$ 用于给定影响域内各点之间的相互作用程度。

柯西应力张量 $\boldsymbol{\sigma}^{\mathrm{PD}}(\mathbf{x})$ 被表示为

$$\boldsymbol{\sigma}^{\mathrm{PD}}(\mathbf{x}) = \mathbf{D}\boldsymbol{\varepsilon}^{\mathrm{PD}}(\mathbf{x}) \tag{15.18}$$

对于各向同性线性响应，材料属性矩阵 **D** 可以被定义为如下形式

$$\mathbf{D} = \begin{bmatrix} D_{11} & D_{12} & 0 \\ D_{12} & D_{22} & 0 \\ 0 & 0 & D_{33} \end{bmatrix} \tag{15.19}$$

对平面应变条件，其系数被定义为 $D_{11} = D_{22} = E(1-\nu)/[(1+\nu)(1-2\nu)]$、$D_{12} = E\nu/[(1+\nu)(1-2\nu)]$ 和 $D_{33} = E/(1+\nu)$。对平面应力条件，其系数被定义为 $D_{11} = D_{22} = E/(1-\nu)^2$、$D_{12} = E\nu/(1-\nu)^2$ 和 $D_{33} = E/(1+\nu)$。

线性化应变张量 $\boldsymbol{\epsilon}^{\mathrm{PD}}(\mathbf{x})$ 可由下式计算

$$\boldsymbol{\varepsilon}^{\mathrm{PD}}(\mathbf{x}) = \left[\frac{1}{2}\left(\mathbf{F}^{\mathrm{PD}}(\mathbf{x}) + \left(\mathbf{F}^{\mathrm{PD}}(\mathbf{x})\right)^{\mathrm{T}}\right) - \mathbf{I}\right] \tag{15.20}$$

其中 $\mathbf{F}^{\mathrm{PD}}(\mathbf{x})$ 表示逐点的变形梯度张量。通过考虑相互作用域 $H_{\mathbf{x}}$ 对其进行计算，可得 (Silling et al., 2007)

$$\mathbf{F}^{\mathrm{PD}}(\mathbf{x}) = \int_{H_{\mathbf{x}}} (\mathbf{y}' - \mathbf{y}) \otimes \mathbf{g}(\mathbf{x}, \boldsymbol{\xi}) dV_{\mathbf{x}'} \tag{15.21}$$

或者

$$\mathbf{F}^{\mathrm{PD}}(\mathbf{x}) = \int_{H_{\mathbf{x}}} (\mathbf{u}' - \mathbf{u}) \otimes \mathbf{g}(\mathbf{x}, \boldsymbol{\xi}) dV_{\mathbf{x}'} + \mathbf{I} \tag{15.22}$$

牵引力矢量的 PD 形式 $\mathbf{T}^{\mathrm{PD}}(\mathbf{x})$ 可以被写成

$$\mathbf{T}^{\mathrm{PD}}(\mathbf{x}) = \boldsymbol{\sigma}^{\mathrm{PD}}(\mathbf{x})\mathbf{n}, \quad \mathbf{x} \in \mathcal{B} \tag{15.23}$$

15.4 PD 力矢量的离散形式

15.4.1 BB 相互作用下的力矢量

对于 BB 相互作用，方程 (15.10) 中的力密度矢量可以被离散为

$$\mathbf{t}_{(k)(j)}^{\mathrm{BB}} = \frac{\mathbf{f}_{(k)(j)}}{2} \tag{15.24}$$

第十五章 在 ANSYS 中耦合键型近场动力学与有限元

和

$$\mathbf{t}_{(j)(k)}^{\mathrm{BB}} = \frac{\mathbf{f}_{(j)(k)}}{2} = -\mathbf{t}_{(k)(j)}^{\mathrm{BB}} \tag{15.25}$$

根据方程 (15.10)，键力变为

$$\mathbf{t}_{(k)(j)}^{\mathrm{BB}} - \mathbf{t}_{(j)(k)}^{\mathrm{BB}} = \mathbf{f}_{(k)(j)} = \mu \bar{\mathbf{S}}(\mathbf{x}_{(k)}, \mathbf{x}_{(j)})(\mathbf{u}_{(j)} - \mathbf{u}_{(k)}) \tag{15.26}$$

其中

$$\bar{\mathbf{S}}(\mathbf{x}_{(k)}, \mathbf{x}_{(j)}) = \frac{\mathbf{S}(\mathbf{x}_{(k)}, \boldsymbol{\xi}_{(k)(j)}) + \mathbf{S}(\mathbf{x}_{(j)}, -\boldsymbol{\xi}_{(k)(j)})}{2} \tag{15.27}$$

点 $\mathbf{x}_{(k)}$ 处的内力矢量可被计算为

$$\mathbf{L}_{(k)}^{\mathrm{BB}} = \sum_{j \in H_{(k)}} \mu \bar{\mathbf{S}}(\mathbf{x}_{(k)}, \mathbf{x}_{(j)})(\mathbf{u}_{(j)} - \mathbf{u}_{(k)}) V_{(j)} \tag{15.28}$$

因此，对于 BB 相互作用，可以得到点 $\mathbf{x}_{(k)}$ 处的离散力矢量为

$$\mathbf{F}_{(k)}^{\mathrm{BB}} = \mathbf{L}_{(k)}^{\mathrm{BB}} V_{(k)} = \left(\sum_{j \in H_{(k)}} \mu_{(k)} \bar{\mathbf{S}}(\mathbf{x}_{(k)}, \mathbf{x}_{(j)}) \left(\mathbf{u}_{(j)} - \mathbf{u}_{(k)} \right) V_{(j)} \right) V_{(k)} \tag{15.29}$$

或者

$$\mathbf{F}_{(k)}^{\mathrm{BB}} = \sum_{j \in H_{(k)}} \begin{bmatrix} -\boldsymbol{\Phi}_{(k)(j)}^{\mathrm{BB}} & \boldsymbol{\Phi}_{(k)(j)}^{\mathrm{BB}} \end{bmatrix} \left\{ \begin{array}{c} \mathbf{u}_{(k)}^{\mathrm{PD}} \\ \mathbf{u}_{(j)}^{\mathrm{PD}} \end{array} \right\} \tag{15.30}$$

其中 $\boldsymbol{\Phi}_{(k)(j)}^{\mathrm{BB}}$ 被定义为

$$\boldsymbol{\Phi}_{(k)(j)}^{\mathrm{BB}} = \mu_{(k)} \bar{\mathbf{S}}(\mathbf{x}_{(k)}, \mathbf{x}_{(j)}) V_{(j)} V_{(k)} \tag{15.31}$$

总力 $\mathbf{F}_{(k)}^{\mathrm{BB}}$ 是通过考虑影响域内所有点的贡献来计算的。点 k 和 j 之间的代表性键如图 15.3 所示。

结合图 15.3 中点 k 和 j 之间的键连接 (蓝键)，分量形式的力矢量可以被写成

$$\left\{ \begin{array}{c} F_{1(k)}^{\mathrm{BB}} \\ F_{2(k)}^{\mathrm{BB}} \\ F_{1(j)}^{\mathrm{BB}} \\ F_{2(j)}^{\mathrm{BB}} \end{array} \right\} = \sum_{j \in H_{(k)}} \mathbf{k}_{(k)(j)}^{\mathrm{BB}} \left\{ \begin{array}{c} u_{1(k)} \\ u_{2(k)} \\ u_{1(j)} \\ u_{2(j)} \end{array} \right\} \tag{15.32}$$

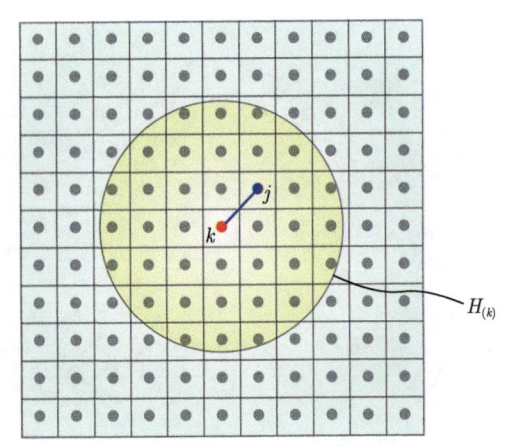

图 15.3 对于 BB 相互作用，$H_{(k)}$ 内 $\mathbf{x}_{(k)}$ 和 $\mathbf{x}_{(j)}$ 之间的键连接

其中对应的刚度矩阵 $\mathbf{k}_{(k)(j)}^{\mathrm{BB}}$ 可以被构造为

$$\mathbf{k}_{(k)(j)}^{\mathrm{BB}} = \begin{bmatrix} -\Phi_{(k)(j)}^{\mathrm{BB}(1,1)} & -\Phi_{(k)(j)}^{\mathrm{BB}(1,2)} & \Phi_{(k)(j)}^{\mathrm{BB}(1,1)} & \Phi_{(k)(j)}^{\mathrm{BB}(1,2)} \\ -\Phi_{(k)(j)}^{\mathrm{BB}(2,1)} & -\Phi_{(k)(j)}^{\mathrm{BB}(2,2)} & \Phi_{(k)(j)}^{\mathrm{BB}(2,1)} & \Phi_{(k)(j)}^{\mathrm{BB}(2,2)} \\ 0 & 0 & 0 & 0 \\ 0 & 0 & 0 & 0 \end{bmatrix} \tag{15.33}$$

15.4.2 PDDO 相互作用下的力矢量

与 PDDO 相互作用对应的力密度矢量 (方程 (15.15)) 可以被离散为 (Madenci et al., 2016, 2019)

$$\mathbf{t}_{(j)(k)}^{\mathrm{PDDO}} = \boldsymbol{\sigma}_{(j)}^{\mathrm{PD}} \mathbf{g}_{(k)(j)} \tag{15.34a}$$

和

$$\mathbf{t}_{(k)(j)}^{\mathrm{PDDO}} = \boldsymbol{\sigma}_{(k)}^{\mathrm{PD}} \mathbf{g}_{(k)(j)} \tag{15.34b}$$

因此，方程 (15.14) 中点 $\mathbf{x}_{(k)}$ 处的内力矢量的离散形式可以被表示为

$$\mathbf{L}_{(k)}^{\mathrm{PDDO}} = \sum_{j \in H_k} \left(\mathbf{t}_{(j)(k)}^{\mathrm{PDDO}} - \mathbf{t}_{(k)(j)}^{\mathrm{PDDO}} \right) V_{(j)}, \quad \text{其中 } k, j = 1, \cdots, N_{\mathcal{R}}, \text{ 对于 } \mathbf{x}_{(k)} \in \mathcal{R} \tag{15.35a}$$

或者

$$\mathbf{L}_{(k)}^{\mathrm{PDDO}} = \sum_{j \in H_k} \left(\boldsymbol{\sigma}_{(j)}^{\mathrm{PD}} \mathbf{g}_{(k)(j)} - \boldsymbol{\sigma}_{(k)}^{\mathrm{PD}} \mathbf{g}_{(k)(j)} \right) V_{(j)}, \quad \text{其中 } k, j = 1, \cdots, N_{\mathcal{R}}, \text{ 对于 } \mathbf{x}_{(k)} \in \mathcal{R} \tag{15.35b}$$

根据方程 (15.18)，柯西应力张量的离散形式可以被写成

$$\boldsymbol{\sigma}_{(\alpha)}^{\mathrm{PD}} = \mathbf{D}_{(k)} \boldsymbol{\varepsilon}_{(\alpha)}^{\mathrm{PD}}, \quad \text{其中 } \alpha = k, j \tag{15.36}$$

将方程 (15.22) 代入方程 (15.20) 之后，离散形式应变张量的 PD 形式变成

$$\varepsilon_{(\alpha)}^{\mathrm{PD}} = \frac{1}{2}\left[\sum_{p=1}^{N_{(\alpha)}}\left(\mathbf{u}_{(\alpha_p)}-\mathbf{u}_{(\alpha)}\right)\otimes\mathbf{g}_{(\alpha)(\alpha_p)}V_{(\alpha_p)} + \sum_{p=1}^{N_{(\alpha)}}\mathbf{g}_{(\alpha)(\alpha_p)}\otimes\left(\mathbf{u}_{(\alpha_p)}-\mathbf{u}_{(\alpha)}\right)V_{(\alpha_p)}\right] \tag{15.37}$$

其分量可以用相对位移表示为

$$\left\{\begin{array}{c}\varepsilon_{(\alpha)11}^{\mathrm{PD}}\\ \varepsilon_{(\alpha)22}^{\mathrm{PD}}\\ \varepsilon_{(\alpha)12}^{\mathrm{PD}}\end{array}\right\} = \sum_{p=1}^{N_{(\alpha)}}\left[\begin{array}{cc}g_{(\alpha)(\alpha_p)}^{10}V_{(\alpha_p)} & 0\\ 0 & g_{(\alpha)(\alpha_p)}^{01}V_{(\alpha_p)}\\ g_{(\alpha)(\alpha_p)}^{01}V_{(\alpha_p)} & g_{(\alpha)(\alpha_p)}^{10}V_{(\alpha_p)}\end{array}\right]\left\{\begin{array}{c}(u_{1(\alpha_p)}-u_{1(\alpha)})\\ (u_{2(\alpha_p)}-u_{2(\alpha)})\end{array}\right\}, \quad 其中 \alpha = k, j \tag{15.38}$$

将方程 (15.36) 和 (15.38) 代入方程 (15.34)，可得

$$\mathbf{t}_{(k)(j)}^{\mathrm{PDDO}} = \mathbf{G}_{(k)(j)}\mathbf{D}_{(k)}\left(\sum_{p=1}^{N_{(k)}}\left[\begin{array}{cc}g_{(k)(k_p)}^{10}V_{(k_p)} & 0\\ 0 & g_{(k)(k_p)}^{01}V_{(k_p)}\\ g_{(k)(k_p)}^{01}V_{(k_p)} & g_{(k)(k_p)}^{10}V_{(k_p)}\end{array}\right]\left\{\begin{array}{c}(u_{1(k_p)}-u_{1(k)})\\ (u_{2(k_p)}-u_{2(k)})\end{array}\right\}\right) \tag{15.39a}$$

和

$$\mathbf{t}_{(j)(k)}^{\mathrm{PDDO}} = \mathbf{G}_{(k)(j)}\mathbf{D}_{(j)}\left(\sum_{r=1}^{N_{(j)}}\left[\begin{array}{cc}g_{(j)(j_r)}^{10}V_{(j_r)} & 0\\ 0 & g_{(j)(j_r)}^{01}V_{(j_r)}\\ g_{(j)(j_r)}^{01}V_{(j_r)} & g_{(j)(j_r)}^{10}V_{(j_r)}\end{array}\right]\left\{\begin{array}{c}(u_{1(j_r)}-u_{1(j)})\\ (u_{2(j_r)}-u_{2(j)})\end{array}\right\}\right) \tag{15.39b}$$

其中

$$\mathbf{G}_{(k)(j)} = \left[\begin{array}{ccc}g_1^{10}(\boldsymbol{\xi}_{(k)(j)}) & 0 & g_1^{01}(\boldsymbol{\xi}_{(k)(j)})\\ 0 & g_1^{01}(\boldsymbol{\xi}_{(k)(j)}) & g_1^{10}(\boldsymbol{\xi}_{(k)(j)})\end{array}\right] \tag{15.40}$$

如第二章所述，矩阵 $\mathbf{G}_{(k)(j)}$ 的分量 $g_1^{10}(\boldsymbol{\xi}_{(k)(j)})$ 和 $g_1^{01}(\boldsymbol{\xi}_{(k)(j)})$ 分别是关于 x 和 y 的一阶导数的 PD 函数。将方程 (15.40) 以及材料属性矩阵 $\mathbf{D}_{(k)}$ 和 $\mathbf{D}_{(j)}$ 代入方程 (15.39) 中，则有

$$\mathbf{t}_{(k)(j)}^{\mathrm{PDDO}} = \sum_{p=1}^{N_{(k)}}\mathbf{H}_{(k)(j)}^{(k)(k_p)}\left(\mathbf{u}_{(k_p)}-\mathbf{u}_{(k)}\right) \tag{15.41a}$$

和

$$\mathbf{t}_{(j)(k)}^{\mathrm{PDDO}} = \sum_{r=1}^{N_{(j)}}\mathbf{H}_{(k)(j)}^{(j)(j_r)}\left(\mathbf{u}_{(j_r)}-\mathbf{u}_{(j)}\right) \tag{15.41b}$$

其中

$$\mathbf{H}_{(k)(j)}^{(k)(k_p)} = \left[\begin{array}{c} (D_{11(k)}g_{(k)(k_p)}^{10}g_{(k)(j)}^{10} + D_{33(k)}g_{(k)(k_p)}^{01}g_{(k)(j)}^{01}) \\ (D_{21(k)}g_{(k)(k_p)}^{10}g_{(k)(j)}^{01} + D_{33(k)}g_{(k)(k_p)}^{01}g_{(k)(j)}^{10}) \\ (D_{12(k)}g_{(k)(k_p)}^{01}g_{(k)(j)}^{10} + D_{33(k)}g_{(k)(k_p)}^{10}g_{(k)(j)}^{01}) \\ (D_{22(k)}g_{(k)(k_p)}^{01}g_{(k)(j)}^{01} + D_{33(k)}g_{(k)(k_p)}^{10}g_{(k)(j)}^{10}) \end{array} \right] \quad (15.42\text{a})$$

和

$$\mathbf{H}_{(k)(j)}^{(j)(j_r)} = \left[\begin{array}{c} (D_{11(j)}g_{(j)(j_r)}^{10}g_{(k)(j)}^{10} + D_{33(j)}g_{(j)(j_r)}^{01}g_{(k)(j)}^{01}) \\ (D_{21(j)}g_{(j)(j_r)}^{10}g_{(k)(j)}^{01} + D_{33(j)}g_{(j)(j_r)}^{01}g_{(k)(j)}^{10}) \\ (D_{12(j)}g_{(j)(j_r)}^{01}g_{(k)(j)}^{10} + D_{33(j)}g_{(j)(j_r)}^{10}g_{(k)(j)}^{01}) \\ (D_{22(j)}g_{(j)(j_r)}^{01}g_{(k)(j)}^{01} + D_{33(j)}g_{(j)(j_r)}^{10}g_{(k)(j)}^{10}) \end{array} \right] \quad (15.42\text{b})$$

利用方程 (15.42)，方程 (15.35) 中内力矢量的 PDDO 形式可以被写成

$$\begin{aligned} \mathbf{L}_{(k)}^{\text{PDDO}} &= \sum_{j \in H_{(k)}} \left[\sum_{j_r \neq k, r=1}^{N_{(j)}} \mathbf{H}_{(k)(j)}^{(j)(j_r)} V_{(j)} \mathbf{u}_{(j_r)} \right] + \sum_{j \in H_{(k)}} \left[-\left(\sum_{j_r \neq k, r=1}^{N_{(j)}} \mathbf{H}_{(k)(j)}^{(j)(j_r)} V_{(j)} \right) \mathbf{u}_{(j)} \right] \\ &+ \sum_{j \in H_{(k)}} \left[-\mathbf{H}_{(k)(j)}^{(j)(k)} V_{(j)} \left(\mathbf{u}_{(j)} - \mathbf{u}_{(k)} \right) \right] + \sum_{j \in H_{(k)}} \left[\sum_{p=1}^{N_{(k)}} -\mathbf{H}_{(k)(j)}^{(k)(k_p)} V_{(j)} \left(\mathbf{u}_{(k_p)} - \mathbf{u}_{(k)} \right) \right] \end{aligned} \quad (15.43)$$

从而得到力矢量的离散形式为

$$\begin{aligned} &\mathbf{F}_{(k)}^{\text{PDDO}} \\ &= \mathbf{L}_{(k)}^{\text{PDDO}} V_{(k)} \\ &= \sum_{j \in H_{(k)}} \left(\begin{array}{l} -\mathbf{H}_{(k)(j)}^{(j)(k)} V_{(j)} V_{(k)} \left(\mathbf{u}_{(j)} - \mathbf{u}_{(k)} \right) + \sum_{p=1}^{N_{(k)}} -\mathbf{H}_{(k)(j)}^{(k)(k_p)} V_{(j)} V_{(k)} \left(\mathbf{u}_{(k_p)} - \mathbf{u}_{(k)} \right) \\ + \left(\sum_{j_r \neq k, r=1}^{N_{(j)}} -\mathbf{H}_{(k)(j)}^{(j)(j_r)} V_{(j)} V_{(k)} \right) \mathbf{u}_{(j)} + \sum_{j_r \neq k, r=1}^{N_{(j)}} \mathbf{H}_{(k)(j)}^{(j)(j_r)} V_{(j)} V_{(k)} \mathbf{u}_{(j_r)} \end{array} \right) \end{aligned} \quad (15.44)$$

第十五章　在 ANSYS 中耦合键型近场动力学与有限元

这个力—位移关系可以被改写为

$$\mathbf{F}_{(k)}^{\text{PDDO}} = \sum_{j \in H_{(k)}} \left(\begin{array}{l} \mathbf{\Phi}_{(k)(j)}^{\text{PDDO}} \left(\mathbf{u}_{(j)} - \mathbf{u}_{(k)}\right) + \sum_{p=1}^{N_{(k)}} \mathbf{\Theta}_{(k_p)(k)(j)}^{\text{PDDO}} \left(\mathbf{u}_{(k_p)} - \mathbf{u}_{(k)}\right) \\ + \bar{\mathbf{\Psi}}_{(j)(k)}^{\text{PDDO}} \mathbf{u}_{(j)} + \sum_{j_r \neq k, r=1}^{N_{(j)}} \mathbf{\Psi}_{(j_r)(j)(k)}^{\text{PDDO}} \mathbf{u}_{(j_r)} \end{array} \right) \tag{15.45}$$

其中

$$\mathbf{\Phi}_{(k)(j)}^{\text{PDDO}} = -\mathbf{H}_{(k)(j)}^{(j)(k)} V_{(j)} V_{(k)} \tag{15.46a}$$

$$\mathbf{\Theta}_{(k_p)(k)(j)}^{\text{PDDO}} = -\mathbf{H}_{(k)(j)}^{(k)(k_p)} V_{(j)} V_{(k)} \tag{15.46b}$$

$$\bar{\mathbf{\Psi}}_{(j)(k)}^{\text{PDDO}} = -\sum_{j_r \neq k, r=1}^{N_{(j)}} \mathbf{H}_{(k)(j)}^{(j)(j_r)} V_{(j)} V_{(k)} \tag{15.46c}$$

和

$$\mathbf{\Psi}_{(j_r)(j)(k)}^{\text{PDDO}} = \mathbf{H}_{(k)(j)}^{(j)(j_r)} V_{(j)} V_{(k)} \tag{15.46d}$$

子矩阵 $\mathbf{\Phi}_{(k)(j)}^{\text{PDDO}}$、$\mathbf{\Theta}_{(k_p)(k)(j)}^{\text{PDDO}}$、$\bar{\mathbf{\Psi}}_{(j)(k)}^{\text{PDDO}}$ 和 $\mathbf{\Psi}_{(j_r)(j)(k)}^{\text{PDDO}}$ 与键 k—j 相关。如图 15.4 所示，由于点 k 和 j 之间的 PDDO 相互作用，作用于点 k 的力包括直接和间接相互作用：(1) 一个单元 (蓝色所示) 的刚度矩阵为 $\left(\mathbf{k}_{(k)(j)}^{\text{PDDO}} + \widehat{\mathbf{k}}_{(j)(k)}^{\text{PDDO}}\right)$，其中刚度矩阵 $\mathbf{k}_{(k)(j)}^{\text{PDDO}}$ 产生于直接相互作用，$\widehat{\mathbf{k}}_{(j)(k)}^{\text{PDDO}}$ 产生于间接相互作用；(2) 围绕点 k 的单元网 (红色虚线所示)，其刚度矩阵为 $\mathbf{k}_{(k_p)(k)(j)}^{\text{PDDO}}$，由直接相互作用产生；(3) 围绕点 k 的单元网 (绿色虚线所示)，其刚度矩阵为 $\widehat{\mathbf{k}}_{(j_r)(j)(k)}^{\text{PDDO}}$，由间接相互作用产生。

计算总力 $\mathbf{F}_{(k)}^{\text{PDDO}}$ 时，考虑点 k 分别与 $H_{(k)}$ 和 $H_{(j)}$ 中的其他点 j 的直接和间接相互作用产生的键连接性，其中对应的刚度矩阵分别为 $\left(\mathbf{k}_{(k)(j)}^{\text{PDDO}} + \widehat{\mathbf{k}}_{(j)(k)}^{\text{PDDO}}\right)$、$\mathbf{k}_{(k_p)(k)(j)}^{\text{PDDO}}$ 和 $\widehat{\mathbf{k}}_{(j_r)(j)(k)}^{\text{PDDO}}$。

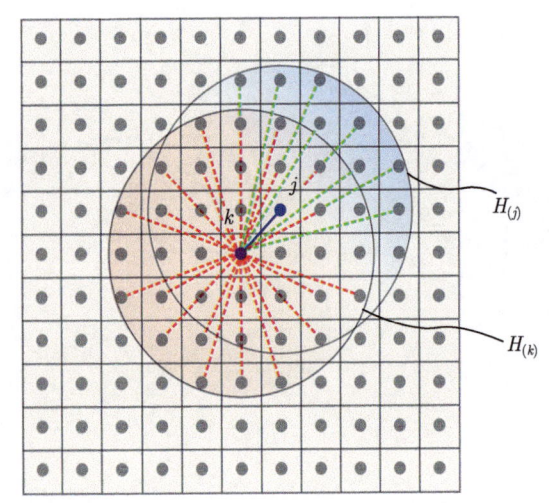

图 15.4 对于 PDDO 相互作用，$H_{(k)} \cup H_{(j)}$ 中 $\mathbf{x}_{(k)}$ 和 $\mathbf{x}_{(j)}$ 之间的单元连接性

力矢量可以被重写成分量形式为

$$\begin{Bmatrix} F^{\text{PDDO}}_{1(k)} \\ F^{\text{PDDO}}_{2(k)} \\ F^{\text{PDDO}}_{1(j)} \\ F^{\text{PDDO}}_{2(j)} \end{Bmatrix} = \sum_{j \in H_{(k)}} \left(\left(\mathbf{k}^{\text{PDDO}}_{(k)(j)} + \hat{\mathbf{k}}^{\text{PDDO}}_{(j)(k)} \right) \begin{Bmatrix} u_{1(k)} \\ u_{2(k)} \\ u_{1(j)} \\ u_{2(j)} \end{Bmatrix} + \sum_{p=1}^{N_{(k)}} \mathbf{k}^{\text{PDDO}}_{(k_p)(k)(j)} \begin{Bmatrix} u_{1(k)} \\ u_{2(k)} \\ u_{1(k_p)} \\ u_{2(k_p)} \end{Bmatrix} \right.$$
$$\left. + \sum_{j_r \neq k, r=1}^{N_{(j)}} \hat{\mathbf{k}}^{\text{PDDO}}_{(j_r)(j)(k)} \begin{Bmatrix} u_{1(k)} \\ u_{2(k)} \\ u_{1(j_r)} \\ u_{2(j_r)} \end{Bmatrix} \right) \quad (15.47)$$

其中

$$\mathbf{k}^{\text{PDDO}}_{(k)(j)} = \begin{bmatrix} -\Phi^{\text{PDDO}(1,1)}_{(k)(j)} & -\Phi^{\text{PDDO}(1,2)}_{(k)(j)} & \Phi^{\text{PDDO}(1,1)}_{(k)(j)} & \Phi^{\text{PDDO}(1,2)}_{(k)(j)} \\ -\Phi^{\text{PDDO}(1,2)}_{(k)(j)} & -\Phi^{\text{PDDO}(2,2)}_{(k)(j)} & \Phi^{\text{PDDO}(2,1)}_{(k)(j)} & \Phi^{\text{PDDO}(2,2)}_{(k)(j)} \\ 0 & 0 & 0 & 0 \\ 0 & 0 & 0 & 0 \end{bmatrix} \quad (15.48\text{a})$$

$$\hat{\mathbf{k}}^{\text{PDDO}}_{(j)(k)} = \begin{bmatrix} 0 & 0 & \bar{\Psi}^{\text{PDDO}(1,1)}_{(j)(k)} & \bar{\Psi}^{\text{PDDO}(1,2)}_{(j)(k)} \\ 0 & 0 & \bar{\Psi}^{\text{PDDO}(2,1)}_{(j)(k)} & \bar{\Psi}^{\text{PDDO}(2,2)}_{(j)(k)} \\ 0 & 0 & 0 & 0 \\ 0 & 0 & 0 & 0 \end{bmatrix} \quad (15.48\text{b})$$

$$\mathbf{k}_{(k_p)(k)(j)}^{\mathrm{PDDO}} = \begin{bmatrix} -\Theta_{(k_p)(k)(j)}^{\mathrm{PDDO}(1,1)} & -\Theta_{(k_p)(k)(j)}^{\mathrm{PDDO}(1,2)} & \Theta_{(k_p)(k)(j)}^{\mathrm{PDDO}(1,1)} & \Theta_{(k_p)(k)(j)}^{\mathrm{PDDO}(1,2)} \\ -\Theta_{(k_p)(k)(j)}^{\mathrm{PDDO}(2,1)} & -\Theta_{(k_p)(k)(j)}^{\mathrm{PDDO}(2,2)} & \Theta_{(k_p)(k)(j)}^{\mathrm{PDDO}(2,1)} & \Theta_{(k_p)(k)(j)}^{\mathrm{PDDO}(2,2)} \\ 0 & 0 & 0 & 0 \\ 0 & 0 & 0 & 0 \end{bmatrix} \quad (15.48c)$$

和

$$\widehat{\mathbf{k}}_{(j_r)(j)(k)}^{\mathrm{PDDO}} = \begin{bmatrix} 0 & 0 & \Psi_{(j_r)(j)(k)}^{\mathrm{PDDO}(1,1)} & \Psi_{(j_r)(j)(k)}^{\mathrm{PDDO}(1,2)} \\ 0 & 0 & \Psi_{(j_r)(j)(k)}^{\mathrm{PDDO}(2,1)} & \Psi_{(j_r)(j)(k)}^{\mathrm{PDDO}(2,2)} \\ 0 & 0 & 0 & 0 \\ 0 & 0 & 0 & 0 \end{bmatrix} \quad (15.48d)$$

15.5　内力作用下 PD 区域内的虚功

采用 $N = N_{\mathcal{D}} + N_{\mathcal{R}} + N_{\mathcal{B}}$ 个点对 PD 区域 $\Omega^{\mathrm{PD}} = \mathcal{D} \cup \mathcal{R} \cup \mathcal{B}$ 进行离散；其中 $N_{\mathcal{D}}$、$N_{\mathcal{R}}$ 和 $N_{\mathcal{B}}$ 个点分别与区域 $\mathcal{D}$、$\mathcal{R}$ 和 $\mathcal{B}$ 相关。矢量 $\mathbf{x}_{(k)}$ 表示具有增量面积 $A_{(k)}$ 的 PD 物质点 k 的位置。在 PD 区域 Ω^{PD} 中，未知位移矢量 $\mathbf{V}^{\mathrm{PD}}$ 及其变分 $\delta \mathbf{V}^{\mathrm{PD}}$ 被定义为

$$\mathbf{V}^{\mathrm{PD}} = \left\{ u_{1(1)}^{\mathrm{PD}}, u_{2(1)}^{\mathrm{PD}}, u_{1(2)}^{\mathrm{PD}}, u_{2(2)}^{\mathrm{PD}}, \cdots, u_{1(N)}^{\mathrm{PD}}, u_{2(N)}^{\mathrm{PD}} \right\}^{\mathrm{T}} \quad (15.49a)$$

和

$$\delta \mathbf{V}^{\mathrm{PD}} = \left\{ \delta u_{1(1)}^{\mathrm{PD}}, \delta u_{2(1)}^{\mathrm{PD}}, \delta u_{1(2)}^{\mathrm{PD}}, \delta u_{2(2)}^{\mathrm{PD}}, \cdots, \delta u_{1(N)}^{\mathrm{PD}}, \delta u_{2(N)}^{\mathrm{PD}} \right\}^{\mathrm{T}} \quad (15.49b)$$

在点 $\mathbf{x}_{(k)} \in \mathcal{D} \cup \mathcal{R}$ 处，PD 力密度矢量的离散形式可以被表示为

$$\mathbf{L}_{(k)}^{\mathrm{BB}} = \sum_{j=1}^{N} \left(m_{(k)(j)} \mathbf{t}_{(k)(j)}^{\mathrm{BB}} - m_{(j)(k)} \mathbf{t}_{(j)(k)}^{\mathrm{BB}} \right) A_{(j)}, \quad \text{当 } \mathbf{x}_{(k)} \in \mathcal{D} \quad (15.50)$$

和

$$\mathbf{L}_{(k)}^{\mathrm{PDDO}} = \sum_{j=1}^{N} \left(m_{(j)(k)} \mathbf{t}_{(j)(k)}^{\mathrm{PDDO}} - m_{(k)(j)} \mathbf{t}_{(k)(j)}^{\mathrm{PDDO}} \right) A_{(j)}, \quad \text{当 } \mathbf{x}_{(k)} \in \mathcal{R} \quad (15.51)$$

其中 $A_{(j)}$ 表示在 $\mathbf{x}_{(j)}$ 处的 PD 点面积，$m_{(k)(j)}$ 作为点 $\mathbf{x}_{(k)}$ 的族索引，被定义为

$$m_{(k)(j)} = \begin{cases} 1, & \mathbf{x}_{(j)} \in H_{(k)} \\ 0, & \mathbf{x}_{(j)} \notin H_{(k)} \end{cases} \quad (15.52)$$

其中 $H_{(k)}$ 表示物质点 $\mathbf{x}_{(k)}$ 的影响域 (积分域)。点 $\mathbf{x}_{(k)}$ 和 $\mathbf{x}_{(j)}$ 之间的 BB 相互作用是成对且直接的。因此，力密度使得 $\mathbf{t}_{(k)(j)}^{\mathrm{BB}} = -\mathbf{t}_{(j)(k)}^{\mathrm{BB}} = \dfrac{\mathbf{f}_{(k)(j)}}{2}$ 成立。图 15.5

中的力密度矢量 $\mathbf{f}_{(k)(j)}$ 是由于物质点 $\mathbf{x}_{(j)} \in H_{(k)}$ 对 $\mathbf{x}_{(k)}$ 的直接相互作用产生的 (红线)。在内力矢量的 PDDO 形式中，图 15.6 中的力密度矢量 $\mathbf{t}^{\mathrm{PDDO}}_{(k)(j)}$ 是由于物质点 $\mathbf{x}_{(j)} \in H_{(k)}$ 对 $\mathbf{x}_{(k)}$ 的直接相互作用产生的 (红色虚线所示)，而力密度矢量 $\mathbf{t}^{\mathrm{PDDO}}_{(j)(k)}$ 是由于 $H_{(j)}$ 中的物质点对 $\mathbf{x}_{(k)}$ 的间接相互作用产生的 (绿色虚线所示)。

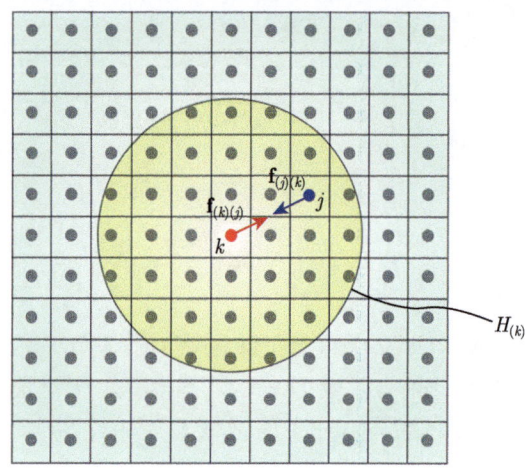

图 15.5 对于 BB 相互作用，$H_{(k)}$ 中 $\mathbf{x}_{(k)}$ 和 $\mathbf{x}_{(j)}$ 之间的力密度矢量

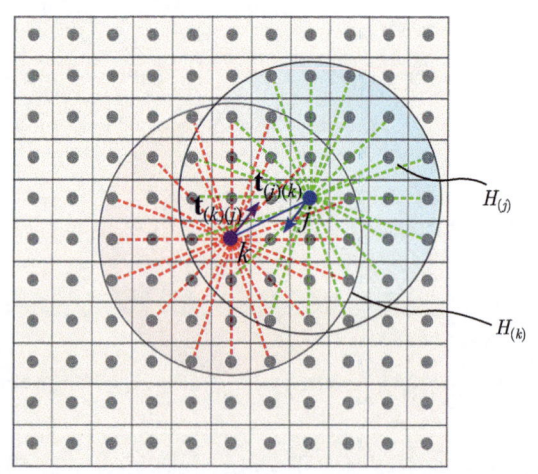

图 15.6 对于 PDDO 相互作用，$H_{(k)} \cup H_{(j)}$ 中 $\mathbf{x}_{(k)}$ 和 $\mathbf{x}_{(j)}$ 之间的力密度矢量

利用方程 (15.50) 和 (15.51)，由方程 (15.8) 所给出的区域 $\mathcal{D} \cup \mathcal{R}$ 内的虚内功可以被计算为

$$\left(\int_{\mathcal{D}} \delta \mathbf{u}^{\mathrm{PD}} \cdot \mathbf{L}^{\mathrm{BB}}(\mathbf{x}) dA + \int_{\mathcal{R}} \delta \mathbf{u}^{\mathrm{PD}} \cdot \mathbf{L}^{\mathrm{PDDO}}(\mathbf{x}) dA \right)$$

$$= \sum_{k=1}^{N_\mathcal{D}} \sum_{j=1}^{N} \delta \mathbf{v}_{(k)}^{\mathrm{PD}} \cdot \left(m_{(k)(j)} \mathbf{t}_{(k)(j)}^{\mathrm{BB}} - m_{(j)(k)} \mathbf{t}_{(j)(k)}^{\mathrm{BB}} \right) A_{(j)} A_{(k)}$$

$$+ \sum_{k=1}^{N_\mathcal{R}} \sum_{j=1}^{N} \delta \mathbf{v}_{(k)}^{\mathrm{PD}} \cdot \left(m_{(j)(k)} \mathbf{t}_{(j)(k)}^{\mathrm{PDDO}} - m_{(k)(j)} \mathbf{t}_{(k)(j)}^{\mathrm{PDDO}} \right) A_{(j)} A_{(k)} \qquad (15.53)$$

值得注意的是，如果 $\mathbf{x}_{(k)} \in H_{(j)}$，那么 $\mathbf{x}_{(j)} \in H_{(k)}$，则 $m_{(k)(j)} = m_{(j)(k)} = 1$，从而产生键力。如果 $\mathbf{x}_{(k)} \notin H_{(j)}$，那么 $\mathbf{x}_{(j)} \notin H_{(k)}$，则 $m_{(k)(j)} = m_{(j)(k)} = 0$，从而不产生键力。因此，方程 (15.53) 可以被改写为

$$\left(\int_\mathcal{D} \delta \mathbf{u}^{\mathrm{PD}} \cdot \mathbf{L}^{\mathrm{BB}}(\mathbf{x}) dA + \int_\mathcal{R} \delta \mathbf{u}^{\mathrm{PD}} \cdot \mathbf{L}^{\mathrm{PDDO}}(\mathbf{x}) dA \right)$$

$$= \sum_{k=1}^{N_\mathcal{D}} \sum_{j=1}^{N_{(k)}} \delta \mathbf{v}_{(k)}^{\mathrm{PD}} \cdot \left(m_{(k)(j)} \mathbf{t}_{(k)(j)}^{\mathrm{BB}} - m_{(j)(k)} \mathbf{t}_{(j)(k)}^{\mathrm{BB}} \right) A_{(j)} A_{(k)}$$

$$+ \sum_{k=1}^{N_\mathcal{R}} \sum_{j=1}^{N_{(k)}} \delta \mathbf{v}_{(k)}^{\mathrm{PD}} \cdot \left(m_{(j)(k)} \mathbf{t}_{(j)(k)}^{\mathrm{PDDO}} - m_{(k)(j)} \mathbf{t}_{(k)(j)}^{\mathrm{PDDO}} \right) A_{(j)} A_{(k)} \qquad (15.54)$$

其中 $N_{(k)}$ 表示与点 $\mathbf{x}_{(k)}$ 相关的族成员数量。这个表达式可以被改写成下列用力表示的形式

$$\int_\mathcal{D} \delta \mathbf{u}^{\mathrm{PD}} \cdot \mathbf{L}^{\mathrm{BB}}(\mathbf{x}) dA + \int_\mathcal{R} \delta \mathbf{u}^{\mathrm{PD}} \cdot \mathbf{L}^{\mathrm{PDDO}}(\mathbf{x}) dA = \delta \mathbf{v}_{(k)}^{\mathrm{PD}} \cdot \left(\mathbf{F}_{(k)}^{\mathrm{BB}} + \mathbf{F}_{(k)}^{\mathrm{PDDO}} \right) \qquad (15.55)$$

其中

$$\mathbf{F}_{(k)}^{\mathrm{BB}} = \left(\sum_{j=1}^{N_{(k)}} \left[\left(m_{(k)(j)} \mathbf{t}_{(k)(j)}^{\mathrm{BB}} - m_{(j)(k)} \mathbf{t}_{(j)(k)}^{\mathrm{BB}} \right) A_{(j)} \right] \right) A_{(k)} \qquad (15.56)$$

和

$$\mathbf{F}_{(k)}^{\mathrm{PDDO}} = \left(\sum_{j=1}^{N_{(k)}} \left[\left(m_{(j)(k)} \mathbf{t}_{(j)(k)}^{\mathrm{PDDO}} - m_{(k)(j)} \mathbf{t}_{(k)(j)}^{\mathrm{PDDO}} \right) A_{(j)} \right] \right) A_{(k)} \qquad (15.57)$$

利用方程 (15.30)，方程 (15.8) 中区域 $\mathcal{D}$ 内由内力引起的虚功可被计算为

$$\int_\mathcal{D} \delta \mathbf{u}^{\mathrm{PD}} \cdot \mathbf{L}^{\mathrm{BB}}(\mathbf{x}) dA$$

$$= \sum_{k=1}^{N_\mathcal{D}} \delta \mathbf{v}_{(k)}^{\mathrm{PD}} \cdot \sum_{j \in H_{(k)}} \begin{bmatrix} -\boldsymbol{\Phi}_{(k)(j)}^{\mathrm{BB}} & \boldsymbol{\Phi}_{(k)(j)}^{\mathrm{BB}} \end{bmatrix} \left\{ \begin{array}{c} \mathbf{u}_{(k)}^{\mathrm{PD}} \\ \mathbf{u}_{(j)}^{\mathrm{PD}} \end{array} \right\}$$

$$= \delta (\mathbf{V}^{\mathrm{PD}})^{\mathrm{T}} \sum_{k=1}^{N_{\mathcal{D}}} \left(\sum_{j \in H_{(k)}} \mathbf{K}^{\mathrm{BB}}_{(k)(j)} \right) \mathbf{V}^{\mathrm{PD}} = \delta (\mathbf{V}^{\mathrm{PD}})^{\mathrm{T}} \mathbf{K} \mathbf{V}^{\mathrm{PD}} \tag{15.58}$$

利用方程 (15.45)，方程 (15.8) 中区域 $\mathcal{R}$ 内由内力引起的虚功可被计算为

$$\int_{\mathcal{R}} \delta \mathbf{u}^{\mathrm{PD}} \cdot \mathbf{L}^{\mathrm{PDDO}}(\mathbf{x}) dA$$

$$= \sum_{k=1}^{N_{\mathcal{D}}} \delta \mathbf{v}^{\mathrm{PD}}_{(k)} \cdot \sum_{j \in H_{(k)}} \begin{pmatrix} \mathbf{\Phi}^{\mathrm{PDDO}}_{(k)(j)} \left(\mathbf{u}_{(j)} - \mathbf{u}_{(k)} \right) \\ + \sum_{p=1}^{N_{(k)}} \mathbf{\Theta}^{\mathrm{PDDO}}_{(k_p)(k)(j)} \left(\mathbf{u}_{(k_p)} - \mathbf{u}_{(k)} \right) \\ + \bar{\mathbf{\Psi}}^{\mathrm{PDDO}}_{(j)(k)} \mathbf{u}_{(j)} + \sum_{j_r \neq k, r=1}^{N_{(j)}} \mathbf{\Psi}^{\mathrm{PDDO}}_{(j_r)(j)(k)} \mathbf{u}_{(j_r)} \end{pmatrix}$$

$$= \delta (\mathbf{V}^{\mathrm{PD}})^{\mathrm{T}} \sum_{k=1}^{N_{\mathcal{D}}} \left(\sum_{j \in H_{(k)}} \mathbf{K}^{\mathrm{PDDO}}_{(k)(j)} \right) \mathbf{V}^{\mathrm{PD}} = \delta (\mathbf{V}^{\mathrm{PD}})^{\mathrm{T}} \mathbf{K} \mathbf{V}^{\mathrm{PD}} \tag{15.59}$$

方程 (15.58) 和 (15.59) 中的未知矢量 $\mathbf{V}^{\mathrm{PD}}$ 可以被划分为

$$\mathbf{V}^{\mathrm{PD}} = \left\{ \begin{array}{ccccc} \mathbf{V}^{\mathrm{PD}}_{\mathcal{D}} & \mathbf{V}^{\mathrm{PD}}_{\mathcal{R}} & \mathbf{V}^{\mathrm{PD}}_{\sigma} & \mathbf{V}^{\mathrm{PD}}_{u} & \mathbf{V}^{\mathrm{PD}}_{I} \end{array} \right\}^{\mathrm{T}} \tag{15.60}$$

分别对应于位于区域 $\mathcal{D}$、$\mathcal{R}$、$\Gamma^{\mathrm{PD}}_{\sigma}$、$\Gamma^{\mathrm{PD}}_{u}$ 和 Γ^{PD}_{I} 内的各点处的位移分量。最后，通过方程 (15.58) 和 (15.59)，由内力引起的虚功可以被合并而重写为

$$- \left(\int_{\mathcal{D}} \delta \mathbf{u}^{\mathrm{PD}} \cdot \mathbf{L}^{\mathrm{BB}}(\mathbf{x}) dA + \int_{\mathcal{R}} \delta \mathbf{u}^{\mathrm{PD}} \cdot \mathbf{L}^{\mathrm{PDDO}}(\mathbf{x}) dA \right)$$

$$= \begin{bmatrix} \delta \mathbf{V}^{\mathrm{PD}}_{\mathcal{D}} & \delta \mathbf{V}^{\mathrm{PD}}_{\mathcal{R}} \end{bmatrix} \begin{bmatrix} \mathbf{K}^{\mathrm{PD}}_{\mathcal{D},\mathcal{D}} & \mathbf{K}^{\mathrm{PD}}_{\mathcal{D},\mathcal{R}} & 0 & 0 & 0 \\ \mathbf{K}^{\mathrm{PD}}_{\mathcal{R},\mathcal{D}} & \mathbf{K}^{\mathrm{PD}}_{\mathcal{R},\mathcal{R}} & \mathbf{K}^{\mathrm{PD}}_{\mathcal{R},\sigma} & \mathbf{K}^{\mathrm{PD}}_{\mathcal{R},u} & \mathbf{K}^{\mathrm{PD}}_{\mathcal{R},I} \end{bmatrix} \begin{bmatrix} \mathbf{V}^{\mathrm{PD}}_{\mathcal{D}} \\ \mathbf{V}^{\mathrm{PD}}_{\mathcal{R}} \\ \mathbf{V}^{\mathrm{PD}}_{\sigma} \\ \mathbf{V}^{\mathrm{PD}}_{u} \\ \mathbf{V}^{\mathrm{PD}}_{I} \end{bmatrix} \tag{15.61}$$

其中子矩阵 $\mathbf{K}^{\mathrm{PD}}_{\mathcal{D},\mathcal{D}}$ 和 $\mathbf{K}^{\mathrm{PD}}_{\mathcal{D},\mathcal{R}}$ 对应区域 $\mathcal{D}$ 内的未知位移，其阶数分别为 $(2N_{\mathcal{D}} \times 2N_{\mathcal{D}})$ 和 $(2N_{\mathcal{D}} \times 2N_{\mathcal{R}})$。子矩阵 $\mathbf{K}^{\mathrm{PD}}_{\mathcal{R},\mathcal{R}}$ 和 $\mathbf{K}^{\mathrm{PD}}_{\mathcal{R},\mathcal{D}}$ 对应于外部区域 $\mathcal{R}$ 内的未知位移，其阶数分别为 $(2N_{\mathcal{R}} \times 2N_{\mathcal{R}})$ 和 $(2N_{\mathcal{R}} \times 2N_{\mathcal{D}})$。子矩阵 $\mathbf{K}^{\mathrm{PD}}_{\mathcal{R},\sigma}$、$\mathbf{K}^{\mathrm{PD}}_{\mathcal{R},u}$ 和 $\mathbf{K}^{\mathrm{PD}}_{\mathcal{R},I}$ 对应于外部区域 $\mathcal{R}$ 和 PD 区域的边界之间的未知位移。其阶数分别对应于 $(2N_{\mathcal{R}} \times 2N_{\sigma})$、$(2N_{\mathcal{R}} \times 2N_{u})$ 和 $(2N_{\mathcal{R}} \times 2N_{I})$。

15.6　沿边界内牵引力作用下 PD 区域内的虚功

将 PD 区域的封闭边界 Γ^{PD} 分割为 $N_\mathcal{B}$ 段，$\Gamma^{\mathrm{PD}}_{(\ell)}$ 表示第 ℓ 条边界段的长度。如图 15.7 所示，s 表示第 ℓ 条线段上的点 ℓ_1 和 ℓ_2 之间的自然 (局部) 坐标，其中 $\mathbf{n}_{(\ell)}$ 是单位法矢量。沿边界的微分线元 $d\Gamma^{\mathrm{PD}}$ 可以与自然坐标相关联，即 $d\Gamma^{\mathrm{PD}} = \Gamma^{\mathrm{PD}}_{(\ell)} ds$。

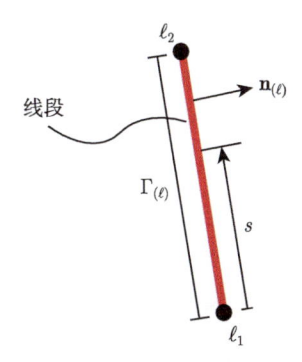

图 15.7　沿边界第 ℓ 条线段内的局部坐标

正如 Madenci 等 (2018a) 的建议，假设位移矢量 $\mathbf{u}^{\mathrm{PD}}_{(\ell)}$ 和牵引力矢量的 PD 形式 $\mathbf{T}^{\mathrm{PD}}_{(\ell)}$ 在第 ℓ 条线段的起点 ℓ_1 和终点 ℓ_2 之间线性变化，即

$$\mathbf{u}^{\mathrm{PD}}_{(\ell)} = (1-s)\mathbf{u}^{\mathrm{PD}}_{(\ell_1)} + s\mathbf{u}^{\mathrm{PD}}_{(\ell_2)} \tag{15.62a}$$

和

$$\mathbf{T}^{\mathrm{PD}}_{(\ell)} = (1-s)\mathbf{T}^{\mathrm{PD}}_{(\ell_1)} + s\mathbf{T}^{\mathrm{PD}}_{(\ell_2)} \tag{15.62b}$$

为了实现方程 (15.8) 中线积分的数值计算，将边界段 $\Gamma^{\mathrm{PD}}_\sigma$、$\Gamma^{\mathrm{PD}}_u$ 和 Γ^{PD}_I 分别划分成 N_σ、N_u 和 N_I 条线段。

根据位移矢量 $\mathbf{u}^{\mathrm{PD}}_{(\ell)}$ 和牵引力矢量的 PD 形式 $\mathbf{T}^{\mathrm{PD}}_{(\ell)}$ 的线性变化，沿边界由内牵引力引起的虚内功的离散形式可以被表示为

$$\begin{aligned}&\oint_{\Gamma^{\mathrm{PD}}} \delta\mathbf{u}^{\mathrm{PD}} \cdot (\boldsymbol{\sigma}^{\mathrm{PD}}\mathbf{n}) d\Gamma \\ &= \sum_{\ell=1}^{N_\mathcal{B}} \left(\int_0^1 \left[(1-s)\delta(\hat{\mathbf{v}}^{\mathrm{PD}}_{(\ell_1)})^{\mathrm{T}} + s\delta(\hat{\mathbf{v}}^{\mathrm{PD}}_{(\ell_2)})^{\mathrm{T}} \right] \cdot \left[(1-s)\mathbf{T}^{\mathrm{PD}}_{(\ell_1)} + s\mathbf{T}^{\mathrm{PD}}_{(\ell_2)} \right] ds \right) \Gamma^{\mathrm{PD}}_{(\ell)}\end{aligned}$$

$$\tag{15.63}$$

或者

$$\oint_{\Gamma^{PD}} \delta \mathbf{u}^{PD} \cdot \mathbf{T}^{PD} d\Gamma = \sum_{\ell=1}^{N_B} \left\{ \begin{array}{l} \dfrac{\Gamma^{PD}_{(\ell)}}{3} \delta(\hat{\mathbf{v}}^{PD}_{(\ell_1)})^T \mathbf{T}^{PD}_{(\ell_1)} + \dfrac{\Gamma^{PD}_{(\ell)}}{6} \delta(\hat{\mathbf{v}}^{PD}_{(\ell_1)})^T \mathbf{T}^{PD}_{(\ell_2)} \\ + \dfrac{\Gamma^{PD}_{(\ell)}}{6} \delta(\hat{\mathbf{v}}^{PD}_{(\ell_2)})^T \mathbf{T}^{PD}_{(\ell_1)} + \dfrac{\Gamma^{PD}_{(\ell)}}{3} \delta(\hat{\mathbf{v}}^{PD}_{(\ell_1)})^T \mathbf{T}^{PD}_{(\ell_2)} \end{array} \right\} \quad (15.64)$$

其中矢量 $\delta \hat{\mathbf{v}}^{PD}_{(\ell_P)}$（下标 $P=1,2$）包含属于第 ℓ 条边界段的点 ℓ_1 和 ℓ_2 的族成员的点处的未知位移。它被定义为

$$\delta \hat{\mathbf{v}}^{PD}_{(\ell_P)} = \left\{ \begin{array}{c} \delta u^{PD}_{1(\ell_P)} \\ \delta u^{PD}_{2(\ell_P)} \end{array} \right\} \quad (15.65)$$

与边界段点 ℓ_P 相关的局部位移矢量 $\mathbf{v}^{PD}_{(\ell_P)}$ 具有如下形式

$$\mathbf{v}^{PD}_{(\ell_P)} = \left\{ u^{PD}_{1(1)}, u^{PD}_{2(1)}, u^{PD}_{1(2)}, u^{PD}_{2(2)}, \cdots, u^{PD}_{1(N_{(\ell_P)})}, u^{PD}_{2(N_{(\ell_P)})} \right\}^T \quad (15.66)$$

在第 ℓ 条线段的端点处，应力分量的 PD 形式为

$$\sigma^{PD}_{11(\ell_P)} = \sum_{j=1}^{N_{(\ell_P)}} \mu_{(\ell_P)(\ell_{P_j})} \left(\begin{array}{l} D_{11} g^{10}(\boldsymbol{\xi}_{(\ell_P)(\ell_{P_j})})(u^{PD}_{1(\ell_{P_j})} - u^{PD}_{1(\ell_P)}) \\ + D_{12} g^{01}(\boldsymbol{\xi}_{(\ell_P)(\ell_{P_j})})(u^{PD}_{2(\ell_{P_j})} - u^{PD}_{2(\ell_P)}) \end{array} \right) A_{(\ell_{P_j})}$$

(15.67a)

$$\sigma^{PD}_{22(\ell_P)} = \sum_{j=1}^{N_{(\ell_P)}} \mu_{(\ell_P)(\ell_{P_j})} \left(\begin{array}{l} D_{12} g^{10}(\boldsymbol{\xi}_{(\ell_P)(\ell_{P_j})})(u^{PD}_{1(\ell_{P_j})} - u^{PD}_{1(\ell_P)}) \\ + D_{22} g^{01}(\boldsymbol{\xi}_{(\ell_P)(\ell_{P_j})})(u^{PD}_{2(\ell_{P_j})} - u^{PD}_{2(\ell_P)}) \end{array} \right) A_{(\ell_{P_j})}$$

(15.67b)

和

$$\sigma^{PD}_{12(\ell_P)} = \sum_{j=1}^{N_{(\ell_P)}} \mu_{(\ell_P)(\ell_{P_j})} D_{33} \left(\begin{array}{l} g^{01}(\boldsymbol{\xi}_{(\ell_P)(\ell_{P_j})})(u^{PD}_{1(\ell_{P_j})} - u^{PD}_{1(\ell_P)}) \\ + g^{10}(\boldsymbol{\xi}_{(\ell_P)(\ell_{P_j})})(u^{PD}_{2(\ell_{P_j})} - u^{PD}_{2(\ell_P)}) \end{array} \right) A_{(\ell_{P_j})}$$

(15.67c)

其中 $g^{10}(\boldsymbol{\xi}_{(\ell_P)(\ell_{P_j})})$ 和 $g^{01}(\boldsymbol{\xi}_{(\ell_P)(\ell_{P_j})})$ 是 PD 函数 (Madenci et al., 2019)，$N_{(\ell_P)}$ 是第 ℓ 条线段上的点 ℓ_P 的族成员数。状态参数 $\mu_{(\ell_P)(\ell_{P_j})}$ 使裂纹在分析过程中能够萌生和扩展；根据破坏准则，消除最初与某点相关的相互作用。它被定义为

$$\mu_{(\ell_P)(\ell_{P_j})} = \left\{ \begin{array}{ll} 0, & \text{断开的键} \\ 1, & \text{完好的键} \end{array} \right. \quad (15.68)$$

在边界的第 ℓ 条线段的端点处，牵引力矢量的分量变为

$$T_{1(\ell_P)}^{\mathrm{PD}} = \sum_{j=1}^{N_{(\ell_P)}} \left(a_{(\ell_P)(\ell_{P_j})}(u_{1(\ell_{P_j})}^{\mathrm{PD}} - u_{1(\ell_P)}^{\mathrm{PD}}) + b_{(\ell_P)(\ell_{P_j})}(u_{2(\ell_{P_j})}^{\mathrm{PD}} - u_{2(\ell_P)}^{\mathrm{PD}}) \right) \quad (15.69\mathrm{a})$$

和

$$T_{2(\ell_P)}^{\mathrm{PD}} = \sum_{j=1}^{N_{(\ell_P)}} \left(c_{(\ell_P)(\ell_{P_j})}(u_{1(\ell_{P_j})}^{\mathrm{PD}} - u_{1(\ell_P)}^{\mathrm{PD}}) + d_{(\ell_P)(\ell_{P_j})}(u_{2(\ell_{P_j})}^{\mathrm{PD}} - u_{2(\ell_P)}^{\mathrm{PD}}) \right) \quad (15.69\mathrm{b})$$

其中 $a_{(\ell_P)(\ell_{P_j})}$、$b_{(\ell_P)(\ell_{P_j})}$、$c_{(\ell_P)(\ell_{P_j})}$ 和 $d_{(\ell_P)(\ell_{P_j})}$ 被定义为

$$a_{(\ell_P)(\ell_{P_j})} = \mu_{(\ell_P)(\ell_{P_j})} \left(D_{11} g_1^{10}(\boldsymbol{\xi}_{(\ell_P)(\ell_{P_j})}) n_1 + D_{33} g_1^{01}(\boldsymbol{\xi}_{(\ell_P)(\ell_{P_j})}) n_2 \right) A_{(\ell_{P_j})} \quad (15.70\mathrm{a})$$

$$b_{(\ell_P)(\ell_{P_j})} = \mu_{(\ell_P)(\ell_{P_j})} \left(D_{12} g_1^{01}(\boldsymbol{\xi}_{(\ell_P)(\ell_{P_j})}) n_1 + D_{33} g_1^{10}(\boldsymbol{\xi}_{(\ell_P)(\ell_{P_j})}) n_2 \right) A_{(\ell_{P_j})} \quad (15.70\mathrm{b})$$

$$c_{(\ell_P)(\ell_{P_j})} = \mu_{(\ell_P)(\ell_{P_j})} \left(D_{33} g_1^{01}(\boldsymbol{\xi}_{(\ell_P)(\ell_{P_j})}) n_1 + D_{12} g_1^{10}(\boldsymbol{\xi}_{(\ell_P)(\ell_{P_j})}) n_2 \right) A_{(\ell_{P_j})} \quad (15.70\mathrm{c})$$

和

$$d_{(\ell_P)(\ell_{P_j})} = \mu_{(\ell_P)(\ell_{P_j})} \left(D_{33} g_1^{10}(\boldsymbol{\xi}_{(\ell_P)(\ell_{P_j})}) n_1 + D_{22} g_1^{01}(\boldsymbol{\xi}_{(\ell_P)(\ell_{P_j})}) n_2 \right) A_{(\ell_{P_j})} \quad (15.70\mathrm{d})$$

在第 ℓ 条线段的点 ℓ_1 和 ℓ_2 处，PD 牵引力矢量可以被写成下列矩阵形式

$$\mathbf{T}_{(\ell_P)}^{\mathrm{PD}} = \sum_{j=1}^{N_{(\ell_P)}} \mathbf{W}_{(\ell_P)(\ell_{P_j})}^{\mathrm{PD}} \left(\mathbf{u}_{(\ell_{P_j})} - \mathbf{u}_{(\ell_P)} \right) \quad (15.71)$$

其中

$$\mathbf{W}_{(\ell_P)(\ell_{P_j})}^{\mathrm{PD}} = \begin{bmatrix} a_{(\ell_P)(\ell_{P_j})} & b_{(\ell_P)(\ell_{P_j})} \\ c_{(\ell_P)(\ell_{P_j})} & d_{(\ell_P)(\ell_{P_j})} \end{bmatrix} \quad (15.72)$$

围绕封闭的 PD 边界由内牵引力引起的虚功可以被写成

$$\oint_{\Gamma^{\mathrm{PD}}} \delta \mathbf{u}^{\mathrm{PD}} \cdot \mathbf{T}^{\mathrm{PD}} d\Gamma = \sum_{\ell=1}^{N_B} \left\{ \begin{array}{l} \dfrac{\Gamma_{(\ell)}^{\mathrm{PD}}}{3} \delta\big(\widehat{\mathbf{v}}_{(\ell_1)}^{\mathrm{PD}}\big)^{\mathrm{T}} \left(\displaystyle\sum_{j=1}^{N_{(\ell_1)}} \mathbf{W}_{(\ell_1)(\ell_{1_j})}^{\mathrm{PD}} \big(\mathbf{u}_{(\ell_{1_j})} - \mathbf{u}_{(\ell_1)}\big) \right) \\[2ex] + \dfrac{\Gamma_{(\ell)}^{\mathrm{PD}}}{6} \delta\big(\widehat{\mathbf{v}}_{(\ell_1)}^{\mathrm{PD}}\big)^{\mathrm{T}} \left(\displaystyle\sum_{j=1}^{N_{(\ell_2)}} \mathbf{W}_{(\ell_2)(\ell_{2_j})}^{\mathrm{PD}} \big(\mathbf{u}_{(\ell_{2_j})} - \mathbf{u}_{(\ell_2)}\big) \right) \\[2ex] + \dfrac{\Gamma_{(\ell)}^{\mathrm{PD}}}{6} \delta\big(\widehat{\mathbf{v}}_{(\ell_2)}^{\mathrm{PD}}\big)^{\mathrm{T}} \left(\displaystyle\sum_{j=1}^{N_{(\ell_1)}} \mathbf{W}_{(\ell_1)(\ell_{1_j})}^{\mathrm{PD}} \big(\mathbf{u}_{(\ell_{1_j})} - \mathbf{u}_{(\ell_1)}\big) \right) \\[2ex] + \dfrac{\Gamma_{(\ell)}^{\mathrm{PD}}}{3} \delta\big(\widehat{\mathbf{v}}_{(\ell_2)}^{\mathrm{PD}}\big)^{\mathrm{T}} \left(\displaystyle\sum_{j=1}^{N_{(\ell_2)}} \mathbf{W}_{(\ell_2)(\ell_{2_j})}^{\mathrm{PD}} \big(\mathbf{u}_{(\ell_{2_j})} - \mathbf{u}_{(\ell_2)}\big) \right) \end{array} \right\} \tag{15.73}$$

或者

$$\oint_{\Gamma^{\mathrm{PD}}} \delta \mathbf{u}^{\mathrm{PD}} \cdot \mathbf{T}^{\mathrm{PD}} d\Gamma = \sum_{\ell=1}^{N_B} \left\{ \delta\big(\widehat{\mathbf{v}}_{(\ell_1)}^{\mathrm{PD}}\big)^{\mathrm{T}} \mathbf{F}_{(\ell_1)}^{\sigma} + \delta\big(\widehat{\mathbf{v}}_{(\ell_2)}^{\mathrm{PD}}\big)^{\mathrm{T}} \mathbf{F}_{(\ell_2)}^{\sigma} \right\} \tag{15.74}$$

其中

$$\mathbf{F}_{(\ell_1)}^{\sigma} = \sum_{j=1}^{N_{(\ell_1)}} \Theta_{(\ell_1)(\ell_{1_j})}^{\sigma} \big(\mathbf{u}_{(\ell_{1_j})} - \mathbf{u}_{(\ell_1)}\big) + \frac{1}{2} \sum_{\ell_{2_j} \neq \ell_1, j=1}^{N_{(\ell_2)}} \Psi_{(\ell_2)(\ell_{2_j})}^{\sigma} \mathbf{u}_{(\ell_{2_j})}$$
$$+ \bar{\Psi}_{(\ell_2)}^{\sigma} \mathbf{u}_{(\ell_2)} + \frac{1}{2} \Psi_{(\ell_2)(\ell_1)}^{\sigma} \mathbf{u}_{(\ell_1)} \tag{15.75a}$$

和

$$\mathbf{F}_{(\ell_2)}^{\sigma} = \sum_{j=1}^{N_{(\ell_2)}} \Psi_{(\ell_2)(\ell_{2_j})}^{\sigma} \big(\mathbf{u}_{(\ell_{2_j})} - \mathbf{u}_{(\ell_2)}\big) + \frac{1}{2} \sum_{\ell_{1_j} \neq \ell_2, j=1}^{N_{(\ell_1)}} \Theta_{(\ell_1)(\ell_{1_j})}^{\sigma} \mathbf{u}_{(\ell_{1_j})}$$
$$+ \bar{\Theta}_{(\ell_1)}^{\sigma} \mathbf{u}_{(\ell_1)} + \frac{1}{2} \Theta_{(\ell_1)(\ell_2)}^{\sigma} \mathbf{u}_{(\ell_2)} \tag{15.75b}$$

其中

$$\Theta_{(\ell_1)(\ell_{1_j})}^{\sigma} = \frac{\Gamma_{(\ell)}^{\mathrm{PD}}}{3} \mathbf{W}_{(\ell_1)(\ell_{1_j})}^{\mathrm{PD}} \tag{15.76a}$$

$$\Psi_{(\ell_2)(\ell_{2_j})}^{\sigma} = \frac{\Gamma_{(\ell)}^{\mathrm{PD}}}{3} \mathbf{W}_{(\ell_2)(\ell_{2_j})}^{\mathrm{PD}} \tag{15.76b}$$

$$\Theta_{(\ell_1)(\ell_2)}^{\sigma} = \frac{\Gamma_{(\ell)}^{\mathrm{PD}}}{3} \mathbf{W}_{(\ell_1)(\ell_2)}^{\mathrm{PD}} \tag{15.76c}$$

$$\Psi^{\sigma}_{(\ell_2)(\ell_1)} = \frac{\Gamma^{\mathrm{PD}}_{(\ell)}}{3}\mathbf{W}^{\mathrm{PD}}_{(\ell_2)(\ell_1)} \tag{15.76d}$$

$$\bar{\Theta}^{\sigma}_{(\ell_1)} = -\frac{\Gamma^{\mathrm{PD}}_{(\ell)}}{6}\left(\sum_{j=1}^{N_{(\ell_1)}}\mathbf{W}^{\mathrm{PD}}_{(\ell_1)(\ell_{1_j})}\right) \tag{15.76e}$$

$$\bar{\Psi}^{\sigma}_{(\ell_2)} = -\frac{\Gamma^{\mathrm{PD}}_{(\ell)}}{6}\left(\sum_{j=1}^{N_{(\ell_2)}}\mathbf{W}^{\mathrm{PD}}_{(\ell_2)(\ell_{2_j})}\right) \tag{15.76f}$$

力矢量 $\mathbf{F}^{\sigma}_{(k)}$ 与沿边界的牵引力矢量相关，其分量形式可以被写成

$$\begin{Bmatrix} F^{\sigma}_{1(\ell_1)} \\ F^{\sigma}_{2(\ell_1)} \\ F^{\sigma}_{1(\ell_2)} \\ F^{\sigma}_{2(\ell_2)} \end{Bmatrix} = \sum_{j=1}^{N_{(\ell_1)}}\mathbf{k}^{\sigma}_{(\ell_1)(\ell_{1_j})}\begin{Bmatrix} u_{1(\ell_1)} \\ u_{2(\ell_1)} \\ u_{1(\ell_{1_j})} \\ u_{2(\ell_{1_j})} \end{Bmatrix} + \mathbf{k}^{\sigma}_{(\ell_1)(\ell_2)}\begin{Bmatrix} u_{1(\ell_1)} \\ u_{2(\ell_1)} \\ u_{1(\ell_2)} \\ u_{2(\ell_2)} \end{Bmatrix} + \sum_{\ell_{2_j}\neq\ell_1,j=1}^{N_{(\ell_2)}}\hat{\mathbf{k}}^{\sigma}_{(\ell_2)(\ell_{2_j})}\begin{Bmatrix} u_{1(\ell_1)} \\ u_{2(\ell_1)} \\ u_{1(\ell_{2_j})} \\ u_{2(\ell_{2_j})} \end{Bmatrix}$$
$$\tag{15.77a}$$

和

$$\begin{Bmatrix} F^{\sigma}_{1(\ell_2)} \\ F^{\sigma}_{2(\ell_2)} \\ F^{\sigma}_{1(\ell_1)} \\ F^{\sigma}_{2(\ell_1)} \end{Bmatrix} = \sum_{j=1}^{N_{(\ell_2)}}\mathbf{k}^{\sigma}_{(\ell_2)(\ell_{2_j})}\begin{Bmatrix} u_{1(\ell_2)} \\ u_{2(\ell_2)} \\ u_{1(\ell_{2_j})} \\ u_{2(\ell_{2_j})} \end{Bmatrix} + \mathbf{k}^{\sigma}_{(\ell_2)(\ell_1)}\begin{Bmatrix} u_{1(\ell_2)} \\ u_{2(\ell_2)} \\ u_{1(\ell_1)} \\ u_{2(\ell_1)} \end{Bmatrix} + \sum_{\ell_{2_j}\neq\ell_1,j=1}^{N_{(\ell_1)}}\hat{\mathbf{k}}^{\sigma}_{(\ell_1)(\ell_{1_j})}\begin{Bmatrix} u_{1(\ell_2)} \\ u_{2(\ell_2)} \\ u_{1(\ell_{1_j})} \\ u_{2(\ell_{1_j})} \end{Bmatrix}$$
$$\tag{15.77b}$$

其中在点 ℓ_1 处的刚度矩阵 $\mathbf{k}^{\sigma}_{(\ell_1)(\ell_{1_j})}$、$\mathbf{k}^{\sigma}_{(\ell_1)(\ell_2)}$ 和 $\hat{\mathbf{k}}^{\sigma}_{(\ell_2)(\ell_{2_j})}$ 以及与点 ℓ_2 对应的刚度矩阵 $\mathbf{k}^{\sigma}_{(\ell_2)(\ell_{2_j})}$、$\mathbf{k}^{\sigma}_{(\ell_2)(\ell_1)}$ 和 $\hat{\mathbf{k}}^{\sigma}_{(\ell_1)(\ell_{1_j})}$ 可以被表示为

$$\mathbf{k}^{\sigma}_{(\ell_1)(\ell_{1_j})} = \begin{bmatrix} -\Theta^{\sigma(1,1)}_{(\ell_1)(\ell_{1_j})} & -\Theta^{\sigma(1,2)}_{(\ell_1)(\ell_{1_j})} & \Theta^{\sigma(1,1)}_{(\ell_1)(\ell_{1_j})} & \Theta^{\sigma(1,2)}_{(\ell_1)(\ell_{1_j})} \\ -\Theta^{\sigma(2,1)}_{(\ell_1)(\ell_{1_j})} & -\Theta^{\sigma(2,2)}_{(\ell_1)(\ell_{1_j})} & \Theta^{\sigma(2,1)}_{(\ell_1)(\ell_{1_j})} & \Theta^{\sigma(2,2)}_{(\ell_1)(\ell_{1_j})} \\ 0 & 0 & 0 & 0 \\ 0 & 0 & 0 & 0 \end{bmatrix} \tag{15.78a}$$

$$\mathbf{k}^{\sigma}_{(\ell_1)(\ell_2)} = \begin{bmatrix} \frac{1}{2}\Psi^{\sigma(1,1)}_{(\ell_2)(\ell_1)} & \frac{1}{2}\Psi^{\sigma(1,2)}_{(\ell_2)(\ell_1)} & \bar{\Psi}^{\sigma(1,1)}_{(\ell_2)} & \bar{\Psi}^{\sigma(1,2)}_{(\ell_2)} \\ \frac{1}{2}\Psi^{\sigma(2,1)}_{(\ell_2)(\ell_1)} & \frac{1}{2}\Psi^{\sigma(2,2)}_{(\ell_2)(\ell_1)} & \bar{\Psi}^{\sigma(2,1)}_{(\ell_2)} & \bar{\Psi}^{\sigma(2,2)}_{(\ell_2)} \\ 0 & 0 & 0 & 0 \\ 0 & 0 & 0 & 0 \end{bmatrix} \tag{15.78b}$$

$$\widehat{\mathbf{k}}^\sigma_{(\ell_2)(\ell_{2_j})} = \frac{1}{2}\begin{bmatrix} 0 & 0 & \Psi^{\sigma(1,1)}_{(\ell_2)(\ell_{2_j})} & \Psi^{\sigma(1,2)}_{(\ell_2)(\ell_{2_j})} \\ 0 & 0 & \Psi^{\sigma(2,1)}_{(\ell_2)(\ell_{2_j})} & \Psi^{\sigma(2,2)}_{(\ell_2)(\ell_{2_j})} \\ 0 & 0 & 0 & 0 \\ 0 & 0 & 0 & 0 \end{bmatrix} \quad (15.78c)$$

$$\mathbf{k}^\sigma_{(\ell_2)(\ell_{2_j})} = \begin{bmatrix} -\Psi^{\sigma(1,1)}_{(\ell_2)(\ell_{2_j})} & -\Psi^{\sigma(1,2)}_{(\ell_2)(\ell_{2_j})} & \Psi^{\sigma(1,1)}_{(\ell_2)(\ell_{2_j})} & \Psi^{\sigma(1,2)}_{(\ell_2)(\ell_{2_j})} \\ -\Psi^{\sigma(2,1)}_{(\ell_2)(\ell_{2_j})} & -\Psi^{\sigma(2,2)}_{(\ell_2)(\ell_{2_j})} & \Psi^{\sigma(2,1)}_{(\ell_2)(\ell_{2_j})} & \Psi^{\sigma(2,2)}_{(\ell_2)(\ell_{2_j})} \\ 0 & 0 & 0 & 0 \\ 0 & 0 & 0 & 0 \end{bmatrix} \quad (15.78d)$$

$$\mathbf{k}^\sigma_{(\ell_2)(\ell_1)} = \begin{bmatrix} \frac{1}{2}\Theta^{\sigma(1,1)}_{(\ell_1)(\ell_2)} & \frac{1}{2}\Theta^{\sigma(1,2)}_{(\ell_1)(\ell_2)} & \bar{\Theta}^{\sigma(1,1)}_{(\ell_1)} & \bar{\Theta}^{\sigma(1,2)}_{(\ell_1)} \\ \frac{1}{2}\Theta^{\sigma(2,1)}_{(\ell_1)(\ell_2)} & \frac{1}{2}\Theta^{\sigma(2,2)}_{(\ell_1)(\ell_2)} & \bar{\Theta}^{\sigma(2,1)}_{(\ell_1)} & \bar{\Theta}^{\sigma(2,2)}_{(\ell_1)} \\ 0 & 0 & 0 & 0 \\ 0 & 0 & 0 & 0 \end{bmatrix} \quad (15.78e)$$

和

$$\widehat{\mathbf{k}}^\sigma_{(\ell_1)(\ell_{1_j})} = \frac{1}{2}\begin{bmatrix} 0 & 0 & \Theta^{\sigma(1,1)}_{(\ell_1)(\ell_{1_j})} & \Theta^{\sigma(1,2)}_{(\ell_1)(\ell_{1_j})} \\ 0 & 0 & \Theta^{\sigma(2,1)}_{(\ell_1)(\ell_{1_j})} & \Theta^{\sigma(2,2)}_{(\ell_1)(\ell_{1_j})} \\ 0 & 0 & 0 & 0 \\ 0 & 0 & 0 & 0 \end{bmatrix} \quad (15.78f)$$

如图 15.8 和图 15.9 所示，在第 ℓ 条线段的点 ℓ_1 和 ℓ_2 处，由牵引力产生的力包括：(1) 用蓝色键表示的相互作用，对应的刚度矩阵为 $\mathbf{k}^\sigma_{(\ell_1)(\ell_2)}$ 和 $\mathbf{k}^\sigma_{(\ell_2)(\ell_1)}$；(2) 由于直接相互作用，用红色键表示的围绕点 ℓ_1 和 ℓ_2 的相互作用网，对应的刚度矩阵为 $\mathbf{k}^\sigma_{(\ell_1)(\ell_{1_j})}$ 和 $\mathbf{k}^\sigma_{(\ell_2)(\ell_{2_j})}$；(3) 由于间接相互作用，用绿色键表示的围绕点 ℓ_1 和 ℓ_2 的相互作用网，对应的刚度矩阵为 $\widehat{\mathbf{k}}^\sigma_{(\ell_2)(\ell_{2_j})}$ 和 $\widehat{\mathbf{k}}^\sigma_{(\ell_1)(\ell_{1_j})}$。

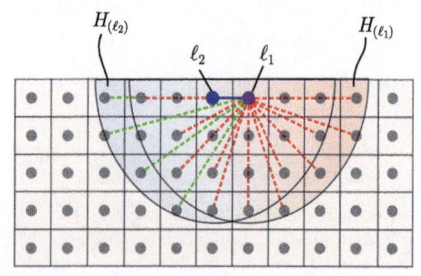

图 15.8　$\mathbf{x}_{(\ell_1)}$ 和 $\mathbf{x}_{(\ell_2)}$ 之间的单元 (键) 连接性用于点 ℓ_1 处的直接和间接牵引力

第十五章　在 ANSYS 中耦合键型近场动力学与有限元

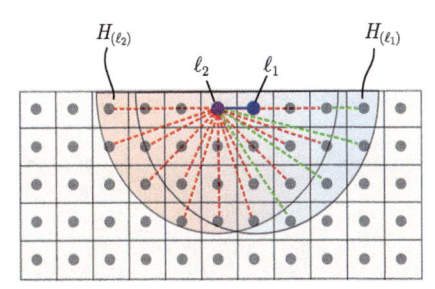

图 15.9　$\mathbf{x}_{(\ell_1)}$ 和 $\mathbf{x}_{(\ell_2)}$ 之间的单元 (键) 连接性用于点 ℓ_2 处的直接和间接牵引力

对于围绕封闭的 PD 边界由内牵引力产生的虚功，方程 (15.74) 可以被改写为

$$\oint_{\Gamma^{\mathrm{PD}}} \delta\mathbf{u}^{\mathrm{PD}} \cdot \mathbf{T}^{\mathrm{PD}} d\Gamma = \begin{bmatrix} \delta\mathbf{V}_\sigma^{\mathrm{PD}} & \delta\mathbf{V}_u^{\mathrm{PD}} & \delta\mathbf{V}_I^{\mathrm{PD}} \end{bmatrix} \begin{bmatrix} \mathbf{K}_{\sigma,\sigma}^{\mathrm{PD}} & \mathbf{K}_{\sigma,u}^{\mathrm{PD}} & \mathbf{K}_{\sigma,I}^{\mathrm{PD}} & \mathbf{K}_{\sigma,\mathcal{R}}^{\mathrm{PD}} \\ \mathbf{K}_{u,\sigma}^{\mathrm{PD}} & \mathbf{K}_{u,u}^{\mathrm{PD}} & \mathbf{K}_{u,I}^{\mathrm{PD}} & \mathbf{K}_{u,\mathcal{R}}^{\mathrm{PD}} \\ \mathbf{K}_{I,\sigma}^{\mathrm{PD}} & \mathbf{K}_{I,u}^{\mathrm{PD}} & \mathbf{K}_{I,I}^{\mathrm{PD}} & \mathbf{K}_{I,\mathcal{R}}^{\mathrm{PD}} \end{bmatrix} \begin{Bmatrix} \mathbf{V}_\sigma^{\mathrm{PD}} \\ \mathbf{V}_u^{\mathrm{PD}} \\ \mathbf{V}_I^{\mathrm{PD}} \\ \mathbf{V}_\mathcal{R}^{\mathrm{PD}} \end{Bmatrix}$$
(15.79)

其中子矩阵 $\mathbf{K}_{\sigma,\sigma}^{\mathrm{PD}}$、$\mathbf{K}_{\sigma,u}^{\mathrm{PD}}$、$\mathbf{K}_{\sigma,I}^{\mathrm{PD}}$ 和 $\mathbf{K}_{\sigma,\mathcal{R}}^{\mathrm{PD}}$ 对应于 PD 边界区域 $\Gamma_\sigma^{\mathrm{PD}}$ 耦合 PD 边界的其他区域即 Γ_u^{PD}、Γ_I^{PD} 以及区域 $\mathcal{R}$ 内的未知位移。

这些子矩阵的阶数分别为 $(2N_\sigma \times 2N_\sigma)$、$(2N_u \times 2N_u)$、$(2N_\sigma \times 2N_I)$ 和 $(2N_\sigma \times 2N_\mathcal{R})$。子矩阵 $\mathbf{K}_{u,\sigma}^{\mathrm{PD}}$、$\mathbf{K}_{u,u}^{\mathrm{PD}}$、$\mathbf{K}_{u,I}^{\mathrm{PD}}$ 和 $\mathbf{K}_{u,\mathcal{R}}^{\mathrm{PD}}$ 对应于 PD 边界区域 Γ_u^{PD} 与 PD 边界的其他区域即 $\Gamma_\sigma^{\mathrm{PD}}$、$\Gamma_I^{\mathrm{PD}}$ 以及区域 $\mathcal{R}$ 耦合的未知位移。其阶数分别为 $(2N_u \times 2N_\sigma)$、$(2N_u \times 2N_u)$、$(2N_u \times 2N_I)$ 和 $(2N_u \times 2N_\mathcal{R})$。

子矩阵 $\mathbf{K}_{I,\sigma}^{\mathrm{PD}}$、$\mathbf{K}_{I,u}^{\mathrm{PD}}$、$\mathbf{K}_{I,I}^{\mathrm{PD}}$ 和 $\mathbf{K}_{I,\mathcal{R}}^{\mathrm{PD}}$ 对应于 PD-FE 界面区域 Γ_I^{PD} 与 PD 边界的其他区域即 Γ_u^{PD}、$\Gamma_\sigma^{\mathrm{PD}}$ 以及区域 $\mathcal{R}$ 耦合的未知位移。其阶数分别对应于 $(2N_I \times 2N_\sigma)$、$(2N_I \times 2N_u)$、$(2N_I \times 2N_I)$ 和 $(2N_I \times 2N_\mathcal{R})$。

15.7　惯性力作用下 PD 区域内的虚功

PD 区域内由惯性力引起的虚功可由下式计算

$$\int_{\mathcal{D}\cup\mathcal{R}} \delta\mathbf{u}^{\mathrm{PD}} \cdot \rho\ddot{\mathbf{u}}^{\mathrm{PD}} dA = \sum_{k=1}^{(N_\mathcal{D}+N_\mathcal{R})} \delta\mathbf{v}_{(k)}^{\mathrm{PD}} \cdot \rho\ddot{\mathbf{v}}_{(k)}^{\mathrm{PD}} A_{(k)} = \delta(\mathbf{V}^{\mathrm{PD}})^{\mathrm{T}} \mathbf{M}^{\mathrm{PD}} \ddot{\mathbf{V}}^{\mathrm{PD}} \quad (15.80)$$

其中 $\mathbf{M}^{\mathrm{PD}}$ 是不包括边界区域 $\mathcal{B}$ 的质点质量矩阵。未知加速度矢量 $\ddot{\mathbf{V}}^{\mathrm{PD}}$ 可以被划分为

$$\ddot{\mathbf{V}}^{\mathrm{PD}} = \begin{bmatrix} \ddot{\mathbf{V}}_\mathcal{D}^{\mathrm{PD}} & \ddot{\mathbf{V}}_\mathcal{R}^{\mathrm{PD}} \end{bmatrix} \quad (15.81)$$

类似地，虚位移矢量被划分为

$$\delta \mathbf{V}^{\mathrm{PD}} = \begin{bmatrix} \delta \mathbf{V}_{\mathcal{D}}^{\mathrm{PD}} & \delta \mathbf{V}_{\mathcal{R}}^{\mathrm{PD}} \end{bmatrix} \tag{15.82}$$

那么，由惯性力引起的虚功，即方程 (15.80) 可以被改写为

$$\int_{\mathcal{D}\cup\mathcal{R}} \delta \mathbf{u}^{\mathrm{PD}} \cdot \rho \ddot{\mathbf{u}}^{\mathrm{PD}} dA = \begin{bmatrix} \delta \mathbf{V}_{\mathcal{D}}^{\mathrm{PD}} & \delta \mathbf{V}_{\mathcal{R}}^{\mathrm{PD}} \end{bmatrix} \begin{bmatrix} \mathbf{M}_{\mathcal{D},\mathcal{D}}^{\mathrm{PD}} & \mathbf{0} \\ \mathbf{0} & \mathbf{M}_{\mathcal{R},\mathcal{R}}^{\mathrm{PD}} \end{bmatrix} \begin{bmatrix} \ddot{\mathbf{V}}_{\mathcal{D}}^{\mathrm{PD}} \\ \ddot{\mathbf{V}}_{\mathcal{R}}^{\mathrm{PD}} \end{bmatrix} \tag{15.83}$$

对于区域 $\mathcal{D}$ 和 $\mathcal{R}$，子矩阵 $\mathbf{M}_{\mathcal{D},\mathcal{D}}^{\mathrm{PD}}$ 和 $\mathbf{M}_{\mathcal{R},\mathcal{R}}^{\mathrm{PD}}$ 是对角矩阵，其阶数分别为 $(2N_{\mathcal{D}} \times 2N_{\mathcal{D}})$ 和 $(2N_{\mathcal{R}} \times 2N_{\mathcal{R}})$。

15.8 外牵引力作用下 PD 区域内的虚功

沿着边界，施加的外牵引力矢量 $\mathbf{T}_{(\ell)}^*$ 表示牵引力矢量在第 ℓ 条线段上施加的值。同样假设它在第 ℓ 条线段的起点 ℓ_1 和终点 ℓ_2 之间线性变化，即

$$\mathbf{T}_{(\ell)}^* = (1-s)\mathbf{T}_{(\ell_1)}^* + s\mathbf{T}_{(\ell_2)}^* \tag{15.84}$$

沿边界 $\Gamma_\sigma^{\mathrm{PD}}$ 施加的牵引力所产生的外力虚功可以被表示为

$$\int_{\Gamma_\sigma^{\mathrm{PD}}} \delta \mathbf{u}^{\mathrm{PD}} \cdot \mathbf{T}^{*\mathrm{PD}} d\Gamma = \sum_{\ell=1}^{N_\sigma} \left(\int_0^1 \left[(1-s)\delta\widehat{\mathbf{v}}_{(\ell_1)}^{\mathrm{T}} + s\delta\widehat{\mathbf{v}}_{(\ell_2)}^{\mathrm{T}} \right] \left[(1-s)\mathbf{T}_{(\ell_1)}^{*\mathrm{PD}} + s\mathbf{T}_{(\ell_2)}^{*\mathrm{PD}} \right] \right) \Gamma_{(\ell)}^{\mathrm{PD}} \tag{15.85}$$

它可以被改写为

$$\int_{\Gamma_\sigma^{\mathrm{PD}}} \delta \mathbf{u}^{\mathrm{PD}} \cdot \mathbf{T}^{*\mathrm{PD}} d\Gamma = \sum_{\ell=1}^{N_\sigma} \left\{ \begin{array}{c} \delta\widehat{\mathbf{v}}_{(\ell_1)} \\ \delta\widehat{\mathbf{v}}_{(\ell_2)} \end{array} \right\}^{\mathrm{T}} \left\{ \begin{array}{c} \mathbf{f}_{(\ell_1)}^{*\mathrm{PD}} \\ \mathbf{f}_{(\ell_2)}^{*\mathrm{PD}} \end{array} \right\} \tag{15.86}$$

其中 $\mathbf{f}_{(\ell_1)}^{*\mathrm{PD}}$ 和 $\mathbf{f}_{(\ell_2)}^{*\mathrm{PD}}$ 由下式计算

$$\mathbf{f}_{(\ell_1)}^{*\mathrm{PD}} = \frac{\Gamma_{(\ell)}^{\mathrm{PD}}}{3} \mathbf{T}_{(\ell_1)}^{*\mathrm{PD}} + \frac{\Gamma_{(\ell)}^{\mathrm{PD}}}{6} \mathbf{T}_{(\ell_2)}^{*\mathrm{PD}} \tag{15.87a}$$

和

$$\mathbf{f}_{(\ell_2)}^{*\mathrm{PD}} = \frac{\Gamma_{(\ell)}^{\mathrm{PD}}}{6} \mathbf{T}_{(\ell_1)}^{*\mathrm{PD}} + \frac{\Gamma_{(\ell)}^{\mathrm{PD}}}{3} \mathbf{T}_{(\ell_2)}^{*\mathrm{PD}} \tag{15.87b}$$

由外牵引力产生的虚功可以被改写成如下形式

$$\sum_{\ell=1}^{N_\sigma} \left\{ \begin{array}{c} \delta\mathbf{v}_{(\ell_1)}^{\mathrm{PD}} \\ \delta\mathbf{v}_{(\ell_2)}^{\mathrm{PD}} \end{array} \right\}^{\mathrm{T}} \left\{ \begin{array}{c} \mathbf{f}_{(\ell_1)}^{*\mathrm{PD}} \\ \mathbf{f}_{(\ell_2)}^{*\mathrm{PD}} \end{array} \right\} = \delta\left(\mathbf{V}_{\mathcal{B}}^{\mathrm{PD}}\right)^{\mathrm{T}} \mathbf{F}_\sigma^{*\mathrm{PD}} \tag{15.88}$$

其中 $\mathbf{F}_\sigma^{*\mathrm{PD}}$ 表示施加于沿边界段 $\Gamma_\sigma^{\mathrm{PD}}$ 的物质点上的载荷矢量。

15.9 施加体载荷作用下 PD 区域内的虚功

在 PD 区域 Ω^{PD} 内,由施加的体载荷产生的虚功可以被表示为

$$\int_{\mathcal{D}\cup\mathcal{R}} \delta\mathbf{u}^{\mathrm{PD}} \cdot \mathbf{b}^{\mathrm{PD}} dA = \sum_{k=1}^{(N_\mathcal{D}+N_\mathcal{R})} \delta\mathbf{v}_{(k)}^{\mathrm{PD}} \cdot \mathbf{b}_{(k)}^{\mathrm{PD}} A_{(k)} = \delta(\mathbf{V}^{\mathrm{PD}})^{\mathrm{T}} \mathbf{F}_\mathbf{b}^{*\mathrm{PD}}$$

$$= \begin{bmatrix} \delta\mathbf{V}_\mathcal{D}^{\mathrm{PD}} & \delta\mathbf{V}_\mathcal{R}^{\mathrm{PD}} \end{bmatrix} \mathbf{F}_\mathbf{b}^{*\mathrm{PD}} \tag{15.89}$$

其中 $\mathbf{F}_\mathbf{b}^{*\mathrm{PD}}$ 表示施加于区域 $\mathcal{D}$ 和 $\mathcal{R}$ 内的物质点上的集中载荷矢量。

15.10 内力作用下 FE 区域内的虚功

采用 M 个节点对 FE 区域 Ω^{FE} 进行离散。未知位移矢量 $\mathbf{V}^{\mathrm{FE}}$ 及其变分 $\delta\mathbf{V}^{\mathrm{FE}}$ 被定义为

$$\mathbf{V}^{\mathrm{FE}} = \left\{ u_{1(1)}^{\mathrm{FE}}, u_{2(1)}^{\mathrm{FE}}, u_{1(2)}^{\mathrm{FE}}, u_{2(2)}^{\mathrm{FE}}, \cdots, u_{1(M)}^{\mathrm{FE}}, u_{2(M)}^{\mathrm{FE}} \right\}^{\mathrm{T}} \tag{15.90a}$$

和

$$\delta\mathbf{V}^{\mathrm{FE}} = \left\{ \delta u_{1(1)}^{\mathrm{FE}}, \delta u_{2(1)}^{\mathrm{FE}}, \delta u_{1(2)}^{\mathrm{FE}}, \delta u_{2(2)}^{\mathrm{FE}}, \cdots, \delta u_{1(M)}^{\mathrm{FE}}, \delta u_{2(M)}^{\mathrm{FE}} \right\}^{\mathrm{T}} \tag{15.90b}$$

在 FE 区域内由内力引起的虚功可以被表示为

$$\int_{A^{\mathrm{FE}}} \mathbf{tr}\left(\boldsymbol{\sigma}^{\mathrm{FE}} \delta\boldsymbol{\varepsilon}^{\mathrm{FE}}\right) dA = \sum_{e=1}^{E} \delta(\mathbf{v}_{(e)}^{\mathrm{FE}})^{\mathrm{T}} \mathbf{k}_{(e)}^{\mathrm{FE}} \mathbf{v}_{(e)}^{\mathrm{FE}} \tag{15.91}$$

其中 E 表示单元总数,$\mathbf{k}_{(e)}^{\mathrm{FE}}$ 和 $\mathbf{v}_{(e)}^{\mathrm{FE}}$ 分别表示第 e 个单元刚度矩阵和相关的未知位移矢量。这个方程可以被重新组装成

$$\sum_{e=1}^{E} \delta(\mathbf{v}_{(e)}^{\mathrm{FE}})^{\mathrm{T}} \mathbf{k}_{(e)}^{\mathrm{FE}} \mathbf{v}_{(e)}^{\mathrm{FE}} = \delta(\mathbf{V}^{\mathrm{FE}})^{\mathrm{T}} \mathbf{K}^{\mathrm{FE}} \mathbf{V}^{\mathrm{FE}} \tag{15.92}$$

其中 $\mathbf{K}^{\mathrm{FE}}$ 和 $\mathbf{V}^{\mathrm{FE}}$ 分别表示 FE 区域的刚度矩阵和未知位移矢量。FE 区域的刚度矩阵和位移矢量可以被划分为

$$\mathbf{K}^{\mathrm{FE}} = \begin{bmatrix} \mathbf{K}_{0,0}^{\mathrm{FE}} & \mathbf{K}_{0,\sigma}^{\mathrm{FE}} & \mathbf{K}_{0,u}^{\mathrm{FE}} & \mathbf{K}_{0,I}^{\mathrm{FE}} \\ \mathbf{K}_{0,\sigma}^{\mathrm{FE}} & \mathbf{K}_{\sigma,\sigma}^{\mathrm{FE}} & \mathbf{K}_{\sigma,u}^{\mathrm{FE}} & \mathbf{K}_{\sigma,I}^{\mathrm{FE}} \\ \mathbf{K}_{0,u}^{\mathrm{FE}} & \mathbf{K}_{\sigma,u}^{\mathrm{FE}} & \mathbf{K}_{u,u}^{\mathrm{FE}} & \mathbf{K}_{u,I}^{\mathrm{FE}} \\ \mathbf{K}_{0,I}^{\mathrm{FE}} & \mathbf{K}_{\sigma,I}^{\mathrm{FE}} & \mathbf{K}_{u,I}^{\mathrm{FE}} & \mathbf{K}_{I,I}^{\mathrm{FE}} \end{bmatrix} \quad \text{和} \quad \mathbf{V}^{\mathrm{FE}} = \left\{ \begin{array}{c} \mathbf{V}_0^{\mathrm{FE}} \\ \mathbf{V}_\sigma^{\mathrm{FE}} \\ \mathbf{V}_u^{\mathrm{FE}} \\ \mathbf{V}_I^{\mathrm{FE}} \end{array} \right\} \tag{15.93}$$

其中子矢量 $\mathbf{V}_0^{\mathrm{FE}}$、$\mathbf{V}_\sigma^{\mathrm{FE}}$、$\mathbf{V}_u^{\mathrm{FE}}$ 和 $\mathbf{V}_I^{\mathrm{FE}}$ 分别包含 Ω^{FE} 内以及沿边界段 $\Gamma_\sigma^{\mathrm{FE}}$、$\Gamma_u^{\mathrm{FE}}$ 和 Γ_I^{FE} 的节点处的未知位移分量,而 $\mathbf{K}_{0,0}^{\mathrm{FE}}$、$\mathbf{K}_{\sigma,\sigma}^{\mathrm{FE}}$、$\mathbf{K}_{u,u}^{\mathrm{FE}}$ 和 $\mathbf{K}_{I,I}^{\mathrm{FE}}$ 分别表示仅与位移矢量 $\mathbf{V}_0^{\mathrm{FE}}$、$\mathbf{V}_\sigma^{\mathrm{FE}}$、$\mathbf{V}_u^{\mathrm{FE}}$ 和 $\mathbf{V}_I^{\mathrm{FE}}$ 相关的非耦合刚度子矩阵。非对角线子矩阵表示这些位移矢量之间的耦合刚度矩阵。

15.11 惯性力作用下 FE 区域内的虚功

假设采用集中质量近似方法,那么在 FE 区域内由惯性力引起的虚功可由下式计算

$$\int_{\Omega^{\mathrm{FE}}} \delta \mathbf{u}^{\mathrm{FE}} \cdot \rho \ddot{\mathbf{u}}^{\mathrm{FE}} dA = \sum_{e=1}^{E} \delta\left(\mathbf{v}_{(e)}^{\mathrm{FE}}\right)^{\mathrm{T}} \mathbf{m}_{(e)}^{\mathrm{FE}} \ddot{\mathbf{v}}_{(e)}^{\mathrm{FE}} = \delta\left(\mathbf{V}^{\mathrm{FE}}\right)^{\mathrm{T}} \mathbf{M}^{\mathrm{FE}} \ddot{\mathbf{V}}^{\mathrm{FE}} \tag{15.94}$$

其中 $\mathbf{m}_{(e)}^{\mathrm{FE}} = \dfrac{\rho A_{(e)}}{N_{(e)}} \mathbf{I}_{N_{(e)} \times N_{(e)}}$,$N_{(e)}$ 为第 e 个单元内起作用的节点数,E 表示单元总数。

15.12 施加外牵引力作用下 FE 区域内的虚功

沿 FE 区域的边界 $\Gamma_\sigma^{\mathrm{FE}}$,由施加的牵引力引起的虚外功可以被表示为

$$\int_{\Gamma_\sigma^{\mathrm{FE}}} \delta \mathbf{u}^{\mathrm{FE}} \cdot \mathbf{T}^{*\mathrm{FE}} d\Gamma = \delta\left(\mathbf{V}_\sigma^{\mathrm{FE}}\right)^{\mathrm{T}} \mathbf{F}_\sigma^{*\mathrm{FE}} \tag{15.95}$$

其中 $\mathbf{F}_\sigma^{*\mathrm{FE}}$ 表示施加于沿边界段 $\Gamma_\sigma^{\mathrm{FE}}$ 的节点上的集中载荷矢量。

15.13 施加体载荷作用下 FE 区域内的虚功

在 FE 区域内由体载荷引起的虚功可以被表示为

$$\int_{\Omega^{\mathrm{FE}}} \delta \mathbf{u}^{\mathrm{FE}} \cdot \mathbf{b}^{\mathrm{FE}} dA = \delta\left(\mathbf{V}^{\mathrm{FE}}\right)^{\mathrm{T}} \mathbf{F}_{\mathbf{b}}^{*\mathrm{FE}} \tag{15.96}$$

其中 $\mathbf{F}_{\mathbf{b}}^{*\mathrm{FE}}$ 表示施加于区域 Ω^{FE} 内的节点上的集中体载荷矢量。

15.14 离散耦合 PD-FE 方程的组装

利用沿 PD-FE 界面的位移分量的连续性,为了计算方程 (15.8) 中的每个积分,可以将虚功表达式写成如下矩阵形式

$$\delta \mathbf{V}^{\mathrm{T}} \left(\mathbf{M}\ddot{\mathbf{V}} + \mathbf{K}\mathbf{V} - \mathbf{F} \right) = 0 \tag{15.97}$$

第十五章　在 ANSYS 中耦合键型近场动力学与有限元

其中

$$\mathbf{K} = \begin{bmatrix} \mathbf{K}^{\mathrm{PD}}_{\mathcal{D},\mathcal{D}} & \mathbf{K}^{\mathrm{PD}}_{\mathcal{D},\mathcal{R}} & 0 & 0 & 0 & 0 & 0 & 0 \\ \mathbf{K}^{\mathrm{PD}}_{\mathcal{R},\mathcal{D}} & \mathbf{K}^{\mathrm{PD}}_{\mathcal{R},\mathcal{R}} & \mathbf{K}^{\mathrm{PD}}_{\mathcal{R},\sigma} & \mathbf{K}^{\mathrm{PD}}_{\mathcal{R},u} & \mathbf{K}^{\mathrm{PD}}_{\mathcal{R},I} & 0 & 0 & 0 \\ 0 & \mathbf{K}^{\mathrm{PD}}_{\sigma,\mathcal{R}} & \mathbf{K}^{\mathrm{PD}}_{\sigma,\sigma} & \mathbf{K}^{\mathrm{PD}}_{\sigma,u} & \mathbf{K}^{\mathrm{PD}}_{\sigma,I} & 0 & 0 & 0 \\ 0 & \mathbf{K}^{\mathrm{PD}}_{u,\mathcal{R}} & \mathbf{K}^{\mathrm{PD}}_{u,\sigma} & \mathbf{K}^{\mathrm{PD}}_{u,u} & \mathbf{K}^{\mathrm{PD}}_{u,I} & 0 & 0 & 0 \\ 0 & \mathbf{K}^{\mathrm{PD}}_{I,\mathcal{R}} & \mathbf{K}^{\mathrm{PD}}_{I,\sigma} & \mathbf{K}^{\mathrm{PD}}_{I,u} & \mathbf{K}^{\mathrm{PD}}_{I,I}+\mathbf{K}^{\mathrm{FE}}_{I,I} & \mathbf{K}^{\mathrm{FE}}_{I,0} & \mathbf{K}^{\mathrm{FE}}_{I,\sigma} & \mathbf{K}^{\mathrm{FE}}_{I,u} \\ 0 & 0 & 0 & 0 & \mathbf{K}^{\mathrm{FE}}_{0,I} & \mathbf{K}^{\mathrm{FE}}_{0,0} & \mathbf{K}^{\mathrm{FE}}_{0,\sigma} & \mathbf{K}^{\mathrm{FE}}_{0,u} \\ 0 & 0 & 0 & 0 & \mathbf{K}^{\mathrm{FE}}_{\sigma,I} & \mathbf{K}^{\mathrm{FE}}_{\sigma,0} & \mathbf{K}^{\mathrm{FE}}_{\sigma,\sigma} & \mathbf{K}^{\mathrm{FE}}_{\sigma,u} \\ 0 & 0 & 0 & 0 & \mathbf{K}^{\mathrm{FE}}_{u,I} & \mathbf{K}^{\mathrm{FE}}_{u,0} & \mathbf{K}^{\mathrm{FE}}_{u,\sigma} & \mathbf{K}^{\mathrm{FE}}_{u,u} \end{bmatrix} \quad (15.98)$$

$$\mathbf{M} = \begin{bmatrix} \mathbf{M}^{\mathrm{PD}}_{\mathcal{D},\mathcal{D}} & 0 & 0 & 0 & 0 & 0 & 0 & 0 \\ 0 & \mathbf{M}^{\mathrm{PD}}_{\mathcal{R},\mathcal{R}} & 0 & 0 & 0 & 0 & 0 & 0 \\ 0 & 0 & 0 & 0 & 0 & 0 & 0 & 0 \\ 0 & 0 & 0 & 0 & 0 & 0 & 0 & 0 \\ 0 & 0 & 0 & 0 & \mathbf{M}^{\mathrm{FE}}_{I,I} & 0 & 0 & 0 \\ 0 & 0 & 0 & 0 & 0 & \mathbf{M}^{\mathrm{FE}}_{0,0} & 0 & 0 \\ 0 & 0 & 0 & 0 & 0 & 0 & \mathbf{M}^{\mathrm{FE}}_{\sigma,\sigma} & 0 \\ 0 & 0 & 0 & 0 & 0 & 0 & 0 & \mathbf{M}^{\mathrm{FE}}_{u,u} \end{bmatrix} \quad (15.99)$$

$$\mathbf{V} = \left\{ \mathbf{V}^{\mathrm{PD}} \quad \mathbf{V}^{\mathrm{FE}} \right\}^{\mathrm{T}}$$
$$= \left\{ \mathbf{V}^{\mathrm{PD}}_{\mathcal{D}} \quad \mathbf{V}^{\mathrm{PD}}_{\mathcal{R}} \quad \mathbf{V}^{\mathrm{PD}}_{\sigma} \quad \mathbf{V}^{\mathrm{PD}}_{u} \quad \mathbf{V}^{\mathrm{PD}}_{I} = \mathbf{V}^{\mathrm{FE}}_{I} \quad \mathbf{V}^{\mathrm{FE}}_{0} \quad \mathbf{V}^{\mathrm{FE}}_{\sigma} \quad \mathbf{V}^{\mathrm{FE}}_{u} \right\}^{\mathrm{T}} \quad (15.100)$$

$$\ddot{\mathbf{V}} = \left\{ \ddot{\mathbf{V}}^{\mathrm{PD}} \quad \ddot{\mathbf{V}}^{\mathrm{FE}} \right\}^{\mathrm{T}}$$
$$= \left\{ \ddot{\mathbf{V}}^{\mathrm{PD}}_{\mathcal{D}} \quad \ddot{\mathbf{V}}^{\mathrm{PD}}_{\mathcal{R}} \quad \ddot{\mathbf{V}}^{\mathrm{PD}}_{\sigma} \quad \ddot{\mathbf{V}}^{\mathrm{PD}}_{u} \quad \ddot{\mathbf{V}}^{\mathrm{PD}}_{I} = \ddot{\mathbf{V}}^{\mathrm{FE}}_{I} \quad \ddot{\mathbf{V}}^{\mathrm{FE}}_{0} \quad \ddot{\mathbf{V}}^{\mathrm{FE}}_{\sigma} \quad \ddot{\mathbf{V}}^{\mathrm{FE}}_{u} \right\}^{\mathrm{T}} \quad (15.101)$$

和

$$\mathbf{F} = \left\{ \mathbf{F}^{\mathrm{PD}}_{\mathcal{D}} \quad \mathbf{F}^{\mathrm{PD}}_{\mathcal{R}} \quad \mathbf{F}^{*\mathrm{PD}}_{\sigma} \quad 0 \quad \mathbf{F}^{\mathrm{PD}}_{I} + \mathbf{F}^{\mathrm{FE}}_{I} \quad \mathbf{F}^{\mathrm{FE}}_{0} \quad \mathbf{F}^{*\mathrm{FE}}_{\sigma} \quad 0 \right\}^{\mathrm{T}} \quad (15.102)$$

对于未知矢量 $\mathbf{V}$ 的任意虚变分，由方程 (15.97) 可以得到耦合 PD-FE 系统的控制方程为

$$\mathbf{M}\ddot{\mathbf{V}} + \mathbf{K}\mathbf{V} = \mathbf{F} \quad (15.103)$$

15.15 使用 MATRIX27 单元的 ANSYS 实现

BB 相互作用下的刚度矩阵 $\mathbf{k}_{(k)(j)}^{BB}$、PDDO 相互作用下的 $\left(\mathbf{k}_{(k)(j)}^{PDDO} + \widehat{\mathbf{k}}_{(j)(k)}^{PDDO}\right)$、$\mathbf{k}_{(k_p)(k)(j)}^{PDDO}$ 和 $\widehat{\mathbf{k}}_{(j_r)(j)(k)}^{PDDO}$，以及内牵引力作用下的 $\mathbf{k}_{(k)(j)}^{\sigma}$ 可以使用 ANSYS 中内置的 MATRIX27 单元来构建。如图 15.10 所示，MATRIX27 单元是一个具有两个节点 I 和 J 且未定义几何形状的任意单元。它可以用 12 个自由度定义。它们由每个节点处的位移 (UX, UY, UZ) 和旋转 (RX, RY, RZ) 组成。为了模拟特定于键 j—k 的相互作用，使用具有关键选项特征即 keyopt (2) = 1 的非对称刚度矩阵。图 15.11 显示了带有非对称选项的刚度矩阵的一般结构。对于二维分析，使

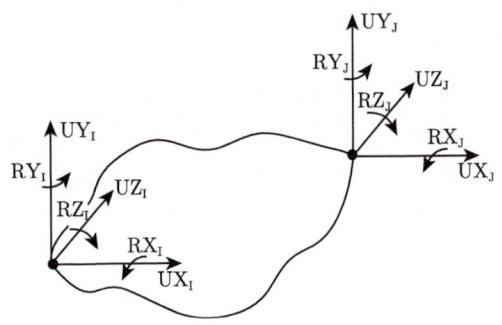

图 15.10 与 MATRIX27 单元相关的自由度

图 15.11 具有 keyopt (2) = 1 的 MATRIX27 单元的非对称刚度矩阵系数

用 R 和 RMODIF 命令指定红色框中所示的刚度矩阵系数为实常数值，并具有与键 j—k 对应的特定 ID(ANSYS 18.2)。

15.15.1　BB 相互作用下的刚度矩阵

对于图 15.3 所示蓝色键的刚度矩阵系数 $\mathbf{k}_{(k)(j)}^{\mathrm{BB}}$，可通过以下命令指定：

R, ID, 0

RMODIF, ID,1, C_1

RMODIF, ID,2, C_2

RMODIF, ID,7, C_7

RMODIF, ID,8, C_8

RMODIF, ID,13, C_{13}

RMODIF, ID,14, C_{14}

RMODIF, ID,19, C_{19}

RMODIF, ID,20, C_{20}

其中系数被指定为

$$C_1 = -\Phi_{(k)(j)}^{\mathrm{BB}(1,1)};\ C_2 = -\Phi_{(k)(j)}^{\mathrm{BB}(1,2)};\ C_7 = -C_1;\ C_8 = -C_2$$

$$C_{13} = -\Phi_{(k)(j)}^{\mathrm{BB}(2,1)};\ C_{14} = -\Phi_{(k)(j)}^{\mathrm{BB}(2,2)};\ C_{19} = -C_{13};\ C_{20} = -C_{14}$$

15.15.2　PDDO 相互作用下的刚度矩阵

对于图 15.4 所示蓝色键的刚度矩阵系数 $\left(\mathbf{k}_{(k)(j)}^{\mathrm{PDDO}} + \widehat{\mathbf{k}}_{(j)(k)}^{\mathrm{PDDO}}\right)$，可通过以下命令指定：

R, ID, 0

RMODIF, ID,1, C_1

RMODIF, ID,2, C_2

RMODIF, ID,7, C_7

RMODIF, ID,8, C_8

RMODIF, ID,13, C_{13}

RMODIF, ID,14, C_{14}

RMODIF, ID,19, C_{19}

RMODIF, ID,20, C_{20}

其中系数被指定为

$$C_1 = -\Phi_{(k)(j)}^{\mathrm{PDDO}(1,1)};\ C_2 = -\Phi_{(k)(j)}^{\mathrm{PDDO}(1,2)};\ C_7 = -C_1 + \bar{\Psi}_{(j)(k)}^{\mathrm{PDDO}(1,1)};\ C_8 = -C_2 + \bar{\Psi}_{(j)(k)}^{\mathrm{PDDO}(1,2)}$$

$C_{13} = -\Phi^{\text{PDDO}(1,2)}_{(k)(j)}$; $C_{14} = -\Phi^{\text{PDDO}(2,2)}_{(k)(j)}$; $C_{19} = -C_{13} + \bar{\Psi}^{\text{PDDO}(2,1)}_{(j)(k)}$; $C_{20} = -C_{14} + \bar{\Psi}^{\text{PDDO}(2,2)}_{(j)(k)}$

类似地，对于图 15.4 所示红色键的刚度矩阵系数 $\widehat{\mathbf{k}}^{\text{PDDO}}_{(k_p)(k)(j)}$，可通过以下命令指定：

R, *ID*, 0

RMODIF, *ID*,1, C_1

RMODIF, *ID*,2, C_2

RMODIF, *ID*,7, C_7

RMODIF, *ID*,8, C_8

RMODIF, *ID*,13, C_{13}

RMODIF, *ID*,14, C_{14}

RMODIF, *ID*,19, C_{19}

RMODIF, *ID*,20, C_{20}

其中系数被指定为

$C_1 = -\Theta^{\text{PDDO}(1,1)}_{(k_p)(k)(j)}$; $C_2 = -\Theta^{\text{PDDO}(1,2)}_{(k_p)(k)(j)}$; $C_7 = -C_1$; $C_8 = -C_2$

$C_{13} = -\Theta^{\text{PDDO}(2,1)}_{(k_p)(k)(j)}$; $C_{14} = -\Theta^{\text{PDDO}(2,2)}_{(k_p)(k)(j)}$; $C_{19} = -C_{13}$; $C_{20} = -C_{14}$

对于图 15.4 所示绿色键的刚度矩阵系数 $\widehat{\mathbf{k}}^{\text{PDDO}}_{(j_r)(j)(k)}$，可以通过以下命令指定：

R, *ID*, 0

RMODIF, *ID*,7, C_7

RMODIF, *ID*,8, C_8

RMODIF, *ID*,19, C_{19}

RMODIF, *ID*,20, C_{20}

其中系数被指定为

$C_7 = \Psi^{\text{PDDO}(1,1)}_{(j_r)(j)(k)}$; $C_8 = \Psi^{\text{PDDO}(1,2)}_{(j_r)(j)(k)}$

$C_{19} = \Psi^{\text{PDDO}(2,1)}_{(j_r)(j)(k)}$; $C_{20} = \Psi^{\text{PDDO}(2,2)}_{(j_r)(j)(k)}$

15.15.3 沿边界 PD 内牵引力作用下的刚度矩阵

对于图 15.8 所示蓝色键的刚度矩阵系数 $\mathbf{k}^{\sigma}_{(\ell_1)(\ell_2)}$，可通过以下命令指定：

R, *ID*, 0

RMODIF, *ID*,1, C_1

RMODIF, *ID*,2, C_2

RMODIF, *ID*,7, C_7

RMODIF, *ID*,8, C_8

RMODIF, *ID*,13, C_{13}

第十五章　在 ANSYS 中耦合键型近场动力学与有限元

  RMODIF, *ID*,14, C_{14}

  RMODIF, *ID*,19, C_{19}

  RMODIF, *ID*,20, C_{20}

其中系数被指定为

$$C_1 = 0.5\Psi_{(\ell_2)(\ell_1)}^{\sigma(1,1)};\ C_2 = 0.5\Psi_{(\ell_2)(\ell_1)}^{\sigma(1,2)};\ C_7 = \bar{\Psi}_{(\ell_2)}^{\sigma(1,1)};\ C_8 = \bar{\Psi}_{(\ell_2)}^{\sigma(1,2)}$$

$$C_{13} = 0.5\Psi_{(\ell_2)(\ell_1)}^{\sigma(2,1)};\ C_{14} = 0.5\Psi_{(\ell_2)(\ell_1)}^{\sigma(2,2)};\ C_{19} = \bar{\Psi}_{(\ell_2)}^{\sigma(2,1)};\ C_{20} = \bar{\Psi}_{(\ell_2)}^{\sigma(2,2)}$$

类似地，对于图 15.8 所示红色键的刚度矩阵系数 $\mathbf{k}_{(\ell_1)(\ell_{1_j})}^{\sigma}$，可通过以下命令指定：

  R, *ID*, 0

  RMODIF, *ID*,1, C_1

  RMODIF, *ID*,2, C_2

  RMODIF, *ID*,7, C_7

  RMODIF, *ID*,8, C_8

  RMODIF, *ID*,13, C_{13}

  RMODIF, *ID*,14, C_{14}

  RMODIF, *ID*,19, C_{19}

  RMODIF, *ID*,20, C_{20}

其中系数被指定为

$$C_1 = -\Theta_{(\ell_1)(\ell_{1_j})}^{\sigma(1,1)};\ C_2 = -\Theta_{(\ell_1)(\ell_{1_j})}^{\sigma(1,2)};\ C_7 = -C_1;\ C_8 = -C_2$$

$$C_{13} = -\Theta_{(\ell_1)(\ell_{1_j})}^{\sigma(2,1)};\ C_{14} = -\Theta_{(\ell_1)(\ell_{1_j})}^{\sigma(2,2)};\ C_{19} = -C_{13};\ C_{20} = -C_{14}$$

对于图 15.8 所示绿色键的刚度矩阵系数 $\widehat{\mathbf{k}}_{(\ell_2)(\ell_{2_j})}^{\sigma}$，可通过以下命令指定：

  R, *ID*, 0

  RMODIF, *ID*,7, C_7

  RMODIF, *ID*,8, C_8

  RMODIF, *ID*,19, C_{19}

  RMODIF, *ID*,20, C_{20}

其中系数被指定为

$$C_7 = 0.5\Theta_{(\ell_1)(\ell_{1_j})}^{\sigma(1,1)};\ C_8 = 0.5\Theta_{(\ell_1)(\ell_{1_j})}^{\sigma(1,2)}$$

$$C_{19} = 0.5\Theta_{(\ell_1)(\ell_{1_j})}^{\sigma(2,1)};\ C_{20} = 0.5\Theta_{(\ell_1)(\ell_{1_j})}^{\sigma(2,2)}$$

类似地，对于图 15.9 所示蓝色键的刚度矩阵系数 $\mathbf{k}_{(\ell_2)(\ell_1)}^{\sigma}$，可通过以下命令指定：

  R, *ID*, 0

  RMODIF, *ID*,1, C_1

RMODIF, ID,2, C_2

RMODIF, ID,7, C_7

RMODIF, ID,8, C_8

RMODIF, ID,13, C_{13}

RMODIF, ID,14, C_{14}

RMODIF, ID,19, C_{19}

RMODIF, ID,20, C_{20}

其中系数被指定为

$C_1 = 0.5\Theta^{\sigma(1,1)}_{(\ell_1)(\ell_2)}$; $C_2 = 0.5\Theta^{\sigma(1,2)}_{(\ell_1)(\ell_2)}$; $C_7 = \bar{\Psi}^{\sigma(1,1)}_{(\ell_2)}$; $C_8 = \bar{\Psi}^{\sigma(1,2)}_{(\ell_2)}$

$C_{13} = 0.5\Theta^{\sigma(2,1)}_{(\ell_1)(\ell_2)}$; $C_{14} = 0.5\Theta^{\sigma(2,2)}_{(\ell_1)(\ell_2)}$; $C_{19} = \bar{\Psi}^{\sigma(2,1)}_{(\ell_2)}$; $C_{20} = \bar{\Psi}^{\sigma(2,2)}_{(\ell_2)}$

类似地，对于图 15.9 所示红色键的刚度矩阵系数 $\widehat{\mathbf{k}}^\sigma_{(\ell_2)(\ell_{2_j})}$，可通过以下命令指定：

R, ID, 0

RMODIF, ID,1, C_1

RMODIF, ID,2, C_2

RMODIF, ID,7, C_7

RMODIF, ID,8, C_8

RMODIF, ID,13, C_{13}

RMODIF, ID,14, C_{14}

RMODIF, ID,19, C_{19}

RMODIF, ID,20, C_{20}

其中系数被指定为

$C_1 = -\Psi^{\sigma(1,1)}_{(\ell_2)(\ell_{2_j})}$; $C_2 = -\Psi^{\sigma(1,2)}_{(\ell_2)(\ell_{2_j})}$; $C_7 = -C_1$; $C_8 = -C_2$

$C_{13} = -\Psi^{\sigma(2,1)}_{(\ell_2)(\ell_{2_j})}$; $C_{14} = -\Psi^{\sigma(2,2)}_{(\ell_2)(\ell_{2_j})}$; $C_{19} = -C_{13}$; $C_{20} = -C_{14}$

对于图 15.9 所示绿色键的刚度矩阵系数 $\widehat{\mathbf{k}}^\sigma_{(\ell_1)(\ell_{1_j})}$，可通过以下命令指定：

R, ID, 0

RMODIF, ID,7, C_7

RMODIF, ID,8, C_8

RMODIF, ID,19, C_{19}

RMODIF, ID,20, C_{20}

其中系数被指定为

$C_7 = 0.5\Psi^{\sigma(1,1)}_{(\ell_2)(\ell_{2_j})}$; $C_8 = 0.5\Psi^{\sigma(1,2)}_{(\ell_2)(\ell_{2_j})}$

$C_{19} = 0.5\Psi^{\sigma(2,1)}_{(\ell_2)(\ell_{2_j})}$; $C_{20} = 0.5\Psi^{\sigma(2,2)}_{(\ell_2)(\ell_{2_j})}$

15.16 数值结果

为了验证这种耦合方法的有效性，考虑准静态加载和动态加载条件下的平板。采用具有如下形式的高斯型权函数生成 PD 函数

$$w(|\boldsymbol{\xi}|) = \exp(-(a|\boldsymbol{\xi}|/\delta)^2) \tag{15.104}$$

对于准静态加载，参数 a 被指定为 $a=2$；对于瞬时加载，参数 a 被指定为 $a=3$。

15.16.1 准静态加载下的平板

在准静态加载下，平板的几何形状和边界条件如图 15.12 所示。笛卡儿坐标系位于平板中心。平板的左侧和底部边缘在滚动支座上。其顶部边缘不受牵引力作用，右侧边缘承受 $\sigma_0 = 1.0\text{MPa}$ 的均匀拉力。方形平板的边长为 $W = L = 1\text{m}$。各向同性平板的杨氏模量和泊松比分别为 $E = 70\text{GPa}$ 和 $\nu = 0.333$。采用 $\Delta x = 0.02\text{m}$ 的均匀网格对 PD 区域和 FE 区域进行离散。

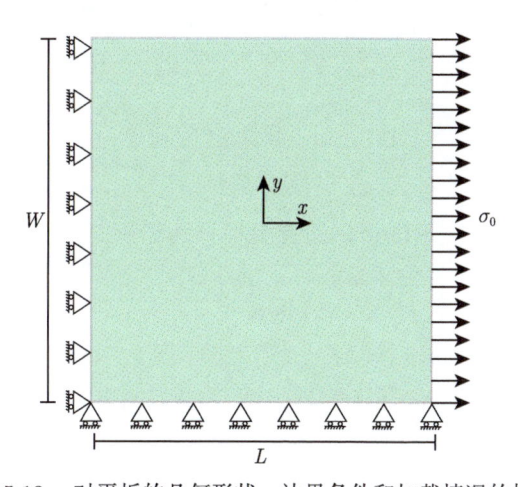

图 15.12 对平板的几何形状、边界条件和加载情况的描述

如图 15.13 所示，为了考虑 PD 区域和 FE 区域上边界条件和施加的载荷条件的不同组合情况，采用四种不同模型对平板进行分析。

在如图 15.13(a) 所示的第一个模型中，在 PD 区域上施加边界条件，在 FE 区域上施加载荷。PD 区域 $\mathcal{D} \cup \mathcal{R}$ 和 $\mathcal{B}$ 分别由 1176 和 150 个点组成。FE 区域有 1248 个矩形单元，包含 1326 个节点。在如图 15.13(b) 所示的第二个模型中，在 FE 区域上施加边界条件，在 PD 区域和 FE 区域上施加载荷。在如图 15.13(c) 所示的第三个模型中，在 PD 区域和 FE 区域上施加边界条件，在 FE 区域上施加载荷。在如图 15.13(d) 所示的第四个模型中，在 FE 区域上施加边界条件和载

荷。在这些模型中，PD 区域 $\mathcal{D} \cup \mathcal{R}$ 和 $\mathcal{B}$ 分别由 576 和 100 个点组成。FE 区域有 1875 个矩形单元，包含 1976 个节点。

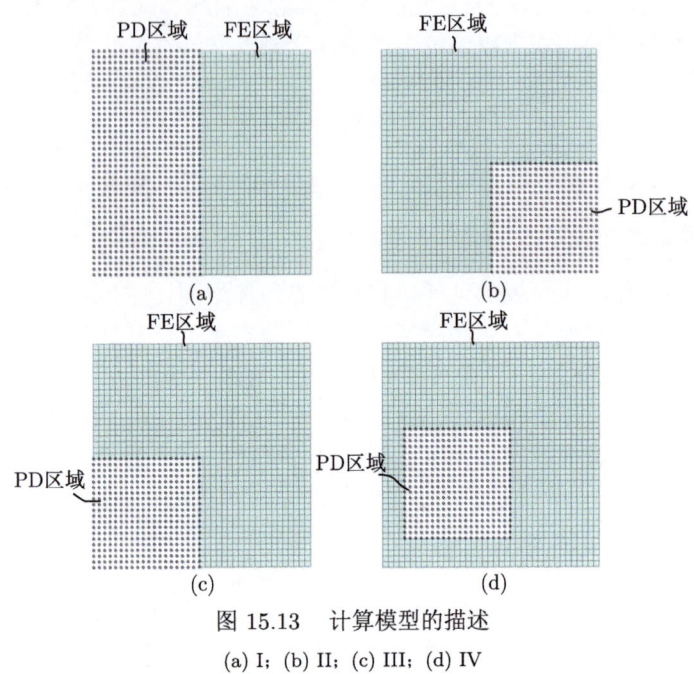

图 15.13　计算模型的描述
(a) I；(b) II；(c) III；(d) IV

如图 15.14 所示，在 PD 区域边界上标记为红色的 PD 点与 FE 节点共用相同位置。区域 $\mathcal{D} \cup \mathcal{R}$ 由蓝色和紫色标记的 PD 点组成。在 PD 边界以内大约 2δ 的宽度范围内对 PDDO 区域 $\mathcal{R}$ 进行离散。

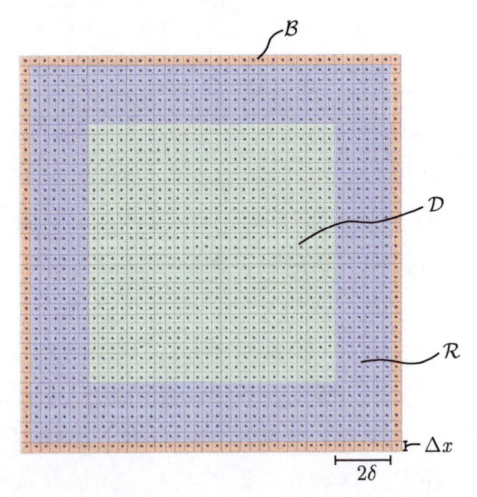

图 15.14　PD 区域内区域 $\mathcal{D} \cup \mathcal{R}$ 和 $\mathcal{B}$ 的离散化

图 15.15～图 15.18 显示了对每个模型进行耦合 PD-FE 分析所得的沿水平和垂直方向的位移变化 u_x 和 u_y。每个模型对应的结果几乎相同。另外，它们与图 15.19 所示的 FE 分析结果吻合得很好。

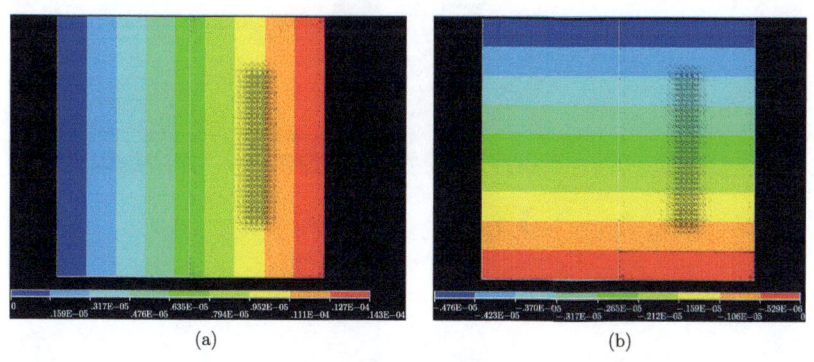

图 15.15　对模型 I 的耦合 PD-FE 位移预测结果
(a) u_x；(b) u_y

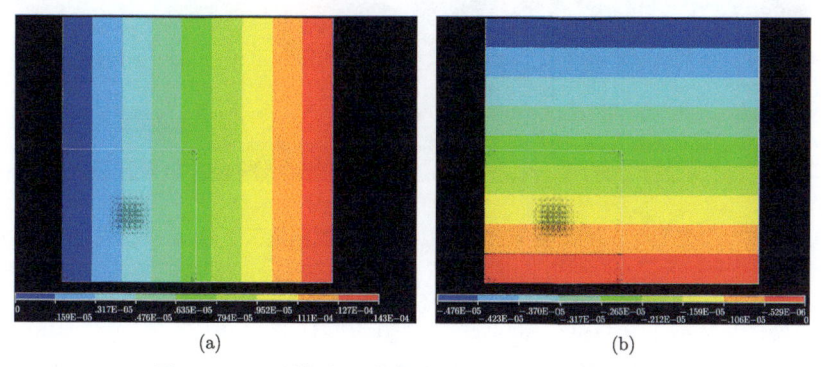

图 15.16　对模型 II 的耦合 PD-FE 位移预测结果
(a) u_x；(b) u_y

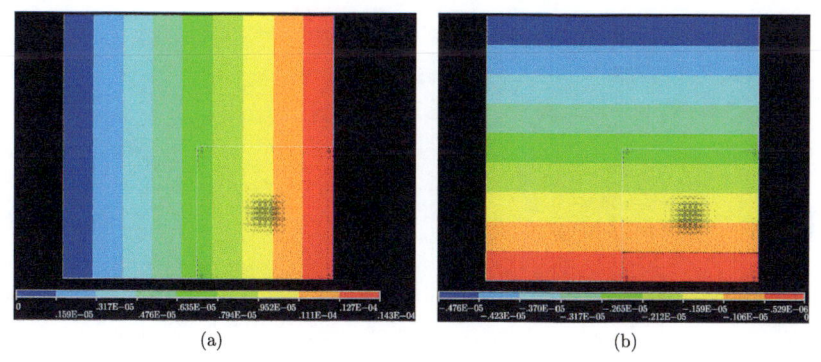

图 15.17　对模型 III 的耦合 PD-FE 位移预测结果
(a) u_x；(b) u_y

图 15.18 对模型 IV 的耦合 PD-FE 位移预测结果

(a) u_x; (b) u_y

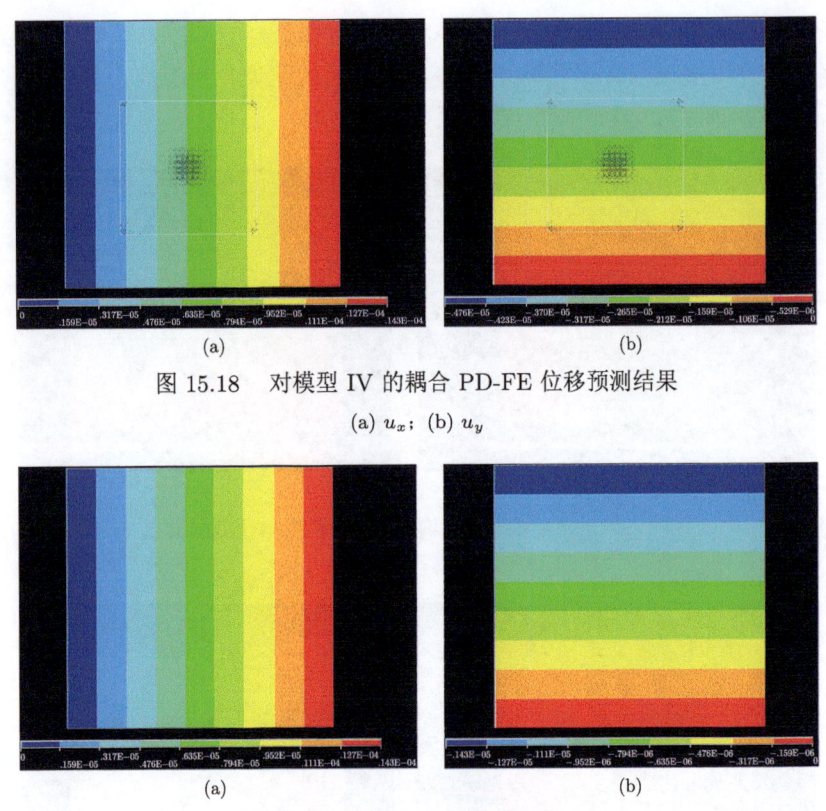

图 15.19 FE 位移预测结果

(a) u_x; (b) u_y

图 15.20 显示了 PD-FE 和 FE 预测结果的比较, 其中在模型 I 中给出了沿 $y = 0$ 的位移分量, 在模型 II 中给出了沿 $x = -0.25$ 的位移分量, 在模型 III 中

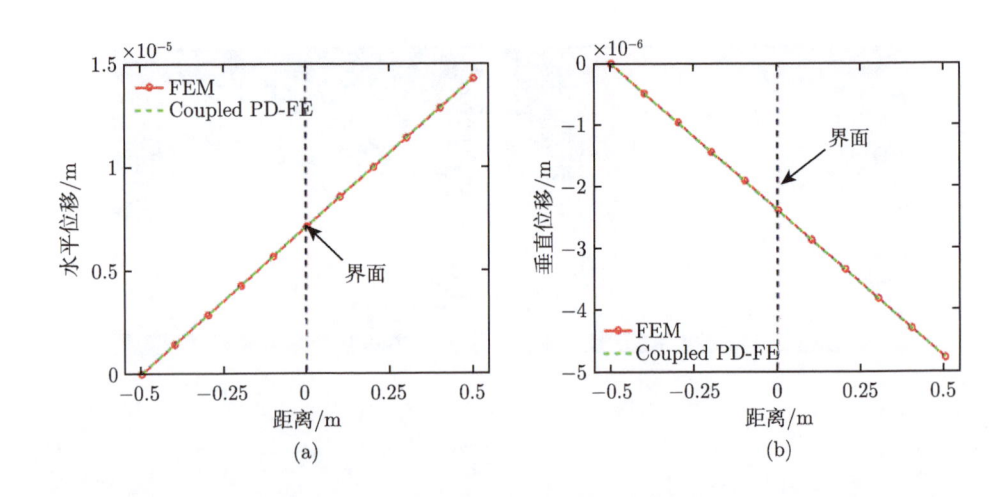

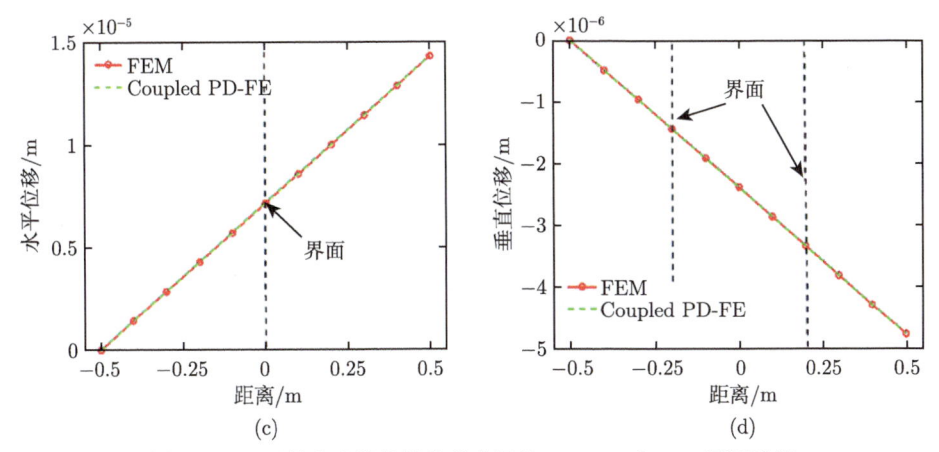

图 15.20 沿特定直线比较位移分量的 PD-FE 和 FE 预测结果

(a) 在模型 I 中沿 $y = 0$；(b) 在模型 II 中沿 $x = -0.25$；(c) 在模型 III 中沿 $y = -0.25$；
(d) 在模型 IV 中沿 $x = 0.25$

给出了沿 $y = -0.25$ 的位移分量，在模型 IV 中给出了沿 $x = 0.25$ 的位移分量。PD-FE 预测捕捉到 FE 结果，并且在界面附近没有出现任何扭结。

15.16.2 瞬时加载下的平板

在动态加载下，平板的几何形状和边界条件如图 15.21 所示。坐标系的原点与平板中心重合。方形平板的边长为 $W = L = 8\text{m}$，厚度 $h = 1\text{mm}$。位于平板中心的 PD 区域由尺寸 $L_{\text{PD}} = W_{\text{PD}} = 4\text{m}$ 定义。各向同性平板的杨氏模量和泊松比分别为 $E = 50\text{MPa}$ 和 $\nu = 0.333$。其密度被指定为 $\rho = 2647\text{kg/m}^3$。平板的底部边缘在水平和垂直方向上都是固定的，其顶部边缘受到瞬时压强 $p(t)$ 的作用。垂直边缘不受牵引力作用。当 $0 < t < 5\text{s}$ 时施加的压强历史如图 15.22 所示。采用 $\Delta x = 0.1\text{m}$ 的均匀网格对 PD 区域和 FE 区域进行离散。PD 区域 $\mathcal{D} \cup \mathcal{R}$ 和 $\mathcal{B}$ 分别由 1521 和 160 个节点组成 (参见图 15.23)。FE 区域有 4800 个矩形单元，包含 5040 个节点。在区域 $\mathcal{B}$ 内标记为红色的 PD 点与 FE 节点共用相同位置。区域 $\mathcal{D} \cup \mathcal{R}$ 由蓝色和紫色标记的 PD 点组成。

分两个加载步进行隐式分析，其中时间步长为 $\Delta t = 10^{-3}\text{s}$。第一个加载步以线性增长形式加载压强，直到 0.1s，第二个加载步在总时间 0.4s 内压强保持不变。图 15.24～图 5.28 分别显示了 $t = 10^{-3}\text{s}$、$2 \times 10^{-2}\text{s}$、$4 \times 10^{-2}\text{s}$、$8 \times 10^{-2}\text{s}$ 和 $4 \times 10^{-1}\text{s}$ 时耦合 PD-FE 预测和 FE 预测的位移云图 u_y 的比较。另外，图 15.29 还显示了位于 PD-FE 区域界面的点 $P(x = -1, y = 1)$ 处的位移历史及其与 FE 预测结果的比较。耦合 PD-FE 预测捕捉到 FE 解，并且当波的反射和干扰发生时，解中没有出现任何色散和扭结。

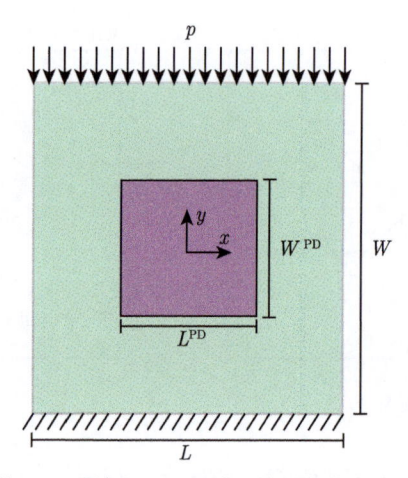

图 15.21 对平板的 PD 区域和 FE 区域、边界条件和施加的加载条件的描述

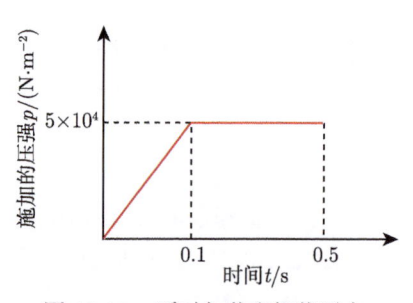

图 15.22 瞬时加载和卸载历史

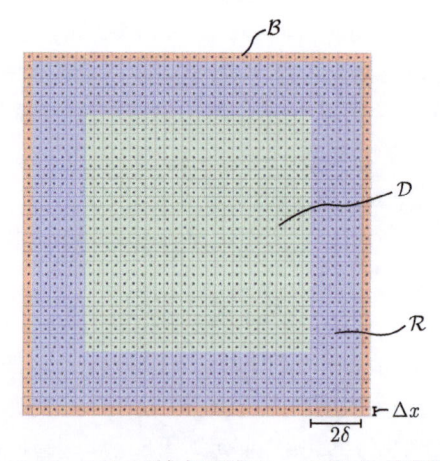

图 15.23 PD 区域内区域 $\mathcal{D} \cup \mathcal{R}$ 和 $\mathcal{B}$ 的离散化

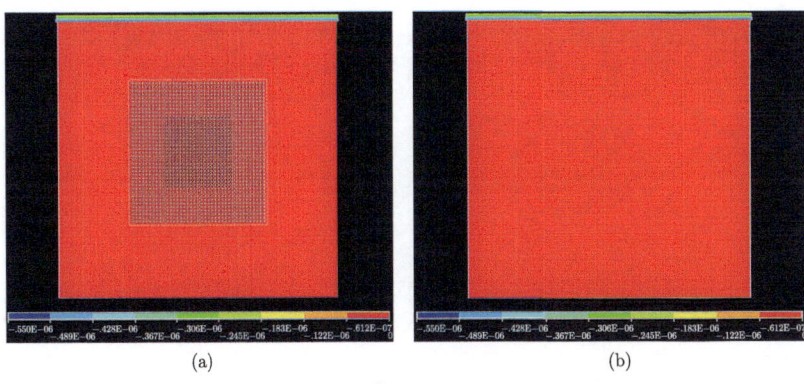

第十五章 在 ANSYS 中耦合键型近场动力学与有限元 · 349 ·

图 15.24 $t = 10^{-3}$s 时垂直位移 u_y 的变化

(a) 耦合 PD-FE；(b) FE

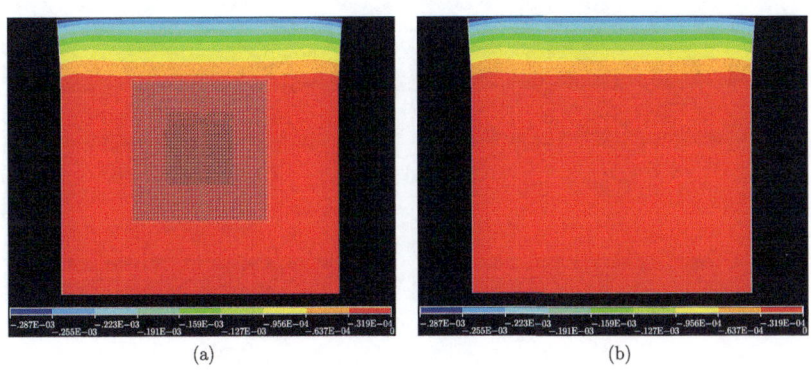

图 15.25 $t = 2 \times 10^{-2}$s 时垂直位移 u_y 的变化

(a) 耦合 PD-FE；(b) FE

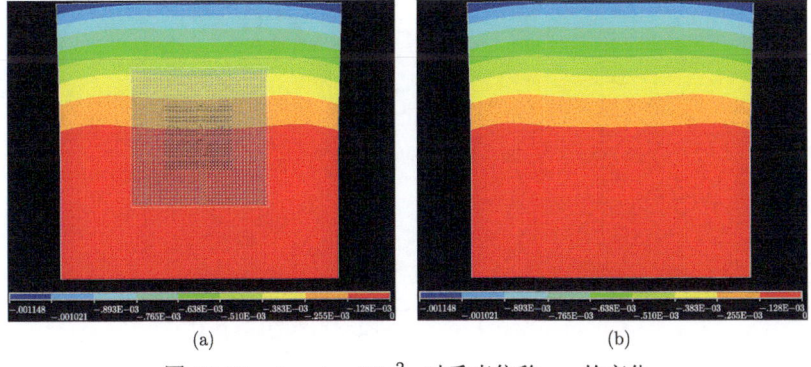

图 15.26 $t = 4 \times 10^{-2}$s 时垂直位移 u_y 的变化

(a) 耦合 PD-FE；(b) FE

(a)   (b)

图 15.27 $t = 8 \times 10^{-2}$s 时垂直位移 u_y 的变化

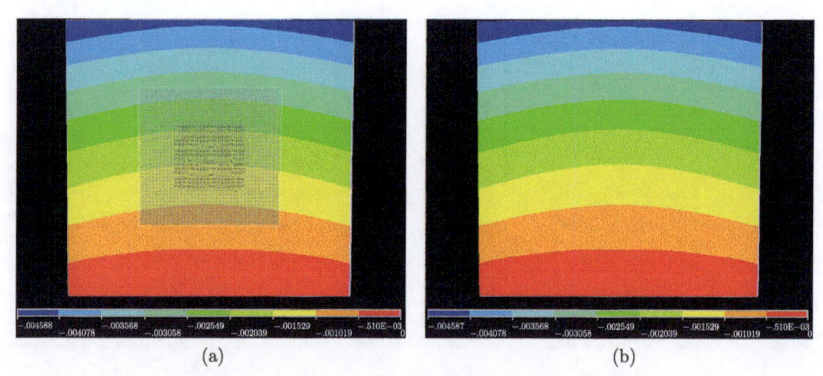

(a) 耦合 PD-FE；(b) FE

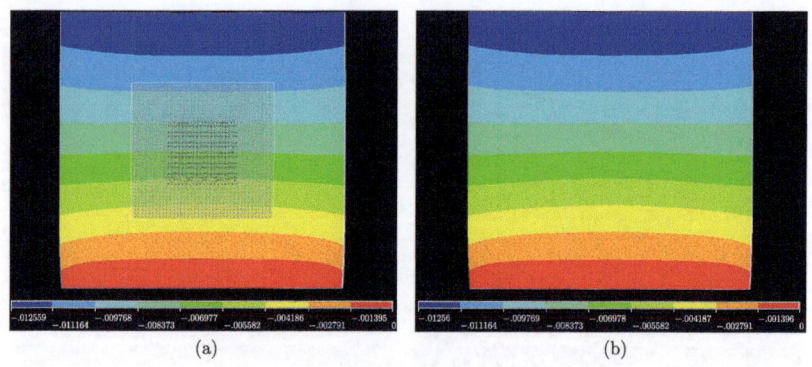

(a)   (b)

图 15.28 $t = 0.4$s 时垂直位移 u_y 的变化

(a) 耦合 PD-FE；(b) FE

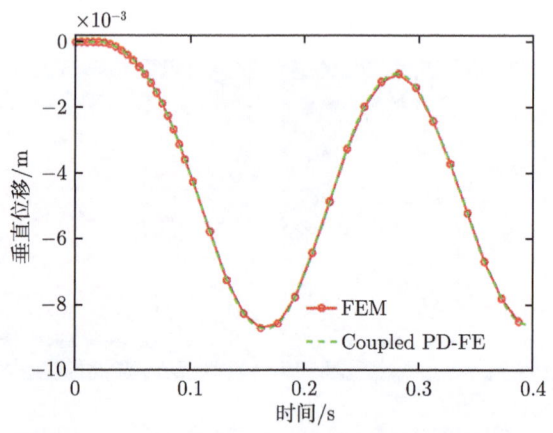

图 15.29   点 $P(x = -1, y = 1)$ 处的垂直位移随时间的演化

参 考 文 献

ANSYS 18.2 Mechanical user's guide, 2017.

D'Elia, M., Perego, M., Bochev, P., & Littlewood, D. (2016). A coupling strategy for nonlocal and local diffusion models with mixed volume constraints and boundary conditions. *Computers & Mathematics with Applications, 71*(11), 2218-2230.

D'Elia, M., Li, X., Seleson, P., Tian, X., & Yu, Y. (2022). A review of local-to-nonlocal coupling methods in nonlocal diffusion and nonlocal mechanics. *Journal of Peridynamics and Nonlocal Modeling, 4*, 1-50.

Galvanetto, U., Mudric, T., Shojaei, A., & Zaccariotto, M. (2016). An effective way to couple FEM meshes and Peridynamics grids for the solution of static equilibrium problems. *Mechanics Research Communications, 76*, 41-47.

Gu, X., Madenci, E., & Zhang, Q. (2018). Revisit of non-ordinary state-based peridynamics. *Engineering Fracture Mechanics, 190*, 31-52.

Han, F., Lubineau, G., Azdoud, Y., & Askari, A. (2016). A morphing approach to couple state-based peridynamics with classical continuum mechanics. *Computer Methods in Applied Mechanics and Engineering, 301*, 336-358.

Kilic, B., & Madenci, E. (2010). Coupling of peridynamic theory and the finite element method. *Journal of Mechanics of Materials and Structures, 5*(5), 707-733.

Liu, W., & Hong, J. W. (2012). A coupling approach of discretized peridynamics with finite element method. *Computer Methods in Applied Mechanics and Engineering, 245*, 163-175.

Lubineau, G., Azdoud, Y., Han, F., Rey, C., & Askari, A. (2012). A morphing strategy to couple non-local to local continuum mechanics. *Journal of the Mechanics and Physics of Solids, 60*(6), 1088-1102.

Macek, R. W., & Silling, S. A. (2007). Peridynamics via finite element analysis. *Finite Elements in Analysis and Design, 43*(15), 1169-1178.

Madenci, E., Barut, A., & Futch, M. (2016). Peridynamic differential operator and its applications. *Computer Methods in Applied Mechanics and Engineering, 304*, 408-451.

Madenci, E., Dorduncu, M., Barut, A., & Phan, N. (2018a). Weak form of peridynamics for nonlocal essential and natural boundary conditions. *Computer Methods in Applied Mechanics and Engineering, 337*, 598-631.

Madenci, E., Barut, A., Dorduncu, M., & Phan, N. D. (2018b). Coupling of peridynamics with finite elements without an overlap zone. In *2018 AIAA/ASCE/AHS/ASC Structures, Structural Dynamics, and Materials Conference* (p. 1462).

Madenci, E., Barut, A., & Dorduncu, M. (2019). *Peridynamic differential operator for numerical analysis*. Springer.

Ni, T., Zaccariotto, M., Zhu, Q. Z., & Galvanetto, U. (2021). Coupling of FEM and ordinary state-based peridynamics for brittle failure analysis in 3D. *Mechanics of Advanced Materials and Structures, 28*(9), 875-890.

Ongaro, G., Seleson, P., Galvanetto, U., Ni, T., & Zaccariotto, M. (2021). Overall equilibrium in the coupling of peridynamics and classical continuum mechanics. *Computer Methods in Applied Mechanics and Engineering, 381*, 113515.

Seleson, P., Beneddine, S., & Prudhomme, S. (2013). A force-based coupling scheme for peridynamics and classical elasticity. *Computational Materials Science, 66*, 34-49.

Seleson, P., Ha, Y. D., & Beneddine, S. (2015). Concurrent coupling of bond-based peridynamics and the Navier equation of classical elasticity by blending. *International Journal for Multiscale Computational Engineering, 13*(2), 91.

Silling, S. A. (2000). Reformulation of elasticity theory for discontinuities and long-range forces. *Journal of the Mechanics and Physics of Solids, 48*(1), 175-209.

Silling, S. A., Epton, M., Weckner, O., Xu, J., & Askari, E. (2007). Peridynamic states and constitutive modeling. *Journal of Elasticity, 88*(2), 151-184.

Silling, S., Littlewood, D., & Seleson, P. (2015). Variable horizon in a peridynamic medium. *Journal of Mechanics of Materials and Structures, 10*(5), 591-612.

Zhang, Y., & Madenci, E. (2022). A coupled peridynamic and finite element approach in ANSYS framework for fatigue life prediction based on the kinetic theory of fracture. *Journal of Peridynamics and Nonlocal Modeling, 4*, 51-87.

Zhang, Y., Madenci, E., & Zhang, Q. (2022). ANSYS implementation of a coupled 3D peridynamic and finite element analysis for crack propagation under quasi-static loading. *Engineering Fracture Mechanics, 260*, 108179.

第十六章 用于物理信息神经网络的近场动力学

16.1 引　　言

物理信息神经网络 (PINN) 为求解偏微分方程 (PDEs) 和执行识别 (反演) 提供了一个统一的构架 (Raissi et al., 2019)。在深度学习过程中，它调用了物理定律，如动量和质量守恒关系。深度学习 (DL) 是机器学习 (ML) 和人工智能 (AI) 的一个子类，而 PINN 作为 DL 的一部分，能够将空间和时间变量作为输入量，使用前馈神经网络构建解空间。利用自动微分法将控制方程强加于损失函数中 (Baydin et al., 2018)。该构架存在多种变体，如 Variational-PINNs(Kharazmi et al., 2021) 和 Parareal-PINNs(Meng et al., 2020)。

PINN 已被成功应用于求解施加了普通边界条件的 PDEs。然而，如果边界条件同时涉及沿光滑边界的势及其通量，则解似乎会失去精确性。因此，"通量"可能变为奇异的。最近，PINN 被用于固体力学中的反演与探索 (Haghighat et al., 2021a, b)。在没有混合边界条件和裂纹形式缺陷的情况下，它提供了精确的解。然而，当存在上述边界条件和缺陷时，会导致变形梯度和应力集中，从而降低精度。

精度的损失可能是由于网络的特定架构和输入信息中缺乏足够的特征。然而，这可以通过在网络中调用远程 (非局部) 相互作用来弥补 (Haghighat et al., 2021a, b)。这相当于向输入信息中添加除短程 (局部) 空间和时间变量之外的更多特征。

因此，近场动力学微分算子 (PDDO)(Madenci et al., 2016, 2019) 可用于在物理信息深度学习构架中包括非局部相互作用的影响 (Haghighat et al., 2021a, b)。它可以很容易地被调用到非局部物理信息深度学习构架中。其中 PD 函数在预处理阶段以离散形式生成，因此不与深度学习架构相互影响，从而保持它们的性能不变。

本章考虑通过刚性冲头加载的区域，在冲头拐角附近会出现通量奇点，通过利用与区域内位移、应变和应力场相关的数据，确定位移场和应力场以及材料参数，从而验证这种 PDDO-PINN 架构的鲁棒性。

16.2　PINN 构架的基础

根据 PINN 构架 (Raissi et al., 2019)，解空间由将自变量 (例如，坐标 x) 作为"网络输入量"的深度神经网络来构造。在这种前馈网络中，每层通过嵌套转换

补充信息　在线原著版本包含本章补充材料，请访问 [https://doi.org/10.1007/978-3-030-97858-7_16]。

输出数据，而输出数据又作为下一层的输入量。对应于输入变量矢量 $\mathbf{x}$，输出值 $f(\mathbf{x})$ 在数学上可以被表示为

$$\mathbf{z}^\ell = \text{actf}(\mathbf{W}^{\ell-1}\mathbf{z}^{\ell-1} + \mathbf{b}^{\ell-1}), \quad 其中 \ell = 1, \cdots, L \tag{16.1}$$

其中 $\mathbf{z}^0 = \mathbf{x}$、$\mathbf{z}^L = f(\mathbf{x})$、$\mathbf{z}^\ell$ 分别表示网络的输入量、最终输出值和隐层输出值，$\mathbf{W}^\ell$ 和 $\mathbf{b}^\ell$ 分别表示每层的权重和偏差。注意，小写和大写黑体字母分别表示矢量和矩阵，而标量则用斜体表示。"激活函数"用 actf 表示；它使得网络关于输入量是非线性的。激活函数的常用选择是双曲正切函数和修正线性单元 (ReLU)。除非另有明确表述，本章假定激活函数为双曲正切形式以构造神经网络。

输出值变为

$$f(\mathbf{x}) = \mathbf{W}^L \mathbf{z}^L + \mathbf{b}^L \tag{16.2}$$

可以认为"训练过的"$f(\mathbf{x})$ 是控制偏微分方程的近似解。它以多层深度神经网络的形式定义了从输入量 $\mathbf{x}$ 到场变量 $f(\mathbf{x})$ 的映射，即 $f : \mathbf{x} \to \mathcal{N}(\mathbf{x}; \mathbf{W}, \mathbf{b})$，其中 $\mathbf{W}$ 和 $\mathbf{b}$ 表示所有网络参数的集合。网络输入量 $\mathbf{x}$ 可以是笛卡儿坐标系下的时间和空间变量，即 $\mathbf{x} = (x, y, z, t)$。

在 PINN 构架中，由偏微分方程 $\mathcal{P}(f)$ (其中 $\mathcal{P}$ 为偏微分算子) 描述的物理特性，与训练数据一起被纳入损失或成本函数 $\mathcal{L}$ 中，即

$$\mathcal{L} \equiv |f - f^*| + |\mathcal{P}(f) - 0^*| \tag{16.3}$$

其中 f^* 是训练数据 (它可以在区域内，也可以在边界上)，0^* 表示在任意给定的训练点或采样点处微分运算 $\mathcal{P}(f)$ 的期望 (真) 值。

符号 $|\cdot|$ 表示用于构建总成本函数的误差范数。因为我们对回归型问题感兴趣，所以 $|\cdot|$ 表示均方误差 (MSE) 范数。在深度学习构架的所有现代实施中，例如 Theano(Bergstra et al., 2010)、Tensorflow(Abadi et al., 2016) 和 MXNet(Chen et al., 2015)，可以使用自动微分法 (AD)(Baydin et al., 2018) 计算 $\mathcal{P}$ 中的偏导数，这是 PINN 架构的一个基本方面 (参见图 16.1)。

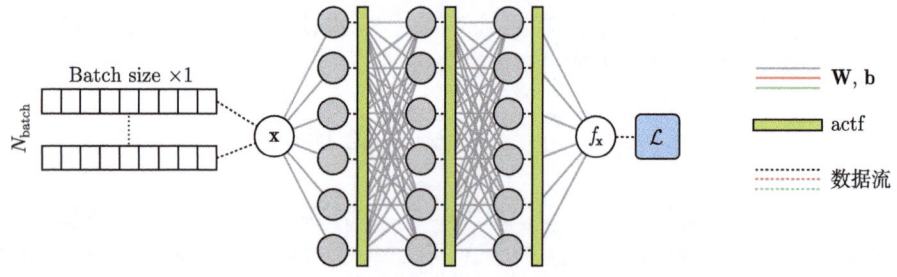

图 16.1　局部 PINN 架构，定义映射 $f : \mathbf{x} \mapsto \mathcal{N}_f(\mathbf{x}; \mathbf{W}, \mathbf{b})$

训练神经网络存在不同的优化算法；其中包括 Adagrad(Duchi et al., 2011) 和 Adam(Kingma & Adam, 2018)。不同的算法参数影响网络训练的收敛速度。算法参数包括 *batch-size*、*epochs*、*shuffle* 和 *patience*。参数 *batch-size* 控制计算一次梯度更新时数据集中的样本数量。*batch-size* 为 1 则表示与完全随机梯度下降优化相关。一次 *epoch* 表示对数据集的一轮训练。如果数据集被重组，由于批量梯度是在不同批量上计算的，那么新一轮训练 (*epoch*) 将产生更新的参数集。多次重组数据集并执行反向传播更新是很常见的。

然而，如果优化器发现新一轮 *epoch* 不能改进损失函数，它可能会过早地停止。这种情况用关键字 *patience* 来描述。发生这种情况主要是因为损失函数是非凸的。因此，训练需要在不同起点和不同方向上进行测试，以建立在给定数据集上从损失函数的最小化计算参数的信心。*patience* 是控制优化器何时应该停止训练的参数。训练网络有三种基本策略：(1) 生成足够多的数据集，并在每个数据集上执行一次 *epoch* 训练；(2) 通过重组数据，在一个数据集上执行多次 *epoch* 训练；(3) 上述策略的组合。在处理合成数据时，所有方法都是可行的。在关于 PINN 的最初工作中 (Raissi et al., 2019)，使用了第一种策略训练模型，其中在每次 *epoch* 训练时在随机空间位置生成数据集。然而，在实际应用中这种策略通常不适用，特别是当从安装在固定和有限空间位置的传感器中收集测量数据时。

SciANN(Haghighat & Juanes, 2021) 作为用于物理信息深度学习和科学计算的高级 Keras(Chollet, 2015) 包装器，是一种 PINN 的最新实现，可以被采用。此外，在 SciANN 中，只需最少的编码，就可以很容易地完成对所有前面提到的网络选择进行试验 (Haghighat & Juanes, 2021; Haghighat et al., 2021a, b)。

16.3　非局部 PINN 架构

如图 16.2 所示，具有单个输入量 $\mathbf{x}$ 的局部 (短程)PINN 可以被扩展为非局部神经网络，此神经网络使用点 $\mathbf{x}$ 的族成员 $\mathcal{H}_\mathbf{x}$ 的形式作为输入变量，其中定义 $\mathcal{H}_\mathbf{x} = \{\mathbf{x}'|w(\mathbf{x}' - \mathbf{x}) > 0\}$。在离散形式中，点 $\mathbf{x}$ 的族成员被表示为 $\mathcal{H}_\mathbf{x} = (\mathbf{x}_{(1)}, \mathbf{x}_{(2)}, \cdots, \mathbf{x}_{(N)})$。

那么，点 $\mathbf{x}$ 及其族成员的非局部神经网络可以被表示为

$$(f, f_{(1)}, \cdots, f_{(N)}) : (\mathbf{x}, \mathbf{x}_{(1)}, \cdots, \mathbf{x}_{(N)}) \mapsto \tilde{\mathcal{N}}_f(\mathbf{x}, \mathbf{x}_{(1)}, \cdots, \mathbf{x}_{(N)}; \mathbf{W}, \mathbf{b}) \qquad (16.4)$$

该网络将 $\mathbf{x}$ 及其族成员 $\mathcal{H}_\mathbf{x} = (\mathbf{x}_{(1)}, \cdots, \mathbf{x}_{(N)})$ 映射到 f 的对应值，即 $(f_\mathbf{x}, f_{\mathbf{x}_{(1)}}, \cdots, f_{\mathbf{x}_{(N)}})$。

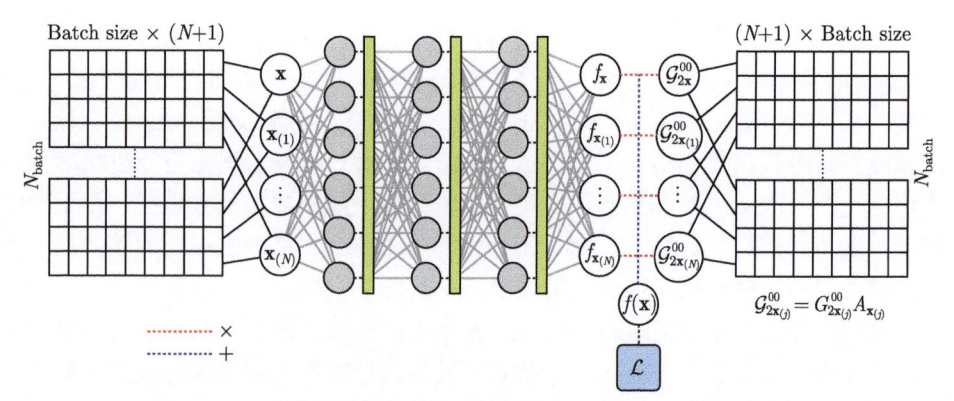

图 16.2 用于函数 $f(\mathbf{x})$ 逼近的非局部 PDDO-PINN 网络架构

有了这些输出值，利用 PDDO 可以很容易地构造场 $f = f(\mathbf{x})$ 及其导数的非局部值 (Madenci et al., 2016, 2019)，即

$$f(\mathbf{x}) = \int_{\mathcal{H}_\mathbf{x}} f(\mathbf{x}+\boldsymbol{\xi}) g_2^{00}(\boldsymbol{\xi}) dA \approx \sum_{\mathbf{x}_{(j)} \in \mathcal{H}_\mathbf{x}} f_{(j)} g_{2(j)}^{00} A_{(j)} \quad (16.5)$$

$$\begin{Bmatrix} \dfrac{\partial f(\mathbf{x})}{\partial x} \\ \dfrac{\partial f(\mathbf{x})}{\partial y} \end{Bmatrix} = \int_{\mathcal{H}_\mathbf{x}} f(\mathbf{x}+\boldsymbol{\xi}) \begin{Bmatrix} g_2^{10}(\boldsymbol{\xi}) \\ g_2^{01}(\boldsymbol{\xi}) \end{Bmatrix} dA \approx \sum_{\mathbf{x}_{(j)} \in \mathcal{H}_\mathbf{x}} f_{(j)} \begin{Bmatrix} g_{2(j)}^{10} \\ g_{2(j)}^{01} \end{Bmatrix} A_{(j)} \quad (16.6)$$

和

$$\begin{Bmatrix} \dfrac{\partial^2 f(\mathbf{x})}{\partial x^2} \\ \dfrac{\partial^2 f(\mathbf{x})}{\partial y^2} \\ \dfrac{\partial^2 f(\mathbf{x})}{\partial x \partial y} \end{Bmatrix} = \int_{\mathcal{H}_\mathbf{x}} f(\mathbf{x}+\boldsymbol{\xi}) \begin{Bmatrix} g_2^{20}(\boldsymbol{\xi}) \\ g_2^{02}(\boldsymbol{\xi}) \\ g_2^{11}(\boldsymbol{\xi}) \end{Bmatrix} dA \approx \sum_{\mathbf{x}_{(j)} \in \mathcal{H}_\mathbf{x}} f_{(j)} \begin{Bmatrix} g_{2(j)}^{20} \\ g_{2(j)}^{02} \\ g_{2(j)}^{11} \end{Bmatrix} A_{(j)} \quad (16.7)$$

其中 $g_2^{p_1 p_2}(\boldsymbol{\xi})$ $(p, q = 0, 1, 2)$ 表示通过执行 PDDO 的正交性条件得到的 PD 函数，并在相互作用域上进行积分。下标 $\circ_{(j)}$ 反映族点 $\mathbf{x}_{(j)}$ 处的 f、$g_2^{p_1 p_2}$ 和面积 A 的离散值。

如图 16.3 所示，每个点 $\mathbf{x}$ 在其相互作用域 $\mathcal{H}_\mathbf{x}$(二维分析中的一个区域) 中都有自己唯一的族。参考点 $\mathbf{x}$ 与其族成员 $\mathbf{x}_{(j)}$ 之间的相对位置矢量用 $\boldsymbol{\xi}_{(j)} = \mathbf{x} - \mathbf{x}_{(j)}$ 表示。每个族中物质点之间的相互作用程度由无量纲权函数 $w(|\boldsymbol{\xi}|) = w(|\mathbf{x} - \mathbf{x}'|)$ 控制，其中 $\boldsymbol{\xi} = \mathbf{x} - \mathbf{x}'$。权函数可以被指定为

$$w(|\boldsymbol{\xi}|) = e^{-4|\boldsymbol{\xi}|^2/\delta_\mathbf{x}^2} \quad (16.8)$$

其中参数 $\delta_\mathbf{x}$ 被称为近场半径，它定义相互作用域的范围 (远程相互作用)。

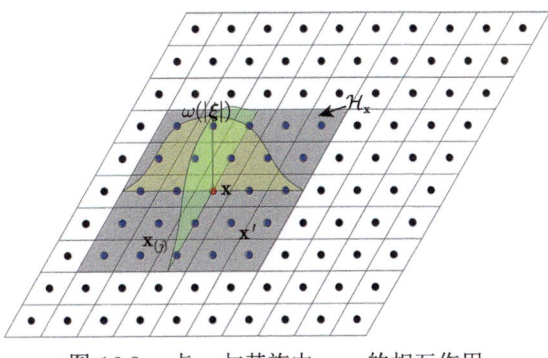

图 16.3　点 $\mathbf{x}$ 与其族中 $\mathbf{x}_{(j)}$ 的相互作用

场 $f = f(\mathbf{x})$ 及其导数的非局部值可以被改写成对离散族点求和的形式，即下列点积形式

$$\frac{\partial^{p_1}\partial^{p_2}}{\partial x^{p_1}\partial y^{p_2}} f(\mathbf{x}) = \tilde{\mathcal{N}}_f\left(\mathbf{x}, \mathbf{x}_{(1)}, \cdots, \mathbf{x}_{(N)}; \mathbf{W}, \mathbf{b}\right) \cdot \begin{Bmatrix} \mathcal{G}^{p_1p_2}_{2\mathbf{x}} \\ \mathcal{G}^{p_2p_2}_{2\mathbf{x}_{(1)}} \\ \cdots \\ \mathcal{G}^{p_1p_2}_{2\mathbf{x}_{(\mathcal{N})}} \end{Bmatrix} \quad (16.9)$$

其中 $\mathcal{G}^{p_1p_2}_{2\mathbf{x}_{(j)}} = g^{p_1p_2}_{2\mathbf{x}_{(j)}} A_{\mathbf{x}_{(j)}}$。注意，如果影响函数中的 $\delta_\mathbf{x}$ 趋近于零，则 $\mathcal{G}^{p_1p_2}_{2\mathbf{x}} \to 1$ 且 $\mathcal{G}^{p_1p_2}_{2\mathbf{x}_{(j)}} \to 0$，那么我们恢复到图 16.1 中的局部 PINN 架构。

当 PDDO 被用于近似函数本身及其导数时，导数不从网络本身进行计算。因此，它允许使用 ReLU 激活函数，而且允许使用以前不能为 PINN 所用的其他网络架构。值得注意的是，因为这种方法不依赖于基于图的微分，所以在计算上更有效 (每次 *epoch*)。它被称为 PDDO-PINN。或者，可以只使用 PDDO 来近似函数，而使用自动微分法 (AD) 计算导数。此时，这种方法被称为 AD-PDDO-PINN。

16.4　线弹性变形的控制方程

在没有惯性和体力的情况下，线动量平衡具有下列形式

$$\sigma_{ij,j} = 0 \quad (16.10)$$

其中 $i, j = x, y, z$，σ_{ij} 是柯西应力张量，逗号后面的下标表示微分，重复的下标意味着求和。

材料的线弹性响应可以用应力应变关系描述为

$$\sigma_{ij} = s_{ij} - p\delta_{ij} \quad (16.11)$$

其中压强或体积应力的负值为

$$p = -\frac{\sigma_{kk}}{3} = -\left(\lambda + \frac{2}{3}\mu\right)\varepsilon_{kk} \tag{16.12}$$

偏应力张量的第 ij 个分量为

$$s_{ij} = 2\mu e_{ij} \tag{16.13}$$

其中

$$e_{ij} = \varepsilon_{ij} - \frac{1}{3}\varepsilon_{kk}\delta_{ij} \tag{16.14}$$

其中应变张量的第 ij 个分量被定义为

$$\varepsilon_{ij} = \frac{1}{2}\left(u_{i,j} + u_{j,i}\right) \tag{16.15}$$

其中 u_i 是位移矢量的分量。在平面应变条件下，应变分量 ε_{zz} 等于零，而应力分量为 $\sigma_{zz} = \nu(\sigma_{xx} + \sigma_{yy})$。

16.5 线弹性变形的损失函数

前馈神经网络的输入变量是坐标 x 和 y，输出变量是位移分量 u_x, u_y、应变张量分量 $\varepsilon_{xx}, \varepsilon_{yy}, \varepsilon_{xy}$ 和应力张量分量 $\sigma_{xx}, \sigma_{yy}, \sigma_{xy}$。根据平衡定律、运动学关系以及本构关系，线弹性的损失函数可以被定义为

$$\begin{aligned}\mathcal{L} = & \left|u_x - u_x^*\right|_{I_{u_x}} + \left|u_y - u_y^*\right|_{I_{u_y}} \\ & + \left|\sigma_{xx} - \sigma_{xx}^*\right|_{I_{\sigma_{xx}}} + \left|\sigma_{yy} - \sigma_{yy}^*\right|_{I_{\sigma_{yy}}} + \left|\sigma_{xy} - \sigma_{xy}^*\right|_{I_{\sigma_{xy}}} \\ & + \left|\varepsilon_{xx} - \varepsilon_{xx}^*\right|_{I_{\varepsilon_{xx}}} + \left|\varepsilon_{yy} - \varepsilon_{yy}^*\right|_{I_{\varepsilon_{yy}}} + \left|\varepsilon_{xy} - \varepsilon_{xy}^*\right|_{I_{\varepsilon_{xy}}} \\ & + \left|\sigma_{xx,x} + \sigma_{xy,y} - 0^*\right|_I + \left|\sigma_{xy,x} + \sigma_{yy,y} - 0^*\right|_I \\ & + \left|-(\lambda + 2/3\mu)(u_{x,x} + u_{y,y}) - p\right|_I \\ & + \left|2\mu e_{xx} - s_{xx}\right|_I + \left|2\mu e_{yy} - s_{yy}\right|_I + \left|2\mu e_{xy} - s_{xy}\right|_I \end{aligned} \tag{16.16}$$

其中分量 ○ 和 ○* 分别指预测值和真值。集合 I 包含所有采样节点。集合 $I_{\text{å}}$ 包含对变量 å 的所有采样节点，其中存在实际数据。损失函数中的各项分别表示位移场、应变场、应力场、平衡方程以及本构关系中对应误差的测量值。

16.6 数 值 结 果

数值结果涉及平面应变条件下由刚性冲头加载所引起的方形区域的变形。如图 16.4 所示，区域的尺寸为 $W = L = 1\text{m}$，厚度为 $h = 1\text{m}$。材料的弹性模量

第十六章　用于物理信息神经网络的近场动力学

和泊松比被分别指定为 $E = 70\text{GPa}$ 和 $\nu = 0.3$。因此，Lamé 弹性常数的值为 $\lambda = 40.385\text{GPa}$ 和 $\mu = 26.923\text{GPa}$。物体沿侧边界受到滚动支座条件的约束，并沿底部边界被施加固定的零位移。刚性冲头的宽度为 $a = 0.2\text{m}$，刚性冲头在顶部边界按指定的垂直位移 $\Delta = 1\text{mm}$ 使物体凹陷。

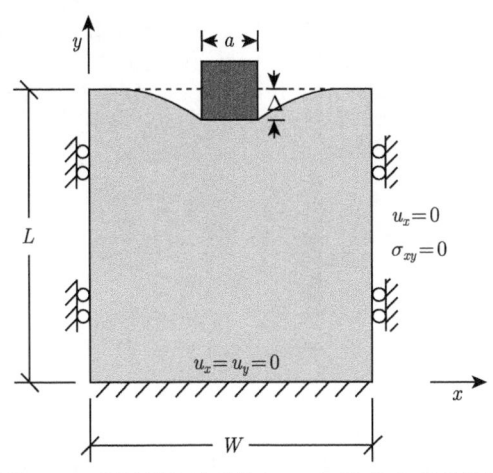

图 16.4　通过刚性冲头施加 Δ 凹陷的方形弹性体

这些边界条件可以被表示为

$$u_x(x=0, y) = 0, \quad y \in (0, L) \tag{16.17}$$

$$\sigma_{xy}(x=0, y) = 0, \quad y \in (0, L) \tag{16.18}$$

$$u_x(x=W, y) = 0, \quad y \in (0, L) \tag{16.19}$$

$$\sigma_{xy}(x=W, y) = 0, \quad y \in (0, L) \tag{16.20}$$

$$u_x(x, y=0) = 0, \quad x \in (0, W) \tag{16.21}$$

$$u_y(x, y=0) = 0, \quad x \in (0, W) \tag{16.22}$$

$$\sigma_{xy}(x, y=L) = 0, \quad x \in (0, W) \tag{16.23}$$

和

$$u_y(x, y=L) = -\Delta, \quad x \in ((W-a)/2, (W+a)/2) \tag{16.24}$$

$$\sigma_{yy}(x, y=L) = 0, \quad \text{当} x \in (0, (W-a)/2) \text{或} x \in ((W+a)/2, W) \tag{16.25}$$

由于位移—牵引力混合条件，沿顶部指定的边界条件会带来挑战性，这种混合条件会导致位移场的局部变形，从而产生急剧变化的梯度。

在深度学习构架中使用的合成 (模拟) 数据是采用 COMSOL(一种商业有限元软件) 生成的。采用 100×100 的均匀网格对区域进行离散，使用四次拉格朗日多项式单元。合成 (真实) 的位移场 (u_x, u_y)、应变场 $(\varepsilon_{xx}, \varepsilon_{yy}, \varepsilon_{zz}, \varepsilon_{xy})$ 以及应力

场 ($\sigma_{xx}, \sigma_{yy}, \sigma_{zz}, \sigma_{xy}$) 分别显示在图 16.5~ 图 16.7 中。很明显，应变分量和应力分量在刚性冲头下方呈现集中分布 (参见图 16.6 和图 16.7)。

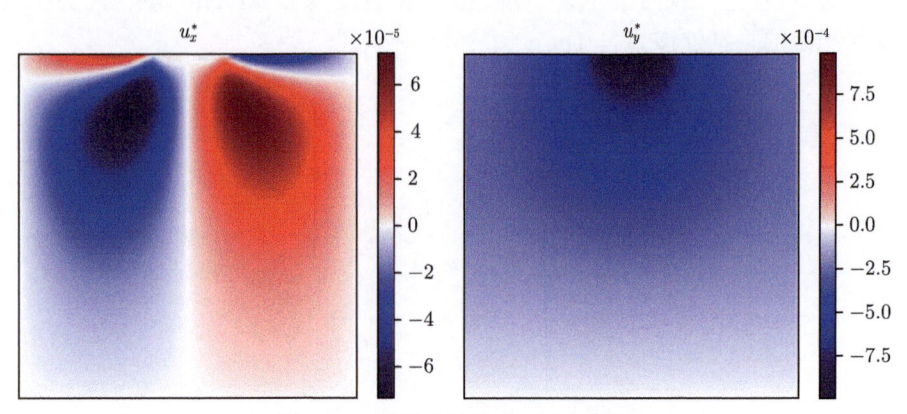

图 16.5 位移分量的 FEM 参考解

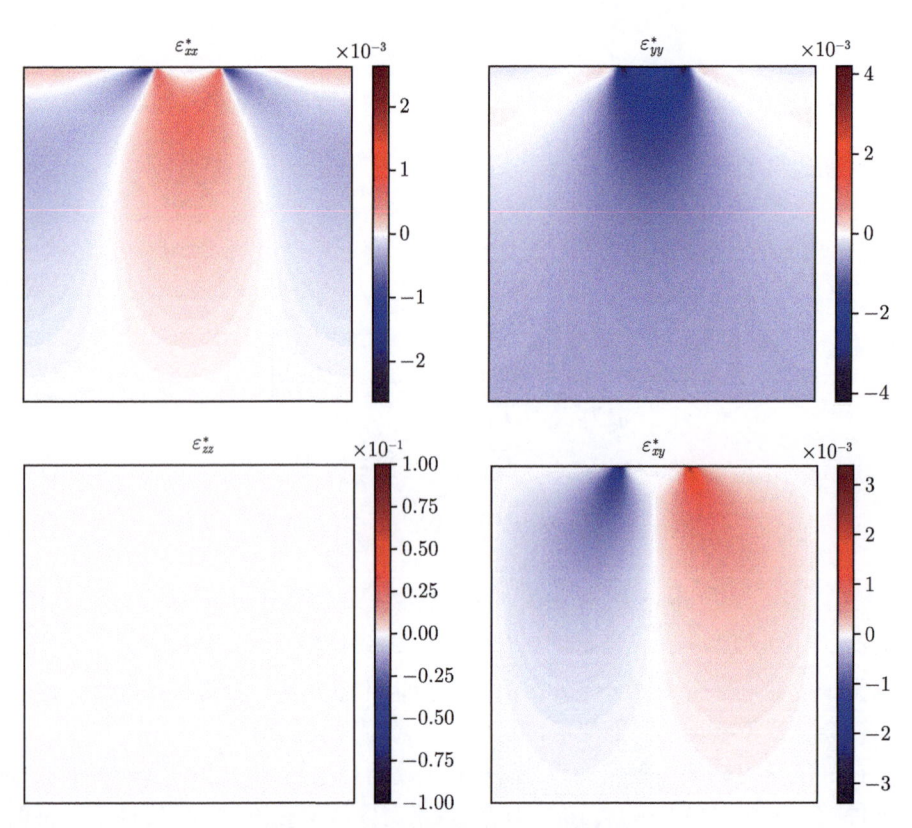

图 16.6 应变分量的 FEM 参考解

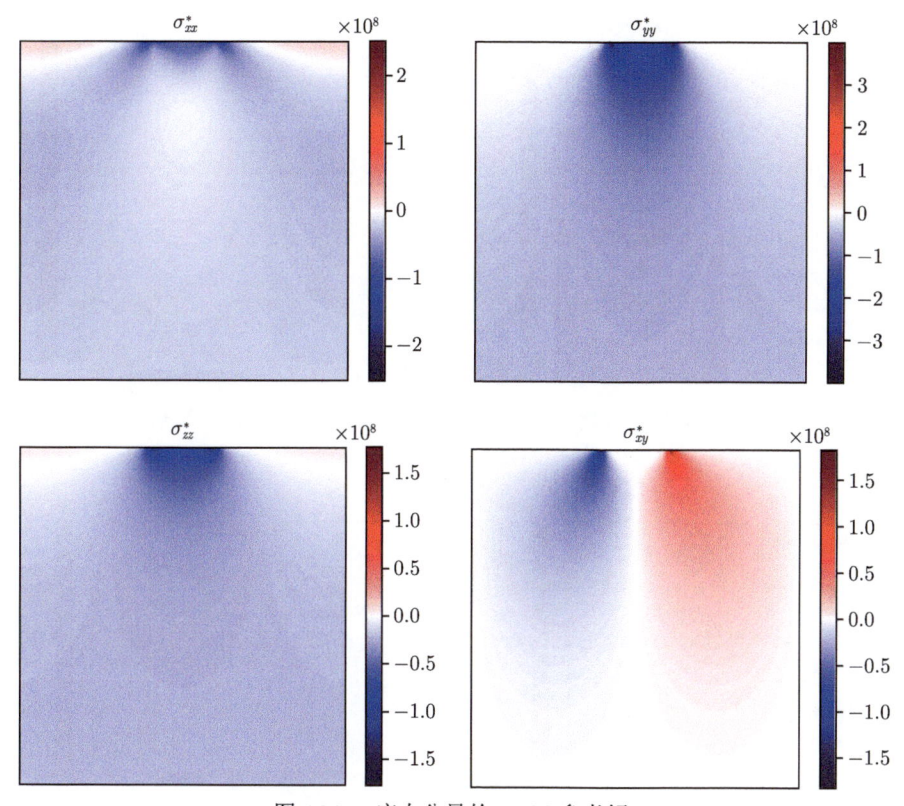

图 16.7 应力分量的 FEM 参考解

16.6.1 局部 PINN 结果

采用局部 PINN 构架进行求解和参数识别。神经网络的训练使用 10000 多个训练点 (FEM 解的节点解) 进行。网络训练的收敛性对数据规范化和网络规模的选择很敏感。通过反复试错的方法，选择网络架构和参数，以得到损失函数的最小值和物理模型参数的最高精度。所选前馈神经网络有 4 个隐藏层，每层有 100 个神经元，层间采用双曲正切激活函数。选择参数 *epoch* 的总数为 20000 以及参数 *batch-size* 的值为 64 来完成批量训练。在使用 Adam 优化器时，学习率的初始值为 0.0005，并逐渐降低，在最后一次 *epoch* 时达到 0.000001。

对弹性变形的局部 PINN 预测结果确实捕捉到冲头拐角附近的高梯度区域；然而，它们是明显扩散的。局部 PINN 预测结果与真实数据的差异显示在图 16.8～图 16.10 中。如图 16.11 所示，由网络识别的 Lamé 系数为 $\lambda = 40.2\text{GPa}$ 和 $\mu = 26.2\text{GPa}$，发现误差小于 3%。

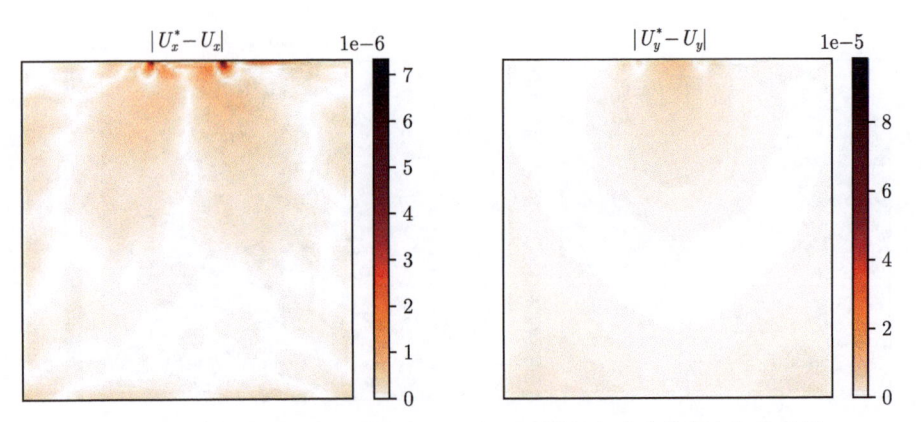

图 16.8　对于位移分量，局部 PINN 的预测结果与真实数据之间的差异

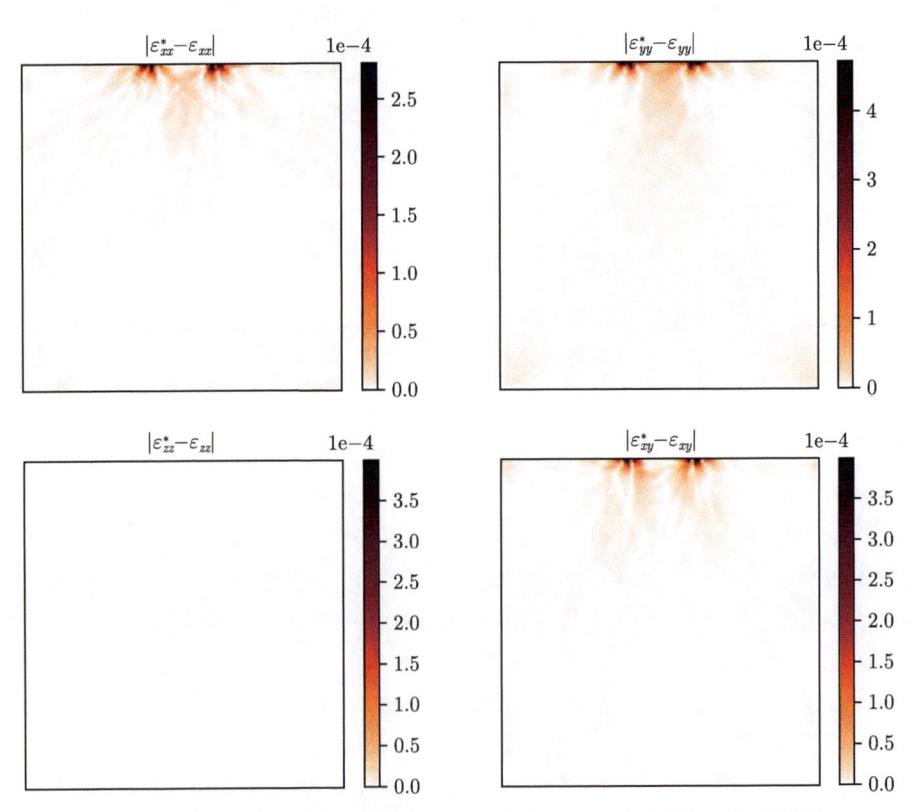

图 16.9　对于应变分量，局部 PINN 的预测结果与真实数据之间的差异

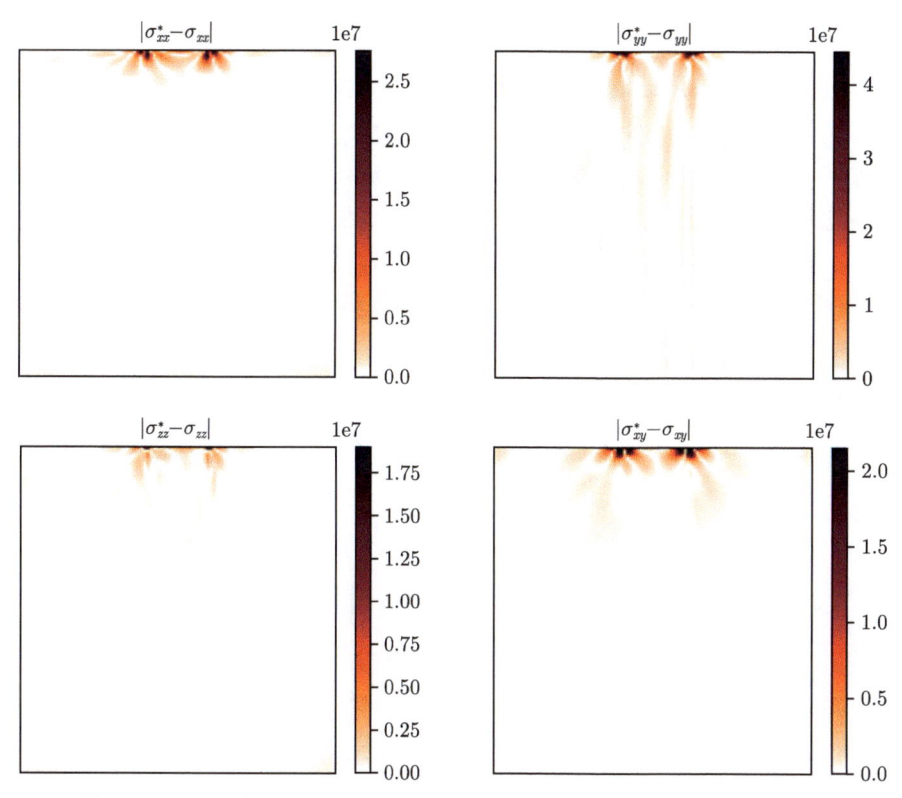

图 16.10 对于应力分量，局部 PINN 的预测结果与真实数据之间的差异

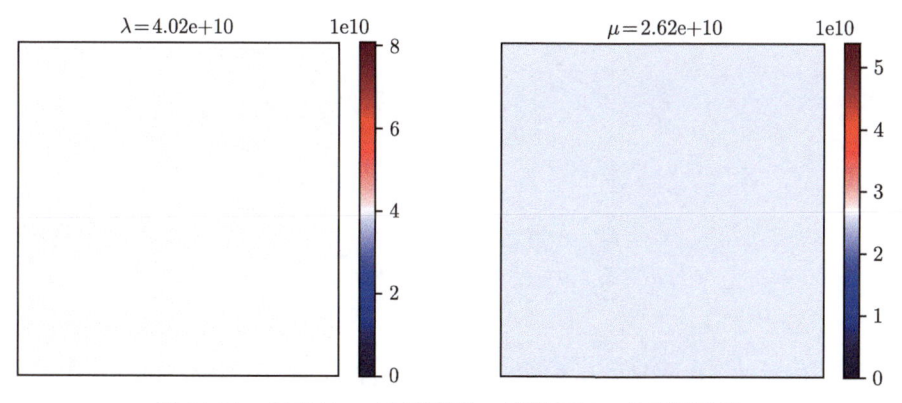

图 16.11 对于 Lamé 材料常数，局部 PINN 的预测结果

(白色表示真实值)

16.6.2 非局部 PINN 结果

所选择的前馈神经网络与局部 PINN 中使用的神经网络相同：它们有四个隐藏层，每层有 100 个神经元，并采用双曲正切激活函数。在 PD 函数 $g_2^{p_1p_2}(\boldsymbol{\xi})$ 的构造中，TSE 在二阶导数即 $N=2$ 之后被截断。每个点的族成员数取决于 TSE 中的逼近阶数；如果每个方向上有 $(N+1)$ 个点，那么对二维方形影响域可得 $(2N+3)\times(2N+3)$ 个点。因此，最多可选择 49 个成员作为非局部输入特征。根据 $\mathbf{x}$ 的位置，这些点 (族成员) 中的一些点的影响 (相互作用程度) 可能为零。然而，它们都被纳入到非局部神经网络的构建中，以简化实施过程。

AD-PDDO-PINN

利用由方程 (16.4) 描述的非局部深度神经网络构建变量 $u_x, u_y, \sigma_{xx}, \sigma_{yy}$ 和 σ_{xy} 的近似值。它们可以被表示为

$$f_\alpha(\mathbf{x}) = \tilde{\mathcal{N}}_\alpha\left(\mathbf{x}, \mathcal{H}_x; \mathbf{W}, \mathbf{b}\right) \cdot \left\{\begin{array}{c} \mathcal{G}_{2\mathbf{x}}^{00} \\ \mathcal{G}_{2\mathbf{x}_{(1)}}^{00} \\ \cdots \\ \mathcal{G}_{2\mathbf{x}_{(N)}}^{00} \end{array}\right\} \quad (16.26)$$

其中 f_α 代表 $u_x, u_y, \sigma_{xx}, \sigma_{yy}$ 和 σ_{xy}。利用自动微分法 (AD) 对导数进行计算。由于 $f_\alpha(\mathbf{x})$ 是 $\mathbf{x}$ 及其族点 $\mathcal{H}_\mathbf{x}$ 的非局部函数，所以利用 AD 计算 f_α 对每个族成员的微分，即

$$F_\alpha^{p_1p_2}(\mathbf{x}) = \frac{\partial^{p_1}\partial^{p_2}}{\partial x^{p_1}\partial y^{p_2}} f_\alpha(\mathbf{x}) \quad (16.27)$$

为了包含族成员对导数的影响，局部 AD 可被改写为

$$\frac{\partial^{p_1}\partial^{p_2}}{\partial x^{p_1}\partial y^{p_2}} f_\alpha(\mathbf{x}) = \sum_{\mathbf{x}_{(j)}\in\mathcal{H}_\mathbf{x}} F_\alpha^{p_1p_2}(\mathbf{x})\mathcal{G}_{2\mathbf{x}_{(j)}}^{00} \quad (16.28)$$

对于位移场、应变场和应力场，AD-PDDO-PINN 的预测结果与真实解的差异显示在图 16.12~ 图 16.14 中。如图 16.15 所示，Lamé 常数的预测值为 $\lambda = 40.4\text{GPa}$ 和 $\mu = 26.9\text{GPa}$。

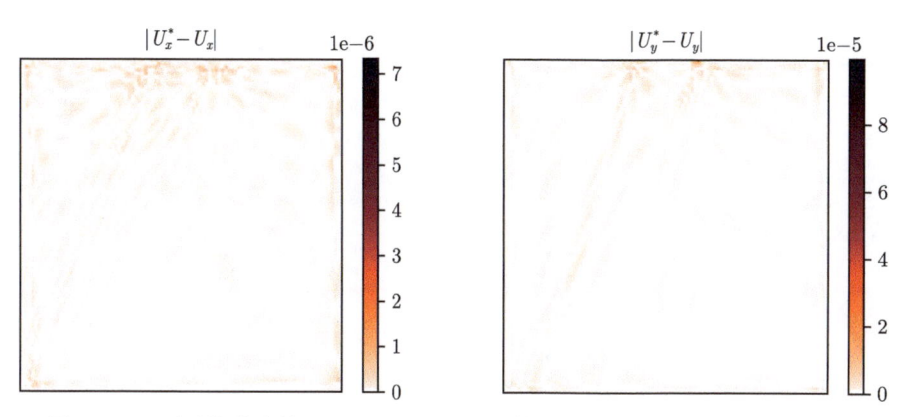

图 16.12　对于位移分量，AD-PDDO-PINN 的预测结果与真实数据之间的差异

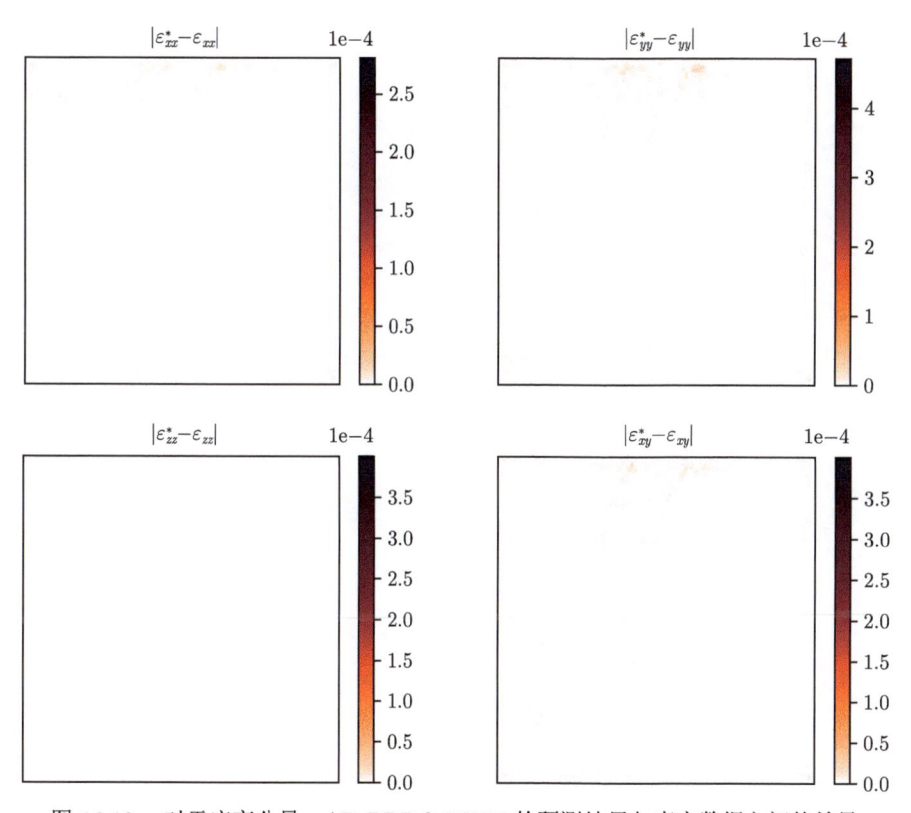

图 16.13　对于应变分量，AD-PDDO-PINN 的预测结果与真实数据之间的差异

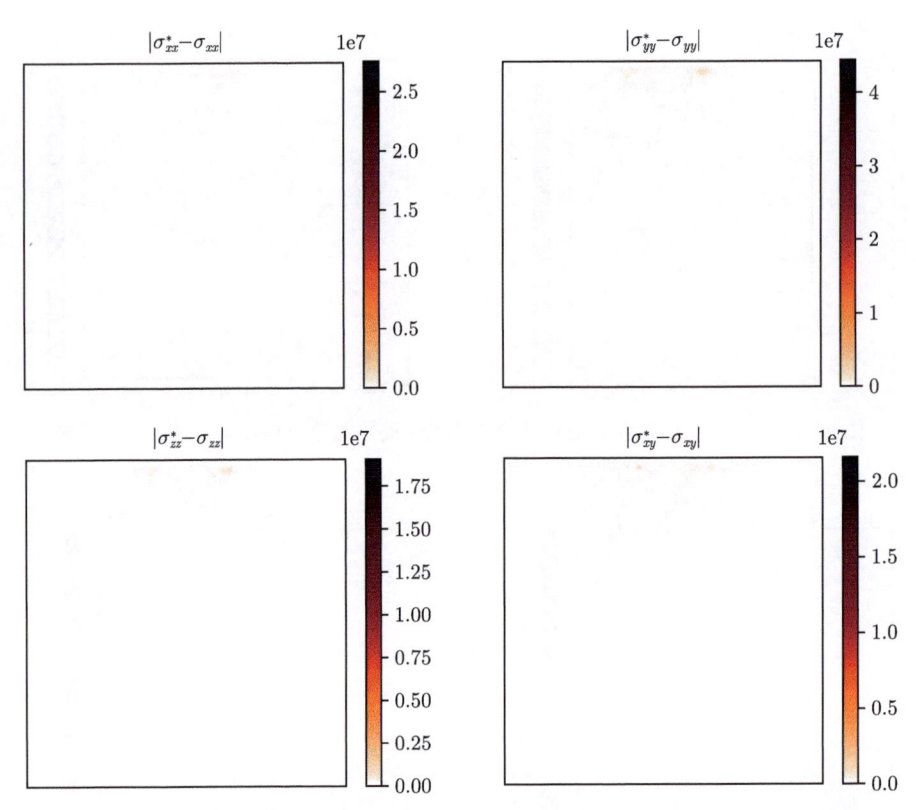

图 16.14　对于应力分量，AD-PDDO-PINN 的预测结果与真实数据之间的差异

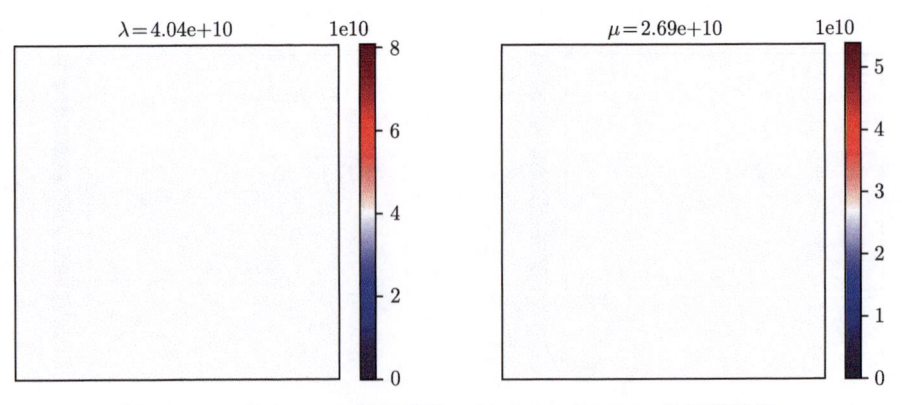

图 16.15　对于 Lamé 材料常数，AD-PDDO-PINN 的预测结果
(白色表示真实值)

PDDO-PINN

采用方程 (16.4) 所描述的非局部深度神经网络构建变量 $u_x, u_y, \sigma_{xx}, \sigma_{yy}, \sigma_{xy}$ 及其导数的近似值。可以利用下式计算这些导数

$$\frac{\partial^{p_1}\partial^{p_2}}{\partial x^{p_1}\partial y^{p_2}} f_\alpha(\mathbf{x}) = \tilde{\mathcal{N}}_\alpha(\mathbf{x}, \mathcal{H}_x; \mathbf{W}, \mathbf{b}) \cdot \left\{ \begin{array}{c} \mathcal{G}_{2\mathbf{x}}^{p_1 p_2} \\ \mathcal{G}_{2\mathbf{x}_{(1)}}^{p_1 p_2} \\ \cdots \\ \mathcal{G}_{2\mathbf{x}_{(N)}}^{p_1 p_2} \end{array} \right\} \qquad (16.29)$$

其中 f_α 代表 $u_x, u_y, \sigma_{xx}, \sigma_{yy}, \sigma_{xy}$。

对于位移场、应变场和应力场，PDDO-PINN 解的误差分别显示在图 16.16～图 16.18 中。如图 16.19 所示，Lamé 常数的预测值为 $\lambda = 40.4\text{GPa}$ 和 $\mu = 26.9\text{GPa}$。

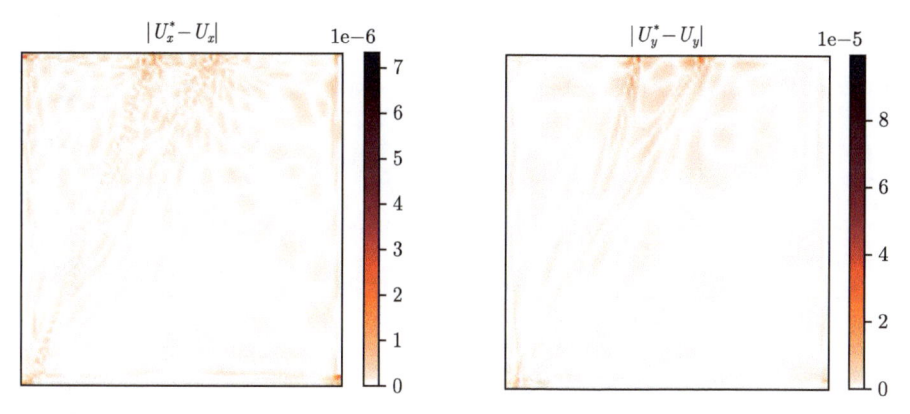

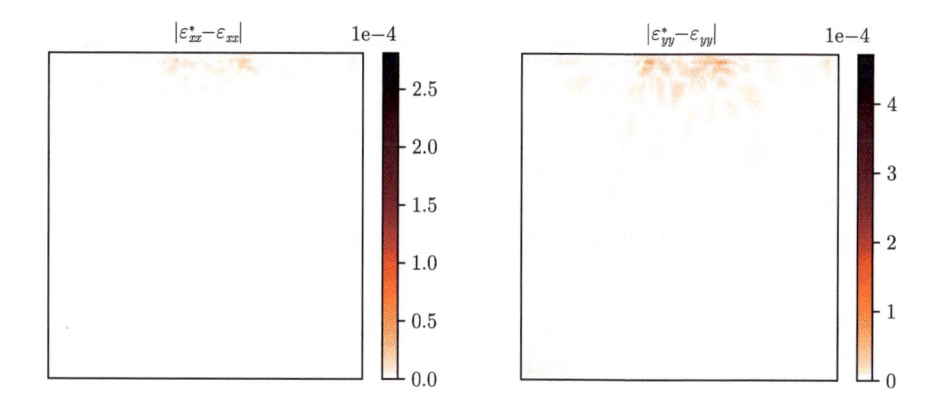

图 16.16　对于位移分量，PDDO-PINN 的预测结果与真实数据之间的差异

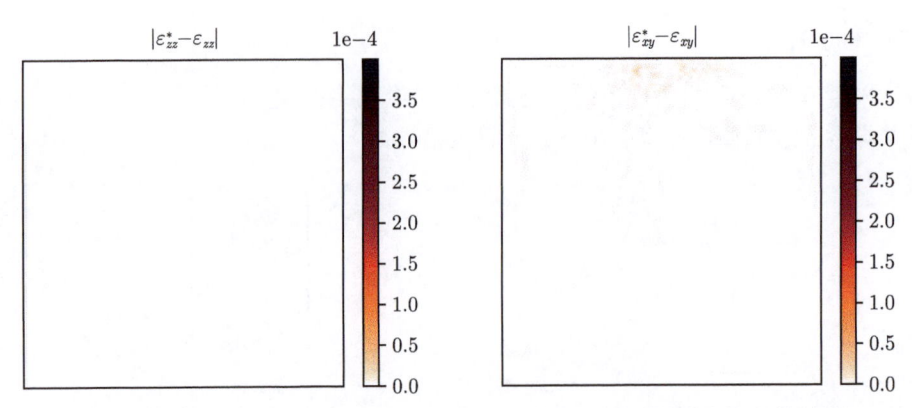

图 16.17　对于应变分量，PDDO-PINN 的预测结果与真实数据之间的差异

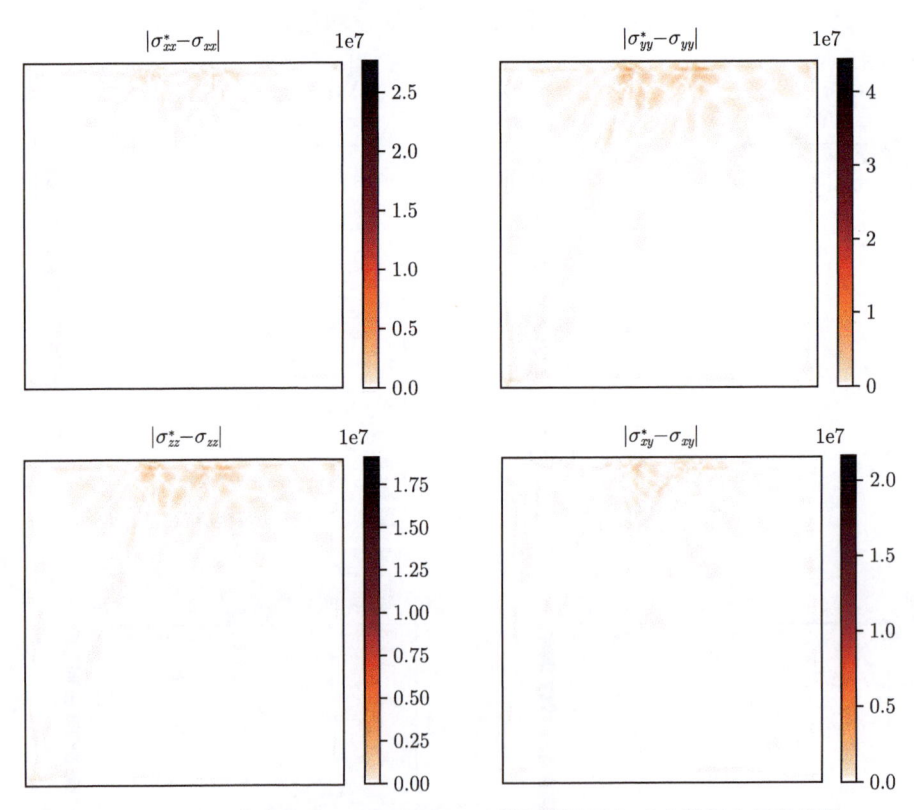

图 16.18　对于应力分量，PDDO-PINN 的预测结果与真实数据之间的差异

第十六章　用于物理信息神经网络的近场动力学

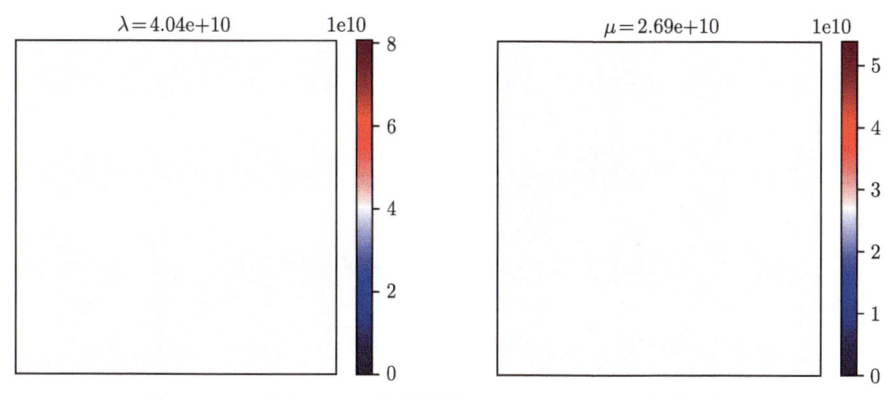

图 16.19　对于 Lamé 材料常数，PDDO-PINN 的预测结果
(白色表示真实值)

　　AD-PDDO-PINN 和 PDDO-PINN 的整体性能优于局部 PINN。值得注意的是，PDDO-PINN 的精度低于 AD-PDDO-PINN。然而，PDDO-PINN 构架的一个优势是它不依赖于自动微分；因此，对于每次 *epoch* 训练，通过方程 (16.29) 计算导数都更快 (参见图 16.20 和图 16.21)。

　　这些比较表明，对于在解中具有急剧梯度变化的固体力学问题，与局部 PINN 构架相比，非局部 PINN 构架在变形重构和参数识别方面具有优势。表 16.1 总结了相对 L^2 和 L^∞ 误差范数，这表明了非局部 PINNs 的优点。从图 16.20 和图 16.21 所示的不同架构下的归一化损失函数 $\mathcal{L}$ 的演变中，也可以明显看到这种性能的改进，这说明了非局部 PINN 方法的收敛速度更快，$\mathcal{L}/\mathcal{L}_0$ 的最终值更低。

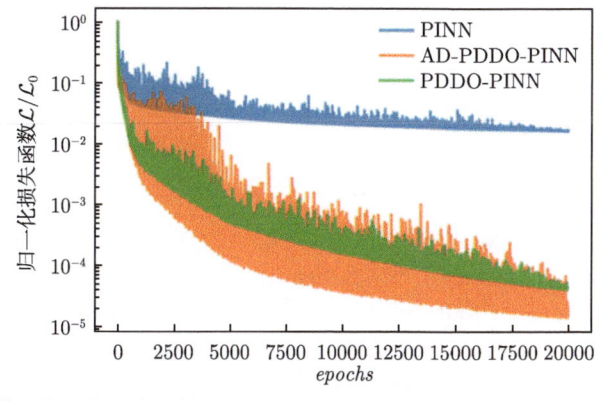

图 16.20　基于归一化损失函数 $\mathcal{L}$ 随 *epoch* 的演变反映不同 PINN 构架的收敛行为

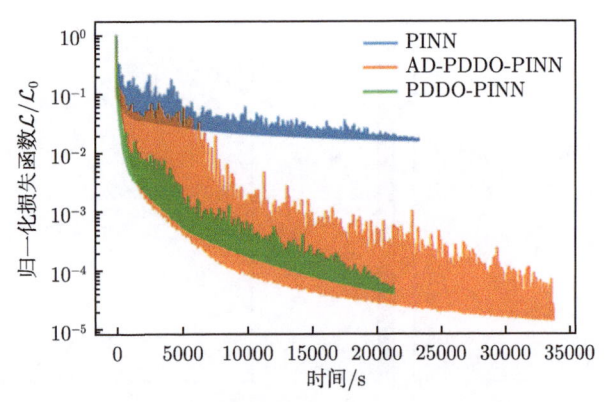

图 16.21　基于归一化损失函数 $\mathcal{L}$ 随训练时间的演化反映不同 PINN 构架的收敛行为

PDDO 构架可以用全局函数捕捉应力和应变集中。因此，在解和预测的模型参数的精确性方面，非局部 PINN 更具优越性。虽然在网络规模的选择、PDDO 近似阶以及训练优化算法方面仍存在许多问题，但这些结果表明，非局部 PINN 可以为模拟和探索解具有急剧梯度变化的偏微分方程提供一个强大的构架。

表 16.1　解和参数的相对 L^2 和 L^∞ 误差范数

	PINN		AD-PDDO-PINN		PDDO-PINN	
	L^2	L^∞	L^2	L^∞	L^2	L^∞
u_x	1.1e-02	5.0e-02	1.1e-03	4.2e-03	2.1e-03	6.9e-03
u_y	3.2e-03	5.5e-03	1.6e-03	4.9e-03	2.4e-03	5.4e-03
ε_{xx}	1.1e-01	2.3e-01	1.5e-03	4.7e-03	5.2e-03	1.2e-02
ε_{yy}	5.5e-02	1.9e-01	1.3e-03	5.8e-03	7.1e-03	2.7e-02
ε_{xy}	1.1e-01	2.0e-01	1.7e-03	5.7e-03	2.2e-03	6.5e-03
σ_{xx}	1.2e-01	2.5e-01	8.0e-04	1.7e-03	2.5e-03	6.3e-03
σ_{yy}	5.9e-02	2.0e-01	1.2e-03	5.4e-03	7.3e-03	2.9e-02
σ_{zz}	5.4e-02	1.7e-01	9.3e-04	3.2e-03	6.0e-03	1.8e-02
σ_{xy}	1.7e-01	3.0e-01	1.4e-03	4.3e-03	3.1e-03	9.1e-03
λ	4.2e-03	4.2e-03	2.4e-05	2.4e-05	9.1e-05	9.1e-05
μ	2.5e-02	2.5e-02	1.8e-05	1.8e-05	8.0e-04	8.0e-04

参 考 文 献

Abadi, M., Barham, P., Chen, J., Chen, Z., Davis, A., Dean, J., Devinm M., Ghemawat, S., Irving, G., Isard, M., Kudlur, M., Levenberg, J., Monga, R., Moore, R., Murray, D.G, Steiner, B., Tucker, Vasudevan, V., Warden, Wicke, M., Yu, Y., & Zheng, X. (2016). Tensorflow: A system for large-scale machine learning. In *12th {USENIX}symposium on operating systems design and implementation ({OSDI}16)* (pp. 265-283).

Baydin, A. G., Pearlmutter, B. A., Radul, A. A., & Siskind, J. M. (2018). Automatic differentiation in machine learning: A survey. *Journal of Machine Learning Research, 18*, 153.

Bergstra, J., Breuleux, O., Bastien, F., Lamblin, P., Pascanu, R., Desjardins, G., Turian, J., Warde-Farley, D., & Bengio, Y. (2010, June). Theano: A CPU and GPU math expression compiler. In *Proceedings of the Python for Scientific Computing Conference (SciPy)* (Vol. 4, No. 3, pp. 1-7).

Chen, T., Li, M., Li, Y., Lin, M., Wang, N., Wang, M., et al. (2015). *Mxnet: A flexible and efficient machine learning library for heterogeneous distributed systems*. arXiv preprint arXiv:1512.01274.

Chollet, F. (2015). *Keras*. Retrieved from https://github.com/fchollet/keras

Duchi, J., Hazan, E., & Singer, Y. (2011). Adaptive subgradient methods for online learning and stochastic optimization. *Journal of Machine Learning Research, 12*(7), 2121.

Kharazmi, E., Zhang, Z., & Karniadakis, G. E. (2021). hp-VPINNs: Variational physics-informed neural networks with domain decomposition. *Computer Methods in Applied Mechanics and Engineering, 374*, 113547.

Kingma, D. P., & Adam, B. J. (2018). A method for stochastic optimization. 2014. arXiv preprint arXiv:1412.6980, 9.

Haghighat, E., Raissi, M., Moure, A., Gomez, H., & Juanes, R. (2021a). A physics-informed deep learning framework for inversion and surrogate modeling in solid mechanics. *Computer Methods in Applied Mechanics and Engineering, 379*, 113741.

Haghighat, E., Bekar, A. C., Madenci, E., & Juanes, R. (2021b). A nonlocal physics-informed deep learning framework using the peridynamic differential operator. *Computer Methods in Applied Mechanics and Engineering, 385*, 114012.

Haghighat, E., & Juanes, R. (2021). Sciann: A keras/tensorflow wrapper for scientific computations and physics-informed deep learning using artificial neural networks. *Computer Methods in Applied Mechanics and Engineering, 373*, 113552.

Madenci, E., Barut, A., & Futch, M. (2016). Peridynamic differential operator and its applications. *Computer Methods in Applied Mechanics and Engineering, 304*, 408-451.

Madenci, E., Barut, A., & Dorduncu, M. (2019). *Peridynamic differential operator for numerical analysis*. Springer.

Meng, X., Li, Z., Zhang, D., & Karniadakis, G. E. (2020). PPINN: Parareal physics-informed neural network for time-dependent PDEs. *Computer Methods in Applied Mechanics and Engineering, 370*, 113250.

Raissi, M., Perdikaris, P., & Karniadakis, G. E. (2019). Physics-informed neural networks: A deep learning framework for solving forward and inverse problems involving nonlinear partial differential equations. *Journal of Computational Physics, 378*, 686-707.

索　引

B

半群性　114, 116
边界层区域　74, 87, 80, 85, 99, 129, 130, 134, 311, 312, 314
变形梯度　41, 95, 132, 135
表面效应　49
表面修正　49, 51, 52, 57, 290
不完整影响域　52, 130, 132

C

常规态型　6, 12, 55, 60
次弹性　181, 207

D

等效塑性应变　166, 172, 173, 177, 208
第二 Piola-Kirchhoff 应力张量　104, 112
第一 Piola-Kirchhoff 应力张量　3, 12, 39, 104, 135
断裂应力　181
对偶影响域　18

F

非常规态型　3
非局部表示　49, 52, 295
非局部神经网络　355, 364
复合材料层合板　290

G

刚度矩阵　19, 80, 105, 159, 160, 216, 279, 281, 339, 340
刚性平移　217, 221
刚性旋转　217, 223
高斯积分　116
惯性　334, 336
惯性矩　220, 225, 230, 237, 241
光滑性　95

H

恢复　110, 121–123

J

激活函数　354, 357, 361, 364
键常数　109, 252
键断裂　1, 15–17, 96, 267
键力　5, 51, 52, 93, 252
键伸长　253
键伸长率　95, 98, 255
键型　3, 49, 95
键旋转　252–254, 261, 290, 292
键转动角　300, 306
键状态参数　16, 267
角动量　3, 6, 52, 223, 224, 226, 252, 256, 257, 259, 295
界面　22, 49, 110, 114, 115, 119, 124, 194, 310–312
界面效应　49
近场动力学微分算子　26, 50, 132, 256, 276, 353
局部应力　18
聚二甲硅氧烷（PDMS）　95, 98

K

柯西-格林张量　82, 88, 111
柯西应力　89, 104, 168, 169, 172, 182
可见性准则　16

L

力矩　216, 217, 220, 225, 227, 230, 241, 242, 252, 258, 259
连续介质损伤力学　15, 17
裂纹　15, 50, 94, 109, 155, 181, 194, 267, 281, 283, 285
临界伸长率　15, 96, 253
临界伸长率准则　96
零能模式　13, 14, 155
流动势　166–169

第十六章　用于物理信息神经网络的近场动力学　　　　　　　　　　　　　　　　　　　　　· 373 ·

N

内部　1, 3, 74, 75, 80, 81, 129, 132, 155, 166, 238, 311,
内部区域　129, 130, 132, 183
内力　3, 73–76, 79
内力矢量　3, 5, 18, 39, 46, 47, 57, 62, 67, 75, 76, 80, 90, 97, 130–132, 134, 136, 137, 159, 183, 195, 279, 314, 315, 317, 318, 320, 324
能量　15, 16, 49, 94, 96, 111, 112, 212, 216–218, 252, 267–271, 281, 283, 285
能量平衡　217, 218

O

耦合　49, 50, 80, 106, 155, 310–312, 314, 349, 350

P

膨胀率　7, 10, 45, 46, 47, 55, 57, 131
偏应力张量　169
拼接技术　18
平均键属性
平面应变　5, 6, 8–11, 43–45, 82, 87, 111, 120, 138, 139, 160, 167
平面应力　5, 6, 8–11, 44, 45, 62, 82, 85, 89, 90, 96, 104, 138, 160, 180, 183
泊松比　5

Q

牵引力矢量　15, 73, 74, 76–78, 81, 132, 135, 316, 327, 329, 331, 334
球对称　14
屈服函数　167, 168, 170, 172, 173
屈服面　166–168, 176
屈服应力　167–169, 174, 207, 210
权函数　1, 7–9, 11, 12, 14, 27, 29, 31, 34, 37, 42, 45, 46, 49

R

热扩散　155, 197
热力学第一定律　198
热模量　156, 157
热应变　155, 156
蠕变应变　180–184, 186–188, 190–192

弱形式　73, 216, 310

S

散度　3, 32, 38, 74, 313
散度的梯度　32, 38
散度定理　74
深度学习　353–355
神经网络　353–355
施加边界条件　15, 19–21, 73
数据集　355
数值振荡　49, 63, 194
双悬臂梁　253
松弛模量　113, 119
塑性　194
塑性一致性参数　167, 169, 173
算法切模量　173
损伤变量　179–181, 306
损伤与破坏　15

T

泰勒级数展开　21, 26–28
梯度　5, 12–14, 16, 17, 21, 26, 28, 31, 32, 34, 38, 41, 42, 49, 50, 60
体积的　94, 95, 110, 111, 358
体力　15, 73
通量　74, 132, 353

W

外牵引力　15, 73, 75, 78, 79, 312, 334, 336
弯曲　50, 52–55, 58, 252
完整影响域　26, 49, 51, 52, 62, 130, 132
微势　5
位移约束　15, 19, 21, 49, 53, 58, 62, 73–75, 80, 302, 306, 311, 312
无限小旋转张量　253, 254, 256
物理信息神经网络　353

X

纤维键　293, 295–298, 300, 306
纤维取向　290
相对角度　15
相对旋转角度　253, 267, 268, 290
相互作用　1–3, 15–18, 21, 22, 26–28, 46, 49, 316, 318, 339

橡胶　73, 82, 85–87, 93–96
形状张量　12, 16, 17, 40, 42
修正线性单元　354
虚功　8, 73, 273, 312, 323, 327, 333–336
虚功原理　3, 15, 19, 41
虚假振荡　50
虚拟　129, 139, 166, 253
旋转矢量　253, 257

Y

一致性条件　168, 170
异质材料　22
应变能密度　5, 26, 38, 42, 75, 82, 88, 93–95, 110, 133, 194, 217, 230, 252, 261
影响域尺寸　1–3, 13, 18, 19
预测—校正方法　240
运动方程　1, 3, 5, 16–19, 97, 129

Z

正交　26, 28, 29, 33, 34
正交矢量　218
正交条件　28, 33
质心　217, 218, 221–223, 240
中点法则　114
轴对称　194, 195, 199, 204
轴向矢量　219, 231, 232, 236

逐点　13
柱坐标系　195, 199
自动微分　19, 353
自适应动态松弛　19
自适应加载步长　98

其他

ANSYS　53, 58, 62, 66, 85, 110, 120, 122, 139, 161
Arruda-Boyce 模型　94–96
Heaviside 函数　22, 66, 114, 119, 121
II 型断裂　253, 267, 282, 285
Navier 位移平衡方程　46
Neo-Hookean 模型　82, 93, 95
Newton-Raphson　80, 83, 95, 97, 110, 117, 136, 169, 172
Newton-Raphson 法　80, 83, 97, 117, 169, 241
Norton　179
PARDISO　116, 136
PD 函数　51, 60, 61, 131, 260, 276, 353
Prony 级数　109, 110, 113, 119
Simo-Reissner 梁　217, 218
von Mises 屈服准则　167, 172, 208
von Mises 应力　168, 172, 173, 176, 177, 208